2차 수정판

CAD TOOL을 이용한

디지털 전자 공학실험

洪安義著

본교재=실험실습 중심+이론+모의 실험

普文堂

머리말

디지털 논리회로는 전기 · 전자 · 통신 · 계측제어 · 전자계산기를 전공하거나 부전공으로 선택하는 학생들에게 매우 중요한 학과목 중의 하나이다. 공학은 이론에 앞서 실험에 나타난 결과값을 이론적으로 체계화한 것이라고 볼 때 디지털 논리회로의 이론도 중요하지만 실험은 공학으로서의 의미가 훨씬 크다고 하겠다. 그런데 오늘날 컴퓨터의 발달로 실험의 방법도 바뀌어져 가고 있다.

먼저 실험에 들어가기 전에 모의실험(simulation)이라는 단계가 필요하게 되었다. 회로를 설계함에 있어 설계사양에 따라 회로가 정확하게 설계되었는지를 확인해야 하는 단계에까지 이미 도달한 것이다.

따라서 디지털 논리회로 모의실험에 이러한 컴퓨터 CAD Tool을 이용함으로써 Bread Board에 회로를 구성하여 실제 실험도 해야하지만 실험에 앞서 계측장비와 필요한 부품과 배선없이도 회로를 제작하기 전에 평가할 수 있는 회로 모의실험(simulation)을 도입하고 있다.

본 교재에서 사용되고 있는 Window 95/98/NT/2000용 Proteus라는 **시뮬레이션 패키지**는 SPICE의 아날로그와 디지털에 대한 분석기능은 물론 기존의 패키지에서 없는 **교육적인 높은 효과와 1~2시간이면 학생들이 모의실험을 익힐 수 있는 장점**을 갖고 있다. 회로상에서 **전기의 흐름을 가시적(visual)으로** 나타냄은 물론 **실제 계측기와 같은 가상적인 (virtual) 모양과 작동법을 지원해 줌으로써** 간접적인 측정법과 시뮬레이션에 대한 흥미로 실험에 임하는 학생들의 관심을 높일 수 있다.

본 교재의 특징은

첫째, 실험실습을 함에 있어 이론 부족으로 인한 참고서적을 찾는데 낭비되는 시간을 줄이기 위하여 충분한 기초 이론의 내용을 다루었다. 따라서 **디지털 논리회로의 참고도서로도 가능하다.**

둘째, 필요한 기재와 부품을 다루는 법, 특성 및 유의해야 할 점, 모의실험을 위한 **Proteus VSM 등을 상세히 다루었다.**

셋째, Bread Board에 회로를 구성하여 계측장비와 필요한 부품을 배선하기 앞서 모의실험(simulation)을 통하여 확인할 수 있도록 별도의 장(chapter)을 마련하였다.

넷째, 실험순서에 따라 실험에 임하면 누구나 할 수 있도록 쉽게 설명하였다.

다섯째, 실험결과 검토를 통하여 실험한 결과를 충분히 검토하고 서로 비교하도록 하였다.

여섯째, 실험 결과치에 대한 검토와 자신감을 갖기 위한 **실험결과 테스트를 두었다.**

일곱째, 실험 결과 테스트를 확인하기 위하여 정답편을 두었다.

여덟째, TTL, OP Amp, Timer 등의 circuit schematic, electrical characteristics 및 switching characteristics ROM과 RAM, A/D 및 D/A등 상세한 설명을 부록으로 두었다.

본 교재의 내용으로

제 Ⅰ부에서는 디지털 전자공학 실험실습을 위한 기초이론을 두어 실험에 임하기전에 알아 두어야 할 지식과 **실험상의 유의사항**을 열거하였다.

한편 모의실험(simulation)을 하기 위한 설명서는 (주)아이넷씨엔씨 본사에서 발행하는 PROVSM 6.5 한글 설명서 와 **PROVSM 6.5 길라잡이를 참조한다.**

제 Ⅱ부에서는 CAD Tool을 이용한 모의 실험편으로 Bread Board에 회로를 구성하여 계측장비와 필요한 부품을 배치하기 앞서 컴퓨터로 모의실험을 통하여 확인하는 과정을 마련하였다.

제 Ⅲ부에서는 기본게이트와 응용, 부울대수, 논리함수의 간략화, 가산기 감산기, 디코더와 인코더 및 멀티플렉서와 디멀티플렉서 등 각종 **조합논리회로를 다루었다.**

제 Ⅳ부 순차논리회로에서는 **래치와 플립플롭**을 별도로 분류하여 실험해봄으로써 그 차이점을 인식케 하고 **단안정 멀티바이브레이터와 비안정 멀티바이브레이터**를 함께 다루었다.

제 Ⅴ부 레지스터와 카운터에서는 시프트레지스터, 비동기카운터, 동기카운터, 결합카운터 및 시프트카운터로 체계있게 분류하여 실험하게 하여 **레지스터와 카운터를 이해하는 데 도움이 되게 하였다.**

제 Ⅵ부에서는 디지털 논리회로 응용편으로 슈미트트리거회로, RAM 과 ROM 그리고 D/A와 A/D 변환을 다루었다.

제 Ⅶ부에서는 지금까지 디지털 논리회로를 학습한 것을 토대로 응용력을 높이고 자신의 실력을 테스트해 보기 위해 **기사실기시험, 제작편 및 실험결과 테스트 정답을 두었다.**

끝으로 Proteus VSM의 특징을 알아보고자 한다.

Proteus VSM의 특징

새로운 개념을 가전 전기 · 전자 통합 시뮬레이션인 Proteus VSM은 실업계 고등학교 수

준에서부터 대학, 대학원에 이르는 전기 · 전자를 전공하는 학생들과 교수에 이르기까지 또 현장에서는 기업의 학습용 및 연구개발에 이르기까지 사용이 가능한 폭넓고 우수한 기능과 유연한 사용법을 갖고 있는 획기적인 프로그램이다.

기본 회로의 어넬로그, 디지털 spice 시뮬레이션 기능까지 다양한 방법과 목적을 갖고 사용할 수 있다.

시뮬레이션에 의한 결과값을 회로상에 직접 나타내줌으로 온라인과 오프라인에서 여러 사람들을 이해시키고 교육하는데 많은 도움을 준다.

한편 프로그램 자체에서 회로구성 및 동작상태가 점검 되므로 회로구성이나 하드웨어 제작상에 필요한 많은 시간을 절약할 수 있다.

1) ISIS Schematic capture 특징

Window 95 이상의 모든 OS를 지원한다. 계층구도 도견과 다양한 Netlist형식을 지원하기도하고 회로의 전기적 오류, 검증 및 다양한 출력파일을 제공한다.

2) 실시간 에니메이션 기능

부품의 동작 및 배선의 전류흐름 등을 회로상에서 실시간으로 나타내 준다. 형성화된 부품 라이브러리를 지원하고, 기초회로의 이해와 부품의 동작상태를 직관적으로 파악이 가능하다.

3) spice circuit simulation

최신의 spice 3F5 엔진을 사용하여 정확한 어넬로그와 디지털회로의 시뮬레이션이 가능하다. 또, PLD 시뮬레이션과 다양한 회로해석이 가능하고 여러 가지 입력파형도 지원한다.

4) COMPIM Design

comport physical interface model이 지원되어 컴퓨터의 VTERM 모델과 연결하여 RS232 또는 Modem protocol등 데이터 통신을 가능하게 한다.

실제 외부의 다른 PC와 Null Modem Cable로 연결하면 데이터 통신의 결과도 얻는다.

5) 마이크로 프로세서 및 콘트롤러 에뮬레이터

805X계열의 라이브러리를 지원하고, 라이브러리의 소스코드를 디버깅 및 컴파일이 가능하다. 805X계열의 교육세트와 SFRs를 모두 지원한다. 모든 I/O동작상태와 Interrupt 모드를 지원하고, 더 좋은 동작상태를 위하여 내부적으로 프로세서 클럭을 생성하고 하나의 클럭 위상에서 정확한 I/O와 여러 타이밍을 제공한다.

완전 통합된 ISIS의 소스레벨 디버깅 시스템과 소스코드 관리 시스템을 제공하고 자체 소스레벨 디버깅 프로그램을 제공한다.

네트워크로 연결되어 있는 두 개의 다른 컴퓨터에서도 서로의 회로에 대한 디버깅이 가능하다. 마이크로컨트롤러의 교육세트의 모든 기능을 제공하고, 내부 EEPROM 메모리를 지원한다.

6) 소스레벨 디버깅

VSM은 제공되는 CPU Model을 어셈블러로 디버깅이 가능하고, 표준적인 어셈블러 LST 파일을 지원한다.

8051 Model 디버깅을 위하여 리모트 디버그 드라이버를 지원하고 VSM은 Keil IDE 콘트롤러 가상 in-circuit emulator를 사용할 수 있다.

7) 다양한 계측 모델

실제와 같은 가상 계측기인 오실로스코프, 시그널 제너레이터, 로직 아날라이져, 펄스제너레이터 등을 제공한다.

8) Teletype Terminal 지원

9) LCD Display 지원

LCD Display model은 일반적인 HD4780 콘트롤러 칩을 기반으로 한다. 제조회사의 data sheet를 참고로 프로그램하여 LCD 디스플레이 조작이 가능하다.

다양한 크기의 문자 LCD를 지원하고 실시간 display 출력기능을 지원한다.

여러 형태의 Graphical LCD Display를 지원하고, SGN 모듈 및 FND를 지원한다.

10) Universal Keypad

전화기 형태의 키패드를 가진 계산기 기능을 지원함으로써 회로설계 및 PCB 설계를 할 때 별도의 계산기가 없이도 계산이 가능하다.

끝으로 디지털 논리회로 모의실험(simulation)에 도움을 주신 (주) 아이넷씨엔씨 김정식 사장님과 천명기 대리님 그리고 본 교재의 출판을 위해 수고해 주신 도서출판 보문당 김병계 사장님과 편집부 여러분들게 고마움을 전한다.

2007년 2월 복정골에서 저자...

Contents

차 례

III 조합논리회로

VI 디지털 전자공학 응용

VII 기사 실기 시험, 제작편 및 실험결과테스트 정답

부록 데이터표

Ⅰ 기초이론, 실험장치 및 PROVSM

(1) 디지털 신호의 개념

1) 디지털 신호와 아날로그 신호의 비교

디지털이라는 의미는 손가락(digitus)이라는 말에서 비롯되었다. 사람의 손가락이 왼손과 오른손 손가락을 합쳐 열개 이다. 따라서 10진수에 익숙하고 10진법을 사용하게 되었다. 이 손가락이라는 개념이 수 문자(digit)라는 의미를 거쳐 계수형(digital)이라는 뜻으로 변형되어 폭 넓게 쓰이게 되었다.

이와 같이 오늘날 디지털 공학의 의미의 유래를 간단히 설명하였고, 디지털 공학의 시초는 펜실베니아 대학교수들에 의하여 1946년 진공관회로로 구성된 전자계산기인 ENIAC(Electronic Numerical Intergrator and Computer)가 세계 최초로 개발됨으로써 시작되었다.

디지털 전자공학의 분야는 오랫동안 계산기 시스템에 응용되어 오다가, 최근에는 전화시스템 · 통신 · 자료처리 등의 정보처리 · 미사일 · 레이더 · 각종 계측기 및 제어기, 의료기구 및 의료진단기, 또는 컴퓨터와 TV 및 통신을 합친 멀티미디어와 같은 새로운 종합 정보시스템을 구축하기에 이르렀다. 오늘날과 같은 첨단 산업의 핵심이 디지털공학이라고 생각하면 되겠다.

그러나 디지털(digital)이라는 의미의 정확한 개념을 잡기 위해서는 반대 개념을 함께 생각하면 이해가 한층 빠르다. 따라서 디지털의 반대인 어넬로그(analog)와 서로 비교해 가면서 개념을 파악하기로 한다.

첫째, 어원을 비교하면 어넬로그는 어넬로고스(analogous), 즉 유사한 또는 상사형이라는 의미에서 비롯되었고 어넬로고스는 어넬로기(analogy)를 거쳐 어넬로그라는 말이 생기게 되었다.

두번째, 양(quantity)적인 의미에서 서로 비교하면 어넬로그는 연속적인 양(continuous quantity) 예를 들면 길이, 넓이, 질량, 부피, 속도, 밀도, 온도, 조도, 각도, 농도, 전압, 전류, 파

표 1-1 어넬로그와 디지털의 비교

구분 / 분류	아날로그(analog)	디지털(digital)
어 원	analogous → analogy → analog(유사한,상사형)	digitus → digit → digital(계수형)
양(quantity)	연속적인 양(Continuous Quantity) 예) 길이, 넓이, 질량, 부피, 속도, 밀도, 온도, 조도, 각도, 농도, 전압, 전류, 파장, 음량, 시간, 음정	이산적인 양(Discrete Quantity) 예 : 책상 수, 걸상 수, 차량 대수, 별의 수, 학과목의 수, 학점 수, 창문수, 형광등 수, 남학생수, 여학생수, 학교 수
형 태		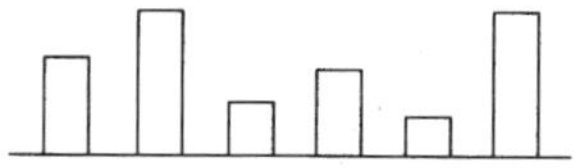
기능 및 작용	연속적인 변화 작용	ON, OFF 작용(switching 작용)기억작용
결 론	연속성	불연속성

장, 음량, 시간, 음정등과 같은 연속성을 의미하고있는 반면, 디지털의 양은 이산적인 양(discrete quantity) 즉 책상수, 걸상수, 차량 대수, 별의수, 학과목의 수, 학점 수, 친구 수, 남학생 수, 여학생 수와같은 이산적인 의미를 갖게되어 서로 비교되고 있다.

셋째, 형태를 보면 소리음과 같은 연속적인 형태가 어넬로그 형태인 반면, 가로수와같이 일정한 거리를 두고 독립된 형태로 존재한다면 그형태는 디지털의 형태가 된다.

넷째, 기능이나 작용으로 볼 때 연속적인 변화 작용은 어넬로그에 속하나 전기 스위치(switch)와 같이 ON, OFF작용이나 기억 능력을 발휘한다면 디지털의 기능이나 작용에 속한다.

이러한 면을 종합적으로 나타내면 표 1－1과 같다.

2) 디지털 소자

두 가지 또는 그 이상의 안정된 상태(stable state)를 가지고 다른 상태로 변화될 수 있어야 한다. 보다 구체적으로 설명하면 상태의 변화(switching)와 기억(memory)중 어느 하나를 가지고 있어야 디지털 소자라고 말할 수 있다.

디지털 소자에는 switching소자와 기억 소자 두가지가 있다.

첫째, switching소자란 기계적인 스위치(mechanical switch)로는 벨(bell)용, 푸쉬 버튼 스위치(push botton switch)와 같은 스위치가 있고, 전자 스위치(electronic magnetic switch)에는 릴레이(relay)와 같은 것이 있으며 끝으로 전자 스위치(electronic switch)에는 다이오드

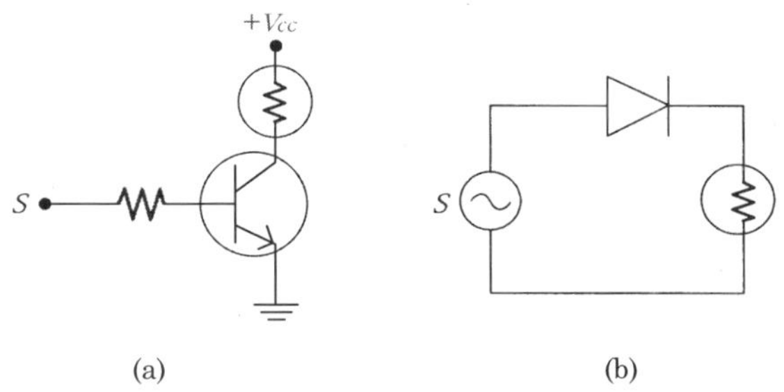

그림 1-1 트랜지스터와 다이오드를 이용한 스위치

(diode)나 트랜지스터(transistor)와 같은 스위치가 여기에 속한다.

그림 1−1 (a)는 트랜지스터를 이용한 스위치이고 (b)는 다이오드를 이용한 스위치다.

둘째, 디지털 소자를 두 번째로 분류하면 기억소자(memory device)이다. 이 기억 소자에는 텀블러 스위치(tumbler switch)와 풀 스위치(pull switch) 같이 입력을 제거해도 상태를 그대로 유지하는 스위치가 여기에 속한다. 그외 플립플롭(flip−flop)과 잔유자기를 이용한 메모리 코아(memory core) 또는 자기 테이프, 디스크 드럼(disk drum)이 이러한 기억소자에 속한다.

3) 디지털 신호

디지털 신호를 세분하면 두 가지로 분류할 수 있는데, 그 하나는 디지털 신호이고, 다른 하나는 펄스신호(pulse signal)다.

(2) 논리신호(Logic Signal)

아날로그(Analog)와는 달리 디지털 장치에 사용되는 신호는 물론, 전원 전압도 기본적으로 2개의 전압 레벨을 갖는다. 별도로 설명을 하지 않는 한 디지털 장치에 공급되는 전원으로 접지전압이 아니면 플러스 전압(positive voltage) 레빌을 고려하기만 하면 된다. 이러한 논리를 정논리(positive logic)라고 부른다.

디지털 신호가 어떤 점에서든 접지 레벨에 있을 때에는 논리 0이 아니면 단지 0이라고 말한다. 이와는 반대로 신호 레벨이 플러스 전원전압과 같다면 논리 1 또는 논리 1로 간주하거나 아니면 1이라고 말한다. 이와 같은 논리 0과 1의 레벨은 다음과 같이 다른 의미로도 사용되어 왔다.

즉, 논리 0 → 낮은 레벨(Low level), 거짓(false), 꺼짐(OFF)

즉, 논리 1 → 높은 레벨(High level), 참(true), 켜짐(ON)

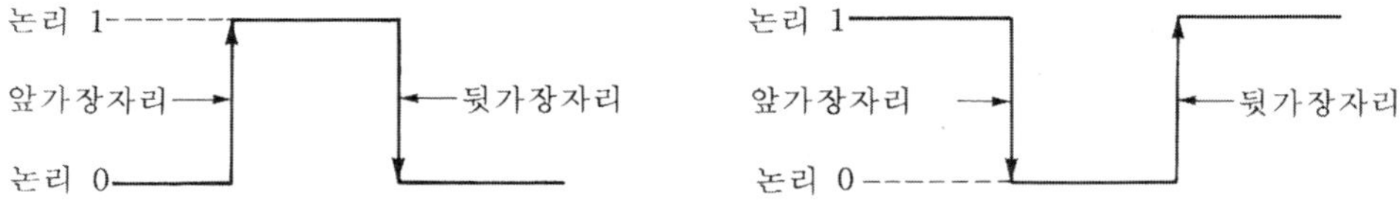

(a) 정의 펄스(positive pulse)　　(b) 부의 펄스(Negative pulse)

그림 1-2 디지털 신호

비록 0 전압(ground) 레벨이 0, 논리 0, 낮은 레벨, 거짓 또는 꺼짐(OFF)이라고 부른다 하더라도 실제로는 플러스 전원전압(상대 레벨)에 대응하는 논리 레벨이라고 부를 때 정확한 대응 용어를 사용하지 않으면 안 된다.

예를 들면 논리 0이라는 용어를 쓰면 켜짐(ON), 높은 레벨(high) 또는 참(true)이라는 말 대신 논리 1이라는 용어를 역시 써야만 한다.

결론적으로 0과 1, 논리 0과 논리 1, Low와 High, 거짓과 참, 또는 OFF와 ON과 같이 논리신호를 하나의 쌍(짝)으로 표현해야 한다.

그림 1－2(a)는 논리 0에서 논리 1로 왔다가 논리 0상태로 되돌아가는 디지털 신호를 나타낸 것이다. 이러한 신호를 정의 펄스(positive pulse)라고 부르며, 평상시는 논리 0상태에 있다.

반대로 그림 1－2(b)에 나타낸 부의 펄스(Negative pulse)는 평상시 논리 1의 상태에서 논리 0으로 하강했다가 다시 논리 1로 되돌아갈 때 발생된다.

각 펄스의 특성은 앞가장자리(leading edge)와 뒷가장자리(trailing edge)를 가지고 있다. 정의 펄스(positive pulse)일 때는 앞가장자리는 논리 0에서 논리 1로 바뀔 경우이고, 뒷가장자리는 논리 1에서 0으로 바뀔 경우이다. 부의 펄스(negative pulse)에서는 그 상태가 반대이다.

(3) TTL 소자(Devices)

가장 널리 사용되고 있는 로직 패밀리(logic family)는 그 기본적인 내부소자가 바이폴라 트랜지스터(bipolar transistor)인 TTL(Transistor－Transistor Logic)이다.

디지털 기술이 발달함에 따라 TTL 소자는 소비전력과 전파속도면에서 유리한 TTL로 세분화되어 왔다. 그러나 모든 TTL 로직 패밀리는 +5[V] 전원을 갖고 동작한다는 공통점이 있다.

결론적으로 논리 0은 접지이고 한편 논리 1은 +5[V]이다. 일반적으로 5[V] 레벨은 5[%]만큼의 편차를 가지고 있으므로 TTL 장치는 4.75~5.25[V]의 전원전압으로 동작하게 된다. 현재 가장 널리 사용되고 있는 TTL 패밀리가 5가지가 있다.

표 1-2 TTL 게이트의 특성

종류	속 도	전파지연[ns]	게이트당 소비 전력[mW]	최대동작 주파수[MHz]	약 자
표준 TTL	보통	10	10	35	TTL
고전력 TTL	고속도	6	22	50	H. TTL
저전력 TTL	저속도	33	1	3	L. TTL
쇼트키 TTL	고속도	3	19	125	S. TTL
저전력 쇼트키 TTL	보통	9.5	2	45	LS. TTL

(a) 표준 TTL(Standard Transistor－Transistor Logic)
(b) 고전력 TTL(High Power Transistor－Transistor Logic)
(c) 저전력 TTL(Low Power Transistor－Transistor Logic)
(d) 쇼트키 TTL(Schottky Transistor－Transistor Logic)
(e) 저전력 쇼트키 TTL(Low Power Schottky TTL)

또 이들에 대한 특성을 표 1－2에 나타내고 있다.

이들 패밀리 중 표준 TTL과 저전력 쇼트키 TTL이 가장 많이 사용되고 있으므로 이들 두 가지의 소자들에 대해 설명하기로 한다.

1) 표준 TTL

표준 TTL은 정규 TTL(regular TTL) 또는 단순히 TTL이라고도 하는데 가장 오래되고, 가격도 가장 저렴하고, 가장 많이 사용되는 로직 패밀리(logic family)이다.

그림 1－3은 TTL 인버터(inverter)에 대한 회로이다. 여기서는 이 회로가 어떻게 동작하는지를 이해하는 것은 중요하지 않으며 단지 4개의 NPN 트랜지스터와 두 개의 다이오드 그리고 4개의 저항으로 구성될 필요가 있다는 것을 아는 데 있다. 이러한 기본적인 구성으로부터 보다 복잡한 다른 논리기능을 구성하게 된다.

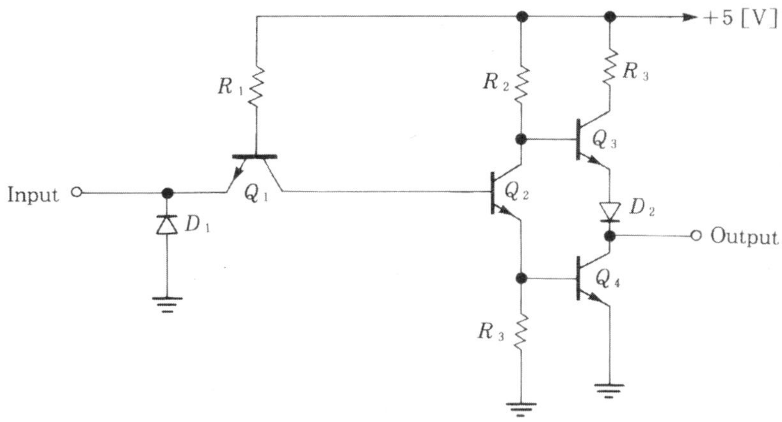

그림 1-3 TTL 인버터 회로

2) 저전력 쇼트키 TTL(Low Power Schottky TTL)

흔히 LS TTL이라고 부르는 저전력 쇼트키 TTL은 저전력 소비용으로 사용된다.

LS TTL 인버터 등가회로는 그림 1－3에 나타낸 표준 TTL 인버터와 같은데 그 외에 쇼트키 다이오드(schottky diode)가 보통 다이오드 대신에 들어가 있다. 그리고 4개의 저항은 표준 TTL 회로에서 사용된 것보다 더 비싸고 동작 중에 전류를 줄임으로해서 그 결과 소비전력이 감소된다. 그러나 소비전력을 줄임으로해서 결점이 생긴다. 즉 논리 레벨이 변하는 스위칭 타임(switching time)이 걸리는 시간이 증가된다. 따라서 LS TTL은 표준 TTL보다 소비전력은 감소되나 동작속도를 줄이는 결과가 된다.

3) 디커플링 콘덴서(Decoupling Capacitor)

일반적으로 모든 TTL 소자는 그 회로에서의 출력이 어떤 상태에서 다른 상태로 변화할 때 전원 라인(power supply line)에 커다란 충격전류가 발생된다. 이러한 오동작을 일으키는 불필요한 충격파를 제거하기 위하여 충격제거 콘덴서를 가능하면 IC칩에 가까운 곳으로서 플러스 전원과 접지사이에다 선을 가장 짧게 하여 연결한다. 이러한 충격을 제거하는 콘덴서의 용량은 대체적으로 0.01~0.1 [μF]의 것을 사용한다.

일반적으로 3～4개의 논리 게이트 패키지마다 한 개의 디커플링 콘덴서를 사용하며, 한편 두 개의 DIP 타입 패키지에는 한 개의 콘덴서를 사용한다.

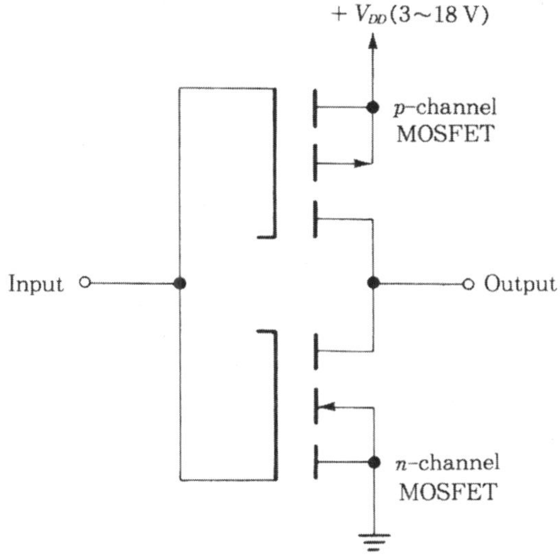

그림 1-4 CMOS 인버터 회로

(4) CMOS 소자

그림 1-4의 CMOS 인버터 회로와 같이 CMOS 소자는 기본소자로서 바이폴라(bipolar) 트랜지스터가 아니라 P 채널과 N 채널 MOS FET를 상보대칭으로 사용한 소자이다. 결론적으로 이 논리 패밀리는 소비전력이 매우 적지만 동작속도는 표준 TTL보다 떨어진다. 그러나 어떤 TTL 논리 패밀리와 달리 전원이나 논리 레벨이 5[V]와 같은 고정전압으로 제한되어 있지 않으며, 3~18[V]의 동작전압 범위를 갖는다.

CMOS 디바이스는 이와 같은 넓은 동작전압 범위와 낮은 소비전력 특성을 갖고 있어 값싼 배터리(battery)를 사용한 휴대용으로 설계된 회로에 적합하다.

(5) 패키지 형식(Package style)

실제로 대부분 디지털 집적회로 소자는 DIP(dual in-line package)라고 부르는 핀이 양쪽으로 배열된 패키지에 들어 있다. 이 패키지는 그림 1-5와 같이 양쪽에 지네다리 모양을 한 단자 핀이 나와 있다.

패키지의 종류에 따라 8, 14, 16, 18, 24, 28 및 40핀으로 된 것이 있다. 예를 들어 14핀 패키지는 한 쪽에 핀이 7개가 나와 있으며 칩의 좌측 상단 코너에서부터 시계 반대방향으로 1번에서 14번까지 번호가 새겨져 있다.

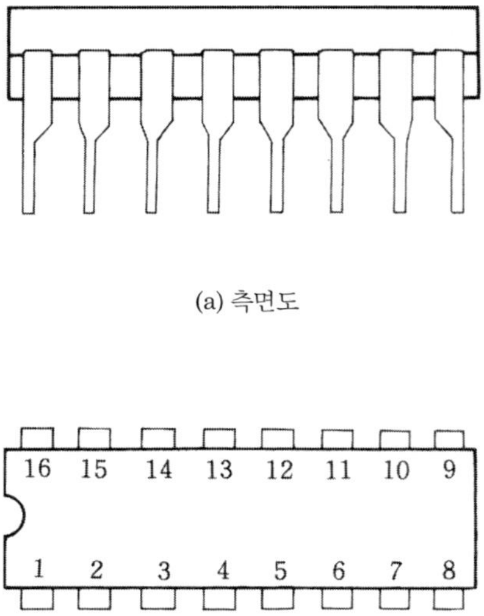

(a) 측면도

(b) 윗면도

그림 1-5 DIP 패키지

DIP는 한쪽 코너에 점이나 한쪽 끝에 잘려진 반원모양이 있거나 아니면 둘 다 있는 것도 있다. 결론적으로 한쪽 끝이 다른 쪽과는 다소 차이점이 있다. 점이나 반원모양이 있는 쪽을 톱(top)이라고 부르며, 톱의 왼쪽이 1번 핀이며 이와 같이 1번 핌을 찾아내는 것은 다른 핀 번호를 찾아낼 수 있기 때문에 매우 중요하다. 만일 핀 접속을 잘못하여 뒤바뀌어진 상태에서 전원접속을 하거나 다른 신호를 공급하면 패키지가 파괴된다.

패키지마다 윗면에 일반적으로 두 개의 번호가 있다. 하나는 소자의 형 번호이고 다른 하나는 제조일자를 말한다.

표준 TTL 소자는 일반적으로 74×××의 형식으로 일련번호를 갖고 있고 또 제조회사를 나타내는 영문자 앞에 두 자를 갖고 있는데 예를 들면 똑같은 TTL 소자라도 7492, SN7492가 아니면 SN7492로 표시되어 있다. 그외 다른 TTL 패밀리를 나타내는 영문자가 있는데, 예를 들면 저전력 쇼트키 7492 TTL 버전(Version) 74LS92, SN74LS92 또는 DM74LS92 등으로 표시된다. 또 기본 형 번호 뒤에 접미어 N자가 붙은 것은 패키지 케이스가 플라스틱이라는 것을 의미한다.

TTL 소자의 74 시리즈는 일반적으로 민간용이다. 군수용으로 설계된 높은 신뢰성 버전(Version)은 폭넓은 온도에서도 작동될 수 있는 것으로 앞에 74라는 숫자대신 54자가 붙는다. 예를 들면 5492는 7492 패키지 대치용으로 높은 신뢰성을 갖고 있고 동일한 핀 번호를 갖는다.

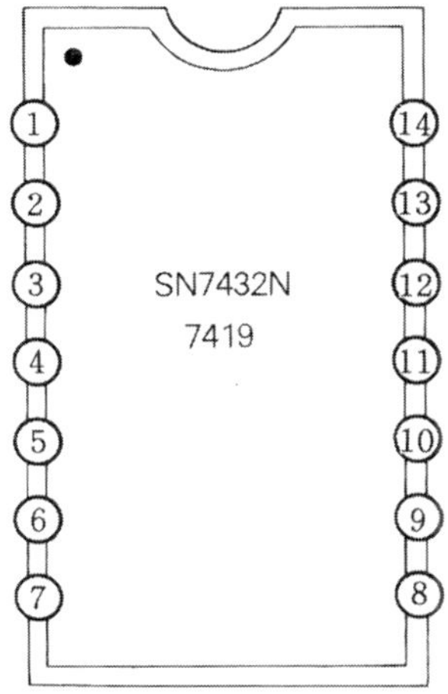

그림 1-6 IC의 형 번호와 제조일자

CMOS 소자는 4000, 34000이 아니면 74C 시리즈 코드 중 어느 하나를 사용해서 형 번호가 매겨진다. 4000 시리즈는 접두어로 CD나 MM과 같은 제조회사를 나타내는 문자가 붙는다. 소자번호의 의미를 알고 또 제조일자와 혼돈하지 않는 것이 매우 중요하고 제조일자는 년과 주를 나타내는 4자리숫자로 표시된다. 예를 들면 그림 1−6에서와 같이 디지털 IC 소자는 다음과 같이 표시한다.

SN7432N
7419

이 소자는 플라스틱 패키지로 소자번호는 7432를 말해주고 있으며 7419의 74는 1974년도에 제작되었다는 뜻이고, 19는 19번째 주에 제조되었다는 것을 의미한다.

(6) IC 사용상 유의할 점

TTL과 CMOS 사용상 유의해서 다루어야 할 점은

첫째, 모든 입력은 반드시 어딘가 접속되어야 한다. TTL 소자에서는 어떤 한 입력을 접속시키지 않고 개방시킨다면 논리 1상태와 꼭 같다.

CMOS 소자의 경우에 사용되지 않는 게이트 입력은 접지를 시키지 않으면 플러스 전원전압에 접속되어야 한다. 만일 개방상태로 두면 소비전력을 증가시켜 결국에는 파괴되기도 한다.

둘째로, CMOS 소자에 내장되어 있는 트랜지스터의 입력 임피던스가 매우 높아서 정전기에 민감하므로 되도록이면 접지를 시키는 등 취급에 유의를 해야 한다. 그렇게 유의를 하지 않으려면 도전성 플라스틱 용기나 금속용기에 보관해 두어야 한다.

끝으로, CMOS 소자는 전원을 연결하지 않은 상태에서 입력신호를 가해서는 안 된다. 반대로 입력에 풀업(pull-up) 저항이 접속되어 있지 않다면 전원이 공급될 때 입력을 끊어서는 안 된다.

(7) 디지털 실험장치(Digital Experiment System)

1) 디지털 실험장치의 구성

디지털 실험장치의 구성은 그림 1-7과 같다.

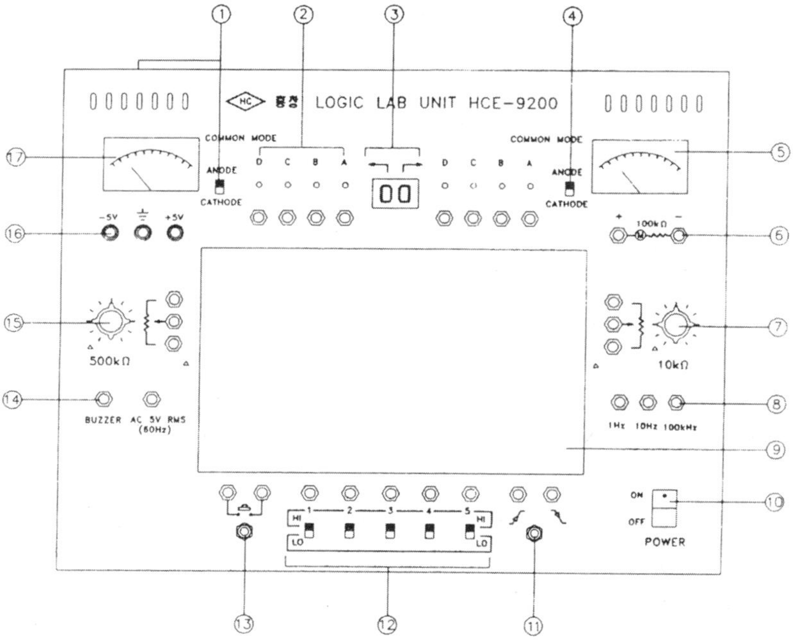

①COMMON MODE SELECTOR
②LED INDICATOR
③HEXADECIMAL NUMBER(2DIGIT)
④COMMON MODE SELECTOR
⑤직류 VOLT METER(전압계)
⑥VOLT METER 입력단자(100kX)
⑦가변저항 조절기(10kX)
⑧PLUSE 출력단자
⑨BREAD BOARD
⑩POWER SWITCH
⑪LOGIC SWITCH
⑫DATA SELECTOR
⑬PUSH BOTTON SWITCH
⑭BUZZER 단자 및 AC 5V(60Hz) 출력단자
⑮가변저항 조절기(500kX)
⑯직류 출력단자(DC OUTPUT +5V, -5V)
⑰CURRENT METER(전류계)

그림 1-7 디지털 실험기기의 구성과 명칭

실험기판은 저항, 콘덴서, 다이오드(diode), 트랜지스터(transistor), IC, 전자부품 및 연결선(lead wire) 등을 꽂을 수 있도록 구멍이 뚫려 있는 단위 구간 내에 세로로 배열된 구멍들은 서로 연결되어 있고, 전원과 접지를 위한 구멍들도 서로 연결되어 있다.

기판 주변에는 TTL 게이트의 ON–OFF 상태를 나타내는 스위치, TTL 게이트의 LED 표시기, 5[V]의 전원장치 외에 전류계 · 전압계 · 가변저항기 등 다수의 출력단자가 있다. 이들에 대한 각부의 명칭과 사용방법에 대한 설명을 하도록 한다.

① COMMON MODE SELECTOR

LED Indicator의 입력구성을 선택하는 스위치이다.

입력이 "0"일 때는 TTL Open Collector 출력에서 LED에 불이 들어 오게 하려면 Common Mode Selector를 Anode 쪽으로 절환하고, 또 입력이 "1"일 때 LED에 불이 들어오게 하려면 Selector를 Cathode 쪽으로 접속되도록 한다.

② LED INDICATOR

좌우 각각 4개의 BCD 입출력이나 8비트 binary 입출력이나 또는 개별적으로 디지털 회로의 출력과 입력 상태를 모니터(monitor)에 나타낸다.

③ HEXADECIMAL NUMBER 디스플레이(2 digit)

2–digit로서 binary 입력에 따라 Hexadecimal Number 0~9와 A~F까지 나타낸다.

④ COMMON MODE SELECTOR

그림 1–7에서 ①과 ④는 Common Mode Selector이다.

⑤ 전압계(Volt Meter)

내무저항 100kX으로 0~15[V] 범위를 지시한다.

⑥ VOLT METER 입력단자

전압을 측정하는 입력단자이다.

⑦ 가변저항 조절기(10KX)

실험회로에서 시정수 가감, 또는 입력 Level 가변시 사용할 수 있다.

⑧ 펄스 출력 단자

디지털 회로에 필요한 클럭펄스(clock pulse) 1Hz, 10Hz, 100kHz의 구형파 출력을 발생한다.

⑨ BREAD BOARD

그림 1-8에서와 같이 소켓보드(Socket Board) 위에 IC를 구성하고, 전원 Socket Board에는 접지와 전원을 공급한다.

⑩ 전원 스위치(Power Switch)

AC 110[V] 또는 220[V]의 전원을 공급과 차단시키는 스위치이다.

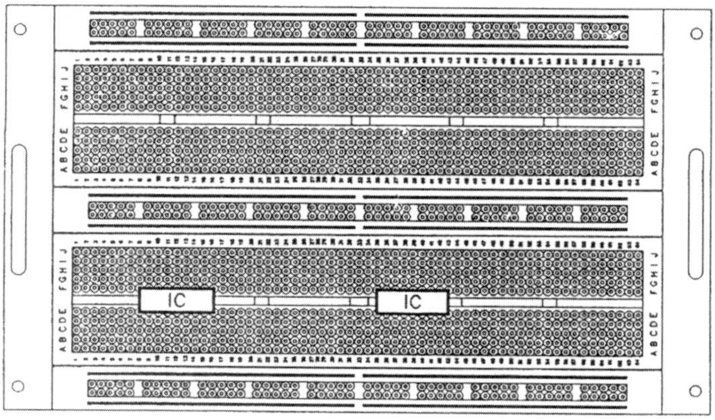

(a) 소켓보드 위에 올바른 IC 구성

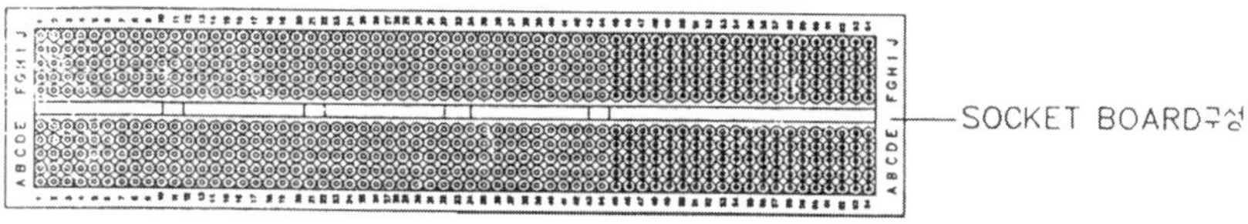

(b) 소켓보드 구성

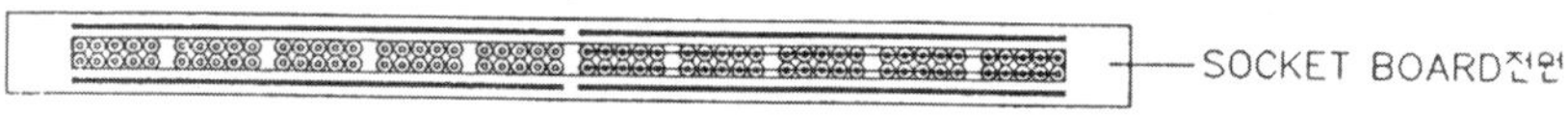

(c) 소켓보드 전원

그림 1-8 브레드 보드(Bread Board)

⑪ 로직 스위치(Logic Switch)

제어 입력 등을 제공하는 스위치로 이 스위치를 누르면 Positive Edge(↗)와 Negative Edge(↘)의 Tigger Pulse를 출력한다.

⑫ 데이터 스위치(Data Switch)

5개의 Slide 스위치는 "0"와 "1" (Low와 High)의 Logic Level을 출력하는 스위치로 디지털 회로의 데이터 입력이나 제어입력을 임의로 조작하면서 실험할 수 있다.

Logic Level을 출력하는 모든 스위치는 채터링 현상을 방지하기 위하여 특별히 설계된 로직 스위치를 로직펄서, 또는 디바운스드 스위치(debounced switch)라 한다.

⑬ 푸쉬버튼 스위치(Push Button Switch)

푸쉬버튼 스위치는 접점이 Ground Common 되지 않은 Floating 상태의 접점 출력을 나타낸다.

회로의 중간에 직렬 삽입하여 ON－OFF 조작을 시키는 데 사용한다.

⑭ BUZZER

- Buzzer 입력 잭으로 2~5[V], 1[mA] 이하의 Driver 전력에 의하여 동작한다. 즉, CMOS와 같은 적은 Driver 입력으로 동작한다.
- AC 5[V](rms)가 출력되며 이는 AC 60Hz를 이용하여 클럭신호 및 Time Base 등으로 사용한다.

⑮ 가변저항조절기(500KX)

실험회로에서 시정수 가감 또는 입력 Level 가변시 사용할 수 있다.

⑯ 직류 출력단자

DC ＋5[V]와 －5[V]의 전원을 디지털 실험회로와 OP AMP 등에 공급한다.

⑰ 전류계(Current Meter)

＋5[V] 단자에 직렬로 연결되어 있으며 이 ＋5[V]의 부하 전류를 나타낸다.

2) LED 모니터(LED Monitor)

논리 상태를 표시할 수 있는 LED(light-emitting diode) 모니터가 있는데 LED가 켜지면 논리 1이고, 꺼지면 논리 0상태를 나타낸다. 최소한 4개의 LED가 필요하며, 2개 이상의 LED 모니터가 사용될 때에는 그림 1-9와 같다.

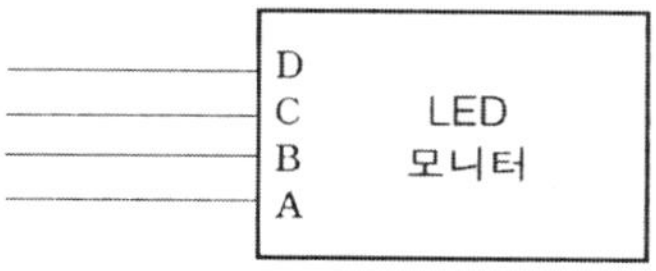

그림 1-9 로직 스위치 기호

3) 로직 스위치(Logic Switch)

로직 스위치는 출력단자에서 논리 0 또는 논리 1을 공급하는 기계적인 스위치이다. 보통 4비트 BCD코드를 입력하기 위하여 4개의 스위치가 필요하며, 이것을 그림 1-10에 나타내고 있다.

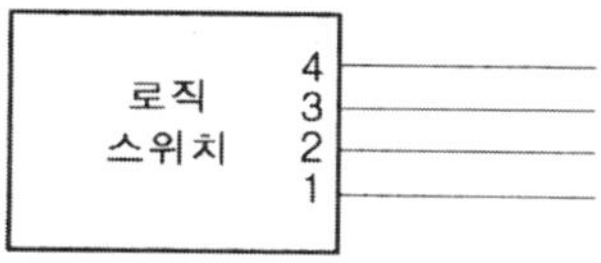

그림 1-10 LED모니터 기호

4) 로직 펄서(Logic Pulser)

기계식 로직 스위치는 접점의 스위칭 작용(ON, OFF작용)때 채터링(chattering) 현상이 발생되어 오동작을 일으키기 쉽다. 이러한 채터링 현상을 방지하기 위하여 특별히 설계된 로직 스위치를 로직 펄서 또는 디바운스드 스위치(debounced switch)라고 한다.

이 스위치는 상보대칭(complementary)의 출력을 가지며 그림 1-11과 같이 그 기호를 나타낸다.

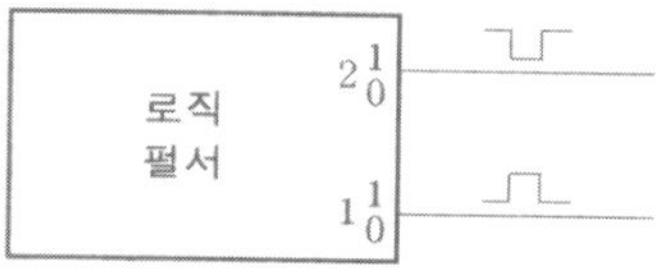

그림 1-11 로직 펄서 회로 기호

5) 펄스파 발생기(Pulse generator)

펄스파 발생기는 논리 0과 논리 1의 신호를 번갈아 가며 발생하는 일종의 재생회로이다. 클록의 출력 주파수는 외부 콘덴서나 저항에 의해서 결정되며, 그림 1－12에 펄스파 발생기의 기호를 나타내고 있다.

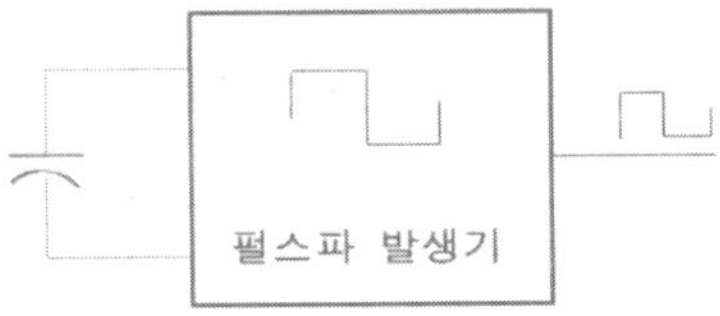

그림 1-12 펄스파 발생기의 기호

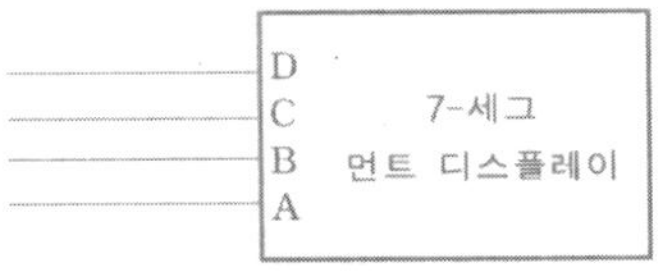

그림 1-13 7-세그먼트 LED 디스플레이

6) 7-세그먼트 LED 디스플레이

2진 정보를 쉽게 알 수 있도록 4개의 개별적인 LED 모니터 대신 7－세그먼트 LED 디스플레이를 사용할 수 있는데 이것에 대한 기호를 그림 1－13에 나타내고 있다.

(8) PROVSM V6.5 길라잡이

본 설명서는 PROVSM V6.5를 사용하고자 하는 사용자를 위한 따라하기 설명서로 프로그램의 자세한 내용을 언급하기 보다는 프로그램의 구성과 메뉴의 구성, 프로그램의 기능파악을 위하여 만들어진 설명서 입니다.

본 설명서에서는 다음과 같은 형식으로 구성되며 이외에 자세한 사항은 아이넷씨엔씨 본사에서 발행하는 **PROVSM V6.5 한글 사용자 설명서**를 참조하고 이외 궁금한 사항 및 자료 요청은 아래의 연락처로 연락 바랍니다.

홈페이지 : www.inetcnc.com
전화 : 02－866－0631
팩스 : 02－866－0634

설명서의 구성

1) 프로그램 시작
2) 프로그램 메인 화면의 구성과 기능
3) 회로 작성에 필요한 중요한 메뉴 및 단축 아이콘 사용법
4) 회로 작성과 회로 분석 따라하기

1) 프로그램 시작

본 설명서에는 생략하였으나 컴퓨터에 프로그램 설치가 완료되면 그림 1−1−1 과 같이 실행하여 프로그램을 시작할 수 있다.

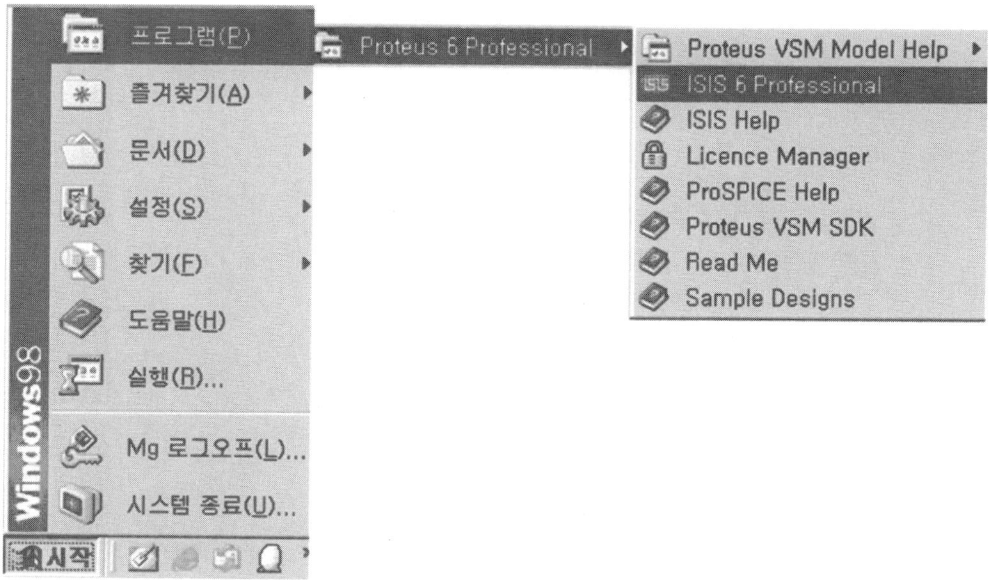

그림 1-1-1 프로그램 시작

그림 1−1−1은 기본적인 내용이며 좀더 편하게 프로그램을 사용하려면 윈도우 바탕 화면에 단축 아이콘을 만드는 방법도 있다.

그림 1−1−1은 OS가 윈도우98인 경우를 설명한 내용이며,OS가 윈도우XP인 경우에는 그림1−1−1과는 다르지만 시작 방법은 같다.

2) 프로그램 메인 화면의 구성과 기능

앞에서 설명한 내용과 같이 프로그램이 시작되었다면, 그림 1−2−1과 같이 프로그램 메인 화면이 화면에 나타날 것이다.

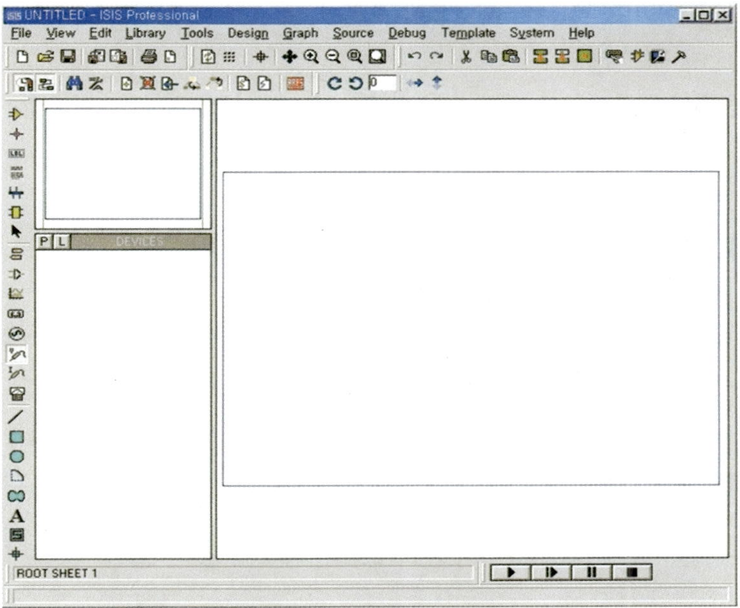

그림 1-2-1 프로그램 메인 화면

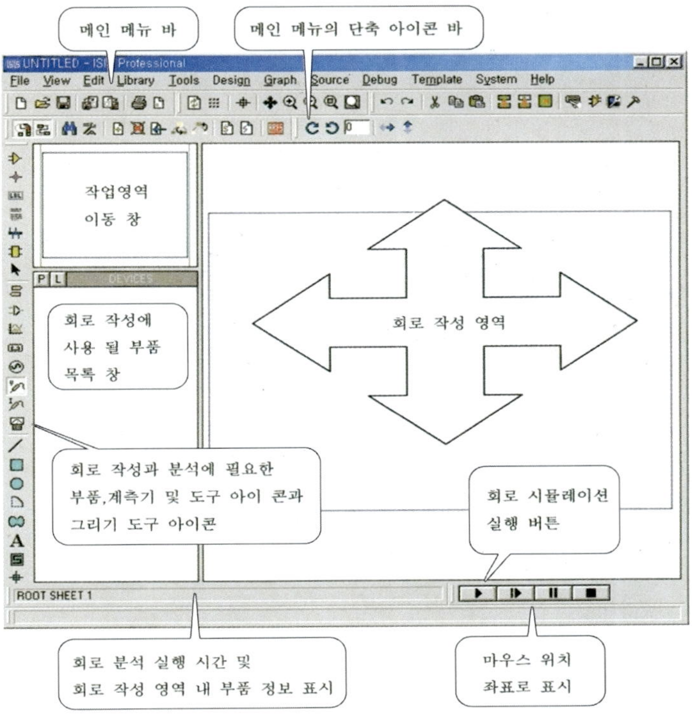

그림 1-2-1과 같이 메인 화면이 구성되며 메뉴 및 단축아이콘은 다음에 설명되는 중요한 메뉴 및 단축아이콘 설명에서 자세히 다루기로 한다.

그림 1-2-1에서 설명된 단축 아이콘 및 실행 버튼 등은 사용자의 설정에 따라 그 위치가 변할 수도 있다.

3) 회로 작성에 필요한 중요한 메뉴 및 단축 아이콘 사용법

본 설명서 첫 페이지에서 언급한 것처럼 중요하고 사용빈도가 많은 메뉴와 아이콘 등 꼭 필요한 것들만 설명하기로 하고 본 설명서에서 누락되는 내용 또한 중요함으로 **Proteus 6.0 한글 사용자 설명서**를 참조 하시기 바랍니다.

본 설명서는 사용자가 프로그램의 구성과 기능을 빨리 습득하기 위한 따라하기 설명서라는 것을 다시 한번 강조하며, 이제 설명을 시작합니다.

① File

File 메뉴는 회로 불러오기, 저장 ,출력 등 기본적인 기능을 수행한다.

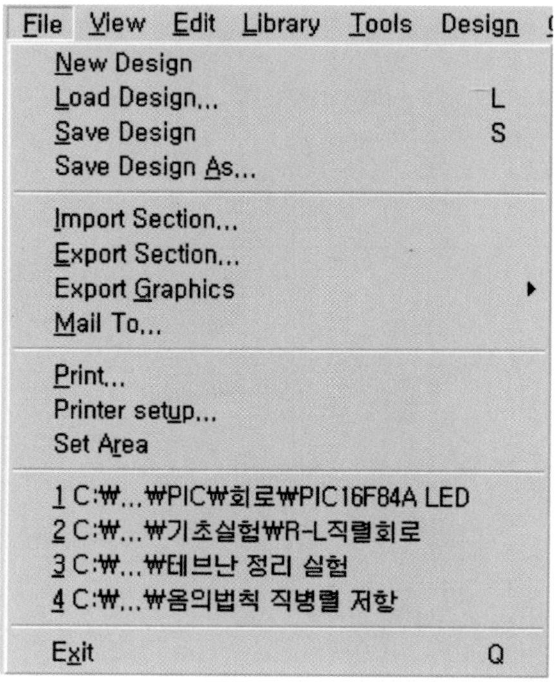

그림 1-3-1 File

New Design: 새로운 회로 작성하기
Load Design: 저장된 회로 불러오기
Save Design : 현재의 회로를 저장하기
Save Design As : 현재의 회로를 다른 이름으로 저장하기
Import Section : 현재의 회로에 다른 회로 추가 하기
Export Section : 현재의 회로를 다른 회로로 추가하기 위한 파일 만들기
Export Graphics : 현재의 회로를 그림파일로 만들기
Mail To : 현재의 회로를 메일로 보내기
Print : 현재의 회로 출력하기
Printer Setup : 프린터 환경 설정하기
Set Area : 출력 영역 선택적 지정하기
Exit : 프로그램 종료

② View

View 메뉴는 회로 작성시 필요한 회로의 확대/축소 그리드 지정 등 화면설정에 관한 기능을 수행한다.

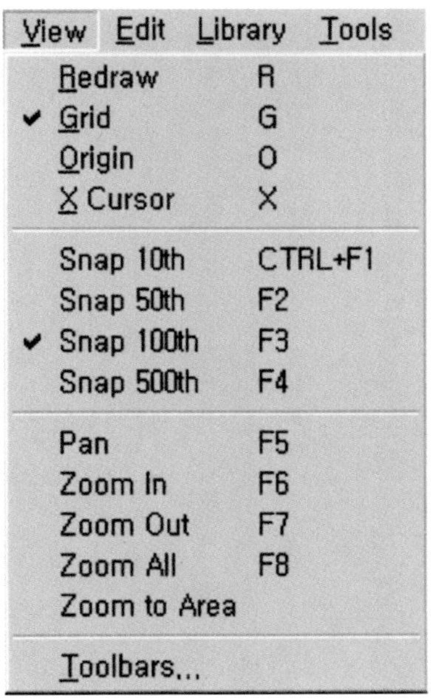

그림 1-3-2 View

Redraw : 프로그램 화면정리(메모리 정리)

Grid : 회로 작성에 필요한 그리드 표시여부 선택

X Cursor : 마우스 커서의 모양 선택

Snap 10th : 그리드 간격 10으로 지정

Snap 50th : 그리드 간격 50(기본값으로 사용 권장)으로 지정

Snap 100th : 그리드 간격 100으로 지정

Snap 500th : 그리드 간격 500으로 지정

Pan : 마우스 커서를 중심으로 화면 이동하기

Zoom In : 현재의 마우스 커서를 중심으로 회로 작성 영역 확대하기

Zoom Out : 현재의 마우스 커서를 중심으로 회로 작성 영역 축소하기

Zoom ALL : 회로작성 영역 화면 전체 보이기

Zoom to Area : 회로 작성 영역 선택적 확대

Toolbars : 메뉴들의 단축 아이콘 바 표시 여부 선택

③ Edit

일반적인 Edit의 의미와 다르게 명령 실행의 취소 또는 부품의 복사 붙여넣기는 기본적인 기능을 수행한다.

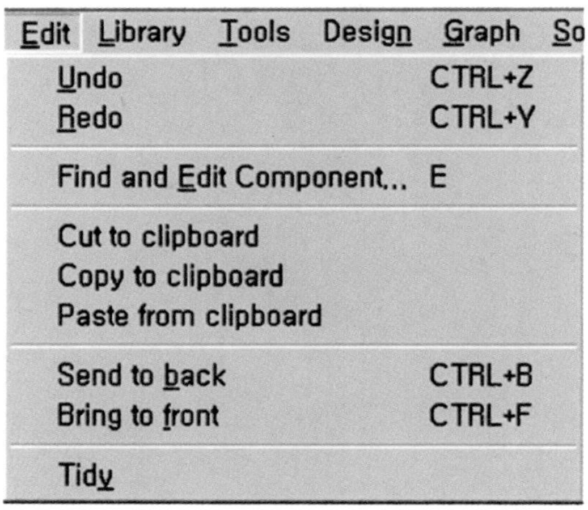

그림 1-3-3 Edit

Undo : 직전 실행한 명령 취소

Redo : 직전 실행한 Undo 취소
Find and Edit Component : 회로 작성에 사용된 부품 찾기와 특성확인
Cut to clipboard : 선택된 부품 잘라내기
Copy to clipboard : 선택된 부품 복사하기
Paste from clipboard : 복사된 부품 붙여넣기
Tidy :부품 목록 창에서 부품 삭제

④ Library
회로 작성에 필요한 부품을 불러오거나 새로운 부품과 심볼을 만들고 관리하는 기능을 수행한다.

그림 1-3-4 Library

Pick Device/Symbol : 부품을 불러오거나 심볼을 불러오기
Make Device : 새로운 부품을 만들기
Make Symbol : 새로운 부품에 필요한 심볼 작성
Decompose : 부품의 편집을 위해 속성해제
Compile to Library : 회로 작성에 사용된 부품을 사용자가 원하는 부품 라이브러리 폴더에 저장하기
Autoplace Library : 사용자가 선택한 라이브러리 폴더의 모든 부품을 회로 작성 영역에 배치하기
Library Manger : 부품과 심볼 관리기

⑤ Tools

회로 작성에 사용된 부품의 참조 번호, 신호선 연결 방법 등 회로 작성에 필요한 기능을 선택, 지정하는 기능

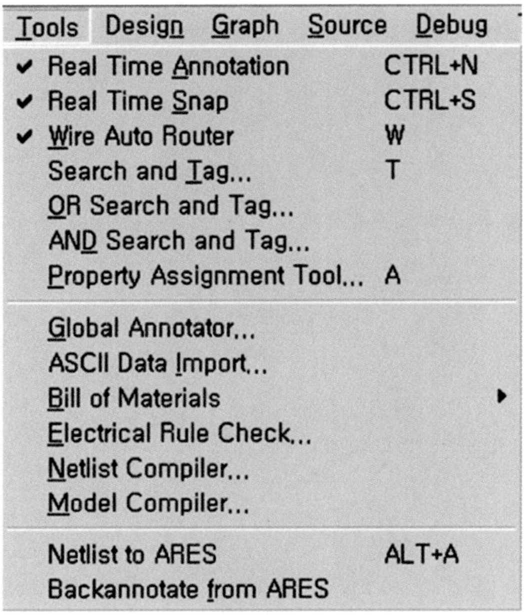

그림 1-3-5 Tools

Real Time Annotation : 실시간 참조 번호 지정 여부 선택

Real Time Snap : 실시간 스냅 기능 사용 여부 선택

Wire Auto Router : 신호선의 자동 결선 사용 여부 선택

Property Assignment Tool : 부품 값 및 참조 번호 등 일괄지정 하기

Global Annotator : 전체 부품의 참조 번호의 새로 지정하기

⑥ Design

회로도의 이름 및 계층 도면 작성 기능을 수행한다.

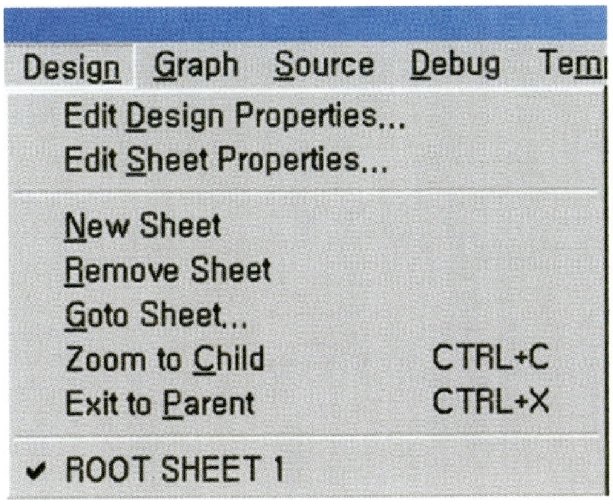

그림 1-3-6 Design

Edit Design Properties : 전체 회로에 관한 정보 기입하기

Edit Sheet Properties : 현재 회로의 정보 입력하기

New Sheet : 회로 작성 중 새로운 회로 추가하기

Remove Sheet : 작성 중이거나 작성된 회로 삭제하기

Goto Sheet : 여러 개의 회로 중 원하는 회로 선택하기

Zoom to Child : 모듈 회로 선택하기

Exit to Parent : 모듈 회로에서 전체 회로로 돌아가기

⑦ Graph

SPICE 회로 분석을 위한 그래픽 창에 관한 설정 기능 수행

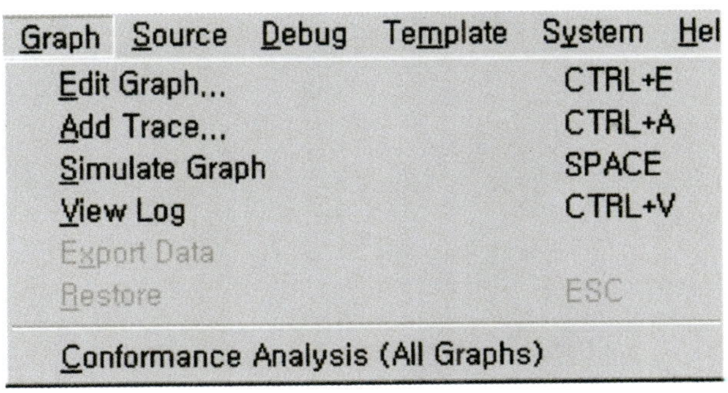

그림 1-3-7 Graph

Edit Graph : SPICE 회로 분석에 사용된 그래픽 창 속성 지정하기
Add Trace : SPICE 회로 분석을 위한 프로브 지정하기
Simulation Graph : SPICE 회로 분석 실행하기
View Log : SPICE 회로 분석에 관한 정보 보기
Export Data : SPICE 회로 분석 결과를 파일로 저장하기
Restore : 확대된 분석 창을 본래 크기로 복귀하기
Conformance Analysis : 하나의 분석 창으로 서로 다른 분석 결과 보기

⑧ Source

마이크로 프로세서 및 콘트롤러의 소스 추가 및 삭제, 작성된 소스의 컴파일러지정과 컴파일 기능을 수행한다.

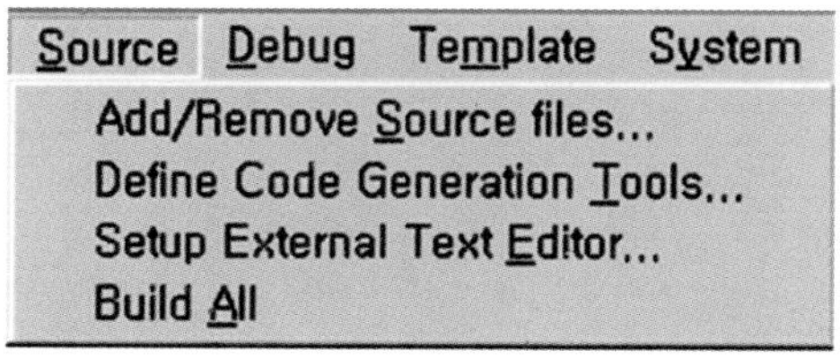

그림 1-3-8 Source

Add/Remove Source files : 소스파일 추가 및 삭제하기
Define Code Generation Tools : 컴파일러 지정하기
Setup External Text Editor : 소스 편집기 지정하기
Build ALL : 사용자가 지정한 소스와 컴파일러를 사용하여 컴파일 하기

⑨ Debug

마이크로 프로세서와 콘트롤러의 동작 상태를 파악하기 위한 기능수행

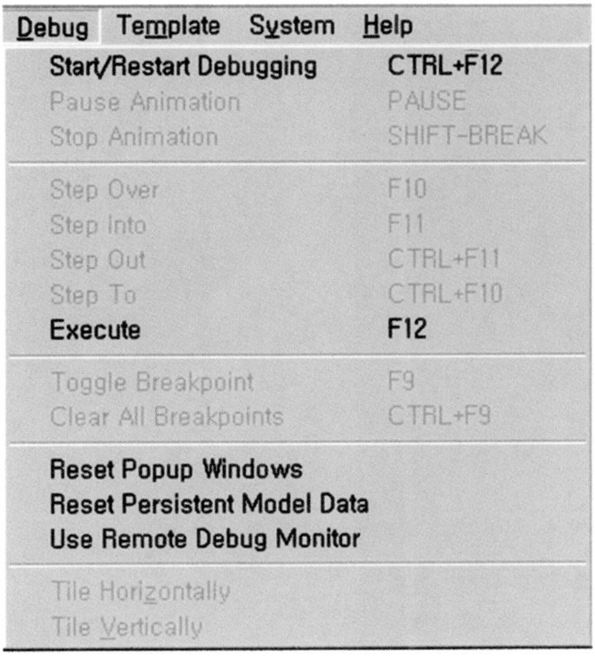

그림 1-3-9 Debug

Start/Restart Debugging : 회로의 분석 실행과 재실행

Pause Animation : 회로 시뮬레이션 일시 멈추기

Stop Animation : 회로 시뮬레이션 끝내기

Step Over : 서브루틴 단위로 소스 프로그램 디버깅하기

Step Info : 소스코드 단위로 프로그램 디버깅하기

Step Out : 프로그램 디버깅을 멈추고 회로 시뮬/에뮬레이션 하기

Step To : 소스창의 마우스 커서 위치까지만 디버깅 하기

Execute : 회로 시뮬레이션 실행하기

Toggle Breakpoint : 브레이크 포인트 지정하기

Clear All Breakpoint : 브레이크 포인트 모두 해제하기

⑩ Template

회로 작성에 사용되는 색과 글자의 크기 등을 지정하는 기능수행

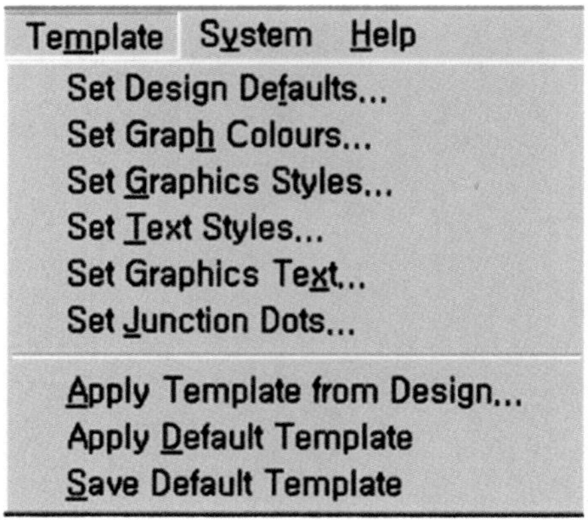

그림 1-3-10 Template

Set Design Defaults : 프로그램의 기본 색 설정과 애니메이션의 색 지정
Set Graph Colours : 회로 분석에 필요한 그래픽 도구 색 지정
Set Graph Styles : 회로 구성 요소들의 고유 색 지정
Set Text Styles : 회로 구성에 필요한 요소들의 글꼴 및 크기, 색 지정
Set Graphics Text : 회로에 기입되는 문자의 글꼴 및 크기 , 색 지정
Set Junction Dots : 신호선의 접속 점 크기 및 형태 지정
Apply Template from Design : 기존 회로의 환경을 현재 회로에 적용하기
Apply Default Template : 기본으로 지정된 환경을 현재 회로에 적용하기
Save Default Template : 현재의 상태를 기본 환경으로 저장하기

⑪ System
프로그램 전체 환경을 설정하는 기능을 수행한다.

System Info : 프로그램 사용자 정보와 프로그램 정보 보기
Text Viewer : 현재 회로에 관한 모든 정보 보기
Set Environment : 회로 작성에 필요한 작업 환경 설정하기
Set Paths : 라이브러리와 모델의 경로 설정하기
Set Sheet Size : 작성할 회로도의 용지 크기 설정하기
Set Animation Options : 회로 애니메이션 환경 설정하기
Set Simulation Options : 회로 시뮬레이션 환경 설정하기

그림 1-3-11 System

⑫ Help

프로그램의 도움말을 표시하는 기능을 수행한다.

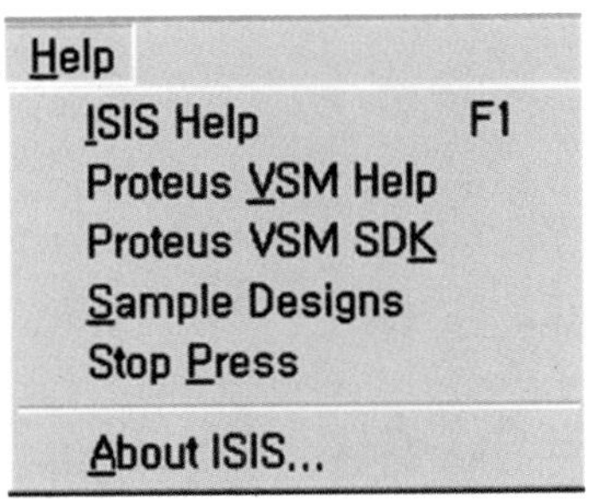

그림 1-3-12 Help

ISIS Help : 회로 작성과 사용법에 관한 도움말을 표시하는 기능

About ISIS : 현재 프로그램의 버전을 표시하는 기능

단축 아이콘

(1) (2) (3) (4) (5) (6) (7) (8) (9) (10) (11) (12) (13) (14)

(1) File — New

(2) File — Open

(3) File — Save

(4) File — Import Section

(5) File — Export Section

(6) File — Print

(7) File — Set Area

(8) View — Redraw

(9) View — Grid

(10) View — Pan

(11) View — Zoom In

(12) View — Zoom Out

(13) View — Zoom All

(14) View — Zoom to Area

(15) (16) (17) (18) (19) (20) (21) (22) (23) (24) (25)

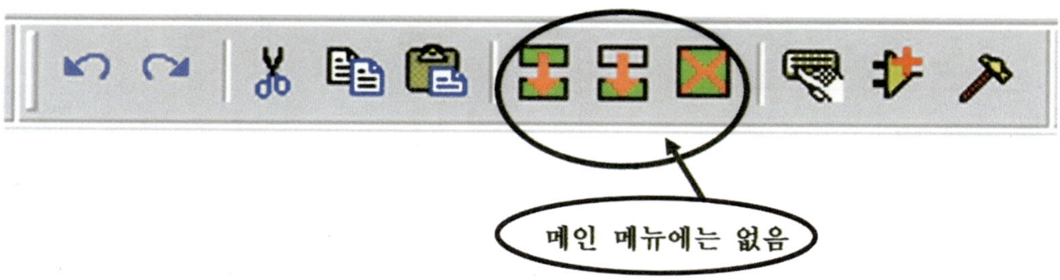

(15) Edit — Undo

(16) Edit — Redo

(17) Edit — Cut to Clipboard

(18) Edit — Copy to Clipboard

(19) Edit − Paste from Clipboard

(20) Copy Tagged Objects : 선택된 내용의 블럭 복사

(21) Move Tagged Objects : 선택된 내용의 블록 이동

(22) Delete Tagged Objects : 선택된 내용의 블록 삭제

(23) Library − Pick Device/Symbol

(24) Library − Make Device

(25) Library − Decompose

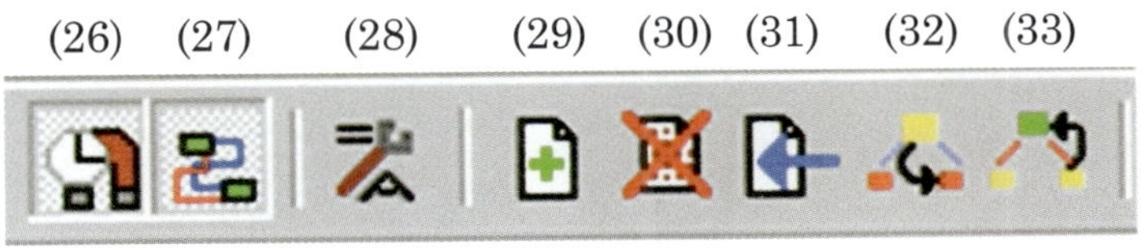

(26) Tools − Real Time Snap

(27) Tools − Wire Auto router

(28) Tools − Property Assignment Tool

(29) Design − New Sheet

(30) Design − Remove Sheet

(31) Design − Goto Sheet

(32) Design − Zoom to Child

(33) Design − Zoom to Parent

(32) 선택된 부품과 심볼 시계 방향으로 회전

(33) 선택된 부품과 심볼 반시계 방향으로 회전

(34) 회전 각도 설정(90도 단위)

(35) 선택된 부품 좌우 반전

(36) 선택된 부품 상하 반전

- 부품 불러오기
- 신호선에 접속 점 추가
- 신호선 이름 입력
- 도면에 텍스트 입력
- 버스 선 그리기
- 모듈 회로 그리기
- 선택 모드
- 입출력 포트 선택하기
- 부품 핀 선택하기
- 그래픽 창 선택하기
- 데이터 레코더 선택하기
- 소스 신호 선택하기
- 전압 프로브 선택
- 전류 프로브 선택
- 가상 계측기 선택

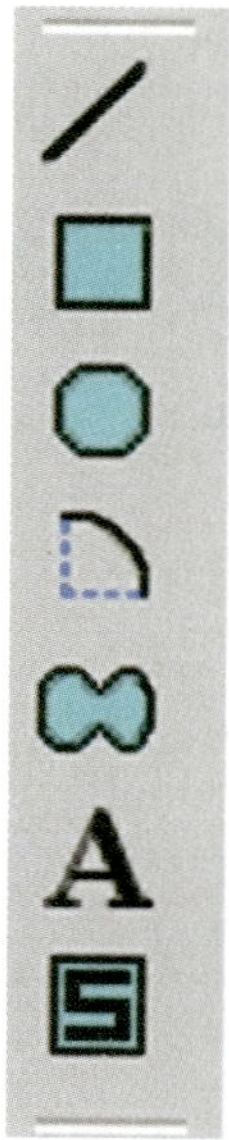

- 선 그리기
- 네모 그리기
- 원 그리기
- 호 그리기
- 폐곡선 그리기
- 텍스트 입력
- 부품 심볼 선택하기

(37) (38) (39) (40)

(37) 회로 시뮬레이션 실행

(38) 회로 시뮬레이션 스텝 단위 실행

(39) 회로 시뮬레이션 일시 멈춤

(40) 회로 시뮬레이션 정지

4) 회로 작성과 회로 분석 따라하기

실습 예제 1

앞장에서 설명한 내용을 기초로 하여 회로 작성과 시뮬레이션을 실행하자.

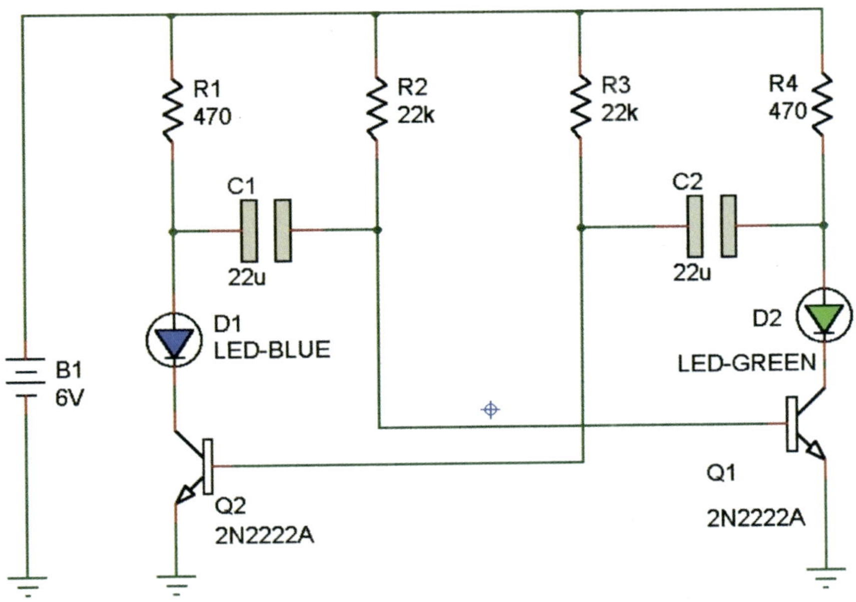

그림 1-4-1 실습예제 1

(1) 먼저 그림 1−4−2와 같이 프로그램을 실행한다.

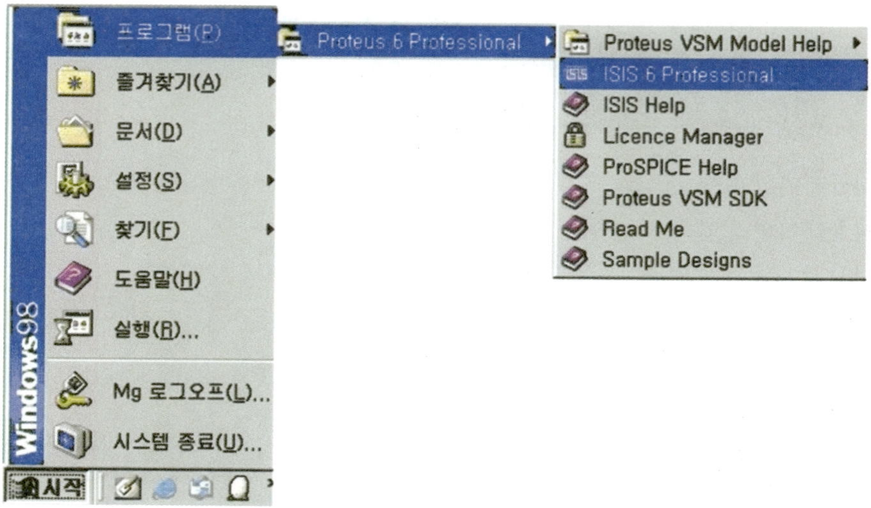

그림 1-4-2

(2) 그림 1－4－3과 같이 프로그램 화면이 나타난다.

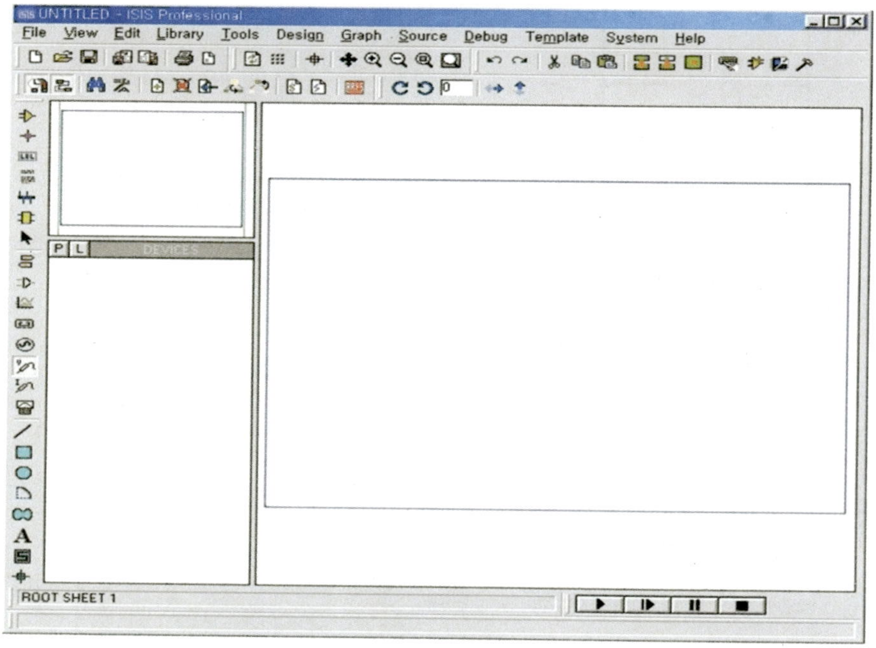

그림 1-4-3

(3) 그림 1−4−4 처럼 마우스를 **아이콘 위로** 이동시켜 **왼쪽 버튼**을 **한번만 클릭**한다. 그러면 그림 1−4−5 처럼 부품 목록 창에 **P L**이 표시된다

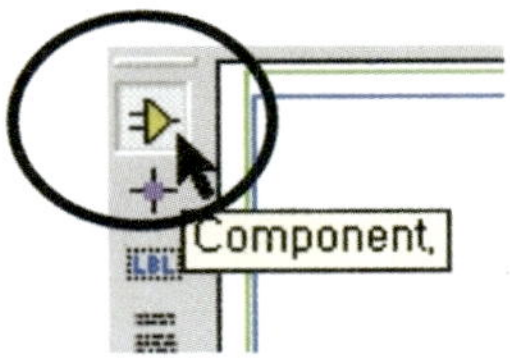

그림 1-4-4

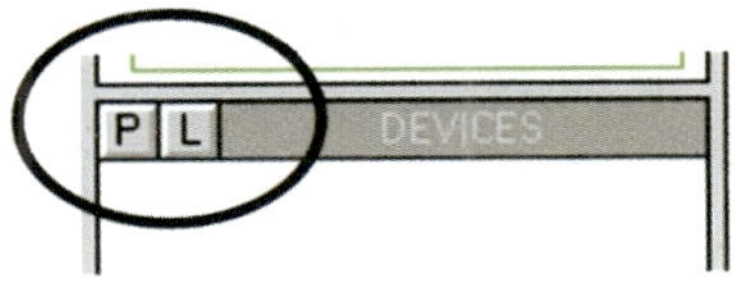

그림 1-4-5

(4) **마우스 왼쪽 버튼**을 이용하여 〔P〕를 **한번 클릭**한다.
(5) 그림 1−4−6처럼 화면에 창이 열린다.

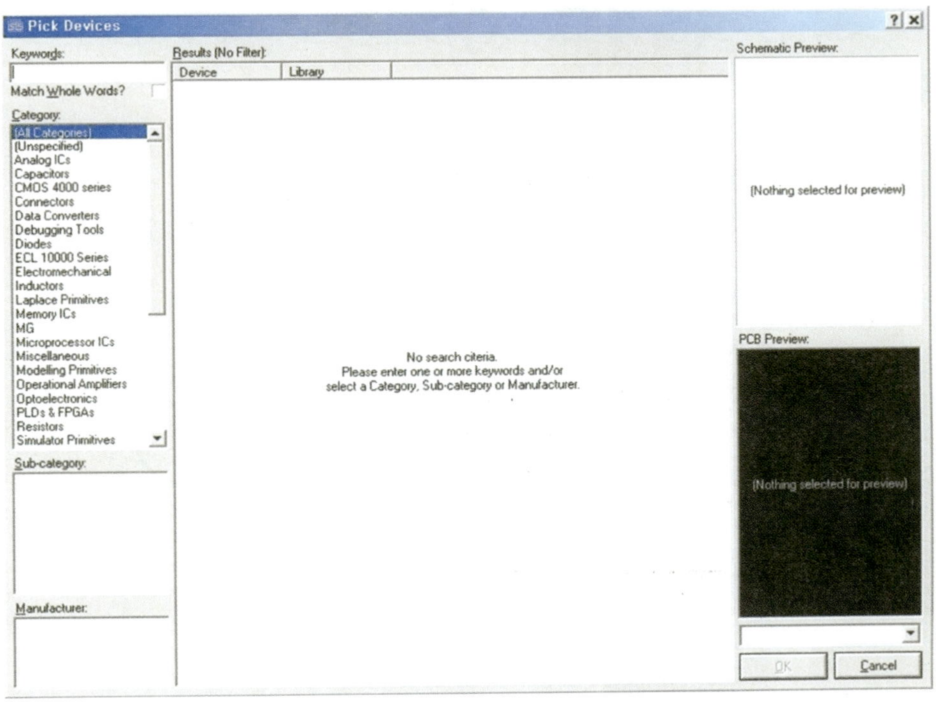

그림 1-4-6

(6) 그림 1−4−6와 같이 창이 열리면 그림 1−4−7과 같이 마우스 **왼쪽 버튼**을 이용하여 **한번만 클릭**한다.

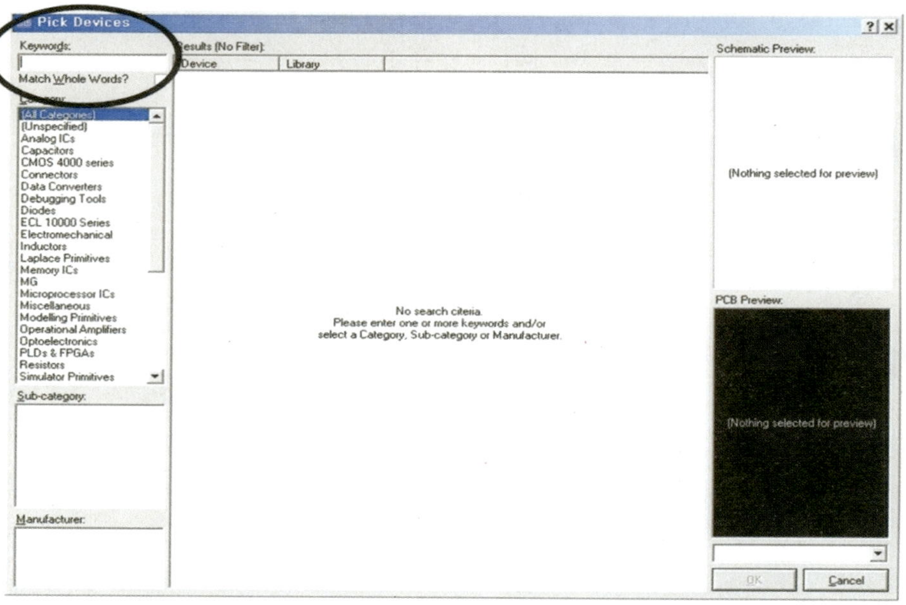

그림 1-4-7

(7) 그림 1-4-7과 같이 클릭 한 후 사용할 부품 종류 또는 형식, 부품 이름을 입력한다.
실습1예제 – RES, CAPACITOR,LED–GREEN, LED–RED,2N2222A

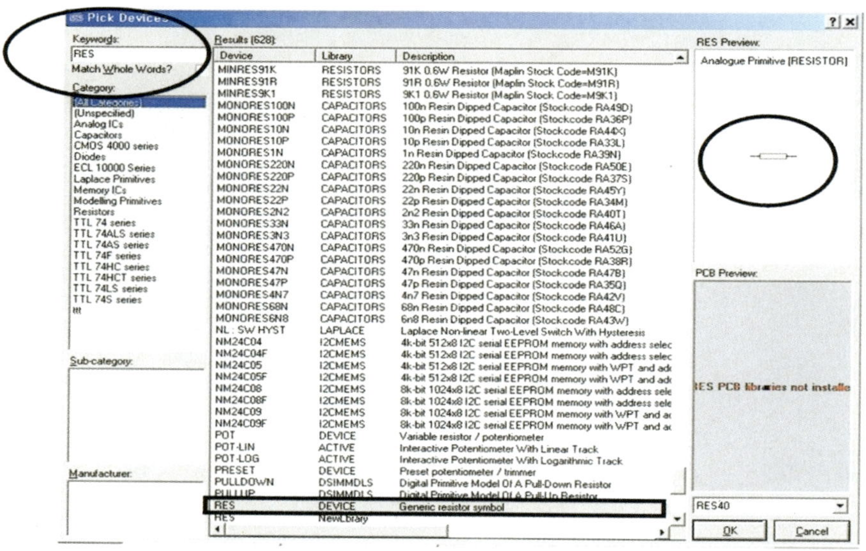

그림 1-4-8

(8) **그림 1－4－8과 같이 입력하면** 창의 오른쪽에 현재 입력한 부품의 모양이 나타난다.

(9) 오른쪽 창에 나타난 부품의 모양을 확인하여 사용자가 원하는 부품이면 그림 1－4－8에서 선택한 부품을 **마우스 왼쪽 버튼을 이용하여 더블클릭** 한다.

(10) 그림 1－4－8에서 부품을 마우스 왼쪽 버튼을 이용하여 더블클릭하면 그림 1－4－9과 같이 부품목록 창에 부품이 등록된다.

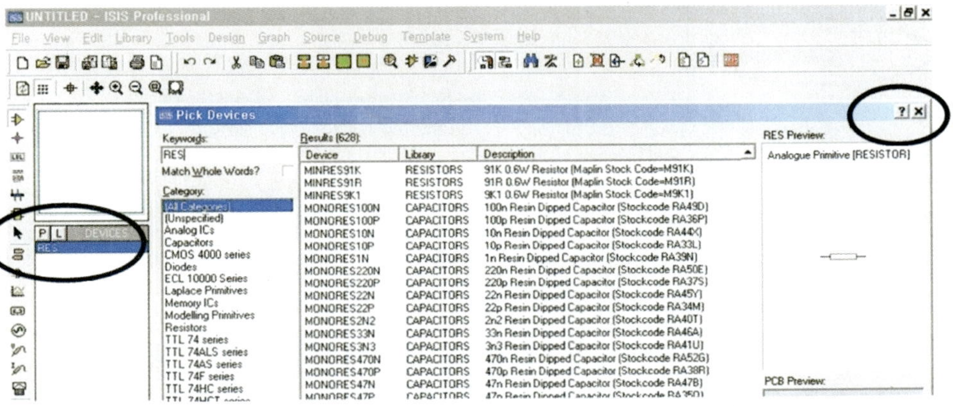

그림 1-4-9

(11) 그림 1－4－9과 같이 선택한 부품이 **부품 목록**에 등록되면 앞에서 설명한 순서 (6) ~(10)의 과정을 반복하여 회로 작성에 필요한 모든 부품을 부품목록 창에 등록한다. 등록이 완료되면 그림 1－4－9의 **창을 닫는다**.

(12) 실습예제 1에 필요한 **부품이 부품목록 창**에 그림 1－4－10와 같이 등록되어야 한다.

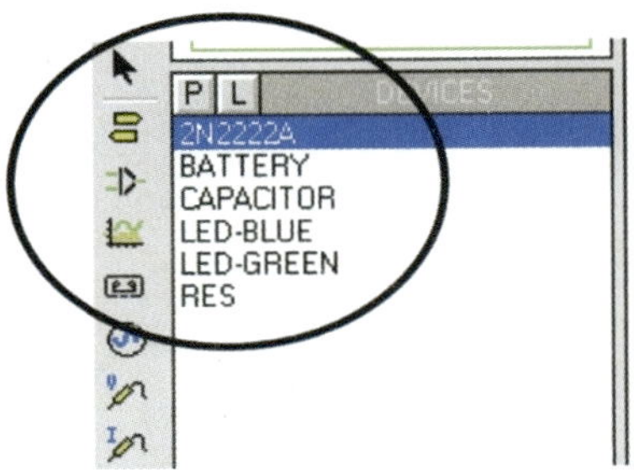

추가 라이브러리를 등록하지 않았을 경우에는 실습예제 1 라이브러리 모양과 다르다. 일단 그림 1－4－10과 같이 이름을 입력하고 부품을 찾아 실습을 진행한다.

그림 1-4-10

(13) 그림 1－4－10와 같이 부품이 등록되면 그림 1－4－11과 같이 부품 목록 중 필요한 부

품을 **마우스 왼쪽 버튼**을 이용하여 **한번만 클릭**한다.

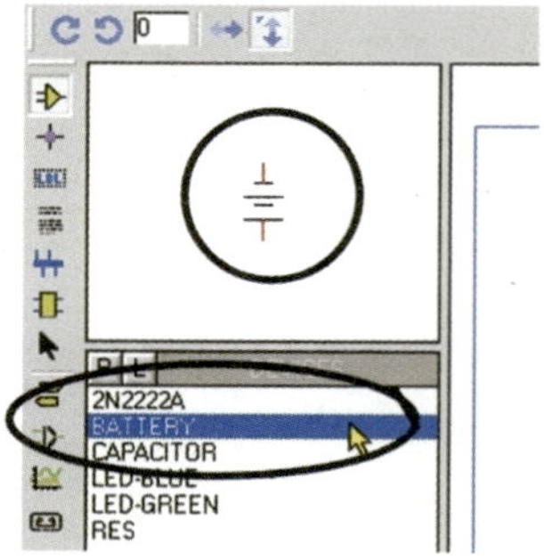

그림 1-4-11

(14) 그림 1-4-11과 같이 **선택하면** **작업 영역 이동 창**에 선택한 부품의 모양이 나타난다. 이때 부품의 극성 또는 방향을 확인한다.

(15) 방향 또는 극성이 원하는 것과 다를 경우 그림 1-4-11과 같이 **부품을 마우스 왼쪽 버튼**을 이용하여 **한번만** 선택한 후 그림 1-4-12과 같이 **단축 아이콘**을 **마우스 왼쪽 버튼**을 이용하여 **한번씩 클릭** 하면서 방향과 극성을 원하는 모양으로 변경한다.

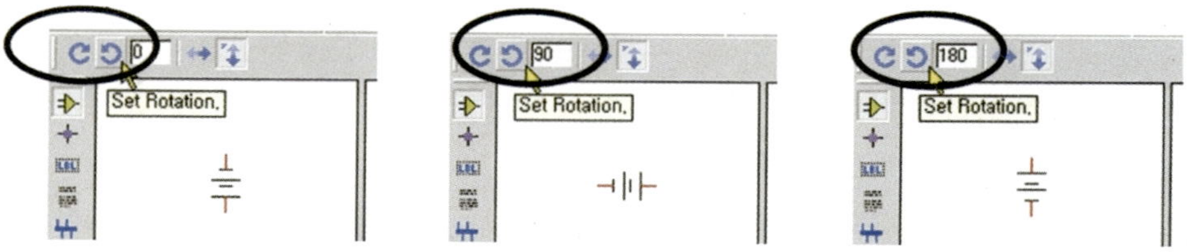

그림 1-4-12

단축 아이콘을 **마우스 왼쪽 버튼**을 이용하여 **한번씩 클릭** 하면서 방향과 극성을 원하는 모양으로 변경한다.

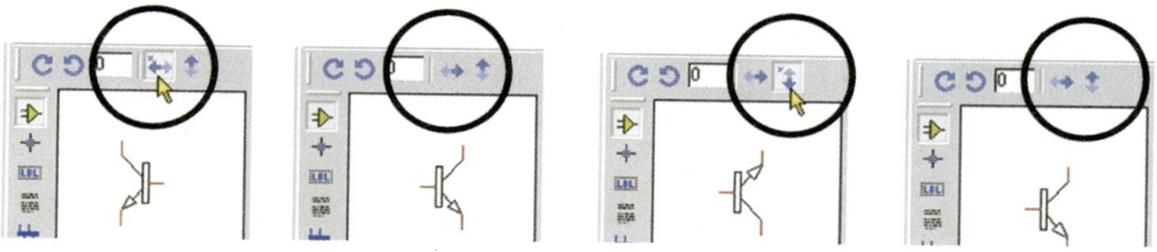

그림 1-4-12-1

(16) 그림 1－4－12과 그림 1－4－12－1 같이 부품을 회전 시켜 원하는 모양이 되면 이제 부품을 도면 작성영역에 배치한다.

(17) 마우스를 **도면 작성영역**으로 이동하여 **마우스 왼쪽 버튼을 한번만 클릭**한다. 그러면 그림 1－4－13와 같이 **부품이 배치된다**.

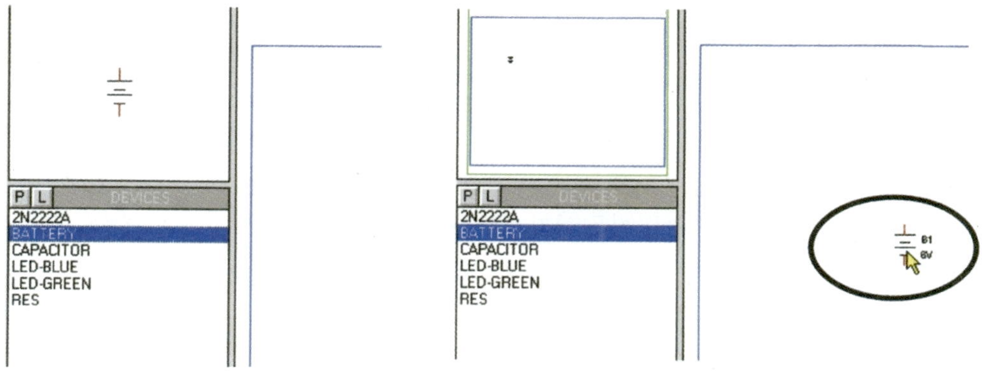

그림 1-4-13

본 프로그램은 마우스 왼쪽 버튼이 명령 실행이며, 마우스 오른쪽 버튼이 편집 명령으로 동작한다.

(18) 똑같은 부품이 여러 번 사용될 경우에는 그림 1－4－13와 같이 배치 후 마우스를 원하는 위치로 이동하여 다시 한번 **마우스 왼쪽 버튼을 한번씩 만 클릭**하면 부품이 배치된다.

(19) 만일 **마우스 왼쪽 버튼을 두 번** 또는 **그 이상 클릭**하게 되면 **클릭한 횟수 만큼 부품이 배치된다**.

(20) 만일 필요 이상의 부품이 배치 되었을 경우에는 사용하지 않을 부품 위로 마우스를 이동한다.

(21) 이동이 완료되면 **마우스 오른쪽 버튼**으로 삭제할 부품을 **한번 클릭**하면 부품의 색이 **적색**으로 변한다.

(22) 적색으로 변한 부품를 **마우스 오른쪽 버튼**으로 **다시 한번만 클릭한다**. 그러면 부품이 삭제된다.

(23) 순서 (19) ~ (22)의 내용을 그림 1－4－14으로 다시 설명하여 본다.

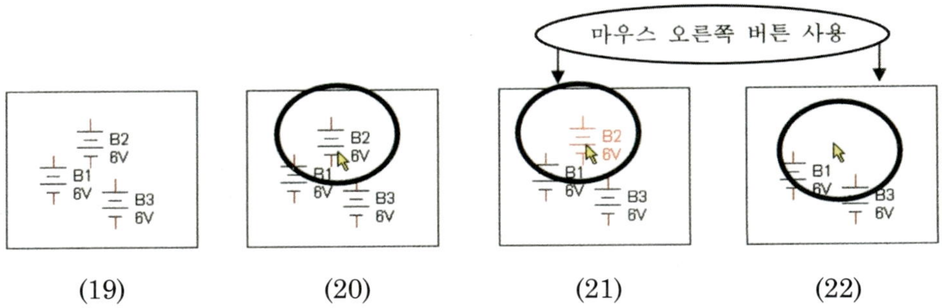

그림 1-4-14

(24) 이미 배치된 부품의 위치를 이동 시키려면, 이동시킬 부품위로 마우스를 이동한다.

(25) 마우스 이동이 완료되면 **마우스 오른쪽 버튼**을 이용하여 이동하고자 하는 **부품을 한번 만 클릭**한다.

(26) 그러면 **부품**의 색이 **적색**으로 변한다.

(27) 부품의 색이 적색으로 변하면 **마우스 왼쪽 버튼으로 부품을 클릭한 상태**로 마우스를 이동한다.

(28) 원하는 위치에서 마우스 왼쪽 버튼을 놓는다.

(29) 왼쪽 버튼을 놓으면 부품이 배치되고 색은 **적색**이다.

(30) 마우스를 **부품이 없는 빈 공간**으로 이동하여 **오른 마우스를 한번 클릭**하면 부품의 색이 **원래의 색**으로 돌아온다.

(31) 순서 (25)~ (30)의 내용을 그림 1－4－15와 같이 다시 설명하여 본다.

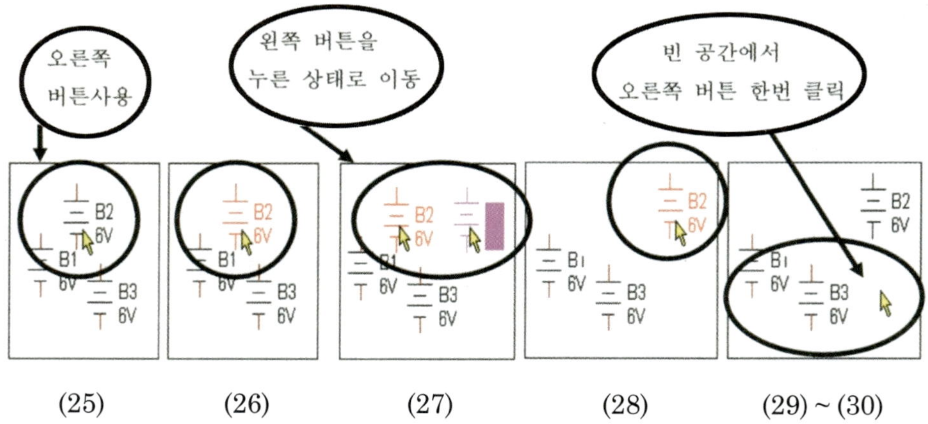

그림 1-4-15

(32) 이제 그림 1－4－15와 같이 부품을 배치하자.

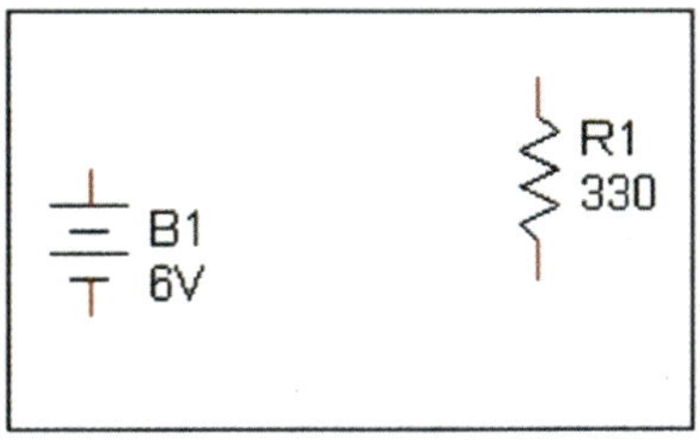

그림 1-4-16

(33) 그림 1－4－16와 같이 배치가 완료되면 이제 신호선을 연결해보자.

(34) 마우스를 부품의 핀 위로 이동시켜 보자

(35) 마우스가 부품의 핀으로 이동되면 어느 순간, **마우스 커서의 끝 모양이 변한다**.

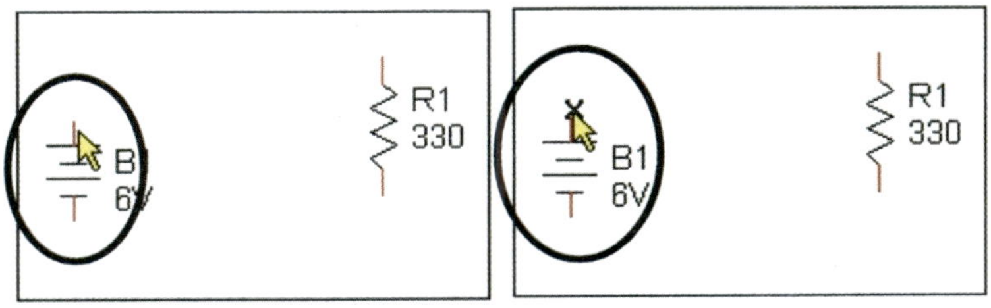

그림 1-4-17

(36) 마우스 커서의 끝 모양이 그림 1－4－17과 같이 변하면 **마우스 왼쪽 버튼을 한번만 클릭**한다.

(37) 연결하고자 하는 다른 부품의 핀으로 마우스를 이동한다. 그림 1－4－18과 같이 대각선 방향으로 이동하기 바란다(**마우스 이동 시 마우스의 왼쪽 버튼은 놓은 상태로 이동 한다. 만일, 마우스 왼쪽 버튼을 누른 상태라면 수동 연결 모드로 신호선이 매끄럽게 생성되지 않는다**).

(38) 마우스가 연결될 부품의 핀에 위치되면 그림 1－4－17과 같이 마우스의 커서 끝 모양이 변한다.

(39) 마우스 왼쪽 버튼을 한번 클릭한다.

(40) 신호선 연결이 완료된다.

(41) 순서 (37) ~ (40)의 과정을 그림 1−4−18과 같이 설명하여 본다.

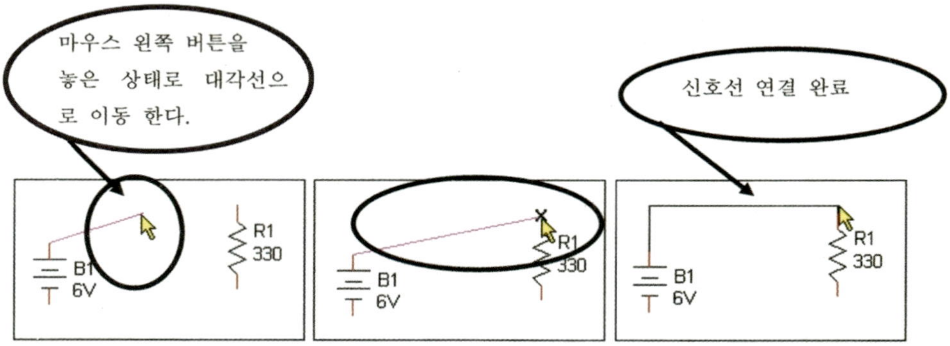

그림 1-4-18

(42) 이제 그림 1−4−19과 같이 마우스를 **<u>포트 선택 아이콘</u>**으로 이동하여 그라운드 부품을 선택하여 회로에 추가하고 결선하자.

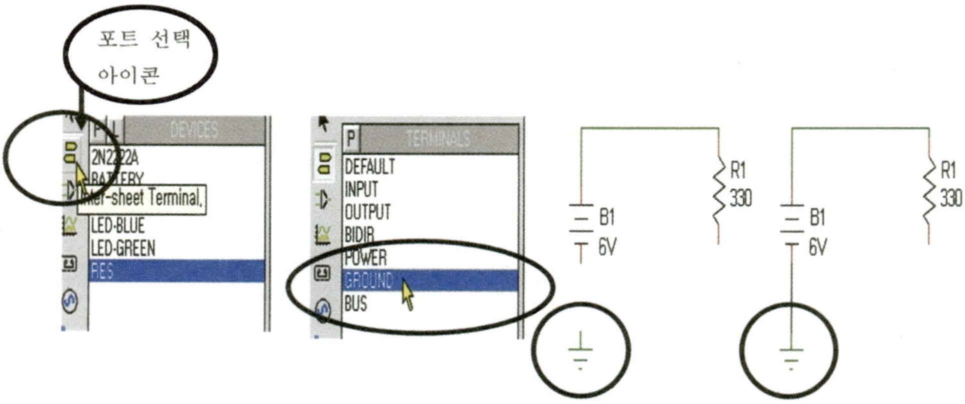

(1) (2) (3) (4)

그림 1-4-19

(43) 그림 1−4−19의 (1) 같이 포트 선택 아이콘을 **<u>마우스 왼쪽 버튼</u>**으로 **<u>한번</u>** 누르면 그림 1−4−19의 (2)와 같이 〔GROUND〕 부품이 보일 것이다. 마우스 **<u>왼쪽 버튼</u>**으로 〔GROUND〕 부품을 **<u>한번 클릭</u>**한 후, 앞에서 설명한 순서 (13) ~ (15) 처럼 배치될 모양을 만든다(**P51 ~ 52 참조**).

(44) 원하는 모양이 되면 순서 (17)을 참조하여 그림 1−4−19의(3)과 같이 배치한다(**P57 참조**).

(45) 배치가 완료되면 순서 (34) ~ (40)를 참조 하여 그림 1−4−19의(4)와 같이 신호선 연결을 완료한다(**P59 ~ 60 참조**).

(46) 신호선 연결이 완료되면 그림 1−4−20와 같이 마우스를 **부품 불러오기 아이콘**으로 이동시킨다.

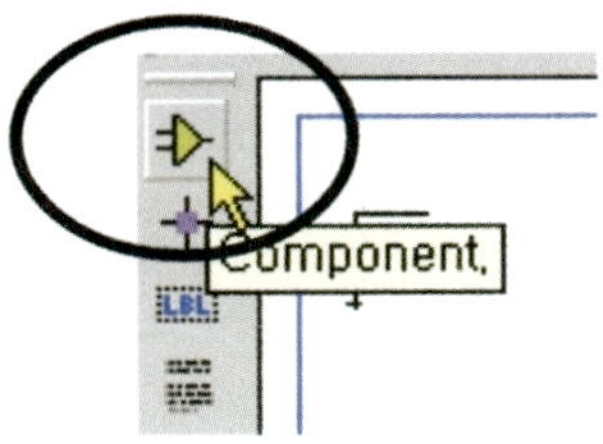

그림 1-4-20

(47) 그림 1−4−20와 같이 마우스가 이동되면 **마우스 왼쪽 버튼**으로 **한번만 클릭**한다. **만일 순서(46) ~ (47) 과정을 진행하지 않으면 실습예제 1에 필요한 부품을 배치할 수 없다.**

(48) 그림 1−4−10처럼 등록된 부품들이 나타날 것이다(**P55 참조**).

(49) 앞장에서 설명한 내용을 참조하여 실습예제 1을 완성하자. 회로 작성 중 화면 확대 및 축소,이동은 단축 아이콘과 키보드의 [F5], [F6], [F7], [F8]을 사용하면 된다. 회로 작성 중에 마우스 왼쪽 버튼을 이용하여 **단축아이콘**을 선택해 보면 쉽게 이해가 될 것이다.

(50) 앞장에서 부품의 이동과 삭제 과정은 설명하였다. 신호선 또한 이동, 삭제 명령이 부품과 동일하다. 그림 1−4−21을 참조하기 바란다.

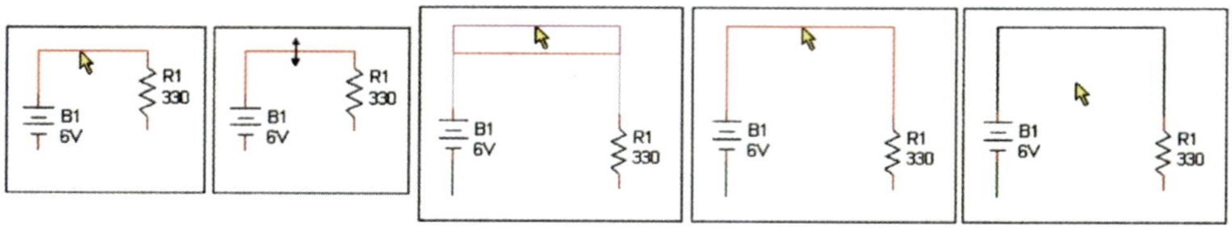

(1) (2) (3) (4) (5)

그림 1-4-21

(51) 그림 1－4－21의 (1)처럼 이동하려는 신호선 위에서 **마우스 오른쪽 버튼 한번만** 클릭한다. 신호선이 적색으로 변한다.

(52) 신호선이 적색으로 변한 후 **마우스 왼쪽 버튼을 한번 클릭**하면, **(이 때 마우스 왼쪽 버튼을 누른 상태로 유지)** 그림 1－4－21의 (2)처럼 마우스의 **커서 끝**이 변한다.

(53) 그림 1－4－21의 (3)처럼 마우스를 원하는 위치로 이동 시킨다.

(54) 원하는 위치로 이동되면 **마우스 왼쪽 버튼**을 놓는다.

(55) 그림 1－4－21의 (4)처럼 원하는 위치로 신호선이 이동되며, 신호선은 적색으로 유지된다.

(56) 그림 1－4－21의 (5) 처럼 빈공간으로 마우스를 이동시켜 **오른쪽 버튼 한번 클릭** 하면 신호선이 원래의 색으로 된다.

(57) 이제 부품 값을 입력하자.

(58) 부품 위로 마우스를 이동시켜 마우스 **오른쪽 버튼을 한번만 클릭**한다. 만일 **실수**로 마우스 **오른쪽 버튼을 두 번 클릭**하여 부품 또는 신호선이 삭제 되었을 경우에는 키보드에서 **[U]**를 누르거나 **실행 명령 취소 단축 아이콘**을 선택하면 삭제된 내용이 **복구**된다.

(59) 그림 1－4－22처럼 **클릭한 부품이 적색**으로 변한다. 부품이 적색으로 변하지 않았다면 부품 값을 입력할 수 없다.

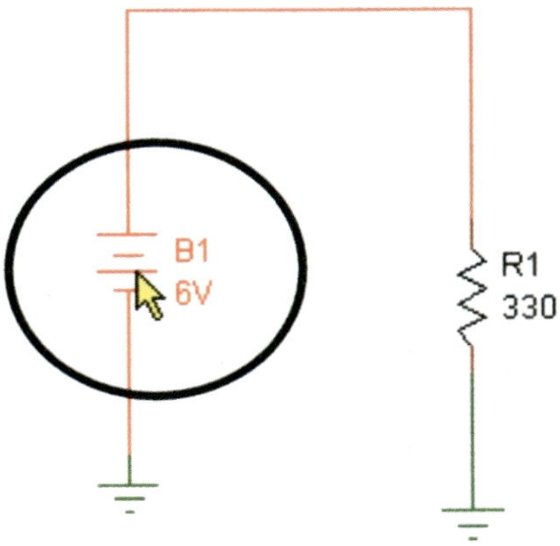

그림 1-4-22

(60) **마우스 왼쪽 버튼**을 이용하여 **적색**으로 변한 부품을 **한번만 클릭**한다. 그림 1−4−23와 같이 창이 열린다.

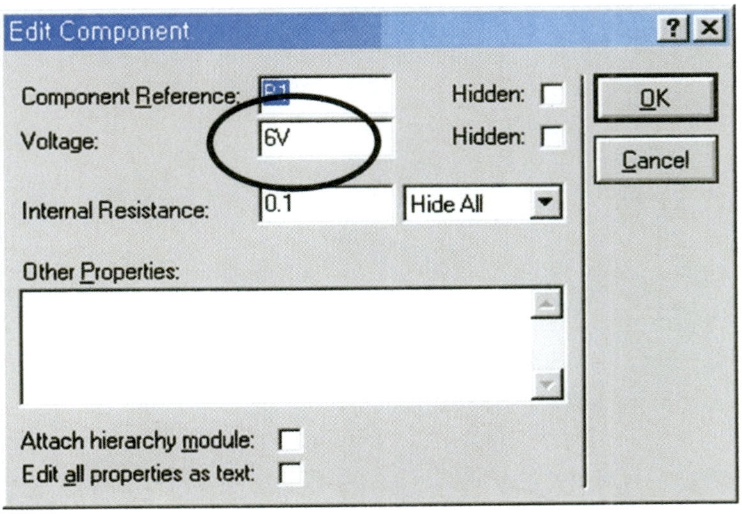

그림 1-4-23

(61) 그림 1−4−23와 같이 창이 열리면 그림 1−4−23−1과 같이 값을 입력하고 마우스 왼쪽 버튼을 이용하여 **[OK]한번 클릭**한다.

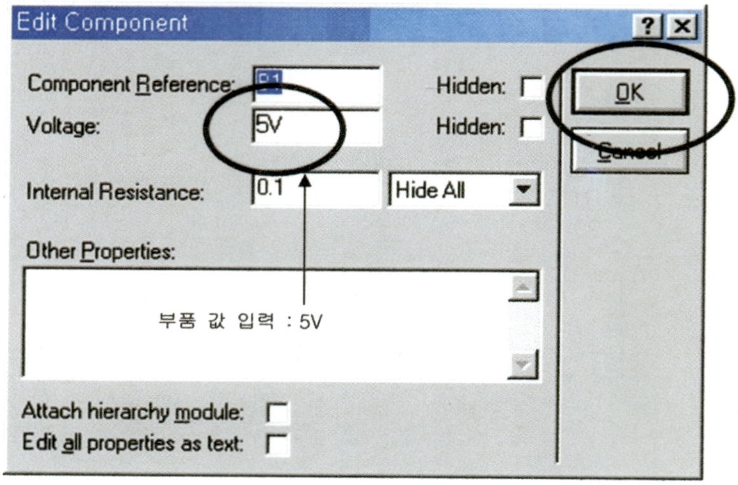

그림 1-4-23-1

(62) 그림 1−4−24과 같이 **부품 값이 입력된다**.

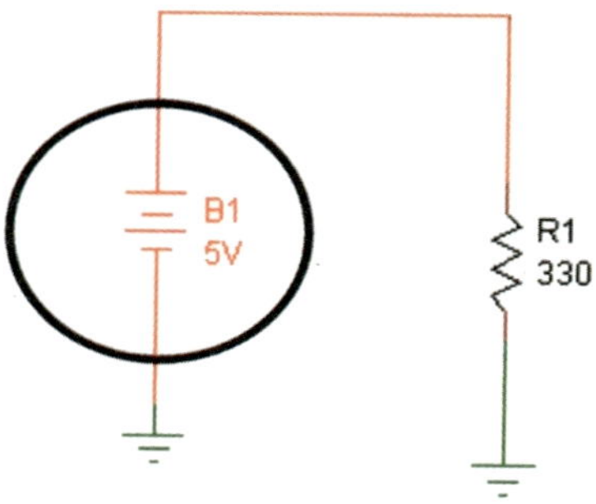

그림 1-4-24

(63) 그림 1−4−24처럼 값이 입력되었으면 마우스를 빈공간으로 이동시켜 **마우스 오른쪽 버튼을 한번 클릭**한다.

(64) 이번에는 **같은 값**을 가지는 **부품이 많을 경우**에 **한번에 입력**하는 방법을 설명하기로 한다. 물론 부품 값 입력이외에도 참조 번호 입력, 부품값과 참조 번호 표시여부 등 한번에 여러 개의 부품에 대한 일괄지정이 가능하다.

(65) 실습예제 1과 같은 경우 그림 1−4−25처럼 **마우스 오른쪽 버튼**을 이용하여 값을 입력하려는 **부품을 한번씩 만 클릭**한다. 그러면 선택된 부품은 적색으로 변한다.

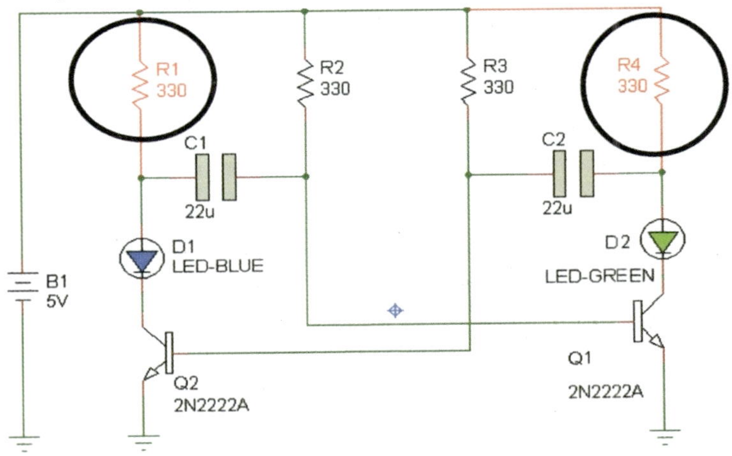

그림 1-4-25

(66) 부품이 선택되면(부품이 적색으로) 부품 값 및 참조 번호 일괄지정 아이콘을 선택한다.

(67) **일괄지정 아이콘**을 선택하면 그림 1—4—26와 같이 창이 열린다.

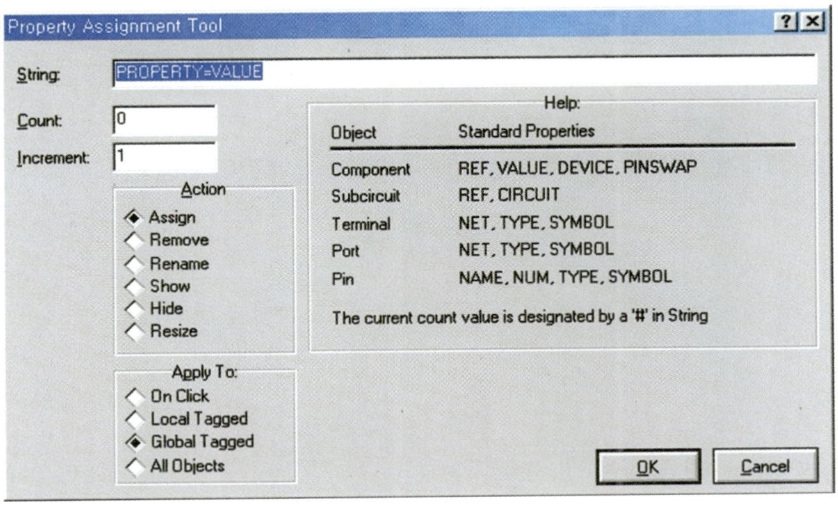

그림 1-4-26

(68) 그림 1−4−27과 같이 **입력**하고 마우스 왼쪽 버튼을 이용하여 [OK]를 한번 클릭한다.

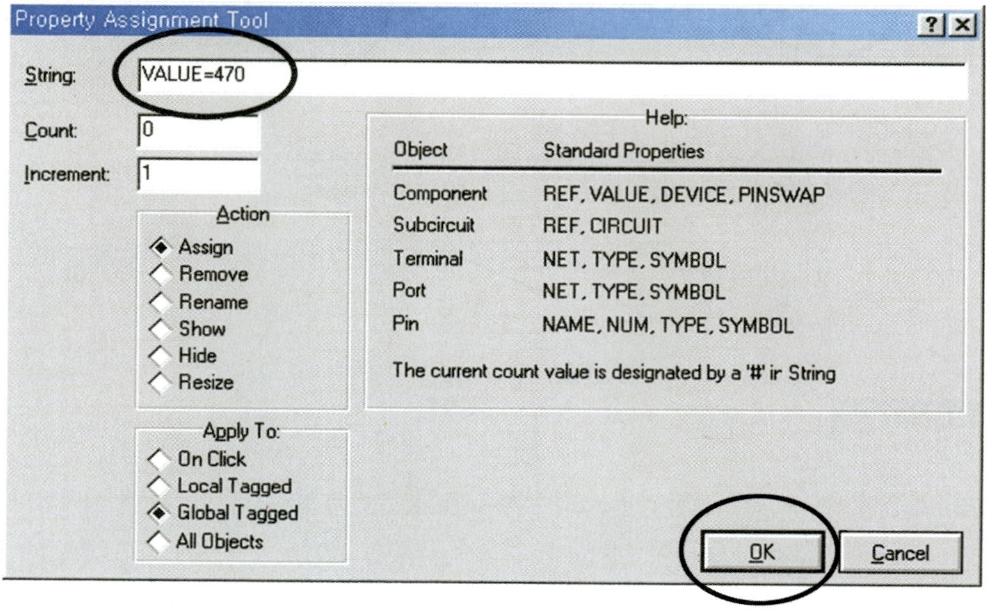

그림 1-4-27

앞에서도 잠깐 언급하였던 것 처럼 사용자가 부품의 값과 참조번호, 모듈회로의 참조 번호, 부품 핀의 이름, 번호 등을 순서(65) ~ (68)의 과정을 수행하면 원하는 작업을 한번 수행할 수 있다. **Property Tool**에 관한 자세한 설명은 **Proteus VSM 6.0 한글 사용자 설명서**를 참조하기 바란다.

(69) 그림 1−4−27에서 [OK]를 선택하면 그림 1−4−26과 같이 **값이 변경**된다.

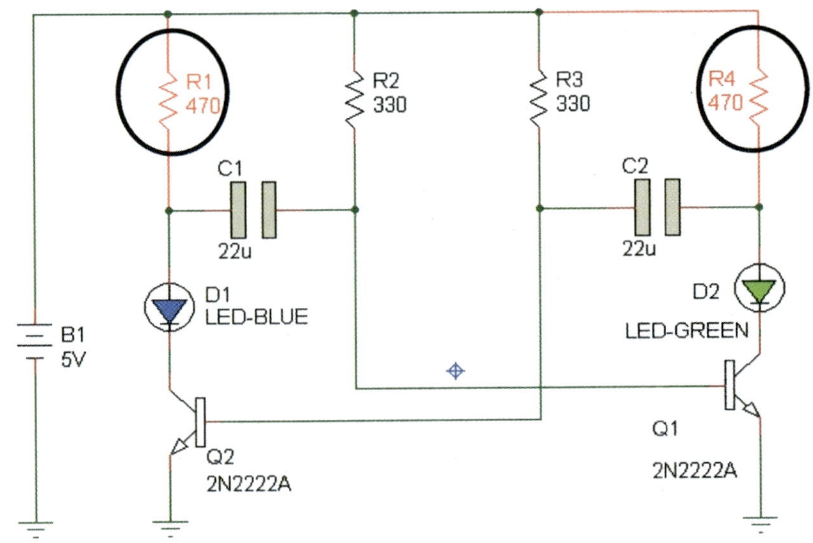

그림 1-4-28

(70) 그림 1－4－28과 같이 입력이 완료되면 마우스를 빈공간으로 이동하여 **마우스 오른쪽 버튼을 한번 클릭**한다.

(71) 앞장에서 설명한 부품 값 입력 방법을 이용하여 모든 부품의 값을 입력한다(그림 4－1 실습예제 1 참조). 회로와 부품값이 정확하지 않으면 다음에 진행하는 회로 시뮬레이션과정이 정상적으로 진행되지 않는다. 다시 한번 확인 바라며, 이제부터 작성한 회로를 회로 시뮬레이션을 통하여 확인하여보자.

(72) 부품 값 입력이 완료되었으면 그림 1－4－29과 같이 메뉴를 선택한다.

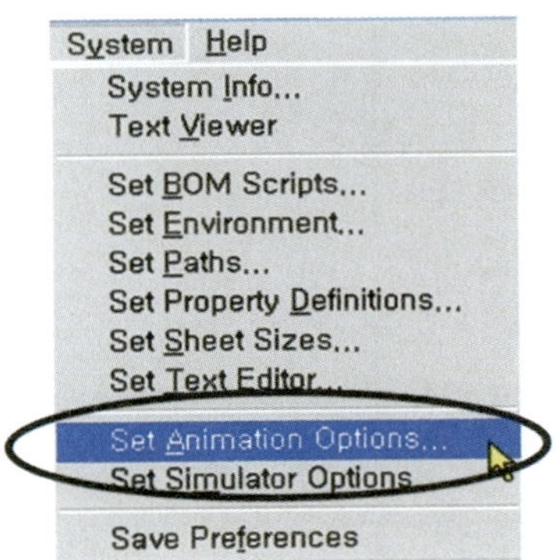

그림 1-4-29

(73) 그림 1－4－29과 같이 마우스 왼쪽 버튼을 이용하여 메뉴를 선택하면 그림 1－4－30와 같이 창이 열린다.

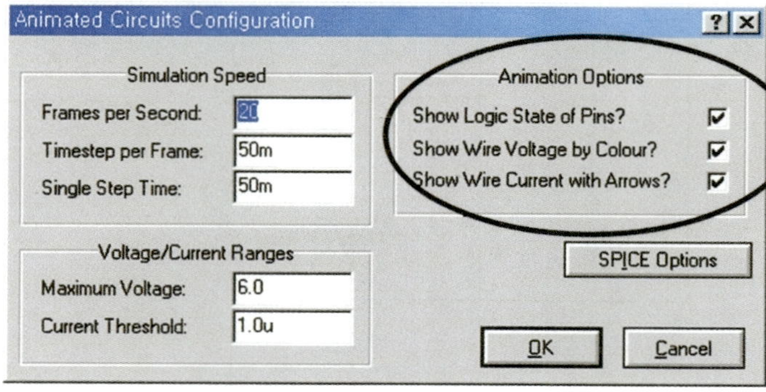

그림 1-4-30

(74) 열려진 창이 그림 1－4－30와 같이 설정되었는지 확인하여 다르다면 그림 1－4－30와 같이 설정하기 바란다.

(75) 설정이 완료되면 [OK]를 마우스 왼쪽 버튼을 사용하여 선택한다.

(76) 그림 1－4－31과 같이 마우스 왼쪽 버튼을 이용하여 회로 시뮬레이션 실행버튼을 선택한다.

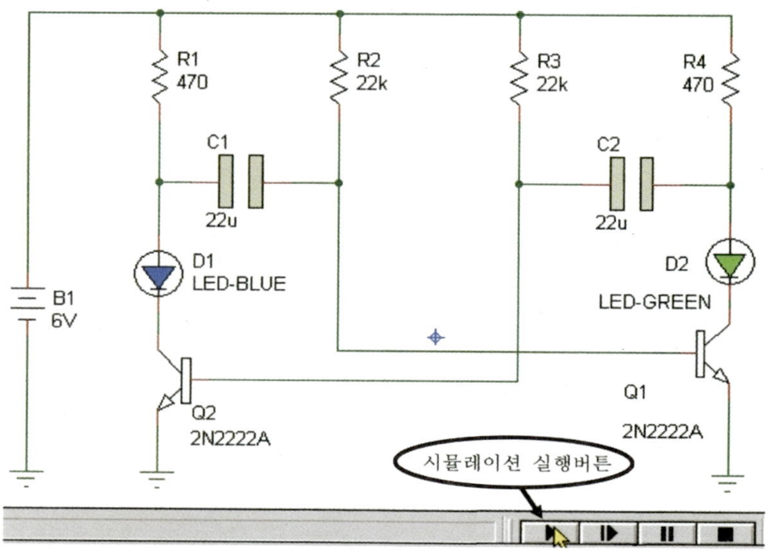

그림 1-4-31

(77) 그림 1－4－31에서 실행버튼을 선택하면 그림 1－4－32과 같이 회로가 동작되면 모든 것이 정상적으로 수행된 것이다.

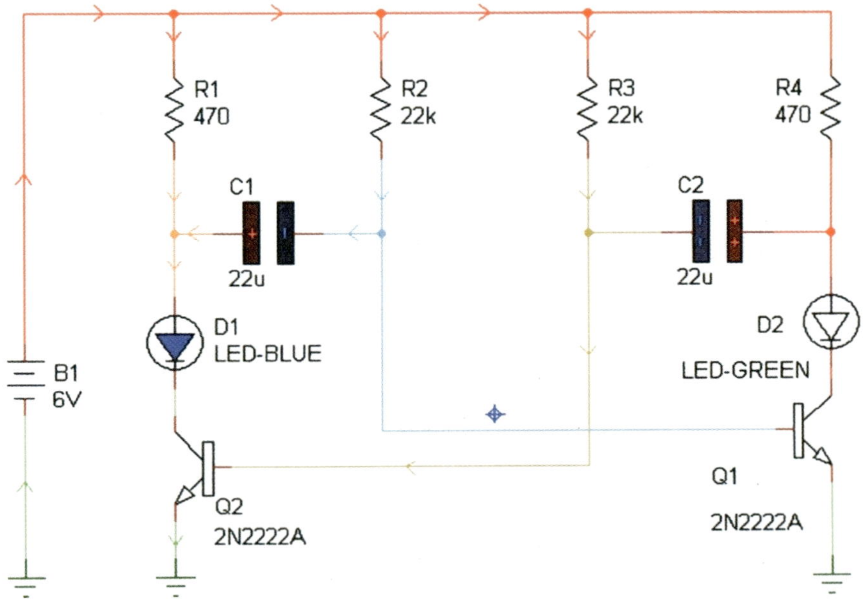

그림 1-4-32

그림 1－4－32와 다르게 화면에 나타난다면 순서(72) ~ (74)의 과정을 확인하기 바라며, 화면에 나타나는 색은 프로그램에서 미리 지정되어있으며 색은 전류와 전압에 따라 다르게 표시된다(**P61 ~ 62 참조**).
회로가 정상적으로 동작되었으면 이번에는 계측 사용법을 설명한다.

(78) 그림 1－4－33와 같이 마우스 왼쪽 버튼을 사용하여 **시뮬레이션 정지 버튼**을 선택한다.

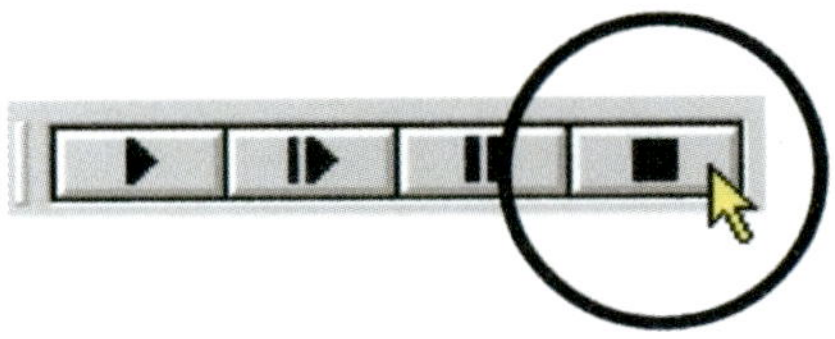

그림 1-4-33

(79) 그림 1－4－34과 같이 **계측기 아이콘**을 선택한다.

그림 1-4-34

(80) 그림 1－4－34과 같이 아이콘을 선택하면 그림 1－4－35와 같이 **계측기 목록**이 표시 된다.

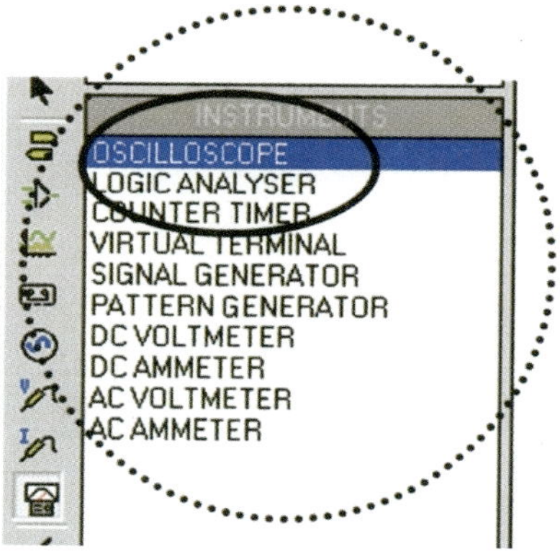

그림 1-4-35

(81) 그림 1－4－35와 같이 계측기 목록이 표시되면 **마우스 왼쪽 버튼**을 이용하여 〔OSCILLOSOPE〕를 **한번**만 선택한다.

(82) 앞장에서 설명된 순서 (13) ~(16)과정을 진행하여 그림 1－4－36와 같이 계측기를 도면에 배치한다(**P51 ~ 52 참조**).

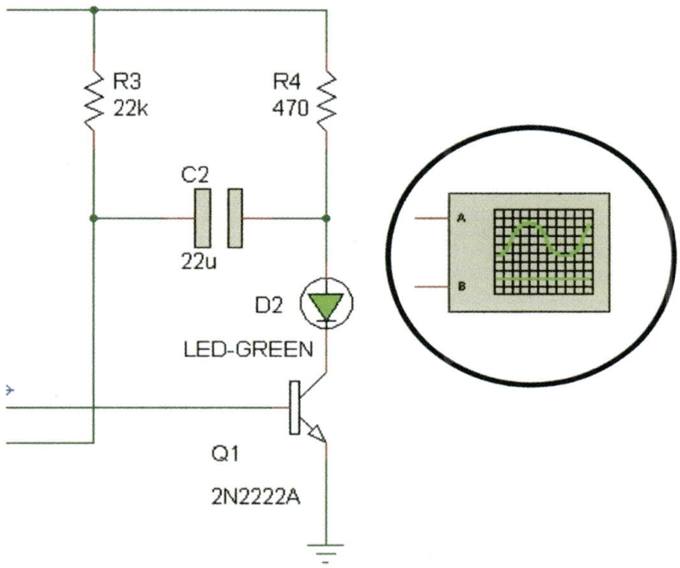

그림 1-4-36

(83) 계측기 배치가 완료되면 신호선을 연결하듯 그림 1－4－37처럼 연결한다.

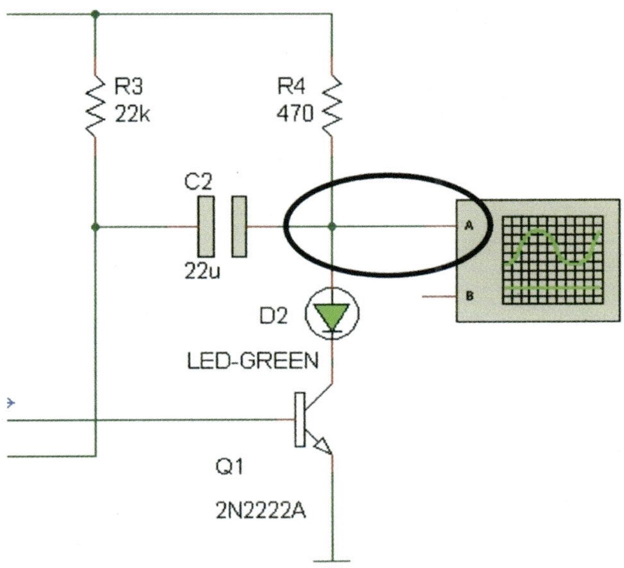

그림 1-4-37

(84) 그림 1−4−37과 같이 연결이 완료되면 순서 (76)과 같이 시뮬레이션을 실행한다(**P 64 참조**).

(85) 시뮬레이션이 실행되면 화면에 회로가 시뮬레이션 되면서 계측 창이 그림 1−4−38과 같이 열린다.

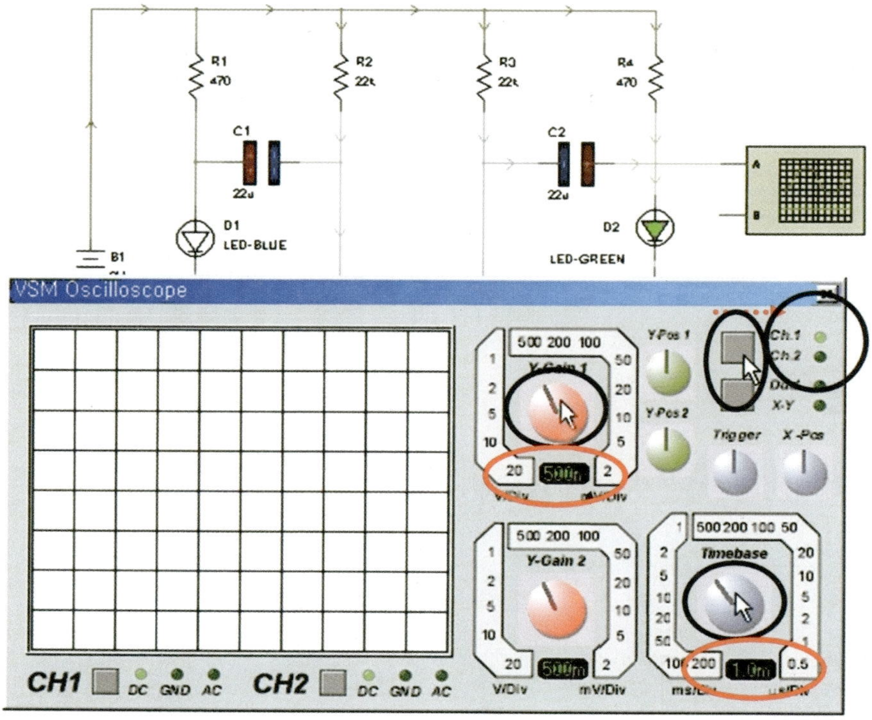

그림 1-4-38

(86) 계측의 측정 범위를 그림 1−4−39과 같이 설정한다. 계측기 측정 범위 설정은 **마우스 왼쪽 버튼**을 **누른 상태로 레인지 다이얼**을 움직이면 설정 값이 레인지 **다이얼 밑에 표시된다**. 채널은 마우스 왼쪽 버튼으로 한번씩 누르면 설정된다.

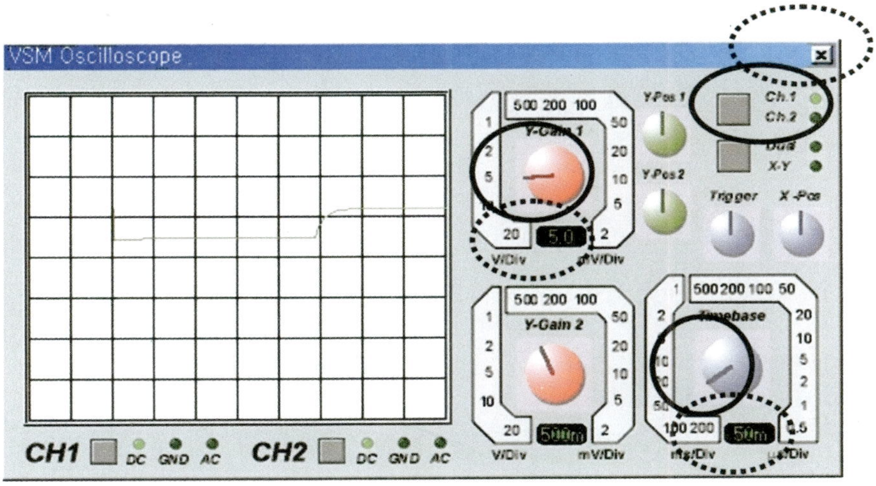

그림 1-4-39

간혹 계측기가 열려진 상태에서 회로를 보려고 시뮬레이션 실행 중에 계측기를 닫아버려 다음에 시뮬레이션을 할 때 계측기가 보이지 않는다고 하는 경우가 자주 있는데, 만을 위와 같은 경우라면 그림 1-4-40와 같이 메뉴를 선택하면 계측기가 다시 화면에 표시된다.

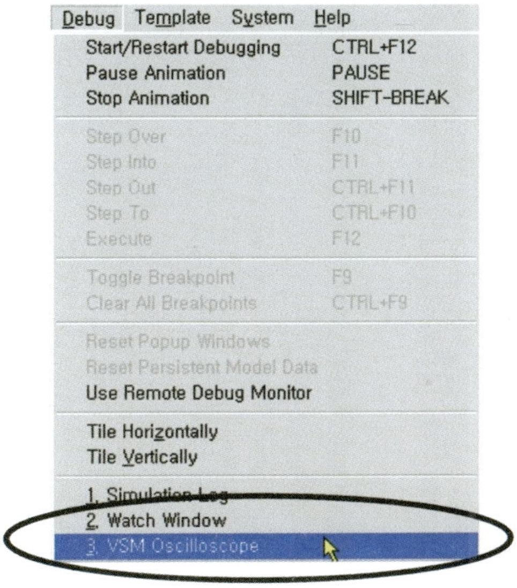

그림 1-4-40

앞장의 계측기 사용은 실시간 분석 방법으로 최근의 프로그램이 제공하는 기능으로 일반적으로 알고있는 SPICE 회로 분석과 비교되는 경우이다. 그럼 흔히 알고 있는 스파이스 회로 분석 방법을 시도해 보자. 먼저 회로에 배치한 계측기를 **마우스 오른쪽 버튼**을 이용하여 삭제한다.

(☞) 시뮬레이션을 멈추고 삭제한다는 것 알고 계시죠!!

(87) 그림 1-4-41처럼 마우스 왼쪽 버튼을 이용하여 **단축아이콘**을 선택한다.

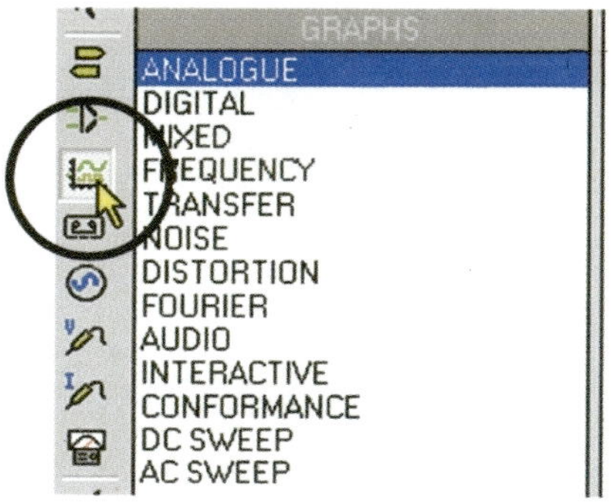

그림 1-4-41

(88) 그림 1-4-41 과 같이 아이콘을 선택하고 그림 1-4-42과 같이 마우스 왼쪽 버튼을 이용하여 분석 방법을 선택한다. 현재의 실습예제 1은 아날로그 회로이므로 그림 1-4-42과 같이 **ANALOGUE**를 선택한다. 작성한 회로에 따라 분석 방법을 달라지기 때문에 여러 가지의 분석 방법이 표시된다.

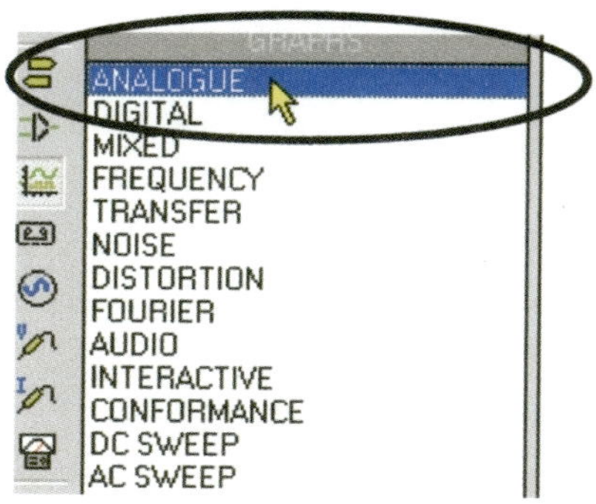

그림 1-4-42

(89) 분석 방법을 선택하였으면 마우스를 회로도 빈 공간으로 이동시켜 그림 1-4-43와 같이 영역을 설정한다.

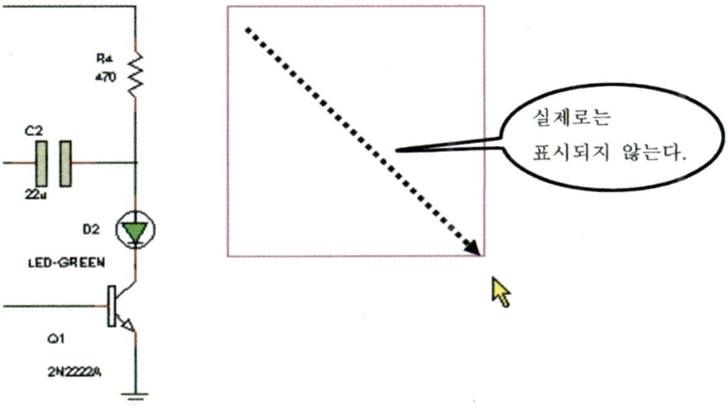

그림 1-4-43

영역을 설정하는 방법은 그림 1-4-43처럼 빈 공간에서 **마우스 왼쪽 버튼을 한번 클릭하여 왼쪽 버튼을 누른 상태**로 그림 1-4-43의 화살표 방향처럼 **대각선**으로 **이동**하여 원하는 지점에서 **마우스 왼쪽 버튼을 놓으면** 된다. 그림 1-4-43의 화살표는 사용자의 이해를 돕기 위한 그림으로 실제로는 표시되지 않는다.

(90) 그림 1-4-43와 같이 영역 설정을 완료하면 그림 1-4-44과 같이 분석 창이 회로에 추가 된다.

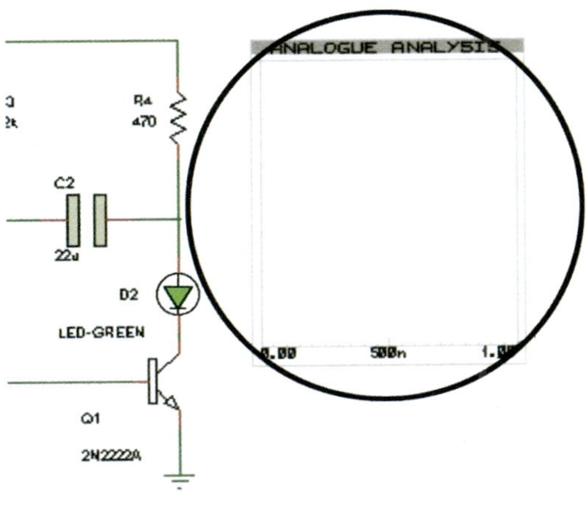

그림 1-4-44

(91) 이제는 분석할 지점에 프로브를 연결한다. 그림 1－4－45와 같이 마우스 왼쪽 버튼을 이용하여 단축 아이콘을 선택한다.

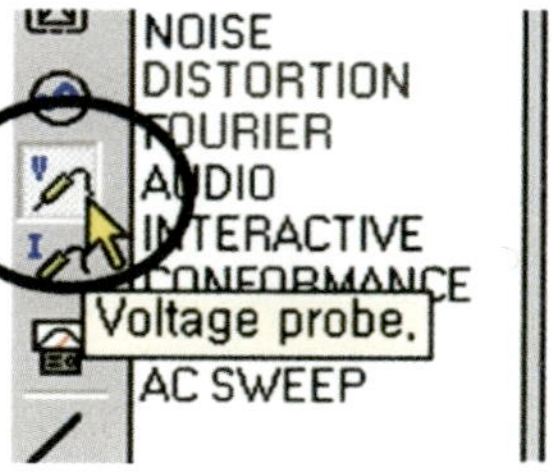

그림 1-4-45

(92) 프로브를 연결할 지점으로 마우스를 이동시켜 신호선 위에서 마우스 왼쪽 버튼을 한번만 클릭한다(그림 1－4－46 참조).

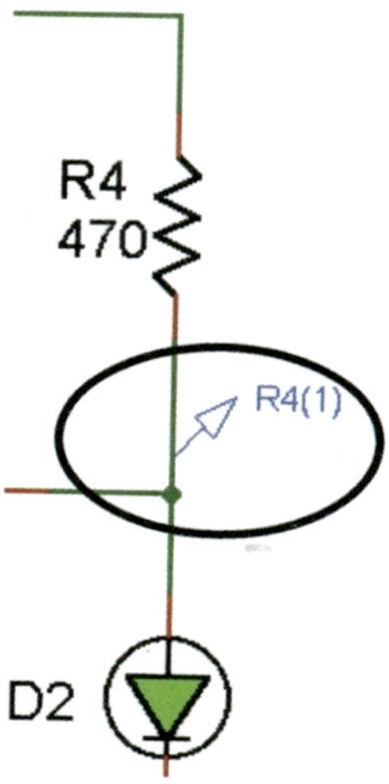

그림 1-4-46

프로브는 **신호선 위에만 연결되며**, 노드 점 또는 부품의 핀을 선택하면 신호선 연결 모드로 전환된다는 것을 기억 바란다.

(93) 프로브 연결이 완료되면 그림 4－46처럼 마우스 **오른쪽 버튼**을 이용하여 **신호선에 연결된 프로브를 한번만 클릭**한다.

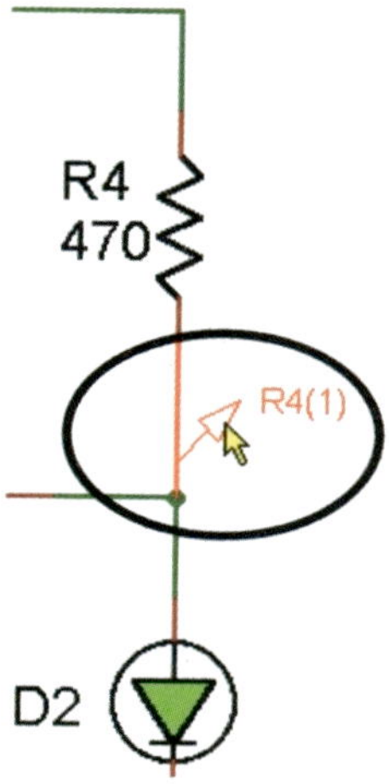

그림 1-4-47

(94) 그림 1−4−47과 같이 프로부가 적색으로 변하면 **마우스 왼쪽 버튼**을 이용하여 적색으로 변한 **프로브**를 선택하여 **마우스 왼쪽 버튼**을 누른 상태로 회로 분석 창으로 이동하면 그림 4−48처럼 **분석 창**에 나타난다.

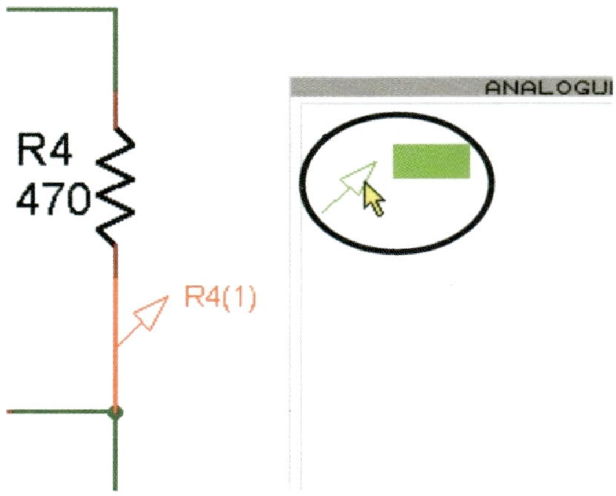

그림 1-4-48

(95) 그림 1−4−48과 같이 이동이 완료되면 **마우스 왼쪽 버튼을 놓는다**. 그림 1−4−49처럼 회로 분석 창에 **프로부 추가**가 완료된다.

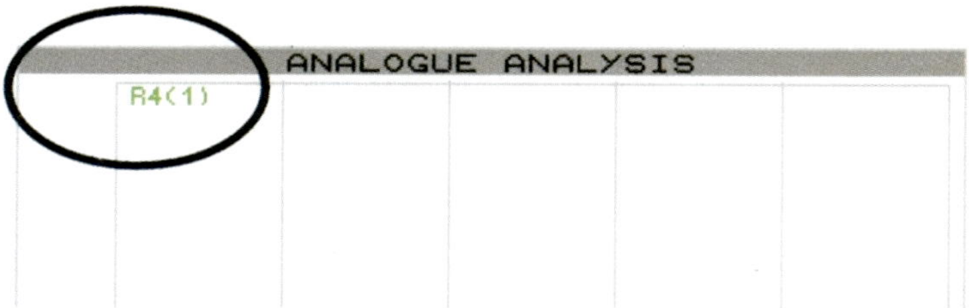

그림 1-4-49

프로브 추가 완료 후 마우스를 회로도 빈 공간으로 이동시켜 **오른쪽 버튼을 한번 클릭**하면 신호선 위의 프로브가 원래 색으로 전환된다 회로 분석을 시작하자. 앞장에서도 잠깐 언급하였는데 지금 하려고 하는 분석 방법은 **SPICE 해석 방법**으로 실시간 해석 방법과 달리 회로 분석을 시작할 때 **시뮬레이션 실행 버튼을 사용하지 않는다**.

(96) 그림 1－4－50와 같이 **마우스 왼쪽 버튼**을 이용하여 메뉴를 선택하거나 키보드의 **스페이스 바를 한번만** 눌러준다.

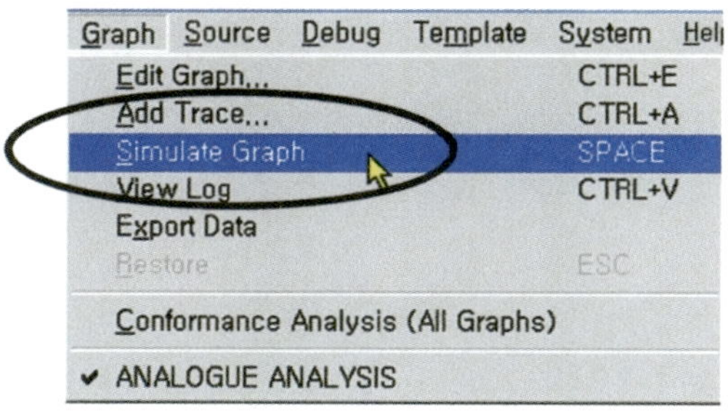

그림 1-4-50

(97) 그림 1－4－51과 같이 회로 분석 창에 분석 결과 표시된다.

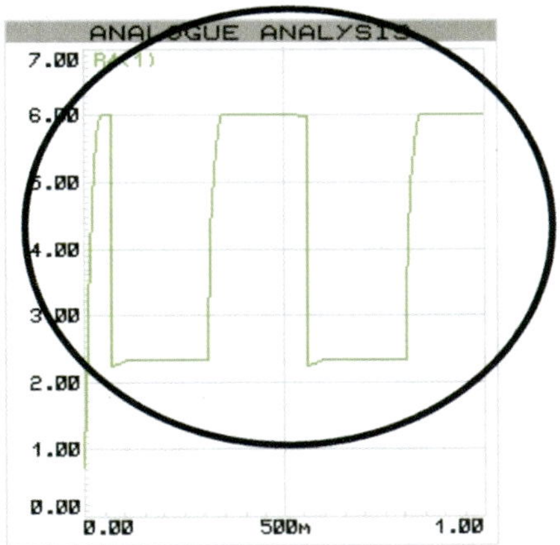

그림 1-4-51

(98) 분석 결과가 화면에 표시되면 마우스 왼쪽 버튼을 이용하여 그림 1－4－52과 같이 분석 결과 창의 타이틀 바를 한번만 클릭한다.

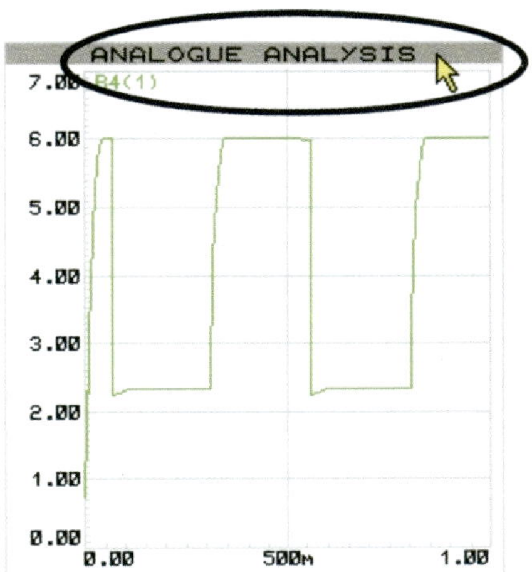

그림 1-4-52

(99) 그림 1－4－ 52처럼 타이틀 바를 선택하면 분석 창이 화면 전체에 표시된다. 분석 창을 원래의 크기로 전환 하려면 마우스 왼쪽 버튼을 이용하여 타이틀 바를 클릭하면 된다.

(100) 다음 순서를 위해 분석 창을 원래의 크기로 전환시킨다.

(101) 전환된 분석 창 위로 마우스를 이동시켜 **오른쪽 버튼을 한번만 클릭**하면 **분석 창** 전체

가 **적색**으로 변한다.

(102) 분석 창 전체가 적색으로 변하면 **마우스 왼쪽 버튼**을 이용하여 적색으로 변한 분석 창을 **한번만 클릭**한다.

(103) 그림 1－4－53와 같이 창이 열린다.

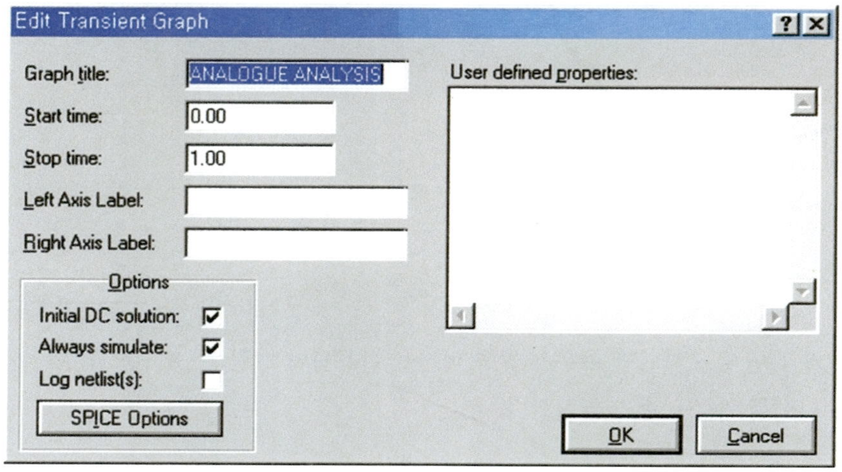

그림 1-4-53

(104) 그림 1－4－54과 같이 설정하고 마우스 왼쪽 버튼을 이용하여 [OK]를 선택한다.

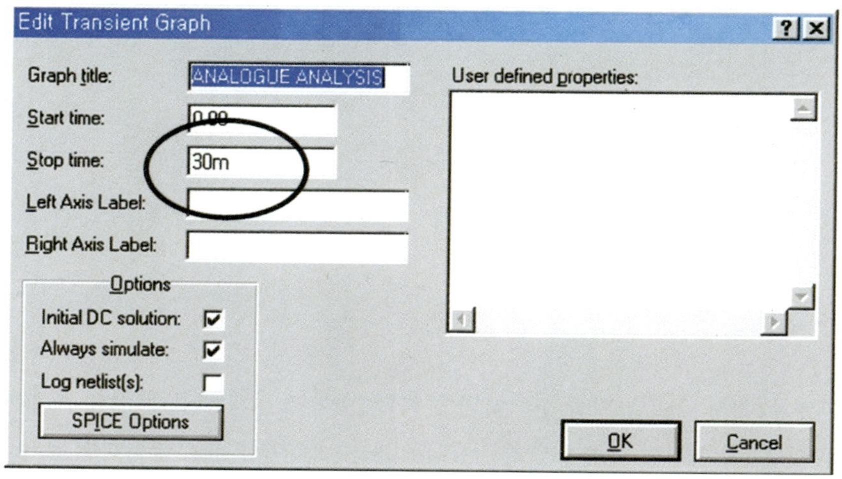

그림 1-4-54

(105) 마우스를 회로도 빈 공간으로 이동 **오른쪽 버튼을 한번만 클릭**하면 분석 창이 **적색**에서 **본래의 색으로 전환**된다.

(106) 분석 창을 확인 해보면 분석 결과가 순서 (97)의 결과와 다르게 보일 것이다. 회로 분석 창은 사용자가 입력한 시작과 종료 시간 동안만 분석을 수행하여 결과를 표시하기 때문이다. 지금까지 설명된 순서를 참조하여 다시 한번 더 프로그램 사용법을 실습한다면 일반적인 회로 작성에는 별 어려움이 없으리라 생각되어 이쯤에서 설명을 마치고 실습예제 2로 넘어간다.

이번에는 실습예제 2의 따라하기 설명이다.

실습예제 2는 PIC 원칩 마이콤을 사용하기 위하여 작성된 소스를 사용자가 컴파일러를 지정하여 컴파일 하고, 컴파일을 통하여 생성된 Hex 파일을 사용하여 PIC의 동작 상태를 확인하는 과정이다. 8051과 AVR의 예제는 생략 하지만 8051또는 AVR도 PIC와 같은 방법으로 사용한다. 이번 설명서에서는 앞장에서 설명한 회로 작성에 필요한 부품의 배치, 신호선의 연결 등 프로그램 사용법이 생략되며, PIC 원칩의 개념 및 소스 작성에 관한 내용 또한 생략한다.

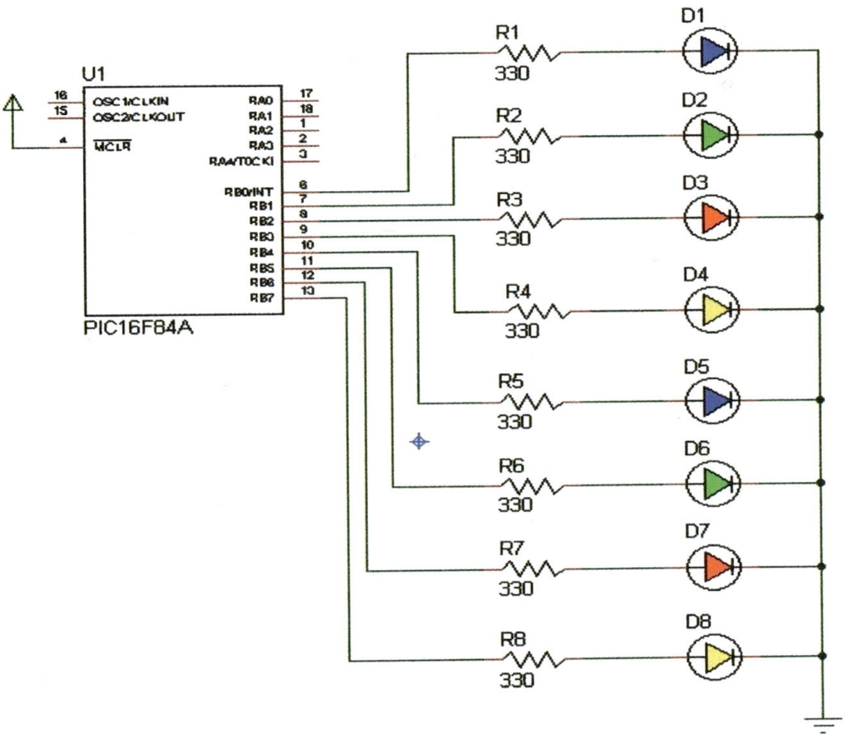

실습 예제 2

실습 예제 2에서 사용되는 라이브러리 폴더와 부품목록은 표 1－3과 같다.

표 1-3

라이브러리	부 품
MICRO	PIC 16F84A
실습 부품	RES, LED

> 추가 라이브러리를 등록하지 않았을 경우에는 실습예제 2 라이브러리 모양과 다르다. 일단 표 1－3과 같이 이름을 입력하고 부품을 찾아 실습을 진행한다.

실습 예제에 필요한 PIC 소스 파일은 별도로 제공된 파일 참조

(1) 부품선택 아이콘을 선택하여 그림 1－4－55와 같이 입력한다(P 49 참조).

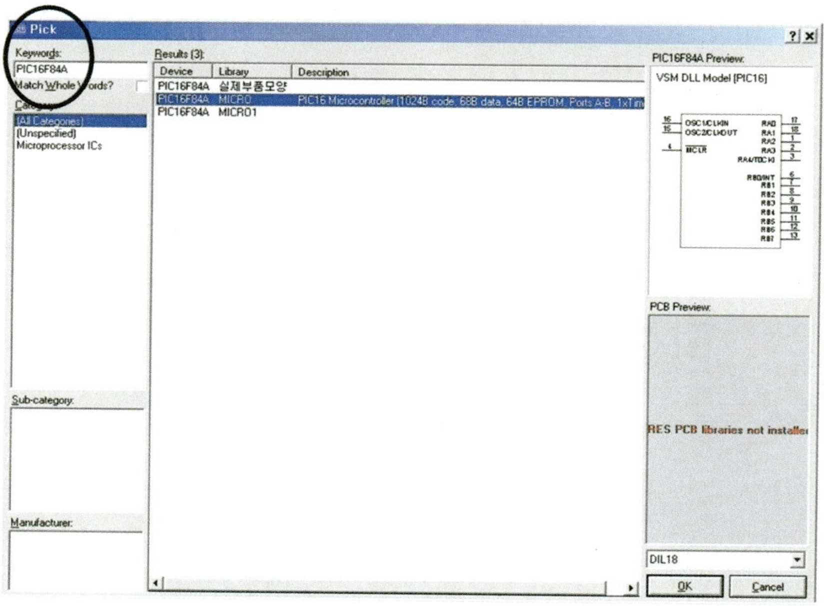

그림 1-4-55

(2) 그림 1－4－55와 같은 방법으로 표 1－3에 표시된 부품을 부품목록 창에 등록 시킨다(그림 1－4－56 참조).

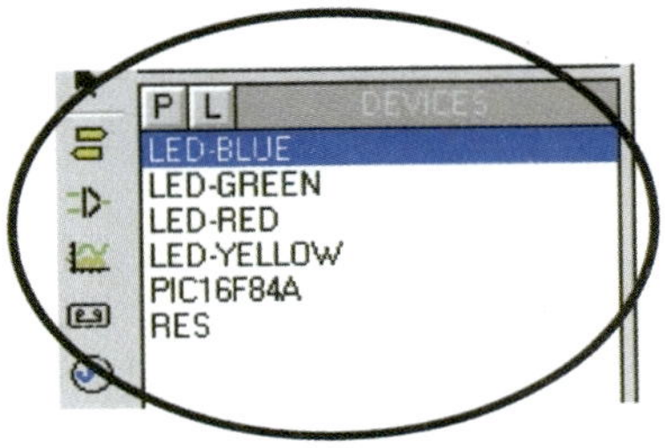

그림 1-4-56

(3) 그림 1−4−55와 같이 부품 목록이 등록 되었으면 부품을 배치하고 신호선 연결을 완료한다. 부품 배치 및 신호선 연결은 앞장 실습예제 1에서 설명된 내용을 참조하기 바란다. 만일 배치 및 신호선 연결이 완료하지 않고 다음을 진행한다면, 회로는 동작 않는다.

(4) 부품 배치 및 신호선 연결이 완료되었으면 그림 1−4−57과 같이 메뉴를 선택한다.

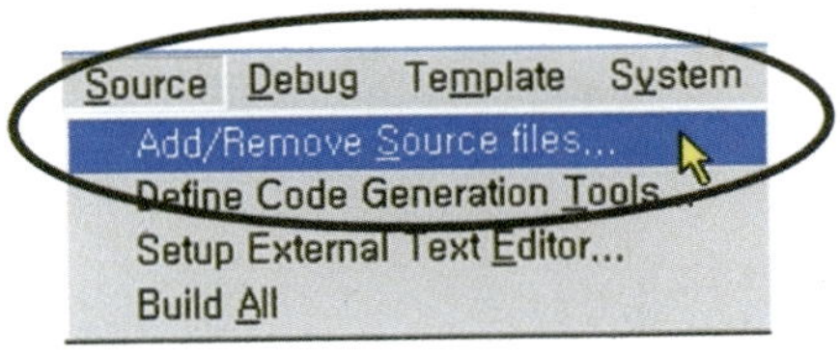

그림 1-4-57

(5) 그림 1−4−57과 같이 메뉴를 선택하면 그림 1−4−58과 같이 창이 열린다.

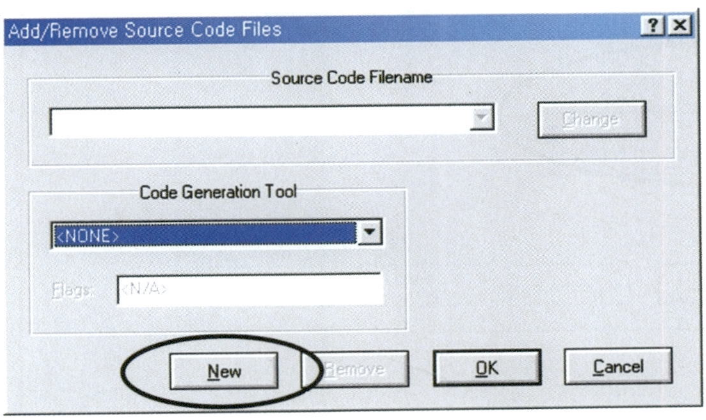

그림 1-4-58

(6) 그림 1－4－58과 같이 창이 열리면 〔**New**〕를 선택한다.

(7) [New]를 선택하면 그림 1－4－59과 같이 창이 열린다.

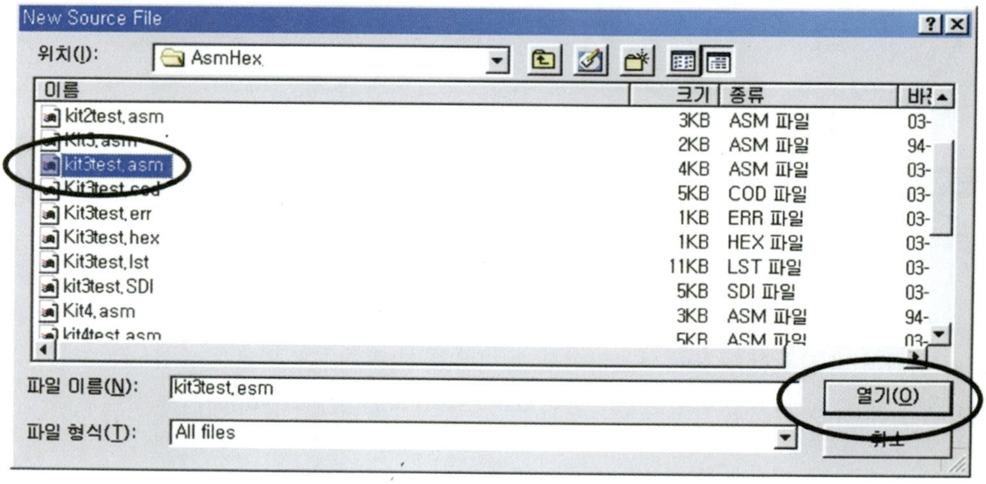

그림 1-4-59

(8) 컴파일 하고자 하는 **소스**를 선택하고 〔**열기**〕를 선택한다.

(9) 그림 1－4－59에서 [열기]를 선택하면 그림 1－4－60처럼 선택한 **소스 파일이 등록**된다.

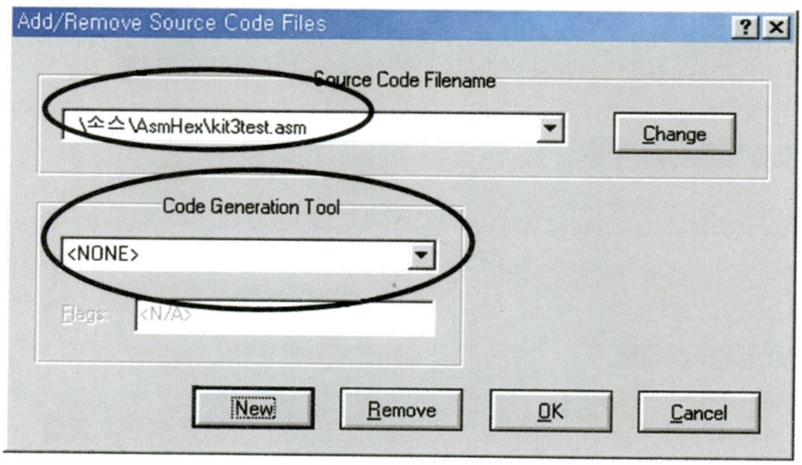

그림 1-4-60

(10) 컴파일 프로그램을 선택하기 위하여 그림 1-4-61과 같이 [Code Generation Tool]을 선택하여 컴파일 프로그램을 선택한다.

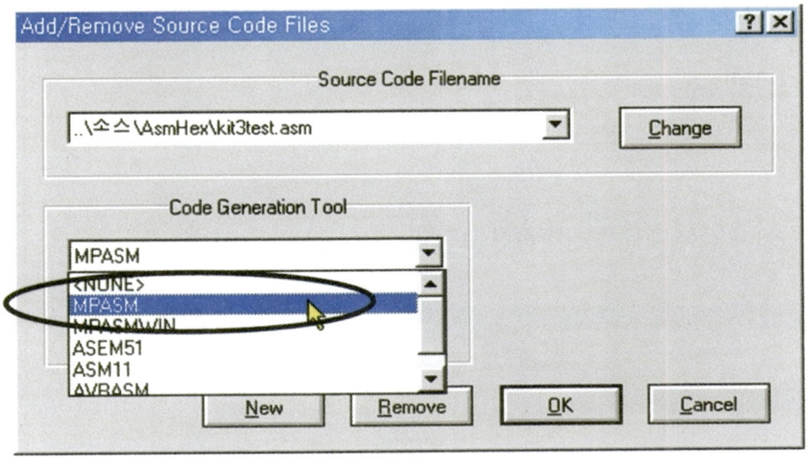

그림 1-4-61

(11) 순서 (4) ~ (10)을 진행하면 그림 1-4-62과 같이 소스와 프로그램이 선택 된다.

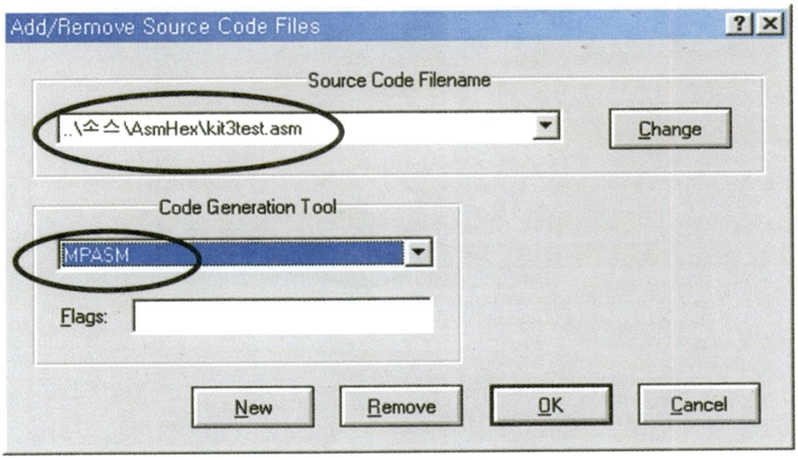

그림 1-4-62

(12) 그림 1-4-62과 같이 설정되면 [OK]를 선택한다.

(13) 설정이 완료되면 그림 1-4-63와 같이 **메뉴**를 선택한다.

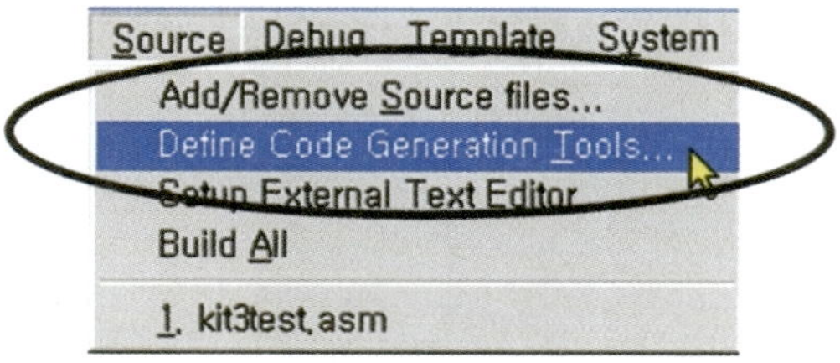

그림 1-4-63

(14) 그림 1−4−63와 같이 메뉴를 선택하면 그림 4−64과 같이 창이 열린다.

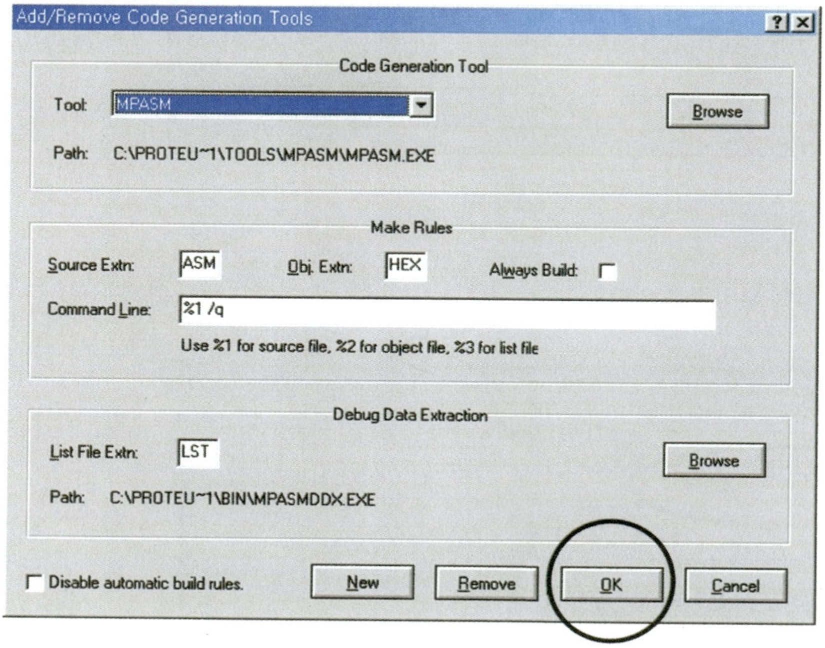

그림 1-4-64

(15) 그림 1−4−64과 같이 열리면 [OK]를 선택한다. 그림 1−4−64의 의미는 컴파일 프로그램을 선택하고 그에 따른 소스의 확장자, 생성되는 Hex 파일의 확장자 및 컴파일 프로그램의 등록 위치 등을 사용자가 설정하는 창이다. PIC 원칩 마이콤을 사용할 경우에는 별도의 설정 없이 [OK]를 선택하면 된다.

(16) 그림 1−4−65와 같이 메뉴를 선택한다.

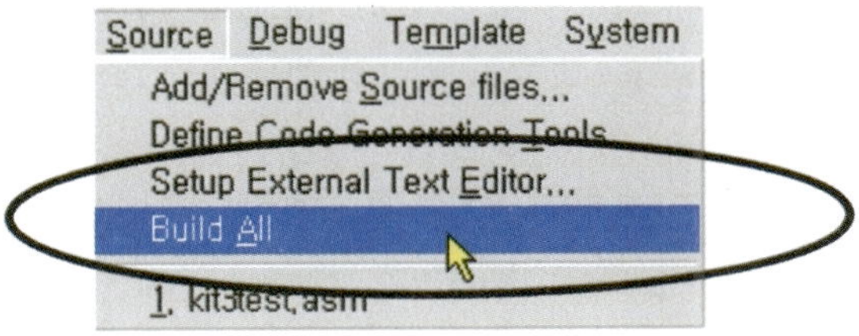

그림 1-4-65

(17) 그림 1－4－65와 같이 **메뉴**를 선택하면 그림 1－4－66와 같이 메시지 창이 열린다.

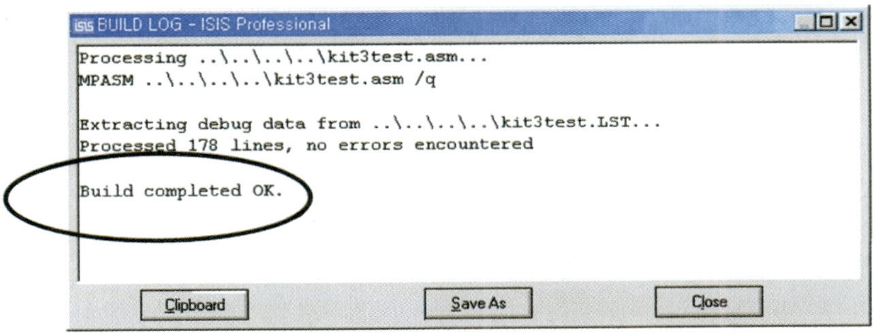

그림 1-4-66

(18) 그림 1－4－66와 같이 메시지 창에 〔OK〕가 나타나면 정상적으로 컴파일이 완료된 것이다. 만일 그림 1－4－67과 같이 메시지 창이 열렸다면 순서 (4) ~ (16) 과정을 다시 한 번 확인하기 바란다(**P79 ~ 83 참조**).

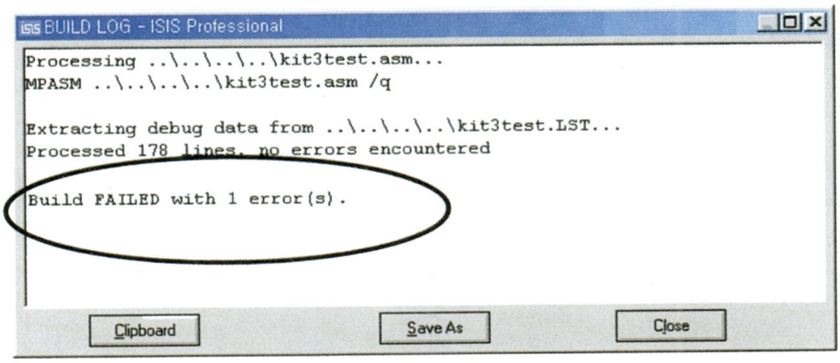

그림 1-4-67

순서를 확인하여도 같은 **에러가 반복되면** 사용자가 선택한 소스와 컴파일 프로그램이 PIC16F84A 해당하는 것인지를 확인하기 바란다. 소스 파일의 패스가 너무 길면 에러가 발생할 수 있으며, 간혹 소스의 이름이 한글로 길게 입력된 경우에도 에러가 발생할 수도 있다. 사용자는 가급적 디렉토리 패스와 파일명을 짧게 영문으로 입력하면 이러한 에러는 미연에 방지할 수 있다.

(19) 회로에 배치된 **PIC16F84를 오른쪽 버튼으로 한번 선택**하면 **적색**으로 변한다. 이때 마우스 **왼쪽 버튼을 한번만 클릭**한다.

(20) 그림 1－4－68과 같이 창이 열린다.

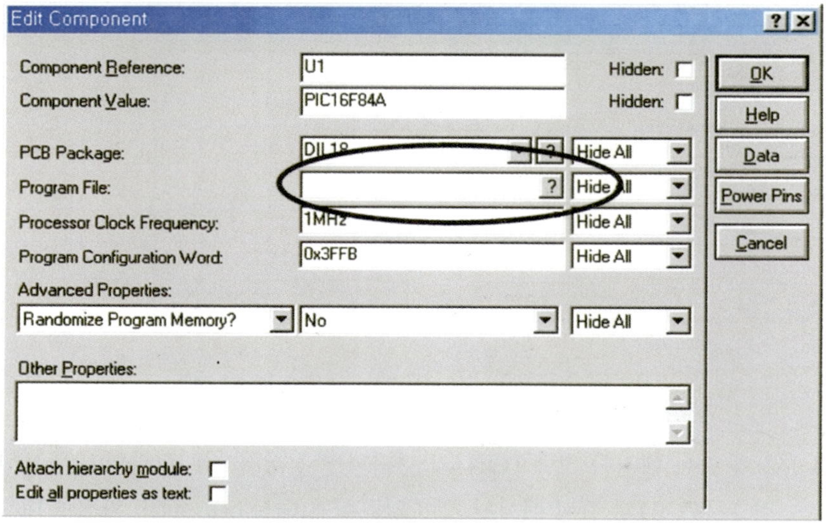

그림 1-4-68

(21) 그림 1－4－68 창에서 [Program File]을 선택한다.

(22) 그림 1－4－69과 같이 창이 열린다.

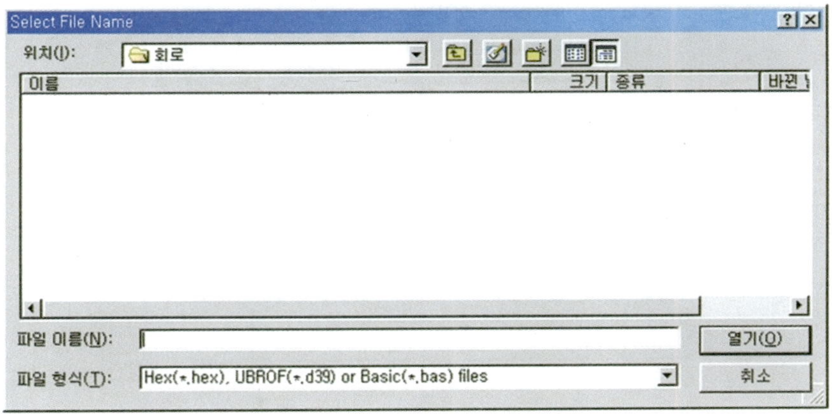

그림 1-4-69

그림 1－4－69과 같이 창이 열리면 그림 1－4－70와 같이 **컴파일** 과정을 **통해 생성된 Hex 파일**을 선택하고 [열기]를 선택한다.

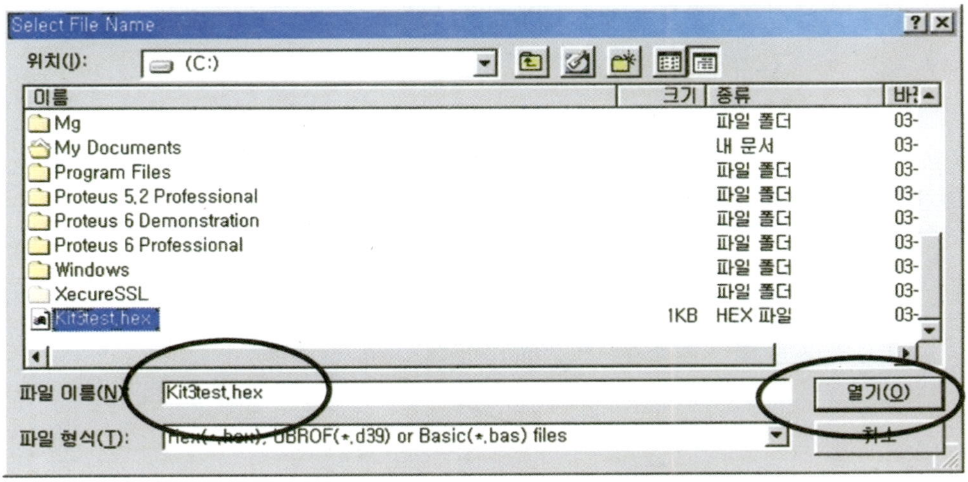

그림 1-4-70

(23) 그림 1－4－70에서 [열기]를 선택하면 그림 1－4－71과 같이 **파일이 등록**된다.

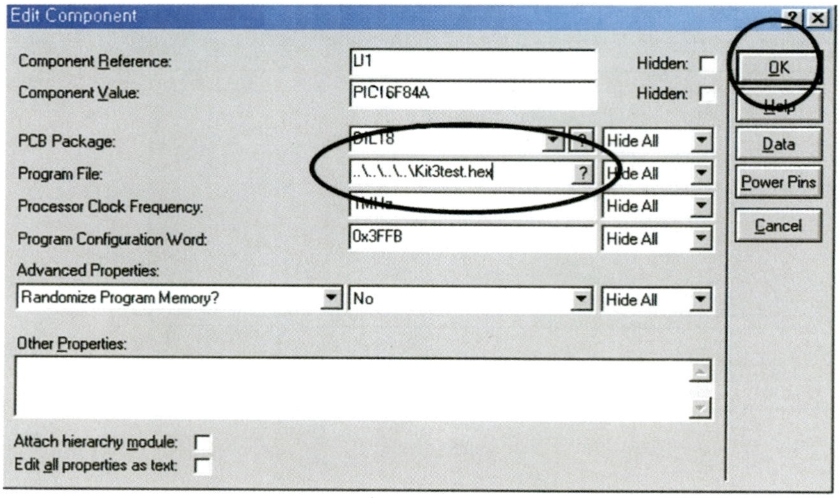

그림 1-4-71

(24) 그림 1－4－71과 같이 등록이 되면 [OK]를 선택한다.

(25) 시뮬레이션 실행 버튼을 선택한다(P64 참조).

(26) 그림 1－4－72과 같이 회로가 동작한다.

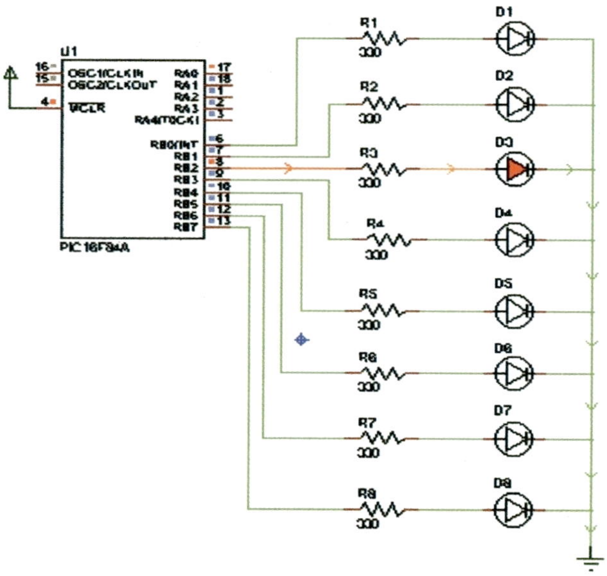

그림 1-4-72

(27) 소스 프로그램의 동작 확인 또는 회로가 정상적으로 동작 하지 않을 경우에는 그림 1－4－73와 같이 마우스 왼쪽 버튼을 이용하여 시뮬레이션 실행 버튼의 **스텝 버튼**을 선택한다.

그림 1-4-73

(28) 그림 1－4－73처럼 선택하면 그림 1－4－74과 같이 창이 열린다.

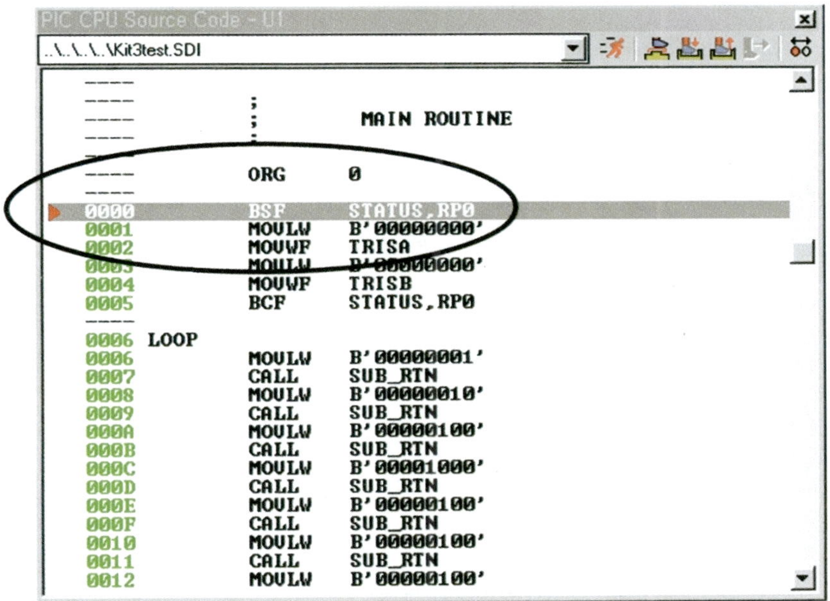

그림 1-4-74

(29) 스텝 버튼을 마우스 왼쪽 버튼을 사용하여 순차적으로 선택하면 소스코드가 프로그래밍 된 순서에 따라 바가 움직인다. 소스코드를 프로그래밍을 할 수 있는 사용자를 위한 디버깅 모드로 프로그램이 전환된 것이다. 디버깅 모드와 메뉴에 관련된 설명은 **PROVSM V6.5 한글 사용자 설명서**를 참조하기 바란다.

Ⅱ Proteus를 이용한 모의실험

모의실험 1. 기본 논리 게이트와 그 응용

1-1 AND, OR, NOT 게이트

1) 그림 1－5, 1－6 과 같이 AND, OR 게이트 회로를 구성하고 입력접점 A, B를 표와 같이 접속할 때 출력값 X 를 표에 완성한다.
2) 그림 1－7 과 같이 NOT 게이트 회로를 구성한 후 스위치를 OFF (입력개방)하거나 ON 시킨 후의 출력전압값을 관찰한다.
3) 그림 1－8 과 같이 회로를 구성하고 가변저항을 사용하여 입력전압에 대한 출력전압의 값을 관찰한다.

AND 게이트

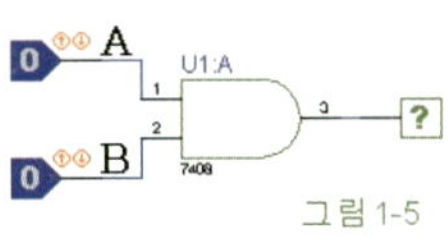

그림 1-5

OR 게이트

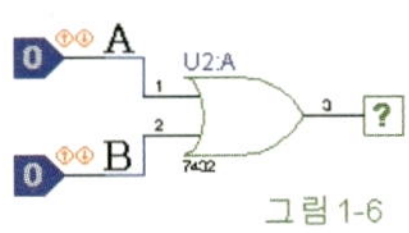

그림 1-6

NOT 게이트

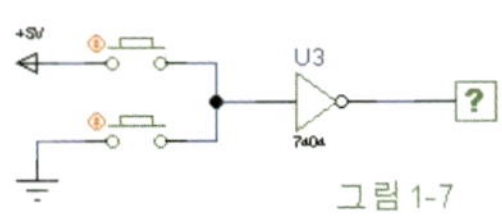

그림 1-7

A	B	X
0	0	0
0	1	0
1	0	0
1	1	1

표 1-7

A	B	X
0	0	0
0	1	1
1	0	1
1	1	1

표 1-8

입력전압(V)	출력전압(V)
0(B)	5V
+5(A)	0V

표 1-9

입력을 개방하고 출력 전압을 측정하면?

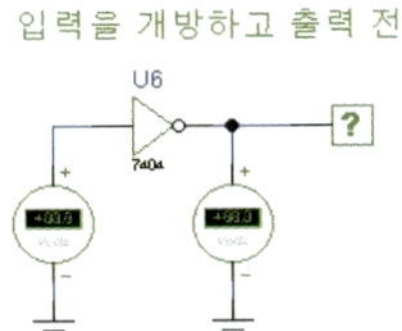

출력 전압 5 (V)

그림 1-8 에서 가변 저항을 조정하여 표1-10을 완성하여라.

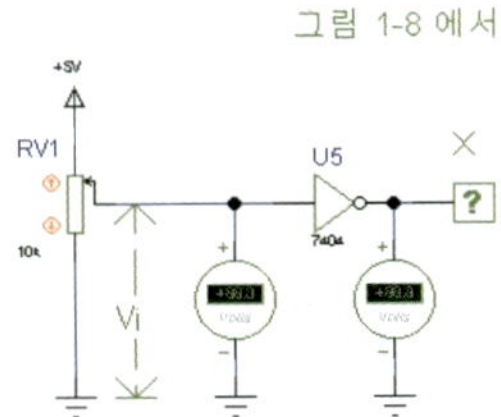

그림 1-8

입력전압	0	0.5	1.0	1.5	2.0
출력전압X(V)	5.0	5.0	5.0	5.0	2.5

입력전압	2.5	3.0	3.5	4.0	4.5
출력전압X(V)	2.5	2.5	2.5	0	0

1-2 AND-OR-NOT 게이트 결합

1) 아래 그림과 같이 회로를 구성하고 입력단자 A, B, C, D 를 표와 같이 접속할 때 출력 값 X, Y 를 측정하여 표를 완성한다.

AND-0R-NOT 게이트 결합

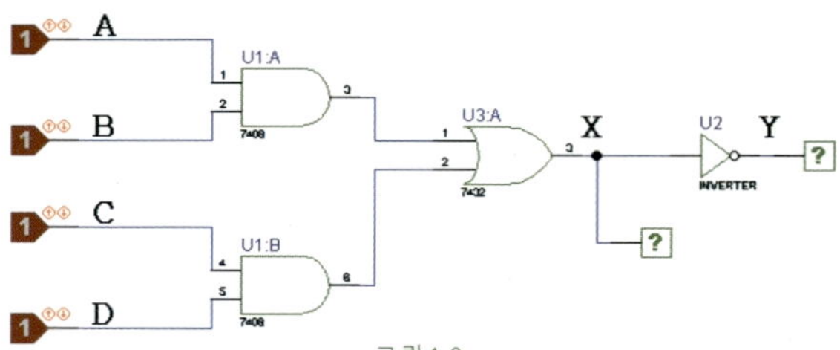

그림 1-9

A	B	C	D	X	Y
0	0	0	0	0	1
1	0	0	0	0	1
1	0	1	0	0	1
1	1	1	0	1	0
1	1	1	1	1	0

표 1-11

모의실험 2. 부울 대수

2-1 부울 대수의 정리

1) 아래 그림 2－1 과 같이 두 회로를 구성하고 입력 A, B 에 대한출력 X, Y 값을 관찰한다.

2) 그림 2－2 와 같이 두 회로를 구성하고 입력 A, B 에 대한 출력 X, Y 값을 관찰한다.

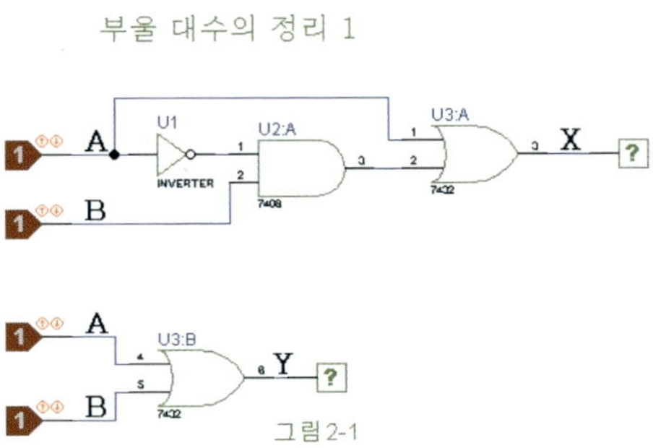

그림 2-1

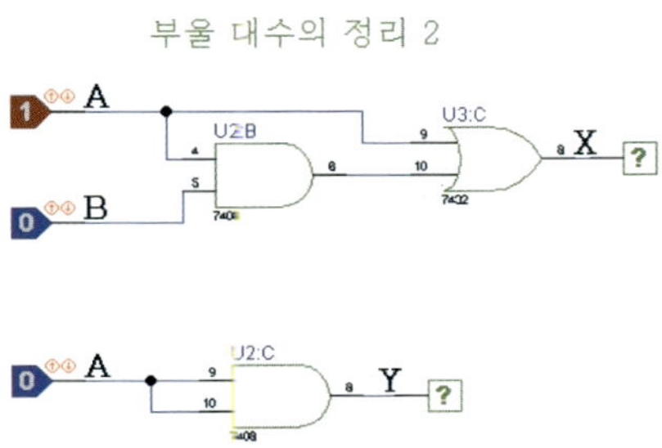

그림 2-2

A	B	X	Y
0	0	0	0
0	1	1	1
1	0	1	1
1	1	1	1

표 2-1

A	B	X	Y
0	0	0	0
0	1	0	0
1	0	1	1
1	1	1	1

표 2-2

3) 그림 2－3 과 같이 두 회로를 구성하고 A, B, C 입력변화에 따라 출력 X, Y 의 값을 관찰한다.

4) 그림 2－4 와 같이 두 회로를 구성하고 입력 A, B, C 의 변화에 따라 출력 X, Y 의 값을 관찰한다.

부울 대수의 정리 3

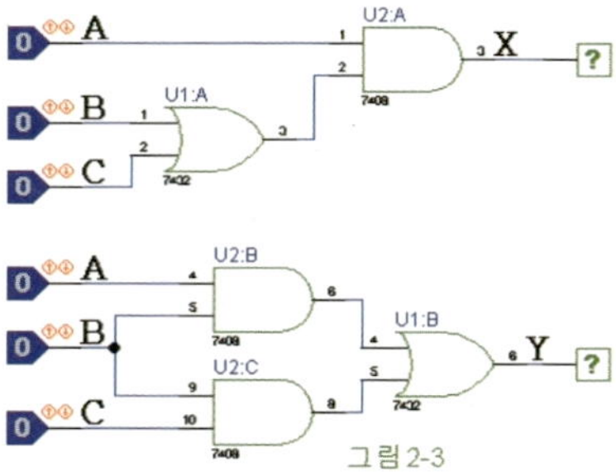

그림 2-3

A	B	C	X	Y
0	0	0	0	0
0	0	1	0	0
0	1	0	0	0
0	1	1	0	1
1	0	0	0	0
1	0	1	1	0
1	1	0	1	1
1	1	1	1	1

표 2-3

부울 대수의 정리 4

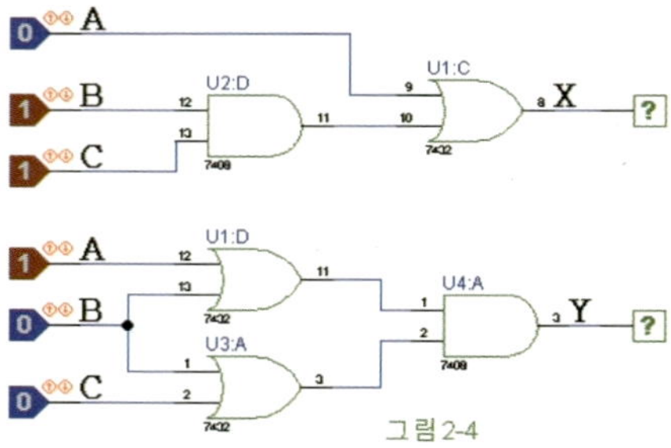

그림 2-4

A	B	C	X	Y
0	0	0	0	0
0	0	1	0	0
0	1	0	0	1
0	1	1	1	1
1	0	0	1	0
1	0	1	1	1
1	1	0	1	1
1	1	1	1	1

표 2-4

5) 그림 2-5 와 같이 두 논리회로를 구성하여 입력 A, B, C 입력에 따라 출력 X, Y 를 관찰하여 표를 완성한다.

부울 대수의 정리 5

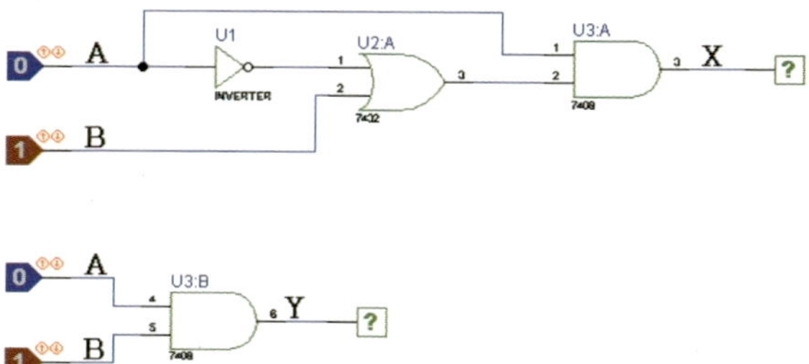

그림 2-5

A	B	X	Y
0	0	0	0
0	1	0	0
1	0	0	0
1	1	1	1

표 2-5

모의실험 3. NAND와 NOR 게이트

3-1 NAND 게이트

1) 그림 3−7 의 NAND 게이트 회로를 구성하고 A, B 두 입력변화에 따른 출력 X 의 값을 관찰하여 표를 완성한다.

2) 그림 3−8 과 같이 여러 회로를 구성하고 입력변화에 따른 출력 X, Y, Z 의 값을 측정하여 표를 완성한다.

NAND 게이트

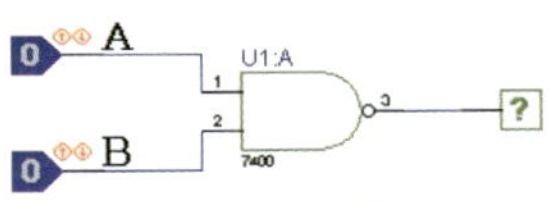

그림3-7

A	B	X
0	0	1
0	1	1
1	0	1
1	1	0

표 3-5

NAND 게이트 응용

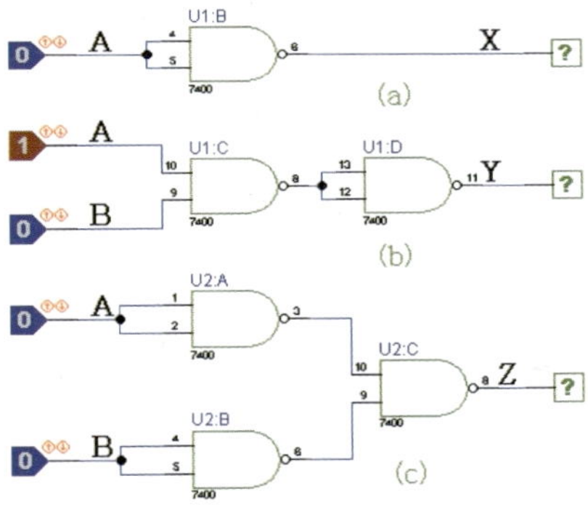

그림3-8

A	X
0	1
1	0

표 3-6(a)

A	B	Y	Z
0	0	0	0
0	1	0	1
1	0	0	1
1	1	1	1

표 3-6(b)(c)

3-2 NOR 게이트

1) 그림 3−9 와 같이 NOR 게이트 회로를 구성하여 두 입력 A, B 변화에 대한 출력 X 의 값을 관찰하여 표를 완성한다.

2) 그림 3−10 과 같은 NOR 게이트 응용 회로 (a), (b), (c) 와 같이 회로를 구성하고 입력변화에 따른 출력 X, Y, Z 의 값을 관찰하여 표를 완성한다.

NOR 게이트

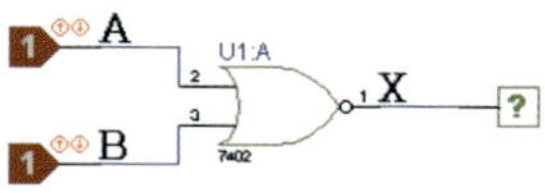

그림 3-9

A	B	X
0	0	1
0	1	0
1	0	0
1	1	0

표 3-7

NOR 게이트 응용

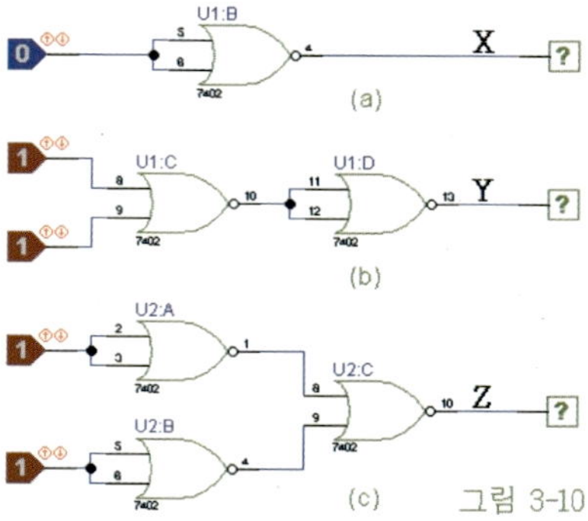

그림 3-10

A	X
0	1
1	0

표 3-8(a)

A	B	Y	Z
0	0	0	0
0	1	1	0
1	0	1	0
1	1	1	1

표 3-8(b)(c)

3) 그림 3－11 은 개방 컬렉터 TTL NAND 게이트 결선형 논리(Wired Logic) 회로이다. 입력변화에 따른 출력 X, Y 값을 관찰하여 표 3－9 를 완성한다.

NOR 게이트 응용

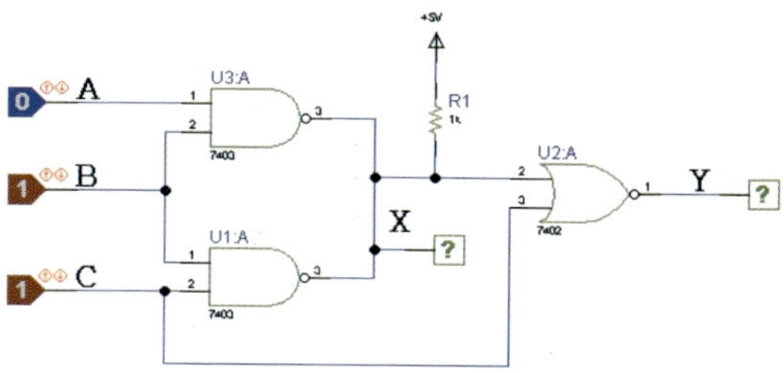

그림3-11

A	B	C	X	Y
0	0	0	1	0
0	0	1	1	0
0	1	0	1	0
0	1	1	0	0
1	0	0	1	0
1	0	1	1	0
1	1	0	0	1
1	1	1	0	0

표 3-9

모의실험 4. 논리함수의 간략화

4-1 실험회로

1) 그림 4−3 과 같이 회로를 구성하고 입력변화에 따른 출력값의 변화를 표에 완성한다.

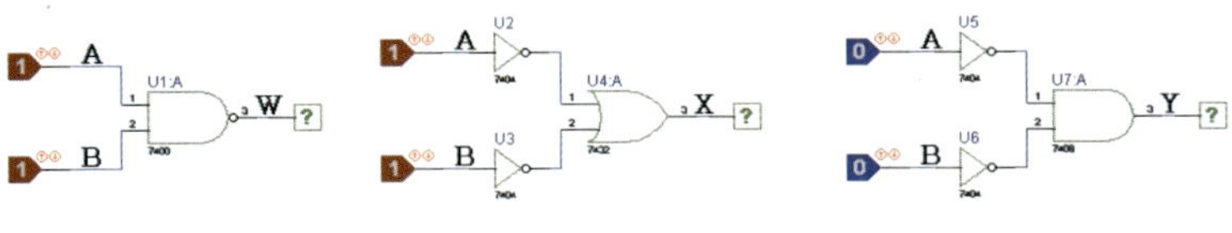

(a) NAND 게이트 (b) Invert OR 게이트 (c) Invert AND 게이트

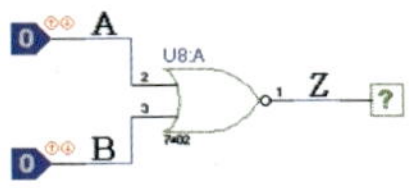

(d) NOR 게이트

그림4-3

A	B	W	X	Y	Z
0	0	1	1	1	1
0	1	1	1	0	0
1	0	1	1	0	0
1	1	0	0	0	0

표4-9

2) 그림 4−4, 4−5 와 같이 회로를 구성하고 입력변화에 따른 출력값의 변화를 표에 완성한다.

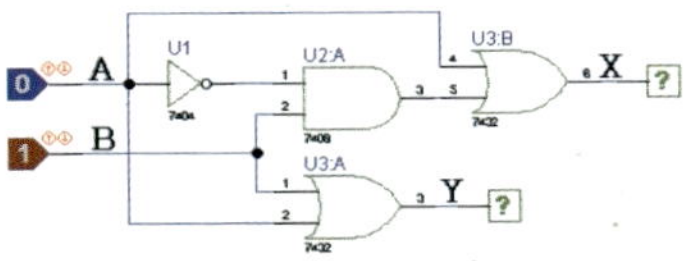

그림4-4

A	B	X	Y
0	0	0	0
0	1	1	1
1	0	1	1
1	1	1	1

표4-10

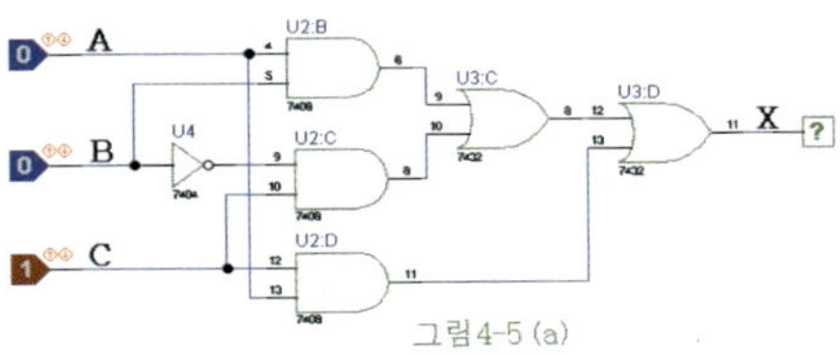

그림4-5 (a)

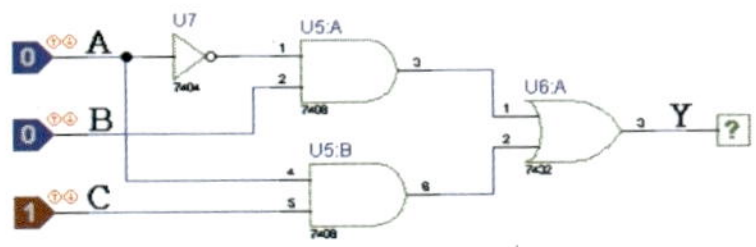

그림4-5(b)

A	B	C	X	Y
0	0	0	0	0
0	0	1	1	0
0	1	0	0	1
0	1	1	0	1
1	0	0	0	0
1	0	1	1	1
1	1	0	1	0
1	1	1	1	1

표4-11

3) 그림 4－7의 회로를 구성하고 표에 입력변화에 따른 출력 Y 의 값을 관찰하여 표를 완성한다.

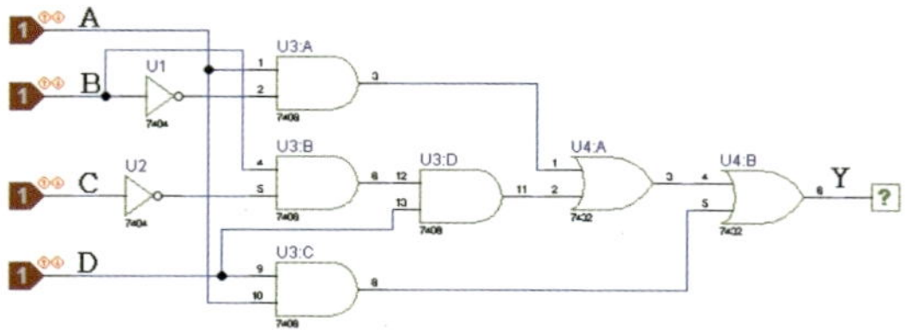

그림4-7

A	B	C	D	X	Y
0	0	0	0	0	1
0	0	0	1	0	1
0	0	1	0	1	1
0	0	1	1	1	0
0	1	0	0	0	0
0	1	0	1	0	0
0	1	1	0	1	0
0	1	1	1	1	0
1	0	0	0	0	1
1	0	0	1	1	0
1	0	1	0	0	1
1	0	1	1	1	1
1	1	0	0	0	0
1	1	0	1	1	0
1	1	1	0	0	1
1	1	1	1	1	1

표4-12

4) 그림 4－8 의 회로를 구성하고 입력 A, B, C, D 에 따른 출력값 W, X, Y, Z 를 관찰하여 표를 완성한다.

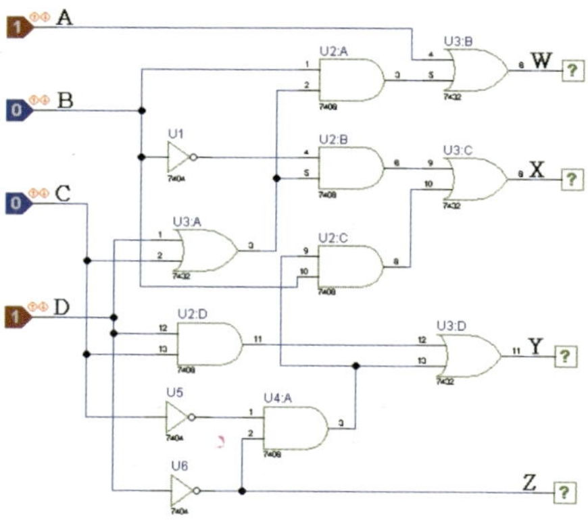

그림4-8

10 진수	A (8)	B (4)	C (2)	D (1)	W	X	Y	Z
0	0	0	0	0	0	0	1	1
1	0	0	0	1	0	1	0	0
2	0	0	1	0	0	1	0	1
3	0	0	1	1	0	1	1	0
4	0	1	0	0	0	1	1	1
5	0	1	0	1	1	0	0	0
6	0	1	1	0	1	0	0	1
7	0	1	1	1	1	0	1	0
8	1	0	0	0	1	0	1	1
9	1	0	0	1	1	1	0	0

표4-13

5) 그림 4－9 의 회로를 구성하고 입력 W, X, Y, Z 의 변화에 따른 출력 F 의 값을 관찰하여 표를 완성한다.

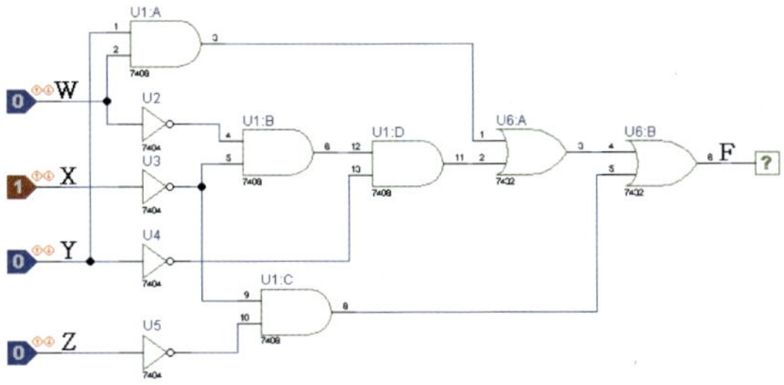

그림4-9

10 진수	W	X	Y	Z	F
0	0	0	0	0	1
1	0	0	0	1	1
2	0	0	1	0	1
3	0	0	1	1	0
4	0	1	0	0	0
5	0	1	0	1	0
6	0	1	1	0	0
7	0	1	1	1	0
8	1	0	0	0	1
9	1	0	0	1	0
10	1	0	1	0	1
11	1	0	1	1	1
12	1	1	0	0	0
13	1	1	0	1	0
14	1	1	1	0	1
15	1	1	1	1	1

표4-14

모의실험 5. Exclusive OR 게이트와 그 응용

5-1 실험 회로

1) 그림 5－3, 4, 5, 6 의 그림과 같이 회로를 구성하고 입력 A, B 에 따른 출력값 Y 의 변화를 관찰하여 표를 완성한다.

XOR 게이트

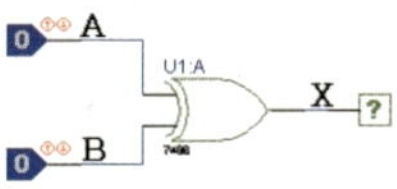

그림5-3

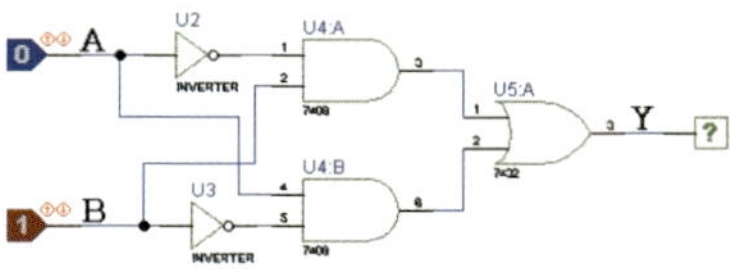

그림5-4

A	B	X	Y
0	0	0	0
0	1	1	1
1	0	1	1
1	1	0	0

표5-3

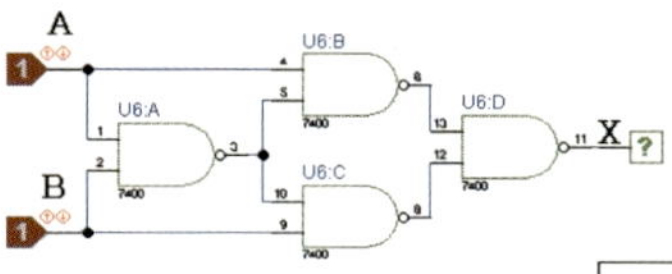

그림5-5

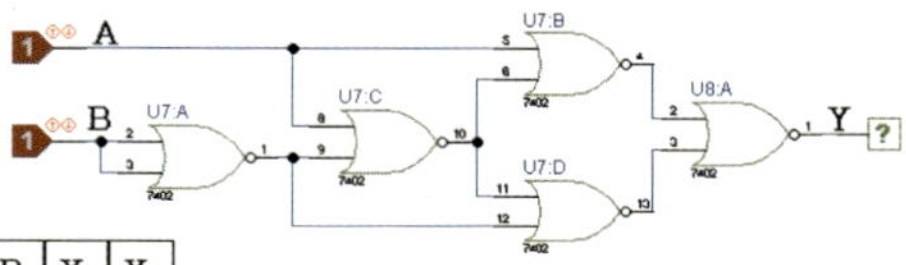

그림5-6

A	B	X	Y
0	0	0	0
0	1	1	1
1	0	1	1
1	1	0	0

표5-4

2) 그림 5－7 의 XOR 게이트 응용회로를 구성하고 입력 A, B, C, D 에 따른 출력값 g1, g2, g3, g4 를 관찰하여 표를 완성한다.

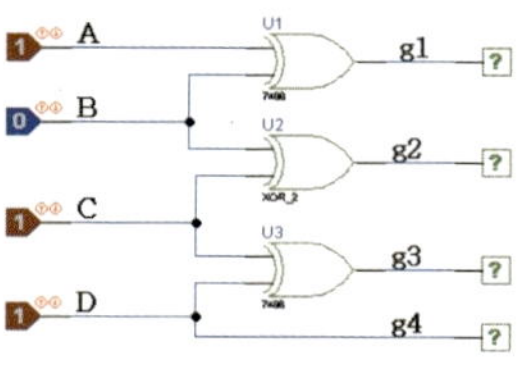

그림5-7

A	B	C	D	g1	g2	g3	g4
0	0	0	0	0	0	0	0
0	0	0	1	0	0	1	1
0	0	1	0	0	1	1	0
0	0	1	1	0	0	1	1
0	1	0	0	1	1	0	0
0	1	0	1	1	1	1	1
0	1	1	0	1	0	1	0
0	1	1	1	1	0	0	1
1	0	0	0	1	0	0	0
1	0	0	1	1	0	1	1
1	0	1	0	1	1	1	0
1	0	1	1	1	1	0	1
1	1	0	0	0	1	0	0
1	1	0	1	0	1	1	1
1	1	1	0	0	0	1	0
1	1	1	1	0	0	0	1

표5-5

3) 그림 5－8 과 같은 XOR 응용회로를 구성하고 입력 g1, g2, g3, g4 에 따른 출력 A, B, C, D 를 관찰하여 표를 완성한다.
(단, 입력 g1, g2, g3, g4 에 따른 출력 D 만을 Xi 라고 한다.)

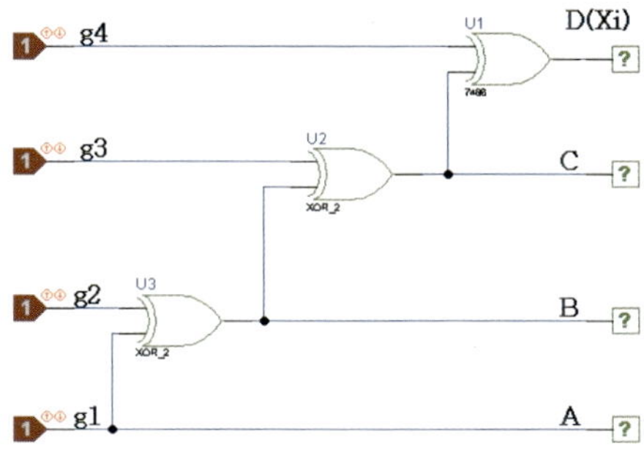

그림 5-8

g1	g2	g3	g4	A	B	C	D	Xi
0	0	0	0	0	0	0	0	X0
0	0	0	1	0	0	0	1	X1
0	0	1	0	0	0	1	1	X2
0	0	1	1	0	0	1	0	X3
0	1	0	0	0	1	1	1	X4
0	1	0	1	0	1	1	0	X5
0	1	1	0	0	1	0	0	X6
0	1	1	1	0	1	0	1	X7
1	0	0	0	1	1	1	1	X8
1	0	0	1	1	1	1	0	X9
1	0	1	0	1	1	0	0	X10
1	0	1	1	1	1	0	1	X11
1	1	0	0	1	0	0	0	X12
1	1	0	1	1	0	0	1	X13
1	1	1	0	1	0	1	1	X14
1	1	1	1	1	0	1	0	X15

표 5-6

4) 그림 5－9 의 XOR 발생기 회로를 이용한 2진 비교기 회로를 구성하고 입력 A, B 에 따른 출력 X, Y, Z 를 관찰하여 표를 완성한다.

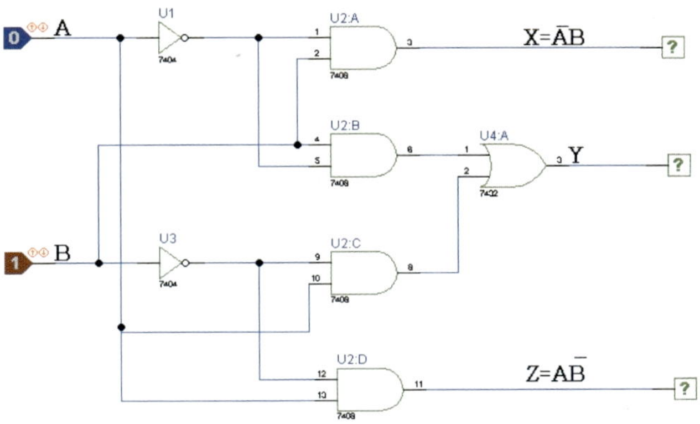

그림 5-9

A	B	X	Y	Z
0	0	0	0	0
0	1	1	1	0
1	0	0	1	1
1	1	0	0	0

표 5-7

모의실험 6. 가산기와 감산기

6-1 반 가산기 와 전 가산기

1) 그림 6－11 과 같은 반 가산기 회로를 구성하고 입력 A, B 에 따른 출력 S와 C를 관찰하여 표를 완성한다.

2) 그림 6－12 와 같은 전 가산기 회로를 구성하고 입력변화에 따른 출력 Sn 과 Cn 을 관찰하여 표를 완성한다.

반 가산기 회로

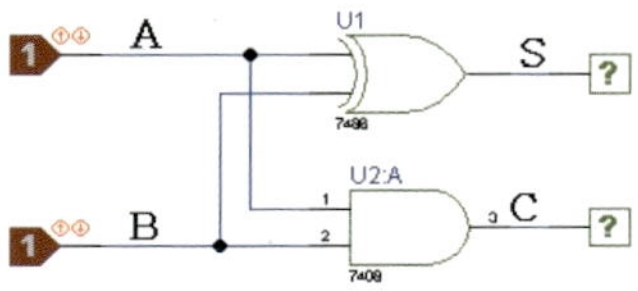

그림6-11

A	B	S	C
0	0	0	0
0	1	1	0
1	0	1	0
1	1	0	1

표6-5

전 가산기 회로

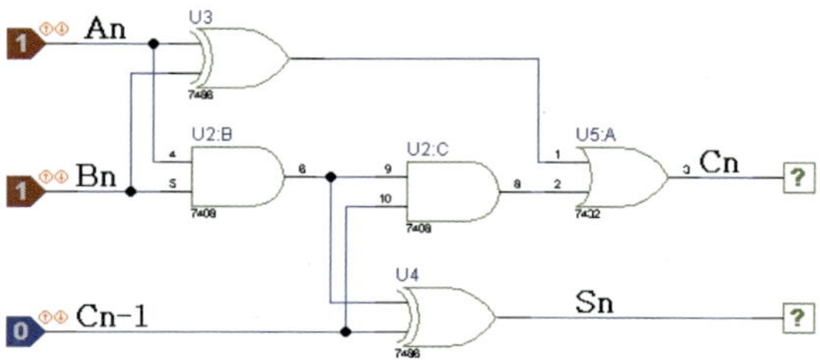

그림6-12

An	Bn	Cn-1	Sn	Cn
1	1	1	0	1
1	1	0	1	0
1	0	1	1	1
1	0	0	0	1
0	1	1	1	1
0	1	0	0	1
0	0	1	1	0
0	0	0	0	0

표6-6

6-2 반 감산기 와 전 감산기

1) 그림 6－13 과 같이 반 감산기 회로를 구성하여 입력 A, B 에 따른 출력 d, b 를 관찰하여 표를 완성한다.

2) 그림 6－14 와 같이 전 감산기 회로를 구성하여 입력변화에 따른 출력 bn, dn 을 관찰하여 표를 완성한다.

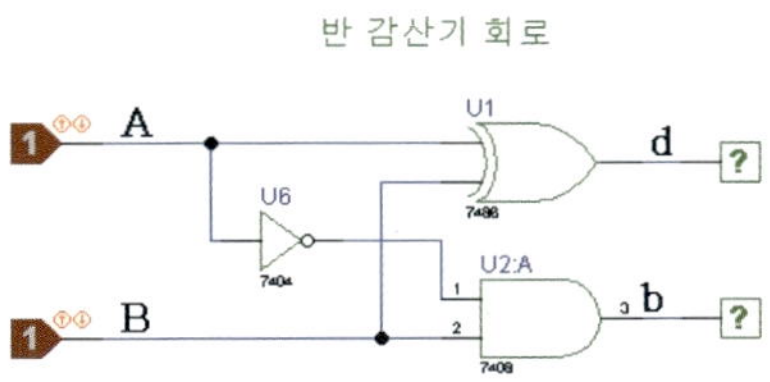

그림6-13

A	B	d	b
1	1	0	0
1	0	1	0
0	1	1	1
0	0	0	0

표6-7

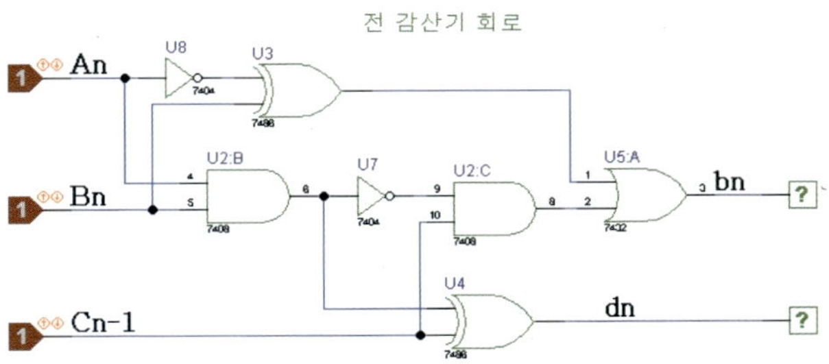

그림6-14

An	Bn	Cn-1	bn	dn
1	1	1	1	0
1	1	0	1	1
1	0	1	1	1
1	0	0	0	0
0	1	1	1	1
0	1	0	0	0
0	0	1	1	1
0	0	0	1	0

표6-8

6-3 가산기 회로

1) 그림 6－15 와 같이 2－bit 병렬 2진 가산기 회로를 구성하여 입력변화에 따른 출력 S0, S1, C1 값을 관찰하여 표를 완성한다.

2 bit 병렬 2진 가산기 회로

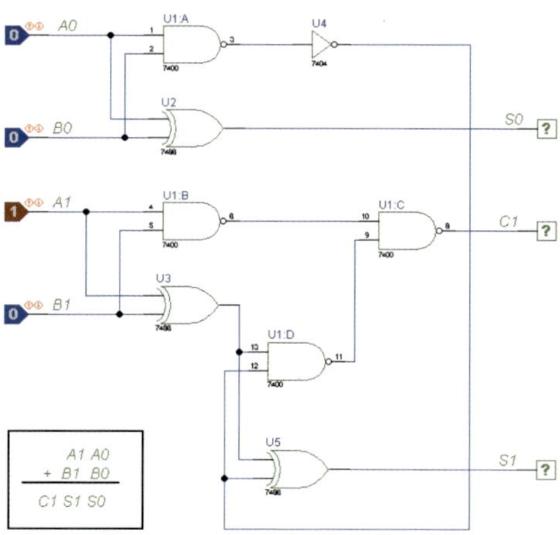

그림 6-15

A1	A0	B1	B0	S0	S1	C1
0	0	0	0	0	0	0
0	0	0	1	1	0	0
0	0	1	0	0	1	0
0	0	1	1	1	1	0
0	1	0	0	1	0	0
0	1	0	1	0	1	0
0	1	1	0	1	1	0
0	1	1	1	0	0	1
1	0	0	0	0	1	0
1	0	0	1	1	1	0
1	0	1	0	0	0	1
1	0	1	1	1	0	1
1	1	0	0	1	1	0
1	1	0	1	0	0	1
1	1	1	0	1	0	1
1	1	1	1	0	1	1

표 6-9

6-4 전 감산기와 가산기

1) 그림은 2의 보수를 이용한 2진 4－bit 전 감산기와 전 가산기 회로를 표현했다. 회로를 구성하고 다양한 입력변화에 따른 전 가산기와 전 감산기의 출력을 관찰하여 표를 완성한다.

2의 보수를 이용한 2진 4-BIT 전 감산기와 가산기

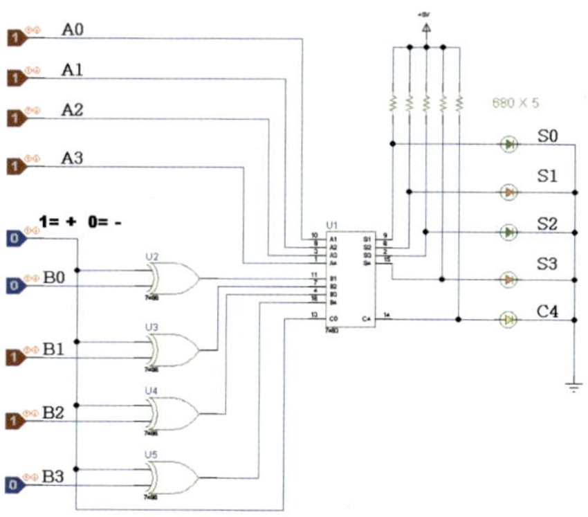

A3	A2	A1	A0
+ B3	B2	B1	B0
C4 S3	S2	S1	S0

A3	A2	A1	A0
− B3	B2	B1	B0
b4 d3	d2	d1	d0

A3	A2	A1	A0	B3	B2	B1	B0	S3	S2	S1	S0	C4
1	1	1	1	0	0	0	1	0	0	0	0	1
1	1	1	0	0	0	1	0	0	0	0	0	1
1	1	0	1	0	1	0	1	0	0	0	0	1
1	0	1	1	0	1	1	0	0	0	0	0	1
1	0	1	0	0	1	1	1	0	0	0	1	1
1	0	0	1	1	0	0	1	0	0	1	0	1
0	1	1	1	0	1	1	0	1	1	0	1	0
0	1	0	1	0	0	1	1	1	0	0	0	0

표6-10 전가산기

A3	A2	A1	A0	B3	B2	B1	B0	d3	d2	d1	d0	b4
1	0	1	0	0	1	0	1	0	1	0	1	0
1	0	1	1	0	1	1	0	0	1	0	1	0
1	1	0	0	0	1	1	1	0	1	0	1	0
1	1	1	0	0	1	1	0	1	0	0	0	0
1	1	1	1	1	1	1	1	0	0	0	0	0
0	1	0	1	1	0	1	0	1	0	1	1	1
0	1	1	0	1	0	1	0	1	1	0	0	1
0	1	1	1	1	0	1	0	1	1	0	1	1

표 6-11 전 감산기

모의실험 7. 디코더와 인코더

7-1 디코더 회로

1) 그림과 같이 디코더 회로를 구성하고 입력에 따른 출력 D 를 관찰하여 표를 완성한다.

디코더 (decoder)회로

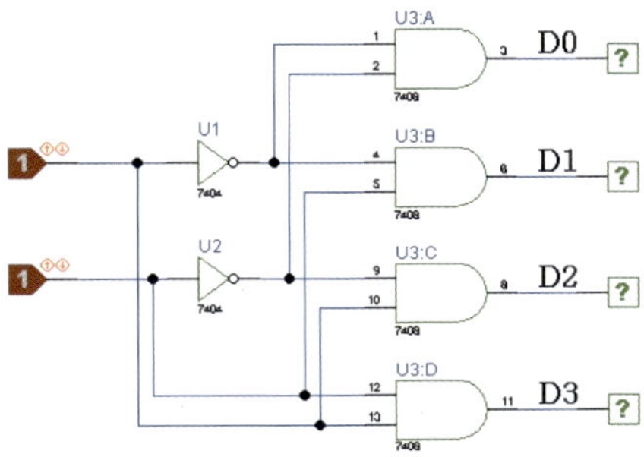

A	B	D0	D1	D2	D3
0	0	1	0	0	0
0	1	0	1	0	0
1	0	0	0	1	0
1	1	0	0	0	1

표7-5

2) 그림 7−6 의 BCD to Decimal Decoder 회로를 구성하고 입력 A, B, C, D 의 변화에 따른 출력 D 의 변화를 관찰하여 표를 완성한다.

BCD to Decimal Decoder

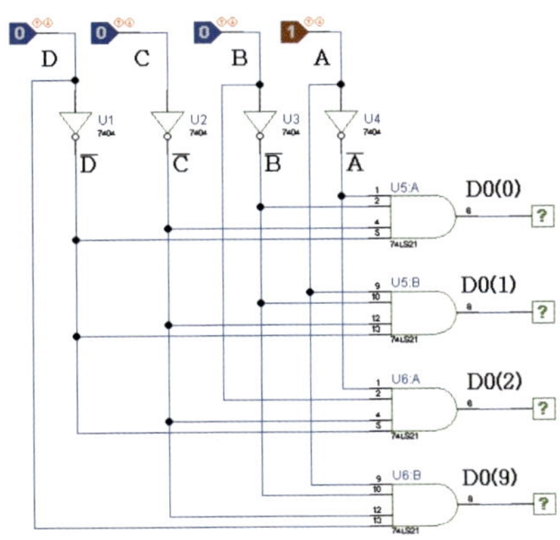

그림7-6

D	C	B	A	D0	D1	D2	D3	D4	D5	D6	D7	D8	D9
0	0	0	0	1	0	0	0	0	0	0	0	0	0
0	0	0	1	0	1	0	0	0	0	0	0	0	0
0	0	1	0	0	0	1	0	0	0	0	0	0	0
0	0	1	1	0	0	0	1	0	0	0	0	0	0
0	1	0	0	0	0	0	0	1	0	0	0	0	0
0	1	0	1	0	0	0	0	0	1	0	0	0	0
0	1	1	0	0	0	0	0	0	0	1	0	0	0
0	1	1	1	0	0	0	0	0	0	0	1	0	0
1	0	0	0	0	0	0	0	0	0	0	0	1	0
1	0	0	1	0	0	0	0	0	0	0	0	0	1

표7-5

7-2 인코더 회로

1) 오른쪽 하단에 있는 그림 7−7 과 같은 회로를 구성하고 입력변화에 따른 출력 A, B 를 관찰하여 표를 완성한다.

2) 그림 7−8 과 같은 회로를 구성하고 표와 같은 입력변화에 따른 출력 A, B, C, D 의 변화를 관찰하여 표를 완성한다.

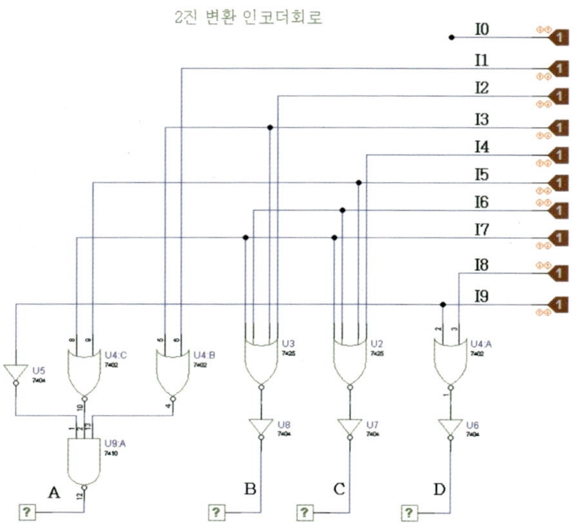

그림7-8

I0	I1	I2	I3	I4	I5	I6	I7	I8	I9	D	C	B	A
1	0	0	0	0	0	0	0	0	0	0	0	0	0
0	1	0	0	0	0	0	0	0	0	0	0	0	1
0	0	1	0	0	0	0	0	0	0	0	0	1	0
0	0	0	1	0	0	0	0	0	0	0	0	1	1
0	0	0	0	1	0	0	0	0	0	0	1	0	0
0	0	0	0	0	1	0	0	0	0	0	1	0	1
0	0	0	0	0	0	1	0	0	0	0	1	1	0
0	0	0	0	0	0	0	1	0	0	0	1	1	1
0	0	0	0	0	0	0	0	1	0	1	0	0	0
0	0	0	0	0	0	0	0	0	1	1	0	0	1

표7-8

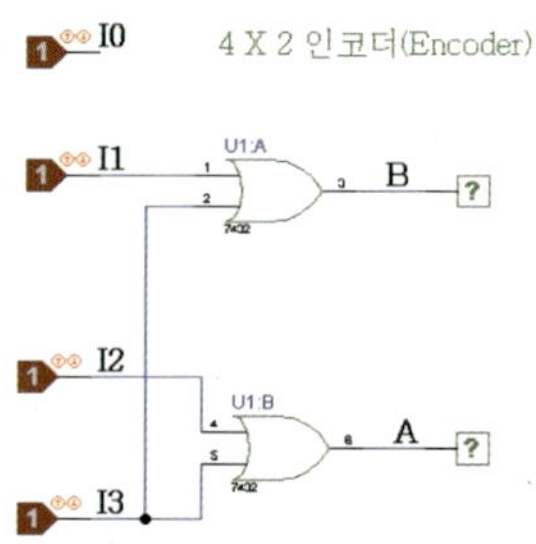

그림7-7

I0	I1	I2	I3	A	B
1	0	0	0	0	0
0	1	0	0	0	1
0	0	1	0	1	0
0	0	0	1	1	1

표7-7

7-3 디코더와 인코더 결합회로

1) 그림 7−9 와 같은 회로를 구성하고 입력 A, B 에 따른 출력 D 와 D 를 입력으로 하는 출력 A, B 를 관찰하여 표를 완성한다.

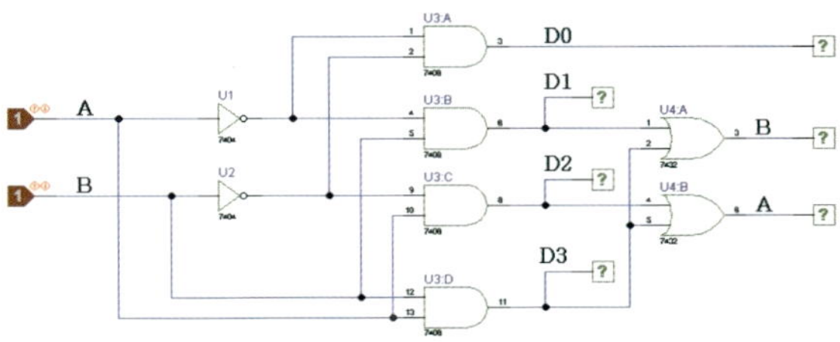

그림 7-9

A	B	D0	D1	D2	D3	A	B
0	0	1	0	0	0	0	0
0	1	0	1	0	0	0	1
1	0	0	0	1	0	1	0
1	1	0	0	0	1	1	1

표7-9

7-4 7-Segment

1) 그림 7−10 과 같은 회로를 구성하고 clock pulse 에 의한 출력 7−Segment a~g 까지를 표에 완성한다.

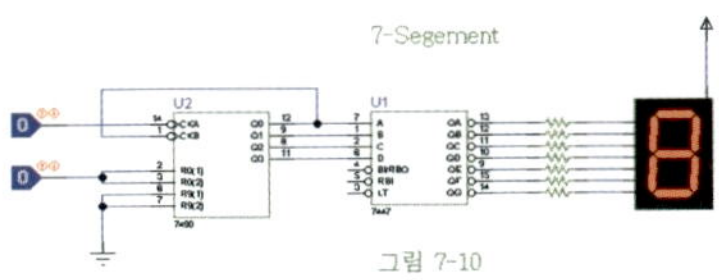

그림 7-10

clock pulse	(13) a	(12) b	(11) c	(10) d	(9) e	(15) f	(14) g
0	0	0	0	0	0	0	1
1	1	0	0	1	1	1	1
2	0	0	1	0	0	1	0
3	0	0	0	0	1	1	0
4	1	0	0	1	1	0	0
5	0	1	0	0	1	0	0
6	1	1	0	0	0	0	0
7	0	0	0	1	1	1	1
8	0	0	0	0	0	0	0
9	0	0	0	1	1	0	0

표7-10

* LTS 542 7−segment 는 comom Anode 형 이므로 표 7−10 과 같다.

모의실험 8. 멀티플렉서와 디멀티플렉서

8-1 멀티플렉서

1) 그림 8－10 의 4x1 멀티플렉서와 같은 회로를 구성하고 입력 S, A, B 의 변화에 따른 출력 값을 관찰하여 표를 완성한다.

4 x 1 멀티플렉서

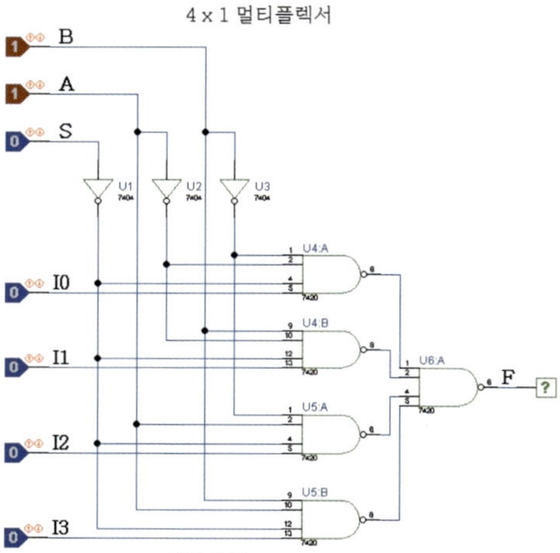

입	력		출	력(F)		
S	A	B	I0	I1	I2	I3
0	0	0	1	0	0	0
0	0	1	0	1	0	0
0	1	0	0	0	1	0
0	1	1	0	0	0	1
1	0	0	0	0	0	0
1	0	1	0	0	0	0
1	1	0	0	0	0	0
1	1	1	0	0	0	0

그림 8-10

2) 위 그림과 같이 4x1 멀티플렉서 회로를 그림 8－11과 같이 구성하여 두 입력 A, B 의 변화에 따른 출력 F를 관찰하여 표를 완성한다.

4 x 1 멀티플렉서

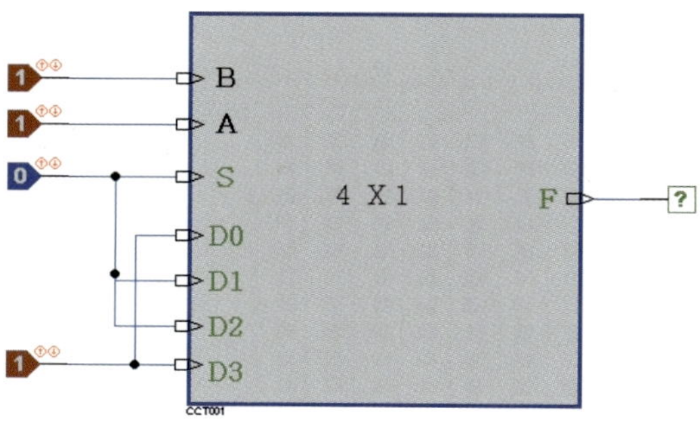

그림 8-11

A	B	F
0	0	1
0	1	0
1	0	0
1	1	1

표8-4

3) 그림 8−12 와 같은 멀티플렉서를 이용한 전 가산기 회로를 구성하고, 입력변화에 따른 출력 Sn 과 Cn 을 관찰하여 표를 완성한다.

멀티플렉서를 이용한 전 가산기

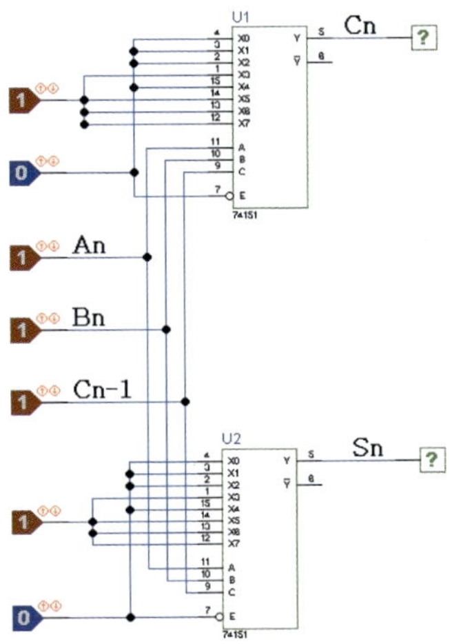

그림 8-12

An	Bn	Cn-1	Cn	Sn
0	0	0	0	0
0	0	1	0	1
0	1	0	0	1
0	1	1	1	0
1	0	0	0	1
1	0	1	1	0
1	1	0	1	0
1	1	1	1	1

표8-5

8-2 디멀티플렉서

1) 그림 8−13과 같은 회로를 구성하고, 입력 A, B, E의 변화에 따른 출력 D0, D1, D2, D3 을 관찰하여 표를 완성한다.

디멀티 플렉서 실험회로

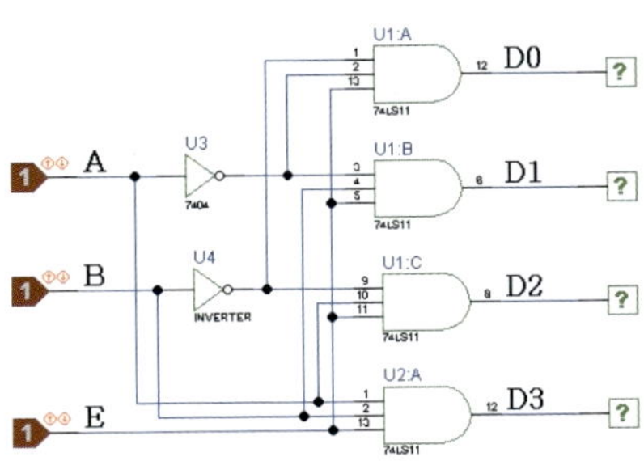

그림 8-13

입		력	출			력
E	A	B	D0	D1	D2	D3
0	x	x	0	0	0	0
1	0	0	1	0	0	0
	0	1	0	1	0	0
	1	0	0	0	1	0
	1	1	0	0	0	1

표8-6

모의실험 9. RS 래치와 D 래치

9-1 RS 래치 회로

1) 그림 9−5 와 같은 NOR 게이트를 이용한 RS−Latch 회로를 구성하고 입력 R, S 의 변화에 따른 출력을 관찰하여 표를 완성한다.

2) NAND 게이트를 이용한 RS−Latch 회로를 구성하여 입력 변화에 따른 출력값을 관찰하여 표를 완성한다.

NOR 게이트를 이용한 RS-Latch 회로

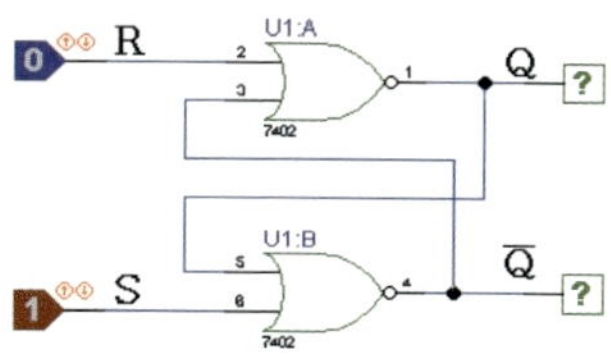

그림 9-5

R	S	Q	$\overline{Q}$
0	1	1	0
0	0	1	0
1	0	0	1
0	0	0	1
1	1	0	0

표9-7

NAND 게이트를 이용한 RS-Latch 회로

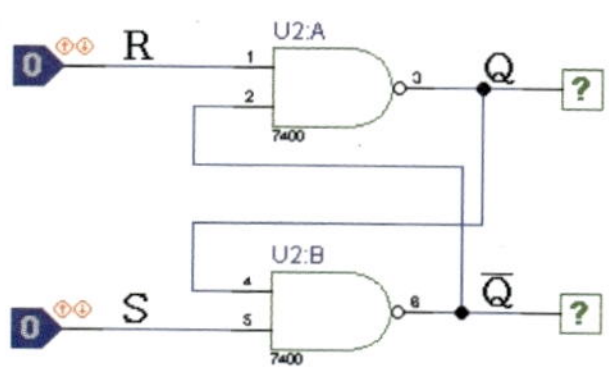

R	S	Q	$\overline{Q}$
0	0	1	1
1	1	0	1
1	0	0	1
1	1	0	1
0	0	1	1

표9-8

9-2 RS 와 D 래치 회로

1) 그림 9−7 과 같은 D−Latch 회로를 구성하고 입력 D 의 변화에 따른 출력을 관찰하여 표를 완성한다.

2) 그림 9−8 과 같은 클록이 부착된 RS−Latch 회로를 구성하고 입력 R, S 및 Cp 의 변화에 따른 출력을 관찰하여 표를 완성한다.

NOR 게이트를 이용한 D-Latch 회로

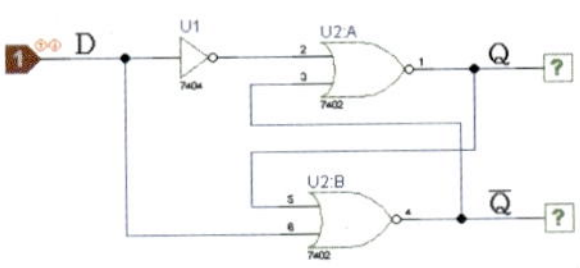

그림 9-7

D	Q	$\overline{Q}$
0	0	1
1	1	0

표9-9

클록이 부착된 RS-Latch 회로

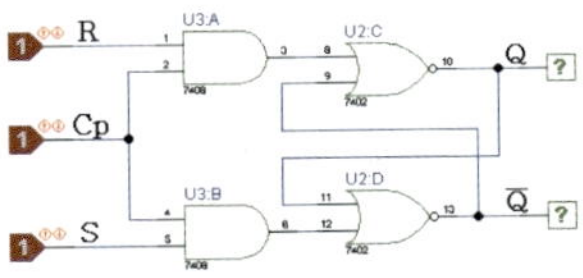

그림 9-8

Cp	R	S	Q	$\overline{Q}$
0	0	1	0	1
	0	0	0	1
	1	0	0	1
	0	0	0	1
	1	1	0	1
1	0	1	1	0
	0	0	1	0
	1	0	0	1
	0	0	0	1
	1	1	0	0

표9-10

9-3 D 래치 회로

1) 그림 9−9 와 같이 클록이 부착된 D 래치 회로를 구성하고 입력의 변화에 따른 출력을 관찰하여 표를 완성한다.

클록이 부착된 D-Latch 회로

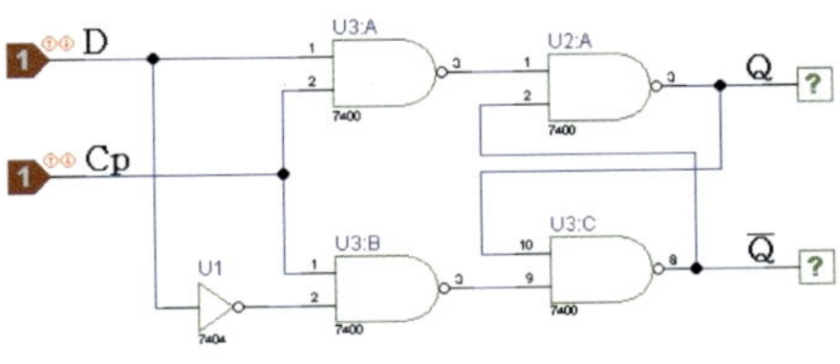

그림 9-9

Cp	D	Q
0	0	0
	1	0
1	0	0
	1	1

표9-11

모의실험 10. 플립 플롭

10-1 RS, D 플립 플롭

1) 그림 10－9 와 같은 RST－F/F 회로를 구성하고 입력 R, S 의 변화가 clock pulse(Cp)에 따라 어떻게 변화하는지 표를 완성한다.
(단, S, R 입력을 인가한 상태에서 clock pulse 를 가한다.)

2) 그림 10－10 과 같은 회로를 구성하고 D 와 Cp 의 입력 변화에 따른 출력 상태를 관찰하여 표를 완성한다.
(D 입력을 인가한 상태에서 Cp 를 가하고, Cp＝0 은 clock pulse 인가 전으로, Cp＝1 은 clock pulse 인가 후로 가정한다.)

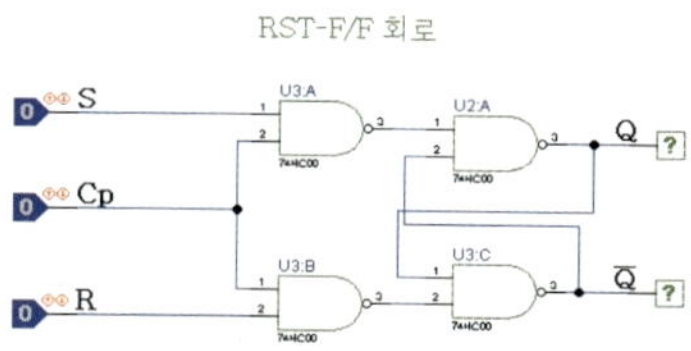

그림 10-9

Cp	R	S	Q	$\overline{Q}$
0	0	0	0	1
1	0	0	0	1
0	0	1	0	1
1	0	0	0	1
0	1	0	0	1
1	1	0	0	1
0	1	1	0	1
1	1	1	1	1

표10-5

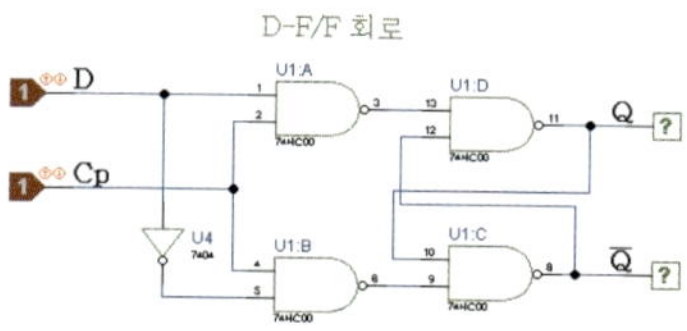

그림 10-10

Cp	D	Q	$\overline{Q}$
0	0	0	1
1	0	0	1
0	1	0	1
1	1	1	0

표10-6

3) 그림 10－11 과 같은 TTL IC 7474 D－F/F 회로를 구성하고 D 와 Cp 의 입력 변화에 따른 출력 상태를 관찰하여 표를 완성한다.

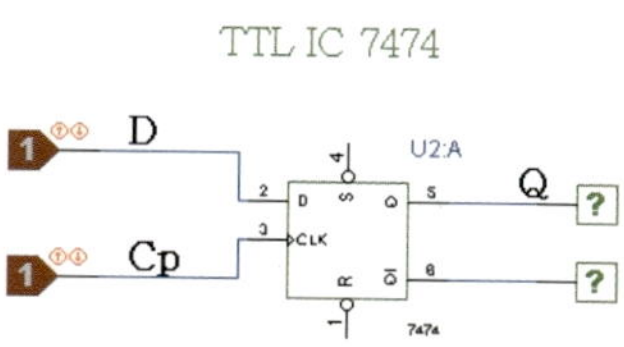

그림 10-11

Cp	D	Q
0	0	0
1	0	0
0	1	0
1	1	1

표10-7

10-2 JK 플립 플롭

1) 그림 10－12 와 같은 JK－F/F 회로를 구성하고 입력 J, K 및 클록 펄스 Cp 의 변화에 따른 출력 Q 를 관찰하여 표를 완성한다.

JK-F/F 회로

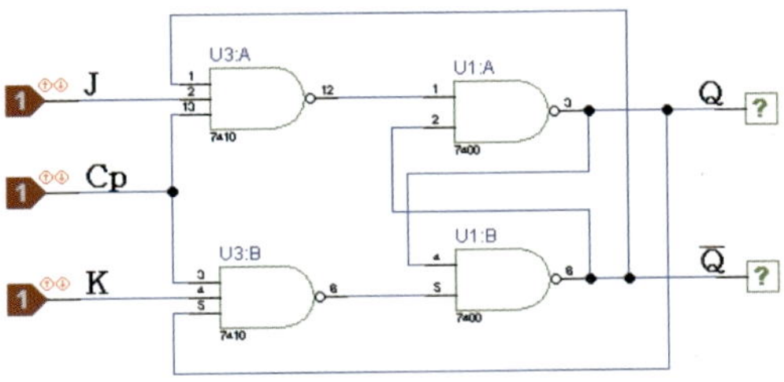

그림 10-12

순번	Cp	J	K	싱글펄스(Cp) Q	구형파(Cp) Q
1	0	0	0	0	0
2	1	0	1	0	0
3	0	1	0	1	1
4	1	1	1	0	0
5	0	0	0	1	1
6	1	0	1	0	0
7	0	1	0	1	1
8	1	1	1	0	0

표10-8

2) 그림 10－13 과 같은 CMOS 74C76 Dual Negative JK－F/F 회로를 구성하고 입력 JK 와 클록 펄스 Cp 의 변화에 따른 출력을 관찰하여 표를 완성하고, 로직 아날라이저를 사용해 타이밍 차트를 살펴본다.

CMOS 74C76 JK-F/F 회로

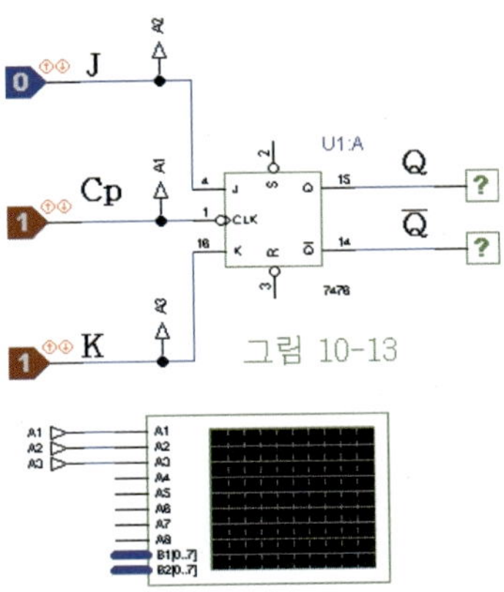

그림 10-13

순번	Cp	J	K	Q
1	1	0	1	0
2	0	0	1	0
3	1	1	0	0
4	0	1	0	1
5	1	1	1	0
6	0	1	1	1
7	1	1	0	0
8	0	0	1	1

표10-9

3) 그림 10－15 와 같은 TTL IC 7476 Dual M/S－JK－F/F 회로를 구성하고 JK 와 클록 펄

스 Cp 변화에 따른 출력을 관찰하여 표를 완성한다.

TTL 7476 JK-F/F 회로

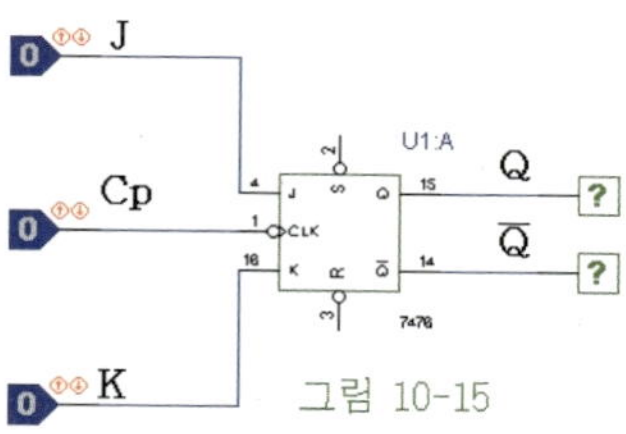

그림 10-15

초기상태	순 번	Cp	J	K	Q	$\overline{Q}$
Q=0 $\overline{Q}$=1	1	1	0	1	0	1
	2	0	0	1	0	1
	3	1	1	0	1	0
	4	0	1	0	1	0
	5	1	1	1	0	1
	6	0	1	1	0	1
Q=1 $\overline{Q}$=0	1	0	0	1	1	0
	2	1	0	1	0	1
	3	0	1	0	0	1
	4	1	1	0	1	0
	5	0	1	1	1	0
	6	1	1	1	0	1

표10-10

모의실험 11. 단안정 멀티바이브레이터

11-1 실험 회로

1) 정(+) 트리거를 위한 74121 단안정 멀티바이브레이터의 기본 접속회로에 가상의 시그널 제너레이터와 오실로스코프를 이용해 파형을 관찰해 본다.

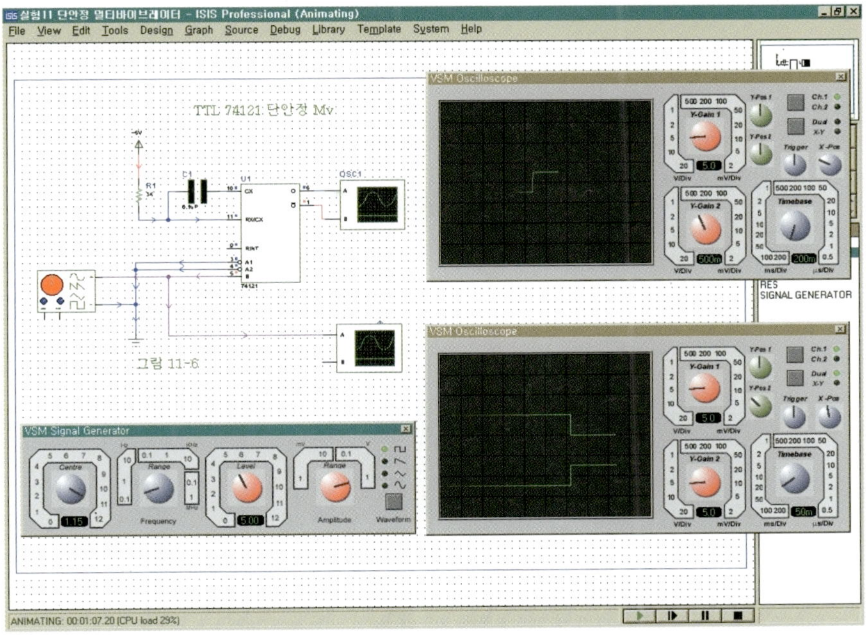

2) 시그널제너레이터 외에도 클록을 사용해 오실로스코프로 파형을 관찰할 수 있다.

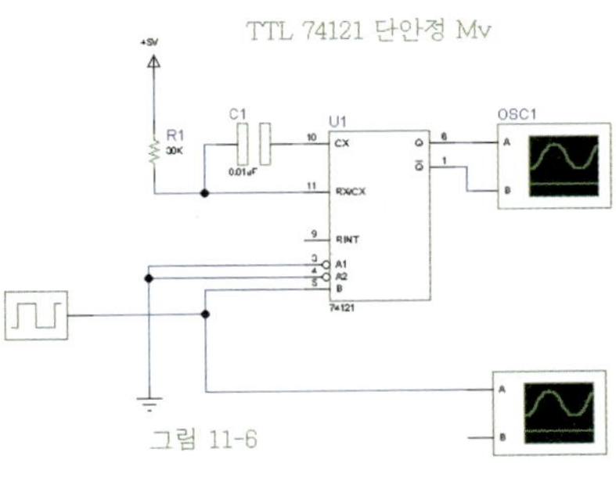

모의실험 13. 시프트 레지스터

13-1 실험 회로

1) 그림 13－17 의 우측 시프트 레지스터의 실험회로를 구성하고 출력 B, D, F 만을 프리셋 시킨후, 단일펄스와 SW 를 작동시켜 표를 완성한다.

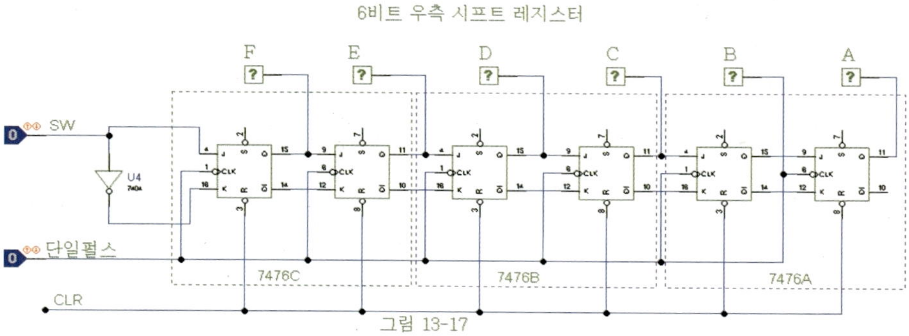

그림 13-17

Cp의 인가수	SW	7476C		7476B		7476A	
		F	E	D	C	B	A
0	0	1	0	1	0	1	0
1	0	0	0	0	0	0	0
2	0	0	0	0	0	0	0
3	0	0	0	0	0	0	0
4	0	0	0	0	0	0	0
5	0	0	0	0	0	0	0
6	0	0	0	0	0	0	0
7	0	0	0	0	0	0	0
8	0	0	0	0	0	0	0
9	0	0	0	0	0	0	0
10	0	0	0	0	0	0	0
11	0	0	0	0	0	0	0

표 13-2

모의실험 15. 동기식 카운터

15-1 동기식 Count-Up 카운터 회로

1) 그림과 같이 동기식 Count−Up 카운터 회로를 구성하고, 다음 순서에 따라 시뮬레이션 한다.

   a. 하단의 싱글펄서를 0으로 만들었다가 다시 1로 만든다. 다음 출력이 모두 0이 되는지 확인한다.

   b. 상단의 싱글펄서를 인가하여 표를 완성한다.

   c. 싱글펄서 대신 CK 단자에 구형파 발진기를 연결하고 발진기 출력을 5[Vp−p]가 되게 한 후 1 KHz 와 100KHz에 대하여 오실로스코프 각 부분 (출력단자 및 Cp)의 파형을 비교 관찰 한다.

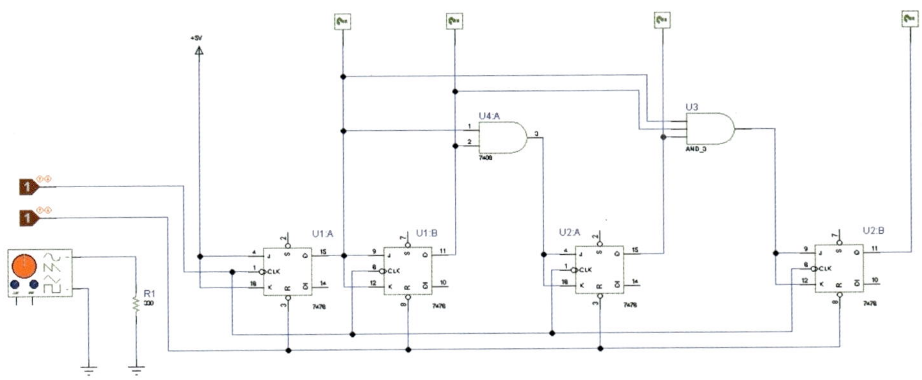

15-2 동기식 Count-Down 카운터 회로

1) 그림 동기식 Count－Down 카운터 회로를 구성하고 다음 순서에 따라 시뮬레이션 한다.

a. 상단의 싱글펄서를 0에서 1로 바꾼다. 다음 출력들이 모두 논리 1이 되는지 확인한다.

b. 하단의 싱글펄서를 인가하여 표를 완성한다.

c. 회로에서 싱글펄서 대신 CK 단자에 구형파 발진기를 접속하고 출력을 5[Vp－p]가 되게 한 후 1kHz 와 100kHz 에 대하여 출력의 각 부분을 오실로스코프로 비교 관찰한다.

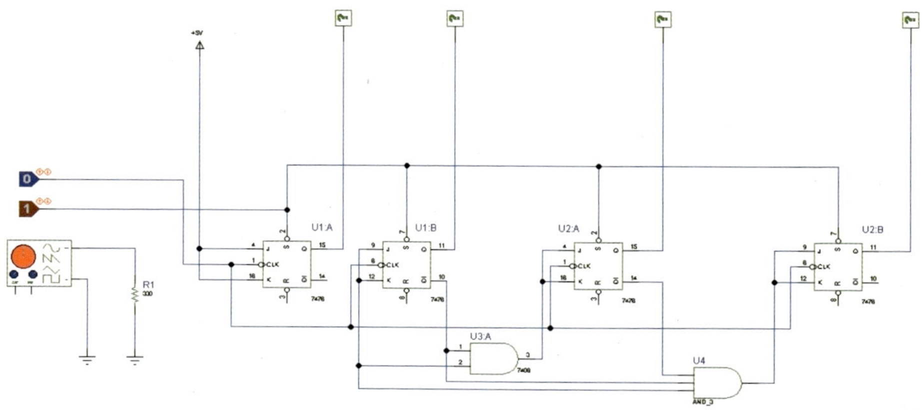

15-3 리플 캐리 카운터 회로

1) 아래 그림과 같은 리플 캐리 카운터 회로를 구성하고 순서에 따라 시뮬레이션 한다.

a. 하단의 싱글펄서를 0에서 1로 바꾼다. 다음 출력들이 모두 0 이 되는지 확인한다.

b. 상단의 클록펄스를 인가하여 표를 완성한다.

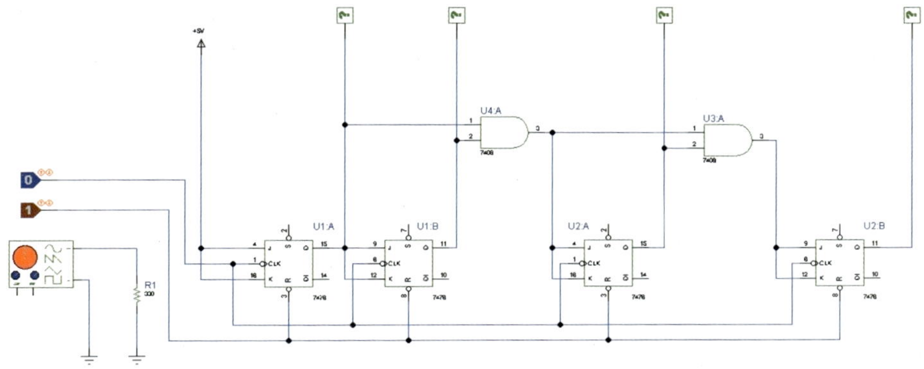

15-4 동기식 Modulus 5 카운터 회로

1) 아래 그림과 같은 동기식 Modulus 카운터 회로를 구성하고 순서에 따라 시뮬레이션 한다.

a. 동기식 Count-Down 카운터 회로의 실험 순서와 마찬가지 방법으로 결과값을 관찰해 본다.

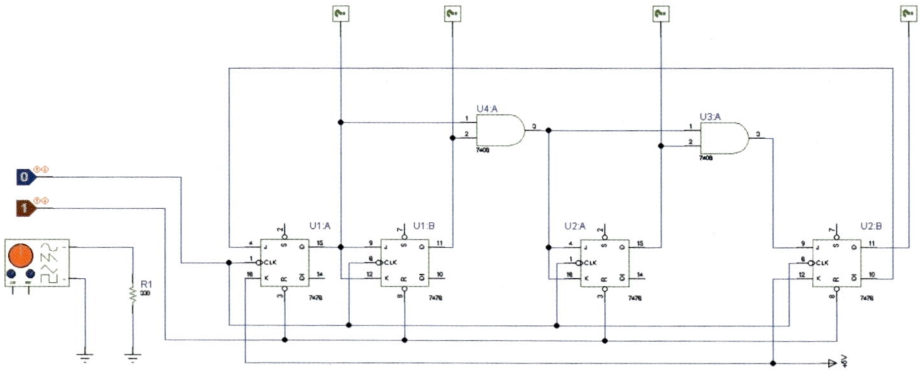

모의실험 16. 결합형 카운터

16-1 귀환 펄스형 Mod-6 카운터 회로

1) 그림과 같이 귀환 펄스형 Mod−6 카운터 회로를 구성하고 다음 순서에 따라 시뮬레이션을 한다.

   a. TTL 74121 단발 펄스 외부에 저하와 콘덴서를 연결한 다음 싱글 펄서를 0에서 1로 변환한다. 그리고 출력이 모두 0으로 되는지 확인한다.

   b. 상단의 싱글펄서를 인가하여 표를 완성한다.

   c. 회로에서 싱글펄서 대신 CK 단자에 구형파 발진기를 접속하고 출력을 5[Vp−p]가 되게 한 후 1kHz 와 100kHz 에 대하여 출력의 각 부분을 오실로스코프로 비교 관찰한다.

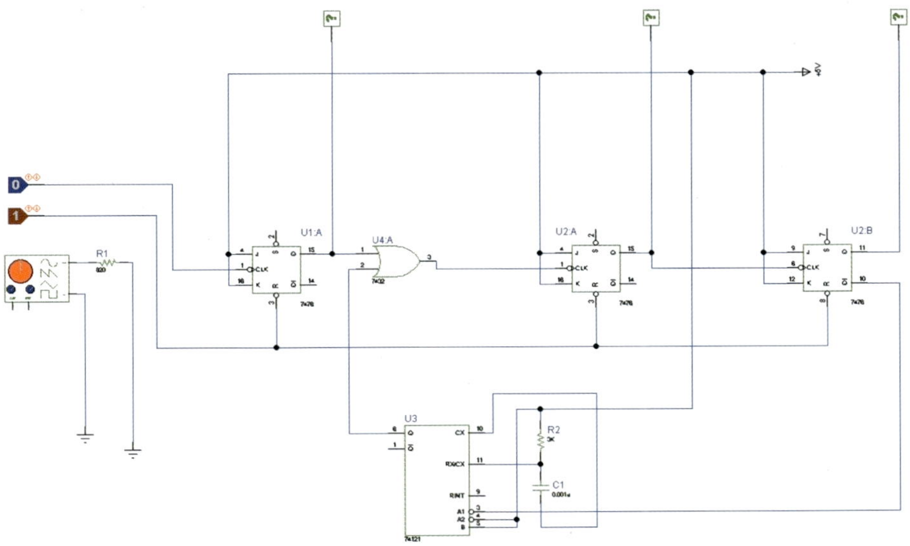

16-2 리셋형 10진 카운터 회로

1) 그림과 같이 리셋형 10진 카우터 회로를 구성하고 다음 순서에 따라 시뮬레이션 한다.

a. TTL 74121 단안정 멀티바이브레이터 외부에 저항과 콘덴서를 연결한 다음 싱글 펄서를 0에서 1로 바꾼다. 그리고 출력이 모두 논리 0이 되는지 확인한다.

b. 상단의 싱글 펄서를 인가하여 표를 완성한다.

c. 회로에서 싱글펄서 대신 CK 단자에 구형파 발진기를 접속하고 출력을 5[Vp−p]가 되게 한 후 1kHz 와 100kHz 에 대하여 출력의 각 부분을 오실로스코프로 비교 관찰한다.

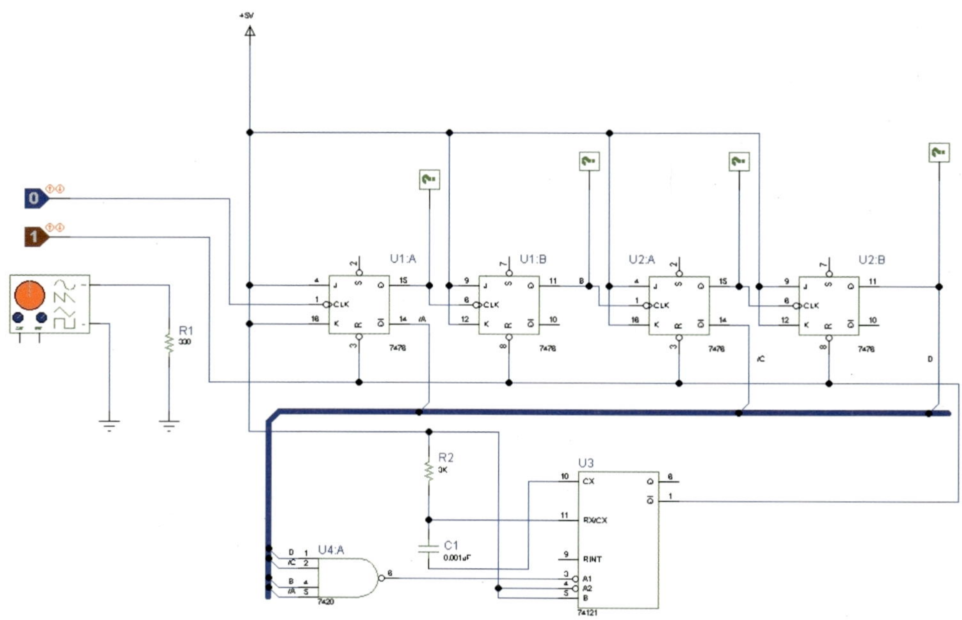

16-3 직접 리셋트형 Mod 6 카운터 회로

1) 그림과 같이 직접 리셋트형 Mod 6 카운터 실험회로를 결선하고 다음 순서에 따라 시뮬레이션 한다.

   a. 하단의 싱글펄서를 1에서 0으로 만든다. 다음 출력이 모두 논리 0이 되는지 확인한다.

   b. 상단의 싱글펄서를 인가하여 표를 완성한다.

   c. 회로에서 싱글펄서 대신 CK 단자에 구형파 발진기를 접속하고 출력을 5[Vp−p]가 되게 한 후 1kHz 와 100kHz 에 대하여 출력의 각 부분을 오실로스코프로 비교 관찰한다.

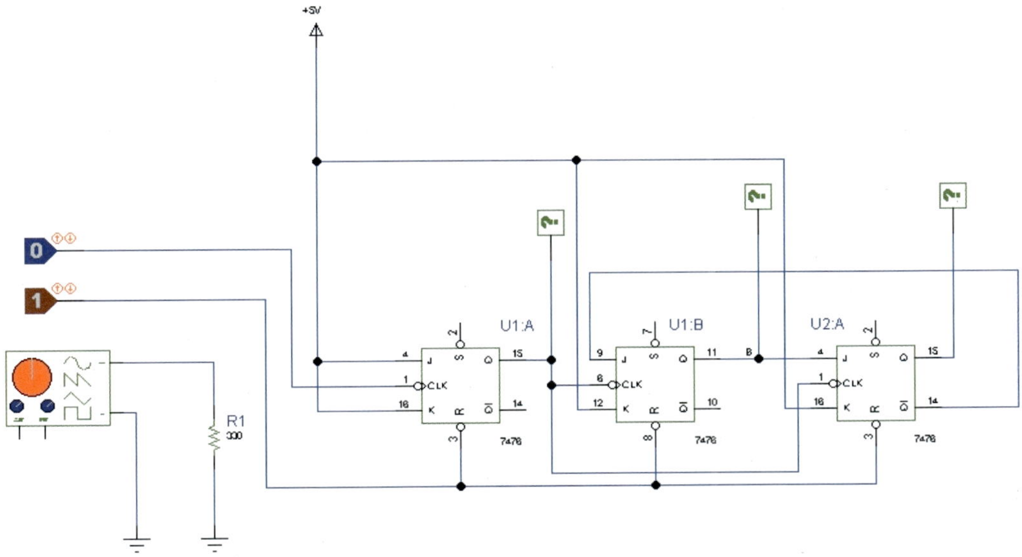

16-4 7447-공동 Anode 디스플레이 인터페이스 회로

1) 74192 TTL 의 핀 접속도를 참고로하여 프로그래밍 가능 Up/Down 10진 카운터 회로를 구성하고, 다음 순서에 따라 시뮬레이션 한다.

a. 아래와 같이 회로를 구성하고 4개의 로직스위치(핀 번호 9, 10, 1, 15)를 모두 로직 0이 되게 프리셋 한다. 평상시 2개의 로직 펄서는 논리 1로 둔다.

b. 회로에 전원을 가하면 7 세그먼트 LED 디스플레이에 어떤 숫자가 표시되는지 관찰한다.

c. Count Up 카운터인 싱글 펄서 1(핀 번호 5)을 몇 번 눌렀다 놓으면 7 세그먼트 LED 디스플레이에 어떤 현상이 나타나는지 관찰한다.

d. 펄서 1을 계속 눌렀다가 놓으면 숫자가 증가하면서 9를 지난 후에 7 세그먼트 LED 디스플레이에 어떤 현상이 나타나는지 살펴본다.

e. LED 디스플레이에 6자가 나타날 때까지 Count Up 펄서 1을 계속하여 작동시킨다. 다음 핀 번호 4번의 DN(Count Down) 입력에 연결된 Count Down 싱글 펄서를 세번 눌렀다 놓으면 LED 디스플레이에 어떤 현상이 나타나는지 관찰해라

f. Count Down 펄서를 5번 더 작동시킨다. LED 디스플레이에 0이 지나간 후 7 세그먼트 LED 디스플레이에 무슨 현상이 나타나는지 관찰한다.

g. 전원을 지운 후, 카운터 74192의 핀 11번을 핀 13번에 연결한다.

h. 로직 스위치 Data DCBA 가 논리 0111이 되도록 프리셋시키고 회로에 전원을 공급하면 LED 디스플레이에 무슨 숫자가 나타나는지 관찰한다.

i. LED 디스플레이에 0이 나타날 때까지 Count Down 펄서(핀 4)를 작동시킨다. 다시 한 번 눌렀다 놓으면 무슨 숫자가 나타나는지 관찰한다.

j. 회로에서 전원을 제거한 다음 10 kHz 구형파 클록 신호를 74192 카운터의 핀 번호 4번에 연결한다. 회로에 다시 전원을 가하고 프리셋 스위치를 Data DCBA=0001 로 세트되게 하여 주파수 카운터를 사용 입력 클록 주파수(핀 4)를 10 kHz로 조종한 다음 핀 13의 출력 주파수를 측정한다.

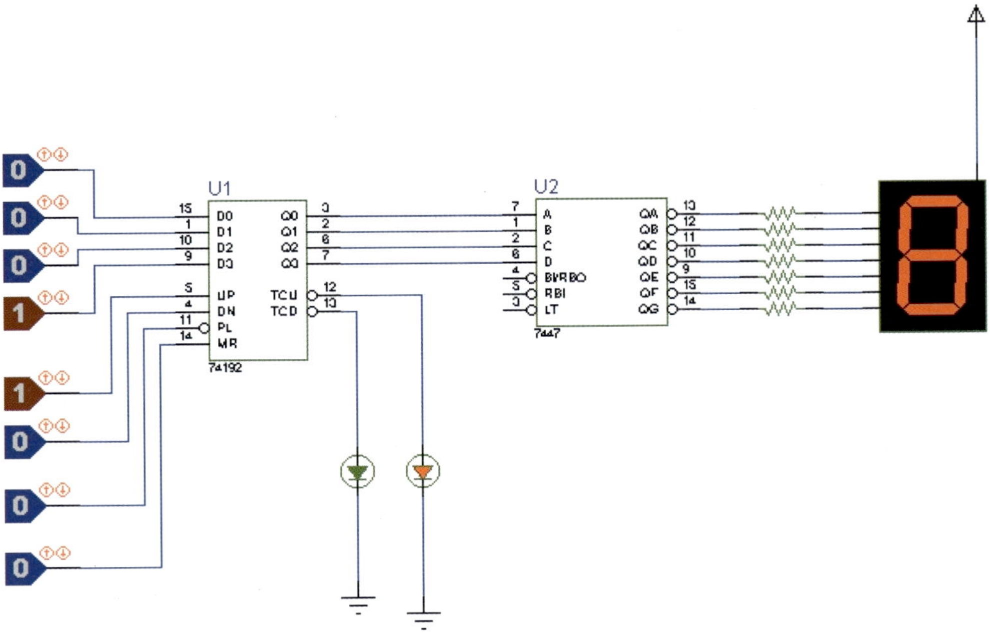
U1
D0
D1
D2
D3
UP
DN
PL
MR
Q0
Q1
Q2
Q3
TCU
TCD
74192
U2
A
B
C
D
BI/RBO
RBI
LT
QA
QB
QC
QD
QE
QF
QG
7447

모의실험 17. 시프트 카운터

17-1 4단 플립 플롭 링 카운터 회로

1) 그림과 같이 4단 플립 플롭 킹 카운터 설정회로를 결선하고 다음 순서에 따라 시뮬레이션 한다.

a. 하단의 싱글펄서를 0에서 1로 바꾼다. 그리고 출력이 모두 논리 1000이 되는지 확인하고, PR 단자만 preset시켰을 때 출력 Q_0 가 논리 1이 되는지 확인한다.

b. 출력이 모두 논리 100이 되는지 확인하고, 상단의 싱글펄서를 인가하여 표를 완성한다.

c. 회로에서 싱글펄서 대신 CK 단자에 구형파 발진기를 접속하고 출력을 5[Vp−p]가 되게 한 후 1kHz와 100kHz에 대하여 출력의 각 부분을 오실로스코프로 비교 관찰한다.

d. 클록펄스 1kHz때의 출력파형이 주파수와 % 듀티 사이클을 측정한다.

e. d. 클록펄스 100kHz때의 출력파형이 주파수와 % 듀티 사이클을 측정한다.

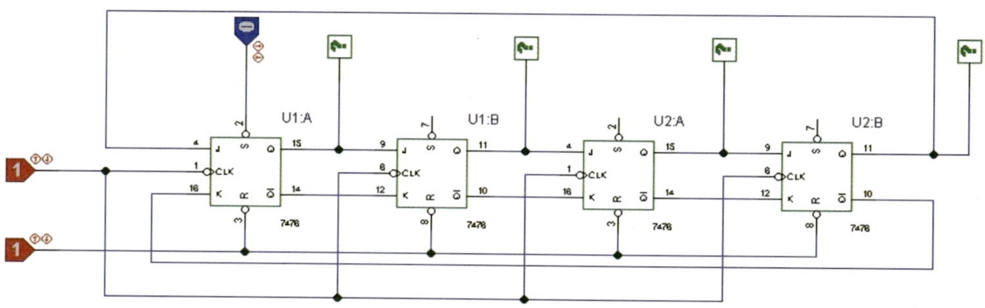

17-2 4단 플립 플롭 존슨 카운터 회로

1) 그림과 같이 4단 플립 플롭을 사용한 존슨 카운터 설정회로를 결선하고 다음 순서에 따라 시뮬레이션 한다.

a. 하단의 싱글펄서를 0에서 1로 바꾼다. 그리고 출력이 모두 논리 0이 되는지 확인한다.

b. 상단의 싱글펄서를 인가하여 표를 완성한다.

c. 회로에서 싱글펄서 대신 CK 단자에 구형파 발진기를 접속하고 출력을 5[Vp-p]가 되게 한 후 1kHz와 100kHz에 대하여 출력의 각 부분을 오실로스코프로 비교 관찰한다.

d. 디코더를 위한 논리식 $Q'_4\,Q'_1=0$, $Q'_2\,Q'_1=1$, $Q'_3\,Q'_2=2$, $Q'_4\,Q'_3=3$, $Q'_4\,Q'_1=4$, $Q'_2\,Q'_1=5$, $Q'_3\,Q'_2=6$, $Q'_4\,Q'_3=7$ 을 이용하여 복호기를 만들어 본다.

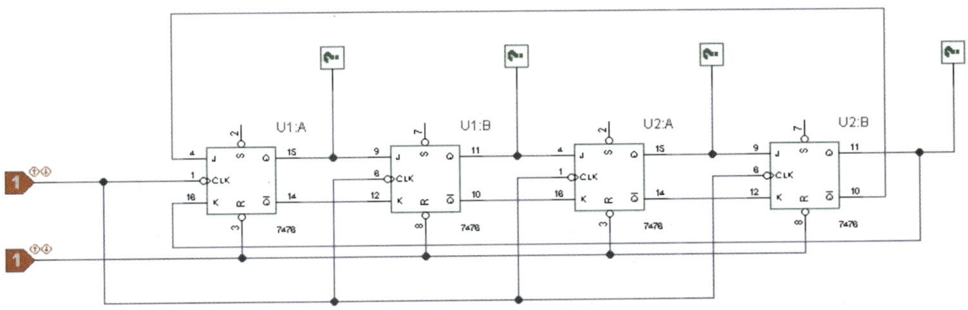

모의실험 18. 슈미트 트리거 회로

18-1 슈미트 트리거 회로

1) 다음 그림의 슈미트 트리거 회로를 결선하고 다음 순서에 따라 시뮬레이션 한다.

a. 가변 직류전압원 V_{in}=0~3[V], C=0.01[μF], V_{cc}=+5[V]를 각각 접속하고 V_{in} 의 변화에 따른 출력 전압 V_{oct}을 측정한다.

b. 가변 직류전압원 V_{in}=0~3[V], 콘덴서 C=0.02[μF], V_{cc}=+5[V]로 하고 입력 전압 V_{in} 을 0[V]에서 점차 증가시키다가 갑자기 출력 전압이 증가될 때의 V_{in}, V_{out}, V_{C1}, V_{B2} 를 측정한다.

c. 가변 직류전압원 V_{in}=0~3[V], C=0.01[μF], V_{cc}=+5[V]로 하고 입력 전압 V_{in} 을 3[V]에서 점차 감소시키다가 갑자기 출력 전압이 감소될 때의 V_{in}, V_{out}, V_{C1}, V_{B2} 를 측정한다.

d. 가변 직류전원 대신 교류전원 $V_{in}=3sin\,\omega t$, 주파수 f=100[Hz], 콘덴서 C=0.01[μF], 직류 전압원 V_{cc}=+5[V]로 하고 2현상 오실로스코프를 사용하여 입출력 파형을 비교 관찰한다.

e. 가변 직류전압원 V_{in}=0~4[V], 콘덴서 C=0.01[μF], V_{cc}=+9[V]로 하고 입력 전압 V_{in} 을 0[V]에서 점차 증가시키다가 갑자기 출력 전압이 증가될 때의 V_{in}, V_{out}, V_{C1}, V_{B2} 를 측정한다.

f. 가변 직류전압원 V_{in}=0~4[V], C=0.01[μF], V_{cc}=+9[V]로 하고 입력 전압 V_{in} 을 4[V]에서 점차 감소시키다가 갑자기 출력 전압이 감소될 때의 V_{in}, V_{out}, V_{C1}, V_{B2} 를 측정한다.

g. 가변 직류전원 대신 교류전원 $V_{in}=4sin\,\omega t$, 주파수 f=100[Hz], 콘덴서 C=0.01[μF], 직류 전압원 V_{cc}=+9[V]로 하고 2현상 오실로스코프를 사용하여 입출력 파형을 비교 관찰한다.

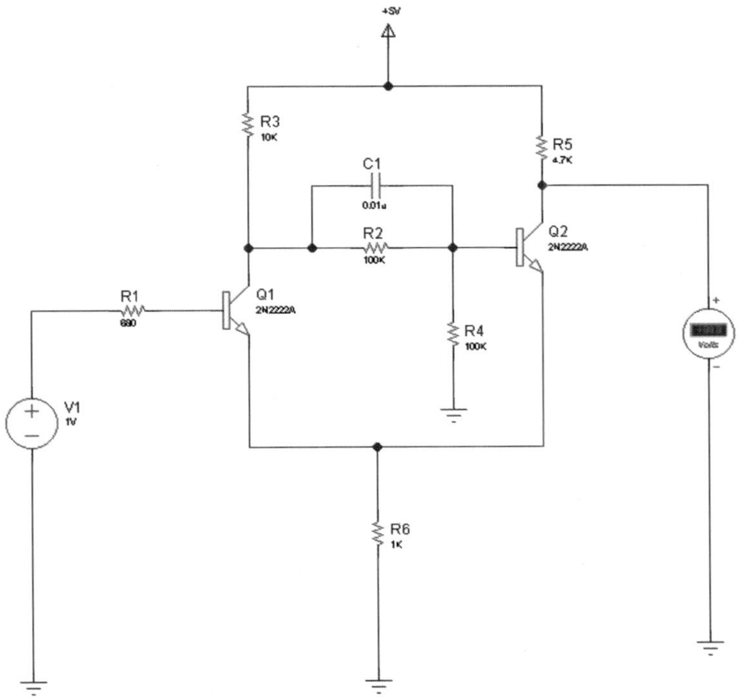
+5V
R3
10K
R5
4.7K
C1
0.01u
R2
100K
Q2
2N2222A
R1
680
Q1
2N2222A
R4
100K
V1
1V
R6
1K
Volts

모의실험 20. D/A 변환기와 A/D 변환기

20-1 반전 가산기형 D/A 변환회로

1) 아래 그림의 D/A 변환기 회로를 실현한다.

2) 반전증폭기에서 $R_0=8K$, $R_1=4K$, $R_2=2K$, $R_3=1K$, $K=2$일 때 R_f 값을 계산한다.

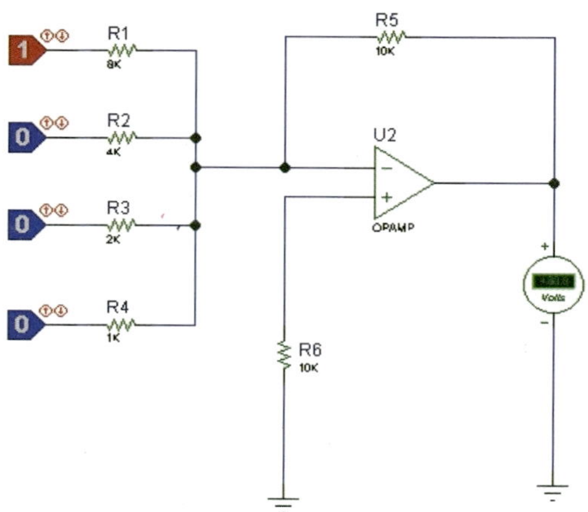

Ⅲ 조합 논리회로

실험 1. 기본 논리 게이트와 그 응용

1 목적

(1) AND, OR, NOT 게이트의 동작 특성을 이해한다.

(2) 조합 논리 게이트의 구성을 가능케 한다.

(3) 논리소자들의 작동법을 익힌다.

2 이론

(1) AND 게이트

여러 개의 입력을 가진 AND 게이트도 있으나 가장 간단한 AND 게이트는 2개의 입력을 가진 AND 게이트로서 그 논리기호는 그림 1－1과 같고 논리식은 식 (1－1)과 같다.

$$X = A \cdot B \tag{1-1}$$

한편 식 (1－1)을 만족시키는 진리표는 표 1－1과 같다.

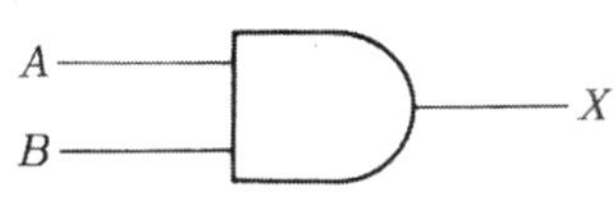

그림 1-1 AND 게이트 기호

표 1-1 AND 게이트 진리표

A	B	X
0	0	0
0	1	0
1	0	0
1	1	1

표 1−1의 AND 게이트 진리표에서와 같이 A, B 입력 모두 1일 때만 출력이 1이 된다. 즉 입력 중 어느 하나만이라도 0이 되면 그 출력은 0이 되는 동작 특성을 갖고 있다.

현재 널리 사용되고 있는 대표적인 TTL과 CMOS AND 게이트는 표 1−2에 표시하고 있다.

표 1-2 TTL과 CMOS AND 게이트

TTL 시리즈	CMOS 시리즈	패키지당 게이트 수	입력수
7408	7411, 7421	4	2
7411	4073, 74C11	3	3
7421	4082	2	4

(2) OR 게이트

가장 간단한 2개의 입력을 가진 OR 게이트는 그림 1−2와 같은 논리기호(Logic Symbol)로 표시되며, 그 논리식은 식 (1−2)와 같다.

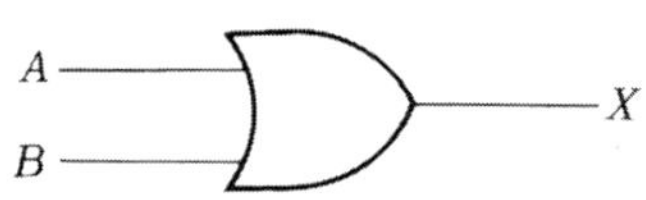

그림 1-2 OR 게이트 기호

$$X = A + B \tag{1-2}$$

한편 식 (1−2)를 만족하는 진리표는 표 1−3과 같다.

표 1−3의 OR 게이트 진리표에서와 같이 A, B 입력 모두가 0일 때만 출력이 0이 된다. 즉 입력 중 어느 하나라도 1이 되면 출력은 1이 되는 동작 특성을 갖고 있다.

현재 널리 사용되고 있는 대표적인 TTL과 CMOS OR 게이트는 표 1−4와 같다.

표 1-3 OR 게이트 진리표

A	B	X
0	0	0
0	1	1
1	0	1
1	1	1

표 1-4 TTL과 CMOS OR 게이트

TTL 시리즈	CMOS 시리즈	패키지당 게이트 수	입력수
7432	4071, 74C32	4	2
—	4075	3	3
—	4072	2	4

(3) NOT 게이트

NOT 게이트는 인버터라고도 하며, 그림 1−3과 같은 논리기호로 표시되고 그 논리식은 식 (1−3)과 같다.

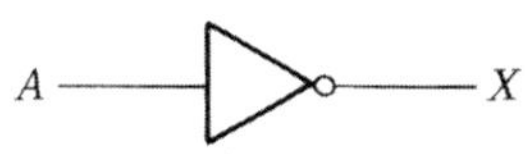

그림 1-3 NOT 게이트 기호

$$X=\overline{A} \tag{1-3}$$

한편 식 (1−3)을 만족하는 진리표는 표 1−5와 같다.

표 1-5 NOT 게이트 진리표

A	X
0	1
1	0

표 1−5의 NOT 게이트 진리표에서와 같이 입력상태와 반대인 입력이 0이면 1이고, 1이면 0으로 동작한다.

현재 널리 사용되고 있는 대표적인 TTL과 CMOS NOT 게이트는 표 1−6에 표시하고 있다.

표 1-6 TTL과 CMOS NOT 게이트

TTL 시리즈	CMOS 시리즈	패키지당 게이트 수	입력수
7404	4009 4049 74C04	6	1

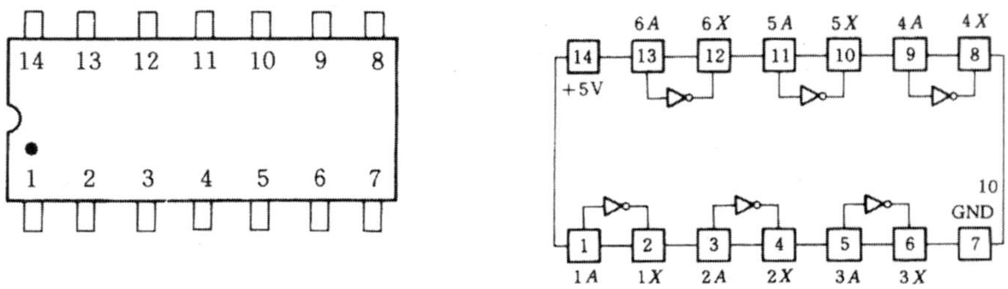

(a) 7404 pin 번호 (b) 7404 IC pin 접속도

그림 1-4 Dual-in-line 7404 Invert IC

본 교재에서 사용되는 IC의 대부분은 그림 1−4와 같은 dual−in−line형의 것을 사용한다. pin 번호 1번을 표시하기 위하여 점(dot)이 있는 것도 있고 한 쪽이 파인 것도 있다.

3 사용기기 및 부품

디지털 실험장치
직류전원 공급장치(DC power supply)
회로시험기(Tester)
오실로스코프
TTL 7404(Hex Inverter)
TTL 7408(quad 2−input AND Gate)
TTL 7432(quad 2−input OR Gate)
가변저항 10[kΩ]

4 실험

(1) AND 게이트

그림 1−5와 같은 AND 게이트 회로 결선을 하고 입력 접점 A, B를 표 1−7과 같이 접속할 때 출력전압 X를 측정하여 표를 완성하여라. 단 접지 0[V]는 "0"으로, +5[V]는 "1"로 표시하기로 한다.

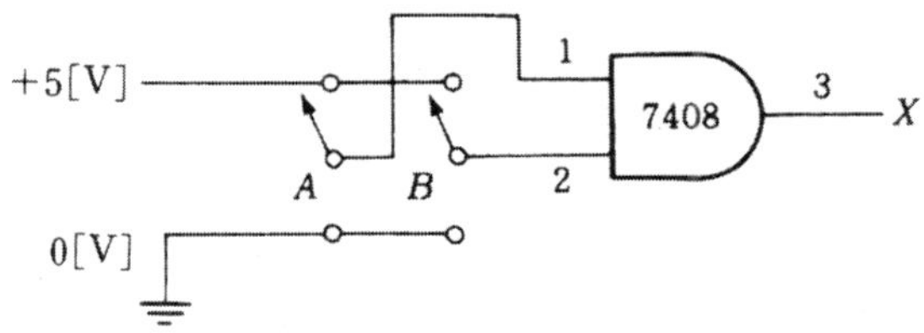

그림 1-5 AND 게이트 회로 결선

표 1-7

A	B	X
0	0	
0	1	
1	0	
1	1	

(2) OR 게이트

그림 1-6과 같은 OR 게이트 회로 결선을 하고 접점 A B를 표 1-8과 같이 접속할 때 출력전압 X를 측정하여 표를 완성하여라.

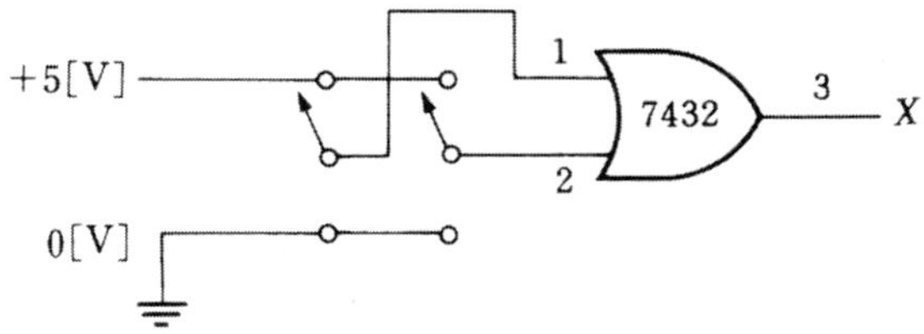

그림 1-6 OR 게이트 회로 결선

표 1-8

A	B	X
0	0	
0	1	
1	0	
1	1	

(3) NOT 게이트

1) 그림 1-7과 같은 NOT 게이트 회로 결선을 하고 표 1-9와 같이 입력전압을 접속할 때 출력전압을 측정하여 표를 완성하여라.

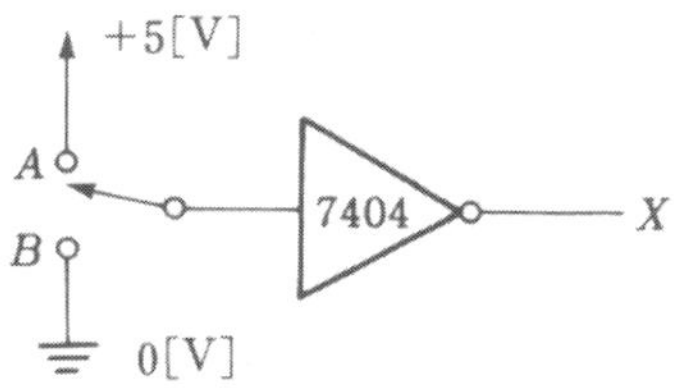

그림 1-7 NOT 게이트 회로 결선

표 1-9

입력전압[V]	출력전압[V]
0(B)	
5(A)	

2) 그림 1−7에서 Switch를 제거하고 즉 입력을 개방시킨 상태에서 출력전압을 측정하면?

출력전압 [V]

3) 그림 1−8과 같은 NOT 게이트 회로 결선을 하고 가변저항 10[kΩ]을 조정하여 표 1−10을 완성하여라.

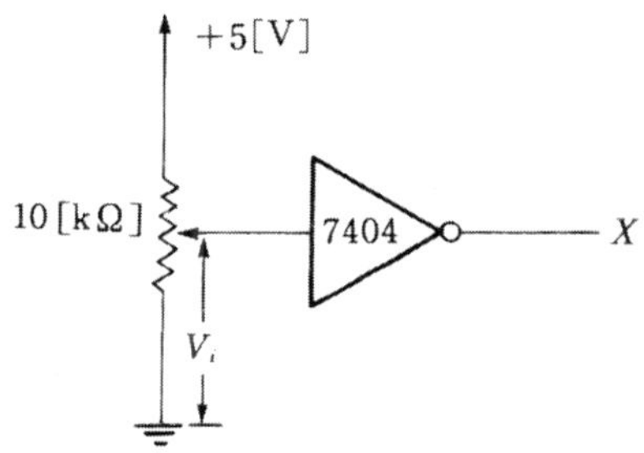

그림 1-8 NOT 게이트 회로 결선

표 1-10

입력전압 V_i[V]	0	0.6	0.8	1.0	1.2	1.4	1.6	2
출력전압 X[V]								

(4) AND−OR−NOT 게이트 결합

그림 1−9와 같은 회로를 결선하고 입력단자 A, B, C, D를 표 1−11과 같이 접속할 때 출력전압을 측정하여 표를 완성하여라.

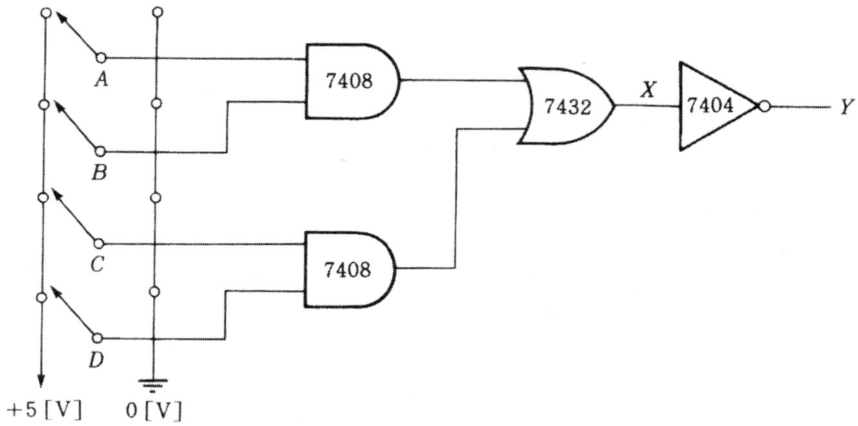

그림 1-9 AND−OR−NOT 게이트 결합회로 결선

표 1-11

A	B	C	D	X	Y
0	0	0	0		
1	0	0	0		
1	0	1	0		
1	1	1	0		
1	1	1	1		

단, 표 1−11에서 1은 +5[V]를 의미한다.

5 실험 결과 검토

(1) 그림 1－5의 AND 게이트 회로를 결선하고 실험한 결과 표 1－7이 AND 게이트 진리표와 같은지 확인하여라.

(2) 그림 1－6의 OR 게이트 회로를 결선하고 실험한 결과 표 1－8이 OR 게이트 진리표와 같은지 확인하여라.

(3) 그림 1－7의 NOT 게이트 회로를 결선하고 실험한 결과 표 1－9가 NOT 게이트 진리표와 같은지 확인하여라.

(4) 그림 1－9의 AND－OR－NOT 게이트 결합회로에서 출력 X와 Y의 값을 비교 검토하고 NOT 게이트의 의미를 알아보자.

6 실험 결과 테스트

(1) 3개의 입력 A, B, C를 갖고 있는 AND 게이트에 1, 0, 1의 입력을 가하면 출력 X의 상태는?

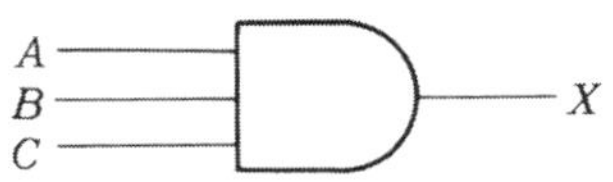

$A = 1$
$B = 0$
$C = 1$

(a) 0　　(b) 1
(c) 결과를 알 수 없다.　　(d) 불가능한 입력을 가한 것이다.

(2) 3개의 입력 A, B, C 를 갖고 있는 OR 게이트에서 A와 B를 모르고 C=1일 때 출력 X 의 상태는?

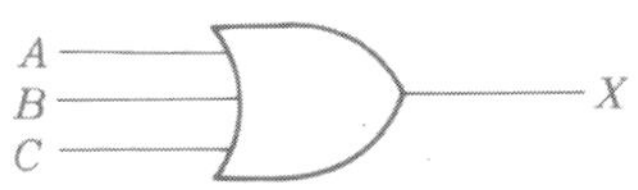

$A = ?$
$B = ?$
$C = 1$

(a) 0　　(b) 1
(c) 결과를 알 수 없다.　　(d) 불가능한 입력을 가한 것이다.

(3) 어떤 조건일 때 OR 게이트의 출력이 0이 되나?

(a) 모든 입력이 1일 때　　(b) 한 개의 입력이 1일 때
(c) 모든 입력이 0일 때　　(d) 한 개의 입력이 0일 때

(4) 그림 1−10과 같은 NOT 게이트만의 직렬회로에서 입력 $A=1$이라고 하면 출력의 값이 틀린 것은?

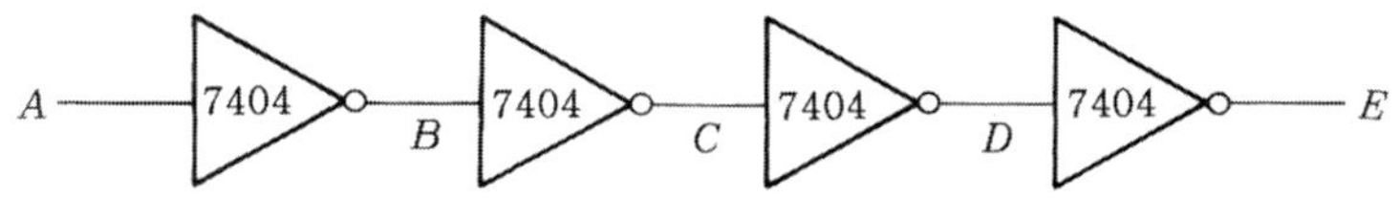

그림 1-10 NOT 게이트들의 직렬회로

(a) 출력 $B=0$　　(b) 출력 $C=1$
(c) 출력 $D=1$　　(d) 출력 $E=1$

(5) 그림 1−11과 같은 회로에서 출력 X와 Y의 값이 틀린 것은?

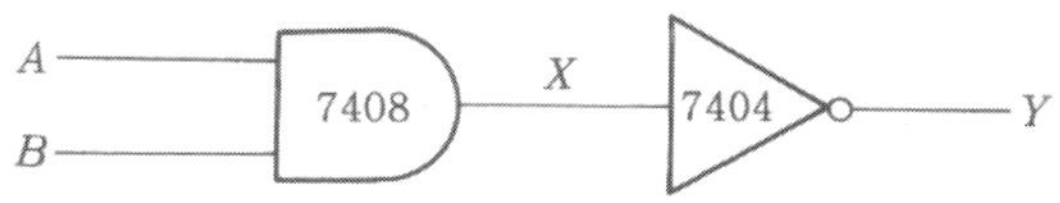

그림 1-11 AND와 NOT 결합회로

(a) $A=0$, $B=0$일 때 $X=0$, $Y=1$
(b) $A=0$, $B=1$일 때 $X=0$, $Y=1$
(c) $A=1$, $B=0$일 때 $X=1$, $Y=1$
(d) $A=1$, $B=1$일 때 $X=1$, $Y=0$

(6) 그림 1−9 AND−OR−NOT 게이트 결합회로에서 출력 X 와 Y 의 논리식을 구하면?

(a) $X=A\cdot B+C\cdot D$ $\qquad Y=\overline{A\cdot B+C\cdot D}$

(b) $X=A\cdot C+B\cdot D$ $\qquad Y=\overline{A\cdot C+B\cdot D}$

(c) $X=(A+B)\cdot(C+D)$ $\qquad Y=(\overline{A+B)\cdot(C+D})$

(d) $X=(A+C)\cdot(B+D)$ $\qquad Y=(\overline{A+C)\cdot(B+D})$

실험 2. 부울 대수

1 목적

(1) 부울 대수의 기본 공리와 정리를 이해한다.

(2) 부울 대수식을 이용하여 논리식을 간소화한다.

(3) 부울 대수식을 논리회로로 나타낼 수 있는 능력을 키운다.

2 이론

(1) 부울 대수의 논리연산 공리

〈 공리 1 〉 $A+1$면 $A=0$이고

$A=0$이면 $A=1$이다.

〈 공리 2 〉 $0+0=0$

$0+1=1$

$1+0=1$

$1+1=1$

〈 공리 3 〉 $0 \cdot 0=0$

$0 \cdot 1=0$

$1 \cdot 0=0$

$1 \cdot 1=1$

(2) 부울 대수의 정리

〈 1. 교환법칙 〉

① $A+B=B+A$

② $A \cdot B=B \cdot A$

〈 2. 결합법칙 〉

① $(A+B)+C=A+(B+C)$

② $(A \cdot B) \cdot C = A \cdot (B \cdot C)$

〈 3. 분배법칙 〉

① $A(B+C)=AB+AC$

② $A+(B \cdot C)=(A+B) \cdot (A+C)$

〈 4. 동일의 법칙 〉

① $A+A=A$

② $A \cdot A=A$

〈 5. 부정의 법칙 〉

① $(\overline{A})=\overline{A}$

② $(\overline{\overline{A}})=A$

〈 6. 흡수의 법칙 〉

① $A+A \cdot B=A$

② $A \cdot (A+B)=A$

〈 7. 정리 〉

① $0+A=A$

② $1 \cdot A=A$

③ $1+A=1$

④ $0 \cdot A=0$

〈 8. 정리 〉

① $\overline{A}+A=1$

② $A \cdot \overline{A}=0$

〈 9. 정리 〉

① $A+\overline{A} \cdot B=A+B$

② $A \cdot (\overline{A}+B)=A \cdot B$

3 사용기기 및 부품

디지털 실험장치
직류전원 공급장치(DC power supply)
회로시험기(Tester)
오실로스코프
TTL 7404(Hex inverter)
TTL 7408(quad 2−input AND Gate)
TTL 7432(quad 2−input OR Gate)

4 실험

(1) 부울 대수의 정리

그림 2−1(a)와 (a′)의 두 회로를 결선하고 A, B의 입력변화에 따라 출력 X, Y를 측정하여 표 2−1을 완성하여라.

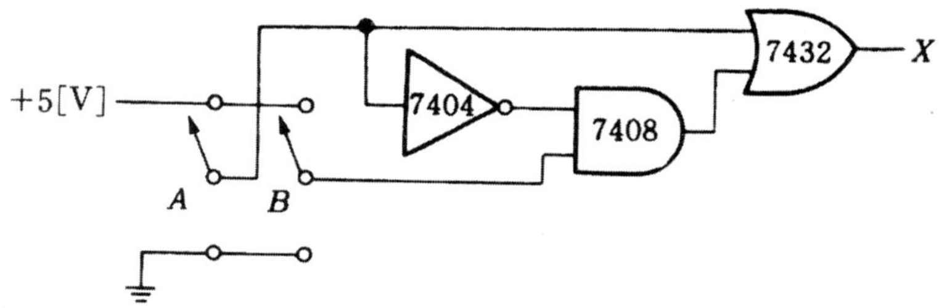

(a)

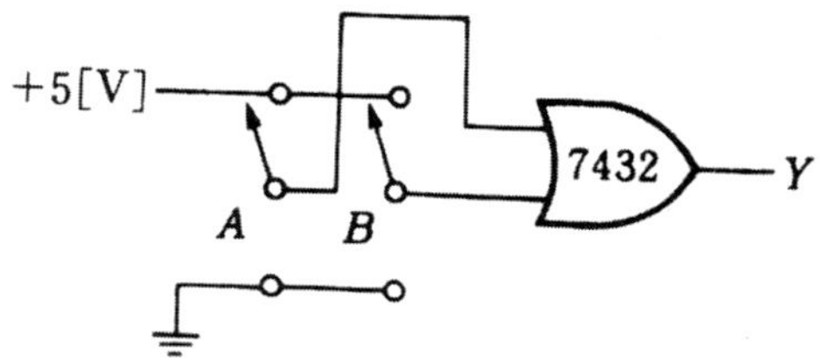

(a′)

그림 2-1 부울 대수의 정리 실험회로

표 2-1

A	B	X	Y
0	0		
0	1		
1	0		
1	1		

(2) 부울 대수의 정리

그림 2-2(b)와 (b′)의 두 회로를 결선하고 A, B 입력변화에 따라 출력 X, Y를 측정하여 표 2-2를 완성하여라.

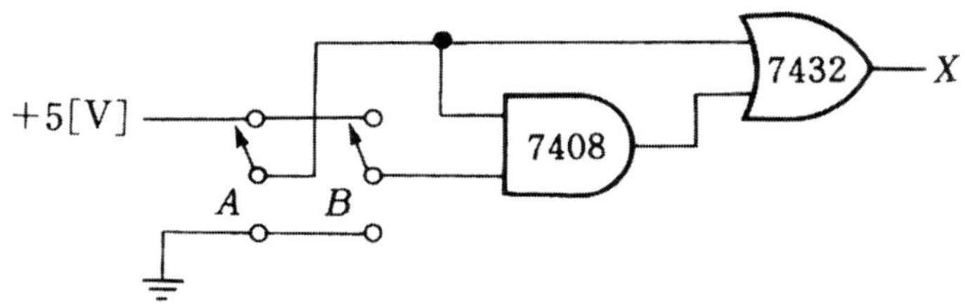

(b)

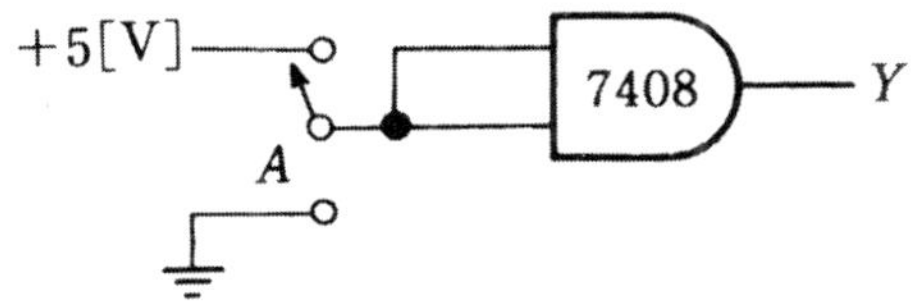

(b′)

그림 2-2 부울 대수의 정리 실험회로

표 2-2

A	B	X	Y
0	0		
0	1		
1	0		
1	1		

(3) 부울 대수의 정리

그림 2−3(c)와 (c′)의 두 회로를 결선하고 A, B, C 입력변화에 따라 출력 X, Y를 측정하여 표 2−3을 완성하여라.

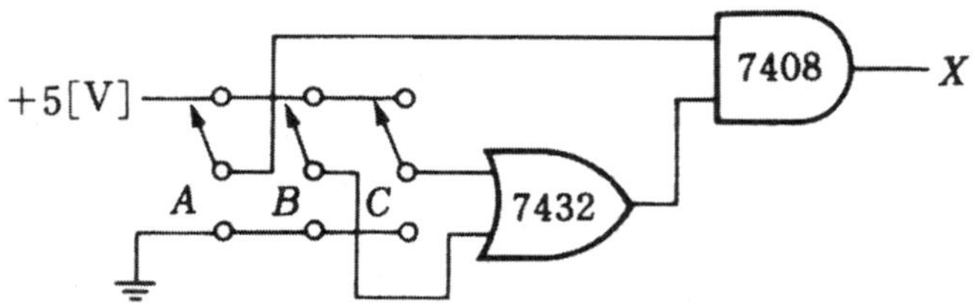

(c)

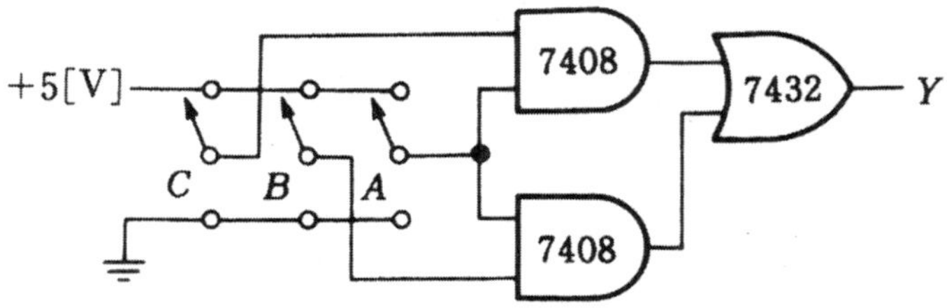

(c′)

그림 2-3 부울 대수의 정리 실험회로

표 2-3 $A(B+C)=AB+AC$

A	B	C	X	Y
0	0	0		
0	0	1		
0	1	0		
0	1	1		
1	0	0		
1	0	1		
1	1	0		
1	1	1		

(4) 부울 대수의 정리

그림 2−4(d)와 (d′)의 두 회로를 결선하고 A, B, C 입력변화에 따라 출력 X, Y를 측정하여 표 2−4를 완성하여라.

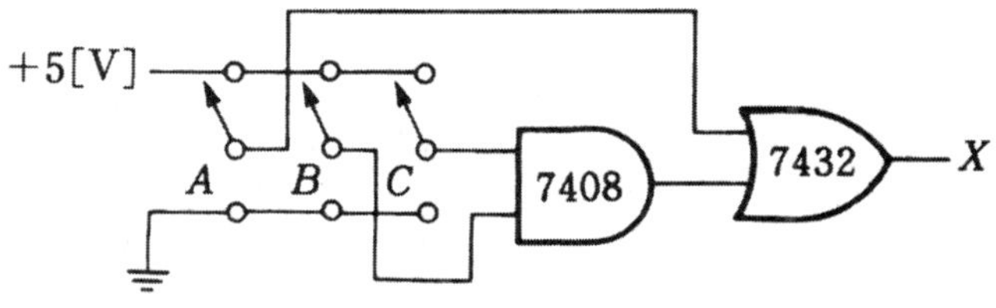

(d)

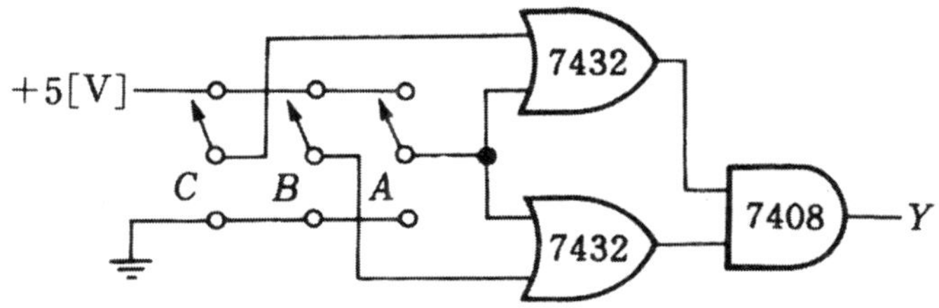

(d′)

그림 2-4 부울 대수의 정리 실험회로

표 2-4

A	B	C	X	Y
0	0	0		
0	0	1		
0	1	0		
0	1	1		
1	0	0		
1	0	1		
1	1	0		
1	1	1		

(5) 부울 대수의 정리

그림 2−5(e)와 (e′)의 두 논리회로를 결선하여 A, B 입력에 따라 출력 X, Y를 측정하여 표 2−5를 완성하여라.

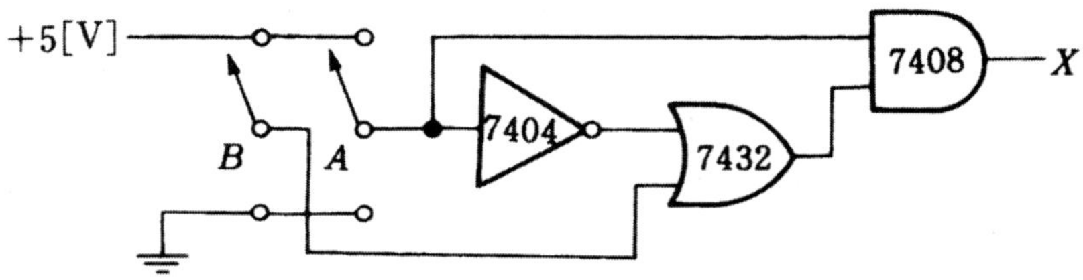

(e)

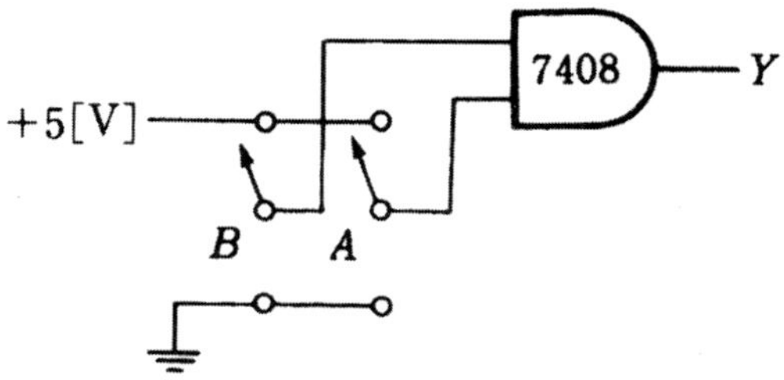

(e′)

그림 2-5 부울 대수의 정리 실험회로

표 2-5

A	B	X	Y
0	0		
0	1		
1	0		
1	1		

5 실험 결과 검토

(1) 그림 2−1의 부울 대수의 정리 실험회로에서 그림 (a)의 출력 X와 그림 (a′)의 출력 Y의 측정치를 나타낸 표 2−1을 비교하여 같은 값인지 확인하여라.

(2) 그림 2−2의 부울 대수의 정리 실험회로에서 그림 (b)의 출력 X와 그림 (b의 출력 Y의 측정치를 나타낸 표 2−2를 비교하여 같은 값인지 확인하여라.

(3) 그림 2−3의 부울 대수의 정리 실험회로에서 그림 (c)의 출력 X와 그림 (c′)의 출력 Y의 측정치를 나타낸 표 2−3을 비교하여 같은 값인지 확인하여라.

(4) 그림 2−4의 부울 대수의 정리 실험회로에서 그림 (d)의 출력 X와 그림 (d′)의 출력 Y의 측정치를 나타낸 표 2−4를 비교하여 같은 값인지 확인하여라.

(5) 그림 2−5의 부울 대수의 정리 실험회로에서 그림 (e)의 출력 X와 그림 (e′)의 출력 Y의 측정치를 나타낸 표 2−5를 비교하여 같은 값인지 확인하여라.

6 실험 결과 테스트

(1) 그림 2−1 불대수 정리 실험회로 (a)에서 출력논리식 X 와 이것을 간략화시킨 논리식이 옳은 것은?

(a) $X=\overline{A}\cdot B+A,\ \overline{A}\cdot B$　　(b) $X=\overline{A}\cdot B+A,\ A+B$

(c) $X=\overline{A}+AB,\ \overline{A}+B$　　(d) $X=\overline{A}+AB,\ AB$

(2) 그림 2−2 불대수 정리 실험회로 (b)에서 출력논리식 X와 이것을 간략화시킨 논리식이 옳은 것은?

(a) $X=A\cdot B+A,\ AB$　　(b) $X=A\cdot B+B,\ AB$

(c) $X=A\cdot B+B,\ B$　　(d) $X=A\cdot B+A,\ A$

(3) 그림 2−3 불대수 정리 실험회로 (c)에서 출력논리식 X 와 (c′)에서 출력논리식 Y 의 논리

식이 옳은 것은?

(a) $X=(B+C)\cdot A$, $Y=A\cdot B+A\cdot C$
(b) $X=(B+A)\cdot C$, $Y=A\cdot B+A\cdot C$
(c) $X=(A+C)\cdot B$, $Y=A\cdot B+B\cdot C$
(d) $X=(A+B)\cdot C$, $Y=A\cdot B+A\cdot C$

(4) 그림 2－4 불대수 정리 실험회로 (d)에서 출력논리식 X와 (d′)에서 출력논리식 Y의 논리식이 옳은 것은?

(a) $X=B\cdot C+A$, $Y=(A+B)(B+C)$
(b) $X=A\cdot B+C$, $Y=(A+B)(B+C)$
(c) $X=B\cdot C+A$, $Y=(A+B)(A+C)$
(d) $X=A\cdot B+C$, $Y=(A+B)(A+C)$

(5) 그림 2－5 불대수 정리 실험회로 (e)에서 출력논리식 X와 이것을 간략화한 논리식이 옳은 것은?

(a) $(\overline{A}+B)\cdot A$, $\overline{A}\cdot A+AB$
(b) $(\overline{A}+B)\cdot A$, AB
(c) $(A+B)$, $AB+B\cdot\overline{B}$
(d) $(A+B)\cdot B$, AB

(6) 그림 2－3의 불대수의 정리 실험회로에서 실험한 결과 출력 $X=Y$ 라면 이것은 불대수의 정리 중 (　)에 속한다.

(a) 결합법칙
(b) 분배법칙
(c) 동일의 법칙
(d) 교환법칙

(7) 그림 2－4의 불대수 정리 실험회로에서 실험한 결과 출력 $X=Y$ 라면 이것은 불대수 정리 중 (　)에 속한다.

(a) 결합법칙
(b) 분배법칙
(c) 동일법칙
(d) 교환법칙

실험 3. NAND와 NOR 게이트

1 목적

(1) NAND와 NOR 게이트의 동작 특성을 이해한다.

(2) AND, OR 및 NOT 게이트를 구성할 수 있음을 보인다.

(3) 결선형 AND(wired AND)와 결선형 OR(wired OR)를 익힌다.

2 이론

(1) NAND 게이트

NAND 게이트는 NOT－AND의 준말로 AND와 반대되는 동작 특성을 갖고 있다.

한편 NAND 게이트는 기본 게이트를 구상할 수 있어 표준 게이트라고도 하며, 그림 3－1과 같은 논리기호를 갖고 있으며, 논리식은 식 (3－1)과 같다.

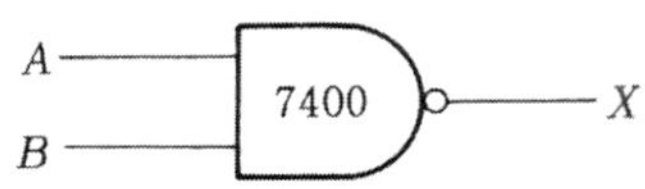

그림 3-1 NAND 게이트 기호

$$X=\overline{A \cdot B} \qquad (3-1)$$

식 (3－1)을 만족하는 진리표는 표 3－1과 같다.

표 3-1

A	B	X
0	0	1
0	1	1
1	0	1
1	1	0

대표적인 TTL과 NAND 게이트 IC는 표 3-2와 같다.

표 3-2 TTL과 CMOS NAND 게이트 IC

TTL 시리즈	CMOS 시리즈	패키지당 게이트 수	입력수
7400	4011, 74C00	4	2
7410	4023, 74C10	3	3
7420	4012, 74C20	2	4
7430	4068, 74C30	1	8
74132	——	1	12
74133	——	1	13

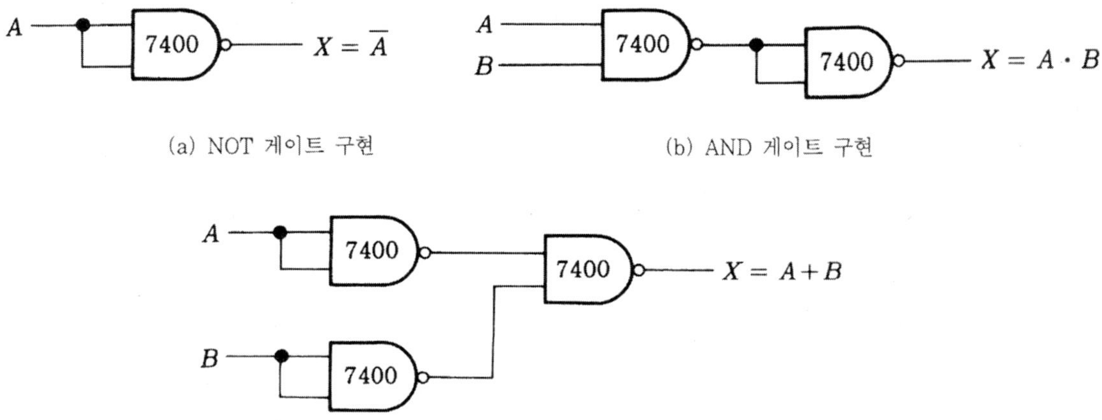

(a) NOT 게이트 구현 (b) AND 게이트 구현 (c) OR 게이트 구현

그림 3-2 NAND 게이트의 응용

그림 3-2와 같이 NAND 게이트로부터 AND, OR, NOT 기능을 구현할 수 있으므로 NAND 게이트를 표준 게이트라고 부른다.

(2) NOR 게이트

NOR 게이트는 NOT-OR의 준말로 OR와 반대되는 동작 특성을 갖고 있다.

한편 NOR 게이트도 기본 게이트를 구상할 수 있어 표준 게이트라고도 하며, 그림 3-3과 같은 논리기호를 갖고 있으며, 논리식은 식 (3-2)와 같다.

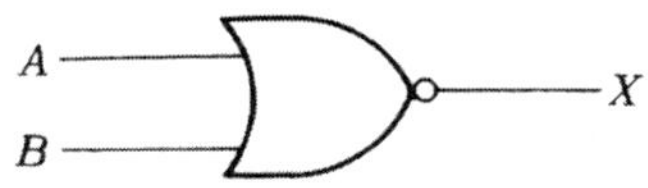

그림 3-3 NOR 게이트 기호

$$X = \overline{A+B} \tag{3-2}$$

식 (3−2)를 만족하는 진리표는 표 3−3과 같다.

표 3-3

A	B	X
0	0	1
0	1	0
1	0	0
1	1	0

대표적인 TTL과 CMOS NOR 게이트 IC는 표 3−4와 같다.

표 3-4 TTL과 CMOS NOR 게이트 IC

TTL 시리즈	CMOS 시리즈	패키지당 게이트 수	입력수
7402	4001, 74C02	4	2
7427	4025	3	3
——	4002	2	4
74260	——	2	5

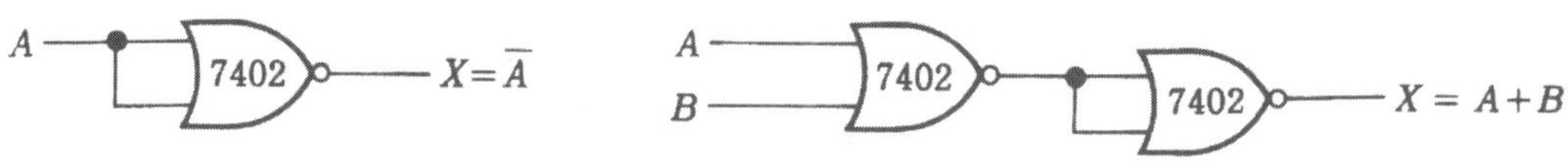

(a) NOT 게이트 구현 (b) OR 게이트 구현

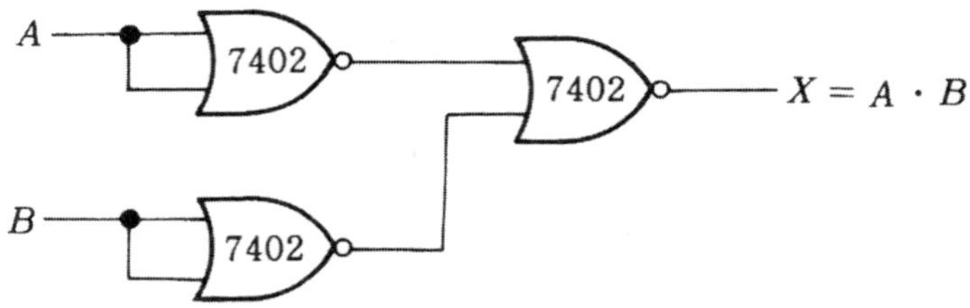

(c) AND 게이트 구현

그림 3-4 NOR 게이트의 응용

그림 3－4와 같이 NOR 게이트로부터 AND, OR, NOT 기능을 구현할 수 있으므로 NOR 게이트를 표준 게이트라고 부른다.

(3) 결선형 AND

전부는 아니지만 일부의 NAND와 NOR 게이트는 특정한 논리기능을 할 수 있게 두 게이트의 출력 사이를 결선한다. 이러한 형식의 논리를 결선형 논리(wired Logic)라 한다. 이 결선은 제조회사의 규격에 알맞는 논리 게이트를 사용해야만 하는데 결선형 AND의 경우는 SN7403과 같은 개방 컬렉터(open collector) TTL NAND 게이트로 두 출력을 결선하면 각 신호의 AND 결선과 같은 효과를 나타낸다.

두 NAND 게이트를 갖고 동작하는 결선형 AND 논리는 그림 3－5와 같다. 이 AND 게이트는 종래의 게이트와 구별하기 위하여 게이트의 중심을 관통하는 선을 갖도록 그려져 있다.

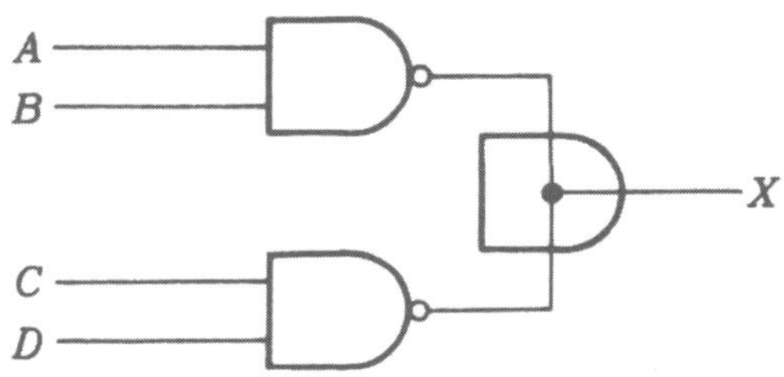

그림 3-5 결선형 AND

결선형 AND 게이트는 실질적인 게이트가 아니며 단지 표시된 결선형 접속으로부터 얻어지는 함수를 가리키는 기호에 불과하다. 그림 3-5 결선형 AND의 논리식은 식 (3-3)과 같다.

$$X=\overline{AB}\cdot\overline{CD}=\overline{AB+CD} \qquad (3-3)$$

드-모드간의 정리에서 $\overline{AB}\cdot\overline{CD}=\overline{AB+CD}$가 성립되므로 이 결선형 AND 논리를 AND-OR-Invert 함수라고 한다.

(4) 결선형 OR

결선형 OR의 경우는 ECL 게이트의 NOR 출력을 한데 묶어서 결선하면 각 신호의 OR결선과 같은 효과를 나타낸다.

두 NOR 게이트를 갖고 동작하는 결선형 OR 논리는 그림 3-6과 같다. 이 OR 게이트는 종래의 게이트와 구별하기 위하여 게이트의 중심을 관통하는 선을 갖도록 그려져 있다. 결선형 AND와 같이 실질적인 게이트가 아니라 결선형 접속으로부터 얻어지는 함수를 가리키는 기호에 불과하다.

그림 3-6 결선형 OR의 논리식은 식 (3-4)와 같다.

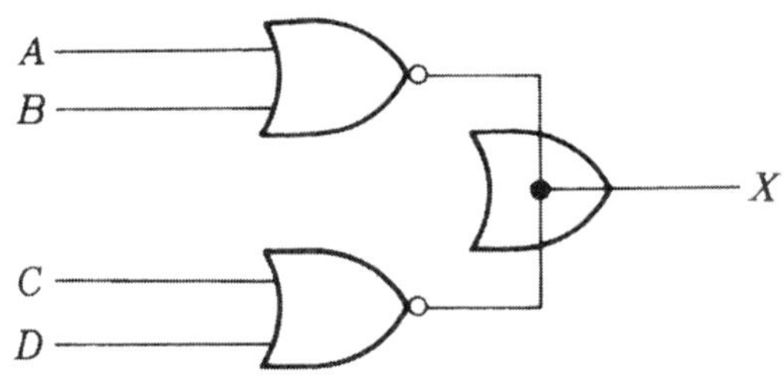

그림 3-6 결선형 OR

$$X=\overline{A+B}+\overline{C+D}=\overline{(A+B)(C+D)} \qquad (3-4)$$

드-모르간의 정리에서 $\overline{A+B}+\overline{C+D}=\overline{(A+B)(C+D)}$ 가 성립되므로 이 결선형 OR논리를 OR-AND-Invert 함수라 한다.

3 사용기기 및 부품

디지털 실험장치

직류전원 공급장치

회로시험기

오실로스코프

TTL 7400(quad 2−input NAND Gate)

TTL 7402(quad 2−input NOR Gate)

TTL 7403(quad 2−inout NAND Gate, open−collector)

저항 5.6[kΩ] 1/4W

4 실험

(1) NAND 게이트

그림 3−7의 NAND 게이트 실험회로를 결선하고 A, B 두 입력변화에 따른 출력 X의 값을 측정하여 표 3−5를 완성하여라.

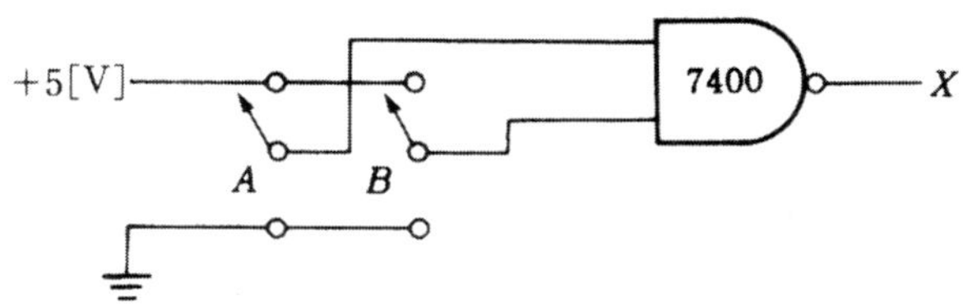

그림 3-7 NAND 게이트 실험회로

표 3-5

A	B	X
0	0	
0	1	
1	0	
1	1	

(2) NAND 게이트의 응용

그림 3−8과 같은 회로를 결선하고 입력변화에 따른 출력 X, Y, Z 의 값을 측정하여 표 3−6을 완성하라.

단, X는 그림 (a)의 출력, Y는 그림 (b)의 출력, Z는 그림 (c)의 출력이다.

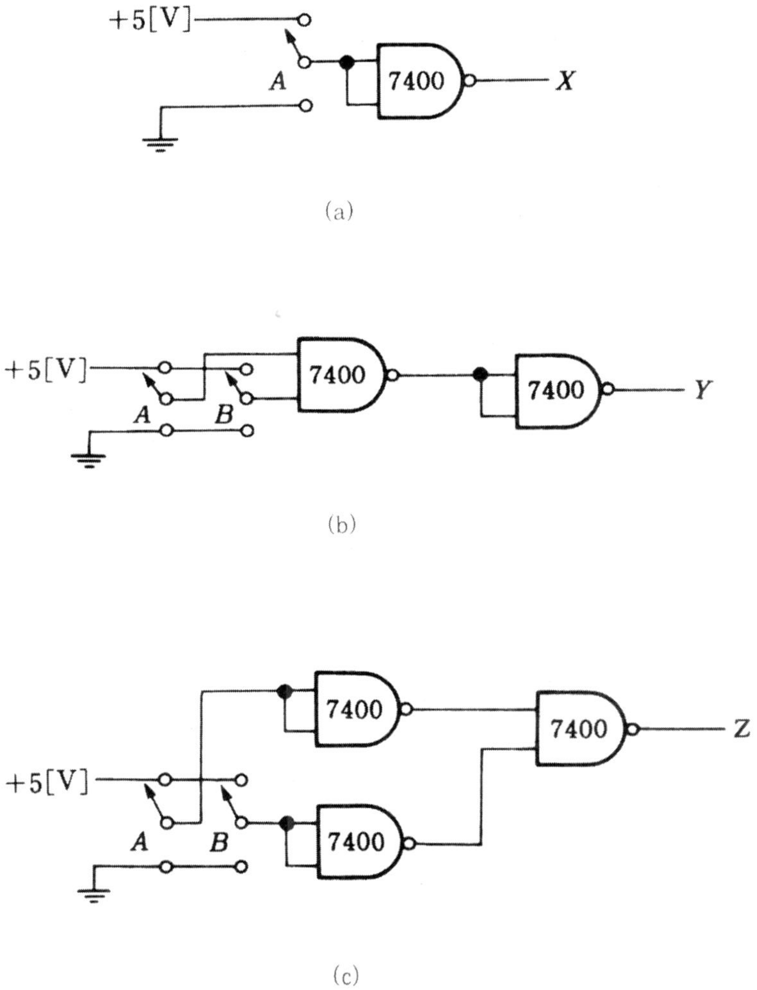

그림 3-8 NAND 게이트 응용회로

표 3-6 (a)

A	X
0	
1	

표 3-6 (b), (c)

A	B	Y	Z
0	0		
0	1		
1	0		
1	1		

(3) NOR 게이트

그림 3−9 NOR 게이트 실험회로를 결선하고 *A*, *B* 두 입력변화에 따른 출력 *X*의 값을 측정하여 표 3−7을 완성하여라.

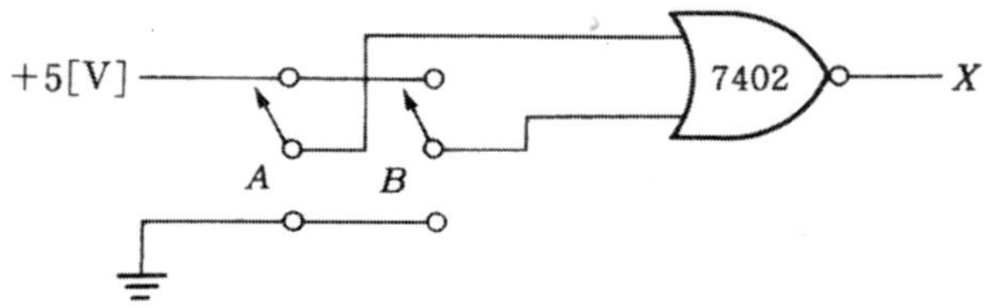

그림 3-9 NOR 게이트 실험회로

표 3-7

A	B	X
0	0	
0	1	
1	0	
1	1	

(4) NOR 게이트의 응용

그림 3−10과 같은 회로를 결선하고 입력변화에 따른 출력 *X*, *Y*, *Z* 의 값을 측정하여 표 3−8을 완성하여라.

단, *X* 는 그림 (a)의 출력, *Y*는 그림 (b)의 출력, *Z* 는 그림 (c)의 출력이다.

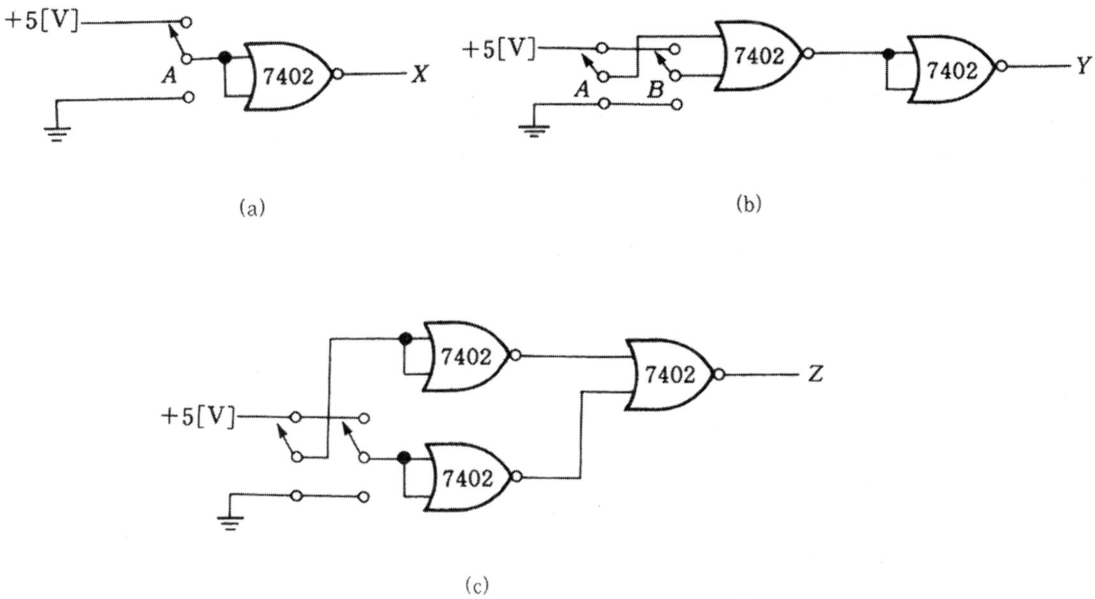

그림 3-10 NOR 게이트 응용회로

표 3-8 (a)

A	X
0	
1	

표 3-8 (b), (c)

A	B	Y	Z
0	0		
0	1		
1	0		
1	1		

(5) 그림 3－11은 개방 컬렉터 TTL NAND 게이트 결선형 논리(wired Logic)회로이다. 입력 변화에 따른 출력 X와 Y의 값을 측정하여 표 3－9를 완성하여라.

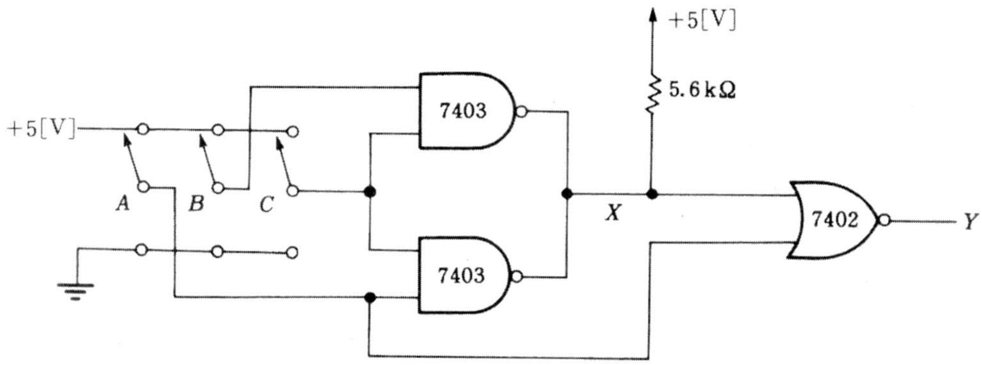

그림 3-11 개방 컬렉터 TTL NAND 게이트 결선회로

표 3-9

A	B	C	X	Y
0	0	0		
0	0	1		
0	1	0		
0	1	1		
1	0	0		
1	0	1		
1	1	0		
1	1	1		

5 실험 결과 검토

(1) 그림 3－7 NAND 게이트 실험회로에서 두 입력 *A*, *B*의 변화에 따른 출력값을 측정하여 표 3－5를 완성한 후 이것이 NAND 게이트의 진리표와 일치하는지 확인하고 AND 게이트 진리표와 비교하여라.

(2) 그림 3－8의 NAND 게이트 응용회로에서 얻어진 표 3－6의 측정치에서 그림 (a)는 NOT 게이트 회로, (b)는 AND 게이트 회로, (c)는 OR 게이트 회로가 되는지 확인하여 보자.

(3) 그림 3－9의 NOR 게이트 실험회로에서 두 입력 *A*, *B*의 변화에 따른 출력값을 측정하여 표 3－7을 완성한 후 이것이 NOR 게이트의 진리표와 일치하는지 확인하고 OR 게이트 진리표와 비교하여라.

(4) 그림 3－10의 NOR 게이트 응용회로에서 얻어진 표 3－8의 측정치에서 그림 (a)는 NOT 게이트 회로, (b)는 OR 게이트 회로, (c)는 AND 게이트 회로가 되는지 확인하여 보자.

(5) 그림 3－11의 개방 컬렉터 TTL NAND 게이트 결선회로의 출력 *X*값을 검토하여 결선형의 의미를 살펴보자.

6 실험 결과 테스트

(1) TTL IC 7400 NAND 게이트의 총 핀 수는 (　)개이고, (　)개의 NAND 게이트를 내장하고 있으며, 게이트당 입력수는 (　)개이다.

(a) 14, 3, 4　　　(b) 14, 4, 2

(c) 16, 2, 4　　　(d) 16, 4, 2

(2) 3개의 입력 *A*, *B*, *C* 를 갖고 있는 NAND 게이트에 1, 1, 0의 입력을 가하면 출력상태는?

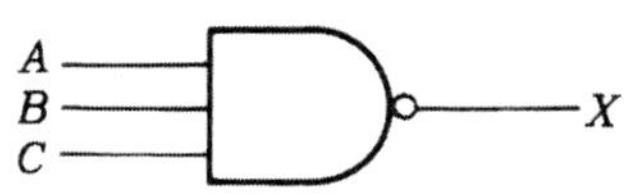

(a) 0　　　(b) 1

(c) 결과를 알 수 없다.　　　(d) 내부회로에 따라 다르다.

(3) ***A*, *B*, *C*** 3개의 입력 중 두 입력은 +5[V]에 연결되어 있고, 나머지 1개의 입력 ***A***가 단자에 연결되어 있다면 NAND 게이트의 출력은?

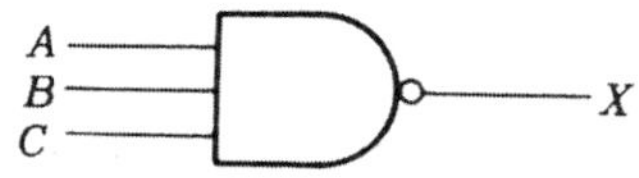

(a) A (b) $\overline{A}$ (c) +5V (d) 0V

(4) TTL IC 7402 NOR 게이트의 총 핀 수는 (　)개이고, (　)개의 NOR 게이트를 내장하고 있으며, 게이트당 입력수는 (　)개이다.

(a) 14, 4, 2 (b) 14, 4, 3 (c) 16, 2, 4 (d) 16, 4, 2

(5) 3개의 입력 ***A*, *B*, *C*** 를 갖고 있는 NOR 게이트에 1, 1, 0의 입력을 가하면 출력상태는?

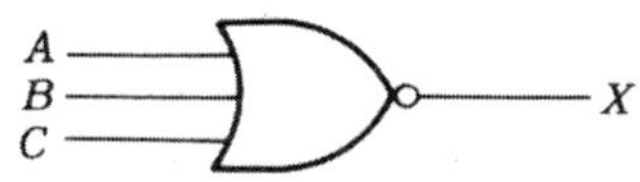

(a) 0 (b) 1
(c) 결과를 알 수 없다. (d) 내부회로에 따라 다르다.

(6) ***A*, *B*, *C*** 3개의 입력 중 두 입력은 0[V]에 연결되어 있고, 나머지 1개의 입력 ***A***가 단자에 연결되어 있다면 NOR 게이트의 출력은?

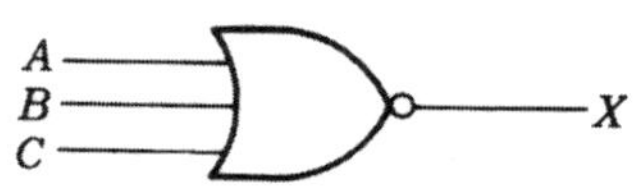

(a) A (b) $\overline{A}$ (c) +5V (d) 0V

(7) 그림 3-8의 NAND 게이트 응용회로에서 그림 (a)는 ( ) 게이트회로, 그림 (b)는 ( ) 게이트회로 구현이 가능하므로 NAND 게이트를 ( ) 게이트라 한다. (단, 순서대로 답을 하면)

(a) NOT 게이트, OR 게이트, AND 게이트, 표준 게이트
(b) AND 게이트, OR 게이트, NOT 게이트, 표준 게이트
(c) NOT 게이트, AND 게이트, OR 게이트, 표준 게이트
(d) OR 게이트, NOT 게이트, AND 게이트, 표준 게이트

(8) 그림 3-10의 NOR 게이트 응용회로에서 그림 (a)는 ( ) 게이트회로, 그림 (b)는 ( ) 게이트회로, 그림 (c)는 ( ) 게이트회로 구현이 가능하므로 NOR 게이트를 ( ) 게이트라 한다. (단, 순서대로 답하면)

(a) NOT 게이트, OR 게이트, AND 게이트, 표준 게이트
(b) NOT 게이트, AND 게이트, OR 게이트, 표준 게이트
(c) AND 게이트, NOT 게이트, OR 게이트, 표준 게이트
(d) AND 게이트, OR 게이트, NOT 게이트, 표준 게이트

(9) 그림 3-11에서 개방 컬렉터 TTL NAND 게이트 결선회로에서 두 NAND 게이트의 출력 결선점에서 논리는 ( )게이트와 같다. 따라서 출력 X와 Y의 논리식을 구하면? (단, 순서대로 답하면)

$X=(\quad)$ $Y=(\quad)$

(a) AND, $AC+BC$, $\overline{A}(AC+BC)$
(b) AND, $C(A+B)$, $\overline{A}+\overline{AC+BC}$
(c) AND, $\overline{BC+AC}$, $\overline{A}(A+B)$
(d) AND, $\overline{BC+AC}$, $\overline{A}C(A+B)$

실험4. 논리함수의 간략화

(드-모르간의 정리, 표준전개, 카르나도법 및 테이블법)

1 목적

(1) 드-모르간의 정리를 실험적으로 증명하고, 논리회로의 간략화를 보인다.

(2) 표준전개(적의합과 합의적 형식)에 의한 논리식 구성법을 익힌다.

(3) NAND 및 NOR 게이트만을 이용한 논리회로를 구성하는 방법을 익힌다.

(4) 카르나도법에 의한 논리함수의 간략화를 익힌다.

(5) 테이블법에 의한 논리함수의 간략화를 익힌다.

2 이론

(1) 드-모르간의 정리

$$\overline{A+B}=\overline{A}\cdot\overline{B} \tag{4-1}$$

$$\overline{A\cdot B}=\overline{A}+\overline{B} \tag{4-2}$$

$$A+B=\overline{\overline{A}\cdot\overline{B}} \tag{4-3}$$

$$A\cdot B=\overline{\overline{A}+\overline{B}} \tag{4-4}$$

$$\overline{A_1+A_2+\cdots\cdots+A_n}=\overline{A_1}\cdot\overline{A_2}\cdot\cdots\cdots\cdot\overline{A_n} \tag{4-5}$$

$$\overline{A_1\cdot A_2\cdot\cdots\cdots\cdot A_n}=\overline{A_1}+\overline{A_2}+\cdots\cdots+A_n \tag{4-6}$$

(2) 표준전개

1) 최소항 형식(minterm type expression)

최소항 형식을 합표준 형식 또는 적의합 형식이라고도 하며, 식 (4-7)과 같다.

$$X=f_0m_0+f_1m_1+\cdots\cdots+f_{2^n-1}m_{2^n-1}=\sum_{i=0}^{2^n-1}f_im_i \tag{4-7}$$

단, 여기서, f_i는 0 또는 1이다.

3변수로 된 논리함수의 진리표가 표 4－1과 같다면

표 4-1 3변수 진리표

10 진수 i	A B C	f_i	m_i(최소항)	M_i(최대항)
0	0 0 0	0	$m_0=ABC$	$M_0=\overline{A}+\overline{B}+\overline{C}$
1	0 0 1	1	$m_1=\overline{A}\overline{B}C$	$M_1=\overline{A}+\overline{B}+C$
2	0 1 0	0	$m_2=\overline{A}B\overline{C}$	$M_2=\overline{A}+B+\overline{C}$
3	0 1 1	0	$m_3=\overline{A}BC$	$M_3=\overline{A}+B+C$
4	1 0 0	1	$m_4=A\overline{BC}$	$M_4=A+\overline{B}+\overline{C}$
5	1 0 1	0	$m_5=A\overline{B}C$	$M_5=A+\overline{B}+C$
6	1 1 0	1	$m_6=AB\overline{C}$	$M_6=A+B+\overline{C}$
7	1 1 1	0	$m_7=ABC$	$M_7=A+B+C$

$f_0=f_2=f_3=f_5=f_7=0$이므로, $f_1=f_4=f_6$항만 택하면

$$\begin{aligned} X&=f_1m_1+f_4m_4+f_6m_6=m_1+m_4+m_6 \\ &=\overline{A}\cdot\overline{B}C+A\overline{BC}+AB\overline{C} \end{aligned} \tag{4-8}$$

이와 같이 논리함수 X는 각 변수가 적으로 되며, 전체는 합 형식으로 되어 있어 적의합 형식(Sum of products)이라 한다.

또 식 (4－8)을 변형시켜 드－모르간의 정리를 이용하면

$$\overline{\overline{X}}=X=\overline{\overline{\overline{A}\overline{B}C+A\overline{B}\overline{C}+AB\overline{C}}}=\overline{\overline{\overline{A}\overline{B}C}\cdot\overline{A\overline{B}\overline{C}}\cdot\overline{AB\overline{C}}} \tag{4-9}$$

식 (4－9)와 같은 데 이 식은 진리표에서 "1"을 선택한 결과가 되고, 그림 4－1과 같이 NAND 게이트만으로 논리회로를 구성할 수 있음을 알 수 있다.

2) 최대항 형식(maxterm type expression)

최대항 형식을 적표준 형식 또는 합의적 형식이라고도 하며, 식 (4－10)과 같다.

$$\begin{aligned} X&=(f_0+M_{2^n-1})(f_1+M_{2^n-2})\cdot\cdots\cdots\cdot(f_{2^n-1}+M_0) \\ &=\prod_{i=0}^{2^n-1}(f_i+M_{2^n-1-i}) \end{aligned} \tag{4-10}$$

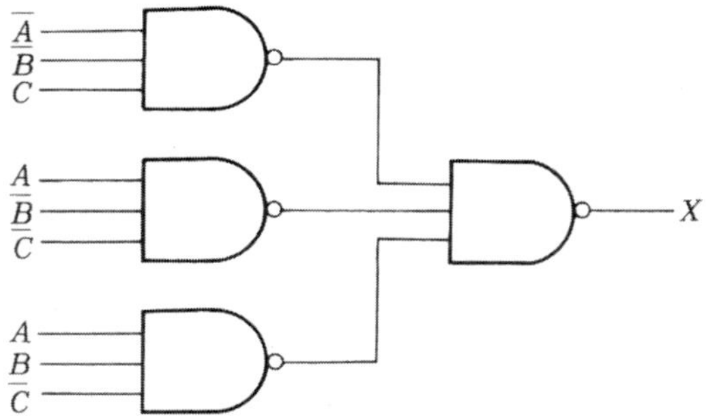

그림 4-1 NAND 게이트만으로 구성된 적의합 형식 논리회로

단, 여기서, f_i는 0또는 1이다.

3변수로 된 논리함수의 진리표가 표 4−2와 같다면

표 4-2 3변수 진리표

10진수 i	A B C	f_i	m_i(최소항)	M_i(최대항)
0	0 0 0	0	$m_0=\overline{A}\,\overline{B}\,\overline{C}$	$M_0=\overline{A}+\overline{B}+\overline{C}$
1	0 0 1	1	$m_1=\overline{A}\,\overline{B}C$	$M_1=\overline{A}+\overline{B}+C$
2	0 1 0	0	$m_2=\overline{A}B\overline{C}$	$M_2=\overline{A}+B+\overline{C}$
3	0 1 1	1	$m_3=\overline{A}BC$	$M_3=\overline{A}+B+C$
4	1 0 0	0	$m_4=A\overline{B}\,\overline{C}$	$M_4=A+\overline{B}+\overline{C}$
5	1 0 1	1	$m_5=A\overline{B}C$	$M_5=A+\overline{B}+C$
6	1 1 0	1	$m_6=AB\overline{C}$	$M_6=A+B+\overline{C}$
7	1 1 1	0	$m_7=ABC$	$M_7=A+B+C$

$f_1=f_3=f_5=f_6=1$이므로, $f_0=f_2=f_4=f_7$항만 택하면

$$X=(f_0+M_7)(f_2+M_5)(f_4+M_3)(f_7+M_0)$$
$$=(A+B+C)(A+\overline{B}+C)(\overline{A}+B+C)(\overline{A}+\overline{B}+\overline{C}) \qquad (4-11)$$

이와 같이 논리함수 X는 각 변수가 합으로 되며, 전체는 적 형식으로 되어 있어 합의적 형식 (product of Sums)이라 한다. 또 식 (4−11)을 변형시켜 드−모르간의 정리를 이용하면

$$\overline{\overline{X}}=X=\overline{\overline{(A+B+C)\,(A+\overline{B}+C)\,(\overline{A}+B+C)\,(\overline{A}+\overline{B}+\overline{C})}}$$
$$=\overline{A+B+C+A+\overline{B}+C+\overline{A}+B+C+\overline{A}+\overline{B}+\overline{C}} \qquad (4-12)$$

식 (4−12)와 같은 데 이 식은 진리표에서 "0"을 선택한 결과가 되고, 그림 4−2와 같이 NOR 게이트만으로 논리회로를 구성할 수 있음을 알 수 있다.

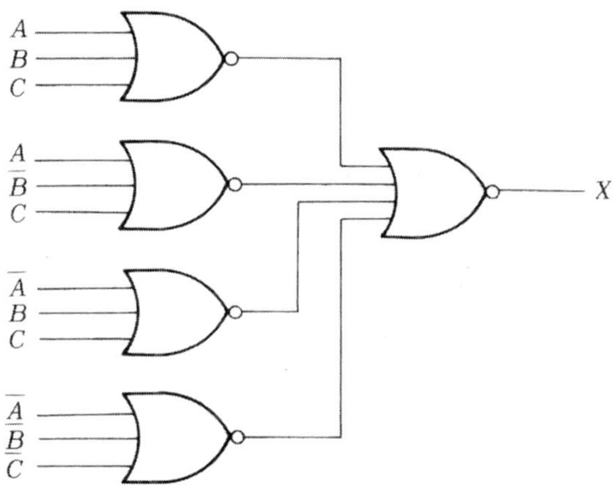

그림 4−2 NOR 게이트만으로 구성된 합의적 형식 논리회로

(3) 카르나도법

카르나도표는 진리표를 도표 형태로 나타낸 것으로 이를 이용하여 논리식을 간소화시킬 수 있다.

표 4−3의 진리표를 이용하여 카르나도표로 나타내어 보자.

표 4−3 세 변수 진리표

10 진수 i	A B C	f_i
0	0 0 0	0
1	0 0 1	0
2	0 1 0	0
3	0 1 1	1
4	1 0 0	1
5	1 0 1	1
6	1 1 0	1
7	1 1 1	1

표 4-4 카르나도표

C \ AB	00	01	11	10
0	0	0	1	1
1	0	1	1	1

표 4-5 카르나도표

	$\overline{A}\overline{B}$	$\overline{A}B$	AB	$A\overline{B}$
$\overline{C}$	0	0	1	1
C	0	1	1	1

표 4−4와 4−5는 같은 내용으로서 표시방법의 차이는 있으나 어느 방법을 써도 좋으며 표 4−4의 경우가 더 편한 방법이다. 또 진리표의 값 0과 1 중 0은 도표에 표시하지 않아도 된다. 카르나도표에서 유의해야 할 점은 AB 방향에 있어서 A와 B의 상태가 점진적으로 변하도록, 즉 두 개의 상태가 동시에 변하는 일이 없도록 상태배열을 하여야 하며, 또 C 변수 쪽으로도 변수가 두 개일 경우에도 같은 방법으로 상태변화를 점진적으로 변화되게 하여야 한다.

표 4−4와 4−5에서 AB 방향의 인접한 두 상대쌍사이에는 A와 B 중 한 쪽 상태만 바뀌어 졌음을 알 수 있다. 이와 같이 AB 방향에 대하여 순환적으로 성립된다.

표 4−3의 세 변수를 가진 진리표에서 적의합 형식(최소항 형식)을 택하여 보면 식 (4−13)과 같이 된다.

$$X=\overline{A}BC+A\overline{B}\,\overline{C}+A\overline{B}C+AB\overline{C}+ABC \qquad (4-13)$$

식 (4−13)을 카르나도표에서 부울 대수를 이용하여 간소화하면

$$\begin{aligned} X&=AB\overline{C}+ABC+A\overline{B}\,\overline{C}+A\overline{B}C+\overline{A}BC+ABC \\ &=AB(\overline{C}+C)+A\overline{B}(\overline{C}+C)+BC(\overline{A}+A) \\ &=A(B+\overline{B})+BC=A+BC \end{aligned} \qquad (4-14)$$

식 (4−14)의 간소화된 결과식을 전개할 때 ABC 항이 중복되고 있음을 유의해야 한다. 카르나도표를 이용하여 간소화하면 결과식 $X=A+BC$ 를 쉽게 얻게 된다.

(4) 테이블법

테이블법은 Quine−McCluskey 방법이라고도 하며, 논리변수가 5개 이상이 되면 카르나도법을 사용하더라도 매우 복잡한 과정을 거쳐야 하므로 정확도가 떨어지게 된다. 이러한 카르나도법의 단점을 보완한 것으로 부울 함수에 대한 간소화된 논리곱의 합항 표현(최소항 형식)을 만들도록 개발된 단계적 절차방법이다. 또한 변수가 많아지더라도 적용될 수 있고 기계적 계산

을 할 수 있는 장점을 갖고 있다.

이 때 논리곱의 합항을 주항(Prime Implicant)이라 한다. 다음 단계로 가장 작은 수 변수 문자로 표현하는 절차를 PI 선택이라 한다. 마지막 단계로서 선별되 PI항을 간소화된 함수로 표현하는 진성주항(Essential prime Implicant) 즉 EPI를 거쳐 간소화된 변수식을 표현하면 다음과 같다.

$$F(A, B, C, D) = (0, 1, 2, 8, 10, 11, 14, 15) \tag{4-15}$$

"1"의 수에 다라 최소항을 재배열하는 표를 작성하면 표 4-6과 같다.

표 4-6 "1"의 수에 따른 최소항표

그룹	최소항(m^i)	
0	$m_0 = \overline{A}\,\overline{B}\,\overline{C}\,\overline{D}$	0 0 0 0
1	$m_1 = \overline{A}\,\overline{B}\,C\,\overline{D}$	0 0 0 1
	$m_2 = \overline{A}\,\overline{B}\,C\,\overline{D}$	0 0 1 0
	$m_8 = A\overline{B}\,\overline{C}\,\overline{D}$	1 0 0 0
2	$m_{10} = A\overline{B}\,C\,\overline{D}$	1 0 1 0
3	$m_{11} = A\overline{B}CD$	1 0 1 1
	$m_{14} = ABC\,\overline{D}$	1 1 1 0
4	$m_{15} = ABCD$	1 1 1 1

표 4-7 감축표

그 룹	최소항(m^i)	제 1 감축	제 2 감축
0	m_0 0 0 0 0 ✓	(0, 1) 0 0 0 -	(0, 2, 8, 10) - 0 - 0
1	m_1 0 0 0 1 ✓	(0, 2) 0 0 - 0 ✓	(0, 8, 2, 10) - 0 - 0
	m_2 0 0 1 0 ✓	(0, 8) - 0 0 0 ✓	(10, 11, 14, 15) 1 - 1 -
	m_8 1 0 0 0 ✓	(2, 10) - 0 1 0 ✓	(10, 14, 11, 15) 1 - 1 -
2	m_{10} 1 0 1 0 ✓	(8, 10) 1 0 - 0 ✓	
		(10, 11) 1 0 1 - ✓	
3	m_{11} 1 0 1 1 ✓	(10, 14) 1 - 1 0 ✓	
	m_{14} 1 1 1 0 ✓	(11, 15) 1 - 1 1 ✓	
4	m_{15} 1 1 1 1 ✓	(14, 15) 1 1 1 - ✓	

이것을 다시 제1감축과 제2감축시켜 감축표로 나타낸 것이 표 4－7이다.

표 4－7의 감축표에서 제1감축은 “1”의 수를 그룹별로 나누어 놓고 “0”그룹에서 “1”의 그룹과 비교하고 “1” 그룹에서 “2”의 순으로 비교하면 최소 중 변수만 다름 제1감축을 얻을 수 있고, 제1감축에서 다시 한 변수만 다른 제2감축을 표로 만들 수 있다. 이렇게 하여 최종 주항표를 만들면 표 4－8과 같다.

표 4-8 최종 주항표

최소항 / 주항	0	1	2	8	10	11	14	15
*0, 1 `(1)	✓	✓						
*0, 2, 8, 10 (2, 8)	✓		✓	✓	✓			
*10, 11, 14, 15 (1, 4),					✓	✓	✓	✓
		✓	✓	✓		✓	✓	✓

최종 주항표로부터 논리곱의 합형의 최소 논리식을 유도한다. 진성주항에서 (　)속의 수는 제거된 변수를 나타낸다는 것을 알아야 한다. 진성주항으로부터 논리식을 얻기 위하여 진성주항의 임의의 최소항을 2진수로 나타내고, (　)속의 수에 해당되는 자리를 지운다.

이것을 실행하여 보면

$$\left.\begin{array}{r} 0,\ 1\ (1) = 0\,0\,0\,\not{0} \\ 0\,0\,0\,\not{1} \end{array}\right\} \overline{A}\,\overline{B}\,\overline{C}$$

$$\left.\begin{array}{r} 0,\ 2,\ 8,\ 10\ (2,\ 8) = \not{0}\,0\,\not{0}\,0 \\ \not{0}\,0\,\not{1}\,0 \\ \not{1}\,0\,\not{0}\,0 \\ \not{1}\,0\,\not{1}\,0 \end{array}\right\} \overline{B}\,\overline{D}$$

$$\left.\begin{array}{r} 10,\ 11,\ 14,\ 15\ (1,\ 4) = 1\,\not{0}\,1\,\not{0} \\ 1\,\not{0}\,1\,\not{1} \\ 1\,\not{1}\,1\,\not{0} \\ 1\,\not{1}\,1\,\not{1} \end{array}\right\} AC$$

이와 같이 하여 얻은 최소의 논리식은 다음 식과 같다.

$$F(A, B, C, D) = \overline{ABC} + \overline{BD} + AC \qquad (4-16)$$

3 사용기기 및 부품

디지털 실험장치
직류전원 공급장치
회로시험기
오실로스코프
TTL 7400(quad 2−input NAND Gate)
TTL 7402(quad 2−input NOR Gate)
TTL 7404(Hex Inverter)
TTL 7408(quad 2−input AND Gate) 2개
TTL 7432(quad 2−input OR Gate)

4 실험

(1) 그림 4−3과 같은 회로를 결선하고 입력변화에 따른 출력값을 측정하여 표 4−9를 완성하여라.

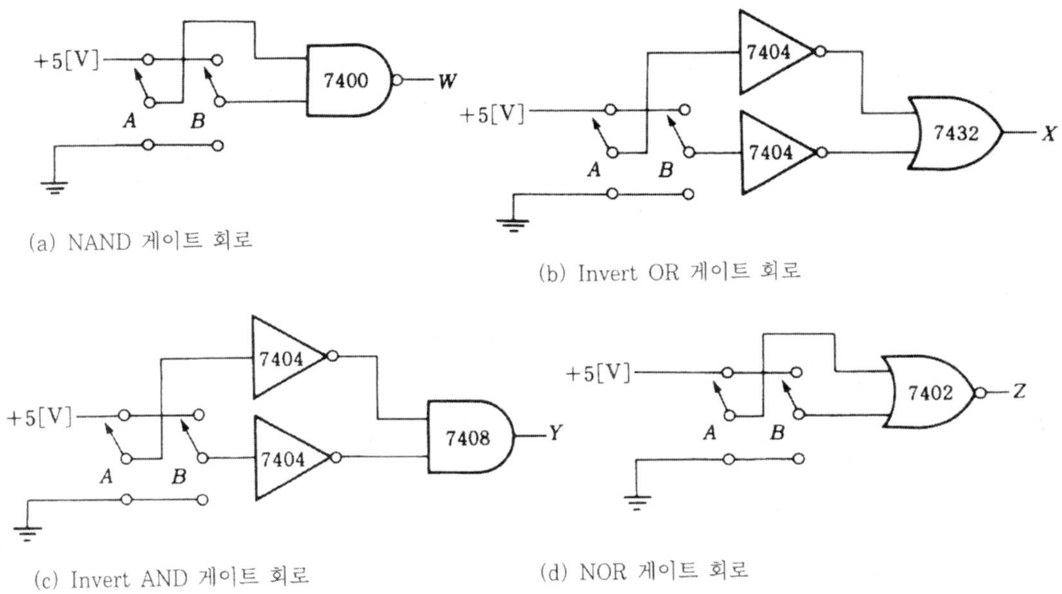

그림 4-3 드−모르간의 정리를 증명하기 위한 실험회로

표 4-9

A	B	W	X	Y	Z
0	0				
0	1				
1	0				
1	1				

(2) 그림 4-4와 같은 회로를 결선하고 입력변화에 따른 출력값을 측정하여 표 4-10을 완성하여라.

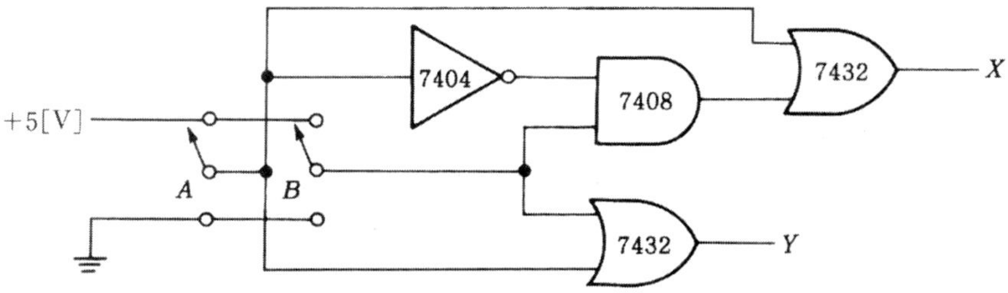

그림 4-4 응용회로

표 4-10

A	B	X	Y
0	0		
0	1		
1	0		
1	1		

(3) 그림 4-5(a)와 (b)의 두 회로를 결선하고 입력변화에 따른 출력값을 측정하여 표 4-11을 완성하여라.

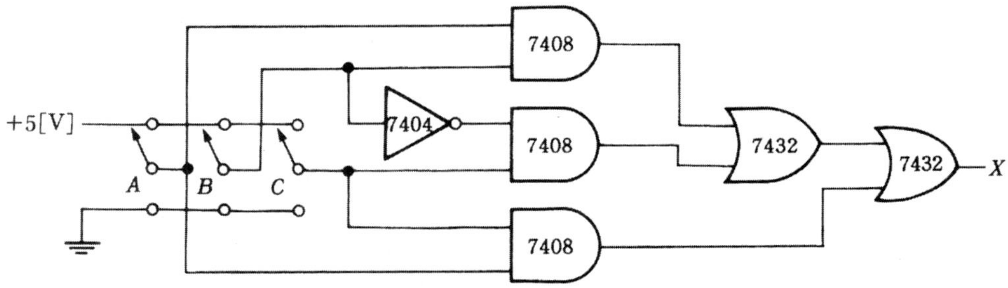

(a)

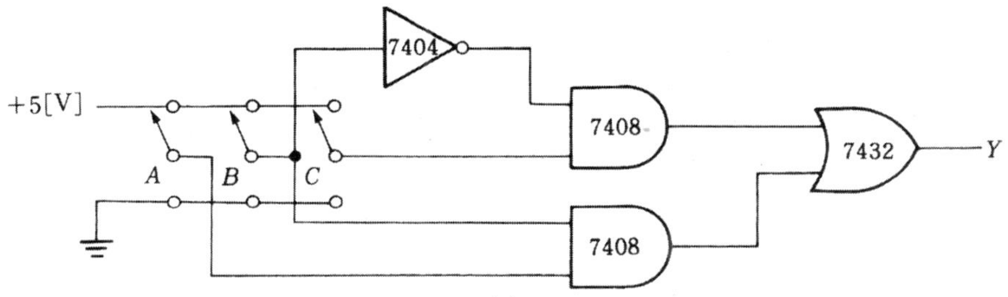

(b)

그림 4-5 응용회로

표 4-11

A	B	C	X	Y
0	0	0		
0	0	1		
0	1	0		
0	1	1		
1	0	0		
1	0	1		
1	1	0		
1	1	1		

표 4-12

A	B	C	D	X	Y
0	0	0	0	0	
0	0	0	1	0	
0	0	1	0	1	
0	0	1	1	1	
0	1	0	0	0	
0	1	0	1	0	
0	1	1	0	1	
0	1	1	1	1	
1	0	0	0	0	
1	0	0	1	1	
1	0	1	0	0	
1	0	1	1	1	
1	1	0	0	0	
1	1	0	1	0	
1	1	1	0	0	
1	1	1	1	1	

(4) 표 4−12와 같은 진리표에 의하여 표준전개에 의한 적의합 형식(최소항 형식)으로 하면 논리식 X는 식 (4−17)과 같다.

$$X=\overline{A}\overline{B}C\overline{D}+\overline{A}\overline{B}CD+\overline{A}BC\overline{D}+\overline{A}BCD+A\overline{B}\overline{C}D+A\overline{B}CD+ABCD \qquad (4-17)$$

이것을 카르나도표로 나타내면 그림 4−6과 같다.

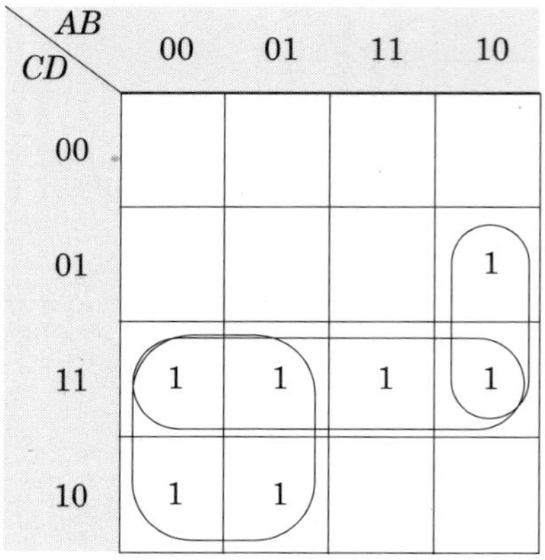

그림 4-6 카르나도표

그림 4－7의 회로를 결선하고 표 4－12와 같은 입력변화에 따른 출력 *Y*값을 측정하여 표 4－12를 완성하여라.

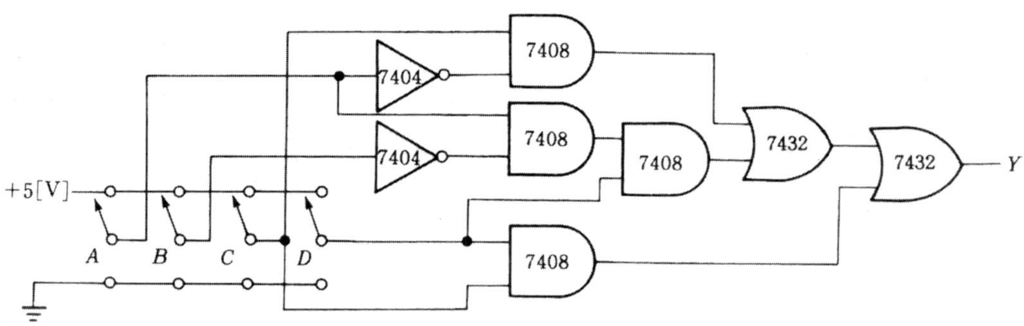

그림 4-7 간략화 회로

(5) 그림 4－8의 응용회로를 결선하고 입력 *A*, *B*, *C*, *D* 의 변화에 따른 출력 *W*, *X*, *Y*, *Z* 를 측정하여 표 4－13을 완성하여라.

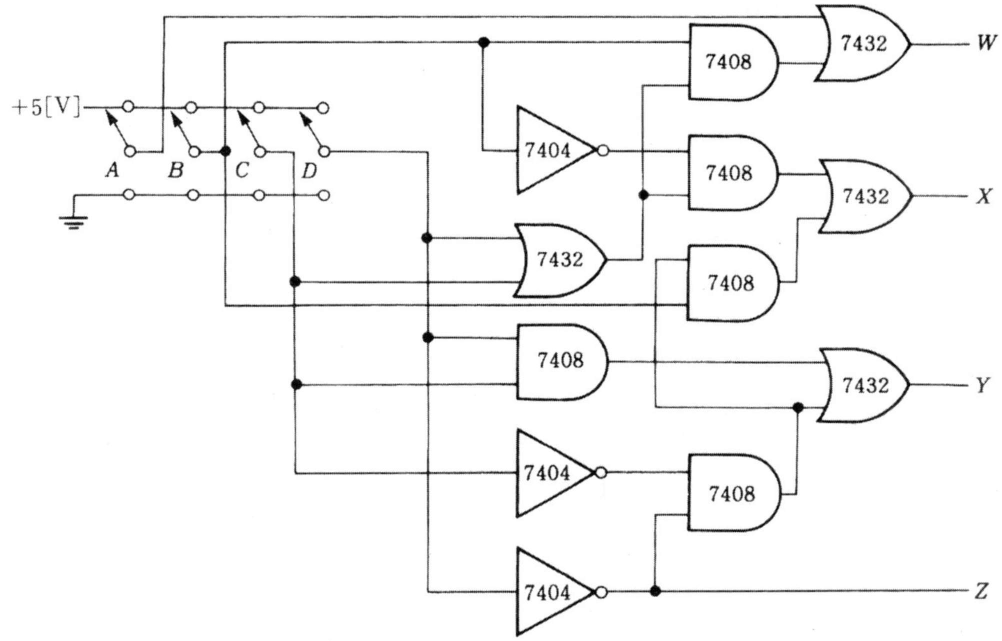

그림 4-8 응용회로

표 4-13

10진수	A (8)	B (4)	C (2)	D (1)	W	X	Y	Z
0	0	0	0	0				
1	0	0	0	1				
2	0	0	1	0				
3	0	0	1	1				
4	0	1	0	0				
5	0	1	0	1				
6	0	1	1	0				
7	0	1	1	1				
8	1	0	0	0				
9	1	0	0	1				

(6) 그림 4−9의 회로를 결선하고 입력 *W, X, Y, Z* 의 변화에 따른 출력 *F*값을 측정하여 표 4−14를 완성하여라.

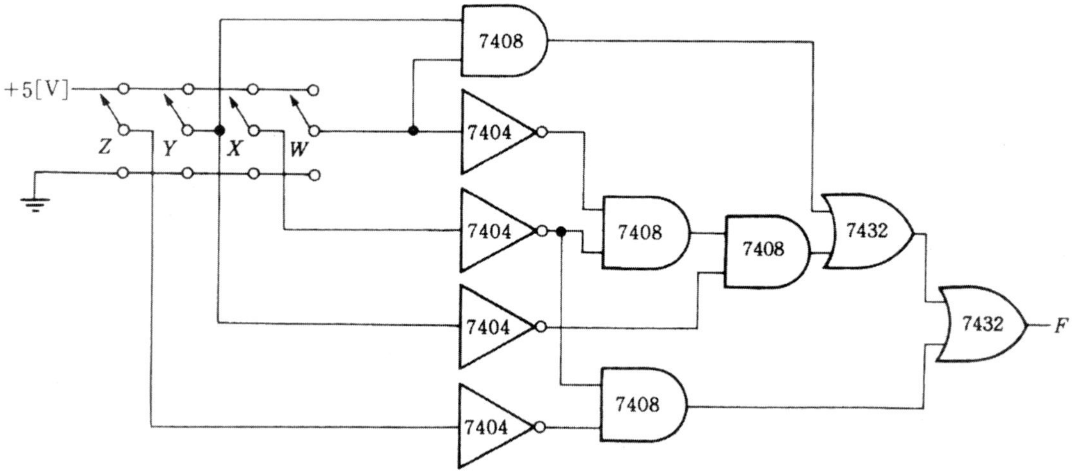

그림 4-9 간략화 회로

표 4-14

10진수	*W*	*X*	*Y*	*Z*	*F*
0	0	0	0	0	
1	0	0	0	1	
2	0	0	1	0	
3	0	0	1	1	
4	0	1	0	0	
5	0	1	0	1	
6	0	1	1	0	
7	0	1	1	1	
8	1	0	0	0	
9	1	0	0	1	
10	1	0	1	0	
11	1	0	1	1	
12	1	1	0	0	
13	1	1	0	1	
14	1	1	1	0	
15	1	1	1	1	

5 실험 결과 검토

(1) 실험 결과 완성된 표 4−9에서 W와 X의 측정치가 같은지 비교하고 또 Y와 Z의 측정치도 같은지 비교하여라.

(2) 그림 4−4의 응용회로 실험에서 입력변화에 따른 출력 측정치로 표 4−10을 완성하고 X와 Y값을 서로 비교 검토하여라.

(3) 그림 4−5의 응용회로 실험에서 (a), (b)의 출력 X와 Y의 실험 결과치가 같은지 비교하여라.

(4) 그림 4−7의 간략화 회로를 결선하여 얻어진 결과치 Y값을 표 4−12에서 X값과 비교검토하여라.

(5) 그림 4−8의 응용 실험회로에서 얻어진 출력값 W, X, Y, Z 값을 10진수와 비교하여라. 즉, 10진수 0~9까지를 A, B, C, D와 W, X, Y, Z와의 관계를 서로 비교 검토하여 보자.

(6) 그림 4−9는 간략화된 실험회로이다. 측정된 출력값 표 4−14에서 간략화되기전 회로와 비교하여 얼마나 간단한 회로가 되었는지 검토하여라.

6 실험 결과 테스트

(1) 입력수가 2개인 1개의 OR 게이트 기능을 구성하려면 NAND 게이트 몇 개가 최소한 필요한가?

(a) 1개　　(b) 2개　　(c) 3개　　(d) 4개

(2) 드−모르간의 정리에 의하여 $X = \overline{A+B}$와 같은 것은?

(a) $\overline{A} \cdot \overline{B}$　　(b) $\overline{A \cdot B}$　　(c) $\overline{A}+\overline{B}$　　(d) $A \cdot B$

(3) 다음 회로에서 De−Morgan의 정리를 적용하면 출력 X의 결과식은?

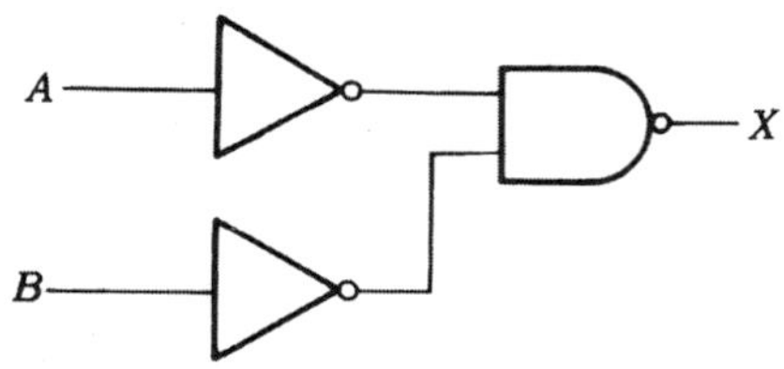

(a) $A \cdot B$　　(b) $\overline{A}+\overline{B}$　　(c) $\overline{A} \cdot \overline{B}$　　(d) $A+B$

(4) 3개의 변수 A, B, C로 이루어진 표준전개에서 최소항이 아닌 항은?

(a) $A\overline{B}C$　　(b) AC　　(c) ABC　　(d) $\overline{A}B\overline{C}$

(5) 3개의 변수 A, B, C로 이루어진 표준전개에서 최대항이 아닌 항은?

(a) $A+\overline{B}+C$　　(b) $A+C$　　(c) $A+B+C$　　(d) $\overline{A}+B+\overline{C}$

(6) NAND 게이트와 같은 기능을 갖고 있어 진리표에서도 같은 특성을 갖는 것은?

(a) NOR 게이트　　(b) Invert AND 게이트
(c) OR 게이트　　(d) Invert OR 게이트

(7) Invert AND 게이트와 같은 기능을 갖고 있어 진리표에서도 같은 특성을 갖는 게이트는?

(a) OR 게이트　　(b) AND 게이트
(c) NAND 게이트　　(d) NOR 게이트

(8) 그림 4−4의 응용회로에서 실험 결과 $X = \overline{A}B+A$와 같은 논리식은?

(a) $Y=\overline{A}B$　　(b) $Y=\overline{A}+B$　　(c) $A+\overline{B}$　　(d) $A+B$

(9) 그림 4−5의 응용회로 실험에서 그림 (a)의 출력 X=(　), 그림 (b)의 출력 Y=(　)가 되며, 실험 결과 표 4−11에서 결과값 X와 Y는 서로 (①)이다. 이 법칙은 (②)에 속한다(단, 답을 순서대로 열거하면).

(a) $X=AB+AC+\overline{B}C,\ Y=AB+AC,$ ① 같다, ② 결합법칙
(b) $X=AB+\overline{B}C+AC,\ Y=AB+\overline{B}C,$ ① 같다, ② consensus theorem
(c) $X=AB+\overline{B}C+AC,\ Y=AB+\overline{B}C,$ ① 같다, ② 분배법칙
(d) $X=AB+AC+\overline{B}C,\ Y=AB+AC,$ ① 다르다, ② De−morgan′s theorem

(10) 표 4−12의 진리표에서 최소항 형식으로 표시하면 식 (4−17)과 같다. 이것을 카르노도법에 의하여 그림 4−6을 이용하면 간략화된 논리식 X=(　)와 같이 표시된다.

(a) $X=\overline{A}C+CD+A\overline{C}D$
(b) $X=\overline{A}C+CD+A\overline{B}$
(c) $X=\overline{A}D+CD+A\overline{C}D$
(d) $X=\overline{A}C+C\overline{D}+A\overline{B}$

(11) 그림 4−7의 간략화된 회로 실험에서 측정된 Y값을 표 4−12에 완성시킨 결과를 보면 입력 A, B, C, D의 변화에 따라 출력 X와 Y값은 (　)이다.

(a) 다르다.
(b) 같을 수도 있고 다를 수도 있다.
(c) 같다.
(d) 반드시 같을 필요는 없다.

(12) 그림 4−7의 간략화 회로의 논리식 Y=(　)이다. 따라서 표 4−12 진리값 표에서 (①)에 의한 (②) 형식에 따른 논리식 (③)으로 간략화할 수 있음을 알 수 있다.

(a) $Y=\overline{A}C+CD+A\overline{B}D,$ ① 표준전개 ② 합의 곱 ③ 카르노도법
(b) $Y=\overline{A}C+CD+A\overline{B}D,$ ① 표준전개 ② 곱의 합 ③ 카르노도법
(c) $Y=\overline{A}D+CD+A\overline{B}D,$ ① 표준전개 ② 곱의 합 ③ 카르노도법
(d) $Y=\overline{A}D+CD+A\overline{B}D,$ ① 표준전개 ② 합의 합 ③ 도표법

(13) 그림 4−8의 응용회로에서 실험한 결과값 W, X, Y, Z를 입력변수 A, B, C, D와 비교하면 출력값은 (　)코드가 된다.

(a) 3초과코드　(b) 해밍코드　(c) 존슨코드　(d) 그레이코드

(14) 그림 4−9회로에서 얻어진 실험 결과값을 이용하여 테이블법에 의한 간략화된 논리식은 F=(　)이다.

(a) $F=\overline{W}Y+\overline{W}\,\overline{X}\,\overline{Y}+ZX$　(b) $F=WY+\overline{W}\,\overline{XY}+Z\overline{X}$

(c) $F=WY+\overline{W}\,\overline{XY}+\overline{Z}\,\overline{X}$　(d) $F=\overline{W}Y+\overline{WXY}+\overline{Z}\,\overline{X}$

실험 5. Exclusive OR 게이트와 그 응용

1 목적

(1) XOR 게이트의 동작 특성을 이해한다.
(2) XOR 게이트의 구성방법을 고찰한다.
(3) XOR 게이트의 응용을 살펴본다.

2 이론

Exclusive OR는 줄여서 XOR라고 표현하며, 이 XOR 게이트는 그레이코드, 패리티 검사기 (parity checker), 2진 비교기(Binary Comparator) 등에 이용되는 소자로서 그림 5-1과 같은 논리기호를 갖고 있으며, 논리식은 식 (5-1)과 같다.

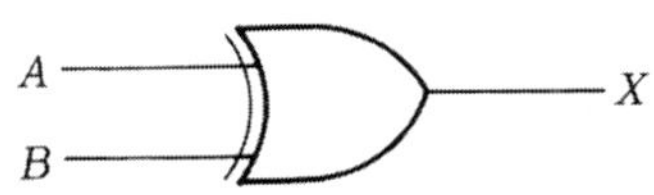

그림 5-1 XOR 게이트 기호

$$X = A \oplus B = A\overline{B} + \overline{A}B \tag{5-1}$$

한편, 식 (5-1)을 만족하는 진리표는 표 5-1과 같다.

표 5-1 XOR 게이트 진리표

A	B	X
0	0	0
0	1	1
1	0	1
1	1	0

현재 널리 사용되고 있는 대표적인 TTL과 CMOS는 표 5-2와 같다.

표 5-2 TTL과 CMOS XOR 게이트

TTL 시리즈	CMOS 시리즈	패키지당 게이트 수	입력수
7486	4030, 4070 74C86	4	2

한편 식 (5−1)을 부울 대수와 드−모르간의 정리를 이용하여 변형시키면 식 (5−2), (5−3), (5−4)가 된다.

$$X=A\oplus B=A\overline{B}+\overline{A}B=(A+B)\,(\overline{A}+\overline{B}) \tag{5−2}$$

$$X=A\oplus B=\overline{\overline{A\overline{B}+\overline{A}B}}=\overline{\overline{A\overline{B}}\cdot\overline{\overline{A}B}} \tag{5−3}$$

$$X=A\oplus B=\overline{\overline{(A+B)\,(\overline{A}+\overline{B})}}=\overline{\overline{A+B}+\overline{\overline{A}+\overline{B}}} \tag{5−4}$$

이 논리식으로 XOR 게이트를 구성하면 그림 5−2와 같다.

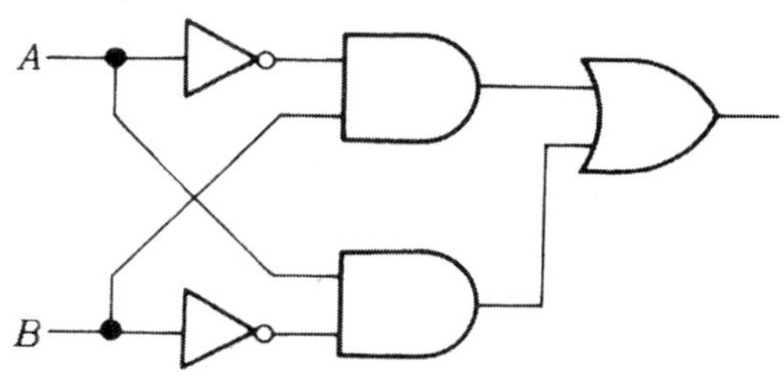

(a) AND,OR,NOT 게이트로 구현

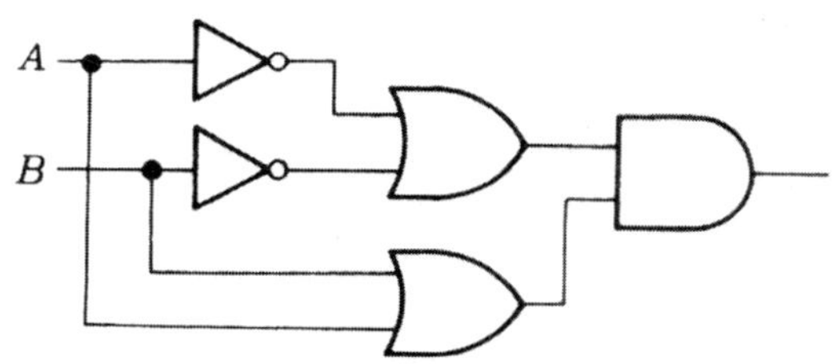

(b) AND,OR,NOT 게이트로 구현

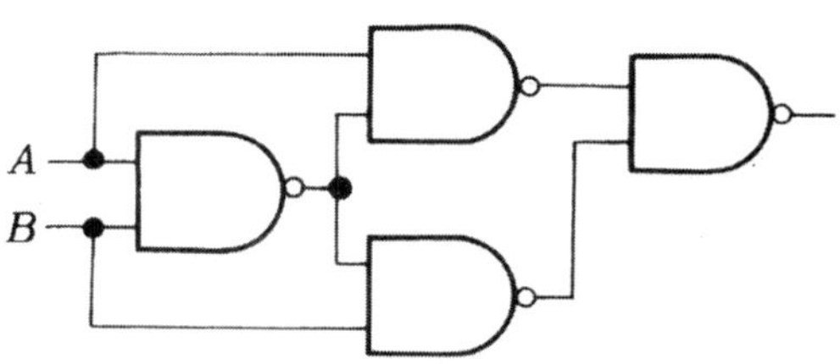

(c) NAND 게이트로 구현

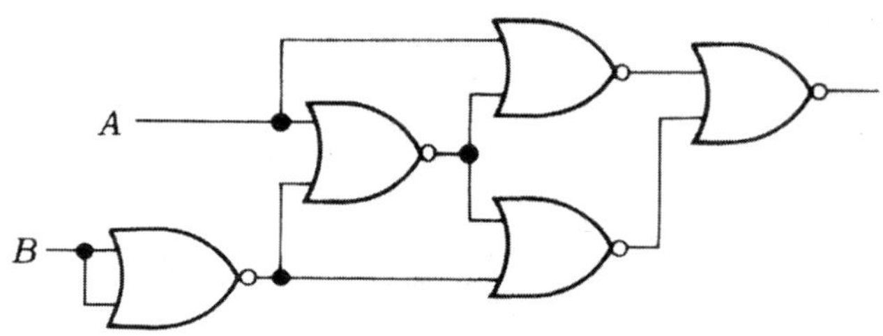

(d) NOR 게이트로 구현

그림 5-2 XOR 게이트 구성

3 사용기기 및 부품

디지털 실험장치
직류전원 공급장치
회로시험기
오실로스코프
TTL 7400(quad 2−input NAND Gate)
TTL 7402(quad 2−input NOR Gate)
TTL 7404(Hex inverter)
TTL 7408(quad 2−input AND Gate)
TTL 7432(quad 2−input OR Gate)
TTL 7486(quad 2−input XOR Gate)

4 실험

(1) 그림 5−3과 같은 회로를 결선하고 입력 *A*, *B*에 따른 출력 *X*를 측정하여 표 5−3의 해당란에 채워넣는다.

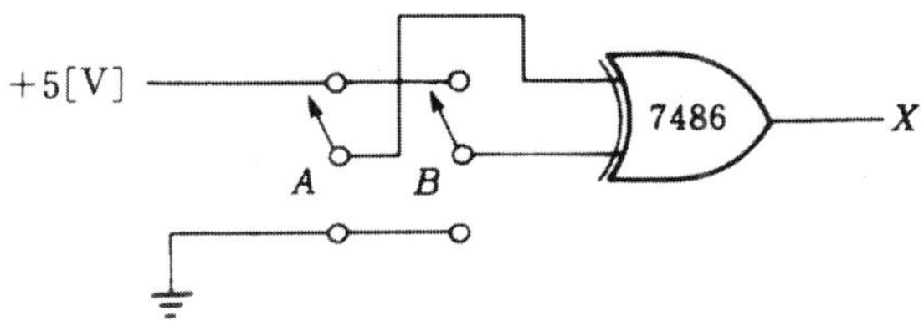

그림 5-3 XOR 게이트 회로도

표 5-3

A	*B*	*X*	*Y*
0	0		
0	1		
1	0		
1	1		

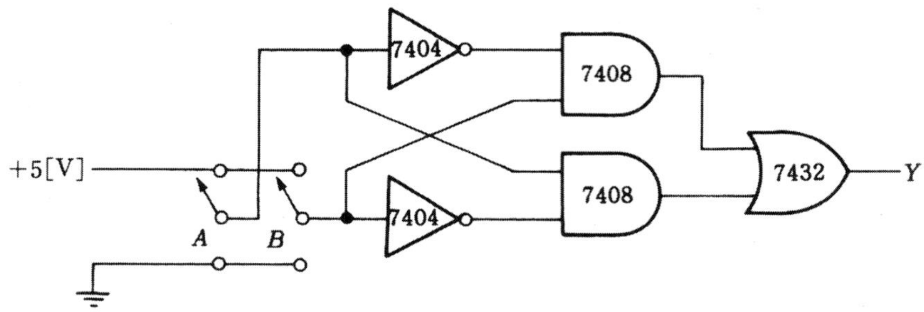

그림 5-4 기본 게이트로 XOR 발생기 구현회로

(2) 그림 5−4와 같은 회로를 결선하고 입력 *A*, *B*에 따른 출력 *Y*를 측정하여 표 5−3을 완성하여라.

(3) 그림 5−5와 같은 회로를 결선하고 입력 *A*, *B*에 따른 출력 *X*를 측정하여 표 5−4의 해당란에 채워 넣어라.

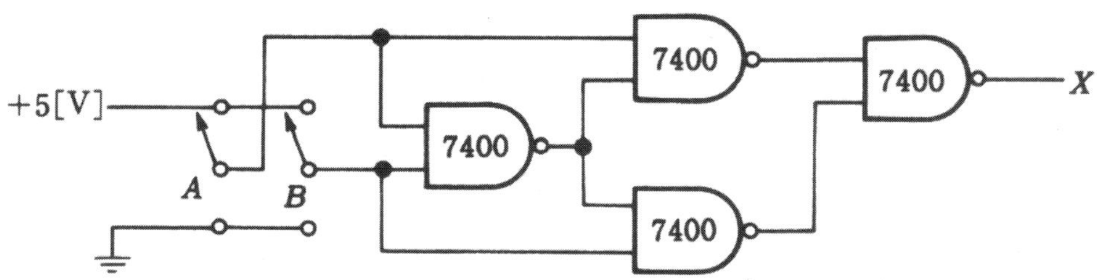

그림 5-5 NAND 게이트로 XOR 발생기 구현회로

표 5-4

A	*B*	*X*	*Y*
0	0		
0	1		
1	0		
1	1		

(4) 그림 5−6과 같은 회로를 결선하고 입력 *A*, *B*에 따른 출력 *Y*를 측정하여 표 5−4를 완성하여라.

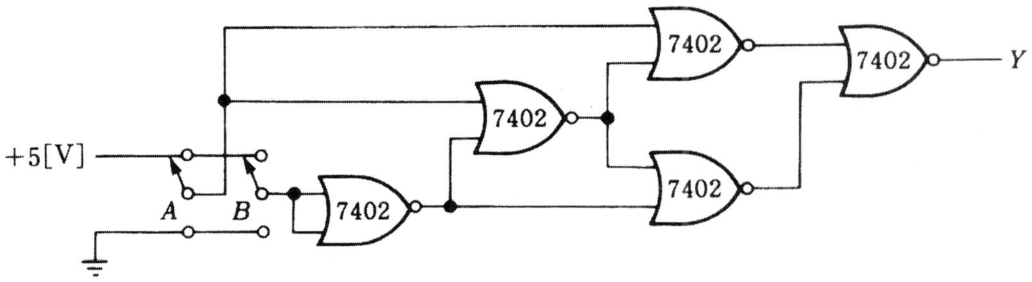

그림 5-6 NOR 게이트로 XOR 발생기 구현회로

(5) 그림 5−7의 XOR 게이트 응용회로를 결선하고 입력 A, *B*, *C*, *D*의 변화에 따른 출력 g_1, g_2, g_3, g_4를 측정하여 표 5−5를 완성하여라.

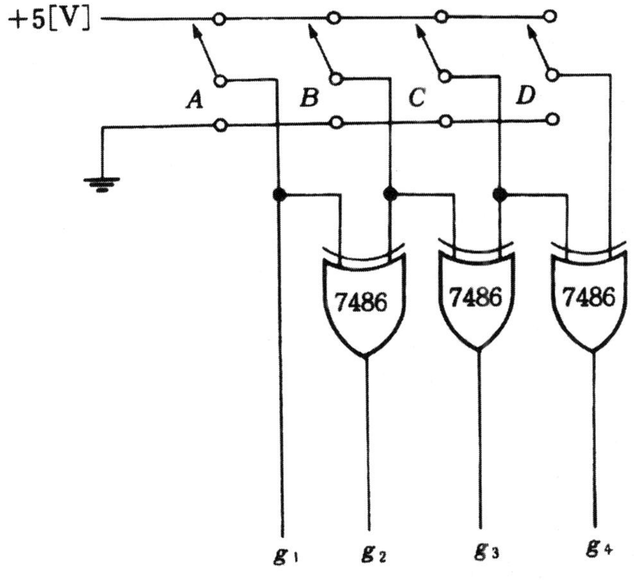

그림 5-7 XOR 게이트 응용회로

표 5-5

A	B	C	D	g_1	g_2	g_3	g_4
0	0	0	0				
0	0	0	1				
0	0	1	0				
0	0	1	1				
0	1	0	0				
0	1	0	1				
0	1	1	0				
0	1	1	1				
1	0	0	0				
1	0	0	1				
1	0	1	0				
1	0	1	1				
1	1	0	0				
1	1	0	1				
1	1	1	0				
1	1	1	1				

(6) 그림 5－8과 같은 XOR 응용회로를 결선하고 입력 g_1, g_2, g_3, g_4 에 따른 출력 A, B, C, D를 측정하여 표 5－6을 완성하여라. (단, 입력 g_1, g_2, g_3, g_4 에 따른 출력 D만을 X_i라고 한다).

표 5-6

g_1	g_2	g_3	g_4	A	B	C	D	X_i
0	0	0	0					X_0
0	0	0	1					X_1
0	0	1	0					X_2
0	0	1	1					X_3
0	1	0	0					X_4
0	1	0	1					X_5
0	1	1	0					X_6
0	1	1	1					X_7
1	0	0	0					X_8
1	0	0	1					X_9
1	0	1	0					X_{10}
1	0	1	1					X_{11}
1	1	0	0					X_{12}
1	1	0	1					X_{13}
1	1	1	0					X_{14}
1	1	1	1					X_{15}

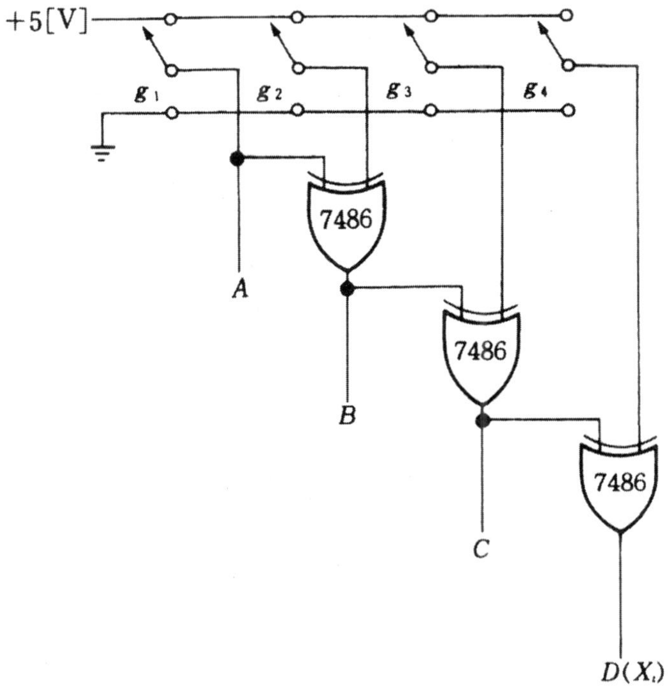

그림 5-8 XOR 게이트 응용회로

(7) 그림 5−9의 XOR 발생기 회로를 이용한 2진 비교기 회로를 결선하고 입력 A, B에 따른 출력 X, Y, Z를 측정하여 표 5−7을 완성하여라.

표 5-7

A	B	X	Y	Z
0	0			
0	1			
1	0			
1	1			

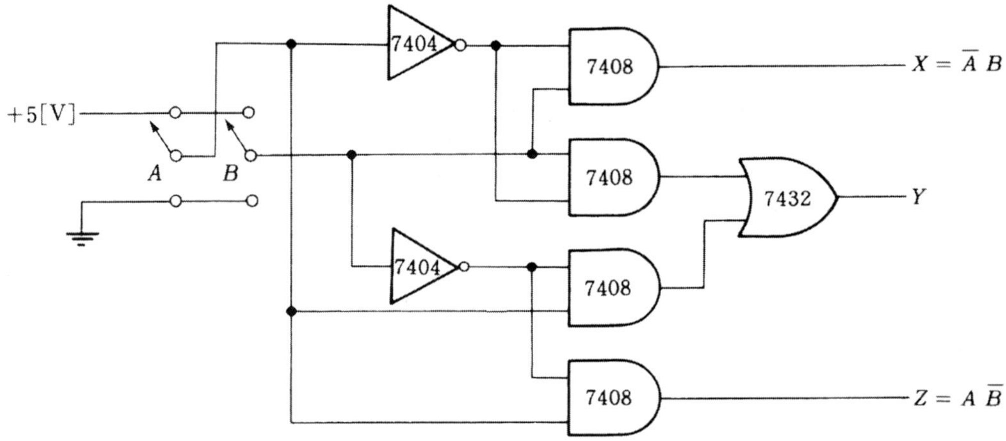

그림 5-9 2진 비교기(Binary Comparator)

5 실험 결과 검토

(1) 그림 5−3과 5−4의 실험 결과치 표 5−3에서 X 와 Y 값이 같은지 비교하여라.

(2) 그림 5−5와 5−6의 실험 결과치 표 5−4에서 X 와 Y 값이 같은지 비교하여라.

(3) 그림 5−7의 실험회로에서 얻어진 측정치 g_1, g_2, g_3, g_4 를 입력변수 A, B, C, D와 비교하여 변환기 명칭을 생각하여 보아라.

(4) 그림 5−8은 XOR 게이트를 이용한 응용회로이다. 입력 g_1, g_2, g_3, g_4 에 따른 출력을 A, B, C, D라고 할 때 입력 Code와 출력 Code를 비교하여라. 또 입력 g_1, g_2, g_3, g_4 에 따른 출력 X_i 라고 할 때 입출력값을 서로 비교 검토하여 보자.

(5) 그림 5−9의 2진 비교기 실험회로에서 A, B 두 입력값의 크기에 따라 출력값의 크기 X, Y, Z 를 서로 비교 검토하고, 또 Y 값에 따른 X 와 Z 값을 서로 비교하여라.

6 실험 결과 테스트

(1) 두 입력을 가진 XOR 게이트에서 출력이 1이 되기 위한 조건은?

(a) 두 입력 0일 때 (b) 두 입력이 1일 때
(c) 두 입력일 서로 반대일 때 (d) 두 입력이 서로 같을 때

(2) 두 입력을 가진 XOR로 NOT 게이트의 특성을 가지려면?

(a) 두 입력이 동시에 1이어야만 된다.
(b) 두 입력이 동시에 0이어야만 된다.
(c) 한 개의 입력은 필히 0으로 고정되어야 한다.
(d) 한 개의 입력은 필히 1로 고정되어야 한다.

(3) XOR 발생회로의 구현이 불가능한 것은?

(a) 기본 게이트들로 가능 (b) NAND 게이트들로만 가능
(c) NOR 게이트들로만 가능 (d) NOT 게이트들로만 가능

(4) 그림 5−7의 XOR 게이트를 이용한 응용 실험회로에서 얻어진 결과치, 즉 표 5−5는 입력을 A, B, C, D라고 할 때 출력 g_1, g_2, g_3, g_4 는 ( ) 변환회로이다.

(a) 2진코드 (b) 3초과코드
(c) 그레이코드 (d) 2*421코드

(5) 그림 5−8은 XOR 게이트를 이용한 응용회로이다. 이 실험회로에서 얻어진 결과치 즉 표 5−6에서 입력 g_1, g_2, g_3, g_4 에 따른 출력 A, B, C, D는 ( ) 변환회로이다.

(a) 2진코드 (b) 3초과코드
(c) 그레이코드 (d) 2*421코드

(6) 그림 5−8의 XOR 게이트 응용회로에서 실험결과값 표 5−6에서 입력 g_1, g_2, g_3, g_4 의 변화에 따른 출력값 X_i (D`)를 검토해 본 결과 ( )확인 회로임을 알 수 있다.

(a) 비교기 (b) 패러티(parity)
(c) 그레이코드 (d) 3초과코드

(7) 그림 5−9의 2진 비교기 실험회로에서 두 입력 A, B가 같으면 Y값은 ( )이고, 다르면 ( )이다. (단, 답은 순서대로 열거한다).

(a) 0, 1 (b) 1, 0 (c) 1, 1 (d) 0, 0

(8) 그림 5−9의 실험회로에서 측정된 결과치 표 5−7을 보면 두 입력 A, B가 서로 다르면 Y값은 ( )이고, 이 때 A가 B보다 크면 ( )가 1이 되고 B가 A보다 크면 ( )가 1이 된다.

(a) 0, Z, X (b) 0, X, Z (c) 1, X, Z (d) 1, Z, X

실험 6. 가산기와 감산기

1 목적

(1) 반 가산기와 전 가산기의 원리를 이해한다.
(2) 반 감산기와 전 감산기의 원리를 이해한다.
(3) 가산기와 감산기의 동작을 확인한다.
(4) 가산과 감산을 할 수 있는 회로를 설계하는 방법을 익힌다.

2 이론

(1) 반 가산기

2진수로 표시된 두 개의 수를 합해서 얻어진 가산기를 반 가산기라 한다. 이 때 두 개의 수 A, B를 합해서 나온 합(Sum)과 자리올림(Carry)이 발생한다. 이와 같은 진리를 만족하는 표는 표 6−1과 같다.

표 6−1 반 가산기 진리표

A	B	S	C
0	0	0	0
0	1	1	0
1	0	1	0
1	1	0	1

표 6−1의 진리표를 만족시키는 논리식은 식 (6−1), (6−2)와 같다.

$$S=A\overline{B}+\overline{A}B=(A+B)\,(\overline{A}+\overline{B})=A\oplus B \qquad (6-1)$$

$$C=A\cdot B \qquad (6-2)$$

이 논리식을 만족시키는 회로가 그림 6−1의 반 가산기 회로이며, 그림 6−2는 이 반 가산기의 기호를 나타내고 있다.

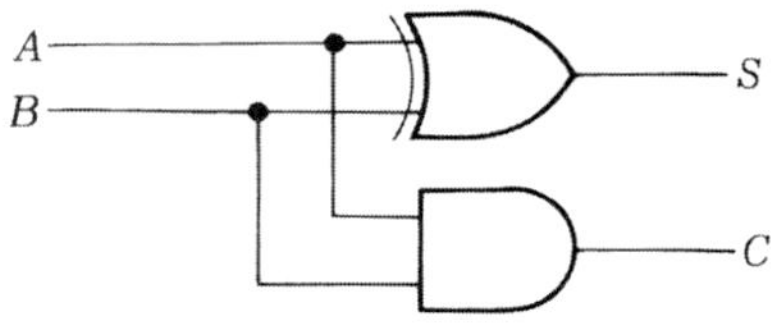

그림 6-1 반 가산기 회로

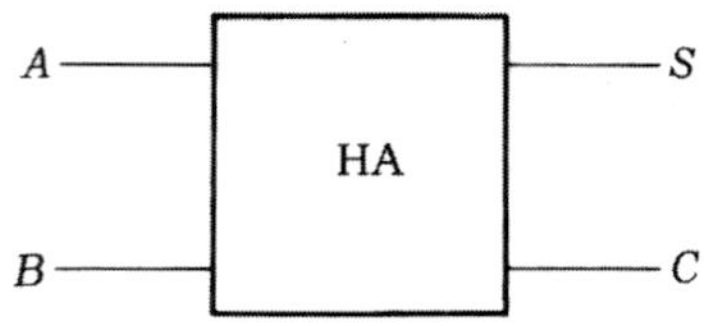

그림 6-2 반 가산기 기호

(2) 전 가산기

2진수로 표시한 2개의 수 이외에 아랫자리에서 발생한 자리올림까지도 합해 주도록하는 가산기를 전 가산기라 한다. 이것을 2진수와 변수로 가산하는 예를 (a), (b)에 보였으며 진리표는 표 6-2와 같다.

표 6-2 전 가산기의 진리표

A_n	B_n	C_{n-1}	S_n	C_n
0	0	0	0	0
0	0	1	1	0
0	1	0	1	0
0	1	1	0	1
1	0	0	1	0
1	0	1	0	1
1	1	0	0	1
1	1	1	1	1

1 ↖	1 ↖	1 ↖	
	1	0	1
+	1	1	1
	1	0	0

(a) 2진수 전 가산예

C_{n+1} ↖	C_n ↖	C_{n-1} ↖	
	A_{n+1}	A_n	A_{n-1}
+	B_{n+1}	B_n	B_{n-1}
	S_{n+1}	S_n	S_n

(b) 변수 전 가산예

전 가산기 진리표를 만족시키는 논리식을 유도해 보면 식 (6-3), (6-4)와 같다.

$$\begin{aligned}S_n &= \overline{A_n}\,\overline{B_n}C_{n-1}+\overline{A_n}B_n\overline{C_{n-1}}+A_n\overline{B_n}\,\overline{C_{n-1}}+A_nB_nC_{n-1}\\ &= \overline{A_n}(\overline{B_n}C_{n-1}+B_n\overline{C_{n-1}})+A_n(\overline{B_n}\,\overline{C_{n-1}}+B_nC_{n-1})\\ &= \overline{A_n}(B_n\oplus C_{n-1})+A_n(\overline{B_n\oplus C_{n-1}})\\ &= A_n\oplus B_n\oplus C_{n-1}\end{aligned} \qquad (6-3)$$

$$\begin{aligned}C_n &= \overline{A_n}B_nC_{n-1}+A_n\overline{B_n}C_{n-1}+A_nB_n\overline{C_{n-1}}+A_nB_nC_{n-1}\\ &= C_{n-1}(\overline{A_n}B_n+A_n\overline{B_n})+A_nB_n(\overline{C_{n-1}}+C_{n-1})\\ &= C_{n-1}(A_n\oplus B_n)+A_nB_n\end{aligned} \qquad (6-4)$$

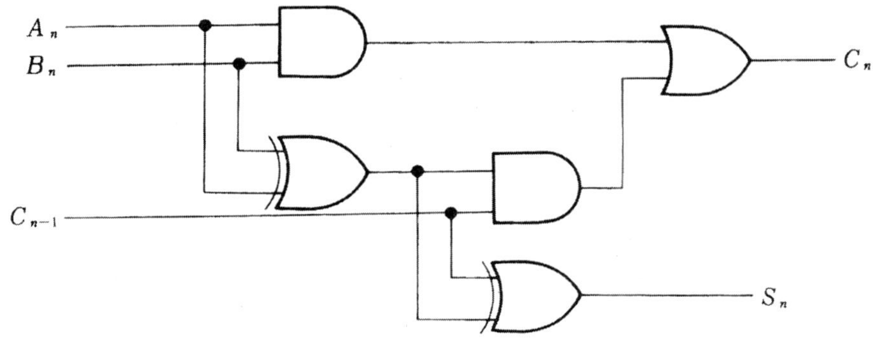

그림 6-3 전 가산기 회로

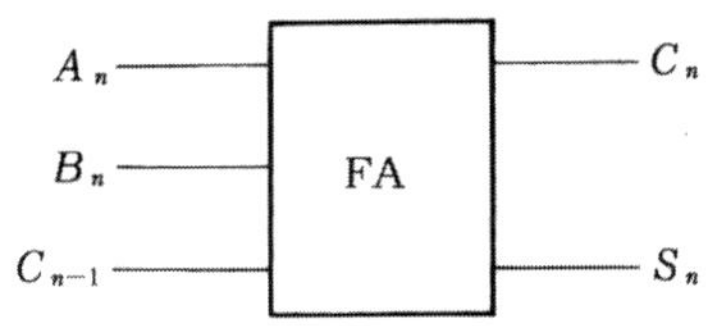

그림 6-4 전 가산기의 기호

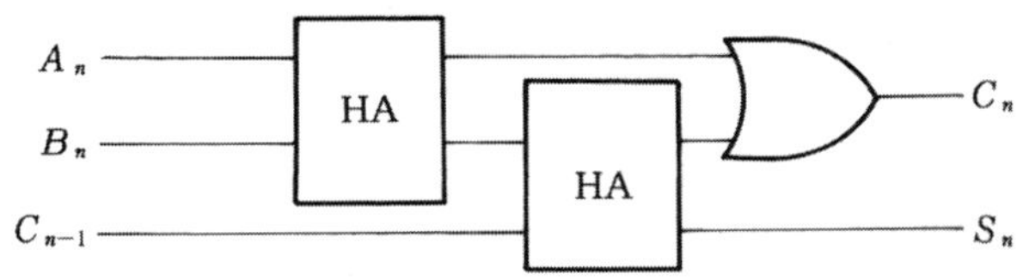

그림 6-5 전 가산기 Block Diagram기호

이 논리식을 만족시키는 회로가 그림 6－3의 전 가산기 회로이며, 그림 6－4는 전 가산기의기호이다.

한편 전 가산기를 반 가산기 2개와 OR 게이트로 Block Diagram을 그리면 그림 6－5와 같다.

(3) 반 감산기

2진수로 표시된 두 개의 수의 차로 얻어진 감산기를 반 감산기라 한다. 이 때 두 개의 수 A, B의 감산에 의하여 얻어진 차(difference)와 자리내림(borrow)이 발생한다. 이와 같은 진리를 만족하는 표는 표 6－3과 같다.

표 6-3 반 감산기 진리표

A	B	d	b
0	0	0	0
0	1	1	1
1	0	1	0
1	1	0	0

표 6−3의 반 감산기의 진리표를 만족시키는 논리식은 식 (6−5), (6−6)과 같다.

$$d=\overline{A}B+A\overline{B}=(A+B)(\overline{A}+\overline{B})=A\oplus B \tag{6-5}$$

$$b=\overline{A}\cdot B \tag{6-6}$$

이 논리식을 만족시키는 회로가 그림 6−6의 반 감산기 회로이며, 그림 6−7은 반 감산기의 기호를 나타내고 있다.

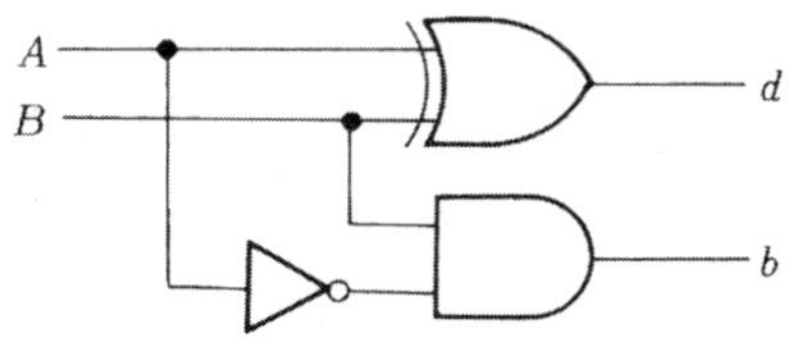

그림 6-6 반 감산기 회로

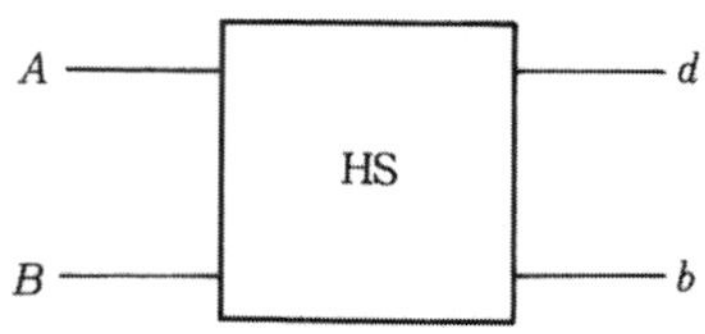

그림 6-7 반 감산기 기호

(4) 전 감산기

2진수로 표시한 2개의 수 이외에 자리내림으로 발생한 수까지 합쳐 감산하는 감산기를 전 감산기라 한다. 이것을 2진수와 변수로 감산하는 예를 들어 (c), (d)에 보였으며 그 진리표는 표 6−4와 같다.

표 6-4 전 감산기의 진리표

A_n	B_n	b_{n-1}	d_n	b_n
0	0	0	0	0
0	0	1	1	1
0	1	0	1	1
0	1	1	0	1
1	0	0	1	0
1	0	1	0	0
1	1	0	0	0
1	1	1	1	1

$$\begin{array}{cccc} & 0 & 1 & 1 \\ & 1 & 0 & 0 \\ - & 0 & 1 & 1 \\ \hline & 0 & 0 & 1 \end{array}$$

(c) 2진수 전 감산 예

$$\begin{array}{cccc} & b_{n+1} & b_n & b_{n-1} \\ & A_{n+1} & A_n & A_{n-1} \\ - & B_{n+1} & B_n & B_{n-1} \\ \hline & d_{n+1} & d_n & d_{n-1} \end{array}$$

(d) 변수 전 감산 예

전 감산기 진리표를 만족시키는 논리식을 유도해 보면 식 (6−7), (6−8)과 같다.

$$
\begin{aligned}
d_n &= \overline{A_n}\,\overline{B_n}\,b_{n-1} + \overline{A_n}B_n\,\overline{b_{n-1}} + A_n\,\overline{B_n}\,\overline{b_{n-1}} + A_nB_n\,b_{n-1} \\
&= \overline{A_n}\,(\overline{B_n}\,b_{n-1} + B_n\overline{b_{n-1}}) + A_n(\overline{B_n}\,\overline{b_{n-1}}) + (B_n\,b_{n-1}) \\
&= \overline{A_n}\,(B_n \oplus b_{n-1}) + A_n(\overline{B_n \oplus b_{n-1}}) \\
&= A_n \oplus B_n \oplus b_{n-1} \qquad (6-7) \\
b_n &= \overline{A_n}\,\overline{B_n}\,b_{n-1} + \overline{A_n}B_n\overline{b_{n-1}} + \overline{A_n}B_n\,b_{n-1} + A_nB_n\,b_{n-1} \\
&= \overline{A_n}B_n(\overline{b_{n-1}} + b_{n-1}) + b_{n-1}(\overline{A_n}\,\overline{B_n} + A_nB_n) \\
&= \overline{A_n}B_n + b_{n-1}(\overline{A_n \oplus B_n}) \qquad (6-8)
\end{aligned}
$$

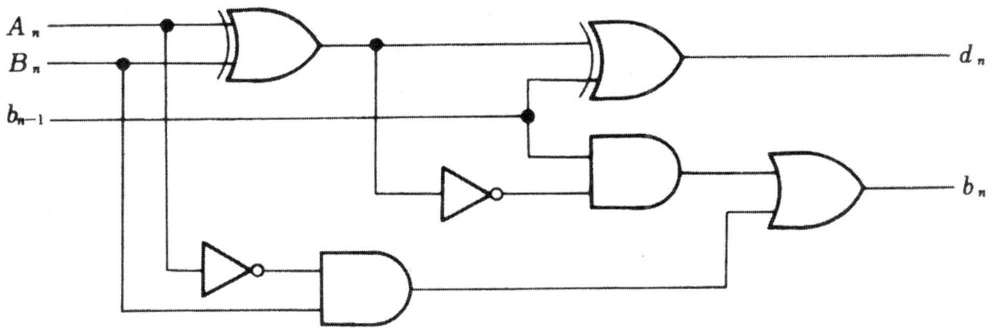

그림 6-8 전 감산기 회로

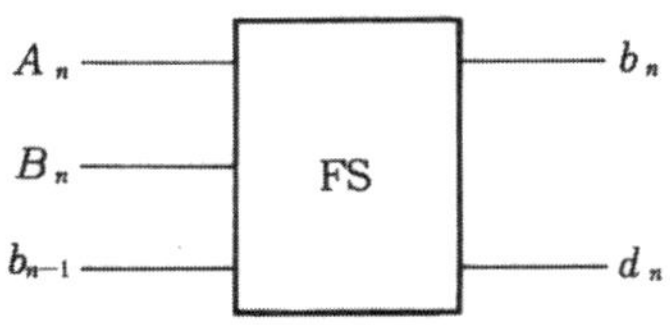

그림 6-9 전 감산기 기호

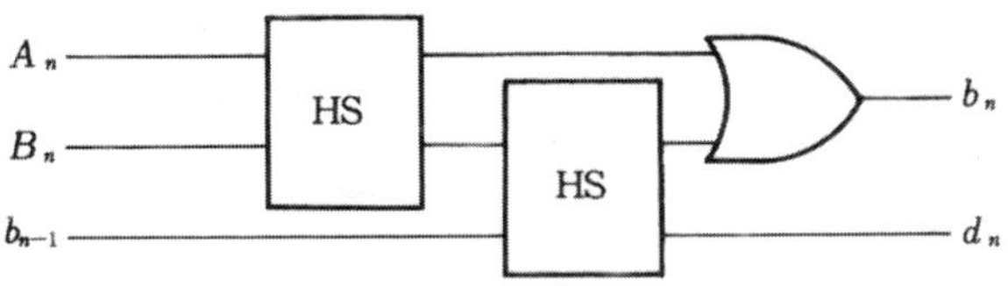

그림 6-10 전 감산기 Block Diagram

이 논리식을 만족시키는 회로가 그림 6−8의 전 감산기 회로이며, 그림 6−9는 전 감산기의 기호이다.

한편 전 감산기를 반 감산기 2개와 OR 게이트 Block Diagram을 그리면 그림 6−10과 같다.

3 사용기기 및 부품

디지털 실험장치

직류전원 공급장치

회로시험기

오실로스코프

TTL 7400(quad 2−input NAND Gate)

TTL 7404(Hex inverter)

TTL 7408(quad 2−input AND Gate)

TTL 7432(quad 2−input OR Gate)

TTL 7486(quad 2−input XOR Gate)

4 실험

(1) 그림 6−11과 같은 회로를 결선하고 입력 *A*, *B*에 따른 출력 *S*와 *C*를 측정하여 표 6−5를 완성하여라.

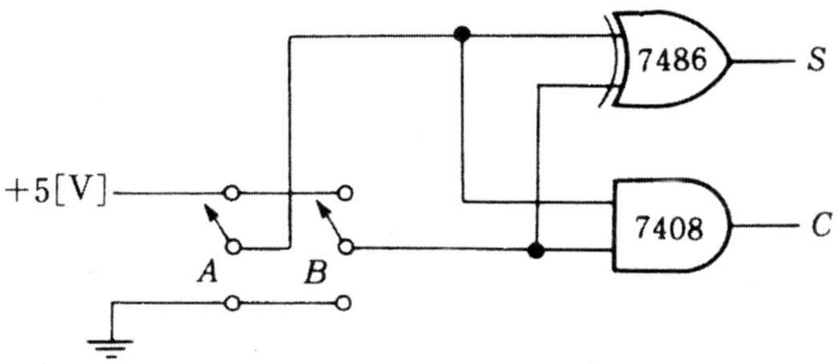

그림 6−11 반 가산기 회로

표 6−5

A	*B*	*S*	*C*
0	0		
0	1		
1	0		
1	1		

(2) 그림 6−12와 같은 회로를 결선하고 입력변화에 따른 출력 S_n과 C_n을 측정하여 표 6−6을 완성하여라.

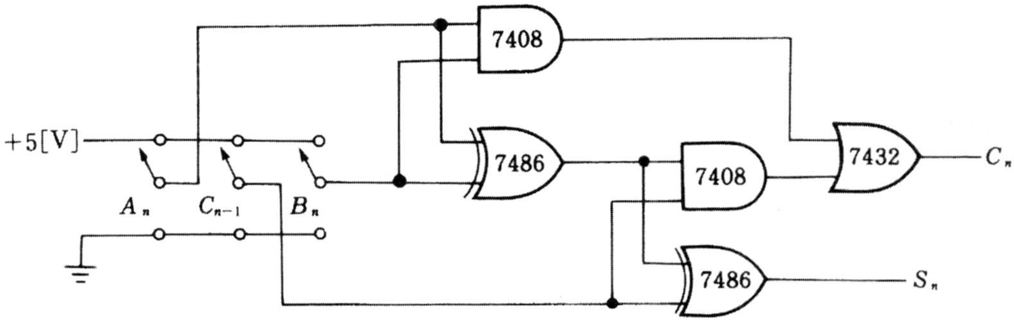

그림 6-12 전 가산기 회로

표 6-6

A_n	B_n	C_{n-1}	S_n	C_n
1	1	1		
1	1	0		
1	0	1		
1	0	0		
0	1	1		
0	1	0		
0	0	1		
0	0	0		

(3) 그림 6−13과 같은 회로를 결선하고 입력 A, B에 따른 출력 d와 b를 측정하여 표 6−7을 완성하여라.

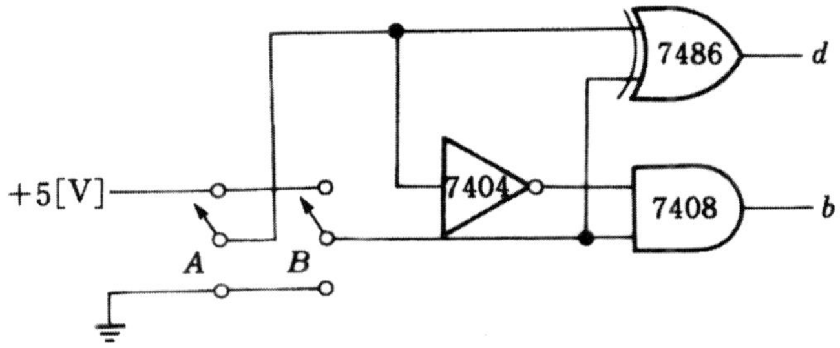

그림 6-13 반 감산기 회로

표 6-7

A	B	d	b
1	1		
1	0		
0	1		
0	0		

(4) 그림 6−14와 같은 회로를 결선하고 입력변화에 따른 출력 d_n과 b_n을 측정하여 표 6−8을 완성하여라.

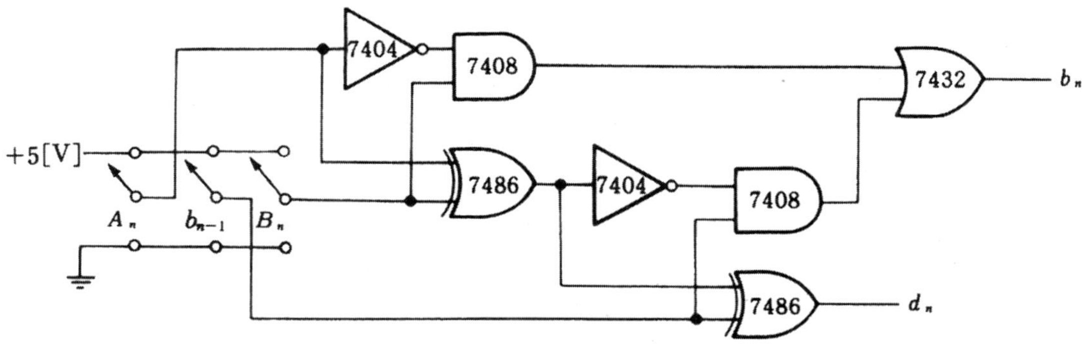

그림 6-14 전 감산기 회로

표 6-8

A_{n-}	B_n	b_{n-1}	b_n	d_n
1	1	1		
1	1	0		
1	0	1		
1	0	0		
0	1	1		
0	1	0		
0	0	1		
0	0	0		

(5) 그림 6−15와 같은 2−bit 병렬 2진 가산기 회로를 결선하고 입력변화에 따른 출력 S_0, S_1 및 C_1을 측정하여 표 6−9를 완성하여라.

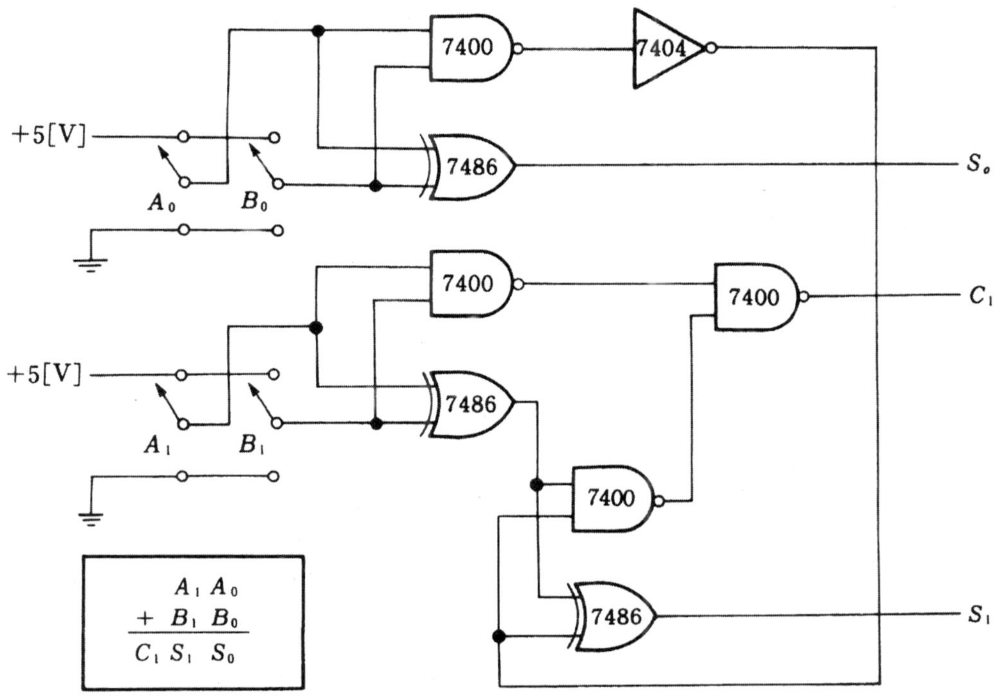

그림 6−15 2−bit 병렬 2진 가산기 회로

표 6-9

A_1	A_0	B_1	B_0	S_0	S_1	C_1
0	0	0	0			
0	0	0	1			
0	0	1	0			
0	0	1	1			
0	1	0	0			
0	1	0	1			
0	1	1	0			
0	1	1	1			
1	0	0	0			
1	0	0	1			
1	0	1	0			
1	0	1	1			
1	1	0	0			
1	1	0	1			
1	1	1	0			
1	1	1	1			

(6) 그림 6−16은 2의 보수를 이용한 2진 4−bit 전 감산기와 전 가산기를 나타내었다. 회로를 결선하고 A_0, A_1, A_2, A_3 와 B_0, B_1, B_2, B_3 의 변화에 따른 전 가산기 출력 S_3, S_2, S_1, S_0 및 C_4 와 전 감산기 출력 d_3, d_2, d_1, d_0 및 b_4 를 측정하여 표 6−10과 표 6−11을 완성하여라. (단, 감산기 때는 $S_3 = d_3$, $S_2 = d_2$, $S_1 = d_1$, $S_0 = d_0$, $C_4 = b_4$ 이때 C_4 의 다이오드 접속 방향을 반대로 해야 한다).

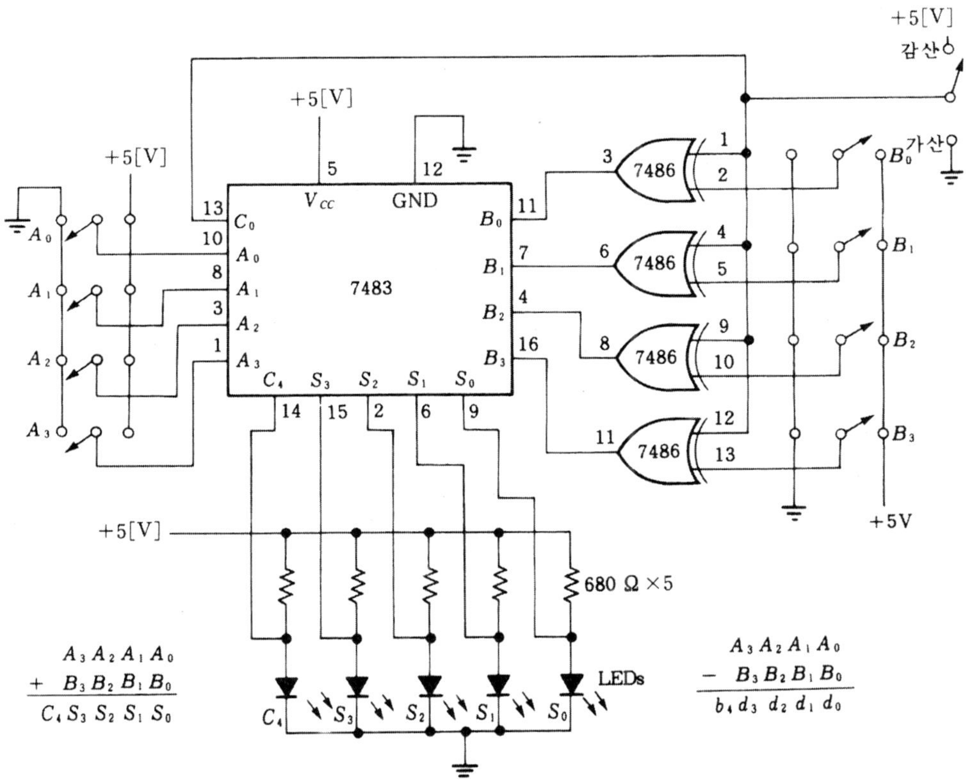

그림 6-16 2의 보수를 이용한 2진 4-bit 전 감산기와 전 가산기

표 6-10 전 가산기표

A_3	A_2	A_1	A_0	B_3	B_2	B_1	B_0	S_3	S_2	S_1	S_0	C_4
1	1	1	1	0	0	0	1					
1	1	1	0	0	0	1	0					
1	1	0	1	0	1	0	1					
1	0	1	1	0	1	1	0					
1	0	1	0	0	1	1	1					
1	0	0	1	1	0	0	1					
0	1	1	1	0	1	1	0					
0	1	0	1	0	0	1	1					

표 6-11 전 감산기

A_3	A_2	A_1	A_0	B_3	B_2	B_1	B_0	d_3	d_2	d_1	d_1	b_4
1	0	1	0	0	1	0	1					
1	0	1	1	0	1	1	0					
1	1	0	0	0	1	1	1					
1	1	1	0	0	1	1	0					
1	1	1	1	1	1	1	1					
0	1	0	1	1	0	1	0					
0	1	1	0	1	0	1	0					
0	1	1	1	1	0	1	0					

5 실험 결과 검토

(1) 그림 6−11의 반 가산기 실험회로에서 입력 A, B의 변화에 따른 출력값 S와 C를 측정한 표 6−5가 이론치 표 6−1과 같은지 확인하여 보자.

(2) 그림 6−12의 전 가산기 실험회로에서 입력변화에 따른 출력값의 측정치 S_n과 C_n을 나타낸 표 6−6을 이론치인 표 6−2와 비교 검토해 보자.

(3) 그림 6−13의 반 가산기 실험회로에서 실험 결과치 표 6−7과 이론치 표 6−4를 비교하여 보자.

(4) 그림 6−14의 전 감산기 실험회로에서 실험 결과치 표 6−8과 이론치 표 6−4를 비교 검토해 보자.

(5) 그림 6−15의 2−bit 병렬 가산기 실험회로에서 표 6−9의 측정치 S_0가 A_0와 B_0에 의한 반 가산기에서 얻어진 이론치와 같은지 확인하여 보자.

(6) 그림 6−15의 2−bit 병렬 가산기 실험회로에서 얻어진 출력값 표 6−9의 측정치 S_1과 C_1이 전 가산기에서 얻어진 이론치와 같은지 확인하여 보자.

(7) 그림 6−15의 2−bit 병렬 가산기 회로는 그림 6−11의 반 가산기 회로와 그림 6−12의 전 가산기 회로의 결합회로이다. 병렬 가산기 회로로써 가능함을 논리적으로 검토하여 보자.

(8) 그림 6−16의 2의 보수를 이용한 2진 4−bit 전 가산기와 전 감산기 회로에서 실험한 결과치 표 6−10과 표 6−11을 이론치인 표 6−6과 표 6−8에서 비교 검토하여 보자.

6 실험 결과 테스트

(1) 반 가산기에서 덧셈을 할 때 아랫자리에서 발생한 carry를 고려해야 한다.

(a) 사실이다. (b) 사실이 아니다.
(c) 사실일 수도 있고 아닐 수도 있다.

(2) 반 감산기에 의한 전 감산기의 구성은?

(a) 반 감산기 1개와 OR 게이트 2개로 (b) 반 감산기 2개와 AND 게이트 1개로
(c) 반 감산기 2개와 OR 게이트 1개로 (d) 반 감산기 1개와 AND 게이트 2개로

(3) 그림 6－12의 전 가산기 실험회로에서 얻어진 전 가산기의 합 S_n의 측정값 표 6－6을 이용하여 카르노도법으로 S_n의 논리식을 구하면?

(a) $S_n = \overline{A_n \oplus B_n} \oplus C_{n-1}$
(b) $S_n = A_n \oplus \overline{B_n \oplus b_{n-1}}$
(c) $S_n = A_n \oplus B_n \oplus b_{n-1}$
(d) $S_n = A_n + B_n + C_{n-1}$

(4) 그림 6－12의 전 가산기 실험회로에서 얻어진 전 가산기의 carry C_n의 논리식을 구하면?

(a) $C_n = A_n B_n + C_{n-1}(A_n \oplus B_n)$
(b) $C_n = \overline{A_n} B_n + C_{n-1}(\overline{A_n \oplus B_n})$
(c) $C_n = \overline{A_n} B_n + C_{n-1}(A_n \oplus B_n)$
(d) $C_n = A_l \overline{B_n} + C_{n-1}(\overline{A_n \oplus B_n})$

(5) 그림 6－14의 전 감산기 실험회로에서 얻어진 전 감산기의 차 d_n과 자리내림 b_n을 측정값 표 6－8을 이용하여 카르노도법으로 d_n과 b_n의 논리식을 구하면?

(a) $d_n = A_n \oplus B_n \oplus C_{n-1}$, $b_n = A_n B_n + C_{n-1}(A_n \oplus B_n)$
(b) $d_n = A_n \oplus B_n \oplus C_{n-1}$, $b_n = \overline{A_n} B_n + C_{n-1}(\overline{A_n \oplus B_n})$
(c) $d_n = \overline{A_n \oplus B_n} \oplus C_{n-1}$, $b_n = A_n B_n + C_{n-1}(A_n \oplus B_n)$
(d) $d_n = A_n \oplus B_n \oplus C_{n-1}$, $b_n = A_n \overline{B_n} + \overline{C_{n-1}}(A_n \oplus B_n)$

실험 7. 디코더와 인코더

1 목 적

(1) 디코더와 인코더의 동작 원리를 이해한다.

(2) 디코더와 인코더의 특성을 확인하고 부호 변환기의 동작을 살펴본다.

(3) 디코더와 인코더의 구성방법을 익혀 각종 코드를 만들 수 있는 능력을 키운다.

(4) 7−Segment의 원리와 숫자 표시기의 사용방법을 익힌다.

2 이 론

(1) 디코더

디코더란 2진 부호와 같은 BCD 코드를 부호가 없는 형태로 바꾸는 변환회로를 말한다. 흔히 사용되는 예로서 계산기에서 연산회로로부터 얻은 BCD 코드를 다이오드를 이용하여 10개의 수치를 나타내는 표시기로 나타내는 장치를 들 수 있다.

디코더는 n개의 2진 정보를 2개의 서로 다른 정보로 바꾸는 조합회로이다. 입력 3개에서 출력 8개가 나오면 3×8 디코더라 하며, 최대 2^n 개의 출력항인 최소항(minterm)을 만들 수가 있으며, 표 7−1과 같이 A_n, B_n, C_{n-1}의 3개의 입력과 S_n의 경우 4개, C_n의 경우 4개를 합하면 8개의 최소항을 얻을 수 있어 3×8 디코더의 전 가산기를 설계하게 된다.

표 7−1 전 가산기 진리표

10진수	A_n	B_n	C_{n-1}	S_n	C_n
0	0	0	0	0	0
1	0	0	1	①	0
2	0	1	0	①	0
3	0	1	1	0	①
4	1	0	0	①	0
5	1	0	1	0	①
6	1	1	0	0	①
7	1	1	1	①	①

$$S_n(A_n, B_n, C_{n-1}) = \sum(1, 2, 4, 7)$$

$$C_n(A_n, B_n, C_{n-1}) = \sum(3, 5, 6, 7)$$

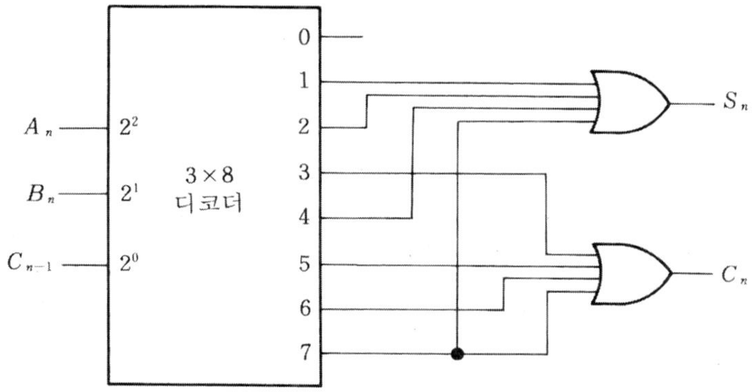

그림 7-1 3×8 전 가산기 디코더

이러한 3×8 전 가산기 디코더는 그림 7−1과 같다.

그림 7−2는 가장 간단한 2×4 디코더 회로이며, 입력 *A*, *B*의 결합에 의하여 나타낼 수 있는 출력은 표 7−2에 표시되고 있다.

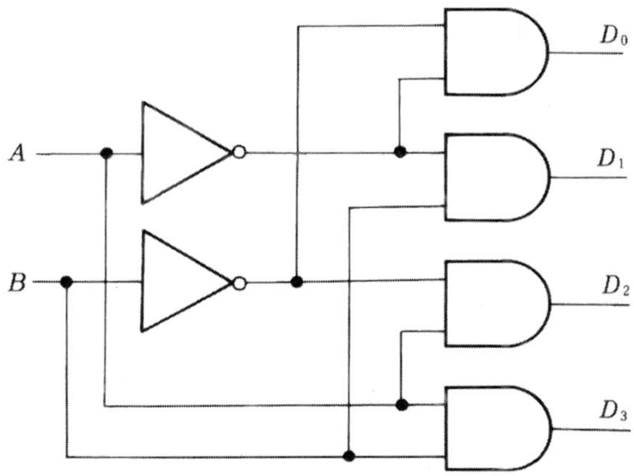

그림 7-2 2×4 디코더

표 7-2

A	B	D_0	D_1	D_2	D_3
0	0	1	0	0	0
0	1	0	1	0	0
1	0	0	0	1	0
1	1	0	0	0	1

(2) 인코더

인코더는 부호화되지 않은 입력을 받아서 부호화된 출력으로 내보내는 디코더와 상반된 역할을 하는 변환기 회로이다.

인코더의 간단한 예로는 4×2 인코더로 그림 7−3과 같으며, 진리표는 표 7−3과 같다.

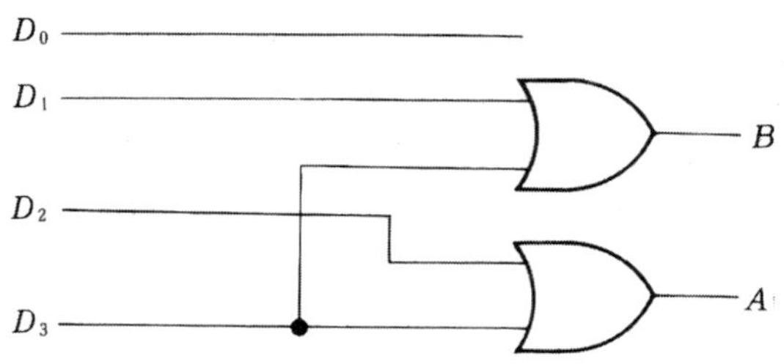

그림 7-3 4×2 인코더

표 7-3

D_0	D_1	D_2	D_3	A	B
1	0	0	0	0	0
0	1	0	0	0	1
0	0	1	0	1	0
0	0	0	1	1	1

(3) 십진수의 표시

10진수 표시를 위한 대표적인 것이 BCD−to−7 Segment 디코더이다. 이것은 BCD로 나타내는 숫자신호를 7−Segment로 디코딩시킨 후 이를 해당 발광소자(LED)에 연결하여 10진수가 표시되도록 하는 장치이다.

7−Segment의 등가회로 및 표시방법을 그림 7−4에 나타내고 있다.

그림 7−4(a) 7−Segment의 형태를 참고로 하여 BCD 코드를 10진수로 변환시키는 진리표를 나타내면 표 7−4와 같다.

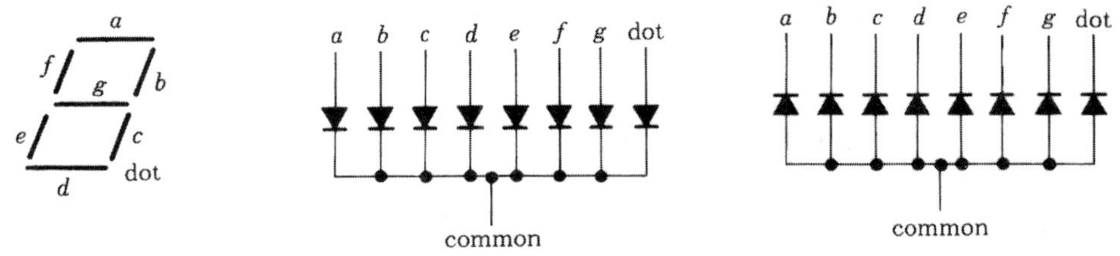

(a) 7-Segment의 형태 (b) common cathode 접속 (c) common anode 접속

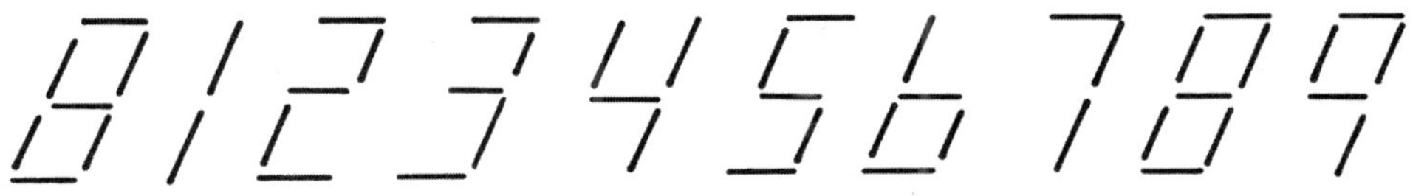

(d) 10진수의 표시방법

그림 7-4 7-Segment의 등가회로 및 표시방법

표 7-4 BCD to 7-Segment 진리표

10 진수	입력(BCD 코드)				출력(7-Segment)						
	A	*B*	*C*	*D*	*a*	*b*	*c*	*d*	*e*	*f*	*g*
0	0	0	0	0	1	1	1	1	1	1	0
1	0	0	0	1	0	1	1	0	0	0	0
2	0	0	1	0	1	1	0	1	1	0	1
3	0	0	1	1	1	1	1	1	0	0	1
4	0	1	0	0	0	1	1	0	0	1	1
5	0	1	0	1	1	0	1	1	0	1	1
6	0	1	1	0	0	0	1	1	1	1	1
7	0	1	1	1	1	1	1	0	0	0	0
8	1	0	0	0	1	1	1	1	1	1	1
9	1	0	0	1	1	1	1	0	0	1	1

이와 같은 진리표를 이용하여 카르나도(Karnaugh Map)법에 의한 출력 a, b, c, d, e, f, g를 집적회로를 구성하여 표시할 수도 있고, TTL 7447을 사용하여 BCD 입력을 출력(a, b, c, d, e, f, g)으로 뽑아 7−Segment에 연결할 수도 있는데 이와 같이 조합회로가 집적되어 하나의 소자가 감당하는 것을 MSI라고 한다.

카르나도법에 의하여 BCD 입력을 7−Segment 중 a와 b만 출력으로 나타내면 다음과 같다.

a;

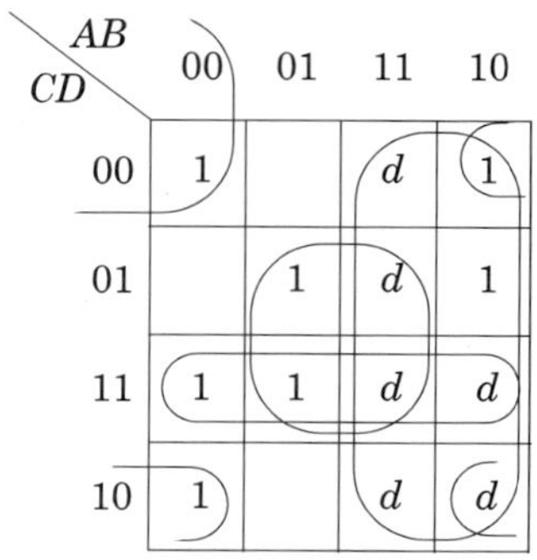

$a=A+BD+\overline{BD}+CD$

b;

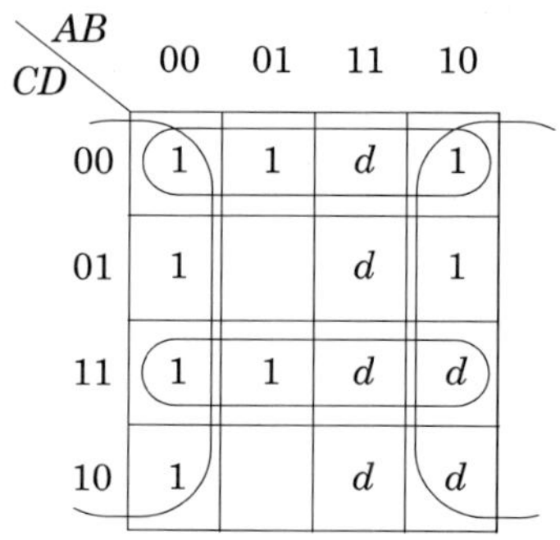

$b=\overline{B}+CD+\overline{C}\,\overline{D}$

이렇게 하여 출력 a, b, c, d, e, f, g를 A, B, C, D로 나타내면 조합회로가 된다.

7−Segment에 사용되는 LED는 저항을 직렬로 연결하여 전류를 흘려주면 발광한다. 시판되는 LED 수치표시기에는 그림 7−4(b)와 같이 Common Cathode(K형)를 공동으로 하여 GND에 연결하고 ON 시키고자 하는 편에 "1"을, 그 외에 "0"을 걸어 주고, 그림 7−4(c)와 같이 Common Ande(A형)를 공동으로 하여 V_{CC}에 연결하고 ON 시키고자 하는 편에 "0"(즉 GND)을, 그외에는 "1"(V_{CC})을 걸어 주도록 되어 있다.

LTS 542는 A형, LTS 543은 K형이다. 또 BCD to 7−Segment 중에서 7446, 7447은 A형을 위한 것이고, 7448, 7449는 K형을 위한 것이다.

3 사용기기 및 부품

디지털 실험장치

직류전원 공급장치

회로시험기

오실로스코프

싱글펄스 발생기

TTL 7404(Hex inverter)

TTL 7408(quad 2−inout AND Gate)

TTL 7410(3−input NAND)

TTL 7421(4−inout AND)

TTL 7425(4−input NOR)

TTL 7432(quad 2−input OR Gate)

TTL 7447(BCE to 7−Segment decoder)

TTL 7490(decade counter)

수치 표시기(Numeric Display with Socket)LTS 542(or 다른 common Anode형)

저항 680[Ω] (7개) 1/4W

4 실험

(1) 그림 7−5와 같은 회로를 결선하고 입력 *A*, *B*에 따른 출력 *D*를 측정하여 표 7−5를 완성하여라.

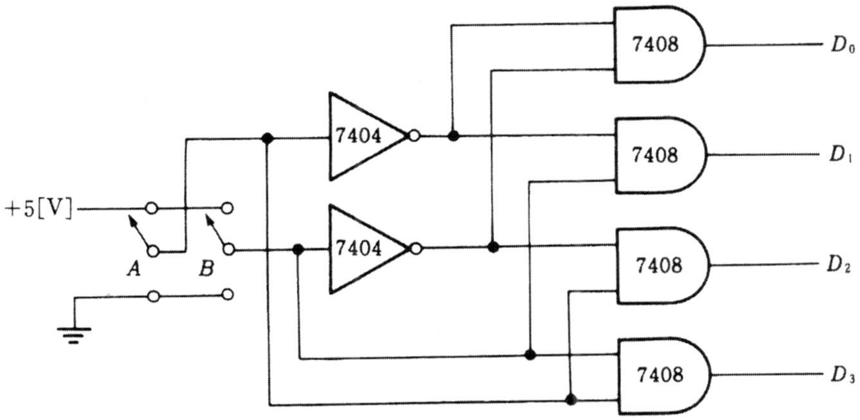

그림 7-5 2×4 디코더(decoder) 회로

표 7-5

A	B	D_0	D_1	D_2	D_3
0	0				
0	1				
1	0				
1	1				

(2) 그림 7-6의 BCD to Decimal Decoder 회로를 결선하고 입력 A, B, C, D의 변화에 따른 출력 D를 측정하여 표 7-6을 완성하여라.

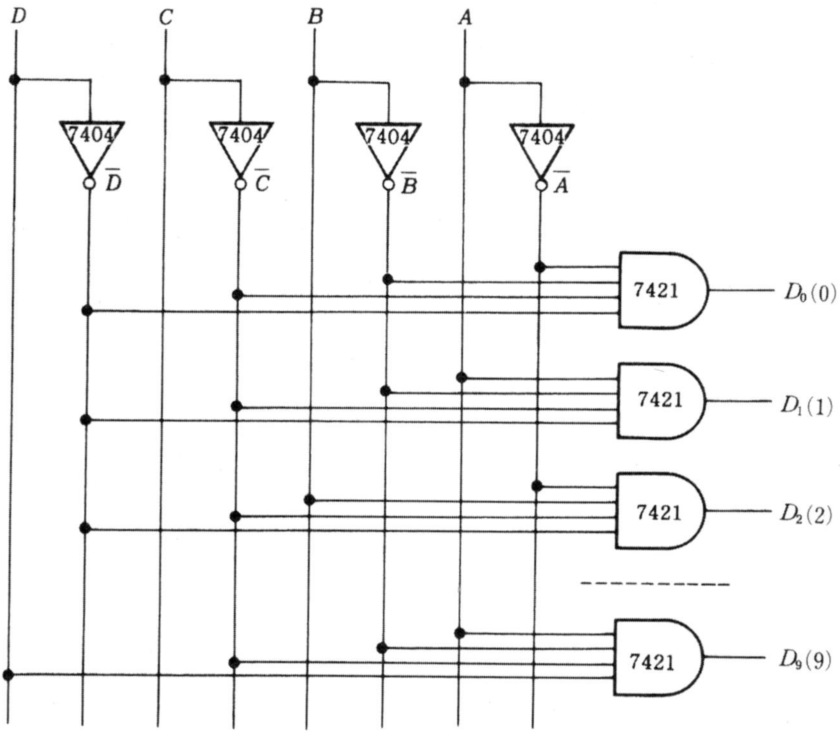

그림 7-6 BCD to Decimal Decoder 회로

표 7-6

D	C	B	A	D_0	D_1	D_2	D_3	D_4	D_5	D_6	D_7	D_8	D_9
0	0	0	0										
0	0	0	1										
0	0	1	0										
0	0	1	1										
0	1	0	0										
0	1	0	1										
0	1	1	0										
0	1	1	1										
1	0	0	0										
1	0	0	1										

(3) 그림 7−7과 같은 회로를 결선하고 입력변화에 따른 출력 A, B를 측정하여 표 7−7을 완성하여라.

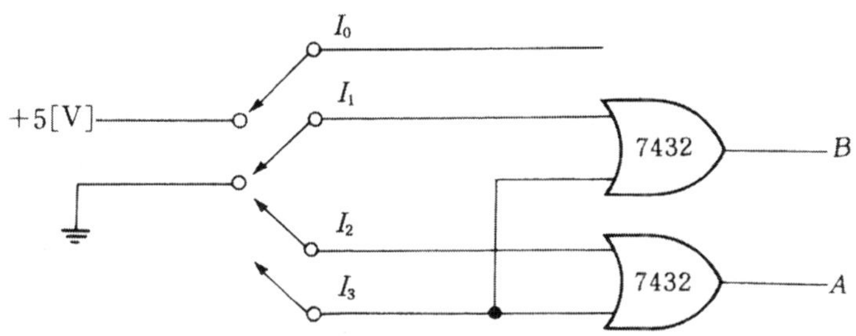

그림 7-7 4×2 인코더(Encoder)

표 7-7

I_0	I_1	I_2	I_3	A	B
1	0	0	0		
0	1	0	0		
0	0	1	0		
0	0	0	1		

(4) 그림 7−8과 같은 회로를 결선하고 표 7−8과 같은 입력변화에 따른 출력 A, B, C, D를 측

정하여 표를 완성하여라.

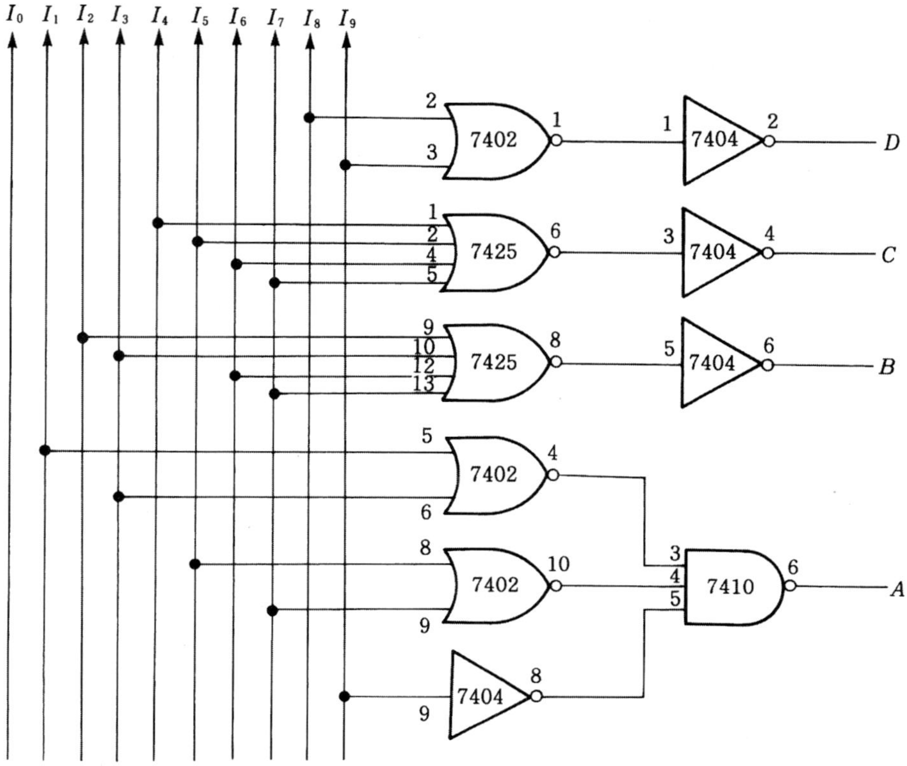

그림 7-8 2진 변환 인코더 회로

표 7-8

I_0	I_1	I_2	I_3	I_4	I_5	I_6	I_7	I_8	I_9	D	C	B	A
1	0	0	0	0	0	0	0	0	0				
0	1	0	0	0	0	0	0	0	0				
0	0	1	0	0	0	0	0	0	0				
0	0	0	1	0	0	0	0	0	0				
0	0	0	0	1	0	0	0	0	0				
0	0	0	0	0	1	0	0	0	0				
0	0	0	0	0	0	1	0	0	0				
0	0	0	0	0	0	0	1	0	0				
0	0	0	0	0	0	0	0	1	0				
0	0	0	0	0	0	0	0	0	1				

(5) 그림 7−9와 같은 회로를 결선하고 입력 A, B에 따른 출력 D와 D를 입력으로 하는 출력 A, B를 측정하여 표 7−9를 완성하여라.

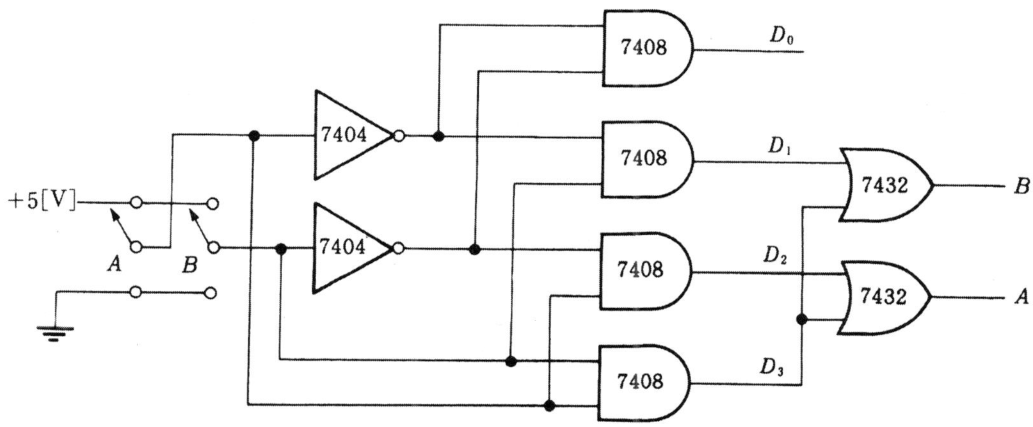

그림 7-9 디코더와 인코더 결합회로

표 7-9

A	B	D_0	D_1	D_2	D_3	A	B
0	0						
0	1						
1	0						
1	1						

(6) 그림 7−10과 같은 회로를 결선하고 clock pulse에 의한 출력 7−Segment a ~ g까지를 표 7−10에 표시하여 완성하여라.

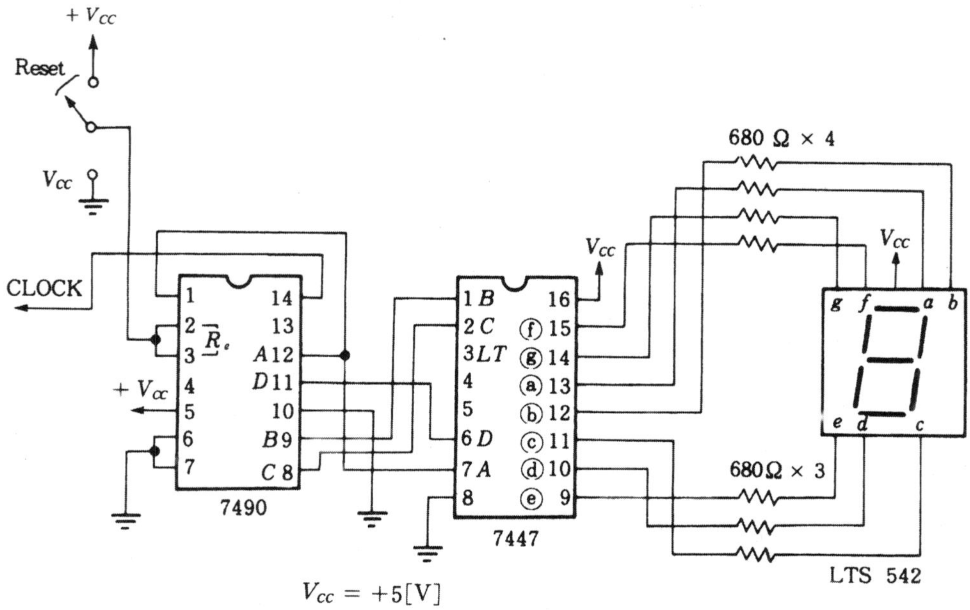

그림 7-10 7-Segment

표 7-10

clock pulse	(13) a	(12) b	(11) c	(10) d	(9) e	(15) f	(14) g
0							
1							
2							
3							
4							
5							
6							
7							
8							
9							

* ( )의 숫자는 7447 A형을 위한 BCD to 7-Segment pin 번호임

5 실험 결과 검토

(1) 그림 7－5의 2×4 디코더 회로에 실험한 결과치 표 7－5가 이론치 표 7－2와 같은지 확인하여 보자.

(2) 그림 7－6의 BCD to Decimal Decoder 실험회로에서 10진 Decoding이 가능한지 회로를 검토하고 그 결과치 표 7－6에서 확인하여 보자.

(3) 그림 7－7의 4×2인 인코더 회로를 결선하여 실험한 결과치 표 7－7이 이론치인 표 7－3과 같은지 확인하여 보자.

(4) 그림 7－8의 2진 변환 인코더 실험회로에서 2진 변환 Encoding이 가능한지 회로를 검토하고 그 결과치 표 7－8에서 확인하여 보자.

(5) 그림 7－9의 디코더와 인코더를 결합시킨 실험회로에서 회로의 동작원리를 검토하고 표 7－9에서 처음 디코딩시키고 다음 인코딩시킨 결과가 일치하는지 확인하여 보자.

(6) 그림 7－10에서 7490 십진 카운터와 7447 BCD to 7－Segment Decoder의 동작상태를 검토하고 특히 7447 Decoder와 LTS 542 Common Anode 접속형 수치표시기의 접속관계를 검토하여 실험 결과치 표 7－10에서 확인하여 보자.

6 실험 결과 테스트

(1) 수치표시기(Numeric Display)란 ____ 를 ____ 로 _____ 변환된 수치로 나타내는 표시기이다.

(a) BCD, decimal number, encoding (b) BCD, decimal number, decoding
(c) decimal number, BCD, encoding (d) decimal number, BCD, decoding

(2) 디코더란 2진 부호와 같은 ____ 코드를 ___ 가 없는 형태로 바꾸는 변환회로이다.

(a) 부호, BCD (b) Excess－3－, 부호
(c) 8421, 숫자 (d) BCD, 부호

(3) 4개의 입력에서 나타낼 수 있는 최대 출력항 수는 $2^4=16$이다. 이들 출력 중 12개만 최소항을 만들 수 있다면 ____ 라고 한다.

(a) 2×16 디코더　　(b) 4×16 디코더
(c) 2×12 디코더　　(d) 4×12 디코더

(4) BCD to 7－Segment는 ____ 이다.

(a) 7진 encoder　　(b) 7진 decoder
(c) 10진 encoder　　(d) 10진 decoder

(5) TTL 7－Segment는 ____ 개의 입력을 ____ 개의 출력으로 뽑아 ____ 에 연결한다.

(a) 3, 7, Diode　　(b) 4, 7, 7－Segment
(c) 4, 7, Diode　　(d) 3, 8, 10－Segment

(6) 수치표시기(Numeric Display) LTS 542는 Common _____ 접속을 하고, LTS 543은 Common ____ 접속을 한다.

(a) Cathode, Anode　　(b) Anode, Cathode
(c) Cathode, Cathode　　(d) Anode, Anode

실험 8. 멀티플렉서와 디멀티플렉서

1 목적

(1) 멀티플렉서와 디멀티플렉서의 동작 원리를 이해한다.

(2) 멀티플렉서와 디멀티플렉서의 특성을 익힌다.

(3) 멀티플렉서와 디멀티플렉서의 구성방법을 익혀 각종 멀티플렉서를 만들 수 있는 능력을 키운다.

2 이론

(1) 멀티플렉서

멀티플렉서란 여러 개의 데이터 입력을 적은 수의 채널이나 선들을 통하여 전송하는 전송기이다.

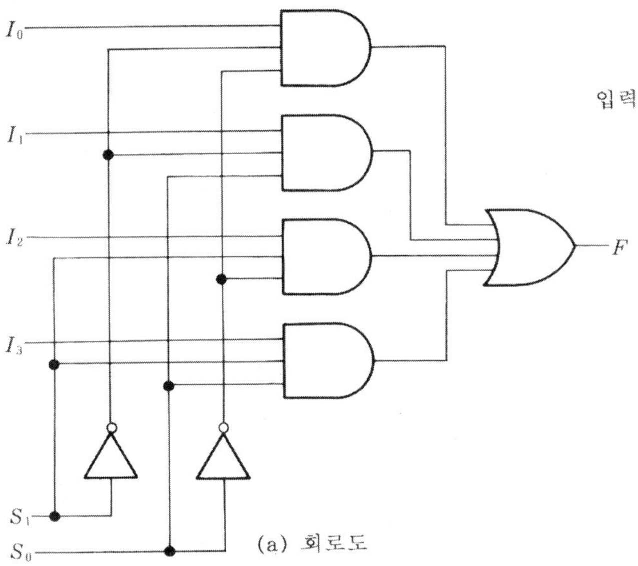

(a) 회로도

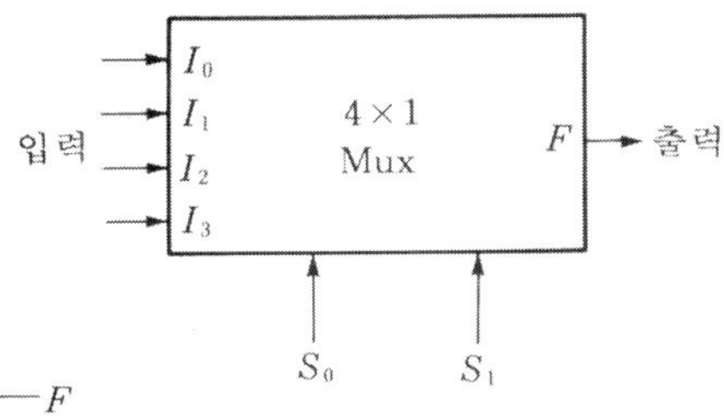

(b) 표시 기호

S_1	S_0	F
0	0	I_0
0	1	I_1
1	0	I_2
1	1	I_3

(c) 함수표

그림 8-1 멀티플렉서

디지털 멀티플렉서는 많은 입력선들 중에서 하나를 선택하여 출력선에 연결하는 조합회로이다. 정상적인 경우 2^n개의 입력선과 n개의 선택선으로 되고 n개의 선택선의 비트 조합에 따라서 입력 중 어느 하나가 선택된다.

멀티플렉서는 많은 입력들 중 하나를 선택하여 선택된 입력선의 2진 정보를 출력선에 넘겨주기 때문에 데이터 선택기(Data Selector)라고도 한다.

그림 8−1은 4×1 멀티플렉서를 보인 것으로 입력 Data $I_0 \sim I_3$ 중에서 선택된 S_0, S_1에 의해서 지정되는 데이터 하나만 출력 데이터 F로 선택된다. 이 때 S_0, S_1을 선택신호라 한다.

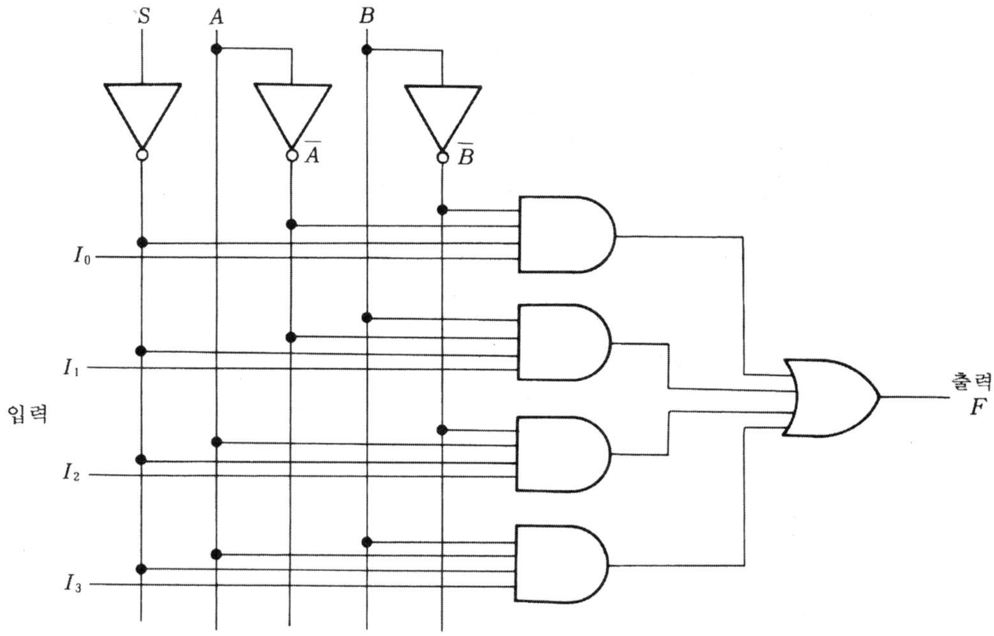

(a)

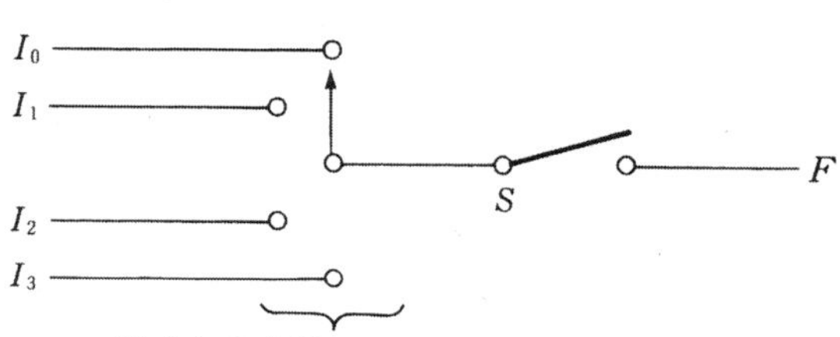

그림 8-2 멀티플렉서를 이용한 논리회로 및 등가 스위치 회로

(2) 멀티플렉서를 이용한 논리회로

그림 8－2(a)와 같이 I_0, I_1, I_2, I_3 의 신호를 선택선 A, B의 지시에 의하여 1개만 선택하여 전송하는 경우를 보면 동작선(strobe input) $S=1$인 경우는 어떠한 데이터도 선택할 수 없고, $S=0$이고 $A=0, B=0$인 경우는 I_0 를, $A=0, B=1$인 경우는 I_1 을, $A=1, B=0$인 경우는 I_2 를, $A=1, B=1$인 경우는 I_3 를 선택하게 된다. 따라서 그림 8－2(a) 회로의 논리식은 식 (8－1)과 같다.

$$F=\overline{S}(I_0\overline{A}\overline{B}+I_1\overline{A}B+I_3AB) \qquad (8-1)$$

그림 8－2(b)는 멀티플렉서의 동작을 쉽게 이해할 수 있도록 스위치로 표시한 것이다.

한편 멀티플렉서는 데이터 통신 시스템에서 특정의 데이터를 선정하기 위하여 사용할 수도 있으며 다수의 RAM(random access memory)이나 ROM(read only memory)을 이용할 경우 이들의 선택을 위하여 이용되기도 하며, 이것을 이용하여 논리회로의 합성도 가능하다.

$F=A'B+AB'=A\backslash B$의 논리식을 그림 8－2(a)와 같이 멀티플렉서로 구성할 경우 식 (8－1)에서

$S=0, I_0=0, I_1=1, I_2=1, I_3=0$으로 하면

$$\begin{aligned}F&=1(0\cdot\overline{A}\overline{B}+1\cdot\overline{A}B+1\cdot A\overline{B}+0\cdot AB)\\&=\overline{A}B+A\overline{B}=A\oplus B \qquad (8-2)\end{aligned}$$

라는 식을 얻게 된다. 따라서 그림 8－3과 같은 멀티플렉서에 의한 Exclusive OR 회로를 구성할 수 있다.

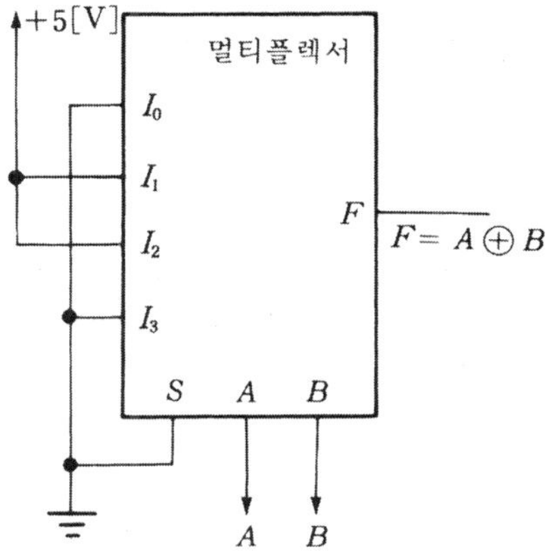

그림 8-3 멀티플렉서에 의한 Exclusive OR

(3) 디코더의 멀티플렉서로의 전용

멀티플렉서 AND 게이트들과 인버터들은 디코더 회로와 비슷하며, 실제로 입력 선택선들을 해독한다.

일반적으로 $n \times 2^n$ 디코더에서 각 디코더의 AND 게이트에 1개의 입력을 추가하여 전체적으로 디코더에 2^n 개의 입력선을 덧붙이고, 또 모든 AND 게이트들의 출력들을 1개의 OR 게이트 입력에 적용하면 $n \times 2^n$ 디코더는 $2^n \times 1$멀티플렉서가 된다.

여기서도 n개의 선택선이 포함되어 있음을 의미한다. 멀티플렉서의 크기는 입력선과 출력선의 개수에 의해 결정되며 또 멀티플렉서는 n개의 선택을 가지고 있다. 멀티플렉서는 약어로 MUX라고 표현한다.

멀티플렉서 IC들도 디코더처럼 회로 동작을 제어하는 인에이블 입력을 가질 수 있다. 인에이블 입력이 인에이블 상태일 때만 회로가 정상적인 멀티플렉서 역할을 한다.

인에이블 입력은 2개 이상의 멀티플렉서 IC를 확장하여 많은 입력들을 가지는 디지털 멀티플렉서로 만드는데 사용할 수 있다.

2개 이상의 MUX들이 1개의 IC내에 포함될 수 있다. 이 때 선택선과 인에이블 입력들은 모두 다중 멀티플렉서 장치 IC들에 공통으로 들어가 있다.

예를 들어 4개로 된 2×1 MUX(quadruple 2−line to 1−line or quadruple 2−channel to 1−channel) IC가 그림 8−4에 들어 있다. 그것은 4개의 멀티플렉서로 구성되며 각 멀티플렉서의 두 입력선 중 하나가 선택된다.

출력 F_i는 A_i나 B_i 중 선택된 것과 동일하다. 하나의 선택선 S는 4개의 MUX에 공통으로 들어 있다. 제어입력 E가 0이면 모든 멀티플렉서는 인에이블되고, E가 1이면 멀티플렉서는 모두 디스에이블된다. 이 회로가 4개의 멀티플렉서를 포함한다고 하더라도 이 회로를 각각 4개의 입력선으로 이루어진 두 입력 집합 중 하나를 선택하는 회로로 간주할 수 있다.

함수표에서와 같이 $E=1$이면 S의 값에 무관하게 출력들은 전부 0이 되고 $E=0$일 때만 회로가 동작한다. $E=0$에서, $S=0$이면 4개의 A 입력이 출력에 나타나고, $S=1$이면 4개의 B 입력이 출력에서 나타난다.

멀티플렉서는 매우 유용한 MSI 함수이며 다방면에 응용되고 있다. 그것은 컴퓨터 시스템에서 2개 및 그 이상의 출발원들을 하나의 행선점에 연결시키는데 사용되며 또한 공통적으로 사용되는 버스 시스템을 구성하는 데도 유용하다.

MUX의 응용은 응용회로에서 다룰 것이고 여기서는 일반적인 성질과 임의의 부울 함수를 실현하는데 멀티플렉서를 사용할 수 있음을 보이겠다.

(4) 멀티플렉서를 이용한 부울 함수의 실현 과정

먼저 함수들을 최소항(Minterm)의 합으로 표현한다. 최소항에 대하여 선택된 변수들의 순서가 $A\,B\,C\,D$ …… 라 가정한다. 여기서 A는 n 변수들의 순서에서 가장 왼쪽에 있는 변수이며, $B\,C\,D$ …… 는 남은 $n-1$ 변수들이다.

$n-1$ 개의 변수를 선택선에 연결한다. 이 때 B는 가장 순서가 높은 선택선에 연결되고 C는 그 다음의 선택선에 연결된다. 마지막 변수는 가장 낮은 선택선 S_0 에 연결된다. 먼저

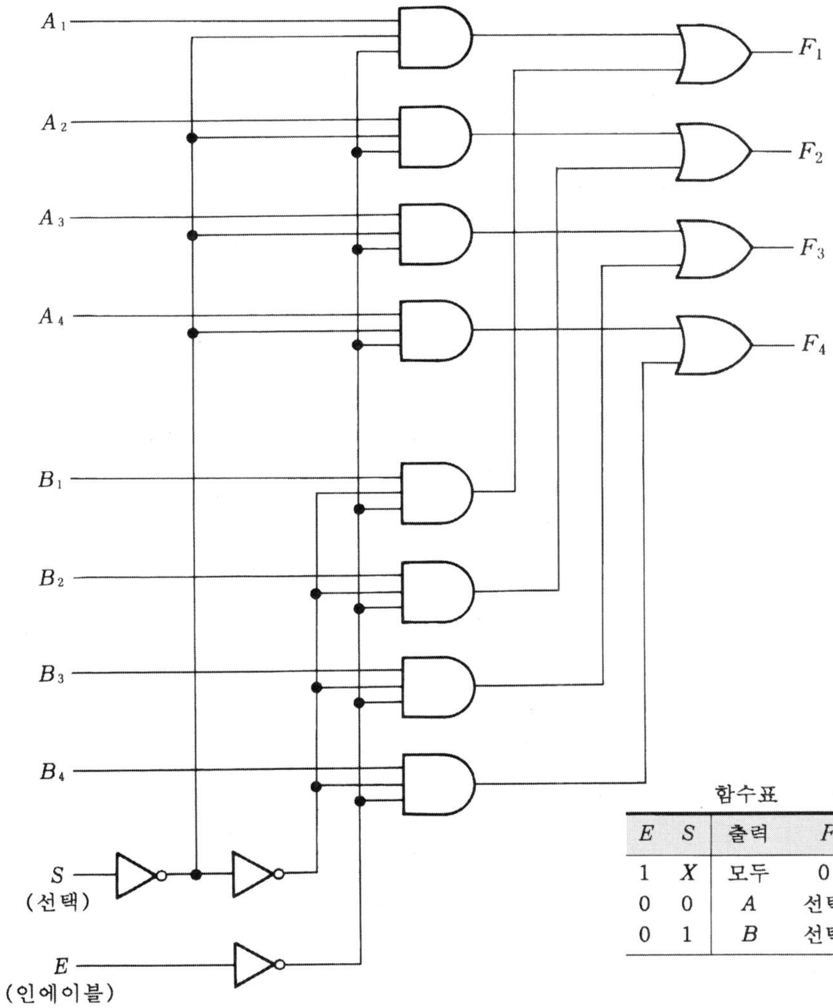

함수표

E	S	출력	F
1	X	모두	0
0	0	A	선택
0	1	B	선택

그림 8-4 4 bit 2×1 멀티플렉서

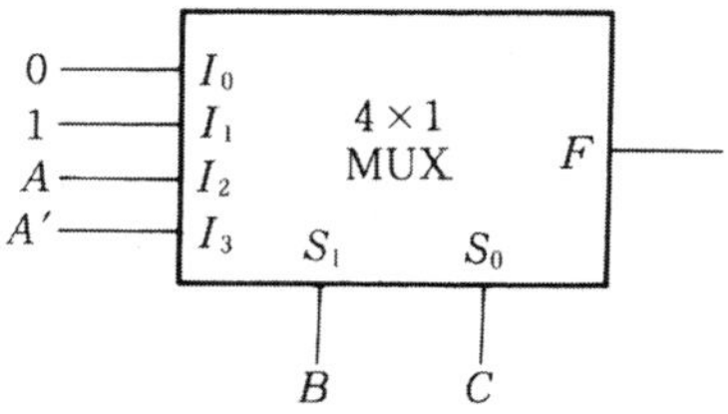

(a)

최소항	A	B	C	F
0	0	0	0	0
1	0	0	1	1
2	0	1	0	0
3	0	1	1	1
4	1	0	0	0
5	1	0	1	1
6	1	1	0	1
7	1	1	1	1

(b)

입력단 / 변수	I_0	I_1	I_2	I_3
A'	0	①	2	③
A	4	⑤	⑥	7
	0	1	A	A'

(c)

그림 8-5 **(a) 멀티플렉서 실현 (b) 진리표 (c) 실현표**

변수 A를 생각하면 순서대로 정렬된 변수들 중에서 가장 순서가 높은 변수이므로 최소항들의 목록 중 처음 절반은 A'를 가지며 나머지 절반은 A를 가진다. 3개의 변수 A, B, C 경우 8개의 민텀을 갖는 데 변수 A는 최소항(minterm) 0부터 3까지에서 보수로 표현되고, 최소항 4부터 7까지는 그대로 표시된다. 멀티플렉서의 입력들을 목록으로 작성하고 그 입력들 아랫쪽 두 항에 모든 최소항들을 첫째항부터 써넣는다.

그림 8－5(c)처럼 첫째항에 있는 최소항들은 원래 진리표에서 생각해 보면 A'를 가지며 두 번째 행에 있는 최소항들은 A를 가진다. 함수에 포함되어 있는 최소항들은 전부 원으로 둘러 싼 뒤, 각 행을 개별적으로 살펴본다.

만일 열에 속하는 두 최소항들이 둘 다 원으로 둘러 싸여 있지 않다면 대응되는 MUX 입력은 0이 된다.

만일 열에 속하는 두 최소항들이 모두 원으로 둘러 싸여 있다면 그 열에 대응되는 MUX 입력은 1이 된다. 만일 아랫쪽 최소항만 원으로 둘러 싸여 있다면 대응되는 MUX 입력은 A가 된다. 만일 열의 윗쪽 최소항만 원으로 둘러 싸여 있다면 대응되는 MUX 입력은 A' 가 된다.

$$F(A, B, C) = \Sigma(1, 3, 5, 6) \qquad (8-3)$$

식 (8−3)으로부터 그림 8−5(a)의 멀티플렉서 접속관계를 얻을 수 있다. 이 때, B와 C는 각각 S_1과 S_0에 연결되어져야만 한다. 변수들을 순서대로 정리했을 때 MUX 입력들을 위해 특별히 가장 왼쪽에 있는 변수를 선택할 필요는 없다. 사실 실현표를 수정한다면 변수들 중에서 임의로 한 변수를 택하여 MUX 입력으로 사용할 수 있다.

입력변수는 C, 선택선으로 A, B를 써서 멀티플렉서를 구성하고자 할 때 선택선 S_1과 S_0에 대하여 A, B를 선택한다. 이 경우 두 최소항 행의 배열은 그림 8−6(b)와 같다.

함수를 구성하는 최소항들을 원으로 둘러싼 뒤 앞서 설명한 것과 같이 실현표에 대한 그림 8−6(a)와 같은 MUX 실현을 얻게 된다. 같은 방법으로 변수들 중 다른 변수를 선택하여 MUX 입력으로 사용할 수 있다. 그러나 어떤 경우에도 하나를 제외한 모든 입력변수들은 선택선에 쓰이고 나머지 하나의 변수와 그 변수의 보수 또는 1과 0은 MUX 입력에 쓰인다.

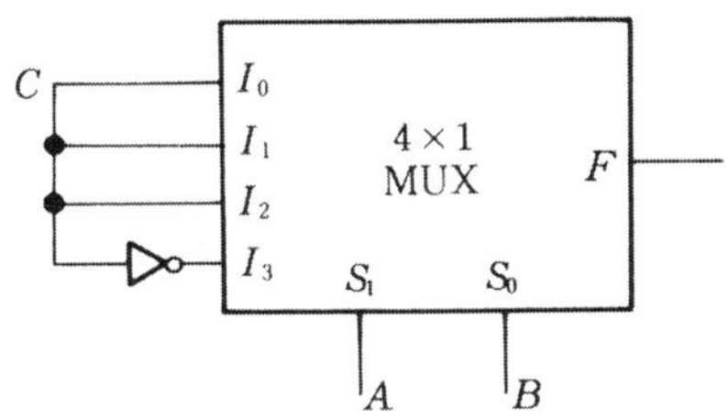

(a)

입력단 / 변수	I_0	I_1	I_2	I_3
C'	0	2	4	⑥
C	①	③	⑤	7
	C	C	C	C'

(b)

그림 8-6 (a) 멀티플렉서 실현 (b) 실현표

멀티플렉서를 써서 식 (8−4)와 같은 부울 함수를 실현하여 보자.

$$F(A, B, C) = \Sigma(0, 1, 3, 4, 8, 9, 15) \qquad (8-4)$$

식 (8−4)와 같이 4개의 변수들로 구성된 함수에서는 3개의 선택선과 8개의 입력선을 갖는 MUX가 필요하다. 변수 B, C, D를 선택선으로 선택했을 때 그림 8−7(a)와 같은 멀티플렉서 실현을 얻게 된다.

최소항의 처음 절반은 A'와 관련되고 나머지 절반은 A와 관련된다. 함수에 포함되는 최소항들을 원으로 둘러싼 뒤 앞에서 논했던 것과 같은 방법으로 멀티플렉서 입력들에 대한 값을 선택하면 그림 8−7(b)와 같은 실현표를 얻게 된다.

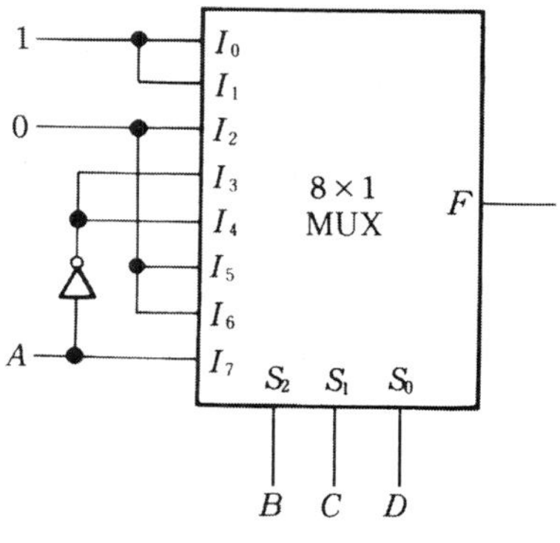

(a)

입력단 / 변수	I_0	I_1	I_2	I_3	I_4	I_5	I_6	I_7
A'		①	2	③	④	5	6	7
A	⑧	⑨	10	11	12	13	14	⑮
	1	1	0	A'	A'	0	0	A

(b)

그림 8-7 (a)멀티플렉서 실현 (b) 실현표

한편 실험을 돕기 위한 각종 TTL과 CMOS 멀티플렉서는 표 8−1과 같다.

표 8-1 각종 TTL과 CMOS 멀티플렉서 (a) 3-state 출력 (b) Complementary 3-state 출력

TTL	CMOS	입력채널	선택입력
74157, 74158	74C157, 74C158	2(4)	1
74257(a)	74C257(a)		
74153, 74152(a)	74C153, 74C253(a)	4(2)	2
74151, 74152	74C151, 74C251(b)	8	
74251(b)			
74257(a)	74C150, 82C19(a)	16	4

(5) 디멀티플렉서(Demultiplexer)

디멀티플렉서는 멀티플렉서와는 반대의 동작을 하는 장치로서, 일명 데이터 분배기(Data Distributor)라고도 한다. 이것은 하나의 신호를 다수의 출력 중의 하나로 보내는 기능을 갖는 장치로서 그림 8−8과 같은 단극, 다스위치와 같은 동작을 한다. 스위치 와이퍼의 위치에 따라 4개의 가능한 채널 중에서 하나를 선택할 수 있다.

출력이 선택되면 입력이 그대로 출력으로 전달된다.

이것은 스위치의 와이퍼를 수동적으로 움직여서 원하는 출력 채널을 선택하는 예이지만 좀 더 구체적이고 복잡한 경우를 생각해 보자. 보다 구체적으로 설명하면 하나의 입력선에 들어오는 신호를 n개의 선택신호에 의해 지정이 되는 2^n 개의 출력선 중 하나로 내보내진다.

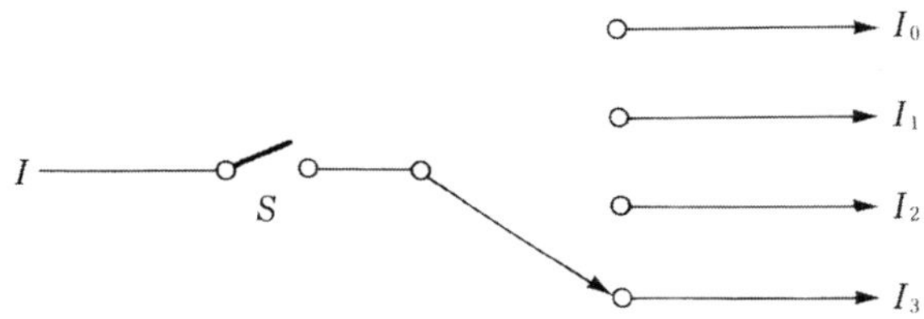

그림 8-8 스위치를 사용한 4채널 디멀티플렉서

디멀티플렉서는 디코더(복호기)와 밀접한 관계가 있다. 즉 인에이블 기능이 있는 디코더에서 인에이블선을 입력선으로 쓰고 원래의 입력선들에 의해 선택신호를 넣도록 개조하면 디멀티플렉서가 된다. 예를 들어 그림 8-9에 2×4 디코더와 진리표가 주어져 있다. 이 때 E를 입력 F로, A, B를 각각 선택신호 S_0, S_1으로 바꾸어도 진리표는 변함없다. 그러므로 그림 8-9(c)에 보인 2×4 디코더는 그대로 그림 (d)에 보인 1×4 디멀티플렉서가 된다.

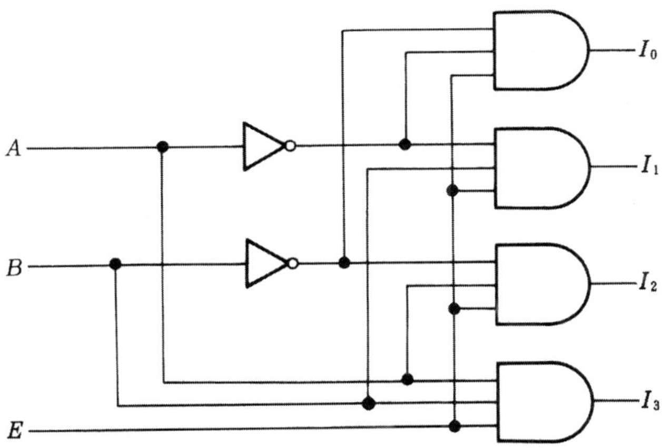

(a)

E (F)	A (S_0)	B (S_1)	I_0	I_1	I_2	I_3
0	×	×	0	0	0	0
1	0	0	1	0	0	0
	0	1	0	1	0	0
	1	0	0	0	1	0
	1	1	0	0	0	1

(b)

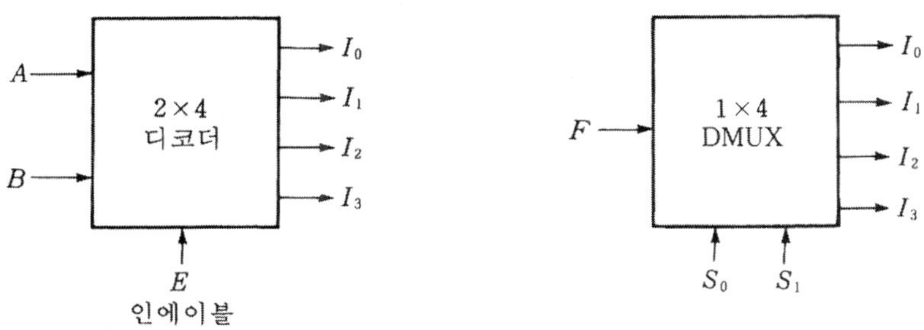

(c) (d)

그림 8-9 1×4 디멀티플렉서 (a) 2×4 디코더 (b) 진리표 (c) 디코더 기호 (d) 디멀티플렉서 기호

그리고 흔히 많이 사용되는 각종 TTL과 CMOS 디멀티플렉서는 표 8-2와 같다.

표 8-2 각종 TTL과 CMOS 멀티플렉서

TTL 시리즈	CMOS	출력 체널	선택입력
74139	74C139	4(2)	2
74138	74C138	8	3
74154	74C154	16	4

3 사용기기 및 부품

디지털 실험장치

직류전원 공급장치

회로시험기

오실로스코프

TTL 7404(Hex inverter)

TTL 7411(3－input AND) 2개

TTL 7420(TTL 4－input NAND Gate) 3개

TTL 74151(8－input Multiplexer) 2개

4 실험

(1) 그림 8－10의 4×1 멀티플렉서와 같은 회로를 구성하고 입력 S, A, B의 변화에 따른

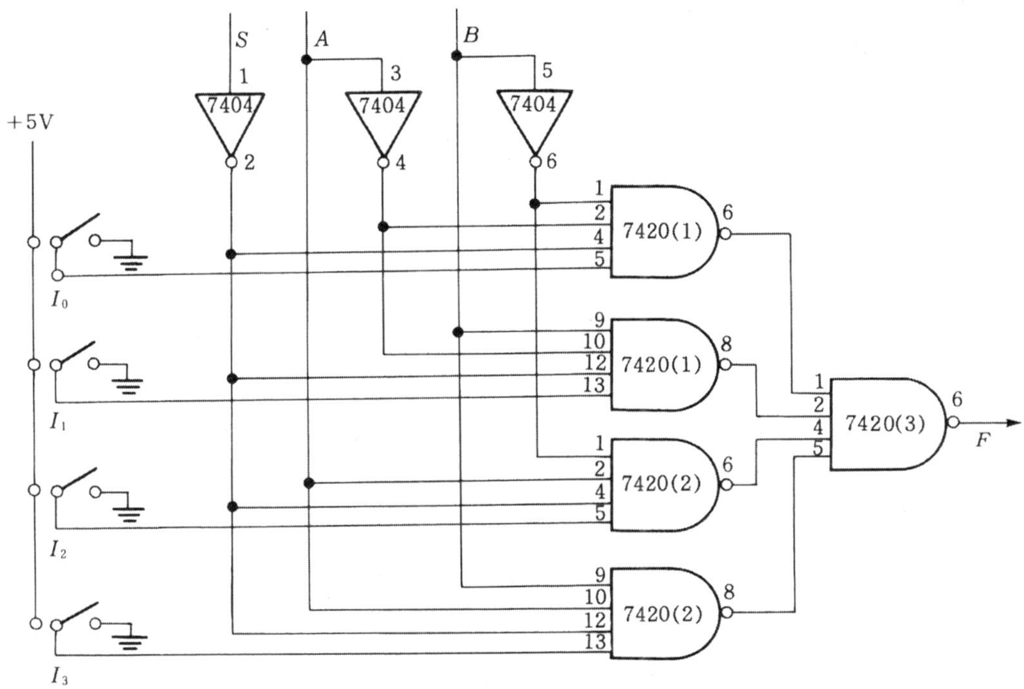

그림 8-10 4×1 멀티플렉서

출력을 측정하여 표 8−3을 완성함에 있어 전송된 데이터의 번호를 기입하여라(데이터의 전송은 I_0, I_1, I_2, I_3 에 접속된 스위치를 각각 연속적으로 단속하여 보며 전송을 하지 않을 때는 스위치의 위치를 접지 (0)측에 놓을 것.

표 8-3

입력			출력(*F*)			
S	*A*	*B*	I_0	I_1	I_2	I_3
0	0	0				
0	0	1				
0	1	0				
0	1	1				
1	0	0				
1	0	1				
1	1	0				
1	1	1				

*출력(*F*)의 표시는 데이터가 전송될 경우는 "0" 으로 전송되지 않을 경우는 "×" 표를 하라.

(2) 그림 8−10의 4×1 멀티플렉서 회로를 그림 8−11과 같이 접속하여 두 입력 *A*, *B*의 변화에 따른 출력 *F*를 측정하여 표 8−4를 완성하여라.

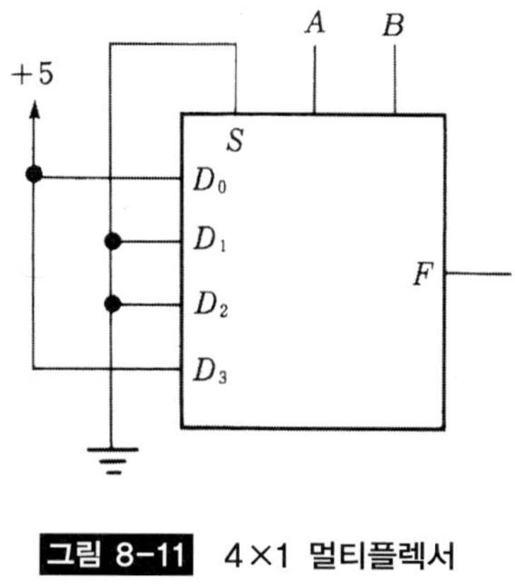

그림 8-11 4×1 멀티플렉서

표 8-4

A	B	F
0	0	
0	1	
1	0	
1	1	

(3) 그림 8−12와 같은 멀티플렉서를 이용한 전 가산기 회로를 결선하고, 입력변화에 따른 출력 S_n과 C_n을 측정하여 표 8−5를 완성하여라

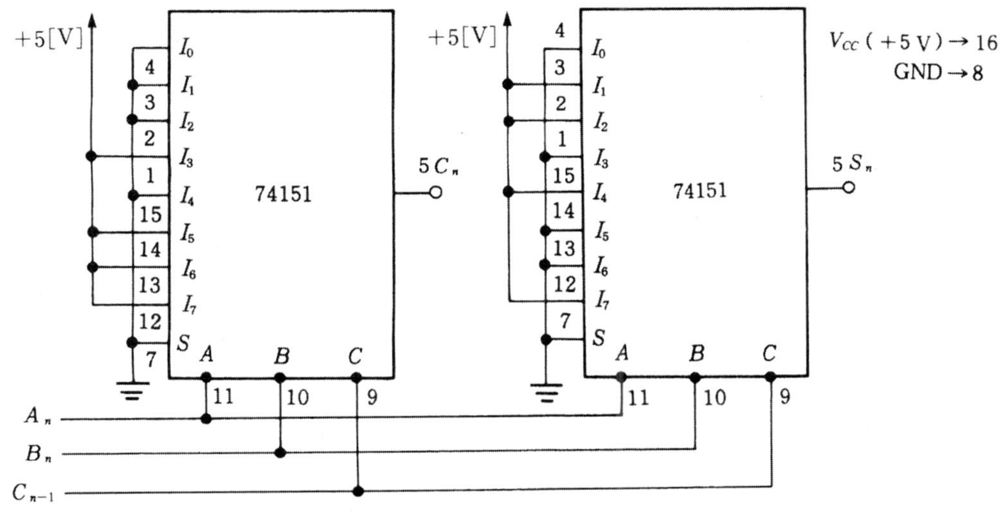

그림 8-12 멀티플렉서를 이용한 전 가산기

표 8-5

A_n	B_n	C_{n-1}	C_n	S_n
0	0	0		
0	0	1		
0	1	0		
0	1	1		
1	0	0		
1	0	1		
1	1	0		
1	1	1		

(4) 그림 8−13과 같은 회로를 결선하고, 입력 E, A, B의 변화에 따른 출력 D_0, D_1, D_2, D_3 를 측정하여 표 8−6을 완성하여라.

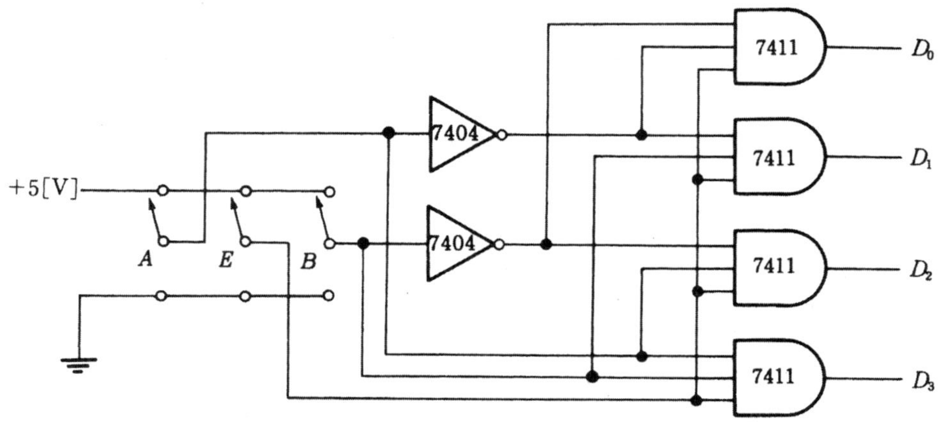

그림 8−13 디멀티플렉서 실험회로

표 8−6

	입력		출력(F)			
E	A	B	D_0	D_1	D_2	D_3
0	×	×				
1	0	0				
	0	1				
	1	0				
	1	1				

5 실험 결과 검토

(1) 그림 8－10의 회로 실험 결과에서 얻어진 표 8－3의 데이터가 4×1 멀티플렉서 이론치와 같은지 확인하여 보자(단, 이 실험에서 출력 F 의 표시는 데이터가 전송될 경우 "0"으로, 전송되지 않을 경우에는 "×"로 표시하기도 되어 있다).

(2) 그림 8－11의 실험 결과에서 얻어진 표 8－4의 데이터를 보고 그림 8－3과 비교 검토하여 보자.

(3) 그림 8－12와 같은 회로 실험에서 얻어진 표 8－5가 전 가산기의 합(S_n)과 자리올림(C_n)의 이론치와 일치하는지 비교하여라.

(4) 그림 8－13과 같은 회로 실험 결과에서 얻어진 표 8－6 데이터가 1×4 디멀티플렉서 이론치와 같은지 확인하여 보자.

(5) 멀티플렉서를 이용한 논리회로로 구성의 장, 단점을 논하여 보자.

6 실험 결과 테스트

(1) 다음 멀티플렉서의 설명 중 옳은 것은?

(a) 한 개의 데이터 입력을 여러 개의 데이터로 전송하는 장치
(b) 적은 수의 데이터 입력을 많은 수의 데이터로 전송하는 장치
(c) 여러 개의 데이터 입력을 적은 수의 체널이나 선을 통하여 전송하는 장치
(d) 많은 수의 입력 데이터를 많은 수의 체널이나 선을 통하여 전송하는 장치

(2) 정상적인 경우 멀티플렉서의 선택선이 n개 일 때 입력선과 선택선과의 관계는?

(a) 입력선 n개 ＋ 선택선 2^n개　　(b) 입력선 2^n개 ＋ 선택선 n개
(c) 입력선 n개 ＋ 선택선 n개　　(d) 입력선 2^n개 ＋ 선택선 2^n개

(3) 그림 8－1의 4×1 멀티플렉서의 논리식 중 옳은 것은?

(a) $F = S_1 S_0 I_0 + \overline{S}_1 S_0 I_0 + S_1 S_0 I_2 + \overline{S}_1 \overline{S}_0 I_3$
(b) $F = S_1 S_0 I_0 + S_1 S_0 I_0 + \overline{S}_1 S_0 I_2 + \overline{S}_1 \overline{S}_0 I_3$
(c) $F = \overline{S}_1 \overline{S}_0 I_0 + \overline{S}_1 S_0 I_0 + S_1 \overline{S}_0 I_2 + S_1 S_0 I_3$
(d) $F = \overline{S}_1 \overline{S}_0 I_0 + S_1 \overline{S}_0 I_1 + \overline{S}_1 S_0 I_2 + S_1 S_0 I_3$

(4) 그림 8－11의 멀티플렉서는?

(a) exclusive OR
(b) exclusive NOR
(c) 8421코드
(d) 3초과코드

(5) 그림 8－13과 같은 실험회로에서 잘못 설명된 것은?

(a) 1×4멀티플렉서이다.
(b) E는 인에이블에 속한다.
(c) *A*, *B*는 선택선에 속한다.
(d) 2×4 디코더이다.
(e) 3×4 디멀티플렉서이다.

Ⅳ 순차 논리회로

Ⅲ부에서 고찰한 디지털 회로는 논리 게이트를 조합적으로 연결한 조합회로(combinational circuit)이다. 다시 말해서, 어떤 시각에서의 출력은 오로지 그 시각에서의 입력상태에 좌우된다. 실제로 쓰이는 모든 디지털 시스템은 조합회로로 된 것 같이 보이나 대부분의 시스템에서는 조합회로에 시간지연 회로인 메모리 요소를 첨가한 순차 논리회로로 이루어져 있다.

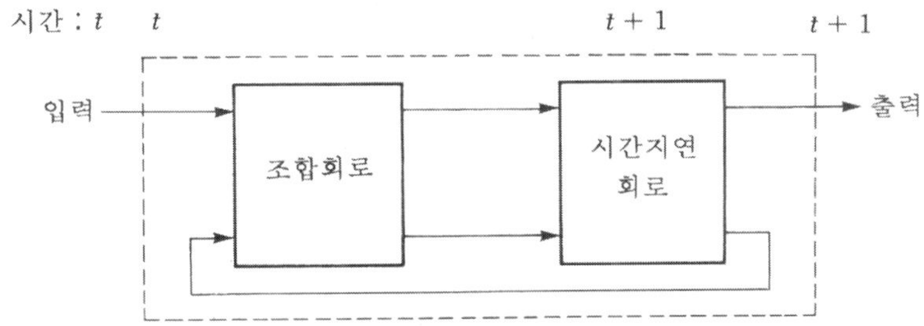

그림 Ⅳ-1 순차회로의 블록도

그림 Ⅳ-1에서 조합회로에 메모리 요소가 피드백(feedback)을 형성하여 시간지연효과를 갖는다.

메모리 요소는 2진 정보를 저장할 수 있는 장치로서 메모리 요소에 저장된 2진 정보를 받으며, 이 입력은 메모리 요소의 상태를 변화시키기 위한 조건을 결정한다.

블록도에서 볼 수 있듯이 순차회로의 출력은 외부입력 뿐만 아니라 메모리 요소의 현재 상태에서도 영향을 갖는다. 따라서 순차회로는 입력, 출력 그리고 내부상태의 시간순차(time sequence)로 명시된다. 순차회로는 신호의 타이밍에 따라서 크게 두 형태로 나누어진다. 동기식 순차회로(synchronous sequential circuit)는 동시 시간에 들어오는 신호들의 정보를 알림으로써 계통의 동작을 정의할 수 있는 시스템이고, 비동기식 순차회로(asynchronous sequential circuit)의 동작은 그 입력 신호들이 변화하는 순서에 좌우되고 어떤 시각에서도 변화될 수 있다.

일반적으로 비동기식 순차회로에서 작용되는 메모리 요소는 시간지연장치(time-delay device)이다. 시간지연장치가 메모리 능력을 갖는 것은 신호가 이 소자를 통해서 전파되는 데에 유한시간이 걸린다. 이 때문에 실제로 논리 게이트의 내부 전파지연(propagation delay)은 필요한 지연을 하는데 충분하다. 따라서 물리적인 시간지연장치가 따로 필요하지 않게 된다.

게이트형 비동기식 시스템에서 그림 Ⅳ-1의 메모리 요소는 논리 게이트로 구성되어 있고, 이 논리 게이트의 전파시간지연이 필요한 메모리를 구성한다. 따라서 비동기식 순차회로는 피드백을 가진 조합회로라고 볼 수 있다. 이 때 논리 게이트간의 피드백으로 비안정 상태가 될 수 있다.

이 비안정 문제는 설계자에게 많은 부담을 준다. 그래서 비동기식 순차회로는 동기식 시스템만큼 자주 쓰이지 않는다.

본 Ⅳ부 서론에서 멀티바이브레이터의 개념과 성질에 대하여 간단히 살펴보고자 한다.

플립 플롭(Flip-Flop)은 쌍안정 멀티바이브레이터(bistable multivibrator)의 별명이다. 쌍안정 멀티바이브레이터는 2개의 안정된 상태를 갖고 있는 것으로 카운터(counter), 레지스터(register), 기억회로 및 펄스 발생회로로 사용되는 것으로 멀티바이브레이터의 한 종류에 속한다.

멀티바이브레이터란 한 쪽의 능동소자가 전도되어 있는 동안 다른 쪽이 차단되도록 설계된 일종의 재생회로로 다음과 같이 분류된다.

표 Ⅳ-1

멀티바이브레이터	결합소자	안정상태수	용도
쌍안정 멀티바이브레이터 (bistable multivivrator)	양쪽 모두 R	2	counter, register, 기억회로, pulse 발생회로
단안정 멀티바이브레이터 (monotable multivivrator)	한 쪽 C 다른 쪽 R	1	기억회로, pulse 발생회로 지연회로
무안정 멀티바이브레이터 (astable multivivrator)	양쪽 모두 C	0	pulse 발생회로, 동기회로, 분주회로

표 Ⅳ-1을 뒷받침하기 위한 멀티바이브레이터의 기본회로는 그림 Ⅳ-2와 같다.

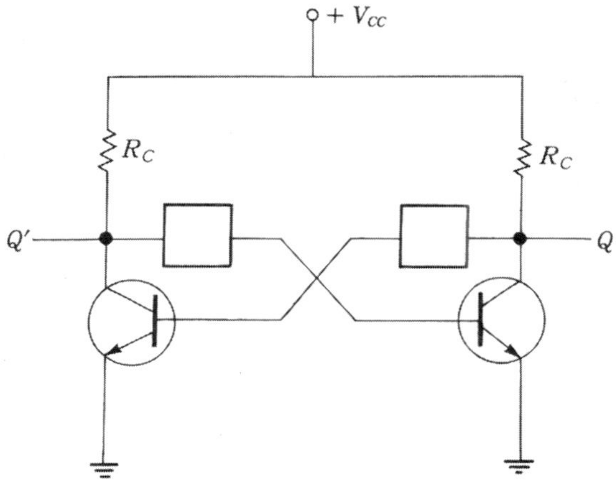

그림 Ⅳ-2 멀티바이브레이터의 기본회로

먼저 쌍안정 멀티바이브레이터에 관하여 고찰하고 단안정과 무안정 멀티바이브레이터는 다음 장에서 다루기도 한다. 특히 쌍안정 멀티바이브레이터의 별명인 플립 플롭(flip-flop)을 세분하여 래치와 플립 플롭으로 그 개념을 구체적으로 설명하기로 한다. 물론 래치도 넓은 의미에서 플립 플롭 속에 포함된다.

플립 플롭과 래치는 2개의 안정상태를 갖는 쌍안정 소자이며 기본적으로 래치와 플립 플롭은 같은 기능을 가지며 트리거되는 방법만 다르다. 래치는 게이트 또는 인에이블(enable) 입력이 1인 한 상태를 바꿀 수 있다. 따라서 래치는 어떤 입력 레벨에 의해서 제어되는데 플립 플롭은 클록(clock) 입력이라고 불리는 트리거 신호의 천이(switching)에 의해서 제어되는 점이 다르다. 넓은 의미에서 플립플롭을 분류하면 다음과 같다.

- 플립플롭
  - 래치
    - 크럭이 없는 경우
      - RS래치
      - D래치
    - 클럭이 부착된 경우
      - RS래치
      - D래치
  - 플립플롭
    - RS 플립플롭(RST플립플롭)
    - D 플립플롭
    - JK 플립플롭
    - MS-JK 플립플롭

실험 9. RS 래치와 D 래치

1 목적

(1) 래치의 기본 개념을 파악한다.

(2) RS 래치의 원리와 구성 및 동작 특성을 익힌다.

(3) D 래치의 원리와 구성 및 동작 특성을 익힌다.

2 이론

(1) RS 래치

1) NOR 게이트를 사용한 기본적인 RS 래치

그림 9－1과 같이 2개의 입력을 가진 한 쌍의 NOR 게이트로 구성되며 입력단자 R는 Reset, S는 Set의 첫 글자를 딴 것으로, 출력을 각각 Q와 $\overline{Q}$ 라고 표시한다.

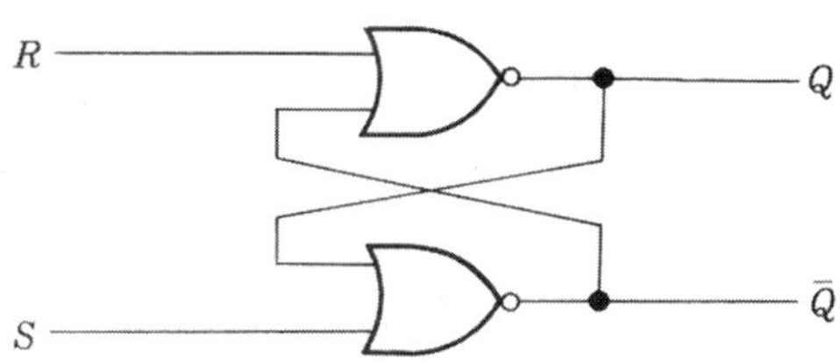

그림 9-1 NOR 게이트를 사용한 기본적인 RS 래치

한편, $Q=1$, $\overline{Q}=0$일 때를 Set 상태, $Q=0$, $\overline{Q}=1$일 때를 Reset 상태라고 정의한다. 이 때 R과 S의 입력에 0 또는 1을 가하면 출력 Q 또는 $\overline{Q}$ 를 얻게 되는데 NOR 게이트는 OR 게이트에 NOT 게이트를 직결한 것과 같으므로 OR 게이트로 보고 입력 R 또는 S에 1을 가하면 출력이 1이 되고 NOR 게이트는 이와 반대로 0이 되므로 쉽게 출력의 결과를 얻을 수 있다.

$R=0$, $S=1$의 입력을 가하면 $Q=1$, $\overline{Q}=0$으로 Set 상태가 되고 이와 반대로 $R=1$, $S=0$이면 $Q=0$, $\overline{Q}=1$이 되어 Reset 상태가 된다. 한편, Set 상태의 입력 즉 $R=0$, $S=1$에서

R=0, S=0이 되면 바로 전 상태인 Set로 그 상태를 그대로 유지하므로 이를 불변이라 하고, 그 반대인 경우도 마찬가지가 된다. 또 R=1, S=1이면 Q=0, $\overline{Q}$ =0이 되어 플립 플롭의 정의에 어긋난다. 즉 플립 플롭이란 Q=1이면 $\overline{Q}$ =0이고, Q=0이면 $\overline{Q}$ = 1이 되어야 한다. 따라서 $Q=\overline{Q}$ =0이거나 $Q=\overline{Q}$ =1일 때를 부정이라고 정의한다. 이와 같은 동작상태를 표 9－1에 나타내고 있는데 이 표를 진리표(truth table) 또는 진리치표(truth value table)라고 한다.

표 9-1 NOR 게이트형 RS 래치 진리표

R	S	동작상태(Q)
0	0	불 변
0	1	set(Q=1)
1	0	Reset(Q=0)
1	1	부 정

2) NAND 게이트를 사용한 기본적인 RS 래치

그림 9－2와 같이 2개의 입력을 가진 한 쌍의 NAND 게이트로 구성된 가장 간단한 RS 래치이다.

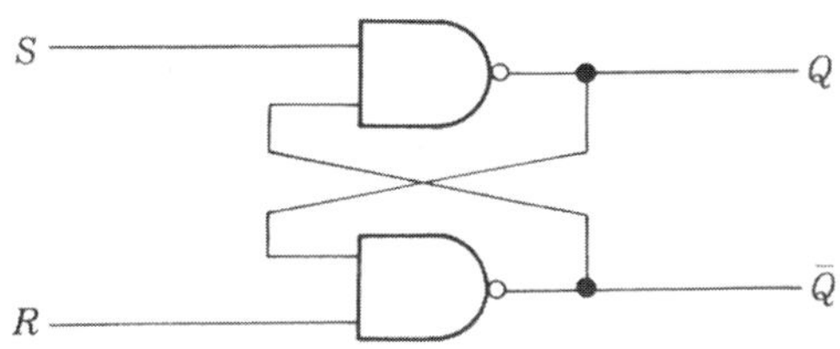

그림 9-2 NAND 게이트를 사용한 기본적인 RS 래치

동작상태를 살펴보면 R과 S의 입력에 0 또는 1을 가하면 출력 Q 또는 $\overline{Q}$를 얻게 되는데 이때 NAND 게이트는 AND 게이트에 NOT 게이트를 직결한 것과 같으므로 AND 게이트로 보고 입력 R 또는 S에 0이 가해지면 무조건 0이므로 NAND 게이트는 그 반대인 1이 된다. 따라서 출력 상태를 쉽게 추정할 수 있다. R=0, S=1의 입력을 가하면 Q=0, $\overline{Q}$ =1로 Reset 상태가 되고 이와 반대로 R=1, S=0이면 Q=1, $\overline{Q}$ =0이 되어 Set 상태가 된다. 한편 Set 상태의 입력 즉 R=1, S=0에서 R=1, S=1이 되면 바로 전 상태인 Set 그 상태로 유지

하므로 이를 불변이라고 하고, 그 반대인 경우도 마찬가지가 된다. 또 $R=0$, $S=0$이면 $Q=1$, $\overline{Q}=1$이 되어 부정이 된다. 이와 같은 동작상태를 나타낸 진리표는 표 9−2와 같다.

표 9-2 NAND 게이트형 RS 래치 진리표

R	S	동작상태(Q)
0	0	부 정
0	1	Reset(Q=1)
1	0	set(Q=0)
1	1	불 변

표 9−2에서 알 수 있는 바와 같이 NOR 게이트형과 NAND 게이트형 RS 래치의 동작상태는 서로 반대가 됨을 유의해야 한다.

(2) D 래치

D 래치의 D는 data transfer 또는 delay라는 의미에서 첫 글자 D를 대표한 것이고, 래치(Latch)는 버팀 또는 빗장이란 뜻이다.

D 래치를 구성하는 구성도는 RS 또는 JK 플립 플롭으로도 가능하다. 보다 구체적인 것은 다음 단원에서 다루기로 하고 기본적인 RS 구성 D 래치만 설명하기로 한다.

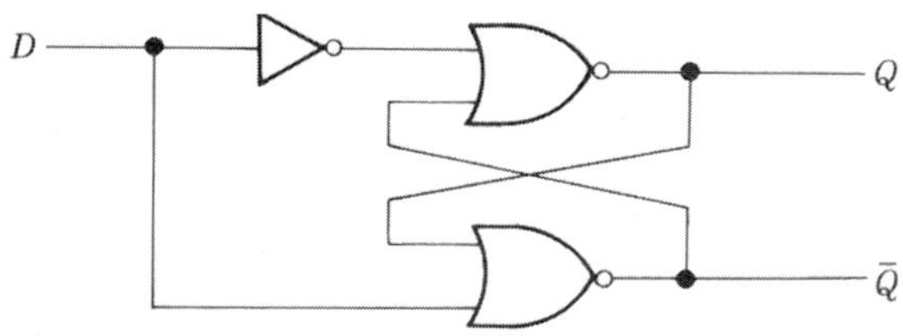

그림 9-3 NOR 게이트로 구성된 D 래치

그림 9−3은 NOR 게이트로 구성된 D 래치를 나타낸 것이다. 이 D 래치는 입력상태가 그대로 출력에 전달된다. 즉, $D=0$이면 $Q=0$이고, $D=1$이면 Q도 1이 된다. 그리고 NAND 게이트로도 D 래치를 구성할 수 있다. 한편 D 래치의 진리표는 표 9−3과 같다.

표 9-3 D 래치 진리표

D	동작상태(Q)
0	Reset(Q=0)
1	set(Q=1)

지금까지 고찰해 본 것은 클록(clock) 입력이 부착되지 않은 기본형에 대한 이론을 설명하였으나 실제로 클록 입력은 인에이블(enable)에 해당되는 것으로 1인 한 상태를 바꿀 수 있다. 따라서 래치는 어떤 입력 레벨에 의해서 제어되는데 이 경우에는 게이트 입력이 된다. 반면 플립플롭은 클록 입력이라고 부르는 트리거 신호의 천이(switching)에 의해서 제어된다.

(3) 클록이 부착된 RS 및 D 래치

클록이 부착된 래치는 앞서 다룬 RS 래치와 D 래치에서 클록만 부착시킨 것으로 그림 9-4와 같다.

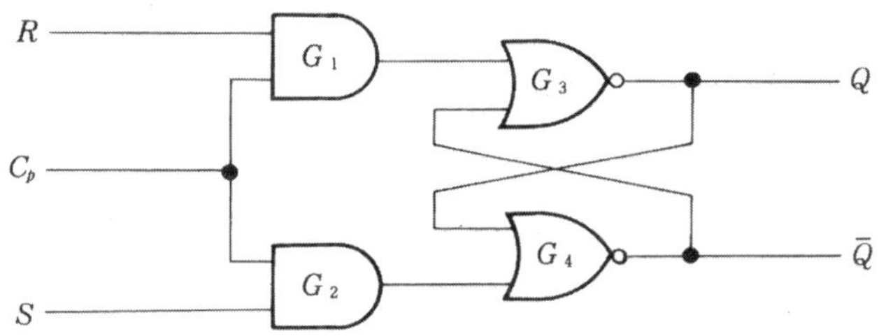

(a) 클록이 부착된 RS-Latch

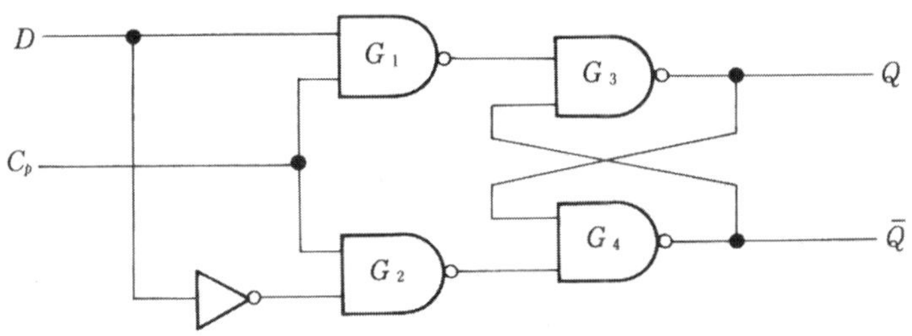

(b) 클록이 부착된 D-Latch

그림 9-4 클록이 부착된 RS 및 D 래치

그림 9−4(a)에서 NOR 게이트로 클록이 부착된 RS−Latch를 구성했으며 이것을 NAND 게이트로도 구성할 수 있다.

앞단의 G_1과 G_2를 스티어링 게이트(steering gates)라고 하며, NOR로 구성될 때는 이 스티어링 게이트는 AND 게이트로 구성되며 NAND 게이트로 구성할 때는 스티어링 게이트도 역시 NAND 게이트로 구성한다는 것을 익혀 두어야 한다.

한편 그림 9−4(b)는 NAND 게이트로 클록이 부착된 D 래치를 보이고 있다. 이 때 동작상태를 살펴보면 클록이 0일 때는 입력신호에 관계없이 출력은 전 상태를 그대로 유지하는 불변에 해당되고 C_p=1일 때에만 인에이블(enable)이 되어 입력에 따라 출력이 변한다. 이것을 표 9−4와 9−5에 나타내고 있다.

표 9-4 클록부 RS-Latch 진리표

C_p	R	S	Q_{t+1}
0	∅	∅	Q_t
1	0	0	Q_t
	0	1	1
	1	0	0
	1	1	부정

표 9-5 클록부 D-Latch 진리표

C	D	Q_{t+1}
0	u	Q_t
1	0	0
	1	1

표 9−4와 표 9−5에서 C_p는 클록 펄스를 의미하고, ∅는 don't care를 뜻한다. 즉 입력 R, S에 어떤 레벨을 가하든 무관하다는 것을 나타내고 있으며 출력 Q_{t+1}은 R, S 입력을 가한 후의 출력을 의미하므로 Q_t는 전 상태를 말한다.

흔히 사용되고 있는 D형 래치 TTL 및 CMOS는 다음 표와 같다.

표 9-6 D형 래치 TTL 및 CMOS

TTL	CMOS	패키지당 게이트 수
7475	74C75	4
4042	74C77	

3 사용기기 및 부품

디지털 실험장치
직류전원 공급장치
회로시험기
오실로스코프
TTL 7400(quad 2−input NAND Gate)
TTL 7402(quad 2−input NOR Gate)
TTL 7404(Hex Inverter)
TTL 7408(quad 2−input AND Gate)

4 실험

(1) 그림 9−5와 같은 NOR 게이트를 이용한 RS−Latch 회로를 구성하고 입력 R, S의 변화에 따른 출력을 측정하여 표 9−7을 완성하여라.

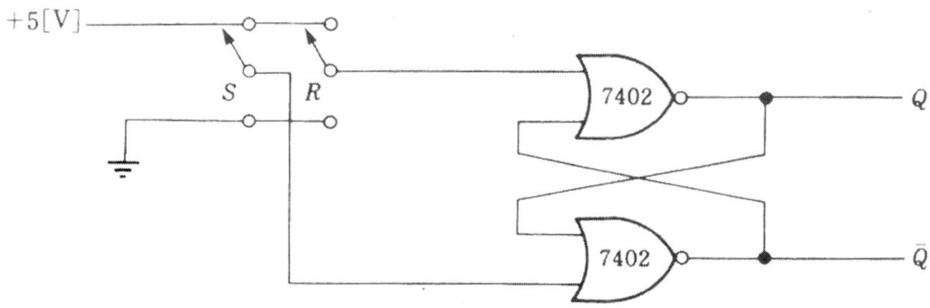

그림 9-5 NOR 게이트를 이용한 RS-Latch 회로

표 9-7

R	S	Q	$\overline{Q}$
0	1		
0	0		
1	0		
0	0		
1	1		

(2) 그림 9−6과 같은 NAND 게이트를 이용한 RS−Latch 회로를 구성하고 입력 R, S의 변화에 따른 출력을 측정하여 표 9−8을 완성하여라.

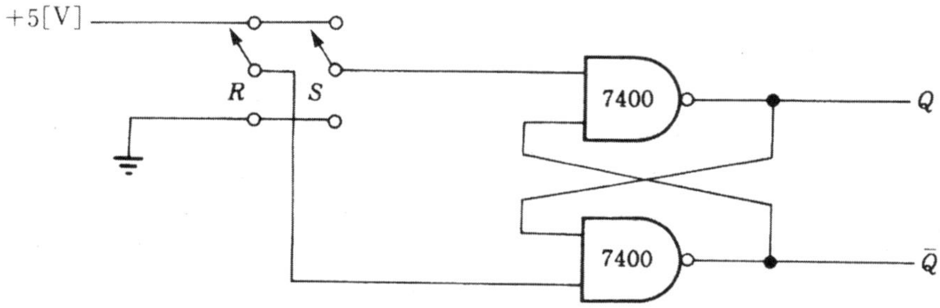

그림 9-6 NAND 게이트를 이용한 RS-Latch 회로

표 9-8

R	S	Q	$\overline{Q}$
0	1		
1	1		
1	0		
1	1		
0	0		

(3) 그림 9−7과 같은 D 래치 회로를 구성하고 입력 D의 변화에 따른 출력을 측정하여 표 9−9를 완성하여라.

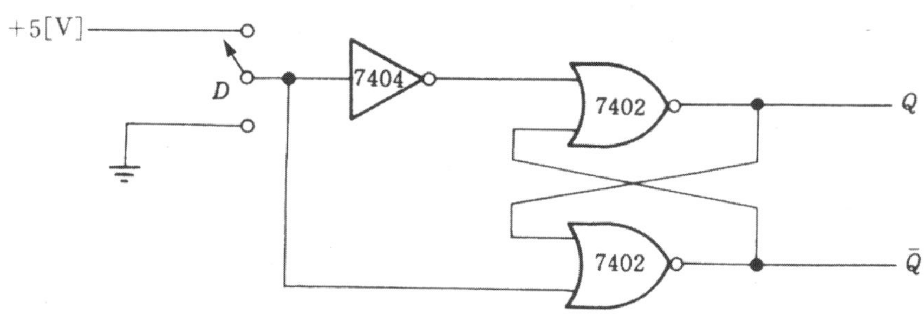

그림 9-7 NOR 게이트를 이용한 D-Latch 회로

표 9-9

D	Q	$\overline{Q}$
0	1	
1	1	

(4) 그림 9-8과 같은 클록이 부착된 RS 래치 회로를 구성하고 입력 R, S 및 C_p의 변화에 따른 출력을 측정하여 표 9-10을 완성하여라.

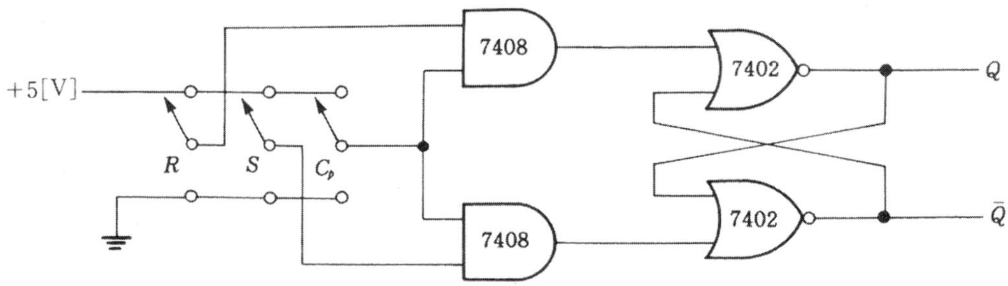

그림 9-8 클록이 부착된 RS-Latch 회로

표 9-10

C_p	R	S	Q	$\overline{Q}$
	0	1		
	0	0		
0	1	0		
	0	0		
	1	1		
	0	1		
	0	0		
1	1	0		
	0	0		
	1	1		

(5) 그림 9−9와 같이 클록이 부착된 D 래치 회로를 구성하고 입력 D와 C_p의 변화에 따른 출력을 측정하여 표 9−11을 완성하여라.

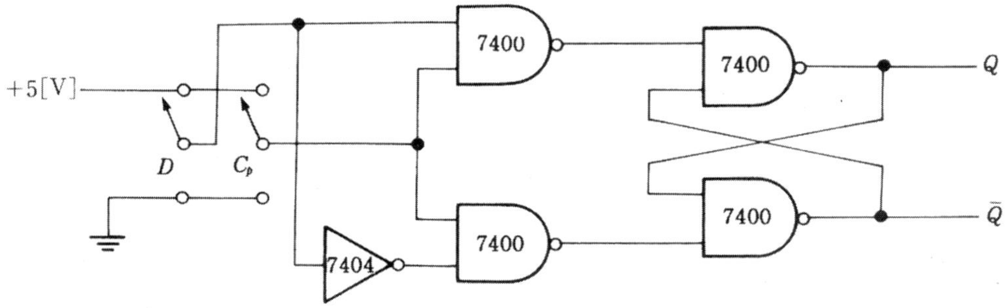

그림 9-9 클록이 부착된 D-Latch 회로

표 9-11

C_p	D	Q
0	0	
	1	
1	0	
	1	

5 실험 결과 검토

(1) 그림 9−5의 NOR 게이트를 이용한 RS 래치 회로 실험 결과에서 얻어진 표 9−7을 표 9−1과 비교 검토하여 이론과 실제가 일치하는지 확인하여 보자.

(2) 그림 9−6의 NAND 게이트를 이용한 RS 래치 회로 실험 결과에서 얻어진 표 9−8을 표 9−2와 비교 검토하여 서로 일치하는지 확인하여 보자.

(3) 그림 9−7의 NOR 게이트를 이용한 D형 래치 회로 실험 결과에서 얻어진 표 9−9와 표 9−3을 비교하여 서로 일치하는지 확인하여 보자.

(4) 그림 9−8의 클록이 부착된 RS 래치 회로 실험 결과에서 얻어진 측정치 표 9−10과 표 9−4를 비교 검토하고 서로 일치하는지 확인하여 보자.

(5) 그림 9−9의 클록이 부착된 D형 래치 회로 실험 결과에서 얻어진 표 9−11과 표 9−5를 비교 검토하고 서로 일치하는지 확인하여 보자.

6 실험 결과 테스트

(1) 다음 중 쌍안정 멀티바이브레이터(플립−플롭)와 관계가 없는 것은?

(a) 안정된 상태가 2개이다.
(b) counter 회로, 기억회로, 펄스 발생회로에 사용된다.
(c) 결합소자는 양쪽 모두 R로 구성되어 있다.
(d) 동기회로 및 분주회로에도 사용된다.

(2) 다음은 래치와 플립−플롭을 설명한 내용이다. 잘못 설명된 것은?

(a) 플립 플롭은 2개의 안정상태를 갖고 래치는 1개의 안정상태를 갖는다.
(b) 기본적으로 래치와 플립 플롭은 같은 기능을 가지며 트리거되는 방법만 다르다.
(c) 래치는 게이트 또는 인에이블 입력이 1인 한 상태를 바꿀 수 있다.

(d) 플립-플롭은 클록(clock) 입력이라고 불리는 트리거 신호의 천이(switching)에 의해서 제어된다.
(e) 래치도 넓은 의미에서는 플립-플롭 속에 포함된다.

(3) 다음은 순차 논리회로와 조합 논리회로에 관한 설명이다. 잘못된 설명인 것은?

(a) 조합 논리회로는 어떤 시각에서의 출력은 오로지 그 시각에서의 입력 상태에 좌우된다.
(b) 대부분의 디지털 시스템에서는 조합회로에 시간지연회로인 메모리 요소를 첨가한 순차 논리회로이다.
(c) 순차 논리회로는 조합 논리회로가 없이 메모리 요소만을 첨가한 논리회로이다.
(d) 순차 논리회로의 기본은 플립 플롭회로이다.

(4) NOR 게이트를 이용한 RS-Latch 회로의 그림 9-5 실험회로에서 $Q=\overline{Q}$ 일 때를 부정이라고 정의하며 이 때 입출력의 상태는?

(a) $Q=0, R=0, S=1$
(b) $\overline{Q}=0, R=S=1$
(c) $Q=1, R=S=1$
(d) $\overline{Q}=0, R=S=0$

(5) 그림 9-6의 NAND 게이트를 이용한 RS-Latch 실험회로에서 $Q=\overline{Q}$ 일 때 부정이라고 정의하며 이 때 입출력의 상태는?

(a) $Q=1, R=0, S=1$
(b) $\overline{Q}=0, R=S=1$
(c) $Q=1, R=S=0$
(d) $\overline{Q}=0, R=S=0$

(6) 그림 9-5의 NOR 게이트를 이용한 RS-Latch 실험회로에서 $R=S=0$일 때를 불변이라고 정의하고 있다. 지금 $R=1, S=0$인 입력상태로 있다가 잠시 후 $R=S=0$으로 하면 Q와 $\overline{Q}$ 의 출력은?

(a) $Q=0, \overline{Q}=1$
(b) $Q=0, \overline{Q}=0$
(c) $Q=1, \overline{Q}=0$
(d) $Q=1, \overline{Q}=1$

(7) 그림 9−8의 클록이 부착된 RS−Latch 실험회로에서 C_p, R, S 및 Q의 관계가 잘못된 것은?

(a) $C_p=1, R=1, S=0, Q=0$　　(b) $C_p=1, R=0, S=1, Q=1$
(c) $C_p=1, R=1, S=1, Q=0$　　(d) $C_p=0, R=0, S=1, Q=0$

(8) 그림 9−9의 클록이 부착된 D−Latch 실험회로에서 C_p, D 및 Q의 관계가 옳은 것은?

(a) $C_p=1, D=0, Q=0$　　(b) $C_p=1, D=1, Q=0$
(c) $C_p=0, D=1, Q=1$　　(d) $C_p=0, D=0, Q=0$

실험 10. 플립 플롭

1 목적

(1) RS 플립 플롭의 기본 개념을 파악하고 RS－Latch와의 차이점을 발견한다.

(2) D 플립 플롭의 기본 개념을 파악하고 D－Latch와의 차이점을 발견한다.

(3) JK 플립 플롭의 구성과 동작 특성 및 레이스(Race) 현상에서 나타나는 문제점을 파악한다.

(4) Master－Slave JK 플립 플롭의 구성과 동작 특성을 익힌다.

2 이론

(1) RS－플립 플롭

래치는 어떤 입력 레벨에 의해서 제어되는 데 플립 플롭은 클록 입력이라고 부르는 트리거 신호에 의해서 제어된다. 플립 플롭의 출력은 클록(clock) 입력이 0에서 1 또는 1에서 0으로 바뀔 때 동시에 상태를 바꿀 수 있다. 플립 플롭은 주로 클록신호의 앞가장자리(leading edge)나 뒷가장자리(trailing edge)에서 트리거되므로 이들을 특히 에지 트리거(edge－triggered) 플립플롭이라고 부르는 경우가 많다.

그림 10－1에 RS－플립 플롭 회로를 나타내고 있다. 여기서 앞단에 2개의 NAND 게이트를 추가함으로써 S(Set), R(Reset) 및 C_p (clock pulse)의 3가지 입력을 갖게 된다. C_p 의 Gate 입력이 로직 1인 한 RS 래치의 동작과 같으나 플립 플롭에서는 싱글 펄스(Single pulse), 즉 클록입력이라고 불리는 트리거 신호의 천이(switching)에 의해서 제어된다. 이러한 점을 고려해 볼 때 래치와 플립 플롭은 게이트 입력의 트리거 방식은 다르지만 진리표는 같아진다.

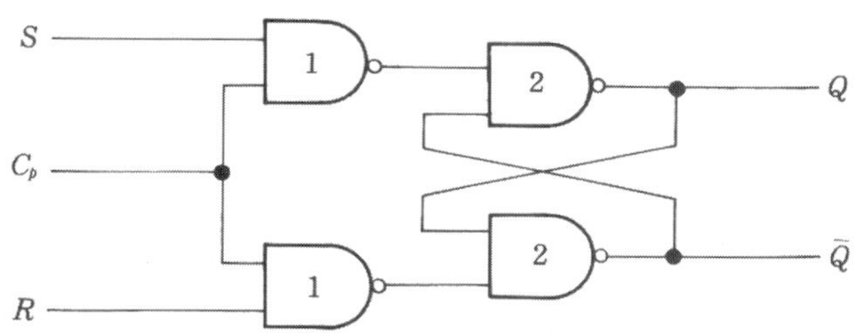

그림 10－1 NAND 게이트 만을 사용한 RS－플립 플롭

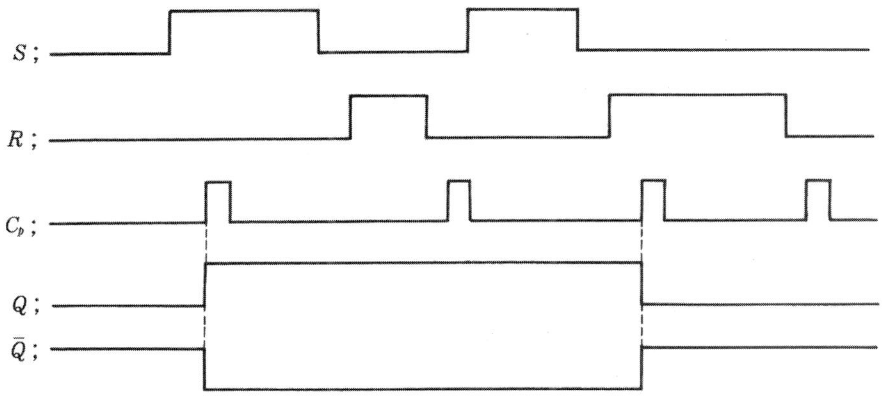

그림 10-2 RS 플립 플롭의 타이밍도

이와 같은 RS-플립 플롭의 입출력 관계를 타이밍도로 나타내면 그림 10-2와 같다.

(2) D-플립 플롭

D형 플립 플롭도 RS형 플립 플롭과 같이 클록 입력이라고 불리는 트리거 신호에 의해 제어된다.

만일 클록 신호가 0에서 1로 바뀔 때 D가 1이면 플립 플롭이 세트되어 $Q=1$이 되고, D가 0이면 플립 플롭이 리셋되어 $Q=0$이 된다. 이것을 타이밍도로 나타내면 그림 10-4와 같다. 따라서 D형 플립 플롭은 클록 입력이 0에서 1로 바뀔 때 D입력의 상태를 저장(기억)하게 된다. D-플립 플롭의 구성은 RS-플립 플롭으로도 가능하고, JK-플립 플롭으로도 그 구성이 가능하다. 이러한 D-플립 플롭의 구성은 그림 10-3과 같다.

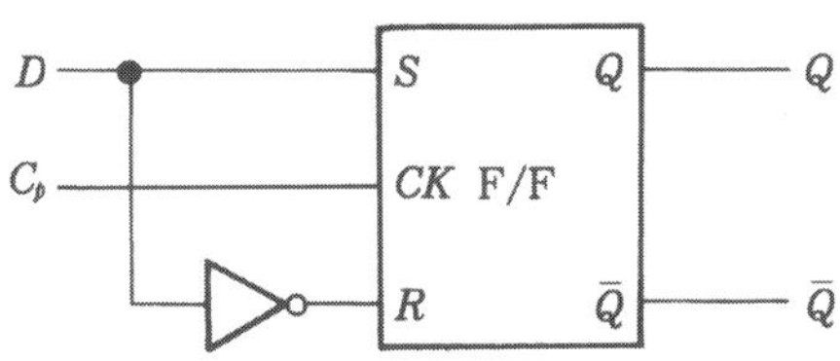

(a) RS-플립 플롭으로의 구성

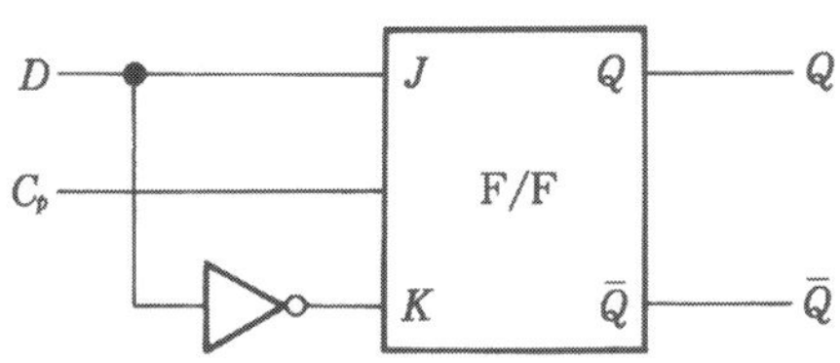

(b) JK-플립 플롭으로의 구성

그림 10-3 D-플립 플롭의 구성

한편 앞서 D－래치(TTL 7475)와 D－플립 플롭(TTL 7474)을 서로 비교해 보면 7474는 입력 클록 펄스의 상승부에서 트리거하는 반면 7475는 입력 로직이 1인 동안 D 입력의 상태와 같은데 이것을 타이밍도로 그림 10－5에 나타내고 있다.

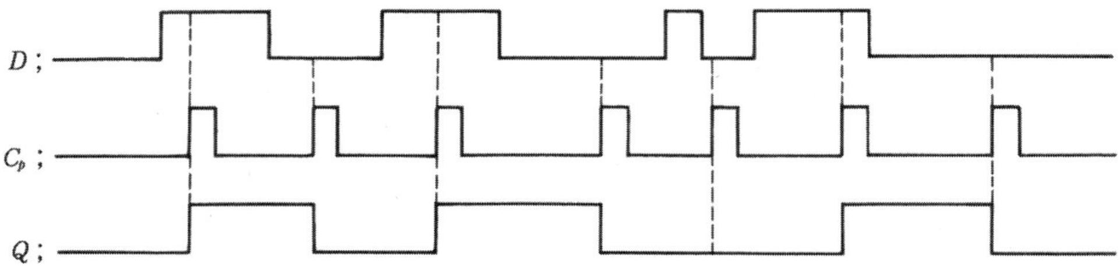

그림 10-4 D-플립 플롭의 타이밍도

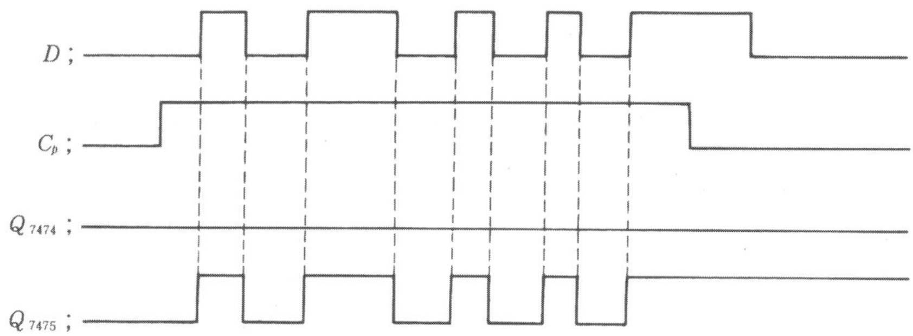

그림 10-5 D-래치와 D-플립 플롭의 타이밍도

표 10-1 TTL 및 CMOS D형 플립 플롭

패밀리	디바이스	패키지당 게이트 수	기능
TTL	7474	2	preset과 clear
TTL	74174	6	clock과 clear 공동
TTL	74175	4	clock과 clear 공동
CMOS	74C74	2	preset과 clear
CMOS	40174 74C174	6	clock과 clear 공동
CMOS	40175 74C175	4	clock과 clear 공동
CMOS	4013	2	preset과 clear

D－플립 플롭의 진리표는 D－래치와 트리거 방법이 다르나 진리치는 불변이므로 표 9－5와 같다. 이와 같이 D형 플립 플롭으로 가장 많이 사용되고 있는 TTL 및 CMOS D형 플립 플롭은 표 10－1과 같다.

(3) JK－플립 플롭

JK－플립 플롭은 디지털 시스템에서 가장 많이 사용되고 있는 플립 플롭으로 입력단자 J(Jack)와 K(King), 클록 펄스 입력단자 CK, 출력단자 Q와 $\overline{Q}$ 를 갖고 있다. 이 JK－플립 플롭은 에지 트리거 JK－플립 플롭과 마스터－슬레이브 JK－플립 플롭의 두 종류로 나뉘어 진다.

에지 트리거 JK－플립 플롭은 정진행 에지 트리거(positive edge trigger)와 클록 펄스 단자 앞단에 NOT Gate를 접속한 부진행 에지 트리거(negative edge trigger) 방식이 있다. 이러한 JK－플립 플롭의 구성은 그림 10－6(a)와 같다.

또한 JK－플립 플롭의 특징은 RS T－플립 플롭에서는 $S=R=1$인 입력을 금지시켰지만 JK－플립 플롭에서는 $S(J)$와 $R(K)$가 다같이 1일 때도 클록 펄스에 의해서 반전(toggle) 작용이 일어날 수 있는 개량된 플립 플롭에 속한다. 이러한 JK－플립 플롭의 동작을 나타내는 진리표는 표 10－2에 보이고 있으며, 회로도는 그림 10－6(b)와 같다.

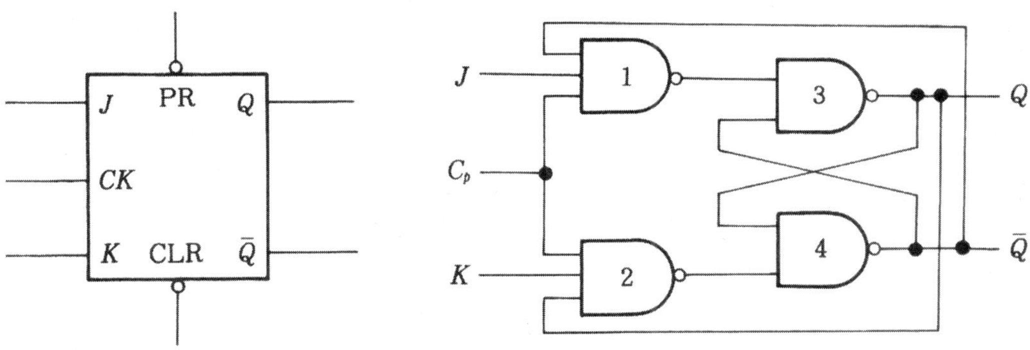

(a) 구성도 (b) 회로도

그림 10-6 JK－플립 플롭

그림 10−6의 JK−플립 플롭 (a) 구성도에서 PR는 preset, CLR는 clear 단자를 의미한다. 한편 (b) 회로도를 보면 앞단 게이트 1과 2인 스티어링 게이트(Steering Gate)와 뒷단 래치를 나타내는 게이트 3과 4도 모두 NAND 게이트로 구성되었으나 (b) 회로를 앞단 스티어링 게이트에 AND 게이트로 뒷단 래치 게이트에 NOR 게이트로도 구성할 수 있다.

표 10−2 JK−플립 플롭 진리표에서 Q_t 와 Q_{t+1} 은 입력단 J, K에 신호를 가한 후 출력은 Q_{t+1} 이고 가할 당시의 출력은 Q_t 를 나타낸 것이다. 즉 시간 t와 $t+1$에서의 각각 출력을 Q_t, Q_{t+1} 로 한 것과 같으며, toggle이란 반전을 의미한다.

표 10−2 JK 플립 플롭 진리표

C_p	R	S	Q_{t+1}
0	ø	ø	Q_t
1	0	0	Q_t
	0	1	1
	1	0	0
	1	1	toggle

플립 플롭에서 정진행 펄스 에지로 트리거를 행하는 방식에는 다음과 같은 단점이 있다. 즉, JK−플립 플롭의 경우 $J=1$, $K=1$이고 출력 Q가 0일 때 클록 펄스 1이 가해지면 플립 플롭 회로를 전파하는 시간 Δt만큼 지연된 후 출력 $Q=1$이 나타난다. 그러나 클록 펄스의 지속시간이 Δt보다 커서 계속 1의 상태로 머물고 있으면 $J=1$, $K=1$이고 $Q=1$이 되어 이 플립 플롭의 출력은 0과 1을 반복하다가 클록 펄스가 1에서 0으로 떨어질 때 플립 플롭의 출력 상태가 결정되므로 불안정하게 된다.

이와 같이 클록 펄스가 1일 때 출력 상태가 변화되면 입력측에 변화를 일으켜 오동작이 발생되는 현상을 레이스(Race) 현상이라 한다.

이러한 레이스 현상을 제거하려면 클록 펄스의 지속시간을 Δt보다 짧게 하거나 부진행 에지 트리거(negative going edge trigger) 방식을 채택하면 된다. 이 레이스 현상을 해결하는 또 하나의 기본회로가 Master−Slave 플립 플롭이다. 흔히 많이 사용되고 있는 TTL과 CMOS JK−플립 플롭은 표 10−3과 같다.

표 10-3 TTL 및 CMOS JK-플립 플롭

패밀리	디바이스	edge trigger 방식	부속기능
TTL	7470	Positive	Preset, Clear
TTL	7478	Dual, Negative	Preset
TTL	74101	Negative	Preset
TTL	74103	Negative	Clear
TTL	74106	Dual, Negative	Preset, Clear
TTL	74108	Dual, Negative	Preset, Clear
TTL	74109	Dual, Positive	Preset, Clear
TTL	74112	Dual, Negative	Preset, Clear
TTL	74113	Dual, Negative	Preset
TTL	74114	Dual, Negative	Preset, Common Clear and Clock
CMOS	74C76	Dual, Negative	Preset, Clear

(4) 마스터-슬레이브 JK-플립 플롭

앞서 설명한 JK-플립 플롭은 RST-플립 플롭보다 개량된 플립 플롭이지만 피드백(feedback)으로 인한 레이스(Race) 현상으로 오동작이 발생한다. 이러한 오동작을 방지하는 방법으로는 에지 트리거 JK-플립 플롭을 쓰지만 입력 펄스의 상승시간이 길면 오동작을 할 위험성을 갖고 있으므로 마스터-슬레이브 JK-플립 플롭을 사용하게 된다. 그림 10-7에서 마스터-슬레이브 JK-플립 플롭의 진리표는 JK-플립 플롭과 동일하다.

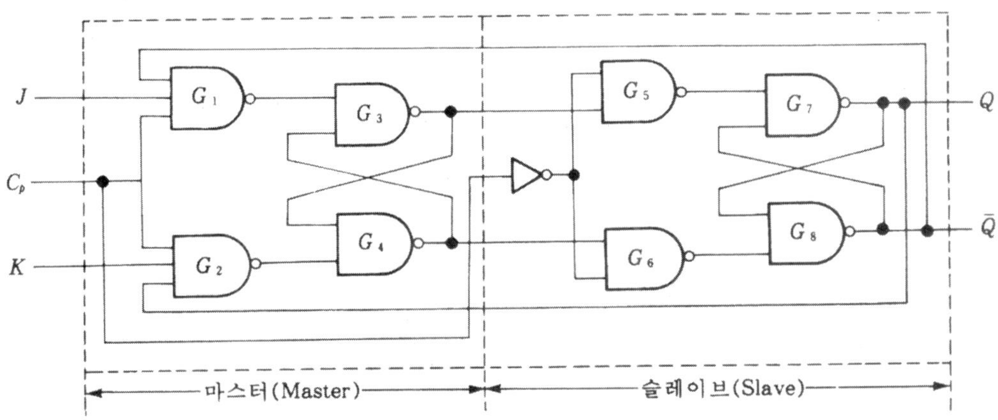

그림 10-7 마스터-슬레이브 JK-플립 플롭

M/S(마스터－슬레이브)형은 J와 K의 입력 데이터(data)가 클록의 정진행(leading edge)에서 들어오나 클록의 부진행(trailing edge)이 되기 전에는 출력에 나타나지 않는다. 이것은 앞단 마스터의 클록 펄스가 1이 가해질 때 뒷단 슬레이브의 스티어링 게이트 G_5, G_6에는 0이 인가되기 때문이다.

JK－플립 플롭의 마스터－슬레이브는 RS－플립 플롭의 마스터－슬레이브와 흡사하나 Q출력이 G_2의 입력에, $\overline{Q}$의 출력이 G_1의 입력에 연결되는 점이 다르다.

특히 유의해야 할 점은 슬레이브(slave)인 뒷단 입력 클록 펄스가 1일 때에는 앞단 마스터부의 클록 상태는 0이므로 JK 입력 데이터는 출력으로 전달되지 않고 마스터부의 G_3와 G_4의 출력이 슬레이브의 입력으로 인가되어 최종 출력 Q에 나타나게 된다. 이것을 타이밍도로 그리면 그림 10－8과 같다.

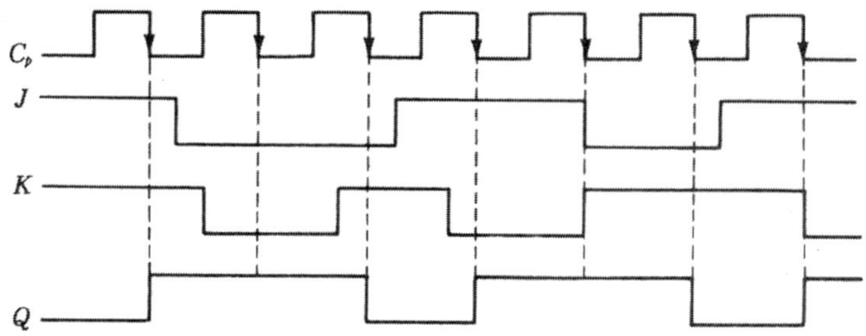

그림 10-8 마스터-슬레이브 JK-플립 플롭의 타이밍도

흔히 많이 사용되고 있는 TTL과 CMOS 마스터－슬레이브 JK－플립 플롭을 표 10－4에 나타내고 있다.

표 10-4 TTL 및 CMOS 마스터-슬레이브 JK-플립 플롭

패밀리	디바이스	부속기능
TTL	7471	Master-slave, preset
TTL	7472	Master-slave, preset, clear
TTL	7473	Dual Master-slave, clever
TTL	7476	Dual Master-slave, preset, clever
TTL	74107	Dual Master-slave, clever
CMOS	74C73	Dual Master-slave, clever
CMOS	74C107	Dual Master-slave, clever
CMOS	4027	Dual Master-slave, preset, clever

3 사용기기 및 부품

디지털 실험장치
직류전원 공급장치
싱글 펄스 발생기
회로시험기
오실로스코프
TTL 7400(quad, 2−input NAND Gate)
TTL 7404(Hex, Inverter)
TTL 7410(3−input NAND Gate)
TTL 7474(Dual, 2−input D−F/F)
TTL 7476(Dual, M/S−JK−F/F)

4 실험

(1) 그림 10−9와 같은 RST−F/F 회로를 결선하고 입력 R, S의 변화가 clock pulse(C_p)에 따라 어떻게 변화하는지 표 10−5에 써넣어라(단 S, R 입력을 인가한 상태에서 clock pulse를 가한다).

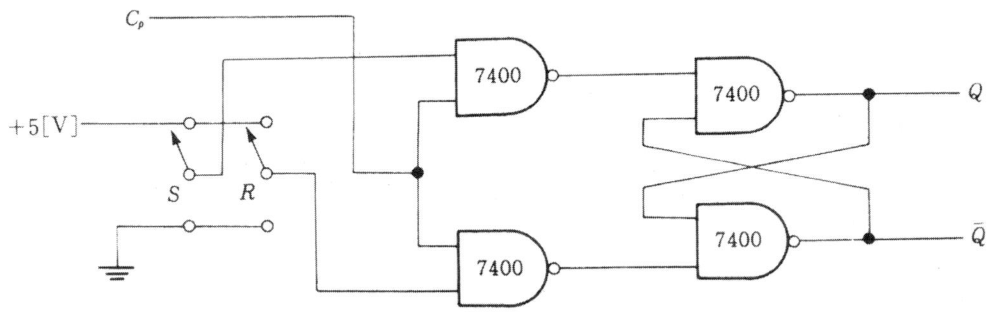

그림 10-9 RST−F/F 회로

표 10-5

C_p	R	S	Q	$\overline{Q}$
0	0	0		
1	0	0		
0	0	1		
1	0	1		
1	1	0		
0	1	1		
1	1	1		

(2) 그림 10−10과 같은 D−F/F 회로를 결선하고 D와 C_p의 입력 변화에 따른 출력 상태를 측정하여 표 10−6을 완성하여라.

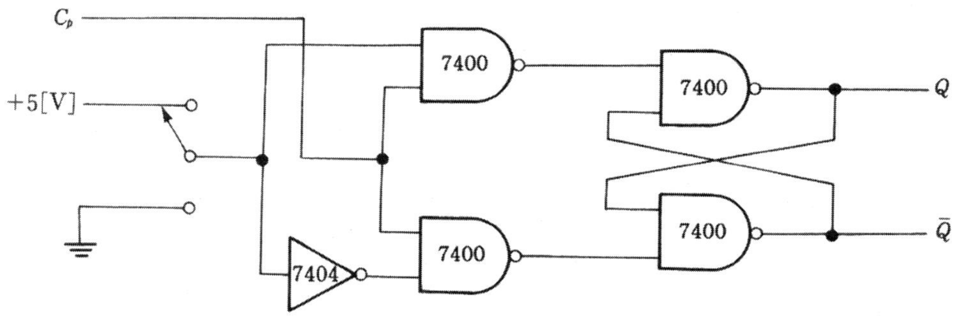

그림 10-10 D−F/F 회로

표 10-6

C_p	D	Q	$\overline{Q}$
0	0		
1	0		
0	1		
1	1		

* D입력을 인가한 상태에서 C_p를 가한다(단, C_p는 clock pulse).

* 여기서 $C_p=0$은 clock pulse 인가 전으로 가정한다.
$C_p=1$은 clock pulse 인가 후로 가정한다.

(3) 그림 10−11과 같은 TTL IC 7474 D−F/F 회로를 구성하고 D와 C_p의 입력 변화에 따른 출력 상태를 측정하여 표 10−7을 완성하라.

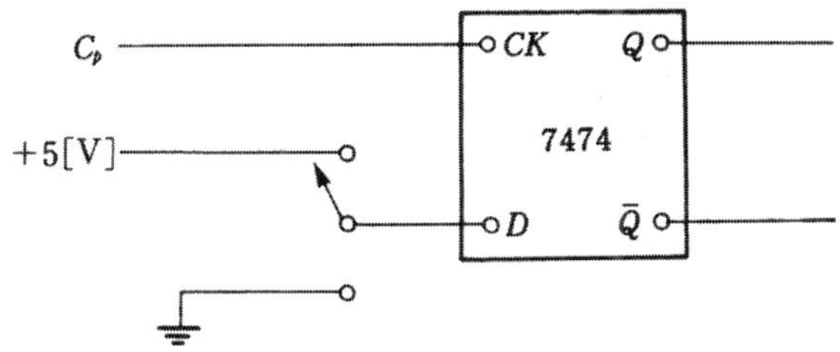

그림 10-11 TTL IC 7474

표 10-7

C_p	D	Q
0	0	
1	0	
0	1	
1	1	

* D입력을 인가한 상태에서 C_p를 가한다(단, C_p는 clock pulse). $C_p=1$이란 C_p를 인가한 후를 말함.

(4) 그림 10−12와 같은 JK−F/F 회로를 결선하고 입력 J, K 및 클록 펄스 C_p의 변화에 따른 출력 Q를 측정하여 표 10−8을 완성하여라.

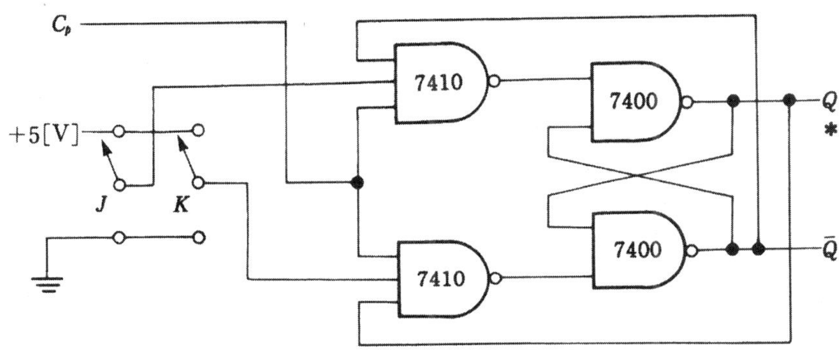

* JK 입력을 가한 상태에서 Single pulse와 pulse 파(구형파)를 인가한다.

그림 10-12 JK−F/F 회로

표 10-8

순번	C_p	J	K	싱글펄스(C_p)	구형파(C_p)
				Q	Q
1	0	0	0		
2	1	0	0		
3	0	0	1		
4	1	0	1		
5	0	1	0		
6	1	1	0		
7	0	1	1		
8	1	1	1		

* $C_p=1$이란 J와 K의 값을 인가하고 클럭 펄스를 1회 가한 경우임
* 싱글 펄스도 구형파에 속한다. 다만 폭이 구형파보다 다소 좁다고 가정하라.

(5) 그림 10−13과 같은 CMOS 74C76 Dual Negative JK−F/F 회로를 결선하고 입력 JK와 클록 C_p의 변화에 따른 출력 Q와 $\overline{Q}$를 측정하여 표 10−9를 완성하고, 그림 10−14의 타이밍 차트(timing chart)도 완성하여라.

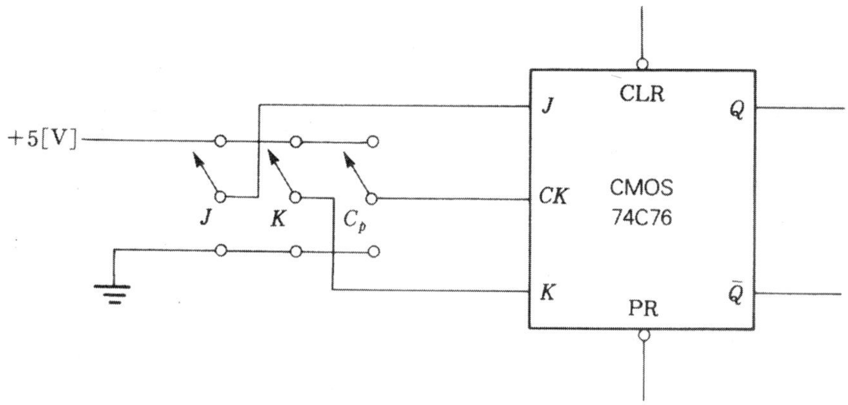

그림 10-13 CMOS 74C76 JK−F/F 회로

표 10-9

순번	C_p	J	K	Q
1	1	0	1	
2	0	0	1	
3	1	1	0	
4	0	1	0	
5	1	1	1	
6	0	1	1	
7	1	1	0	
8	0	0	1	

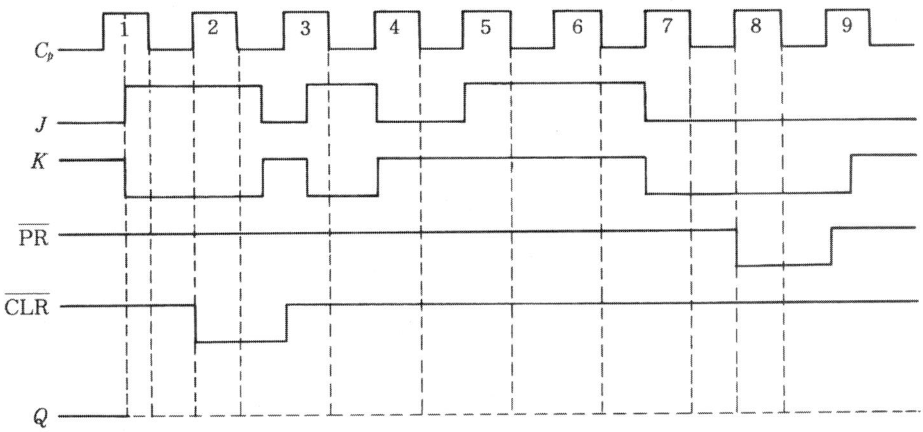

그림 10-14 TTL 7476 JK-F/F의 타이밍 차트

(6) 그림 10−15와 같은 TTL IC 7476 Dual M/S−JK−F/F 회로를 결선하고 JK와 클록 펄스 C_p의 변화에 따른 출력 Q와 $\overline{Q}$를 측정하여 표 10−10을 완성하여라.

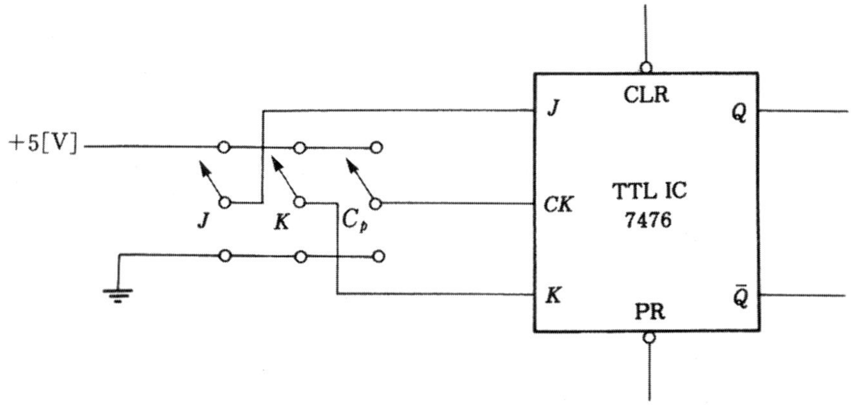

그림 10-15 TTL 7476 M/S JK-F/F 회로

표 10-10

초기상태	순번	C_p	J	K	Q	$\overline{Q}$
	1	1	0	1		
	2	0	0	1		
Q=0	3	1	1	0		
Q=1	4	0	1	0		
	5	1	1	1		
	6	0	1	1		
	1	0	1	0		
	2	1	1	0		
	3	0	1	0		
Q=1	4	1	0	1		
Q=0	5	0	0	1		
	6	1	1	1		
	7	0	1	1		

5 실험 결과 검토

(1) 그림 10－9의 RST－F/F 회로 실험 결과에서 얻어진 표 10－5가 이론치인 클록이 부착된 RS－F/F(clocked RS F/F＝RST－F/F)에서의 진리치표와 비교하여 측정치가 같은지 확인하여 보자.

(2) 그림 10－10의 D－F/F 회로 실험 결과에서 얻어진 측정치 표 10－6이 이론치인 진리치표와 같은지 확인하여 보자.

(3) 그림 10－11의 TTL IC 7474 D－F/F 회로 실험 결과에서 얻어진 측정치 표 10－7이 이론치의 진리표와 같은지 확인하고 표 10－6과 표 10－7이 같은지 검토하여 보자.

(4) 그림 10－12의 JK－F/F 회로 실험에서 먼저 C_p 에 Single pulse를 인가하여 출력 Q를 측정하고 난 다음 방형파(rectangular pulse) C_p 를 순번대로 가하면서 JK의 입력 변화를 주어 얻어진 두 개의 출력을 비교 검토하여라.

1) 싱글 펄스 때 Q가 이론치인 진리표와 같은지 비교하여라.
2) 싱글 펄스 때 Q와 방형파 때 Q를 서로 비교하여라.

(5) 그림 10－13의 CMOS 74C76 Dual Negative JK－F/F 회로 실험 결과치인 표 10－9가 positive JK－F/F때의 이론치인 진리치표와 비교 검토하여 보자.

(6) 그림 10－15 TTL IC 7476 M/S JK－F/F 회로 실험 결과치인 표 10－10이 이론치와 일치하는지 확인하고 표 10－9와 표 10－10의 측정치를 비교 검토하여 보자.

6 실험 결과 테스트

(1) 다음은 래치와 플립 플롭을 설명한 것이다. 옳게 설명된 것은?

(a) 넓은 의미에서 래치는 플립－플롭에 포함되지 않는다.
(b) 플립 플롭과 래치는 모두 하나의 안정된 상태를 갖는다.

(c) 플립 플롭은 클록 입력이라고 불리는 트리거 신호의 천이에 의해서 제어된다.
(d) 기본적으로 래치와 플립 플롭은 트리거되는 방법은 같으나 기능은 서로 다르다.

(2) 클록이 부착된 RS－F/F(RST－F/F) 그림 10－1에서 앞단 2개의 Gate를 Steering Gate 라고 한다. $C_p=1, S=0, R=0$이라면 출력 Q와 $\overline{Q}$ 는?(단, 처음 상태는 set 이다)

(a) $Q=0, \overline{Q}=1$
(b) $Q=1, \overline{Q}=0$
(c) $Q=0, \overline{Q}=0$
(d) $Q=1, \overline{Q}=1$

(3) NOR Gate로 구성된 기본 RS－F/F을 D－F/F으로 구성하려면 NOT Gate를 어디에 접속해야 하나?

(a) D단자와 S단자 사이
(b) D단자와 R단자 사이
(c) C_p 단자와 S단자 사이
(d) C_p 단자와 R단자 사이

(4) 처음 출력 $Q=1, D=1$인 상태하에서 C_p가 1에서 0으로 변화됐다면 이 때 출력은 어떻게 변화되나?

(a) 처음 상태에서 전혀 변화가 없다
(b) 처음 상태와 반대 상태
(c) C_p가 1일 때는 처음 상태와 반대
(d) C_p가 0일 때는 $Q=0$

(5) 다음 TTL IC 중 D－플립 플롭이 아닌(D－래치)것은?

(a) 7474
(b) 74174
(c) 74175
(d) 7475

(6) 다음 JK－F/F에 관한 설명이다. 이들 중 틀린 것은?

(a) JK－F/F은 RST－F/F을 개량한 것이다.
(b) CMOS 74C76은 negative edge triggering 방식이다.
(c) MS JK－F/F은 race 현상을 방지하는 방법 중의 하나이다.
(d) JK－F/F은 RST－F/F에 비해서 장점만 있다.

(7) M/S JK－F/F 7476에서 Data가 출력 Q에 전달되려면?

(a) leading clock edge
(b) trailing clock edge
(c) clock pulse＝1
(d) clock pulse high

(8) M/S JK－F/F 회로에서 현재 입력 $C_p=1, J=1, K=1, Q=1$인 상태에서 clock pulse $C_p=0$으로 바뀌었다면 출력 Q는?

(a) 전혀 변화가 없다
(b) 부정의 상태가 된다.
(c) Set 상태가 된다
(d) Reset이 된다.

(9) JK－F/F에서 race 현상을 방지하기 위한 방법에 속하지 않는 것은?

(a) trailing edge trigger(부진행 트리거) 방식을 택한다.
(b) M/S J－F/F을 이용한다.
(c) 입력 Data가 F/F을 통과하는 시간보다 짧은 C_p의 leading edge trigger(정진행 트리거) 방식을 택한다.
(d) race 현상으로 발생하는 toggle 현상을 제거하기 위해 RST－F/F을 택한다.

실험 11. 단안정 멀티바이브레이터

1 목적

(1) 단안정 멀티바이브레이터의 동작 원리를 익힌다.

(2) TTL과 CMOS IC로 된 단안정 멀티바이브레이터의 기능을 살펴본다.

(3) 단안정의 기능으로부터 사용되는 용도를 익힌다.

2 이론

(1) 단안정의 기본동작

Set 상태와 Reset 상태의 두 가지가 있으나 한 상태에서만 안정되고 다른 상태는 불안정하여 일정한 시간 뒤에는 자동적으로 안정상태로 돌아간다.

순간적으로 안정한 상태를 준안정상태라 하며, 준안정에 머무는 시간 τ는 외부 트리거 신호에 의하여 결정되는 것이 아니라 자체내의 C, R 시정수로 결정되며 논리기호와 출력 파형은 그림 11−1과 같다.

(a) Reset 상태에서 안정되는 논리기호　　(b) 트리거 입력과 출력 파형

그림 11-1 단안정 멀티바이브레이터의 논리기호와 출력 파형

(2) 단안정 멀티바이브레이터의 회로

단안정 멀티바이브레이터는 하나의 안정된 상태를 가지며, one shot M_v 라고도 한다. 이 회로의 동작을 보면 먼저 입력에 트리거 펄스(triggerpulse)가 들어오지 않은 상태에서 T_{r1} 은 $-V_{BB}$ 와 R_B 에 의해 항상 차단상태에 있다. T_{r2} 는 V_{CC} 와 R_T 에 의해서 도통상태로 고정되어

있다. 이 때 부의 트리거 펄스(negative trigger pulse)가 입력에 들어오면 T_{r2}의 V_{BE2}가 감소하여 T_{r2}의 컬렉터 전압이 급격히 상승한다.

이 변화가 C_C를 통하여 T_{r1}에 인가되므로 T_{r1}의 컬렉터 전류가 증가한다. 즉 T_{r1}이 전도(도통)되고 T_{r2}가 차단되어 불안정한 상태가 된다. 한편 T_{r1}이 도통되면 결합 콘덴서 C_T에 충전되어 있던 전하가 R_T를 통하여 방전한다($+V_{CC} \rightarrow R_T \rightarrow C_T \rightarrow T_{r1}$ 방향으로). 반대로 C_T가 충전할 때는 R_1을 통하여 충전된다($+V_{CC} \rightarrow R_1 \rightarrow C_T \rightarrow T_{r2}$ 방향으로).

방전기간 동안은 R_T에 의한 전압강하 때문에 T_{r2}는 계속 차단되어 있고 T_{r1}은 도통되어 있다. 방전이 끝나면 T_{r2}에 다시 정의 바이어스가 걸리게 되어 T_{r2}는 도통되고 T_{r1}은 차단된다. 앞에서 말한 불안정한 상태는 C_T가 R_T를 통하여 방전되는 시간에 의하여 결정되며 식 (11-1)과 같다.

$$\tau = 0.693\, C_T R_T \tag{11-1}$$

이 기간동안 트리거 펄스가 들어 오더라도 V_{BE2}가 낮아 출력상태가 변하지 않는다. 이러한 입력 트리거 펄스가 인가될 때 일어나는 각 단자의 파형변화를 보면 그림 11-3과 같다.

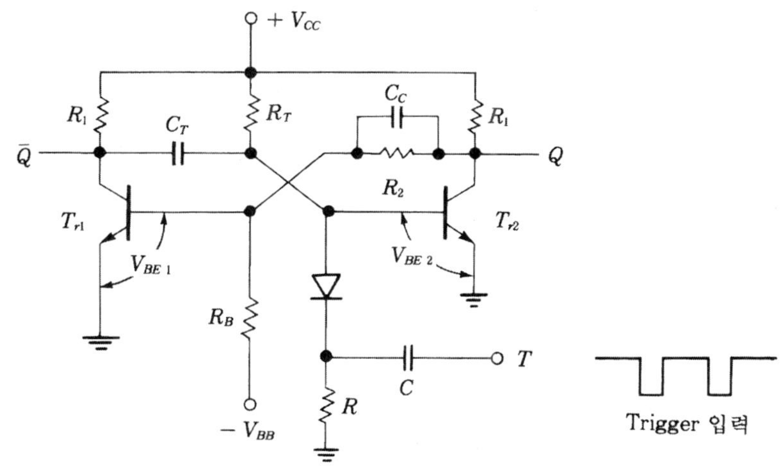

그림 11-2 단안정 멀티바이브레이터 회로

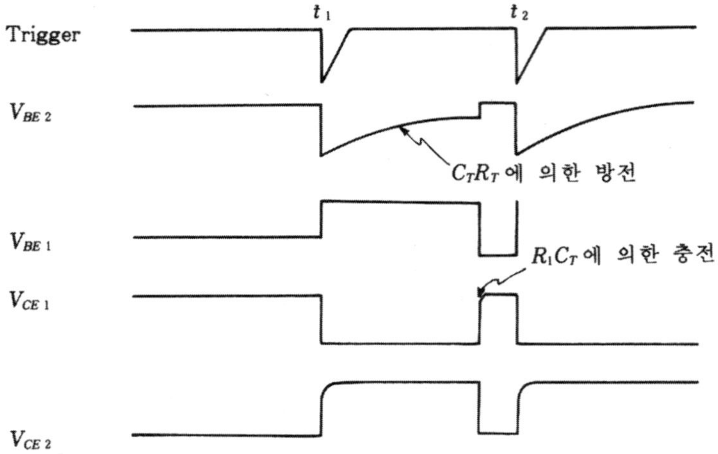

그림 11-3 단안정 멀티바이브레이터 각 단자의 변화 파형

1) 좁은 pulse를 넓게 하는 예

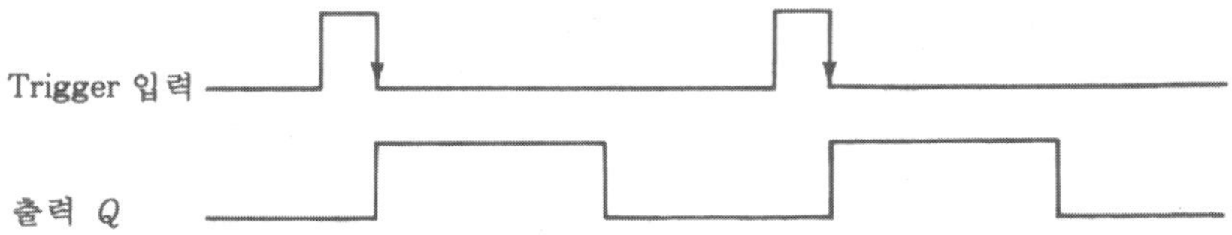

2) 넓은 pulse를 좁게 하는 예

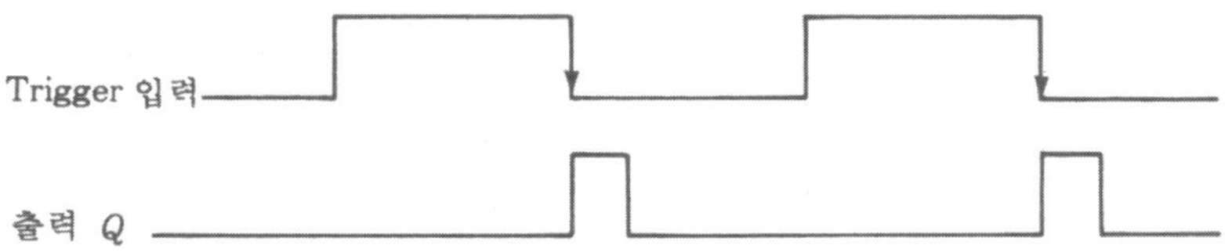

3) 불필요한 pulse를 제거하는 예

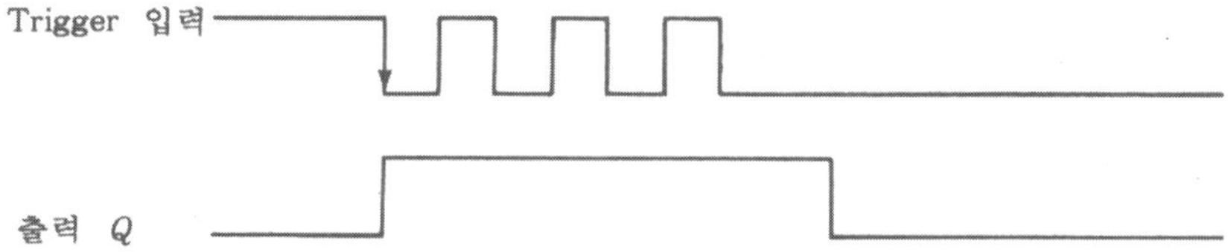

그림 11-4 여러 가지 입출력 파형

(3) 단안정 멀티바이브레이터의 여러 가지 입출력 파형

그림 11−2 회로의 출력 Q의 평상시는 "0" 레벨의 안정된 상태를 유지하며 트리거 입력을 가함에 따라 그림 11−4와 같이 좁은 펄스를 넓게 할 수도 있고 넓은 폭의 펄스를 좁게도 가능하며 경우에 따라서는 불필요한 펄스를 제거하는 데도 사용된다.

(4) 개별소자에 의한 단안정 M_v 회로

그림 11−5(a)와 같이 NAND 게이트의 입력에 평상시 높은 $+V$ 전압에 의하여 A점의 전위가 높게 Bias되어 출력 Q는 0(Low Level)에 머물고 한편 Trigger 입력은 평상시 0 상태에 있다가 1의 상태(high level)로 Trigger 되면서 평상시 Q'의 1상태가 낮은 전압상태가 되면서 A점의 전위를 갑자기 하강시키면서 콘덴서 C에 충전되어 있던 전압이 R를 통하여 방전하면서 식 (11−1)과 같이 시정수 τ 시간 후에 다시 A점이 높은 Bias로 유지시켜 그림 11−5(b)와 같은 출력 Q 파형을 나타낸다. NOR 게이트나 NAND 게이트(또는 NOT 게이트), 저항 및 콘덴서 등의 개별소자로 구성된다.

NOR 게이트와 NAND 또는 NOT 게이트는 TTL이나 CMOS 중 어느 것을 사용해도 되지만 TTL과 CMOS 디바이스를 조합해서는 안 된다. 또한 NAND 게이트 대신 NOR 게이트로 대치해도 좋다.

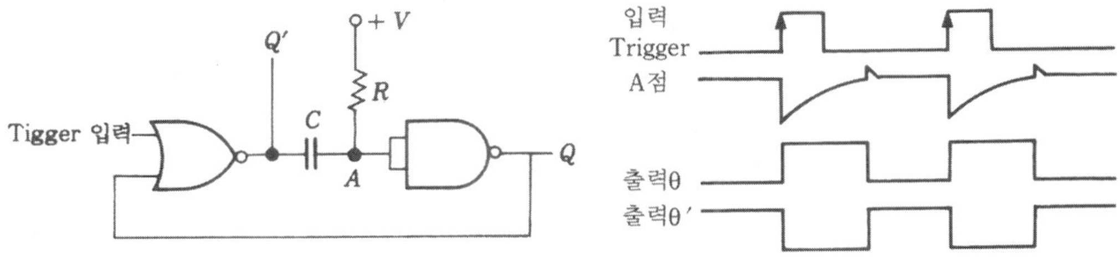

(a) 구 성 도　　(b) pulse 파형

그림 11-5 개별소자에 의한 단안정 멀티바이브레이터 회로

(5) IC 단안정 M_v 회로

1) TTL 74121 단안정 M_v

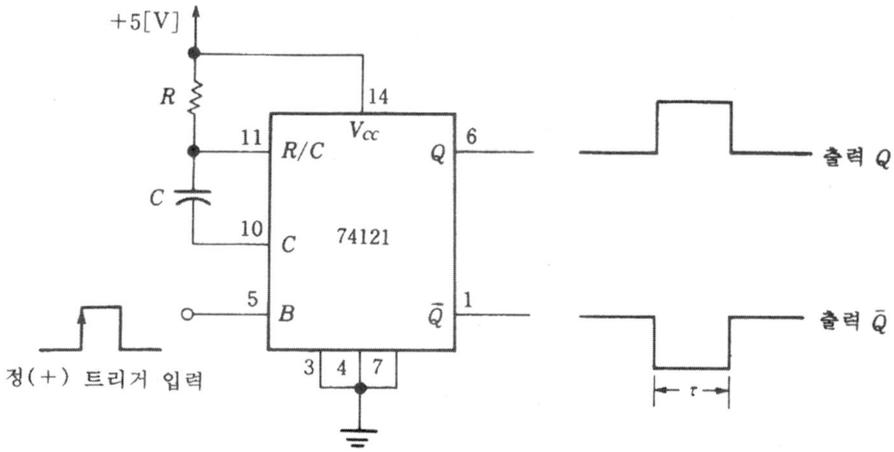

그림 11-6 정(+) 트리거를 위한 74121 단안정 M_v의 접속 기본회로

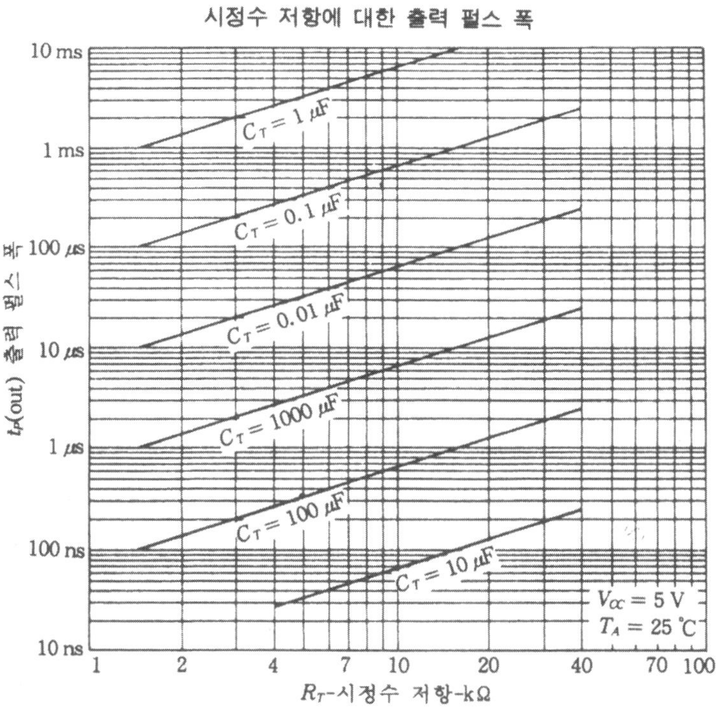

그림 11-7 정(+) 트리거를 위한 74121 단안정 M_v 출력 펄스폭 그래프

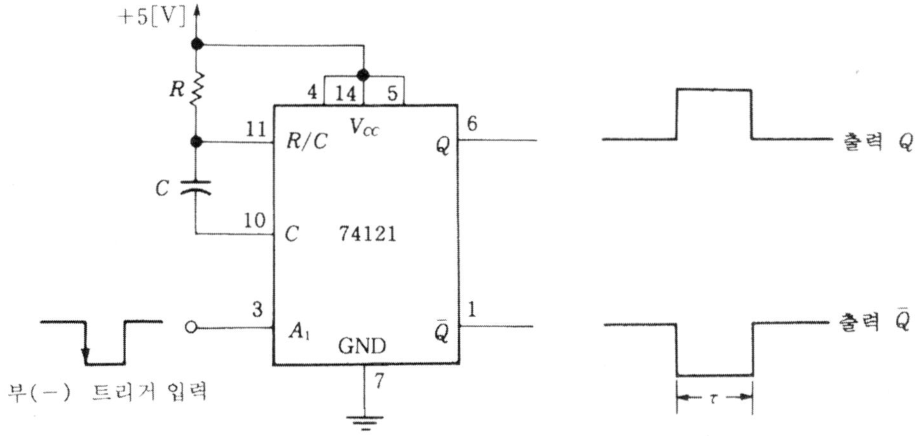

그림 11-8 부(−) 트리거를 위한 74121 단안정 M_v의 접속

TTL 74121은 3개의 입력(A_1, A_2, B)과 2개의 출력 및 3개의 타이밍 핀을 가지고 있다. 그림 11−6은 정(positive) 트리거를 위한 74121의 접속을 나타낸 것이고, 그림 11−8은 부(negative) 트리거를 위한 74121의 접속을 나타낸 것이다.

RC의 시정수 회로에 의해 출력 펄스 폭은 식 (11−1)과 같다. 최대의 성능을 얻기 위해 R는 2~40[kΩ], C는 10[pF]~10[μF]의 범위로 선정하여야 한다.

예를 들어 약 20[ls]의 출력 펄스 폭을 얻으려면 첫째 3[kΩ]과 0.01[μF], 둘째 30[kΩ]과 0.001[μF](1000[pF])를 조합하면 된다.

2) CMOS 4047 단안정 M_v

4047 단안정 멀티바이브레이터는 개별소자에 의한 단안정회로에 비해 고도의 안정성과 정밀도를 가지고 있는 장치로서 TTL 단안정과 마찬가지로 상보대칭 출력을 갖는다.

그림 11−9는 정(+) 트리거를 위한 접속이고, 그림 11−10은 부(−) 트리거를 위한 접속이다. 어느 경우나 최소 입력 트리거 펄스 폭은 4[V] 전원일 때 500[ns](type), 10[V] 전원일 때 200[ns] 타입, 15[V]일 때 140[ns] 타입이다. 출력 펄스 폭은 식 (11−2)와 같다.

$$\tau = 2.48RC\,[\mathrm{s}] \qquad (11-2)$$

그러나 믿을 수 있는 신뢰성 동작을 위해서는 시정수 저항은 10[kΩ]~1[MΩ], 콘덴서는 0.001[μF] 이상의 값으로 택해야 한다. 이 때 출력 펄스 폭은 최소 25[μs]까지 가능하다.

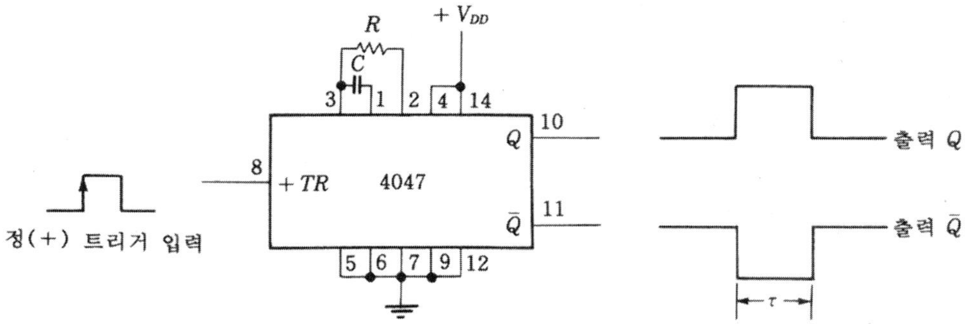

그림 11-9 정(+) 트리거를 위한 4047 단안정 M_v의 접속

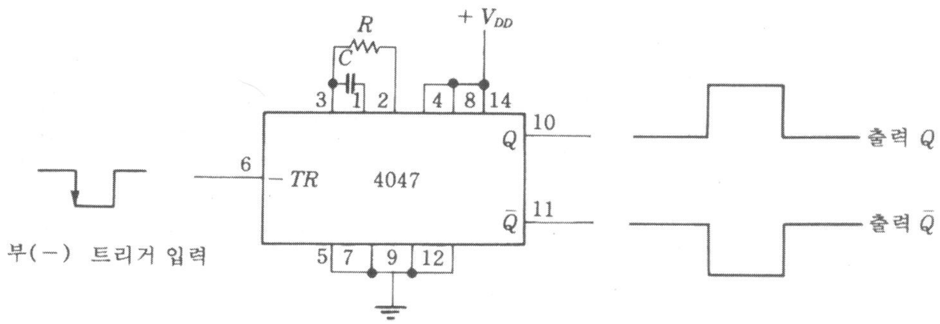

그림 11-10 부(−) 트리거를 위한 4047 단안정 M_v의 접속

3 사용기기 및 부품

디지털 실험장치
직류전원 공급장치
싱글 펄스 발생기(1[Hz], 1[kHz], 10[kHz])
로직 펄서
오실로스코프
LED 모니터
스톱워치 또는 디지털 손목시계
TTL 74121(monostable moltivibrator)
CMOS 4047(astable/monostable multivibrator)
저항 3[k Ω], 30[k Ω], 220[k Ω], 330[k Ω]
전해 콘덴서 0.01[μㄹ], 0.1[μㄹ], 10[μㄹ]

4 실험

(1) 그림 11－6, 7과 같은 TTL 74121 회로를 구성하고 다음 순서에 따라 실험하여라.

1) R=3 [k Ω], C=0.1 [μF]로 하고, 그림 11－6의 정(+) 트리거 입력이 1[kHz]의 클록 펄스를 가할 때 2 현상 오실로스코프에 나타난 출력 Q 파형과 입력 파형을 비교하여 다음 Graph 11－1에 나타내어라.

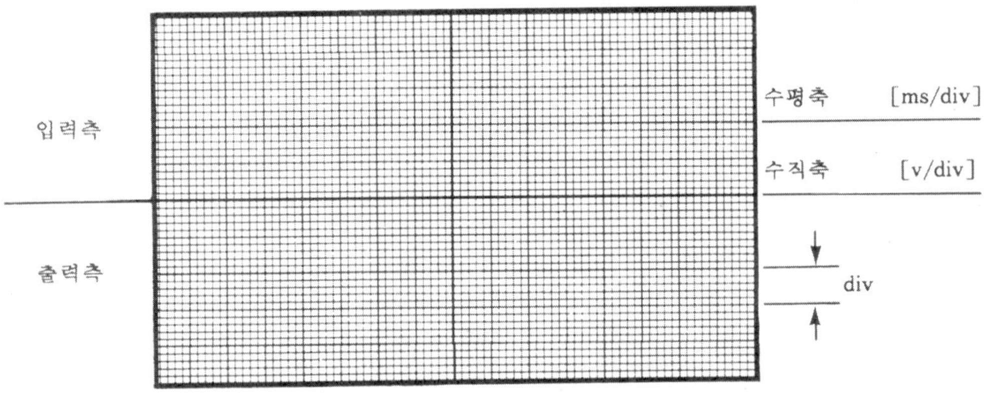

Graph 11-1

2) R=30[kΩ], C=0.01[μF]로 하고, 그림 11−8의 부(−) 트리거 입력에 1[kHz]의 클록 펄스를 가할 때 2 현상 오실로스코프에 나타난 출력 파형과 입력 파형을 비교하여 다음 Graph 11−2에 나타내어라.

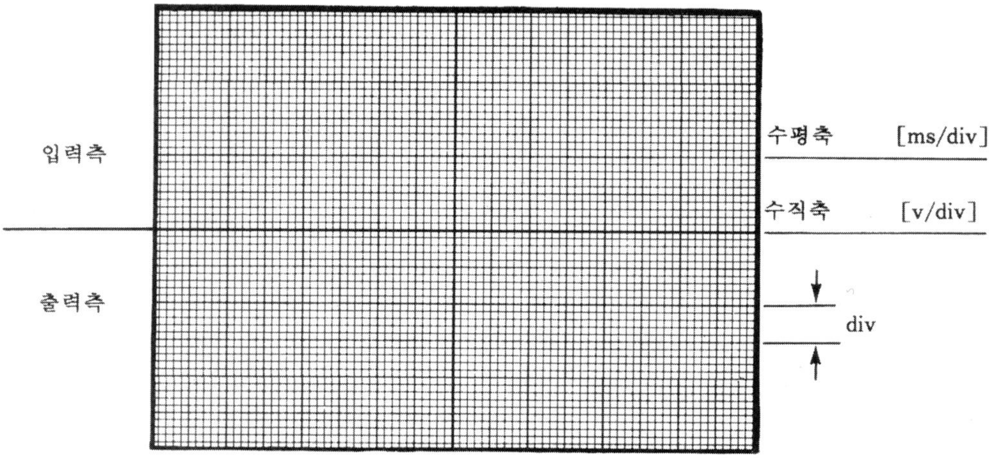

Graph 11−2

(2) 그림 11−11의 CMOS 4047 정(+) 입력 트리거 회로를 구성하고, 다음 순서에 따라 실험하여라.

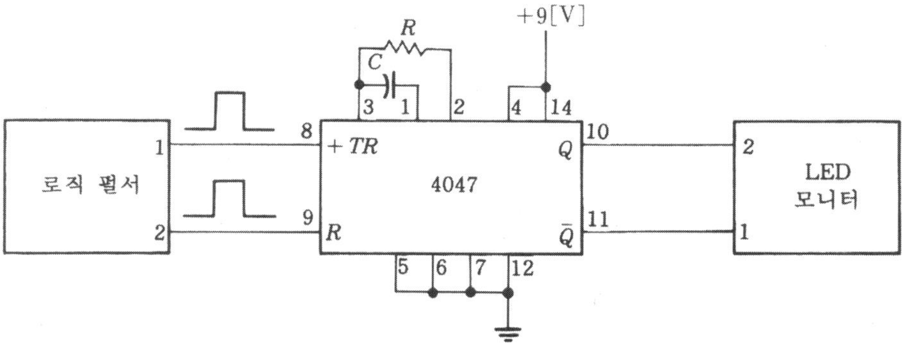

그림 11−11 CMOS 4047 정(+) 입력 트리거 실험회로

1) 주어진 회로에 R=220[kΩ], C=10[μF] 전해 콘덴서를 접속하고 전원은 +9[V]를 인가한 다음 스톱워치나 디지털 손목시계를 이용하여 펄서 1을 순간적으로 눌렀다 놓았을

때 LED 모니터 2가 동작되는 시간을 측정하여라.

동작시간 ______ [sec]

2) 기판에서 전원을 떼어내고 R=330[kΩ], C=10[μF]로 바꾼 다음 전원을 다시 접속한 후 펄서 1을 순간적으로 눌렀다 놓았을 때 LED 모니터가 2가 동작되는 시간을 측정하여라.

동작시간 ______ [sec]

3) 다음 펄서 1을 다시 눌렀다 놓은 다음 4 ~ 5초 후에 핀 번호 9번인 로직 펄서 2를 눌렀다 놓으면 LED 모니터가 어떻게 변하는지 살펴보자.

(3) 그림 11−12의 CMOS 4047 부(−) 입력 트리거 회로를 구성하고 다음 순서에 따라 실험하여라.

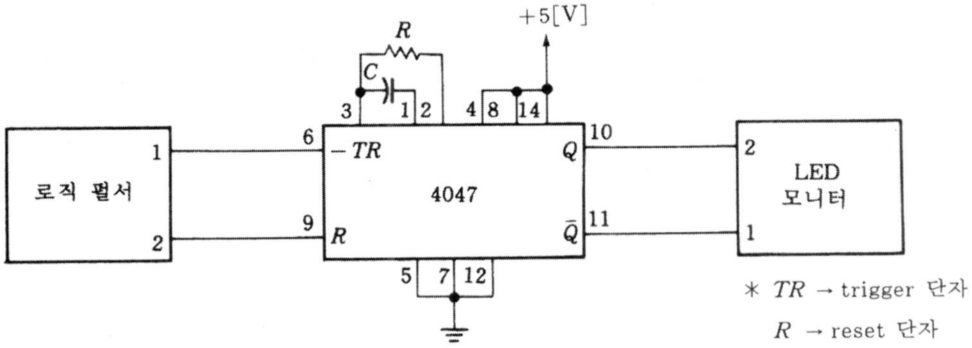

그림 11-12 CMOS 4047 부(−) 입력 트리거 실험회로

1) 주어진 회로에 R=220[kΩ], C=10[μF] 전해 콘덴서를 접속하고 전원은 +9[V]를 인가한 다음 스톱워치나 디지털 손목시계를 이용하여 펄서 1을 순간적으로 눌렀다 놓았을 때 LED 모니터 2가 동작되는 시간을 측정하여라.

동작시간 ______ [sec]

2) 기판에서 전원을 떼어내고 R=330[kΩ], C=10[μF] 전해 콘덴서로 바꾼 다음 전원을 다시 접속한 후 펄서 1을 순간적으로 눌렀다 놓았을 때 LED 모니터 2가 동작되는 시간을 측정하여라.

동작시간 ______ [sec]

3) 다음 펄서 1을 다시 눌렀다 놓은 다음 4 ~ 5초 후에 핀 번호 9번인 로직 펄서 2를 눌렀다 놓으면 LED 모니터가 어떻게 변하는지 살펴보자.

5 실험 결과 검토

(1) 그림 11－6의 TTL 74121 정(＋) 입력 트리거 $R=3[\text{k}\Omega]$, $C=0.1[\mu\text{F}]$ 회로 실험에서 스코프로 측정한 측정치와 이론치인 식 (11－1)의 결과치와 비교 검토하여라.

(2) 그림 11－8의 TTL 74121 부(－) 입력 트리거 $R=30[\text{k}\Omega]$, $C=0.01[\mu\text{F}]$ 회로 실험에서 스코프로 측정한 측정치와 이론치인 식 (11－1)의 결과치와를 비교 검토하여라.

(3) 그림 11－6의 TTL 74121 정(＋) 입력 트리거 회로 실험에서 나타난 스코프상의 결과와 그림 11－8의 TTL 74121 부(－) 입력 트리거 회로 실험에서 나타난 스코프상의 결과가 같은지 비교 검토하여라.

(4) 그림 11－11의 CMOS 4047 정(＋) 입력 트리거 실험회로에서 $R=220[\text{k}\Omega]$, $C=10[\mu\text{F}]$ 했을 때 LED 모니터 2가 동작되는 측정치 시간과 이론치인 식 (11－2)의 결과치를 서로 비교하여라.

(5) 그림 11－11의 CMOS 4047 정(＋) 입력 트리거 실험회로에서 $R=220[\text{k}\Omega]$, $C=10[\mu\text{F}]$로 바꾼 LED 모니터가 2가 동작되는 측정치 시간과 이론치인 식 (11－2)의 결과치를 서로 비교 검토하여라.

(6) 그림 11－11의 CMOS 4047 정(＋) 입력 트리거 회로 실험에서 $R=330[\text{k}\Omega]$, $C=10[\mu\text{F}]$로 바꾼 다음 LED 모니터가 2가 동작되는 측정치 시간과 이론치인 식 (11－2)의 결과치를 서로 비교 검토하여라.

(7) 그림 11－12의 CMOS 4047 부(－) 입력 트리거 실험에서 $R=220[\text{k}\Omega]$, $C=10[\mu\text{F}]$로 했을 때 LED 모니터 2가 동작되는 측정시간과 이론치 식 (11－2)의 결과치를 서로 비교 검토하여라.

(8) 그림 11－12의 CMOS 4047 부(－) 입력 트리거 회로 실험에서 $R=330[\text{k}\Omega]$, $C=10[\mu\text{F}]$로 바꾼 후 LED 모니터가 2가 동작되는 측정시간과 이론치 식 (11－2)의 결과치를 비교 검토하여라.

6 실험 결과 테스트

(1) 단안정 멀티바이브레이터(Multivibrator=M_v) 회로에서는 몇 개의 안정된 상태를 갖는가?

(a) 0개 (b) 1개
(c) 2개 (d) 3개

(2) 단안정 M_v 회로에 관한 설명이다. 틀린 것은?

(a) 단안정 M_v의 안정된 상태는 Set와 Reset 어느 것이든 가능하다.
(b) 불안정한 상태(준안정상태)는 R과 C에 관련된 시정수로 결정된다.
(c) 단안정 M_v 는 넓은 입력 pulse폭을 좁은 출력 pulse폭으로 변경시키는 것은 불가능하다.
(d) 단안정 M_v 는 불필요한 pulse를 제어시키는 데도 사용된다.

(3) 그림 11−6의 정(+) 입력 트리거 실험회로에서 나타난 출력 Q의 주파수는?

(a) 0.7[kHz] (b) 1[kHz]
(c) 1.2[kHz] (d) 2[kHz]

(4) 그림 11−6의 정(+) 입력 트리거 실험회로에서 R=3[kΩ], C=0.1[μF]로 했을 때 불안정한 상태구간 즉 시정수는?

(a) 150[μs] (b) 210[μs]
(c) 270[μs] (d) 320[μs]

(5) 그림 11−8의 부(−) 입력 트리거 실험회로에서 R=30[kΩ], C=0.01[μF]로 했을 때 시정수는?

(a) 150[μs] (b) 210[μs]
(c) 270[μs] (d) 320[μs]

(6) 그림 11－11의 CMOS 4047 정(＋) 입력 트리거 회로에서 R=220[kΩ], C=10[μF]펄서 1을 순간적으로 눌렀다 놓았을 때 LED 모니터 2가 동작되는 시간은?

(a) 약 4초
(b) 약 6초
(c) 약 8초
(d) 약 10초

(7) 그림 11－11의 CMOS 4047 정(＋) 입력 트리거 회로에서 R=330[kΩ], C=10 [μF]로 바꾼 다음 펄서 1을 순간적으로 다시 눌러 놓았을 때 LED 모니터 2가 동작되는 시간은?

(a) 약 6초
(b) 약 8초
(c) 약 10초
(d) 약 12초

(8) 그림 11－11의 CMOS 4047 정(＋) 입력 트리거 회로에서 R=330[kΩ], C=10 [μF]일 때 펄서 1을 순간적으로 눌러 놓고 난 후 4초 후 다시 펄서 2를 눌러 놓았을 때 어떤 현상이 발생하나?

(a) 펄서 2를 눌러 놓고 난 후 약 6초 후에 LED 모니터 2가 중단된다.
(b) 펄서 2를 눌러 놓고 난 후 약 4초 후에 LED 모니터 2가 중단된다.
(c) 펄서 2를 눌러 놓고 난 후 약 2초 후에 LED 모니터 2가 중단된다.
(d) 펄서 2를 눌러 놓으면 즉시 LED 모니터 2가 중단된다.

(9) 그림 11－12의 CMOS 4047 부(－) 입력 트리거 회로에서 R=220[kΩ], C=10 [μF]를 접속했을 때 펄서 1을 순간적으로 눌렀다 놓으면 LED 모니터 2가 얼마간 동작하나?

(a) 약 4초
(b) 약 6초
(c) 약 8초
(d) 약 10초

(10) 그림 11−12의 CMOS 4047 부(−) 입력 트리거 회로에서 R=330[kΩ], C=10 [μF]로 바꾼 다음 펄서 1을 순간적으로 눌렀다 놓으면 LED 모니터 2가 얼마간 동작되나?

(a) 약 6초 (b) 약 8초

(c) 약 10초 (d) 약 12초

실험 12. 비안정 멀티바이브레이터

1 목적

(1) 비안정 멀티바이브레이터의 동작 원리를 익힌다.

(2) 수정 진동자를 이용한 비안정 멀티바이브레이터의 동작을 익힌다.

(3) 555 IC 타이머를 이용한 단안정과 비안정 멀티바이브레이터의 동작을 익힌다.

2 이론

2개의 콘덴서로 결합된 멀티바이브레이터로 안정된 동작상태가 없이 셋과 리셋의 두 상태가 주기적으로 반복되는 특성을 갖고 있으며 디지털 시스템을 동작시키는 데 필요한 클록신호(clock signal)를 발생시키는 데 쓰인다.

(1) Transistor형 비안정 M_v 회로

Tr_1 이 포화상태이고, Tr_2 가 차단상태라면 $t=0$일 때 Tr_1 이 포화이고 시간이 경과함에 따라 충전된 C_1 은 R_1 을 통하여 방전하고 $t=t_1$ 이 되면 V_{BE2} 가 Tr_2 의 충분한 Bias가 되어 Tr_2 가 포화상태로 된다. 이와 같이 Tr_2 가 갑자기 포화상태가 되면 V_{CE2} 가 $+V_{CC}$ 전압에서 약 0.2[V]로 떨어져 $+V_{CC}=+5$[V]라 하면 4.8[V]가 드롭(drop)되므로 V_{BE2} 을 0.8[V]의 Bias 전압에서 4.8[V]가 드롭되면 -4[V]가 되어 t_1 에서 t_2 까지 R_2 를 통하여 C_2 가 방전한다.

이와 같은 동작은 자동적으로 되풀이되는데 그 반복주기는 R_1C_1, R_2C_2 의 방전시정수에 의하여 결정된다. TR_1 이 차단되어 있는 기간은

$$V_{BE1}=V_{CC}\left\{1-\exp\left(-\frac{t}{R_2C_2}\right)\right\}-V_{CC}\exp\left(-\frac{t}{R_2C_2}\right) \qquad (12-1)$$

이 때 Tr_2 는 도통상태이며, R_1C_1 에 의한 그림 12−1의 (b)와 같이 충전이 생긴다.

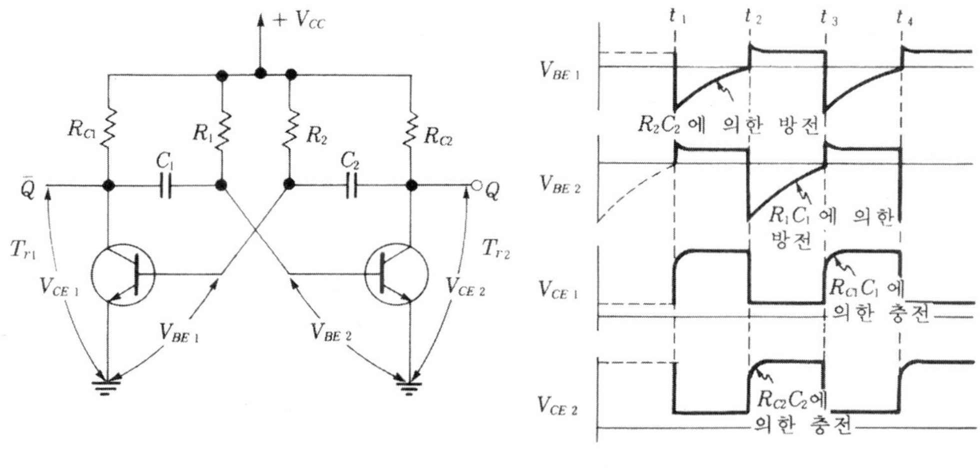

(a) (b)

그림 12-1 **비안정 M_v 회로와 그의 파형**

식 (12－1)에서 $V_{BE1}=0$이 되는 시각 $t=t_a$ 에서 Tr_1이 차단되므로

$$0=1-2\exp\left(-\frac{t_a}{R_2C_2}\right)$$

$$t_a=-R_2C_2\ln 0.5\cong 0.693R_2C_2 \qquad (12-2)$$

같은 방법으로 Tr_2가 차단되는 시각을 t_b라 하면

$$t_b\cong 0.693R_1C_1$$

따라서 단형파의 반복주기

$$T=t_a+t_b\cong 0.693(R_1C_1+R_2C_2) \qquad (12-3)$$

$$f=\frac{1}{T}=\frac{1}{t_a+t_b}\fallingdotseq\frac{1.4}{R_1C_1+R_2C_2} \qquad (12-4)$$

만일 $R_1=R_2=R$, $C_1=C_2=C$이면

$$f=\frac{0.7}{RC} \qquad (12-5)$$

이러한 트랜지스터형 클록 발생회로는 트랜지스터가 인버터 게이트(Inverter Gate)로 동작하기 때문에 그림 12－2와 같이 나타낼 수 있다.

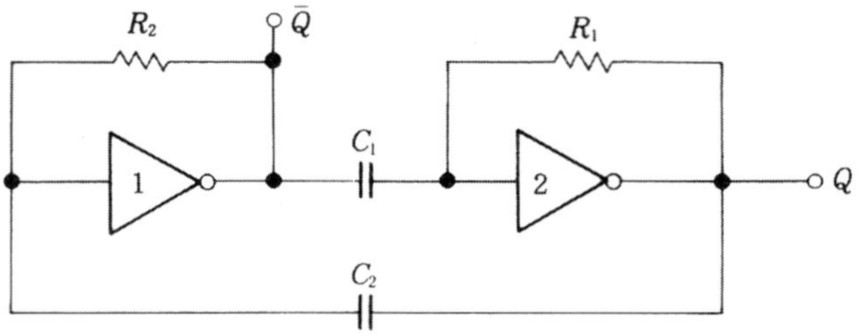

그림 12-2 Inverter Gate를 이용한 비안정 M_v 회로

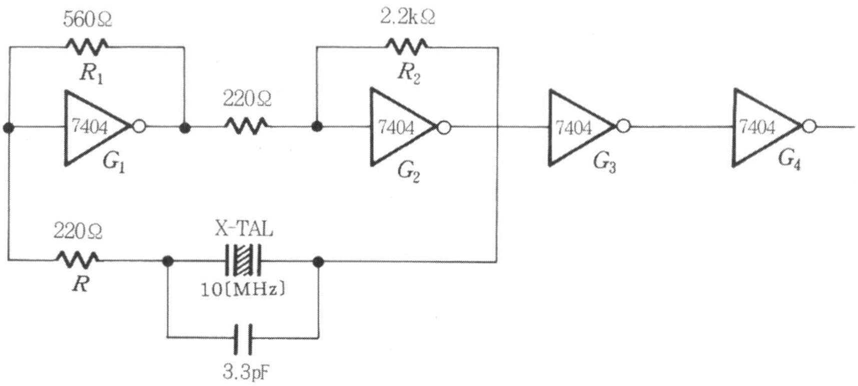

그림 12-3 수정 진동자를 이용한 비안정 M_v 회로

한편, 이 출력 파형은 인버터 게이트의 입출력 특성 때문에 완전한 구형파가 되기는 어려우므로 출력측에 슈미트 트리거를 접속시켜 파형을 정형시키는 것이 좋다.

(2) 수정 진동자를 이용한 비안정 M_v 회로

LC 동조회로에 수정편을 사용하면 다른 발진회로와는 비교가 안 되는 안정된 주파수를 얻을 수 있다. 특히, 전파의 주파수는 안정되고 정확해야 하는데 전파법규에서 사용 송신기의 주파수는 10^{-4}~10^{-5} 정도의 허용편차를 요구한다. 그래서 Q가 큰 수정 진동자로 주파수의 안정화를 꾀한 수정발진회로가 무선 송신기에 많이 이용되고 있다.

수정 진동자는 수정편의 압전효과를 이용한 기계적 진동자로서 Q가 대단히 높아 보통 10^{-4}~10^{-6} 정도나 된다. 수정을 적당히 여진하면 출력 주파수가 얻어지는데 이 주파수는 수정의 두께, 자르는 방법, 홀더(holder)의 형태 등에 따라 달라진다.

그림 12−3의 NOT 게이트는 74LSO4 IC를 사용한 수정제어 클록회로로서 출력에 추가된 2개의 NOT 게이트는 출력 Q의 발진주파수가 외부 부하와 연결될 때 이로 인하여 영향을 받는 것을 막기 위함이다.

(3) 555 IC 타이머

IC 타이머가 등장한 이래 단안정 및 비안정 멀티바이브레이터의 설계가 간단해졌다. 가장 인기가 있는 IC 타이머로는 555와 556이다. 이들 타이머는 4～18[V]의 전원전압으로 동작하기 때문에 TTL이나 CMOS 디바이스와 더불어 사용할 수 있다.

표준 555 타이머는 전류 드레인(Current drain)이 커서 건전지 사용회로에는 적합하지 않지만 이것과 완전호환이 가능한 건전지 회로용의 저전력 CMOS 버전(L555, ICM7555)도 시판되고 있다.

1) 555 IC 단안정 M_v

신뢰성 있는 동작을 위해서는 R은 1[kΩ]～10[MX]의 범위로 하고 C는 0.001[μF] 이상의 값으로 선정하며, 출력 펄스폭은 식 (12−6)과 같다.

$$\tau = 1.1RC[\mathrm{s}] \qquad (12-6)$$

일단 멀티바이브레이터가 입력에서 트리거되면 식 (12−6)에 의해 타이밍 사이클 동안에 리트리거(retrigger) 되어도 출력 Q는 s시간이 경과할 때까지는 준안정상태(여기서는 1의 상태)로 유지된다. 만일 타이밍 사이클 동안에 리셋 입력에 부(−)의 리셋을 가동시킨다면 s시간 전에 안정상태(여기서는 0의 상태)로 돌아간다.

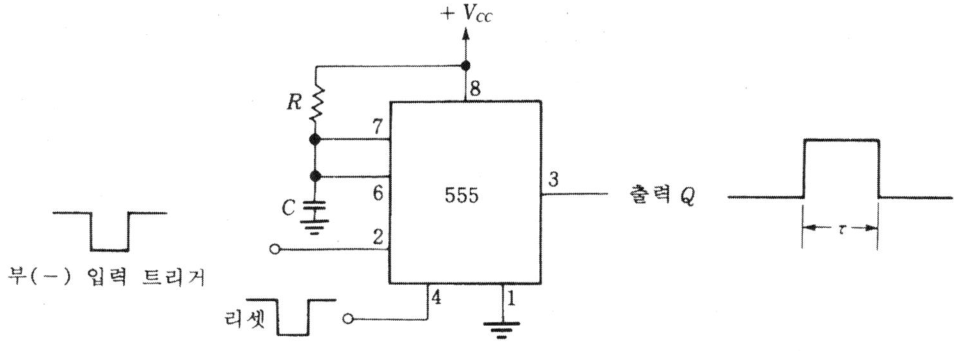

그림 12-4 부(−) 트리거 방식 555 단안정 M_v 회로

만일 이 회복시간(recovery time)이 끝나지 않고 다음의 사이클이 시작되면 그 주기가 식 (12－6)에서 주어진 주기보다 짧아질 가능성이 있다. 이 가능성을 없애기 위해 부(－) 회복회로를 사용해야 한다.

트리거 펄스 열이 555의 설정된 시간지연보다 짧은 주기로 계속 입력되고 있는 한 멀리 바이브레이터는 트리거 된 채로 있으며, 출력은 준안정상태로 유지하고 일단 트리거가 끝나면 타이밍 사이클이 종료된다.

2) 555 IC 비안정 M_v

이 회로의 출력 주파수 f는 식 (12－7)과 같다.

$$f = \frac{1.443}{(R_1 + 2R_2)C} \text{[Hz]} \tag{12-7}$$

출력 펄스 열의 듀티 사이클(duty cycle)은 식 (12－8)과 같이 외부 타이밍 저항의 값에 의해서만 결정된다.

$$D = \frac{R_1 + R_2}{R_1 + 2R_2} \times 100 \text{ [\%]} \tag{12-8}$$

따라서 R_2를 R_1에 비해 매우 크게 선정하면 % 듀티 사이클 D값은 50[%]에 가까워진다. 또 $R_1 + 2R_2$의 합은 1[kΩ]~10[MX]의 범위가 되어야 하고 최대 출력 주파수는 약 200[kHz]이다. 여기서 듀티 사이클은 출력 주파수를 바꾸지 않고서는 독립적으로 조정할 수 없다는 점에 유의하기 바란다.

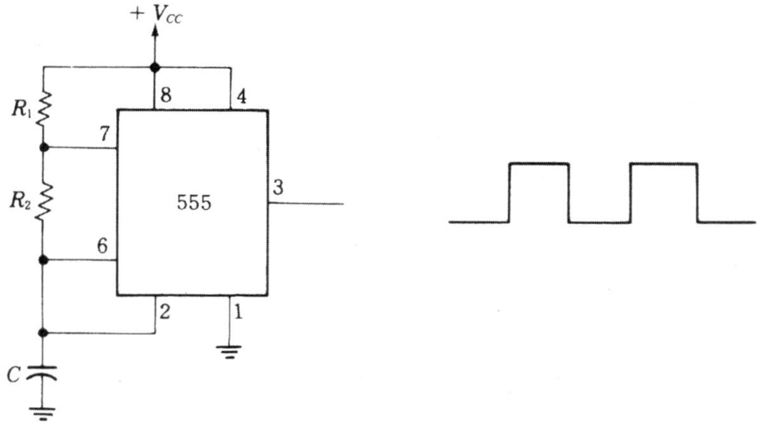

그림 12-5 555 타이머의 비안정 M_v 회로

3 사용기기 및 부품

디지털 실험장치
직류전원 공급장치
로직 펄서
오실로스코프
LED 모니터
스톱워치 또는 디지털 손목시계
주파수 카운터
트랜지스터 2SC 1815－2개
TTL 74LS00(NAND Gate)
TTL 746S04(NOT Gate)
크리스탈 수정 진동자 10[MHz]
555 IC 타이머
CMOS 4047
콘덴서 0.01[μF] 2개, 0.01[μF] 2개, 0.33[pF], 1[μF], 10[μF], 33[μF]
저 항 220[Ω](2개), 560[Ω], 1.8[kΩ], 6.8[kΩ](2개), 10[kΩ], 100[kΩ](2개), 330[kΩ], 1[MΩ]

4 실험

(1) 그림 12－1의 비안정 M_v 회로에서 $R_{C1}=R_{C2}=6.8$[kΩ], $R_1=R_2=100$[kΩ], $C_1=C_2=0.01$[μF], $Tr_1=Tr_2=$2SC1815, $V_{CC}=+6$[V]로 하고 출력 Q (V_{CE2})와 $\overline{Q}$ (V_{CE1}), Tr_1, Tr_2의 Base 점(V_{BE1}, V_{BE2}) 파형을 그려라(단 반드시 DC Level까지 표시하고 발진 주기와 진폭도 정확하게 측정한다).

(2) 그림 12－2의 Inverter Gate를 이용한 비안정 M_v 회로에서 $R_1=R_2=6.8$[kΩ], $C_1=C_2=0.01$[μF], Inverter는 74LS04 TTL Gate로 하고 Gate 1과 Gate 2의 입출력 파형을 그려라. 또 $C_1=C_2=0.001$[μF]로 바꾸어 발진 주파수를 비교하여라.

1) $C_1=C_2=0.01$[μF]일 때 $f=$ ______ [Hz]
2) $C_1=C_2=0.001$[μF]일 때 $f=$ ______ [Hz]

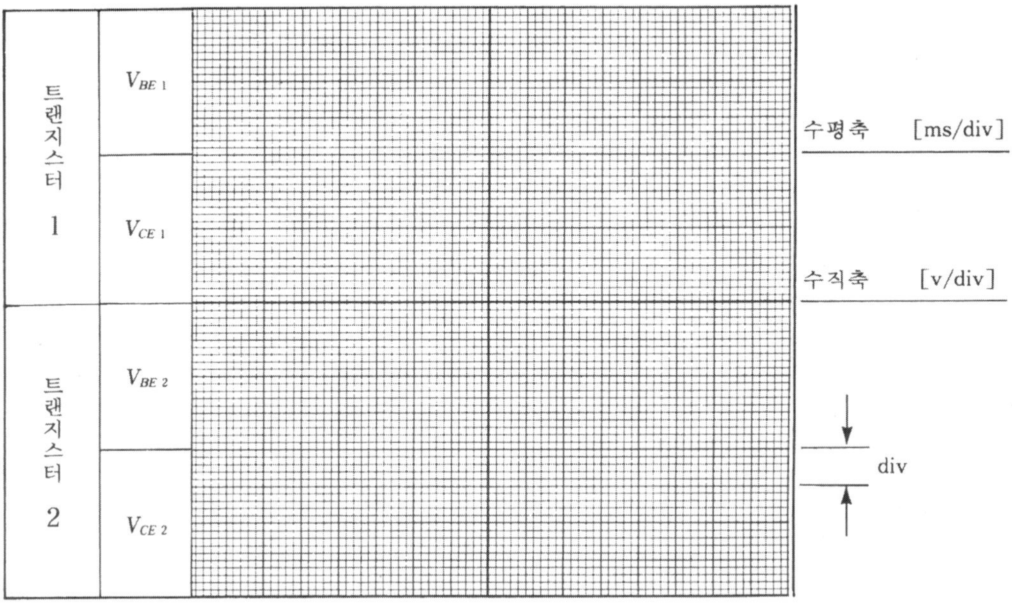

Graph 12-1

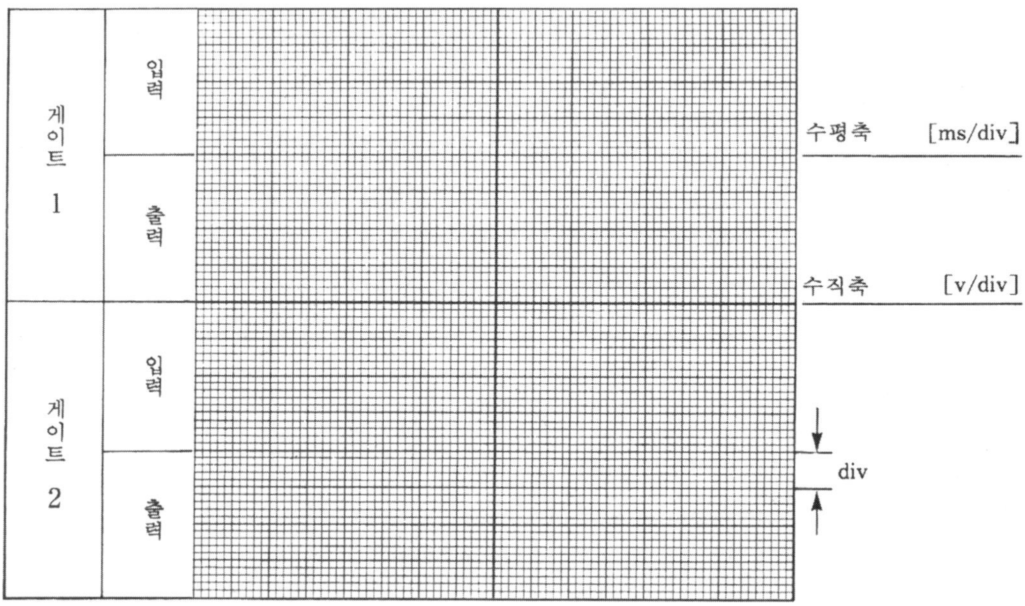

Graph 12-2

(3) 그림 12－3의 수정 진동자를 이용한 비안정 M_v 회로에서 Gate 1과 2는 TTL 7404, R_1 = 560[Ω], R_2 =2.2[kΩ], R=220[Ω], C=3.3[pF], crystall은 10[MHz]로 하여 발진 주파수를 측정하여라.

주파수 f= [kHz]

(4) 그림 12－6의 555 타이머의 단안정 M_v 회로를 접속하고 순서에 따라 실험하여라.

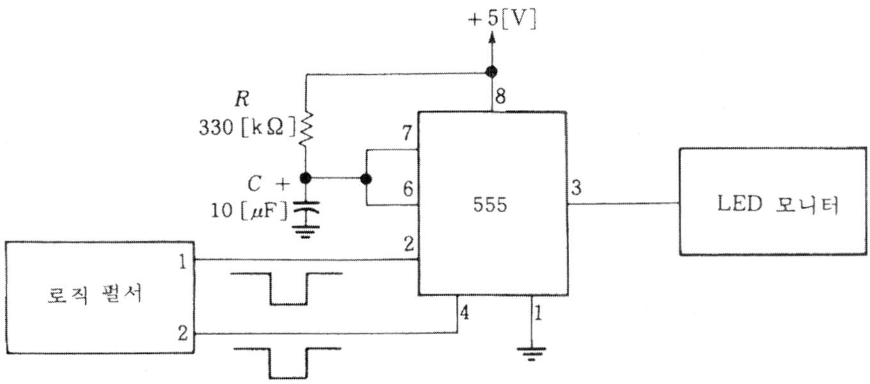

그림 12-6 555 타이머의 단안정 M_v 실험회로

1) 그림 12－6과 같이 접속하고 전원을 가한 다음 로직 펄서 1을 순간적으로 눌렀다 놓으면 LED 모니터가 동작되는 시간을 측정한다.

동작시간 [sec]

2) LED 모니터를 보면서 펄서 1을 5초간 눌렀다 놓는다. 동작되는 총 시간(불이 켜져 있는 총 시간)을 측정한다.

총 동작시간 [sec]

3) 전원을 제거하고 타이밍 저항 R=1[MΩ], C=10[μF]로 바꾼 다음 전원을 가하고 펄서 1을 순간적으로 눌렀다 놓고 LED 모니터가 동작되는 시간을 측정한다.

동작시간 [sec]

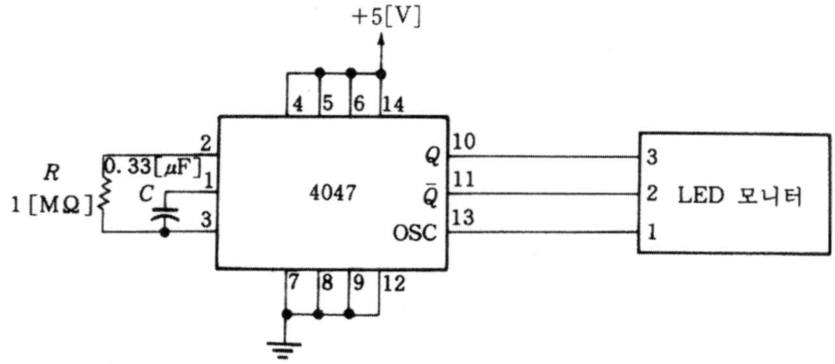

그림 12-7 CMOS 4047 비안정 M_v 실험회로

(5) 그림 12－7은 비안정 M_v CMOS 4047을 나타낸 것이다. 실험회로를 접속하고 다음 순서에 따라 실험하여라.

이 회로에서 얻어지는 출력 Q의 주파수는 식 (12－9)와 같다.

$$f=\frac{1}{4.4RC} \tag{12-9}$$

또 OSC의 주파수는 식 (12－10)과 같이 출력 Q의 두 배가 된다.

$$f=\frac{1}{2.2RC} \tag{12-10}$$

1) R=1[MΩ], C=0.33[μF]로 하고 전원 +5[V]를 가한 다음 스톱워치나 디지털 손목시계를 사용하여 1분 동안에 LED 모니터 3이 ON/OFF하는 횟수를 측정하여라.

횟수 ______ 〔회〕

2) 같은 방법으로 1분 동안 LED 모니터 2의 ON/OFF 횟수를 측정하여라.

횟수 ______ 〔회〕

3) 같은 방법으로 1분 동안 LED 모니터 1(핀 13 OSC)의 ON/OFF 횟수를 측정하여라.

횟수 ______ 〔회〕

4) 전원을 제거하고 $C=0.01[\mu F]$, $R=10[k\Omega]$으로 바꾼 다음 다시 전원을 가하고 오실로스코프나 주파수 카운터를 사용하여 CMOS 4047 핀 13(OSC)에 접속하여 출력 주파수를 측정하여라.

오실로스코프 측정 $f=$ ______ [Hz]

주파수 카운터 측정 $f=$ ______ [Hz]

(6) 그림 12−5의 555 타이머의 비안정 M_v 회로에 의하여 다음 순서에 따라 실험하여라.

1) $R_1=1[k\Omega]$, $R_2=1[MX]$, $C=1[\mu F]$로 하고 전원 +5[V]를 접속하여 1분 동안 LED 모니터의 ON/OFF 횟수를 측정한다.

횟수 ______ [회]

2) 전원을 제거하고 $R_2=330[k\Omega]$, $C=0.001[\mu F]$로 바꾼 다음 주파수 카운터를 출력 Q(핀 3)에 접속한 후 전원을 다시 가하여 출력 주파수를 측정한다.

출력 주파수 ______ [Hz]

3) 다시 전원을 제거하고 $R_2=100[k\Omega]$, $C=0.01[\mu F]$로 바꾼 다음 555 타이머의 출력 핀 3에 오실로스코프를 접속한 후 전원을 인가하고 출력 주파수와 출력 펄스 열의 듀티 사이클을 측정하여라.

출력 주파수 ______ [Hz]

듀티 사이클 ______ [%]

5 실험 결과 검토

(1) 그림 12－1의 비안정 M_v 실험회로에서 R=100[kΩ], C=0.01[μF]일 때 Tr_1과 Tr_2의 Base 점 V_{BE1}과 V_{BE2}의 모양이 같은지, 또 최소 전압과 최대 전압 및 시정수도 서로 비교하여라.

(2) 그림 12－1의 비안정 M_v 실험회로에서 R=100[kΩ], C=0.01[μF]일 때 TR_1과 TR_2의 Collector 전압 V_{CE1}과 V_{CE2}(출력 $\overline{Q}$와 Q 전압)의 파형을 비교하고 최대 전압과 최소 전압을 비교하여라.

(3) 그림 12－2의 Inverter Gate를 이용한 비안정 M_v 회로에서 실험 결과 얻어낸 Gate 1과 Gate 2의 입출력 파형을 실험 12－1 회로에서 얻어진 파형과 비교 검토하여라.

(4) 그림 12－3의 수정 진동자를 이용한 비안정 M_v 회로에서 얻어진 출력측의 발진 주파수와 수정 진동과 Crystal의 규정치 주파수와 어떤 관계를 갖고 있는지 검토하여라.

(5) 그림 12－6의 555 타이머의 단안정 M_v 실험회로에서 로직 펄서 1을 순간적으로 눌렀다 놓으면 LED 동작시간을 실험 결과 얻을 수 있다. 이 때 측정된 동작시간과 이론치 시정수 T를 서로 비교하여라.

(6) 그림 12－7의 CMOS 4047 비안정 M_v 실험회로에서 R=1[MΩ], C=0.33[μF]로 했을 때 1분간의 동작횟수를 측정한 측정치와 식 (12－9)의 이론치가 출력 Q(핀 10=모니터 3)에서 같은지 비교 검토하고 또 OSC(핀 13=모니터 1)에서의 주파수가 출력 Q보다 2배가 되는지 비교 검토하여라.

(7) 그림 12－5의 555 타이머의 비안정 M_v 회로에서 R_1=1[kΩ], R_2=330[kΩ], C=0.001[μF]로 했을 때 오실로스코프와 주파수 카운터로 측정했을 때 얼마나 오차가 발생하는지 비교 검토하여라.

6 실험 결과 테스트

(1) 비안정(무안정) 멀티바이브레이터 회로에서 몇 개의 안정된 상태를 갖는가?

(a) 0개　　(b) 1개　　(c) 2개　　(d) 3개

(2) 비안정 멀티바이브레이터에 관한 설명이다. 틀린 것은?

(a) 2개의 Gapacitor로 결합되어 있다.
(b) Set와 Reset의 두 상태가 주기적으로 반복된다.
(c) 클록 신호를 발생하는데 사용된다.
(d) 수정 진동자를 이용한 비안정 M_v 회로는 안정되고 정확한 주파수를 얻는데 쓰인다.
(e) Inverter Gate를 TR 대신 쓰면 출력 파형이 매우 안정된다.

(3) 그림 12－1의 비안정 M_v 회로에서 R_C =6.8[kΩ], R=100[kΩ], C=0.01[μF]로 했을 때 주기 T와 주파수 f는 각각 얼마인가?

(a) 10[ms], 500[Hz]　　(b) 1.4[ms], 700[Hz]
(c) 0.7[ms], 700[Hz]　　(d) 7[ms], 500[Hz]

(4) 그림 12－2의 Inverter Gate를 이용한 비안정 Mv 회로에서 R=100[kΩ], C=0.01[μF], 발진 주파수는 (①)이고 C만 0.001[μF]로 바꾸면 발진 주파수는 (②)이다.

(a) ① 700[Hz], ② 7000[Hz]　　(b) ① 70[Hz], ② 700[Hz]
(c) ① 500[Hz], ② 5000[Hz]　　(d) ① 50[Hz], ② 500[Hz]

(5) 그림 12－3의 수정 진동자를 이용한 비안정 Mv 회로에서 R_1 =560[Ω], R_2 =2.2[kΩ], R=220[Ω], C=3.3[pF], 수정 진동자를 10[MHz]를 하면 발진 주파수는?

(a) 5[MHz]　　(b) 10[MHz]　　(c) 20[MHz]　　(d) 40[MHz]

(6) 그림 12－6의 555 타이머의 단안정 M_v 의 실험 회로에서 R=1[MΩ], C=10[μF]로 하고 펄서 1을 순간적으로 눌렀다 놓으면 LED 모니터가 동작되는 시간은?

(a) 5[sec] (b) 7[sec] (c) 9[sec] (d) 11[sec]

(7) 그림 12－7의 CMOS 4047 비안정 M_v 실험회로에서 R=1[MΩ], C=0.33[μF]로 했을 때 1분 동안 LED 모니터 1, 2, 3의 ON/OFF 횟수는?

(a) 82회, 41회, 41회 (b) 164회, 82회, 82회
(c) 82회, 82회, 41회 (d) 164회, 164회, 82회

(8) 그림 12－7 CMOS 4047 실험회로에서 R=10[kΩ], C=0.01[μF]로 했을 때 LED 모니터 1(OSC)에서의 주파수는 (①)이고, LED 모니터 3에서의 주파수는 (②)이다.

(a) 2272[Hz], 4545[Hz] (b) 2272[Hz], 2272[Hz]
(c) 4545[Hz], 2272[Hz] (d) 4545[Hz], 4545[Hz]

(9) 그림 12－5의 555 타이머 비안정 M_v 회로에서 R_1 =1[kΩ], R_2 =330[kΩ], C= 0.001[μF]로 하면 출력 Q의 주파수는?

(a) 2183[Hz] (b) 4373[Hz]
(c) 8736[Hz] (d) 1093[Hz]

(10) 그림 12－5의 555 타이머의 비안정 M_v 회로에서 R_1 =1[kΩ], R_2 =100[kΩ], C= 0.01[μF]로 하고 오실로스코프로 측정하면 출력 주파수는 (①), 듀티 사이클은 (②)가 된다.

(a) ① 360[Hz], ② 50[%] (b) ① 720[Hz], ② 60[%]
(c) ① 720[Hz], ② 50[%] (d) ① 360[Hz], ② 60[%]

V 레지스터와 카운터

앞장에서 취급한 일련의 플립－플롭(flip－flop)들로서 데이터를 일시 저장하거나 전송하는 장치로 대부분의 디지털 시스템, 특히 컴퓨터에 있어서 매우 중요한 기능을 갖고 있다.

시프트 레지스터는 주로 입력된 데이터를 저장하고 자리이동(shift)을 하는데 사용된다. 카운터도 시프트 레지스터와 마찬가지로 데이터를 저장하지만 입력된 펄스 수를 세는 능력도 가지고 있다. 카운터가 없이는 디지털 시계나 CB 라디오, 디지털 볼트미터, 주파수 카운터(frequency counter) 등의 각종 디지털 기기를 만들 수 없다. 한편 시프트 레지스터도 없으면 컴퓨터 시스템 간의 병렬－직렬 데이터 전송이나 각종 연산조작이 불가능하게 된다.

먼저 시프트 레지스터는 데이터의 입출력 방식에 따라 직렬－직렬, 직렬－병렬, 병렬－직렬, 병렬－병렬의 4가지로 분류되며, 데이터 이동방식에 따라 좌측 시프트 레지스터(left shift resister), 우측 시프트 레지스터(right shift resister) 및 양방향 시프트 레지스터(bidirection shift resister)의 3가지로 분류되고, 입출력 방식과 이동방식을 자유자재로 할 수 있는 만능 시프트 레지스터(Universal Shift Resgister)가 있으며, 이것에 대한 계통도는 다음과 같다.

한편 카운터(counter) 즉 계수기는 동작 클록 펄스의 입력방식에 따라 첫째, 비동기식 카운터(asynchronous counter)로 입력 클록 펄스가 앞단의 출력값에 의하여 영향을 받게 되는 것

- 레지스터 회로
  - 입출력 방식
    - 직렬－직렬 방식(serial in－serial out)
    - 직렬－병렬 방식(serial in－parallel out)
    - 병렬－직렬 방식(parallel in－serial out)
    - 병렬－병렬 방식(parallel in－parallel out)
  - 데이터 이동방식
    - 좌측 방향 방식(left direction)
    - 우측 방향 방식(right direction)
    - 양측 방향 방식(bidirection)
  - 만능방식(입출력방식＋데이터 이동 방식)

으로 리플 카운터(ripple counters)와 귀환형 카운터 등이 있으며, 직접 설계하기는 조금 까다로운 절차가 필요하다. 두 번째로는 동기식 카운터(synchronous counters)로서 입력 클록 펄스가 각 단의 클록값을 동시에 동기시키는 방식으로서 순차회로에 의한 설계절차를 가질 수가 있다.

일반적으로 레지스터는 동기식 카운터에 의해 전송연결방식을 취한다. 이 방식은 앞단의 정보값을 다음 단으로 옮기는 직렬전송 방식과 각 단의 정보가 각각 출력값으로 옮겨지는 병렬전송 방식으로 구분되며, 이들 정보값이 각각의 정보장치로 전송되거나 옮겨오는 정보 대기장치로의 역할을 레지스터가 담당하게 된다. 셋째로는 동기식과 비동기식을 결합한 결합 카운터(combinational counters)로서 직렬병렬 배합으로 구성함으로써 부품을 절약하면서 특정한 카운터를 보다 쉽게 구성할 수 있다.

한편 계수기를 계수방식에 의해 분류하면 첫째, 2^n 진 카운터라 부르는 2진 카운터(binary counter 또는 basic counter), 두 번째로 모듈러스 카운터(modulus counter)인 N진 카운터이다. 이것은 귀한 펄스를 이용한 방식과 리셋을 이용한 방식 및 직접 리셋을 이용한 방식이 있다. 셋째로 시프트 카운터(shift counters) 방식으로 링 카운터(ring counters)와 트위스트 카운터(twist counters), 일명 존슨 카운터(Johnson counters)라고도 한다. 이와 같은 카운터를 계통적으로 분류하면 다음과 같다.

- 카운터
  - 클록 펄스 인가 방식
    - 동기식 카운터(synchronous counters)
    - 비동기식 카운터(asynchronous counters)
    - 결합 카운터(conbinational counters)
  - 계수 방식
    - 2^n 진 카운터(binary counter 또는 basic counter)
    - N진 카운터
      - 귀환 펄스를 이용한 모듈러스 카운터
      - 리셋을 이용한 모듈러스 카운터
      - 직접 리셋을 이용한 모듈러스 카운터
    - 시프트 카운터
      - 링 카운터(ring counters)
      - 트위스트 카운터(johnson counter)

실험 13. 시프트 레지스터

1 목적

(1) 플립 플롭과 시프트 레지스터와의 관계를 알아본다.
(2) 입출력 방식에 의한 분류에서 각 방식의 특성을 익힌다.
(3) 데이터 이동방식에 의한 분류에서 각 방식의 특성을 익힌다.

2 이론

(1) 데이터의 입출력 방식

1) 직렬 입력－직렬 출력 시프트 레지스터(Serial in-Serial out Shift Registers)

데이터를 직렬로 받아들여 직렬로 처리한다. 즉, 데이터를 1비트씩 입력하여 1비트씩 출력한다는 의미를 갖고 있으며, 그림 13－1과 같다.

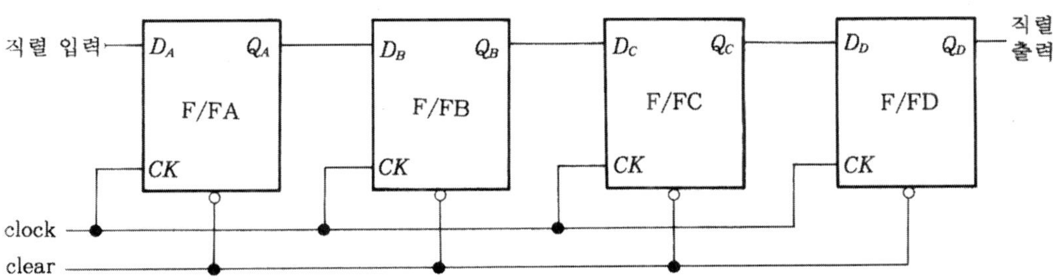

그림 13-1 직렬 입력－직렬 출력 시프트 레지스터

이 방식은 4 bit 직렬 입력－직렬 출력 시프트 레지스터로 클리어 입력을 갖춘 74175, 74C175, 40175와 D형 F/F 4개를 캐스케이드로 접속하였다. 이 시프트 레지스터는 4개의 플립 플롭으로 구성되므로 4 bit의 데이터를 저장할 수 있으며, 하나의 데이터 입력, 클록 입력, 클리어 입력 및 2개의 콤플리 멘터리 출력을 가지고 있다. 여기서 직렬 입력－직렬 출력 시프트 레지스터의 동작을 설명하기 위해 4 bit 2진수 1001을 처리하는 방법을 알아보자.

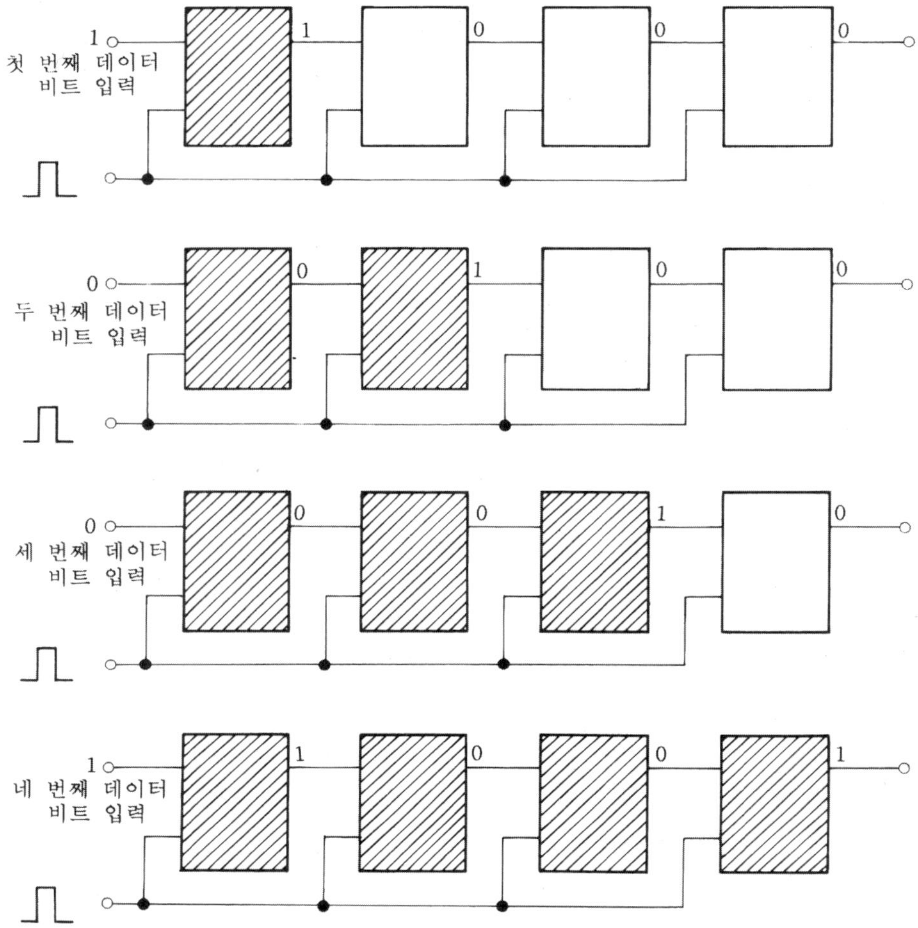

그림 13-2 직렬 입력-직렬 출력 시프트 레지스터의 저장순서

그림 13-2의 직렬 입력-직렬 출력 시프티 레지스터의 저장순서에서 맨 처음 순간적으로 클리어 입력을 작동케 하여 리셋시킨다. 4비트 2진수의 맨 오른쪽(최하위) 비트(1)가 데이터 입력에 가해지고 첫 번째 클록 펄스가 가해지면 F/FA가 세트되어 1이 저장된다. 따라서 $Q_A=1$의 상태가 된다.

두 번째 비트(0)가 데이터 입력에 가해지고 두 번째 펄스가 가해지면 $Q_A=D_B=1$이므로 F/FB가 세트되어 $Q_B=1$의 상태가 됨과 동시에 F/FA는 $D_A=0$이므로 리셋되어 $Q_A=0$이 된다. 즉 F/FA에 저장되어 있던 첫 번째 비트(1)가 F/FB로 시프트되고 F/FA에는 두 번째 비트(0)가 새롭게 저장된다. 따라서 $Q_B=1$, $Q_A=0$의 출력 상태가 된다.

세 번째 비트(0)가 데이터 입력에 가해지고, 세 번째 클록 펄스가 가해지면 $D_A = 0$, $D_B = 0$, $D_C = Q_B = 1$이므로 F/FA, F/FB 및 F/FC는 $Q_C = 1$, $Q_B = 0$, $Q_A = 0$의 출력 상태가 된다. 즉 첫 번째 비트가 세 번 자리이동을 한 셈이 된다.

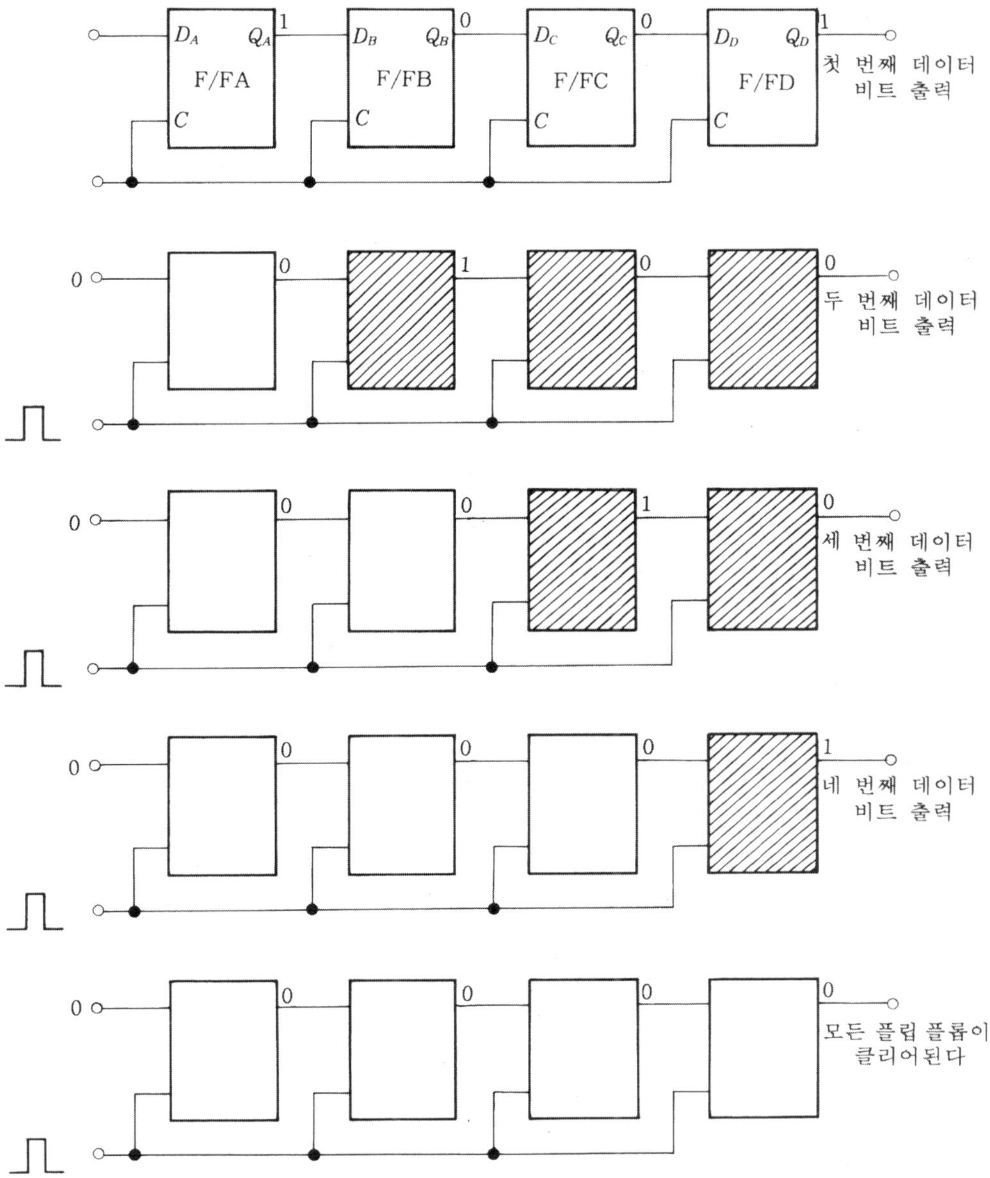

그림 13-3 직렬 입력 –직렬 출력 시프트 레지스터의 출력 순서

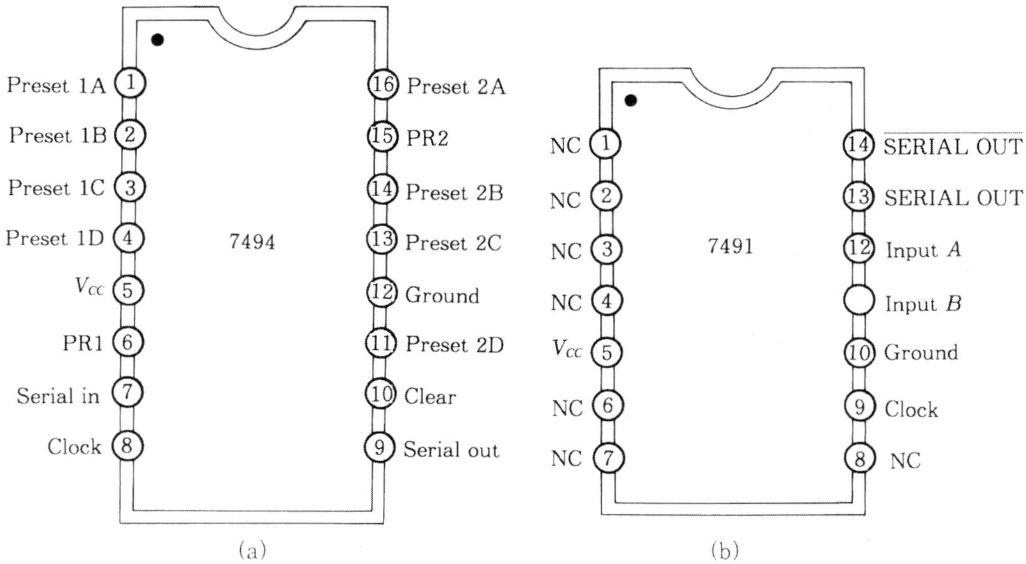

그림 13-4 핀 접속도

끝으로 마지막(최상위) 데이터 비트(1)가 가해지고 네 번째 클록 펄스가 가해지면 **F/FA**가 세트되는 동시에 **F/FB, F/FC, F/FD**는 $Q_D=1$, $Q_C=0$, $Q_C=0$, $Q_A=1$의 출력 상태가 된다. 이상과 같이 4비트 2진수 1001이 시프트 레지스터의 4개의 **F/F**에 순서대로 저장되는 것이다. 이 상태는 전원이 가해져 있는 한 그대로 유지된다. 이들 4개의 비트를 시프트 레지스터로부터 끌어내리려면 직렬로 자리이동을 시키면서 끌어내야 한다.

가장 간단한 방법은 입력을 0으로 하고 3개의 클록 펄스를 차례로 가하는 방법이다.

처음에 출력 $Q_D=1$이 되며 이어서 0, 0 및 1의 순서로 된다. 네 개의 클록 펄스로 입력 0이 4개의 **F/F**을 모두 통과하므로 시프트 레지스터의 출력은 0이 된다. 즉 4비트 2진수가 직렬로 출력되어 4개의 **F/F**의 출력이 모두 0으로 클리어된다.

4비트 데이터가 자리이동을 하면서 레지스터로부터 출력되는 순서는 그림 13-3의 직렬 입력-직렬 출력 시프트 레지스터와 같다.

74175 4회로 D형 **F/F** 4개 섹션을 접속하여 4비트 직렬 입력-직렬 출력 레지스터를 구성하는 대신 똑같은 목적으로 설계된 7494와 같은 전용 직렬 입력-직렬 출력 시프트 레지스터를 이용하면 매우 편리하다. 이와 같은 7494의 핀 접속도는 그림 13-4(a)와 같으며, 로직도는 그림 13-5와 같다.

처음 클리어(CLR) 입력을 순간적으로 로직 1로 하면 모든 플립 플롭을 동시에 클리어 시켜 출력 $Q=0$으로 된다. 다음은 해당 프리셋 인에이블 입력을 1로 하여 주어진 4비트 데이터를 P1A, P1B, P1C, P1D의 입력 그룹이나 P2A, P2B, P2C, P2D의 입력 그룹에 로드(프리셋)한다.

클리어와 프리셋 동작은 클록 펄스와는 관계없이 독립적(비동기적)으로 이루어진다. 그러나 일단 클리어되거나 프리셋되면 클리어(CLR)가 반드시 0이고, 프리셋 입력이 1이어야만 매 클록 펄스마다 직렬 입력－직렬 출력 시프트 레지스터의 정상적인 동작이 이루어진다.

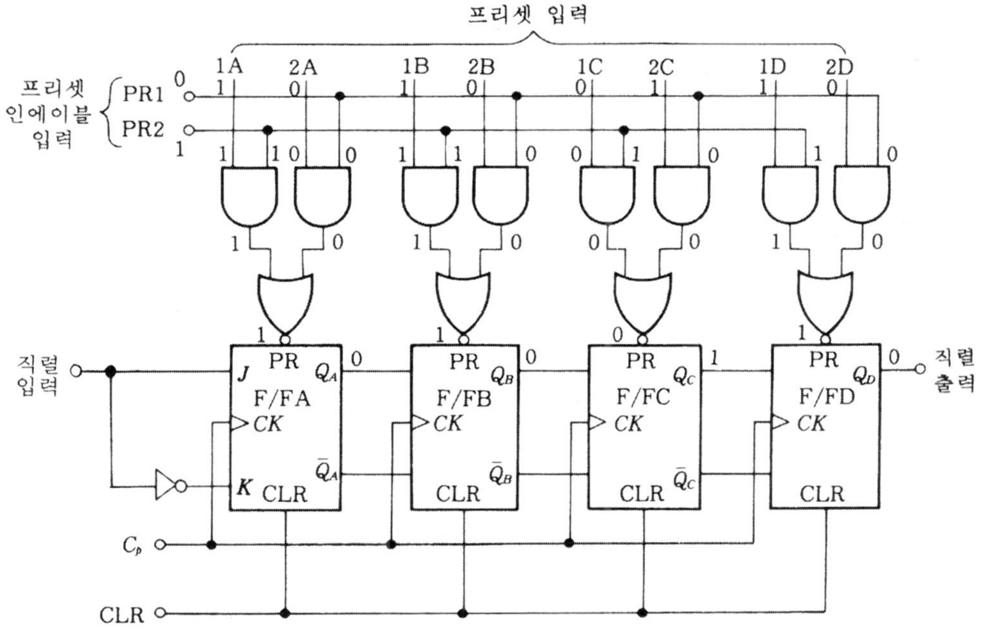

그림 13-5 7494 TTL 4비트 직렬 입력－직렬 출력 시프트 레지스터 로직도

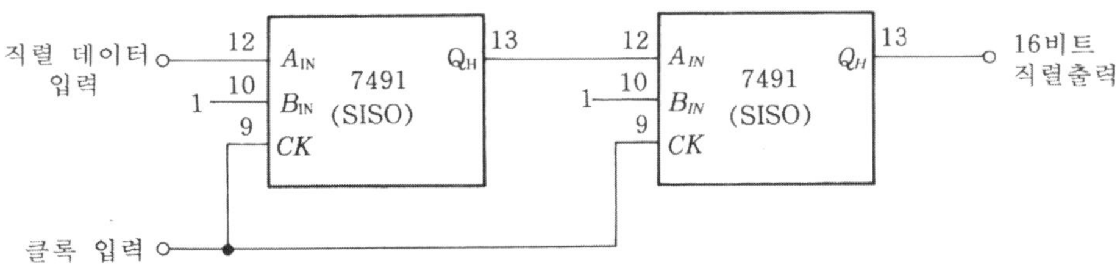

그림 13-6 7491 캐스케이드 시프트 레지스터 접속

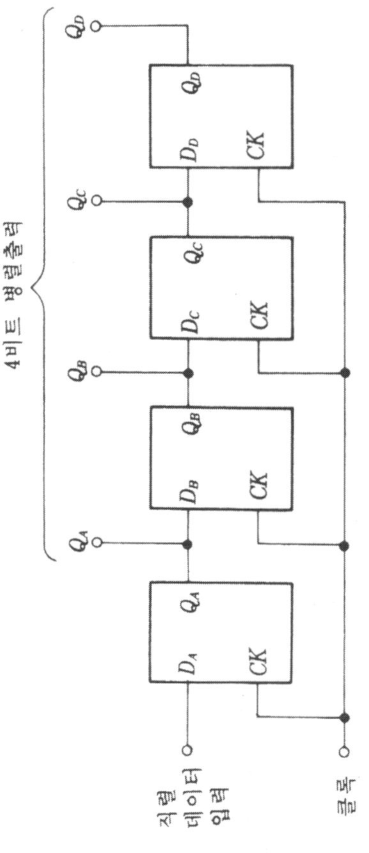

그림 13-7 직렬 입력-병렬 출력 시프트 레지스터

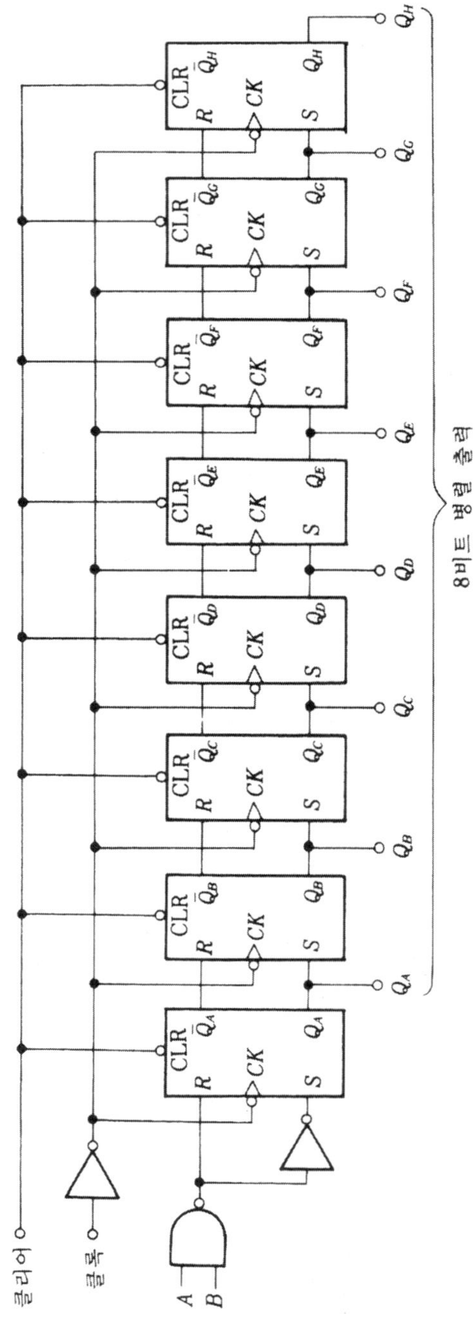

그림 13-8 74164 TTL 직렬 입력-병렬 출력 시프트 레지스터

7494는 프리셋 능력만을 가지고 있으므로 주어진 스테이지의 로직 1레벨은 프리셋 기능을 이용하여 0으로 변경시킬 수 없다. 따라서 7494 시프트 레지스터는 클리어하여 모든 F/F을 로직 0으로 한 다음 해당된 F/F만을 로직 1로 프리셋하여야 한다. 플립 플롭의 경우와 마찬가지로 시프트 레지스터 패키지를 캐스케이드 접속함으로써 레지스터의 용량을 증가시킬 수 있다. 그림 13-6의 7491 캐스케이드 시프트 레지스터 접속에서와 같이 패키지를 2개 접속하여 16비트로 용량을 증가시킨 것이다.

2) 직렬 입력-병렬 출력 시프트 레지스터(Serial in-Parallel out Shift Registers)

직렬 입력-병렬 출력 시프트 레지스터는 그림 13-7과 같이 D형 플립 플롭을 사용하여 각 레지스터로부터 출력을 끌어내는 점을 제외하고는 직렬 입력-직렬 출력 레지스터의 플립 플롭의 구성과 같다. 각 비트(bit)가 시프트되고 저장되면 각 플립 플롭의 출력이 해당 데이터에 나타내게 된다.

직렬 입력-병렬 출력 시프트 레지스터는 데이터를 직렬로 출력하는 대신 모든 데이터 비트를 동시에 끌어냄으로 병렬 출력이 된다. 이 방식은 디지털 컴퓨터에서 직렬-병렬 변환기 등으로 널리 사용되고 있다. 대표적인 패키지로는 74164 TTL 8비트와 CMOS 74C164를 들 수 있는데 이 회로도는 그림 13-8과 같다. F/FA만 D형으로 접속하고 나머지는 모두 R-S 플립 플롭형으로 접속되어 있다.

74164는 2개의 직렬 입력을 NAND하여 그 출력을 게이트 신호로서 사용한다. 8비트 2진 10010011을 시프트하는 경우의 74164의 동작은 그림 13-9에 타이밍도로 나타내고 있다. 직렬 입력-직렬 출력의 경우와 마찬가지로 직렬 입력-병렬 출력도 캐스케이드 접속으로서 전체 용량을 늘릴 수 있다.

3) 병렬 입력-직렬 출력 시프트 레지스터(Parallel in-Serial out Shift Register)

이 방식은 모든 입력 데이터 비트를 병렬 형식으로 동시에 입력한다. 일단 여러 개의 비트 데이터가 복수로 저장되면 그것을 직렬로 출력하게 된다. 따라서 이 시프트 레지스터는 디지털 컴퓨터에서 병렬-직렬 변환기 등으로 널리 이용되고 있다.

그림 13-10은 전형적인 4비트 병렬 입력-직렬 출력 시프트 레지스터로서 4개의 D형 F/F이 공동 클록 입력에 의해 접속되어 있다. D_A, D_B, D_C 및 D_D 의 4개의 입력에 가해진 데이터는 클록 펄스가 더해지고, 또 이들 데이터 입력에 접속된 AND 게이트를 인에이블하는 병렬 인에이블(PE) 입력이 로직 1이 될 때 각 해당 플립 플롭에 저장된다.

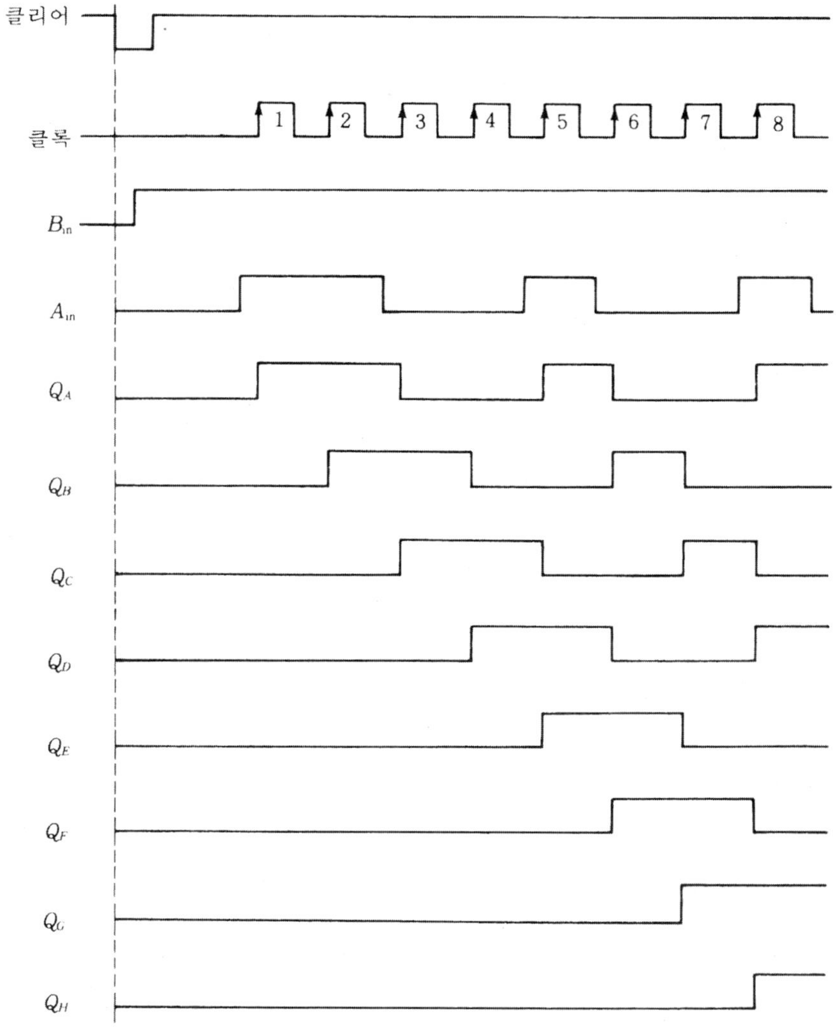

그림 13-9 2진수 10010011을 시프트하는 74164 타이밍도

출력 데이터를 직렬로 끌어 내려면 *PE* 입력을 먼저 로직 0으로 하여 병렬 입력 AND 게이트를 디스에이블하는 동시에 F/FA, F/FB 및 F/FC의 출력에 접속된 AND 게이트를 인에이블시켜야 한다.

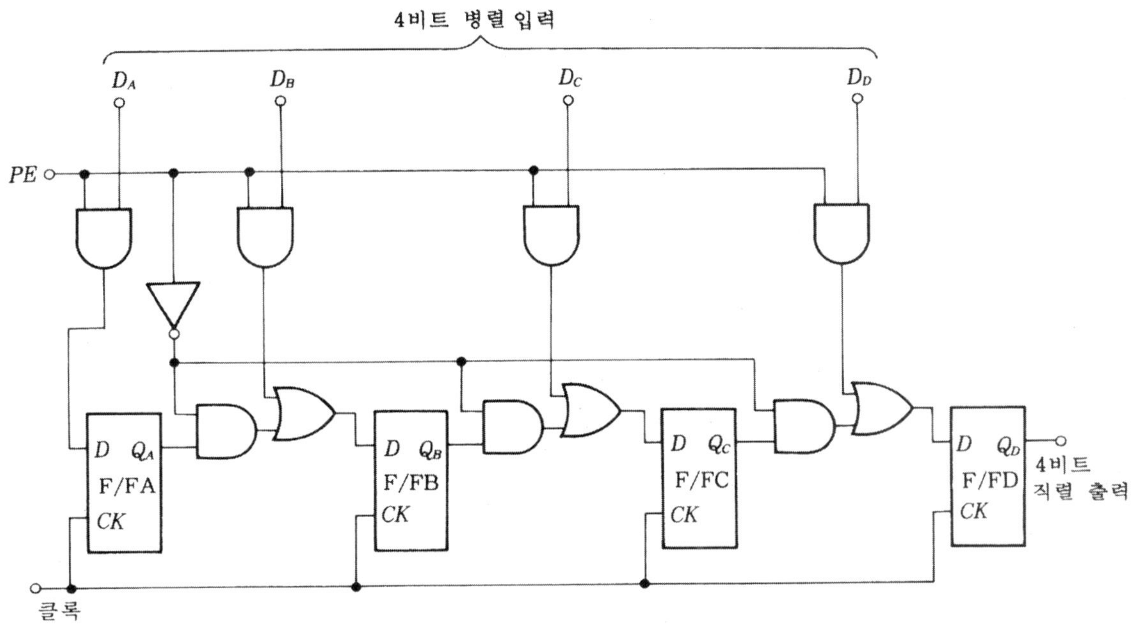

그림 13-10 4비트 병렬 입력-직렬 출력 시프트 레지스터

다음에 3개의 클록 펄스가 가해지면 나머지 3비트를 레지스터 A를 통해 이동시킨다. 그림 13-11의 타이밍도에서 4비트 2진수 1001을 병렬로 입력시키고 직렬로 끌어내는 경우의 동작을 보이고 있다.

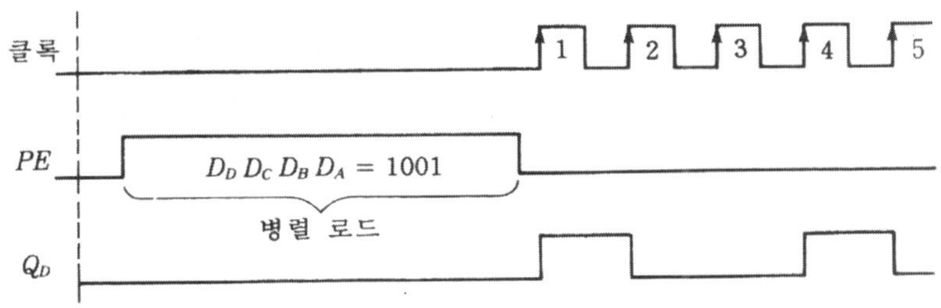

그림 13-11 2진수 1001을 처리하는 병렬 입력-직렬 출력 타이밍도

4) 병렬 입력-병렬 출력 시프트 레지스터(parallel in-parallel out shift register)

가장 간단한 4비트 병렬 입력-병렬 출력 시프트 레지스터는 그림 13-12와 같다.

기본적으로 공동 클록 입력을 갖는 4개의 D형 래치 구성으로 모든 플립 플롭이 동시에 클록되면 병렬 입력 D_A, D_B, D_C 및 D_D 의 4비트의 데이터가 동시에 병렬 출력에 나타난다.

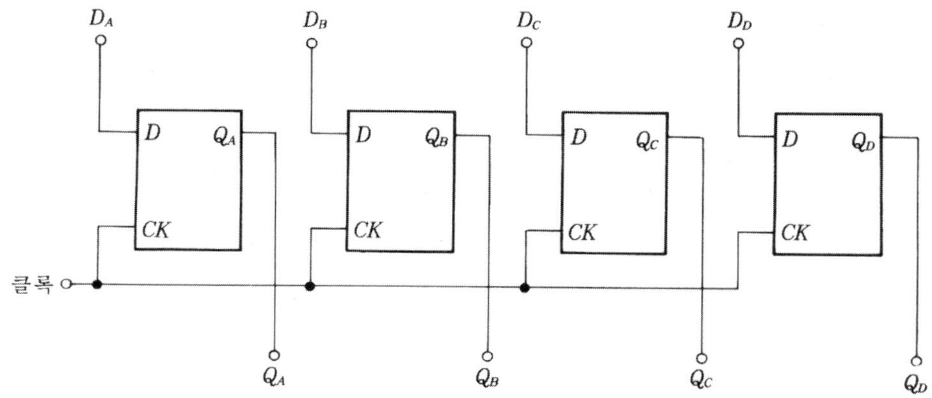

그림 13-12 4비트 병렬 입력-병렬 출력 시프트 레지스터

실제로 병렬 입력을 갖는 모든 IC 시프트 레지스터는 직렬 입력 시프트 레지스터로서도 사용할 수 있다. 즉 병렬 입력-직렬 출력 및 병렬 입력-병렬 출력 레지스터는 각각 직렬 입력-직렬 출력 및 병렬 입력-직렬 출력 레지스터로서도 사용할 수 있다.

(2) 데이터 이동방식과 만능방식

1) 좌측 시프트 레지스터

데이터의 입출력 방식에서 다루었던 경우는 우측 시프트 레지스터만을 다루었으므로 여기서는 생략하고 좌측 시프트 레지스터, 양측 시프트 레지스터 및 만능방식에 대하여 다루기로 한다.

그림 13-13에서와 같이 좌측 시프트 레지스터는 오른쪽 시프트 기능과 비슷한 방법으로 이루어진다. 다만 레지스터가 다음 돌아올 단보다 앞단의 입력으로 플립 플롭의 출력을 연결하는 즉, 회전시키는 특징이 다르다. 그리고 그림 13-14에 좌측으로 시프트되는 모습을 보이고 있다. 이러한 좌우 시프트 레지스터 동작을 자주 실행하게 되는데 이것을 회전 또는 로테이트(rotate)라고도 한다.

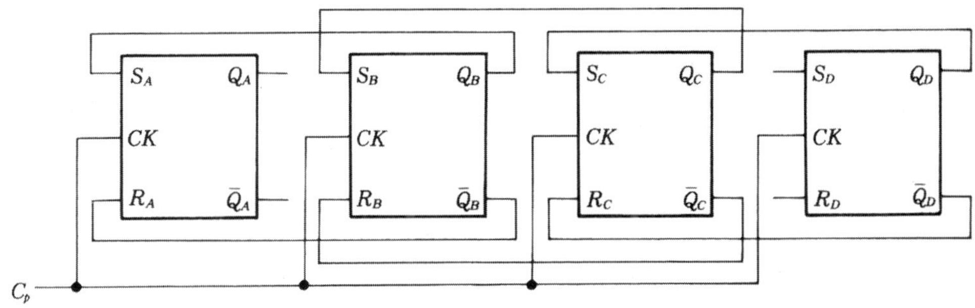

그림 13-13 좌측 시프트 레지스터

클록 펄스 수 (C_p)	시각 (t)	레지스터			
		Q_A	Q_B	Q_C	Q_D
0	t_n	0	1	0	1
1	t_{n+1}	1	0	1	×
2	t_{n+2}	0	1	×	×
3	t_{n+3}	1	×	×	×
4	t_{n+4}	×	×	×	×

그림 13-14 좌측 시프트 레지스터의 데이터 이동 예

어떤 수를 오른쪽을 시프트하면 그 수를 2로 나누는 것과 같은 효과를 갖고, 그 수를 왼쪽으로 시프트하면 2로 곱하는 것과 같은 효과를 갖는다. 한 예로 4비트 직렬 입력-출력 레지스터가 현재 2진수 1000을 가지고 있다고 가정하자. 만일 이 때 직렬 입력이 0이라면 클록 펄스가 가해졌을 때 4개의 F/F단의 출력은 0100이 된다.

따라서 레지스터의 내용이 오른쪽으로 시프트되면 결과는 그 내용을 2로 나눈 것이 된다. 만일 4비트 레지스터의 내용이 0011일 때 클록 펄스를 두 번 가하여 레지스터를 왼쪽으로 시프트시키면 1100이 된다. 결국 원래의 내용이 2로 두 번 곱한 셈이 되어 10진수 3이 12가 된다.

2) 좌우 양방향 시프트 레지스터 및 만능 시프트 레지스터(Bidirectional Shift Register & Universal Shift Register)

좌우 양방향 시프트 레지스터를 양방향 시프트 레지스터라고도 하며, 그림 13-15와 같다. 이것은 기본적으로 4개의 D형 플립 플롭과 AND, OR 및 NOT 게이트로 구성된다. 좌우(R/L) 입력이 1이면 AND 게이트 G_1, G_3, G_5 및 G_7이 인에이블되어 각 플립 플롭의 입력상태는 매번 클록 펄스가 가해질 때마다 오른쪽으로 시프트된다.

만일 R/L 입력이 0이면 AND 게이트 G_2, G_4, G_6 및 G_8이 인에이블되어 매번 클록 펄스가 가해질 때마다 각 단의 출력이 앞단의 입력에 가해져 레지스터의 내용이 왼쪽으로 시프트 된다. 끝으로 시프트 레지스터가 직렬과 병렬 데이터의 양쪽을 받아들이는 능력을 갖는 동시에 직렬 데이터를 출력하는 능력을 가지고 있으면 이것을 만능 시프트 레지스터라고 부른다.

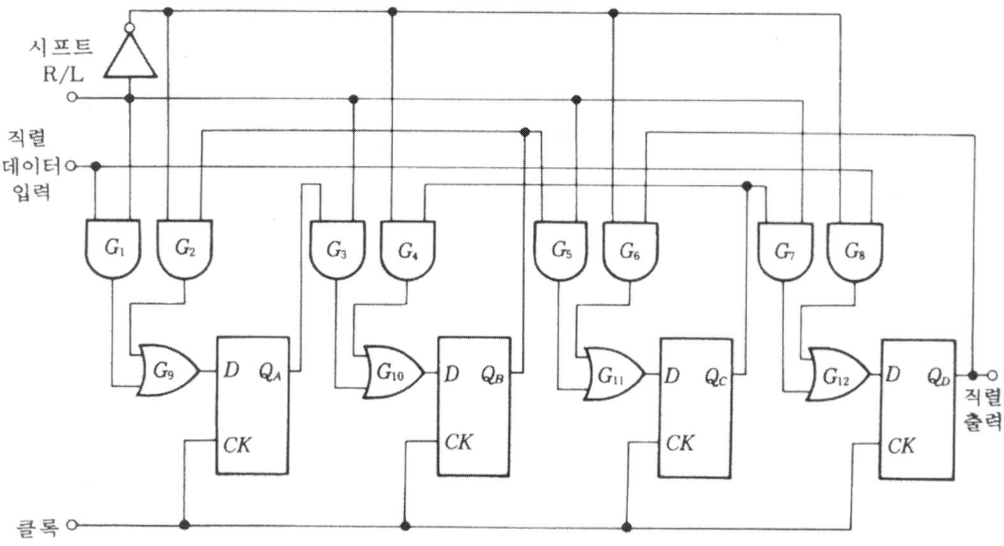

그림 13-15 4비트 양방향 직렬 입력-직렬 출력 시프트 레지스터

만능 시프트 레지스터의 대표적인 예로서는 74194와 CMOS 40104, 40194 및 74C194 등이 있다. 대표적인 TTL 만능 시프트 레지스터의 핀 접속도와 각종 TTL 및 CMOS 시프트 레지스터를 그림 13-16과 표 13-1에 나타내고 있다.

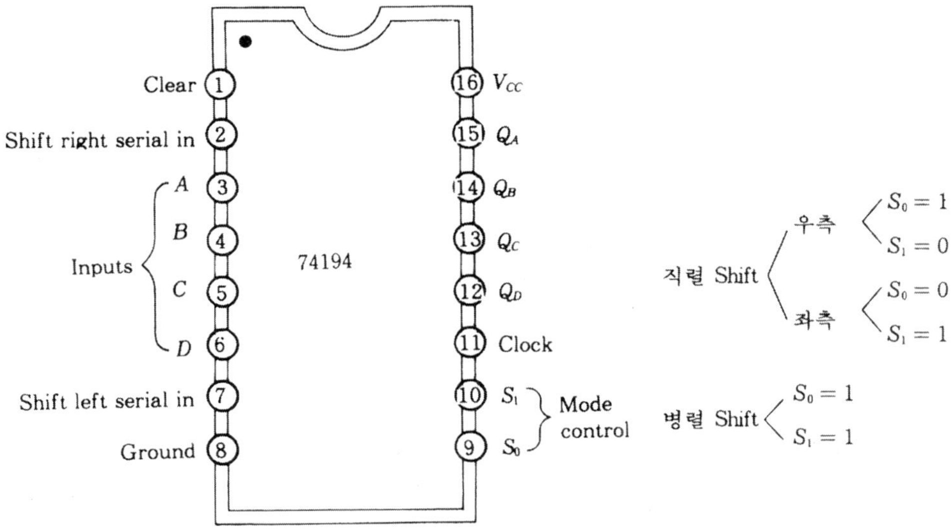

그림 13-16 74194 TTL 만능 시프트 레지스터의 핀 접속도

표 13-1 각종 TTL 및 CMOS 시프트 레지스터

패밀리	형번호	비트길이	종류	시프트 방향
TTL	7491	8	직렬 입력—직렬 출력	우측 시프트
	7494	4	병렬 입력—직렬 출력	우측 시프트
	7495	4	만 능	양방향 시프트
	7496	5	만 능	우측 시프트
	7499	4	병렬 입력—직렬 출력	양방향 시프트
	74164	8	직렬 입력—병렬 출력	우측 시프트
	74165	8	병렬 입력—직렬 출력	우측 시프트
	74166	8	병렬 입력—직렬 출력	우측 시프트
	74194	4	만 능	양방향 시프트
	74195	4	만 능	우측 시프트
	74198	8	만 능	양방향 시프트
	74199	8	만 능	양방향 시프트
CMOS	4006	최대 18(*a*)	직렬 입력—직렬 출력	우측 시프트
	4014	6, 7, 8	병렬 입력—직렬 출력	우측 시프트
	4015	4(*b*)	직렬 입력—직렬 출력	우측 시프트
	4021	6, 7, 8	병렬 입력—직렬 출력	우측 시프트
	4031	64	직렬 입력—직렬 출력	우측 시프트
	4034	8	만 능	우측 시프트
	4035	4	병렬 입력—병렬 출력	우측 시프트
	40100	32	직렬 입력—직렬 출력	양방향 시프트
	40104	4	만 능	양방향 시프트
	40194	4	만 능	양방향 시프트
	74C95	4	만 능	양방향 시프트
	74C164	8	직렬 입력—병렬 출력	우측 시프트
	74C165	8	병렬 입력—직렬 출력	우측 시
	74C194	4	만 능	양방향 시프트
	74C195	4	만 능	양방향 시프트

(a) 4, 5, 8, 9, 10, 12, 13, 14, 16, 17 및 18의 비트 길이를 갖는다.

(b) 2회로

3 사용기기 및 부품

디지털 실험장치
직류전원 공급장치
로직 펄서(싱글 펄스 발생기)
오실로스코프
LED 모니터
TTL 7404(NOT Gate)
TTL 7476(Dual JK−F/F) 3개
TTL 74164(Shift Register)
TTL 74194(만능 Shift Register)
스위치(SW)

4 실험

(1) 그림 13−17의 6비트 우측 시프트 레지스터의 실험회로를 결선하고 다음 순서에 따라 실험하여라.

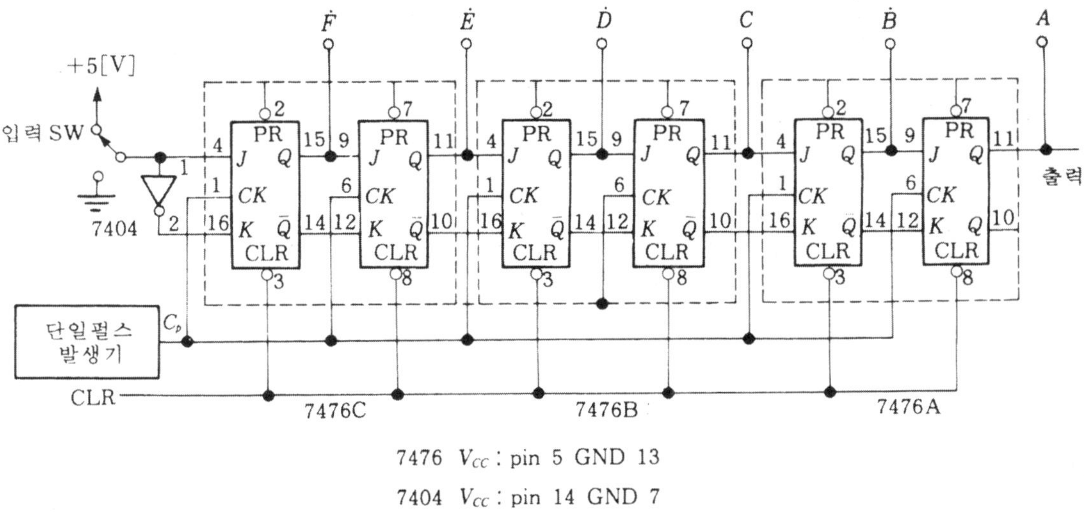

그림 13-17 6비트 우측 시프트 레지스터

1) Reset 단자를 순간적으로 접지시켰다 개방 또는 +5[V]시켜 F/F의 출력 $A \sim F$ 가 모두 로직 0이 되는지 확인하여라.

2) Reset된 상태에서 F/F의 PR단자를 순간적으로 접지시킨 후 +5[V] 전원에 연결 또는 개방시켜 출력 B, D 및 F만을 프리셋시킨다.

3) 단일 펄스 발생기와 SW를 작동시켜 표 13−2를 완성시켜라.

표 13−2 6비트 우측 시프트 레지스터 출력 상태

G_p 의 인가수	SW	7476C		7476B		7476A	
		F	E	D	C	B	A
0	0	1	0	1	0	1	0
1	0						
2	0						
3	0						
4	0						
5	0						
6	0						
7	1						
8	0						
9	1						
10	0						
11	1						

*클록 펄스 C_p 는 입력 SW를 우선적으로 표 13−2에 지시된 상태에서 인가한다.

(2) 그림 13−18의 74164 TTL 시프트 레지스터 회로를 결선하고 다음 순서에 따라 실험하여라.

1) 로직 펄서 1(CLR 9번)을 순간적으로 눌렀다 놓는다(접지시켰다 +5[V]로 연결 또는 개방시켜도 무방함). 레지스터 내용이 클리어되었는지 확인한 후 로직 스위치를 세트시켜 레지스터의 직렬 입력 데이터를 로직 1로 한 후 로직 펄서를 인가시켜 표 13−3을 완성시켜라.

2) LED 모니터 출력 A=B=C=D=E=F=G=H=1로 하고 로직 스위치(SW)를 리셋시켜 레지스터의 직렬 데이터를 로직 0으로 한 후 로직 펄서를 인가시켜 표 13−4를 완성시켜라.

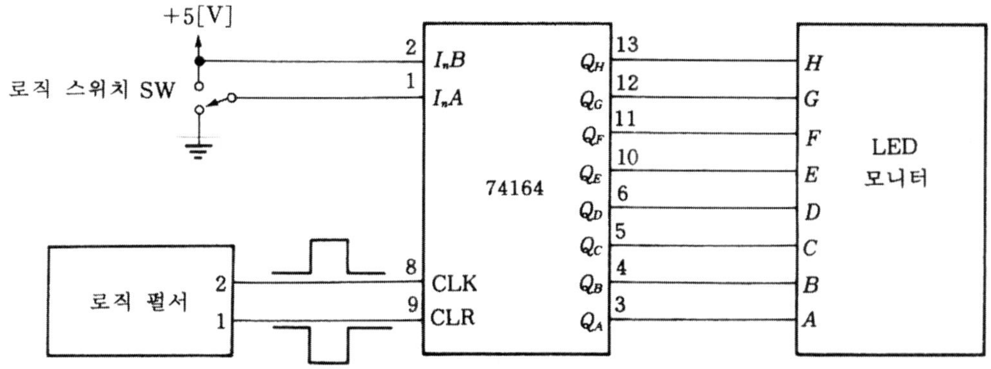

그림 13-18 74164 TTL 시프트 레지스터

표 13-3 LED 동작 상태

G_p 인가수	A	B	C	D	E	F	G	H
0	0	0	0	0	0	0	0	0
1								
2								
3								
4								
5								
6								
7								
8								

표 13-4 LED 동작 상태

G_p 인가수	A	B	C	D	E	F	G	H
0	1	1	1	1	1	1	1	1
1								
2								
3								
4								
5								
6								
7								
8								

3) 레지스터를 통해서 8비트 시퀀스 00000001을 시프트 시키려면 로직 펄서 1을 사용하여 레지스터를 클리어 한 다음 로직 스위치를 로직 1로 세트하고 로직 펄서 2를 한 번 눌렀다 놓는다. 그 다음 로직 스위치(SW)를 다시 로직 0으로 세트한 다음 시프트 레지스터를 8번 눌렀다 놓는다.
이 때 A에서 H쪽으로 이동하면 우측 시프트, H에서 A쪽으로 이동하면 좌측 시프트 레지스터가 되는데 어느 쪽인지 관찰하여라.

_______측 시프트

(3) 그림 13−19의 74194 TTL 만능 시프트 레지스터 회로를 결선하고 다음 순서에 따라 실험하여라.

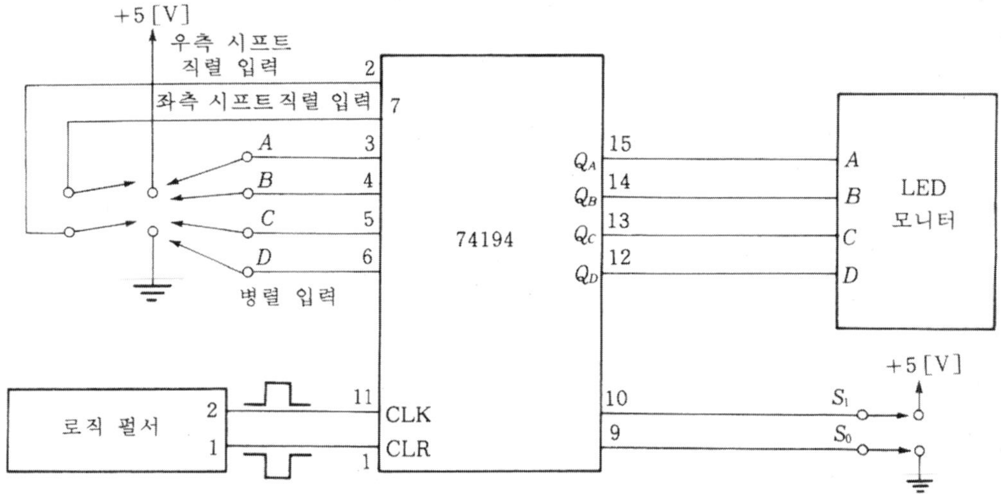

그림 13−19 74194 TTL 만능 시프트 레지스터 실험회로

1) 우측 시프트 $S_0=1$, $S_1=0$으로 하여 로직 펄서 1(CLR 1번)을 순간적으로 눌렀다 놓고 레지스터의 내용이 클리어되었는지 확인한 후 우측 시프트 직렬 입력(핀 번호 2번)을 로직 1로 한 상태에서 로직 펄서 2를 인가하여 LED 모니터의 동작상태를 측정하여 표 13−5를 완성하여라.

표 13−5 LED 동작 상태

C_p 인가수	*A*	*B*	*C*	*D*
0	0	0	0	0
1				
2				
3				
4				

표 13−6 LED 동작 상태

C_p 인가수	*A*	*B*	*C*	*D*
0	0	0	0	0
1				
2				
3				
4				

2) 좌측 시프트 $S_0=0$, $S_1=1$로 하여 로직 펄서 1을 순간적으로 눌렀다 놓고 레지스터의 내용이 클리어되었는지 확인한 후 좌측 시프트 직렬 입력을 로직 1로 한 상태에서 로직 펄서 2를 인가하여 LED 모니터의 동작상태를 측정하여 표 13−6을 완성하여라.

3) 병렬 시프트 $S_0=0$, $S_1=1$로 하여 로직 펄서 1을 순간적으로 눌렀다 놓고 레지스터 내용이 클리어되었는지 확인한 후 병렬 입력 A(핀 3번)=1, B(핀 4번)=0, C(핀 5번)=1 및 D(핀 6번)=0으로 입력한 상태에서 로직 펄서 2를 순간적으로 눌렀다 놓으면 출력 LED의 동작상태가 어떻게 변하는지 측정하여라.

$A=$ ________ $B=$ ________ $C=$ ________ $D=$ ________

4) 다시 로직 펄서 1을 순간적으로 눌렀다 놓고 레지스터 내용이 클리어되었는지 확인한 후 병렬 입력 $A=1$, $B=0$, $C=0$ 및 $D=1$로 입력한 상태에서 로직 펄서 2를 순간적으로 눌렀다 놓으면 출력 LED의 동작상태가 어떻게 변하는지 측정하여라.

$A=$ ________ $B=$ ________ $C=$ ________ $D=$ ________

5 실험 결과 검토

(1) 그림 13-17의 실험회로를 결선하여 실험한 결과 우측 시프트가 되는지 확인하고 이것을 좌측 시프트 레지스터로 하려면 어떻게 결선해야 할지 검토하여 보자.

(2) 그림 13-18의 74164 TTL 시프트 레지스터 실험회로에서 완성된 표 13-3과 표 13-4의 결과에서 둘 다 시프트되는지 비교 검토하여라.

(3) 그림 13-19의 74194 TTL 만능 시프트 레지스터 실험회로에서 우측 시프트, 좌측 시프트 및 병렬 시프트가 다 가능한지 확인하고 직렬 시프트와 병렬 시프트의 차이점을 비교 검토하여 만능 시프트의 정의를 내려 보아라.

6 실험 결과 테스트

(1) 다음 레지스터의 기능 중 잘못된 것은?

(a) 데이터를 일시 저장하거나 전송하는 기능을 갖는다.
(b) 컴퓨터 시스템간의 데이터 전송이나 각종 연산조작을 가능케 한다.
(c) 입력 펄스의 수를 세기도 하고 자리이동도 하는데 사용된다.
(d) 컴퓨터 시스템간의 병렬-직렬 데이터 전송을 가능케 한다.

(2) 입출력 방식과 이동방식을 자유자재로 할 수 있는 시프트 레지스터에 속하는 것은?

(a) 좌측 시프트 레지스터 (b) 우측 시프트 레지스터
(c) 양방향 시프트 레지스터 (d) 만능 시프트 레지스터

(3) 다음 시프트 만을 목적으로 한 레지스터에 속하지 않는 것은?

(a) 좌측 시프트 레지스터 (b) 우측 시프트 레지스터
(c) 양방향 시프트 레지스터 (d) 만능 시프트 레지스터

(4) 74164 TTL 시프트 레지스터의 기능은?

(a) 좌측 시프트 레지스터 (b) 우측 시프트 레지스터
(c) 양방향 시프트 레지스터 (d) 만능 시프트 레지스터

(5) 그림 13−17의 실험 결과 표 13−2의 마지막 C_p 의 인가수 11번에서 입력 SW의 상태를 1로 했을 때 결과 $F\ E\ D\ C\ B\ A$의 논리수는?

(a) 101010 (b) 010100
(c) 101000 (d) 010000

(6) 그림 13−19의 74194 TTL 만능 레지스터 실험회로에서 우측 시프트와 좌측 시프트 레지스터를 올바르게 실험하려면?

(a) 우측 시프트 $S_0=1, S_1=1$ / 좌측 시프트 $S_0=0, S_1=0$
(b) 우측 시프트 $S_0=1, S_1=0$ / 좌측 시프트 $S_0=0, S_1=1$
(c) 우측 시프트 $S_0=0, S_1=1$ / 좌측 시프트 $S_0=1, S_1=0$
(d) 우측 시프트 $S_0=0, S_1=0$ / 좌측 시프트 $S_0=1, S_1=1$

(7) 그림 13−19의 74194 TTL 만능 레지스터 실험회로에서 우측 시프트 레지스터의 올바른 실험법은?

(a) $S_0=1, S_1=0$ 핀 7번을 입력 데이터로
(b) $S_0=0, S_1=1$ 핀 2번을 입력 데이터로
(c) $S_0=1, S_1=0$ 핀 2번을 입력 데이터로
(d) $S_0=0, S_1=1$ 핀 7번을 입력 데이터로

실험 14. 비동기식 카운터

1 목 적

(1) 카운터의 동작 원리를 익힌다.

(2) 비동기 카운터를 통하여 플립 플롭의 응용방법을 익힌다.

(3) 가산 카운터와 감산 카운터의 차이점을 익힌다.

(4) 비동기식 Modulus N 카운터의 동작 원리를 이해하고 동작 특성을 익힌다.

(5) 플립 플롭의 응용능력을 키운다.

2 이 론

카운터를 분류함에 있어 클록 펄스 인가 방식과 계수방식이 완전독립 분리된 것이 아니라 서로 인용하는 관계에 있다. 예를 들어 클록 펄스 인가 방식에는 동기식 카운터와 비동기식으로 완전 독립 분류할 수 있으나 이들 방식들은 계수방식인 2^n 진 카운터가 될 수도 있고 N진 카운터도 될 수 있다는 말이 된다. 따라서 본 실험에서는 주로 클록 펄스 인가 방식을 중심으로 분류하여 다루기로 한다.

카운터는 시프트 레지스터와 마찬가지로 일련의 플립 플롭을 연결한 회로이지만 그 연결하는 방법에 있어서 시프트 레지스터와 다르다. 카운터 회로에서는 주어진 플립 플롭에 대하여 서로 다른 출력상태의 수가 최대가 되도록 회로를 연결하며, 또한 입력 펄스에 대하여 출력상태가 규칙적으로 변하도록 한다.

클록펄스 인가방식, 즉 플립 플롭의 트리거 방식에 따라 비동기식카운터(Asynchronous Counters)와 동기식카운터(Synchronous Counters) 및 결합카운터(Combinational Counters)로 분류할 수 있다. 이중 비동기식 카운터를 직렬 카운터(Serial Counter), 리플카운터(ripple counter) 또는 케스케이드 카운터(cascade counter)라고도 한다.

그러나 동기식 카운터는 모든 플립 플롭이 같은 클록 펄스에 의해서 동시에 트리거되며 병렬 카운터(parallel counter)라고도 한다.

결합 카운터는 비동기식과 동기식을 결합한 것으로 클록 인가 방식 즉 트리거 방식이 직렬과 병렬을 혼합한 결합방식이다. 비동기식 카운터는 동기식 카운터에 비하여 회로가 간단한 장점이 있으나 전달지연(propagation delay)이 큰 단점이 있다. 이 실험에서는 비동기식 카운터에 관해서만 다루기로 한다.

(1) 비동기식 Count-Up 카운터

T 플립 플롭은 2진 계수의 동작을 한다. 이것을 이용하여 카운터 중 가장 간단한 비동기 Count-Up 카운터의 동작을 살펴 보기로 한다. Count-Up 카운터는 입력 펄스의 수를 세어 올라가는 것으로 그림 14-1은 비동기식 Count-Up 카운터 회로를 보인 것이고, 그림 14-2에서는 이 회로의 출력 파형을 보이고 있다.

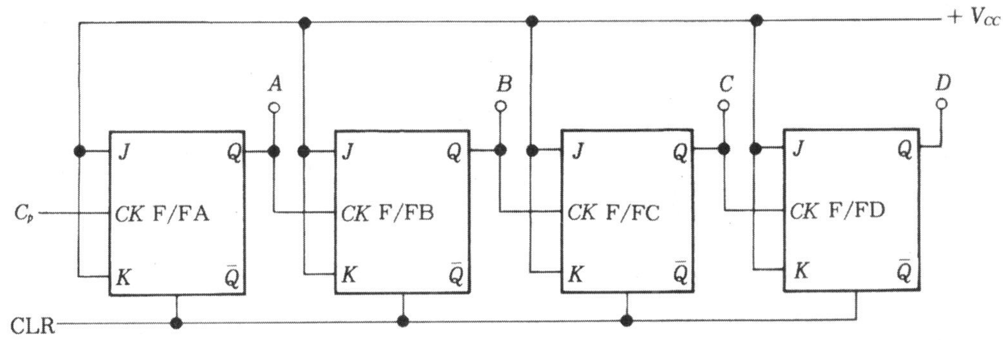

그림 14-1 비동기식 Count-Up 카운터 회로

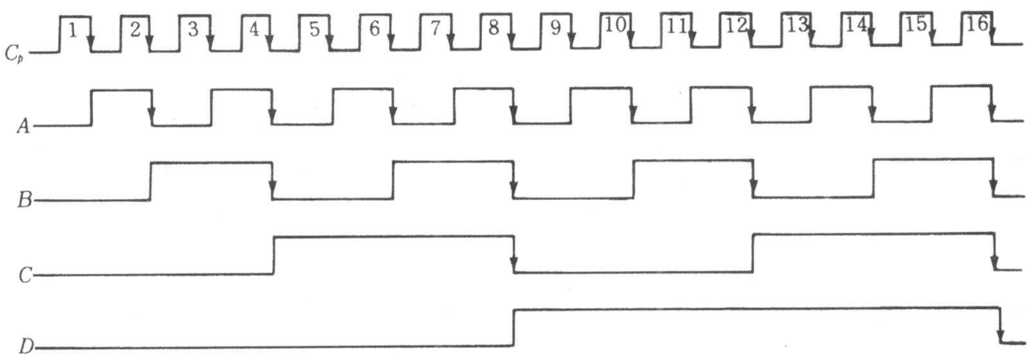

그림 14-2 비동기식 Count-Up 카운터 출력 파형

회로에서 알 수 있듯이 비동기식 Count-Up 카운터는 앞단의 출력 Q가 뒷단의 클록 펄스 C_p로서 사용된다. 또 출력 파형에서 알 수 있듯이 비동기식 Count-Up 카운터의 플립 플롭들은

클록 펄스가 1에서 0으로 바뀔 때 동작하고 있으며, 클록 펄스가 들어오기 전에는 모든 플립 플롭들을 0으로 클리어(clear)시켜 둔다. 앞단 플립 플롭에 두 개의 클록 펄스가 들어갈 때마다 뒷단에는 한 개씩의 클록 펄스가 들어가게 된다. 따라서 맨 왼쪽 플립 플롭이 아랫자리수(LSB)이고 맨 오른쪽 플립 플롭이 윗자리수(MSB)를 나타내게 된다.

(2) 비동기식 Count-Down 카운터

비동기식 Count-Up 카운터와 마찬가지로 카운터 중 가장 간단한 비동기식 Count-Down 카운터의 동작을 살펴 보기로 한다.

Count-Down 카운터는 입력 펄스의 수를 세어 내려가는 것으로 그림 14-3은 비동기식 Count-Down 카운터 회로를 보인 것이고, 그림 14-4에서는 이 회로의 출력 파형을 보이고 있다.

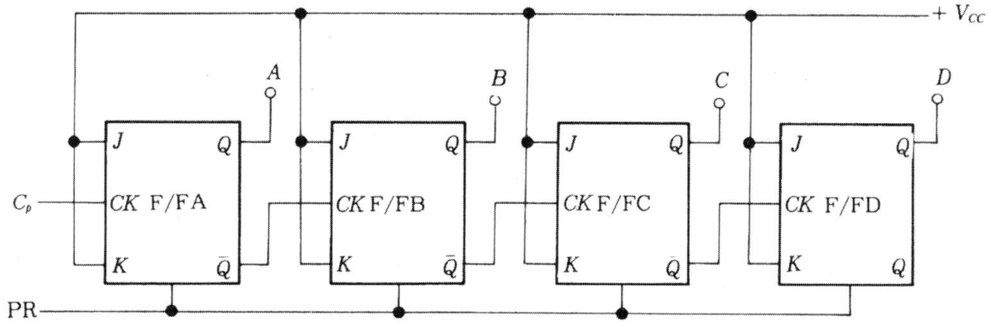

그림 14-3 비동기식 Count-Down 카운터 회로

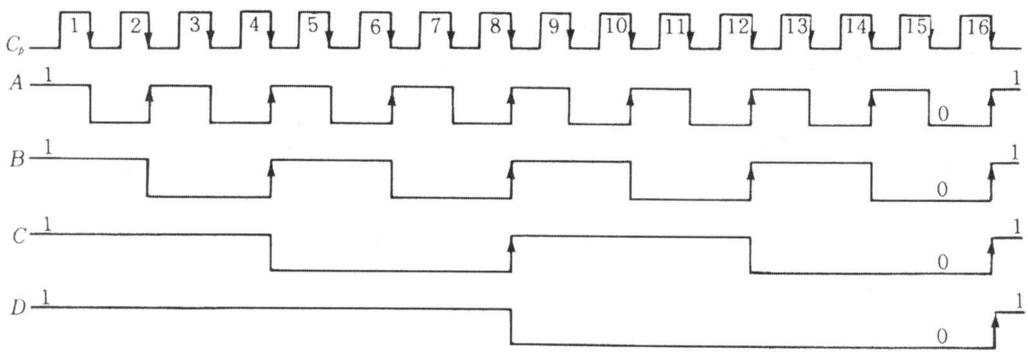

그림 14-4 비동기식 Count-Down 카운터 출력 파형

비동기식 Count-Down 카운터 회로가 Count-Up 카운터 회로와 다른 점은 앞단 플립 플롭의 출력 $\overline{Q}$ 가 뒷단의 플립 플롭의 클록 펄스로 사용된다는 점이다. 또한 Count-Down 카운터에서는 그림 14-3에서 볼 수 있듯이 클록 펄스가 들어오기 전에 플립 플롭들은 1로 preset(PR)시켜 두고 1개의 클록 펄스가 들어올 때마다 출력은 하나씩 감소하게 된다.

이와 같이 비동기식 Count-Down 카운터의 회로와 출력 파형에서 동작 원리를 이해할 수 있으며, 이것을 표로 나타내면 표 14-1과 같다.

표 14-1 비동기식 Count-Down 카운터 계수 동작표

클록 펄스(C_p)	D	C	B	A
0	1	1	1	1
1	1	1	1	0
2	1	1	0	1
3	1	1	0	0
4	1	0	1	1
5	1	0	1	0
6	1	0	0	1
7	1	0	0	0
8	0	1	1	1
9	0	1	1	0
10	0	1	0	1
11	0	1	0	0
12	0	0	1	1
13	0	0	1	0
14	0	0	0	1
15	0	0	0	0
16	1	1	1	1

(3) 비동기식 Up/Down 카운터

비동기식 Up/Down 카운터는 Count-Up 카운터와 Count-Down 카운터를 결합한 것으로서 선택신호에 의해서 어느 한 가지로 선택하여 동작시킬 수 있다.

그림 14-5의 비동기식 Up/Down 카운터 회로와 같이 AND, OR 게이트를 조합하여 카운터를 구성하면 Up/Down 신호가 1이면 Q가 다음 단의 클록 펄스(C_p)에 접속되고, 0이면 $\overline{Q}$ 가 다

음 단의 클록 펄스에 접속되므로 Up/Down이 가능하다. Up Counter일 경우에는 처음 Reset를 작동한 후, Down Counter는 Preset을 한 후 클록 펄스에 의해 카운터하게 된다. 이 회로는 엄밀히 말하면 4bit 2진식(Binary) Up/Down 비동기 16진 카운터인데 보통 4bit Up/Down Counter라 한다.

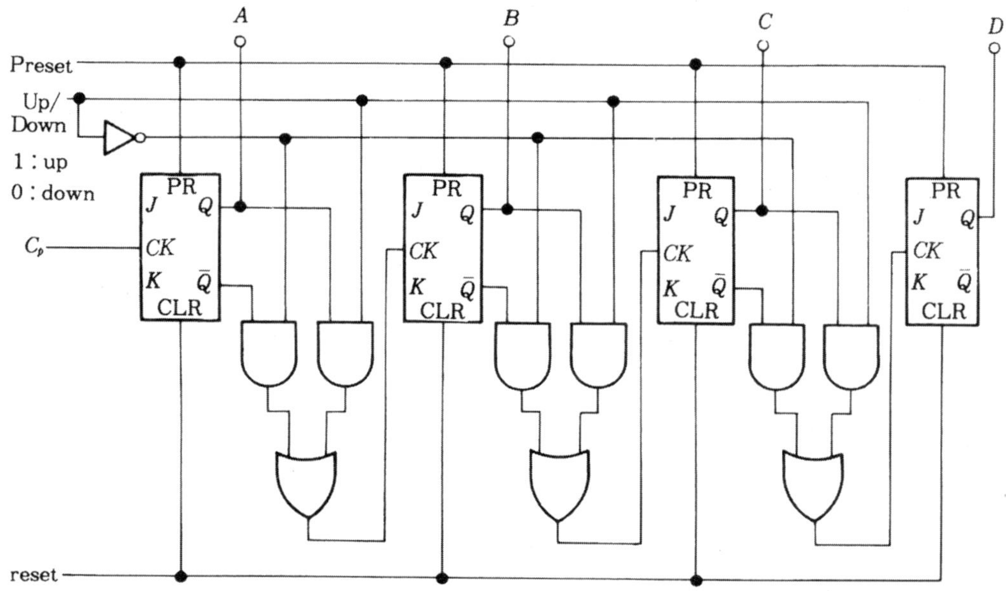

그림 14-5 비동기식 Up/Down 카운터

(4) 비동기식 10진 카운터

10진 카운터는 카운터 중에서 가장 많이 사용되는 것으로서, 10을 모듈러스(Modulus)로 하는 Modulus 10 카운터이다.

4개의 플립 플롭을 직렬로 연결하면 일반적으로 16가지의 출력상태가 생기게 되는데, 10진 카운터는 여기에 귀환(Feedback)을 가함으로써 출력상태만이 반복되도록 한 것이다.

그림 14−6의 비동기식 10진 카운터 회로에서 10번째 클록 펄스가 들어오면 원래 출력은 1010이 되어야 하는데, 이 때 NAND 게이트 출력이 0으로 바뀌게 되므로 이것이 귀환되어 결국 모든 플립 플롭을 클리어(clear)시켜 맨 처음의 상태 0000으로 되돌아 가게 된다.

이러한 관계를 표 14−2에 나타내고 있다.

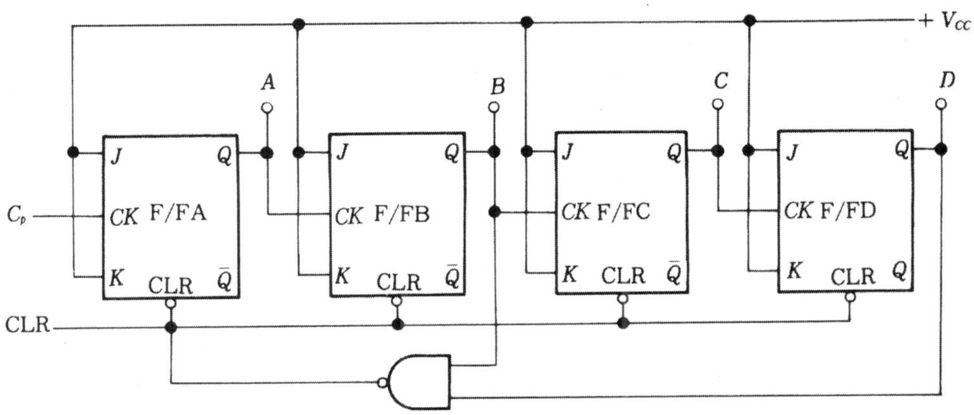

그림 14-6 비동기식 10진 카운터 회로

표 14-2 비동기식 10진 카운터 계수 동작표

클록 펄스(C_p)	D	C	B	A
0	0	0	0	0
1	0	0	0	1
2	0	0	1	0
3	0	0	1	1
4	0	1	0	0
5	0	1	0	1
6	0	1	1	0
7	0	1	1	1
8	1	0	0	0
9	1	0	0	1
10'	1	0	1	0
10	0	0	0	0
11	0	0	0	1

3 사용기기 및 부품

디지털 실험장치
직류전원 공급장치
펄스 발생기
저주파 발진기(구형파 파형이 가능한 것)
오실로스코프
LED 모니터
TTL 7476 (2개)
TTL 7400(NAND Gate)
저항 820[Ω]

4 실 험

(1) 그림 14−7의 비동기식 Counter−Up 카운터 실험회로를 결선하고 다음 순서에 따라 실험하여라.

1) 로직 펄서(싱글 펄스) 1을 순간적으로 눌렀다 놓는다(접지시켰다 +5[V]로 연결 또는 개방시켜도 무방함). 다음 출력 A, B, C, D가 모두 0이 되는지 확인한다.

2) 로직 펄서 2를 클록 펄스(C_p)를 인가하여 표 14−3, 그림 14−7의 경우를 완성하여라.

표 14-3 비동기식 카운터 출력 상태

클록 펄스 인가수	그림 14−7의 경우				그림 14−8의 경우			
	D	C	B	A	D	C	B	A
CLR/PR	0	0	0	0	1	1	1	1
1								
2								
3								
4								
5								
6								
7								
8								
9								
10								
11								

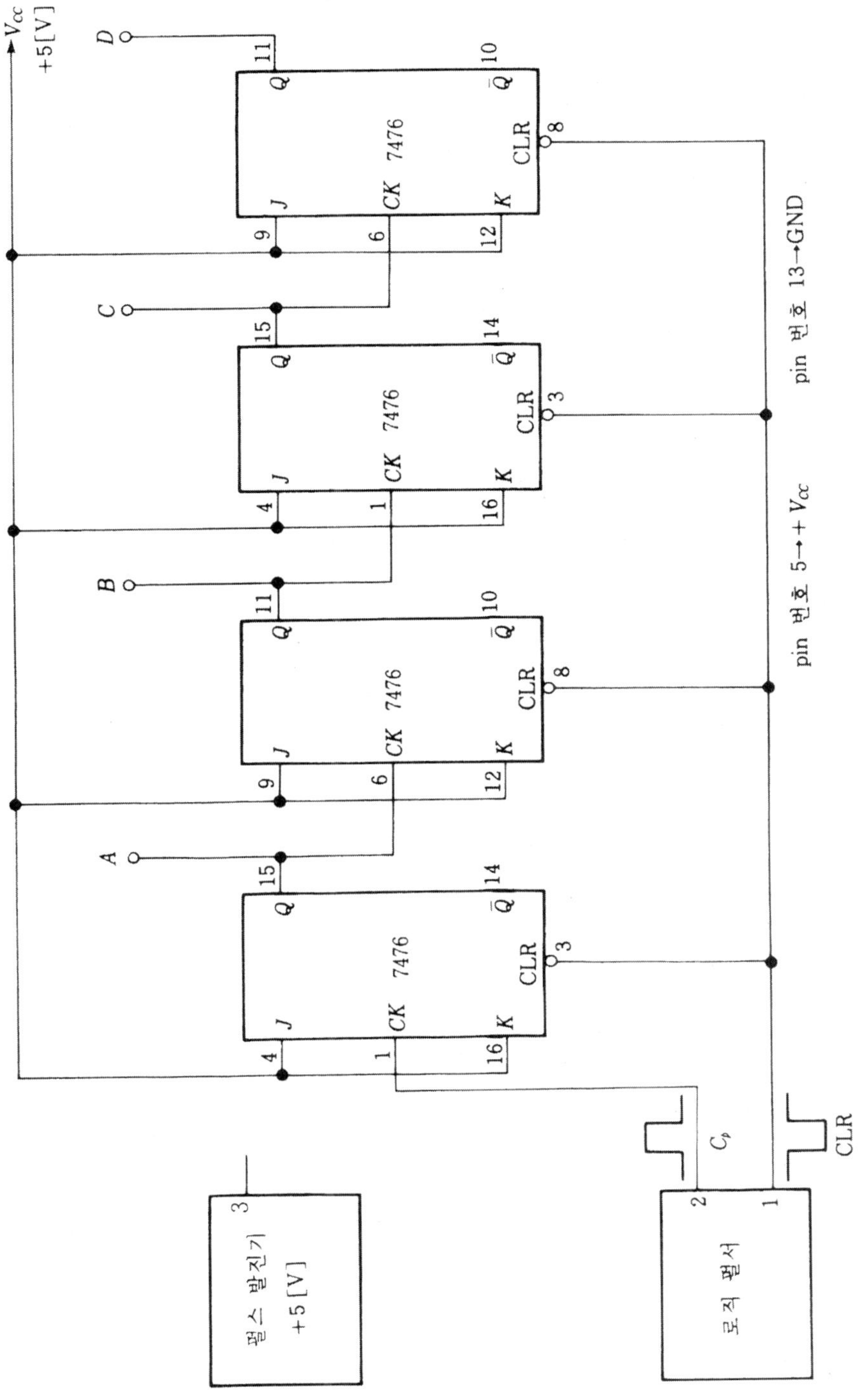

그림 14-7 비동기식 Count-Up 카운터 실험회로

12								
13								
14								
15								
16								
17								

3) 그림 14－7의 실험회로에서 로직 펄서 대신 *CK* 단자(핀 번호 1번)에 구형파 발진기 3을 접속하고 발진기의 출력을 5 rm[V_{p-p}]가 되게 한 후 1[kHz]와 100[kHz]에 대하여 2현상 오실로스코프로 각 부분(C_p, A, B, C, D)의 파형을 비교 관측하여 Graph 14－1, 2를 완성하여라(100[kHz]의 경우는 각 파형간에 시간의 지연을 면밀히 관찰할 것이며 가능하면 200[kHz] 이상의 주파수에 대해서도 실험하여 보자).

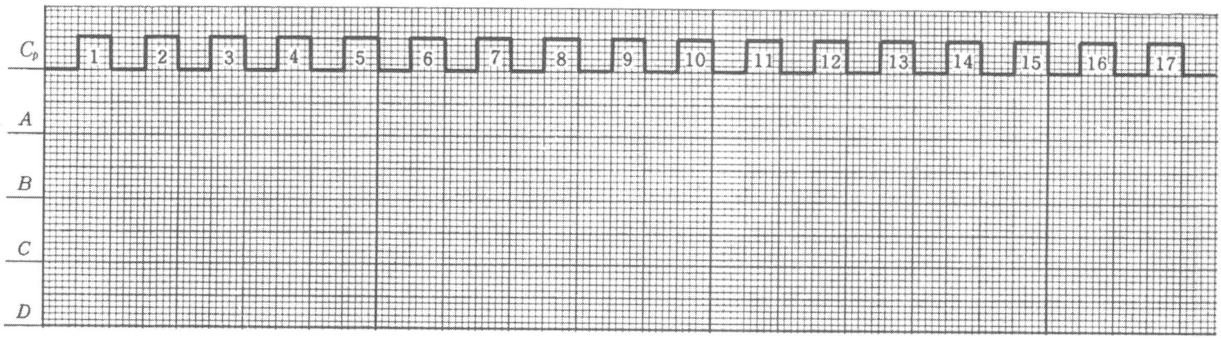

Graph 14-1 클록 펄스(C_p) 1[kHz]에 대한 출력 파형

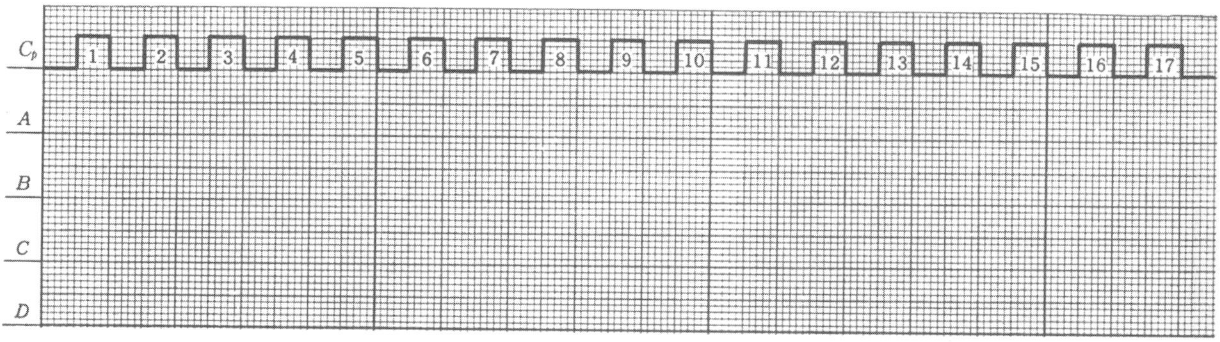

Graph 14-2 클록 펄스(C_p) 100[kHz]에 대한 출력 파형

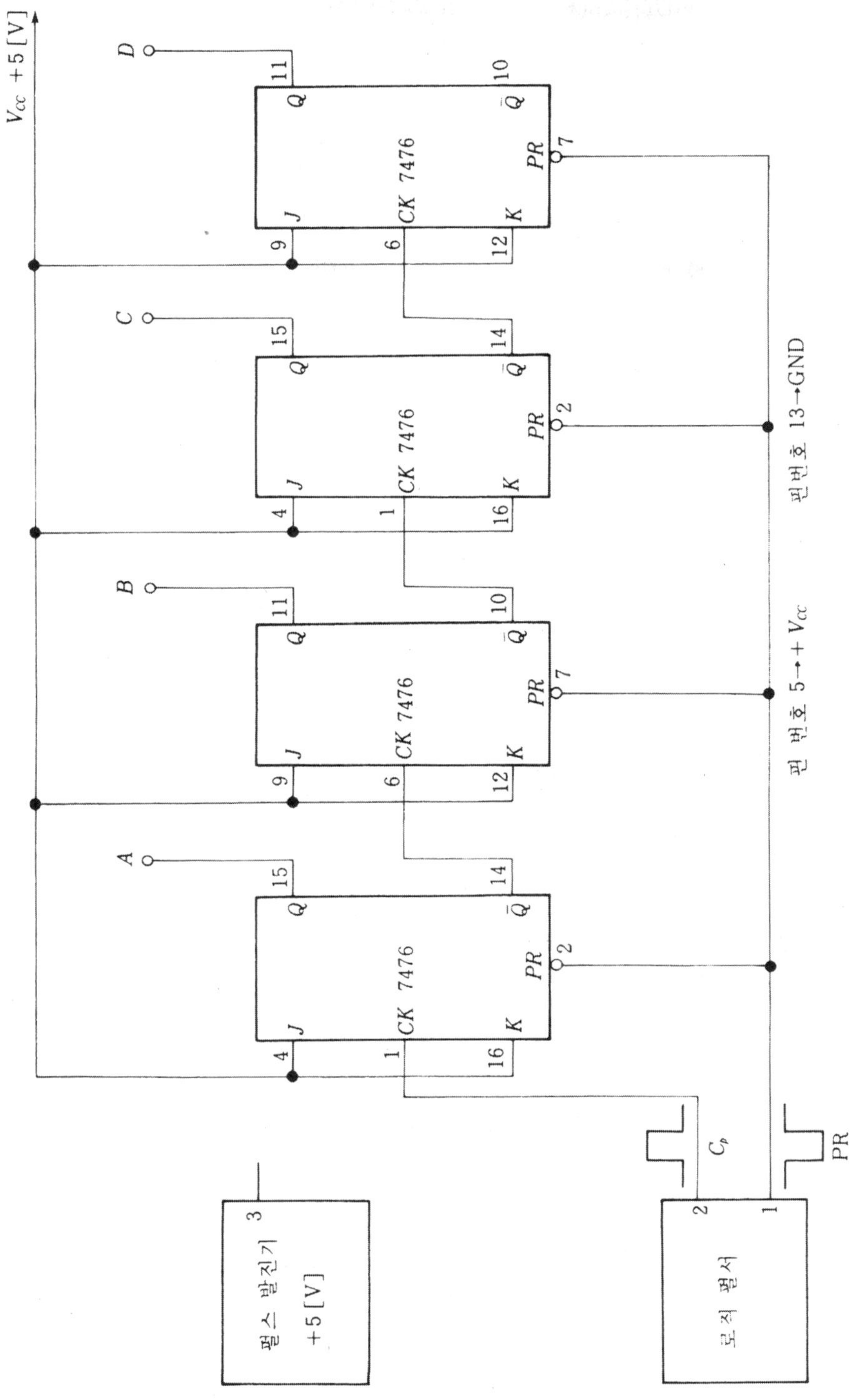

그림 14-8 비동기식 Count-Down 카운터 실험회로

(2) 그림 14−8의 비동기식 Count−Down 카운터 회로를 결선하고 다음 순서에 따라 실험하여라.

1) 로직 펄서(싱글 펄서) 1을 순간적으로 눌렀다 놓는다(접지시켰다 +5[V]로 연결 또는 개방시켜도 무방함). 다음 출력 A, B, C, D가 모두 로직 1이 되는지 확인한다(회로에서 PR은 Preset임).

2) 로직 펄서(싱글 펄서) 2를 클록 펄스(C_p)를 인가하여 표 14−3, 그림 14−8의 경우를 완성시켜라.

3) 그림 14−8의 실험회로에서 로직 펄서 대신 CK 단자(핀 번호 1번)에 구형파 발진기 3을 접속하고 발진기의 출력을 5rm[V_{P-P}]가 되게 한 후 1[kHz]와 100[kHz]에 대하여 2현상 오실로스코프로 각 부분(C_p, A, B, C, D)의 파형을 비교 관측하여 Graph 14−3과 Graph 14−4를 완성하여라. 100[kHz]의 경우는 각 파형간에 시간의 지연을 면밀히 관찰할 것이며 가능하면 200[kHz] 이상의 주파수에 대해서도 실험하여 보자.

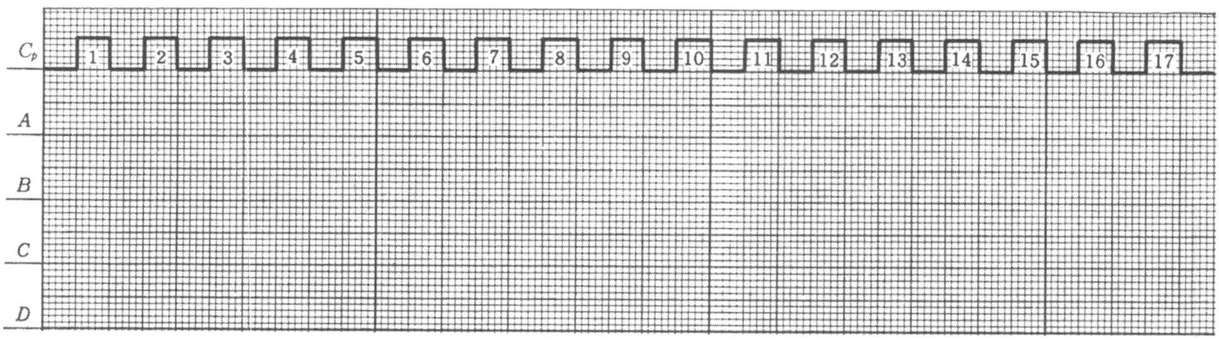

Graph 14-3 클록 펄스(C_p) 1[kHz]에 대한 출력 파형

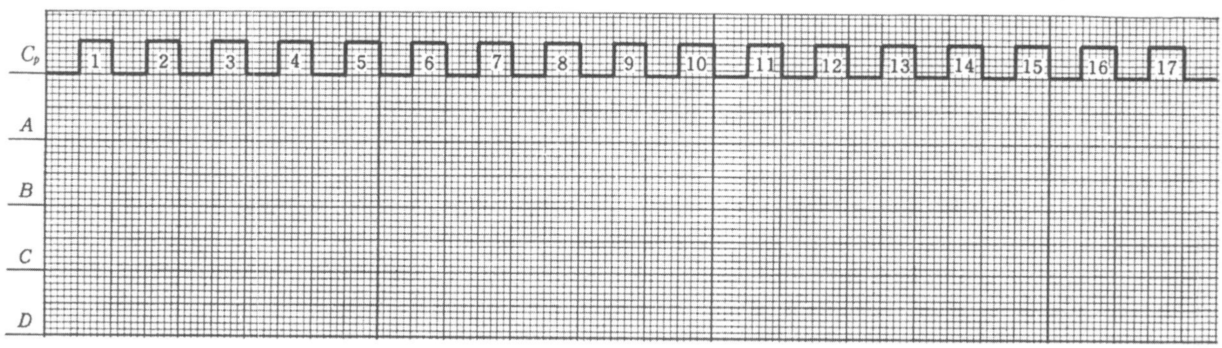

Graph 14-4 클록 펄스(C_p) 100[kHz]에 대한 출력 파형

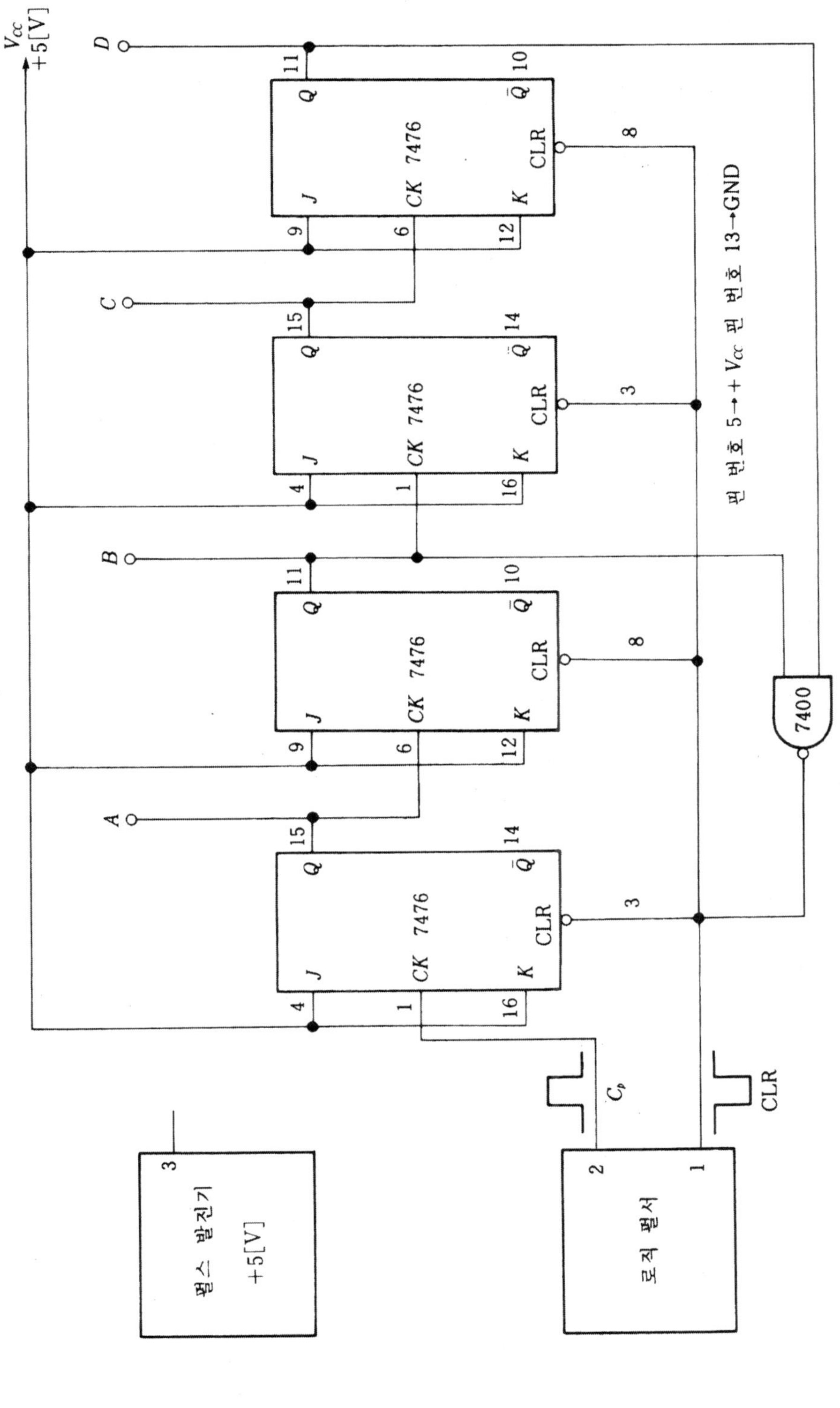

그림 14-9 비동기식 10진 카운터 실험회로

(3) 그림 14－9의 비동기식 10진 카운터 실험회로를 결선하고 다음 순서에 따라 실험하여라.

1) 로직 펄서(싱글 펄서) 1을 순간적으로 눌렀다 놓는다(접지시켰다 +5[V]로 연결 또는 개방시켜도 무방함). 이 후 출력 *A*, *B*, *C*, *D*가 모두 0이 되는지 확인한다.

2) 로직 펄서 2 즉 클록 펄스(C_p)를 인가하여 표 14－4를 완성하여라.

표 14-4 비동기식 10진 카운터 계수 동작표

클록 펄스 인가수	*D*	*C*	*B*	*A*
클리어(CLR)				
1				
2				
3				
4				
5				
6				
7				
8				
9				
10				
11				
12				

3) 그림 14－9의 비동기식 10진 카운터 실험회로에서 로직 펄서 대신 CK 단자(핀 번호 1번)에 구형파 발진기 3을 접속하고 발진기의 출력을 5[V_{p-p}]가 되게 한 후 1[kHz]와 100[kHz]에 대하여 2현상 오실로스코프로 각 부분(C_p, *A*, *B*, *C*, *D*)의 파형을 비교 관측하여 Graph 14－5와 Graph 14－6을 완성하여라.

100[kHz]의 경우는 각 파형간에 시간의 지연을 면밀히 관찰할 것이며, 가능하면 200[kHz] 이상의 주파수에 대해서도 실험하여 보자.

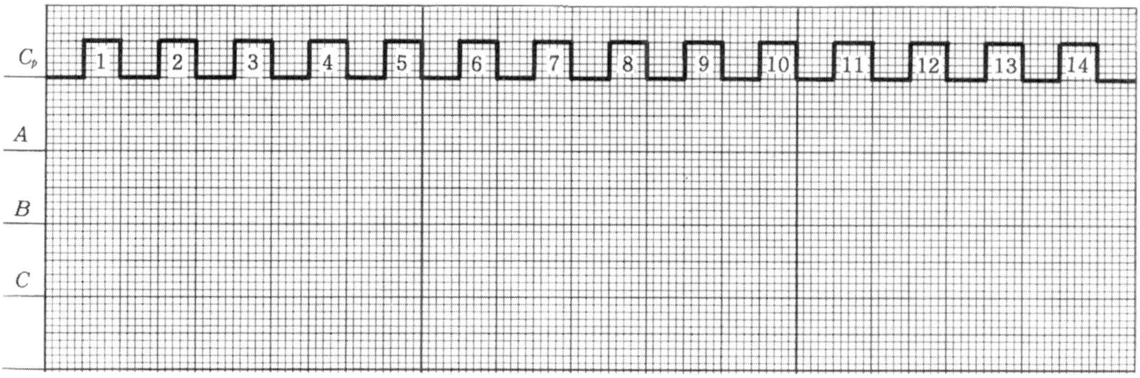

Graph 14-5 클록 펄스(C_p) 1[kHz]에 대한 출력 파형

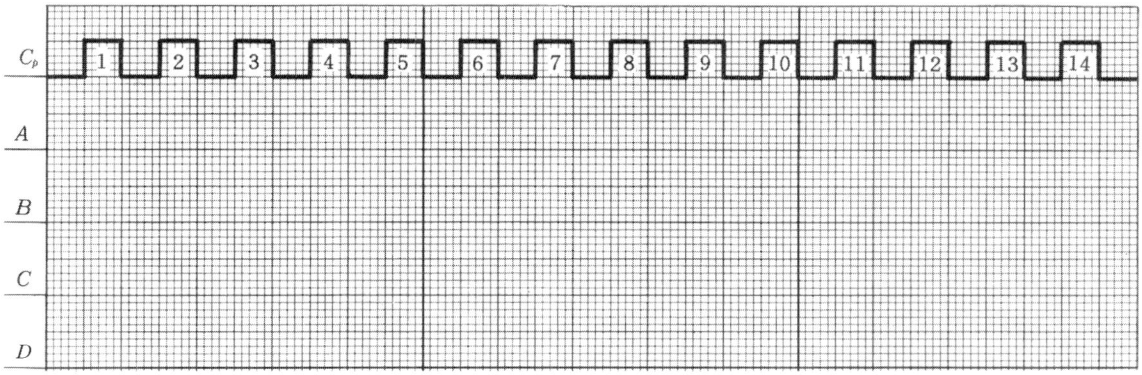

Graph 14-6 클록 펄스(C_p) 100[kHz]에 대한 출력 파형

5 실험 결과 검토

(1) 그림 14−7의 비동기식 Count−Up 카운터 실험회로를 결선하고 실험하는 과정에서 로직 펄서 1을 순간적으로 눌렀다 놓아서 출력을 클리어시키지 말고 클리어 단자를 접지시켰다. +5[V]로 연결 또는 개방시켰을 때 출력 A, B, C, D가 모두 0이 되는지 검토하여라.

(2) 그림 14−7의 실험회로에서 싱글 펄서 대신 CK 단자에 구형파 발진기를 접속하여 구형파 주파수가 1[kHz]와 100[kHz]로 입력했을 때 2 현상 오실로스코프에 나타난 출력 파형에서 주파수 차에 따라 또 출력 단자에 따라 시간지연이 얼마나 차이나는지 비교 검토하여 보자.

(3) 그림 14−8의 비동기식 Count−Down 카운터 실험회로를 결선하고 실험하는 과정에서 로직 펄서 1을 순간적으로 눌렀다 놓는다(능동 Low 프리셋). 이렇게 로직 펄서를 사용치 않고 PR(핀 번호 2번) 단자를 순간적으로 접지시켰다. +5[V]로 연결하거나 또는 개방시켰을 때 출력 A, B, C, D가 모두 로직 1이 되는지 확인하고 그렇지 않을 경우 이유를 밝혀라.

(4) 그림 14−8의 실험회로에서 싱글 펄서 대신 CK 단자에 구형파 발진기를 접속하여 구형파 발진 주파수가 1[kHz]와 100[kHz]로 입력했을 때 2 현상 오실로스코프에 나타난 출력 파형에서 주파수 차에 따라 또 출력 단자에 따라 시간지연이 얼마나 차이나는지 비교 검토하여 보자.

(5) 그림 14−9의 비동기식 10진 카운터 실험에서 싱글 펄서 대신 CK 단자에 구형파 1[kHz]와 100[kHz]를 가했을 때 그 출력 파형을 Graph 14−5와 Graph 14−6에 나타낸 결과치와 그림 14−7의 비동기식 Count−Up 카운터 실험에서 실험한 Graph 14−1과 Graph 14−2에 나타낸 결과치를 같은 주파수끼리 서로 비교하고 차이점을 검토하여 보자.

6 실험 결과 테스트

(1) 다음 비동기식 카운터에 관한 설명 중 잘못된 것은?

(a) 비동기식 카운터는 직렬 카운터, 리플 카운터 또는 캐스케이드 카운터라고도 한다.
(b) 비동기식 Count－Up 카운터는 입력 펄스의 수를 세어 올라가는 카운트 방식이고, Count－Down 카운터는 입력 펄스의 수를 세어 내려가는 카운트 방식이다.
(c) 비동기식 카운터는 동기식 카운터에 비하여 회로가 간단한 장점과 전달지연시간 이 짧은 장점을 갖고 있다.
(d) 비동기식 10진 카운터는 10을 모듈러스로 하는 카운터이다.

(2) 비동기식 10진 카운터를 처음 클리어(clear)시키고 클록 펄스를 10번 인가시키면 4비트의 출력은?

(a) 0000　　(b) 0001　　(c) 1001　　(d) 1010

(3) 모듈러스 12, 16, 10을 갖는 3단 카운터는 0에서 (　　)까지의 일련번호까지 카운트 될 수 있다.

(a) 37　　(b) 38　　(c) 1919　　(d) 1920

(4) 비동기식 Count－Up 카운터로서 잘못된 것은?

(a) 모듈러스 8 Counters가 있다.
(b) 모듈러스 12 Counters가 있다.
(c) 출력 Q가 다음 단의 입력으로 들어간다.
(d) 출력 $\overline{Q}$가 다음 단의 입력으로 들어간다.

(5) 카운터의 모듈러는 어떻게 결정되나?

(a) 2^n-1(n은 단수)

(b) 각 단(stage)의 모듈로(Modulo) 수의 곱

(c) 시퀀스(sequence)가 반복되기 직전의 상태의 수

(d) 2^n (n은 단수)

(6) 비동기식 4비트 Count－Down 카운터 회로에서 preset을 시켜 출력 D, C, B, A를 모두 1로 선택한 후 클록 펄스를 10번 인가하면 그 결과 $DCBA$는?

(a) 1010　　(b) 0101　　(c) 1011　　(d) 0100

(7) 6개의 플립 필롭으로 구성된 2진 카운터(Binery Counter)는 0에서 (　　)까지 카운터하게 된다.

(a) 6　　(b) 32　　(c) 63　　(d) 64

(8) 비동기식 10진 Count－Up 카운터 실험회로에서 클리어시킨 후 클록 펄스를 13번 인가하면 4비트 출력 $DCBA$ 논리값은?

(a) 1100　　(b) 1101　　(c) 0010　　(d) 0011

실험 15. 동기식 카운터

1 목 적

(1) 동기식 카운터의 동작 원리를 익힌다.

(2) 리플 캐리 카운터의 동작 원리를 익힌다.

(3) 동기식 Modulus N카운터의 동작 원리를 이해하고 동작 특성을 익힌다.

(4) 가산 카운터와 감산 카운터의 차이점을 이해한다.

(5) 플립 플롭의 응용능력을 키운다.

2 이 론

비동기식 카운터는 전단의 출력에 의하여 트리거되는 데 반해 동기식 카운터는 모든 플립 플롭들이 같은 클록 펄스에 의해 동시에 트리거된다는 점에 있어서 다르다.

따라서 동기식 카운터는 비동기식 카운터에 비해 입력신호의 전달지연시간이 훨씬 짧아진다. 예를 들어 TTL 플립 플롭의 경우 대체적으로 한 개의 플립 플롭이 갖는 지연시간이 25[ns] 정도이므로 4개의 플립 플롭을 종속접속하여 16진 카운터를 구성할 경우 클록 펄스의 최종단의 출력사이에는 100[ns](4×25ns) 정도의 전송지연시간이 발생하게 된다. 이러한 전송지연은 사용할 수 있는 최대 클록 주파수를 제한하게 되며 한 상태와 다음 상태 사이에 잠정적으로 중간상태가 존재할 수 있어 논리상의 오차를 발생하게 한다는 점에서 비동기식 카운터가 동기식에 비하여 불리하다. 이러한 점에서 동기식 카운터의 이점이 있는가 하면 구조상으로 회로가 복잡하다는 점에서 비동기식보다 불리하다.

(1) 동기식 Count－Up 카운터

동기식 Count－Up 카운터는 모든 플립 플롭들이 동일한 클록 펄스에 의해서 동시에 동작한다는 점을 제외하고는 비동기식 Count－Up 카운터와 마찬가지이다.

그림 15－1의 동기식 Count－Up 카운터에서와 같이 앞단의 출력 Q들을 모아 AND 게이트로 묶어서 다음 단의 J와 K 입력에 동시에 연결하고, 모든 플립 플롭에 클록 펄스를 접속시키면 동기식 Count－Up 카운터 회로를 구성하게 된다.

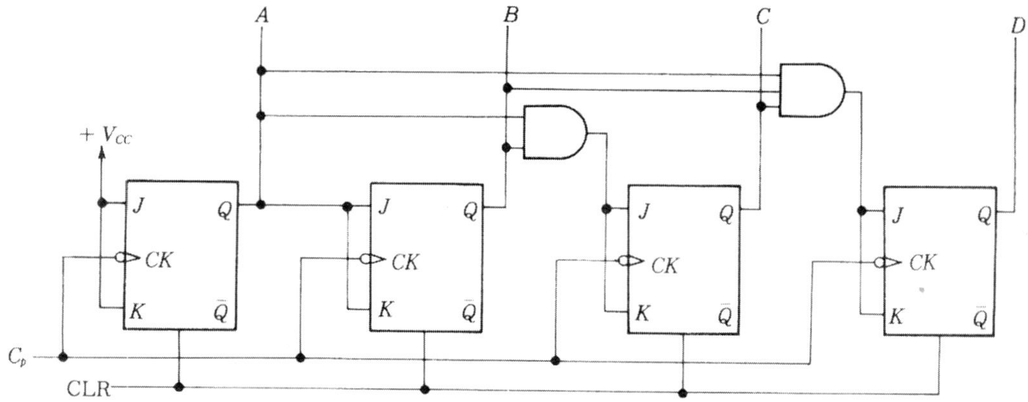

그림 15-1 동기식 Count-Up 카운터 회로

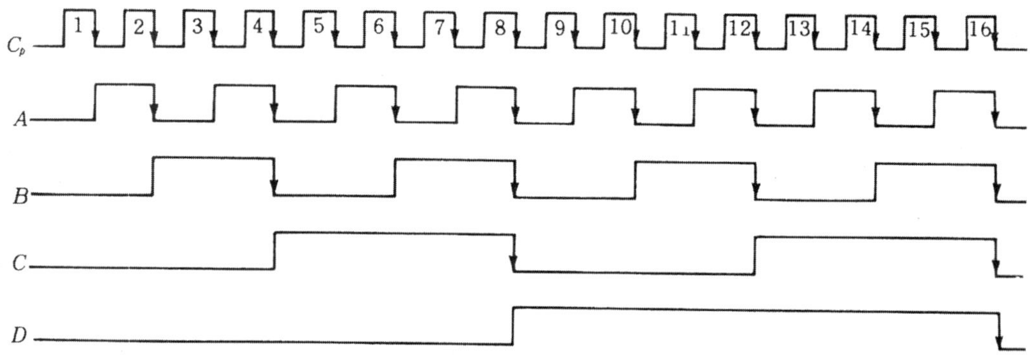

그림 15-2 동기식 Count-Up 카운터 출력 파형

입력 클록 펄스(C_p)의 인가에 의한 출력 A, B, C, D의 출력 파형을 그림 15-2에 나타내고 있다.

(2) 동기식 Count-Down 카운터

동기식 Count-Down 카운터는 모든 플립 플롭들이 동일한 클록 펄스에 의해서 동시에 동작한다는 점을 제외하고는 비동기식 Count-Down 카운터와 마찬가지이다.

그림 15-3의 동기식 Count-Down 카운터와 같이 앞단의 출력 $\overline{Q}$ 들을 모두 모아 AND 게이트로 묶어서 다음 단의 JK 입력에 동시에 연결하고, 모든 플립 플롭에 클록 펄스를 접속시키면 동기식 Count-Down 카운터 회로를 구성하게 된다.

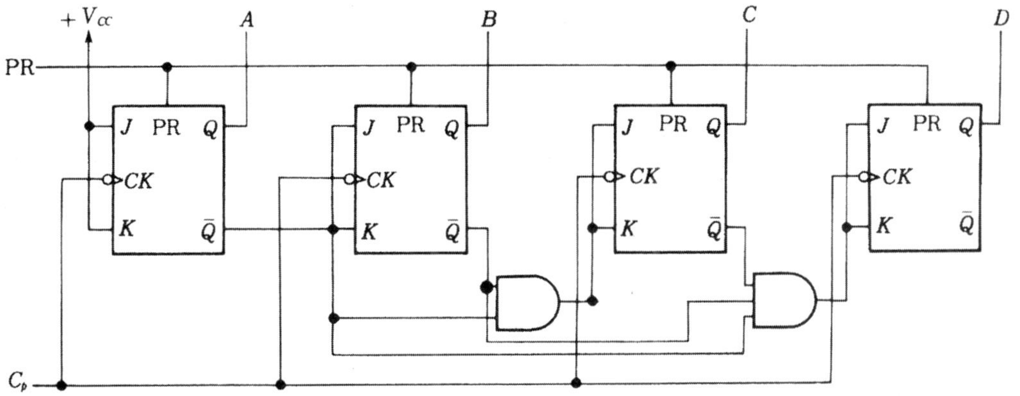

그림 15-3 동기식 Count-Down 카운터

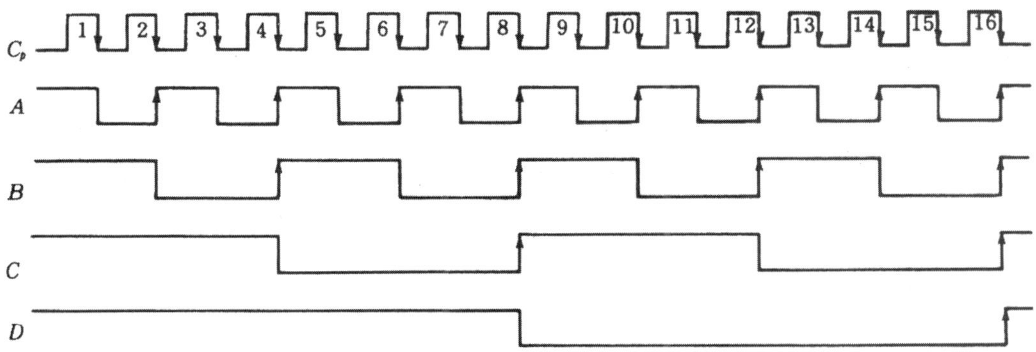

그림 15-4 동기식 Count-Down 카운터 출력 파형

입력 클록 펄스(C_p)의 인가에 의한 출력 A, B, C, D의 출력 파형을 그림 15-4에 나타내고 있다.

(3) 리플 캐리 카운터

그림 15-5와 같이 앞단 플립 플롭의 입력 J, K와 출력 Q를 모아서 다음 단 플립 플롭의 J, K 입력으로 결선되도록 구성된 회로로서 순수한 동기식 카운터 회로에 비하여 AND 게이트가 같은 JK 플립 플롭을 이용한 동기식 Counter에 비하여 그 입력 수가 2개인 입력만 가지면 되므로 간소화되어 있는 이점이 있다. 한편 전송지연시간(delay time)은 순수한 동기보다 길고 비동기보다 짧다.

따라서 순수한 동기식 카운터의 장점을 다소 희생하면서 AND 게이트의 입력 수 증가라는 단점을 보완시킨 절충식 동기 카운터이다.

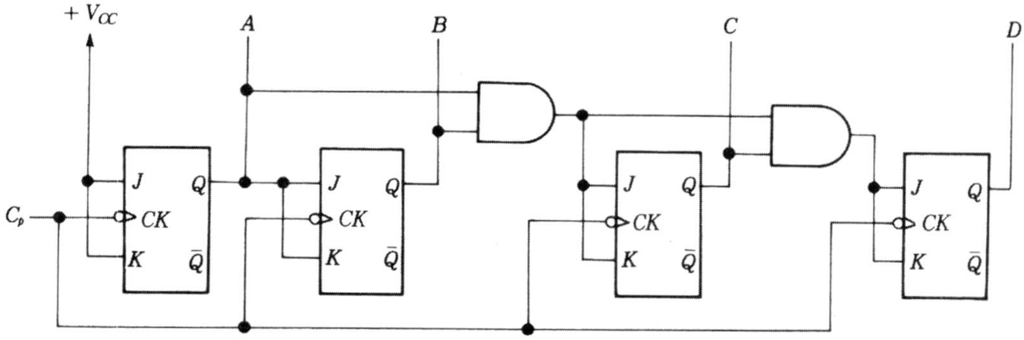

그림 15-5 리플 캐리 카운터

(4) Modulus *N* 카운터

*N*개의 서로 다른 출력상태를 갖는 카운터를 Modulus *N* 카운터라고 한다. 즉 *N*개의 서로 다른 출력상태를 나타낸 후 다시 원래의 상태로 돌아가서 다시 *N*개의 출력상태를 반복하게 되어 있다. 그림 15－6은 Modulus 7 카운터를 나타낸 것이고, 출력상태는 15－1과 같다.

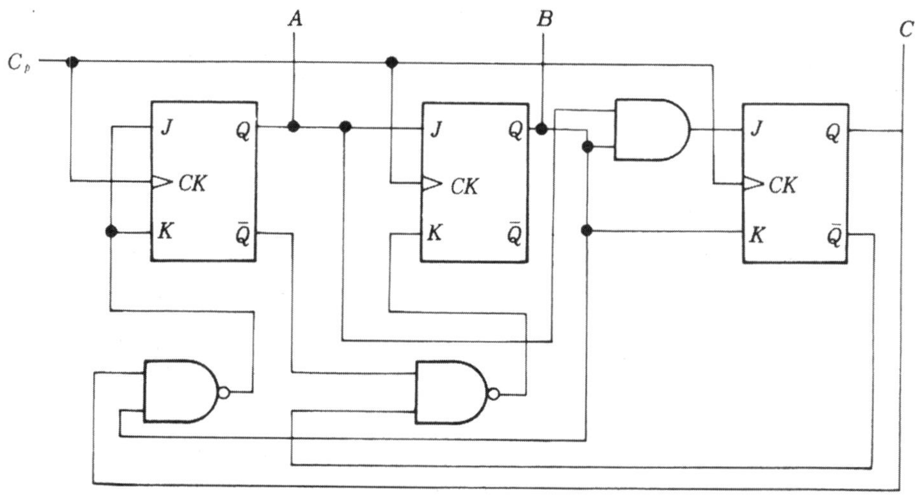

그림 15-6 동기식 Modulus 7 카운터

표 15-1 Modulus 7 카운터 계수 동작표

클록 펄스 인가 수	C	B	A
0	0	0	0
1	0	0	1
2	0	1	0
3	0	1	1
4	1	0	0
5	1	0	1
6	1	1	0
7	0	0	0

모든 N값에 대하여 Modulus N 카운터를 구성할 수 있으며, Modulus N_1 카운터와 Modulus N_2 카운터를 직렬로 연결하면 $N=N_1N_2$의 관계가 성립된다.

3 사용기기 및 부품

디지털 실험장치
직류전원 공급장치
싱글 펄스 발생기
펄스파 발생기(구형파 파형 가능한 것)
오실로스코프
LED 모니터
TTL 7408(AND Gate) 1개
TTL 7411(AND Gate) 1개
TTL 7476 2개
저항 820[Ω]

4 실 험

(1) 그림 15−7의 동기식 Count−Up 카운터 실험회로를 결선하고 다음 순서에 다라 실험하여라.

1) 로직 펄서(싱글 펄서) 1을 순간적으로 눌렀다 놓는다(접지시켰다 +5[V]로 연결 또는 개방시켜도 무방함). 다음 출력 A, B, C, D가 모두 0이 되는지 확인한다.
2) 로직 펄서 2 즉 클록 펄스(C_p)를 인가하여 표 15−2, 그림 15−7의 경우를 완성하여라.
3) 그림 15−7의 실험회로에서 로직 펄서 대신 CK 단자(핀 번호 1번)에 구형파 발진기 3을 접속하고 발진기의 출력을 5rm[V_{p-p}]가 되게 한 후 1[kHz]와 100[kHz]에 대하여 2 현상 오실로프코프로 각 부분(C_p, A, B, C, D)의 파형을 비교 관측하여 Graph 15−1, 2를 완성하여라(100[kHz]의 경우는 각 파형간에 시간의 지연을 면밀히 관찰할 것이며 가능하면 200[kHz] 이상의 주파수에 대해서도 실험하여 보자).

(2) 그림 15−8의 동기식 Count−Down 카운터 실험회로를 결선하고 다음 순서에 따라 실험하여라.

1) 싱글 펄서 1을 순간적으로 놓는다(접지시켰다 +5[V]로 연결 또는 개방시켜도 무방함). 다음 출력 A, B, C, D가 모두 논리 1이 되는지 확인한다(회로에서 PR은 Preset임).
2) 싱글 펄서 2 즉 클록 펄스(C_p)를 인가하여 표 15−2, 그림 15−8의 경우를 완성시켜라.

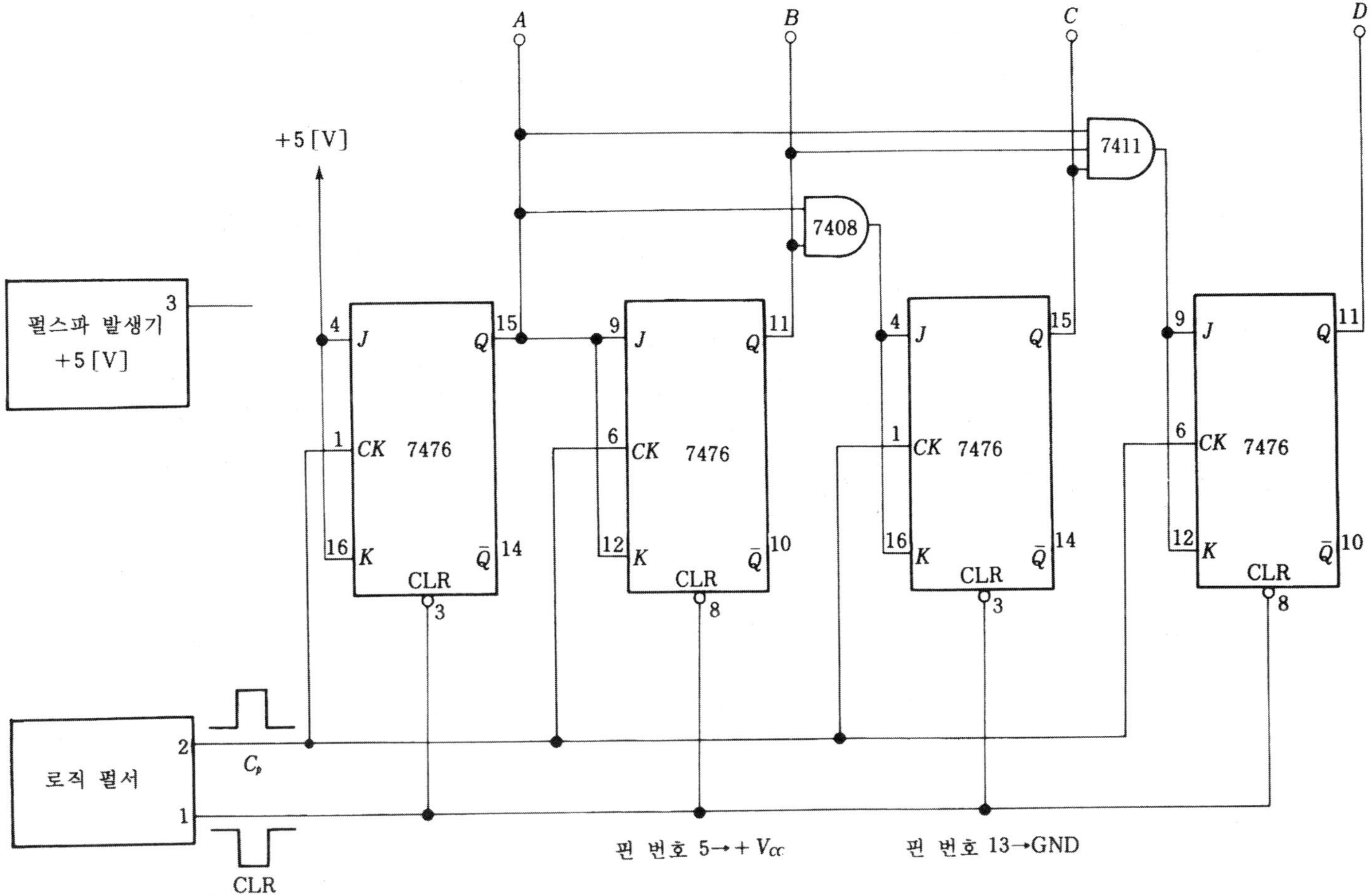

그림 15-7 동기식 Count-Up 카운터 실험회로

표 15-2 동기식 카운터 출력상태

클록 펄스 인가 수	그림 15-7의 경우				그림 15-8의 경우			
	D	C	B	A	D	C	B	A
CLR/PR	0	0	0	0	1	1	1	1
1								
2								
3								
4								
5								
6								
7								
8								
9								
10								
11								
12								
13								
14								
15								
16								
17								

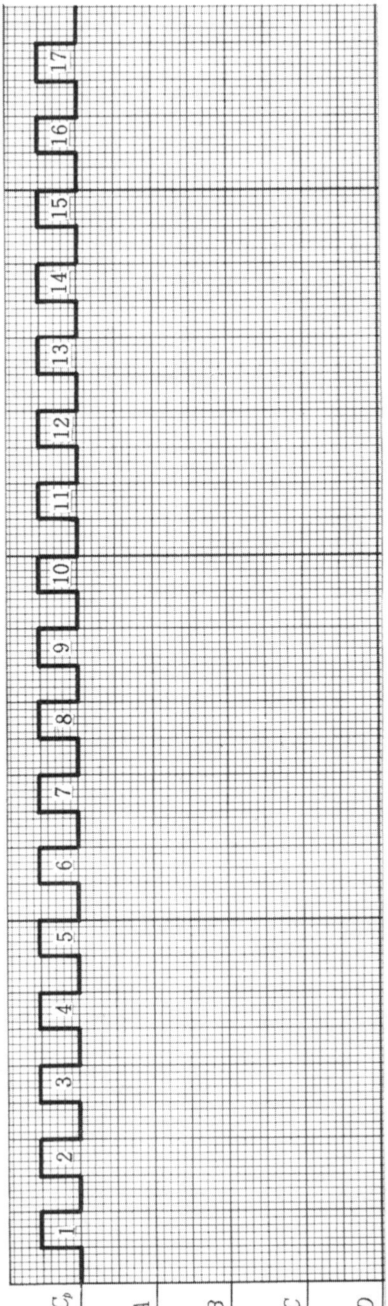

Graph 15-1 클록 펄스(C_p) 1[kHz]에 대한 출력 파형

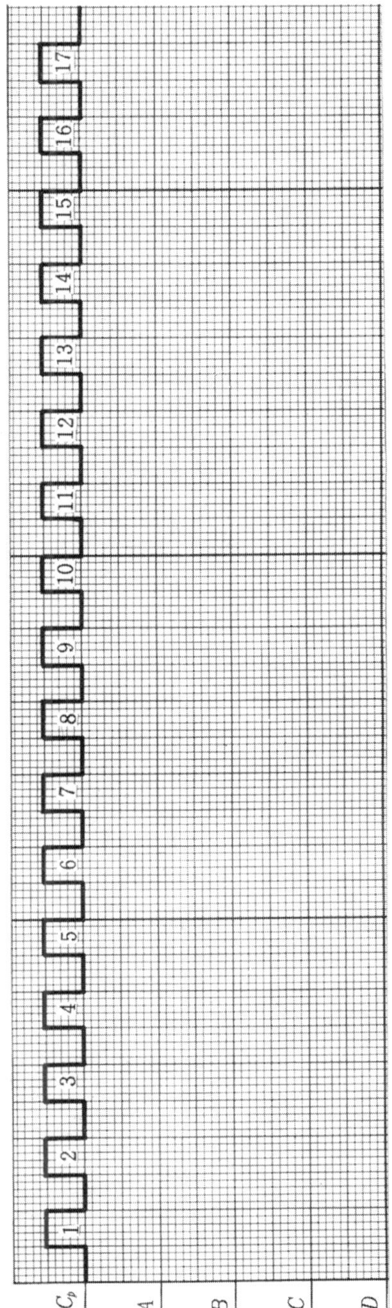

Graph 15-2 클록 펄스(C_p) 100[kHz]에 대한 출력 파형

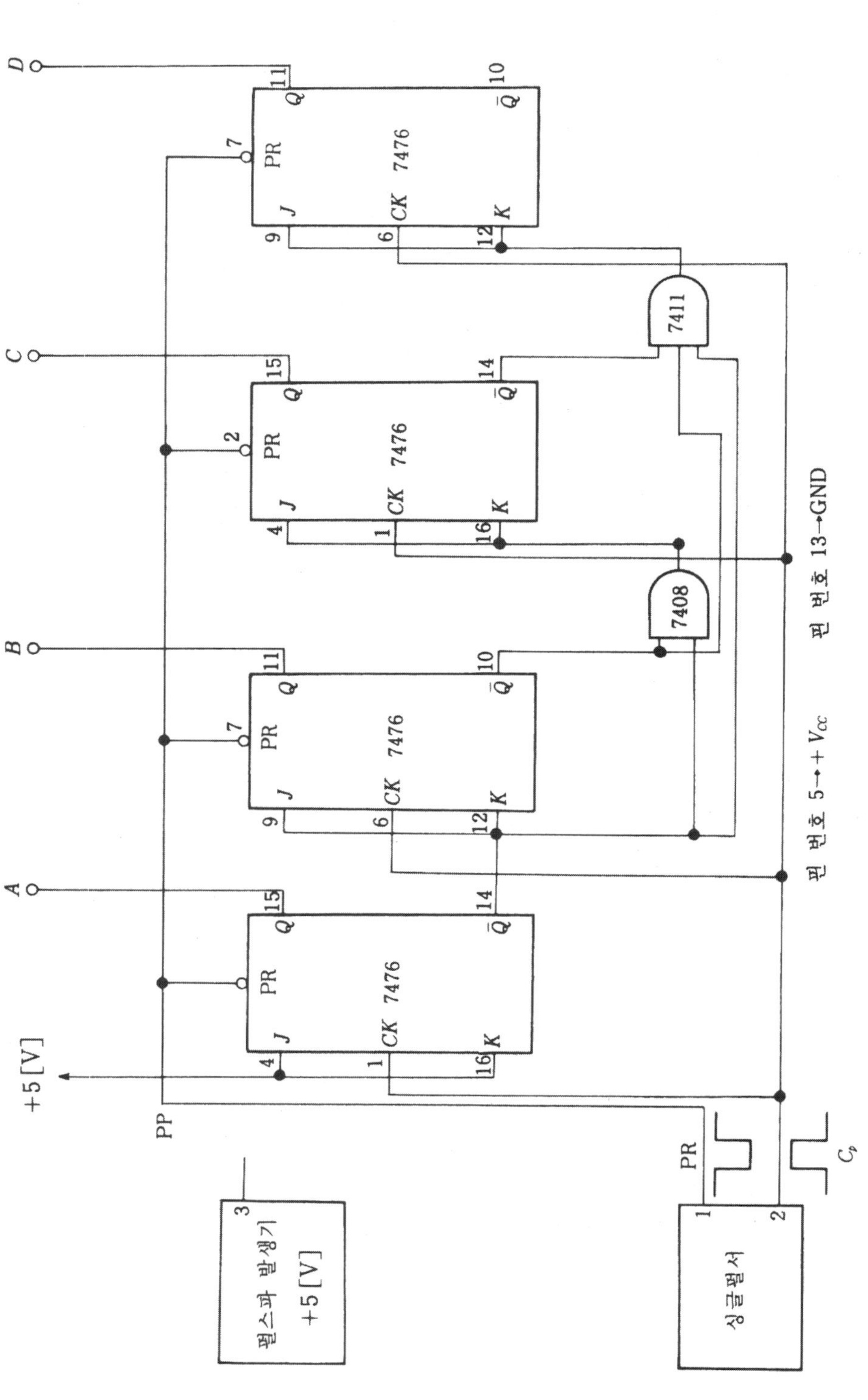

그림 15-8 동기식 Count-Down 카운터 실험회로

3) 그림 15−8의 실험회로에서 로직 펄서 대신 CK 단자(핀 번호 1번)에 구형파 발진기 3을 접속하고 발진기의 출력을 5[V_{p-p}]가 되게 한 후 1[kHz]와 100[kHz]에 대하여 2 현상 오실로스코프로 각 부분(C_p, A, B, C, D)의 파형을 비교 관측하여 Graph 15−3과 Graph 15−4를 완성하여라. 100[kHz]의 경우는 각 파형간에 시간의 지연을 면밀히 관찰할 것이며, 가능하면 200[kHz] 이상의 주파수에 대해서도 실험하여 보자.

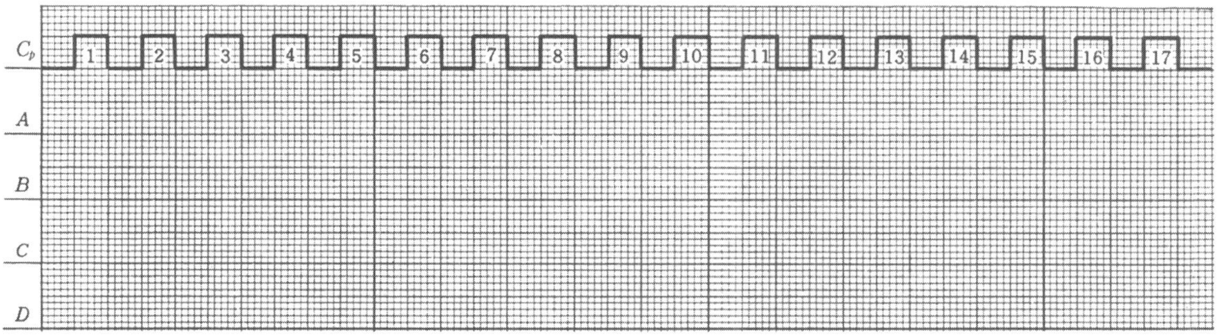

Graph 15-3 클록 펄스(C_p) 1[kHz]에 대한 출력 파형

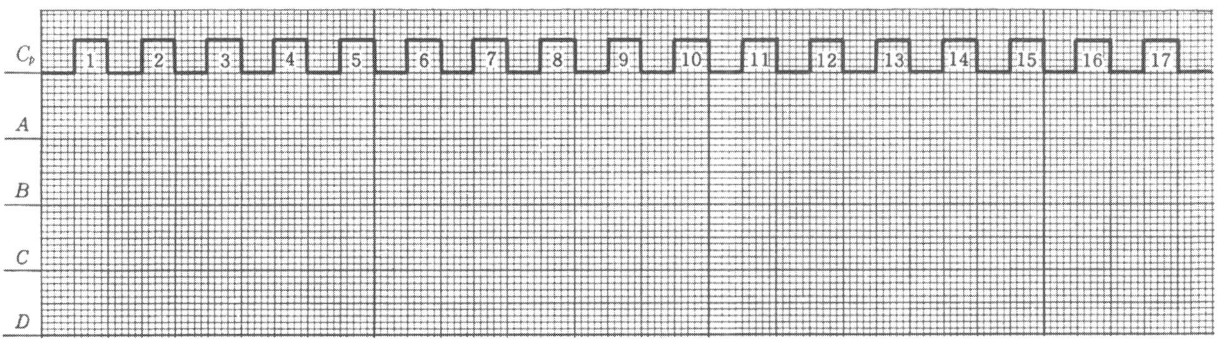

Graph 15-4 클록 펄스(C_p) 100[kHz]에 대한 출력 파형

(3) 그림 15−9의 리플 캐리 카운터 실험회로를 결선하고 다음 순서에 따라 실험하여라.

1) 로직 펄서(싱글 펄서) 1을 순간적으로 눌렀다 놓는다(접지시켰다 +5[V]로 연결 또는 개방시켜도 무방함). 다음 출력 A, B, C, D가 모두 0이 되는지 확인한다.

2) 로직 펄서 2 즉 클록 펄스(C_p)를 인가하여 표 15−3을 완성하여라.

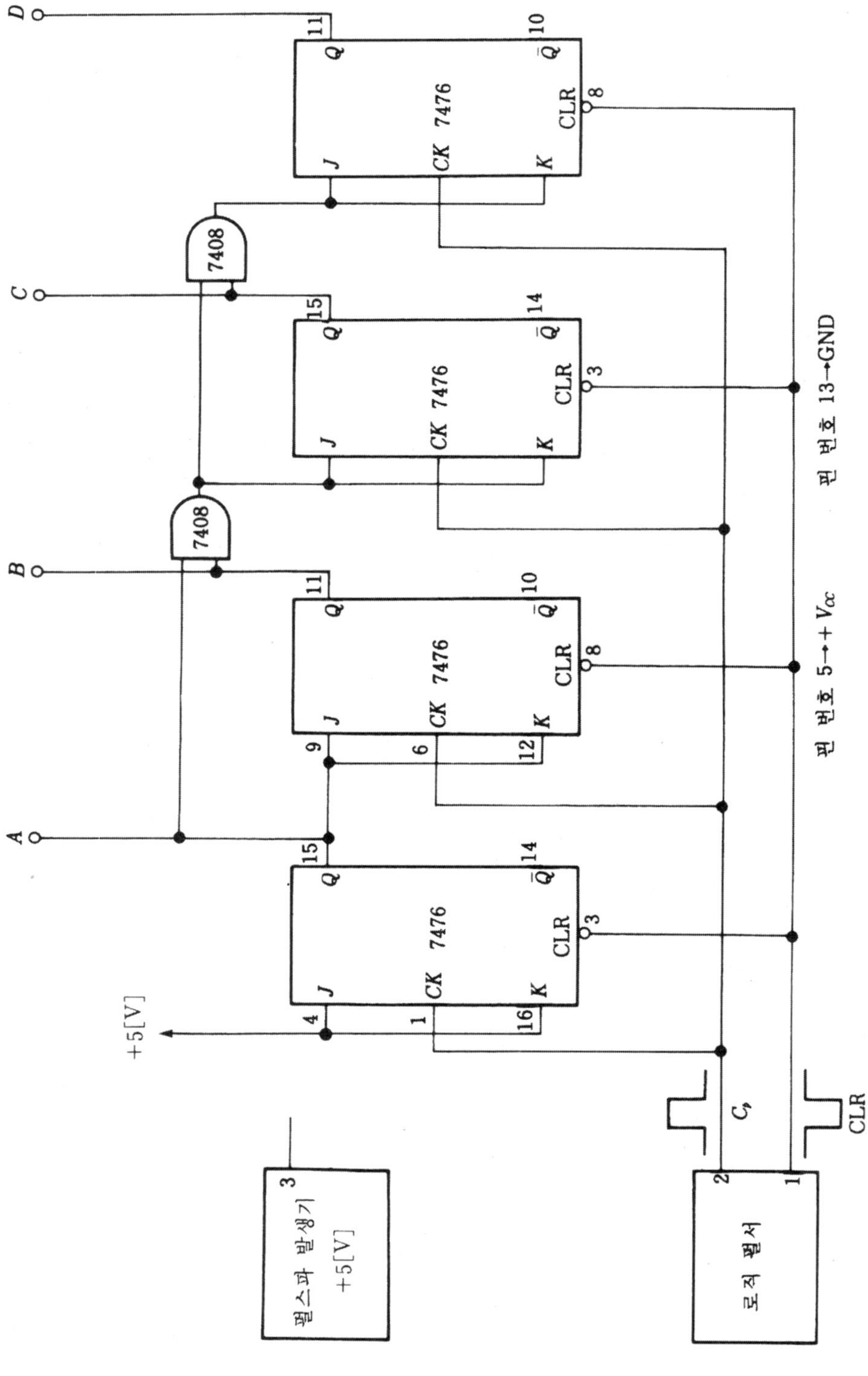

그림 15-9 리플 캐리 카운터 실험회로

표 15-3 리플 캐리 카운터 출력상태

클록 펄스 인가수	D	C	B	A
클리어(CLR)				
1				
2				
3				
4				
5				
6				
7				
8				
9				
10				
11				
12				
13				
14				
15				
16				
17				

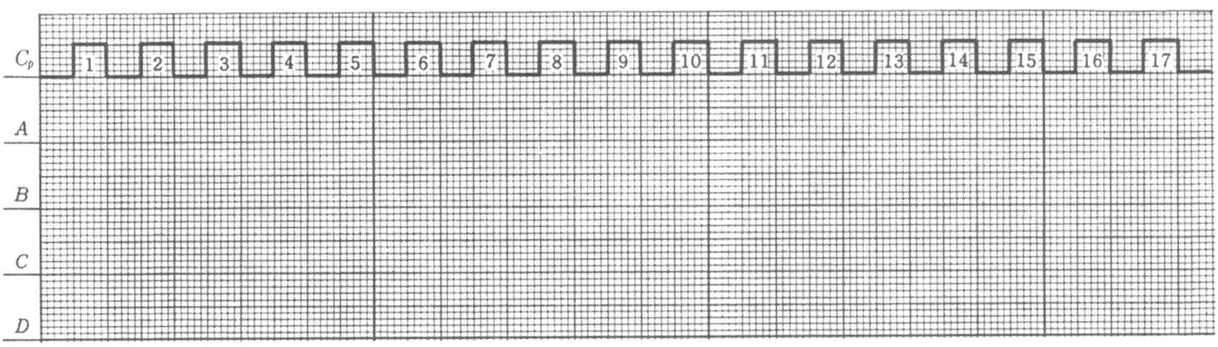

Graph 15-5 클록 펄스(C_p) 1[kHz]에 대한 출력 파형

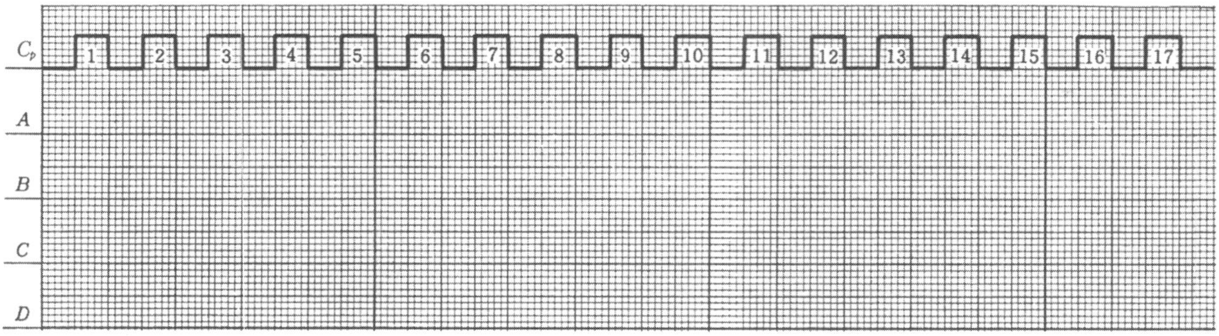

Graph 15-6 클록 펄스(C_p) 100[kHz]에 대한 출력 파형

3) 그림 15－9의 실험회로에서 로직 펄서 대신 *CK* 단자(핀 번호 1번)에 구형파 발진기 3을 접속하고 발진기의 출력을 5rm[V_{p-p}]가 되게 한 후 1[kHz]와 100[kHz]에 대하여 2 현상 오실로스코프로 각 부분(C_p, A, B, C, D)의 파형을 비교 관측하여 Graph 15－5와 Graph 15－6을 완성하여라. 100[kHz]의 경우는 각 파형간에 시간의 지연을 면밀히 관찰할 것이며, 가능하면 200[kHz] 이상의 주파수에 대해서도 실험하여 보자.

(4) 그림 15－10의 동기식 Modulus 5 카운터 실험회로를 결선하고 다음 순서에 따라 실험하여라.

1) 로직 펄서(싱글 펄서) 1을 순간적으로 눌렀다 놓는다(접지시켰다 +5[V]로 연결 또는 개방시켜도 무방함). 다음 출력 A, B, C가 모두 0이 되는지 확인한다.

2) 로직 펄서 2 즉 클록 펄스(C_p)를 인가하여 표 15－4을 완성시켜라.

표 15-4 동기식 Nod 5 카운터 출력상태

클록 펄스 인가 수	C	B	A
클리어(CLR)			
1			
2			
3			
4			
5			

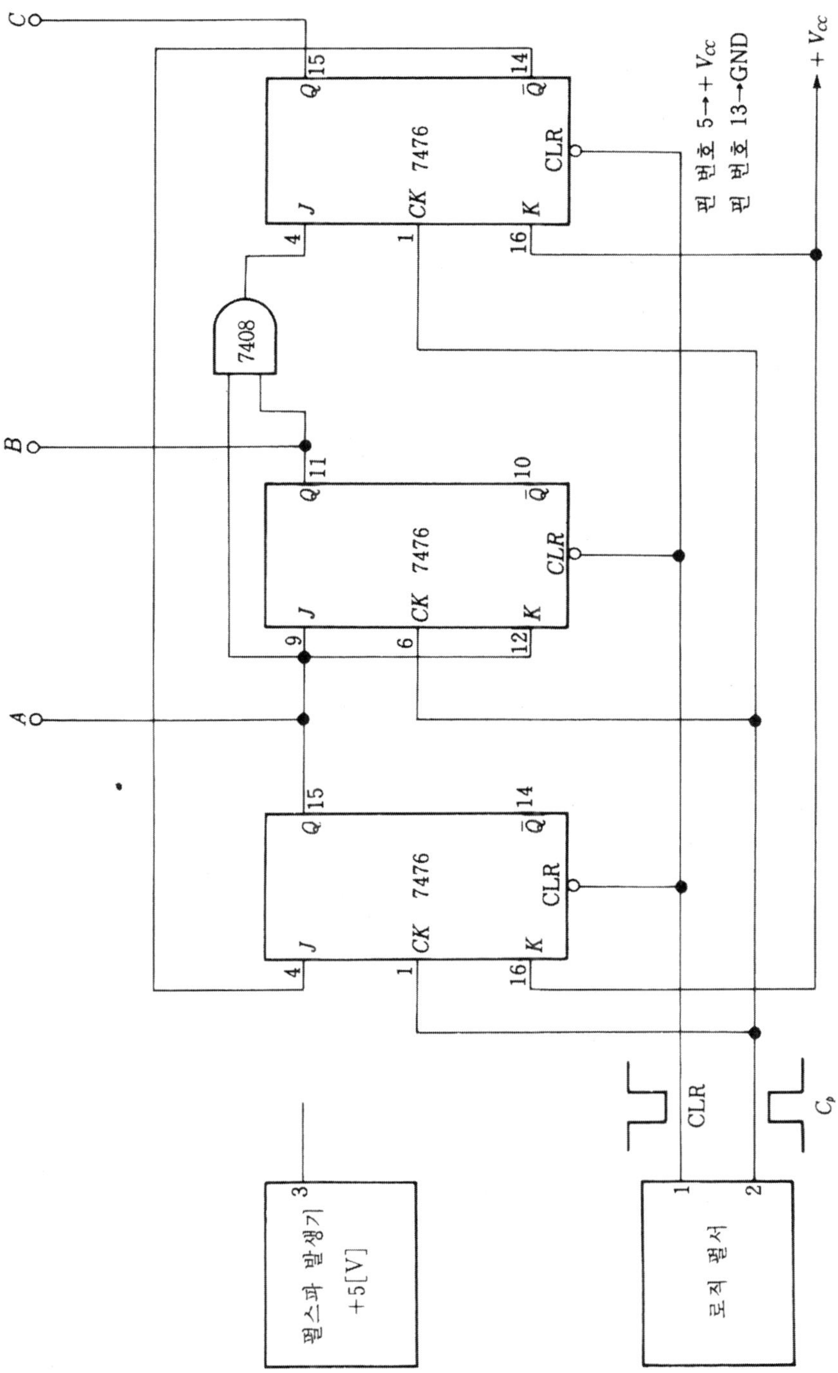

그림 15-10 동기식 Modulus 5 카운터 실험회로

3) 그림 15-10의 실험회로에서 로직 펄서(싱글 펄서) 대신 *CK* 단자(핀 번호 1번)에 구형파 발진기 3을 접속하고 발진기의 출력을 5rm$[V_{p-p}]$가 되게 한 후 1[kHz]와 100[kHz]에 대하여 2현상 오실로스코프로 각 부분(C_p, A, B, C)의 파형을 비교 관측하여 Graph 15-7과 Graph 15-8을 완성하여라.

100[kHz]의 경우는 각 파형간에 시간의 지연을 면밀히 관찰할 것이며, 가능하면 200[kHz] 이상의 주파수에 대해서도 실험하여 보자.

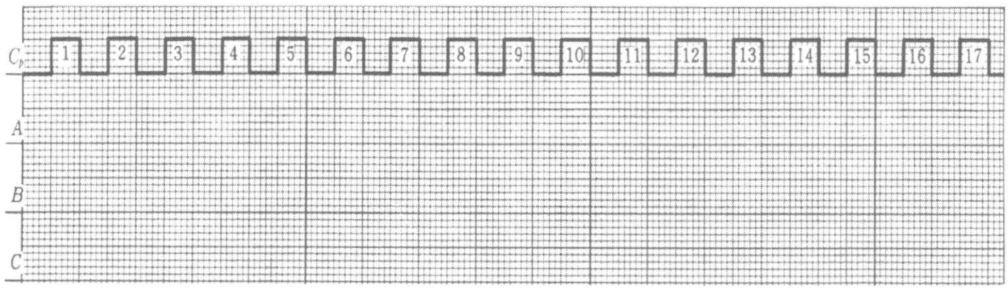

Graph 15-7 클록 펄스(C_p) 1[kHz]에 대한 출력 파형

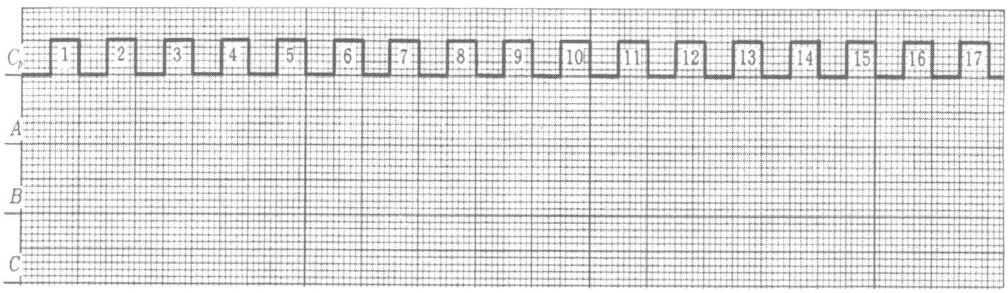

Graph 15-8 클록 펄스(C_p) 100[kHz]에 대한 출력 파형

5 실험 결과 검토

(1) 그림 15−7의 동기식 Count−Up 카운터 실험회로에서 클리어(clear)를 시키기 위해 클리어 단자(핀 번호 3번)를 접지시켰다. +5[V]로 연결하거나 개방시켰을 때 출력 *A*, *B*, *C*, *D*가 모두 0이 되는 지 확인하고 그 이유를 검토하여라.

(2) 그림 15−7의 동기식 Count−Up 카운터 실험회로에서 싱글 펄서 대신 *CK* 단자에 구형파 발진기를 접속하여 구형파 주파수가 1[kHz]와 100[kHz]로 입력했을 때 2 현상 오실로스코프에 나타난 출력 파형에서 주파수 차에 따라 또 출력 단자에 따라 시간지연이 얼마나 차이 나는지 비교 검토하여 보자.

(3) 그림 15−8의 동기식 Count−Down 카운터 실험회로에서 프리셋(preset)을 시키기 위해 PR 단자(핀 번호 2번과 7번)를 접지시켰다. +5[V]로 연결하거나 개방시켰을 출력 *A*, *B*, *C*, *D*가 모두 논리 1이 되는지 확인하고 그 이유를 검토하여라.

(4) 그림 15−8의 동기식 Count−Down 카운터 실험회로에서 싱글 펄서 대신 *CK* 단자에 발진기를 접속하여 구형파 주파수가 1[kHz]와 100[kHz]로 입력했을 때 2 현상 오실로스코프에 나타난 출력 파형에서 주파수 차에 따라 또 출력 단자에 따라 시간지연이 얼마나 차이 나는지 비교 검토하고 한편 비동기식과도 비교 검토하여 보자.

(5) 그림 15−9의 리플 캐리 카운터 실험과 그림 15−7의 동기식 Count−Up 카운터 실험회로에서 클록 펄스(C_p) 주파수 1[kHz]에서 출력 단자 *A*, *B*, *C*, *D*를 서로 비교하고 또 주파수 100[kHz]에서도 출력 *A*, *B*, *C*, *D*를 서로 비교하여 시간지연에서 차이가 나는지 검토하여라.

(6) 그림 15−10의 동기식 Modulus 5 카운터 실험회로에서 클록 펄스 1[kHz]와 100[kHz]에서 입력 파형과 출력 파형간에 펄스 지연시간이 발생하는지 면밀히 검토하여 보자.

6 실험 결과 테스트

(1) 다음 동기식 카운터에 관한 설명 중 잘못된 것은?

(a) 리플 캐리 카운터는 동기식 카운터에 속한다.
(b) Modulus 5 카운터는 동기식과 비동기식으로도 구성이 가능하다.
(c) 동기식 카운터는 병렬 카운터라고도 한다.
(d) 동기식 카운터는 비동기식 카운터에 비해 회로가 복잡하고 전달지연시간이 긴 단점을 갖고 있다.

(2) 동기식 Modulus 5 카운터를 처음 클리어(clear)시키고 클록 펄스(C_p)를 7번 인가시키면 출력 논리 값은?

(a) 001 (b) 010 (c) 110 (d) 111

(3) 6개의 플립 플롭을 갖는 동기식 카운터의 맨 마지막 단의 AND 게이트의 입력수는?

(a) 3 (b) 4 (c) 5 (d) 6

(4) 6개의 플립 플롭을 갖는 리플 캐리 카운터의 AND 게이트의 수는?

(a) 4 (b) 5 (c) 6 (d) 7

(5) 다음 방식 중 전파지연시간이 가장 짧은 것은?

(a) 동기식 카운터 (b) 비동기식 카운터
(c) 리플 카운터 (d) 리플 캐리 카운터

(6) 리플 캐리 카운터(그림 15－9의 실험회로) 회로에서 클록 펄스(C_p)를 17번 인가했을 때 나타나는 DCBA의 논리는?

(a) 1010 (b) 0101 (c) 0001 (d) 0010

(7) 그림 15－8의 동기식 Count－Down 카운터 실험회로에서 처음 프리셋(preset)시킨 후 클록 펄스를 16번 인가하면 그 결과 D, C, B, A의 출력 논리값은?

(a) 1111 (b) 1110 (c) 1100 (d) 0000

실험 16. 결합형 카운터

1 목 적

(1) 귀환 펄스(pulse)를 이용한 N진 카운터의 설계법을 익힌다.

(2) 리셋(Reset)을 이용한 N진 카운터의 설계법을 익힌다.

(3) 직접 리셋을 이용한 N진 카운터의 설계법을 익힌다.

(4) 프로그램 가능 카운터의 동작 원리를 익힌다.

2 이 론

(1) 귀환 펄스를 이용한 모듈러스 카운터

일반적으로 필요한 카운터의 플립 플롭 수는 계수(count)하고자 하는 수(N)보다 바로 위의 수를 나타낼 수 있는 2^n 값을 택하고 이 택한 값에서 수(N)를 감한 나머지 수 만큼 귀환시켜 카운터 동작이 앞서도록 선택하여야 한다. 즉 3단의 2진 카운터는 8개의 펄스를 센 후 0으로 클리어(clear)되고 다시 시작하지만 모듈러스 6카운터에서는 6개의 펄스를 센 후 0으로 되돌아간다. 이것을 그림 16－1 귀환 펄스를 이용한 Mod－6 카운터에 나타내고 있다.

한편 계수 동작표와 입출력 파형은 표 16－1과 그림 16－2와 같다.

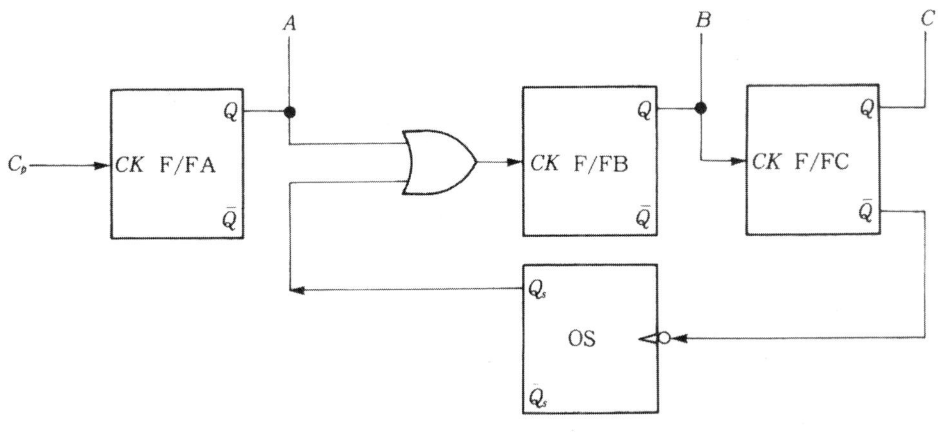

그림 16－1 귀환 펄스를 이용한 Mod－6 Counters

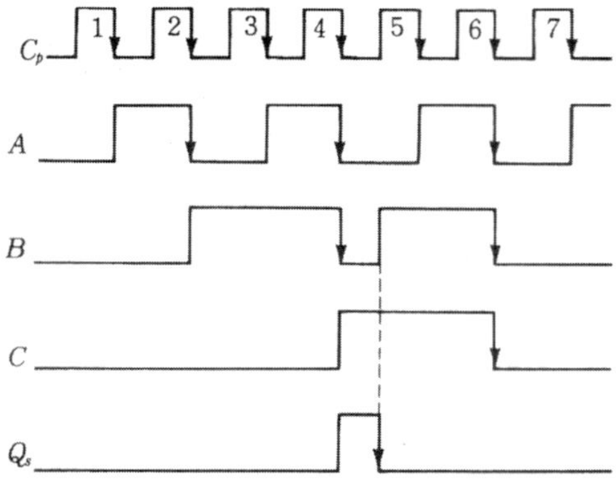

그림 16-2 귀환 펄스 입출력 파형

표 16-1 귀환형 Mod-6 계수동작표

C_p 인가 수	C	B	A
0	0	0	0
1	0	0	1
2	0	1	0
3	0	1	1
4	1 ↓ 1	0 ↓ 1	0 ↓ 0
5	1	1	1
6	0	0	0

그림 16-1에서 F/FB의 트리거 입력은 2개의 입력펄스를 계수한 후의 F/FA단의 출력이므로 F/FB단의 트리거 입력은 계수를 그만큼 앞지르게 한다. 따라서 F/FB단 입력으로 펄스를 귀환시키면 원하는 만큼 계수를 앞서게 할 수 있다.

그림 16-1에서 귀환된 펄스는 F/FB단을 별도의 시각에 토글시켜 카운터를 2만큼 앞서게 하여 Mod-6 카운터의 계수과정을 이루게 한 것으로서 그림 16-2의 귀환 펄스 입출력 파형에서도 잘 나타내주고 있다.

한편 귀환형의 카운터에서는 단안정 멀티바이브레이터(Mono-Stable Multivibrator)가 가장 높은 클록 주파수(clock rate)의 클록 펄스(여기서는 F/FA단)의 한 펄스 간격보다 짧은 폭의 펄스를 내도록 조절하여야 한다. 예컨데 한 펄스가 시작된 후 1[μs] 지나야 귀환 펄스가 그(카운터) 회로를 트리거시킬 수 있다면 그 카운터 단은 1[MHz]의 비율로 동작할 수 있어야 한다.

(2) 리셋(Reset)형 카운터

귀환형에서는 귀환 펄스가 계수를 앞서게 하는 경우 즉 카운터의 계수과정과 입력 펄스의 수와의 대응성이 상실되는데 이러한 단점을 제거하기 위하여 고안된 것으로서 원하는 수를 계수한 후 각 단의 출력을 논리회로를 써서 디코딩(decoding)하여 카운터를 리셋(Reset)시켜 등가적인 2진 카운터를 얻는 방식이다. 이러한 방식을 취하면 입력 펄스의 수와 2진식으로 표시된 카운터의 수가 등가적으로 일치되는 장점이 있다.

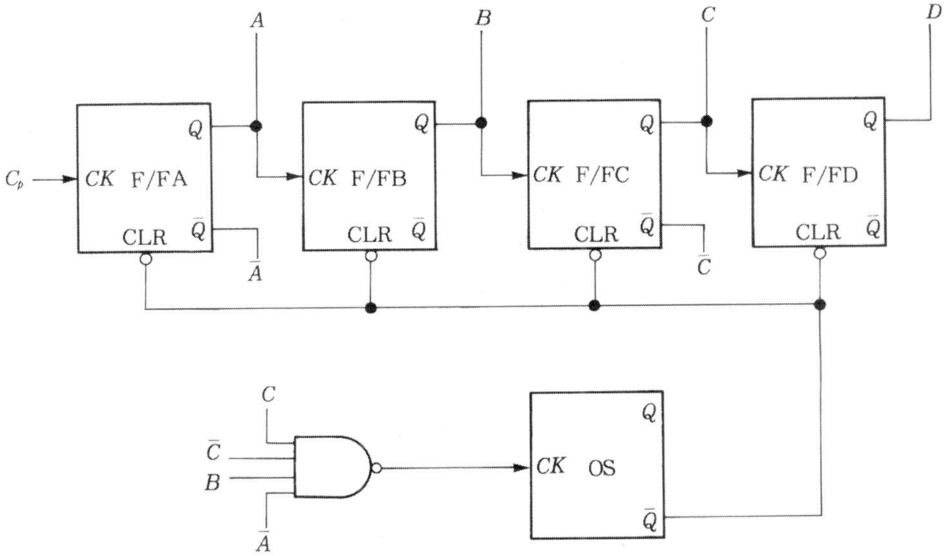

그림 16-3 리셋을 이용한 10진 카운터

그림 16−3에서 먼저 클리어(clear)시켜 D, C, B, A를 모두 0으로 하고 클록 펄스(C_p)를 인가하여 인가 수를 9번 카운트하면 출력 D, C, B, A가 1001을 나타낸다.

다음 클록 펄스 인가 수 10번을 인가하면 D, C, B, A의 출력이 1010을 나타내어 10의 계수를 NAND 게이트로 디코딩(decoding)하여 D, $\bar{C}$, B, $\bar{A}$에는 1111이 NAND 게이트로

입력되는 순간 NAND 게이트의 평상시 출력 1에서 0으로 되므로 단안정 멀티바이브레이터(OS)로 트리거 된다. 이러한 동작에 의하여 F/F를 모두 클리어시켜 D, C, B, A를 다시 0으로 복귀시킨다. 따라서 9번을 계수한 후의 입력 펄스는 카운터의 계수를 0으로 만들어 완전히 한 계수과정이 완료된다. 이러한 클록 펄스 인가 수에 따른 계수 동작표를 표 16-2에 보이고 있다.

표 16-2 리셋형 Mod 10 계수 동작표

C_p 인가수	D	C	B	A
0	0	0	0	0
1	0	0	0	1
2	0	0	1	0
3	0	0	1	1
4	0	1	0	0
5	0	1	0	1
6	0	1	1	0
7	0	1	1	1
8	1	0	0	0
9	1	0	0	1
10	1 ↓ 0	0 ↓ 0	1 ↓ 0	0 ↓ 0

(3) 직접 리셋형 카운터

귀환형과 리셋형의 단점을 제거하기 위한 방법으로 단안정 멀티바이브레이터를 사용하지 않고 정확히 원하는 계수를 하기 위하여 직접 리셋형이 이용되고 있다.

이러한 직접 리셋형은 집적회로소자로 많이 만들어진다. 그림 16-4는 직접 리셋형 Mod-6 카운터를 보인 것으로 표 16-3의 Mod-6 계수 동작표로부터 직접 리셋형을 설계하는 과정을 설명하기로 한다.

출력 A는 C_p에 의한 토글(Toggle)이다. 출력 B는 A가 1에서 0으로 될 때 토글하나 $C \neq 1$일 때이므로 $\overline{Q_C}=1$이면 Q_C는 0이므로 이 때 0을 F/FB의 J_B 단자에 결선하면 F/FB의 $J_B=0$일 때는 $Q_B=0$이 된다.

표 16-3 리셋형 Mod-6 계수 동작표

C_p 인가 수	C	B	A
0	0	0	0
1	0	0	1
2	0	1	0
3	0	1	1
4	1	0	0
5	1	0	1
6	0	0	0

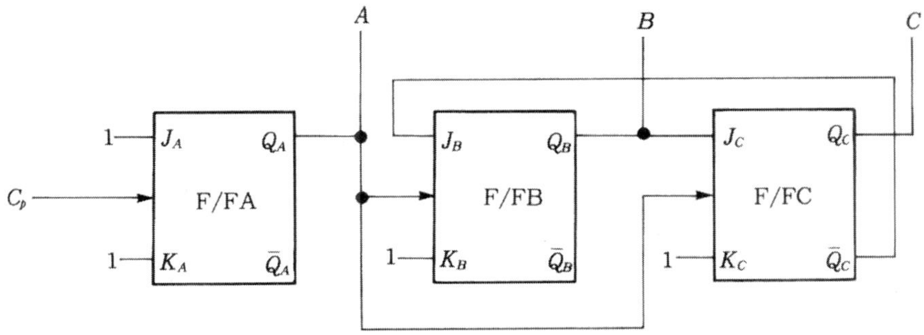

그림 16-4 직접 리셋형 Mod-6 카운터

끝으로 출력 C의 경우 A가 1에서 0이 되면 Reset되나 $Q_B=1$이면 Reset되지 말아야 하므로 Q_B를 F/FC의 J_C에 연결하면 된다. 이렇게 하여 논리회로를 설계한 것이 그림 16-4 직접 리셋형 Mod-6 카운터가 된다. 같은 방법으로 Mod-10 카운터를 설계하기 위하여 계수 동작표 표 6-4를 이용한다.

출력 A는 C_p에 의한 토글이다. 출력 B는 A가 1에서 0이 되면 토글하나 $D\neq1$일 때라는 단서가 붙는다. 출력 C는 B가 1에서 0으로 될 때 토글하고 출력 D는 A가 1에서 0이 될 때 리셋(Reset)되나 B와 C가 동시에 1일 때만 제외된다. 이러한 점을 고려하여 결선하면 그림 16-5와 같은 직접 리셋형 Mod-10 카운터를 설계하게 된다.

표 16-4 직접 리셋형 Mod-10 계수 동작표

C_p 인가수	D	C	B	A
0	0	0	0	0
1	0	0	0	1
2	0	0	1	0
3	0	0	1	1
4	0	1	0	0
5	0	1	0	1
6	0	1	1	0
7	0	1	1	1
8	1	0	0	0
9	1	0	0	1
10	0	0	0	0

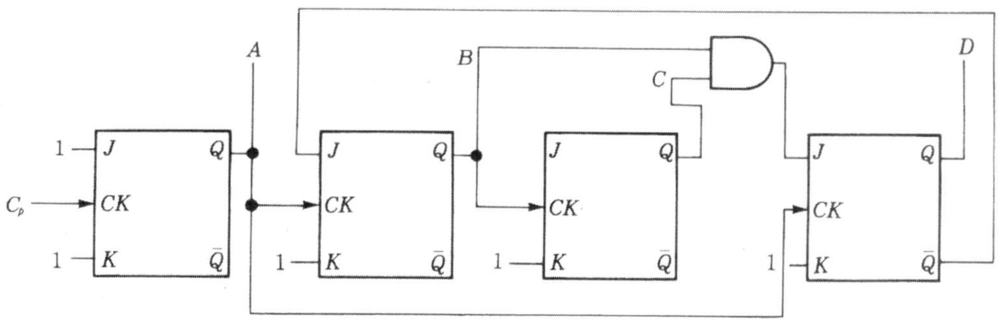

그림 16-5 직접 리셋형 Mod-10 카운터

(4) 프로그램 가능 카운터

7490 10진 카운터는 클록 입력을 2, 5 및 10으로 나눈 것 이외에 6, 7, 9로도 나눌 수 있는 회로 접속을 할 수 있다. 이와 같이 각종 TTL 및 CMOS 카운터의 출력을 디코드하여 일반적으로 기대되는 결과는 다른 모듈러스(Modulus)를 얻을 수 있다. 그러나 이들 접속은 대체로 2진 카운트를 외부에서 클리어(clear)시켜 0으로 리셋시킬 수 없다는 단점을 갖고 있다.

여기서는 특정의 용도를 위해 사용되는 각종 고정 모듈러스 카운터와는 달리 프로그램이 가능

한 카운터에 관해서 설명하기로 한다. 일반적으로 프로그램이 가능한 카운터는 모듈러스를 표준 4비트 BCD 또는 2진 코드를 사용하여 주어진 값으로 프로그램하는 동시에 Up 또는 Down 카운트의 선택을 할 수 있는 능력을 가지고 있다. Up/Down 카운터는 숫자가 커지는 방향이나 작아지는 방향 어느 쪽이든 카운트할 수 있다.

이 카운터는 카운트 방향을 언제든지 변경시킬 수 있다. 예를 들어 Up/Down 카운터가 0에서 6까지 Up 카운트 한 다음 3만큼 Down 카운트 한 후 다시 Up 카운트 할 경우를 가정하면 이 카운터의 카운트 시퀀스(Sequence)는 다음과 같이 된다.

```
┌──────── Up ────────┐          ┌──── Up ─────┐
 0, 1, 2, 3, 4, 5, 6, 5, 4, 3,   4, 5, 6, 7, ……
                     └─ Down ─┘
```

Up/Down 카운터는 저장되어 있는 값에 어떤 값을 가산하거나 감산할 수 있는 능력을 가지고 있으므로 흔히 가감산 카운터라고도 한다. 여기서는 전형적인 Up/Down 카운터의 로직을 분석하지 않고 프로그램이 가능한 몇 가지 TTL 및 CMOS 디바이스에 관하여 설명하고자 한다.

1) 프로그램 가능 74192 TTL Up/Down 10진 카운터

데이터 입력에 표준 BCD 코드를 가함으로써 모듈러스를 주어진 값으로 프로그램할 수 있다. 이러한 입력을 프리셋, 잼(Jam) 또는 로드(Load)라고도 하며, 74192는 4비트 BCD 카운터로서 그림 16－6에 핀 접속도를 나타내고 있다.

프리셋(PR) 입력이 순간적으로 0이면 데이터 입력에 존재하는 BCD 코드는 병렬로 로드되어 카운터의 모듈러스를 설정한다. 예를 들어 4개의 데이터 입력에 존재하는 BCD 코드가 DCBA＝1000이면 프리셋 입력이 순간적으로 0이 될 때 카운터의 모듈러스가 8에서 프리셋 된다.

74192는 Up Count 입력에 정(＋) 클록 펄스가 가해질 때마다 1카운트씩 증가하고, Down Count 입력에 정(＋) 클록 펄스가 가해질 때마다 1카운트씩 감소한다. 어느 한 카운트 입력을 사용할 때는 다른 입력은 로직(Logic) 1로 유지한다.

그림 16－7은 3개의 74192 카운터를 캐스케이드(cascade) 접속하여 전체 회로가 1에서 999까지의 모듈러스를 갖게 한 구성이다. 예를 들어 데이터 입력이 단자리이면 U_1 이 $DCBA$＝

0101, 십자리면 U_2가 $DCBA$=0111로, 백자리이면 U_3가 $DCBA$=1001로 세트되어 카운터의 최대 카운트는 십진수로 975가 된다.

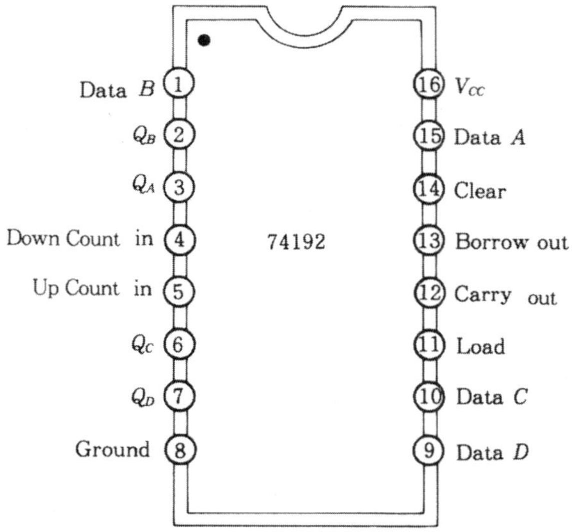

그림 16-6 TTL 74192 핀 접속도

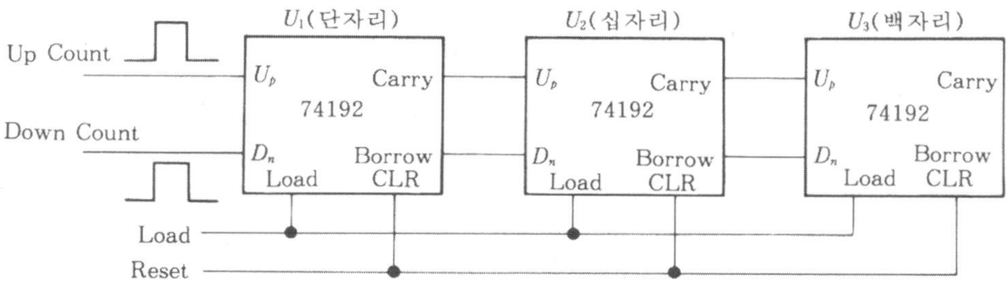

그림 16-7 3단 10진 Up/Down 카운터

2) 프로그래밍 가능 4510 CMOS Up/Down 10진 카운터

프로그래밍 가능 4510 CMOS Up/Down 10진 카운터는 74192 TTL 디바이스와 유사한 동작을 하며 핀 접속도는 그림 16-8과 같다.

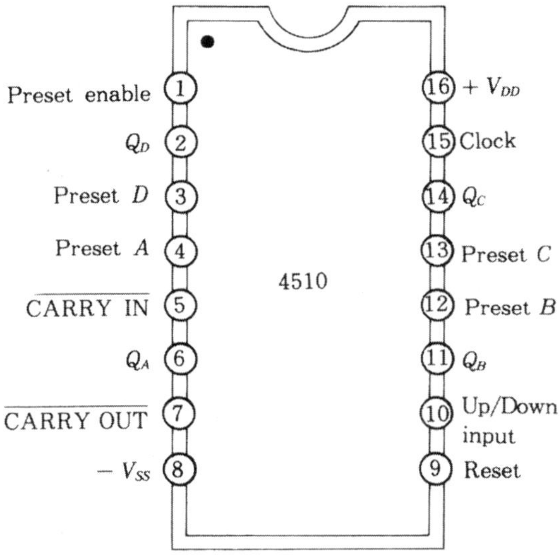

그림 16-8 프로그래밍 가능 4510 CMOS Up/Down 10진 카운터 핀 접속도

4510 CMOS는 Up Count 또는 Down Count를 위한 개별입력을 가지고 있지 않으며, 하나의 Up/Down 입력 신호에 의해 Up 카운트와 Down 카운트가 결정된다. 만일 Up/Down 입력이 1이면 카운트는 커지는 방향으로, 0이면 작아지는 방향으로 이루어진다. 한편 4510 CMOS 진리표는 표 16–5와 같다.

표 16-5 프로그램 가능 4510 Up/Down 10진 카운터의 진리표

Clock 입력	Carry in 입력	Up/Down 입력	Preset enalbe	Reset 입력	결 과
0 OR 1	1	0 OR 1	0	0	No Count
↑	0	1	0	0	Count Up
↑	0	0	0	0	Count Down
0 OR 1	0 OR 1	0 OR 1	1	0	BCD code를 갖는 PR
0 OR 1	0 OR 1	0 OR 1	0 OR 1	1	0으로 Reset

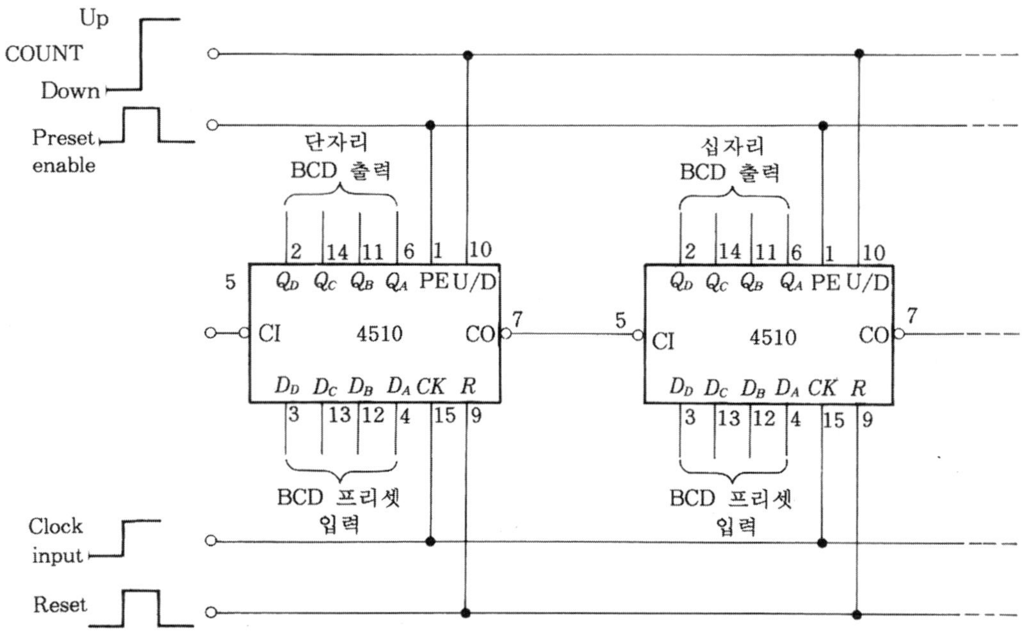

그림 16-9 프로그래밍 가능 4510 카운터의 케스케이드 병렬 클로킹 결선

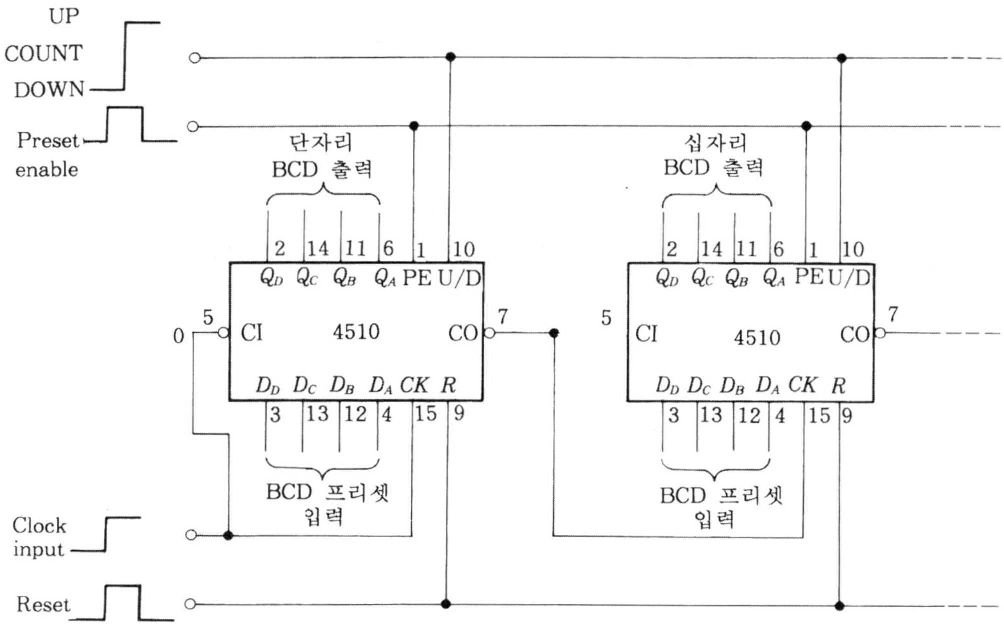

그림 16-10 프로그래밍 가능 4510 카운터의 케스케이드 병렬 클로킹 결선

그림 16－9 프로그래밍 가능 4510 카운터의 병렬 클로킹 케스케이딩 결선에서와 같이 앞단 U_1의 $\overline{\text{Carry out}}$ $C(0)$ 출력을 다음 단의 $\overline{\text{Carry In}}$ $C(1)$ 입력에 결선하는 방법으로 2개 이상의 4510 카운터를 케스케이드(cascade) 결선함으로써 하나의 입력신호로 모든 단의 clock 입력을 병렬로 동시에 드라이브할 수 있다.

반면 그림 16－10의 프로그래밍 가능 4510 카운터의 리플 클로킹 케스케이딩 결선에서는 각 단의 clock과 CI 입력을 함께 결선한다.

BCD 코드는 preset enable 입력을 순간적으로 로직 0으로 세팅함으로써 카운터에 병렬로 걸리게 된다.

3 사용기기 및 부품

디지털 실험장치
직류전원 공급장치
싱글 펄스 발생기
오실로스코프
LED 모니터, 7 세그먼트 LED 디스플레이, LTS 542(다른 common Anode형도 가능)
TTL 7420(Dual 4−input NAND Gate)
TTL 7432(OR Gate), TTL 7447, 7−Segment
TTL 7476(2개)
TTL 74121(Monstable Multivibrator)
TTL 74192(프로그래밍 가능 Up/Down Counter)
저항 820[Ω], 330[Ω] 8개, 3[kΩ]
콘덴서 0.001[μF]

4 실 험

(1) 그림 16−11의 귀환 펄스형 Mod−6 카운터 실험회로를 결선하고 다음 순서에 따라 실험하여라.

1) TTL 74121 단발 펄스 외부에 R=3[kΩ], C=0.001[μF](1000[pF])를 결선한 다음 로직 펄서(싱글 펄서) 1을 순간적으로 눌렀다 놓는다(접지시켰다 +5[V]로 연결 또는 개방시켜도 무방함). 그리고 출력 *A*, *B*, *C*가 모두 논리 0이 되는지 확인한다.

2) 로직 펄서(싱글 펄서) 2 즉 클록 펄서(C_p)를 인가하여 표 16−6을 완성시켜라.

표 16-6 귀환 펄스형 Mod−6 카운터 출력상태

클록 펄스 인가 수	*C*	*B*	*A*
CLR			
1			
2			
3			
4			
5			
6			

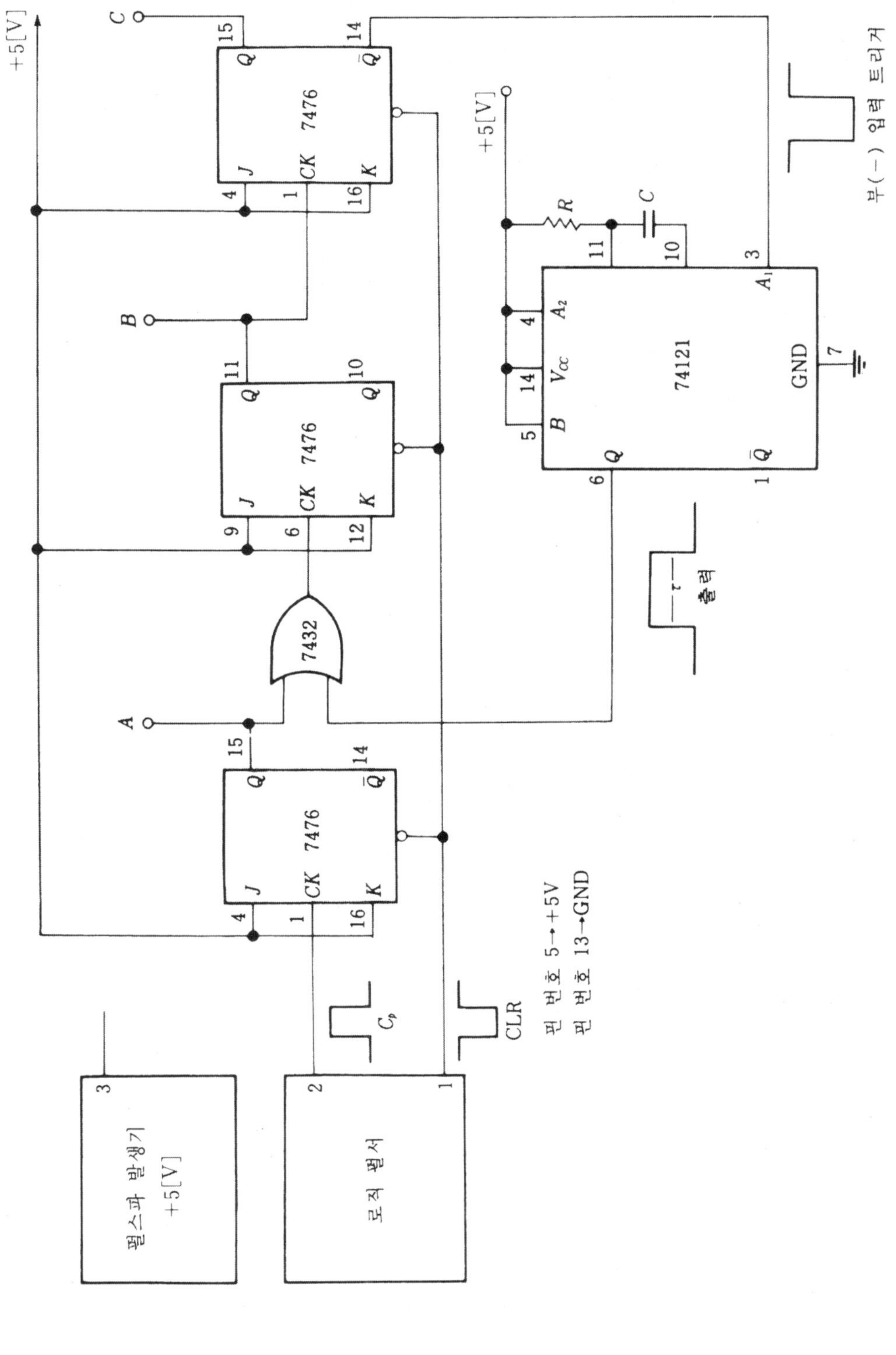

그림 16-11 귀환 펄스형 Mod-6 Counters 실험회로

3) 그림 16－11의 실험회로에서 로직 펄서(싱글 펄서) 대신 CK 단자(핀 번호 1번)에 구형파 발진기 3을 접속하고 출력을 5[V_{p-p}]가 되게 한 후 1[kHz]와 100[kHz]에 대하여 2 현상 오실로스코프로 각 부분(C_p, A, B, C, D)의 파형을 비교 관측하여 Graph 16－1과 Graph 16－2를 완성하여라.

100[kHz]의 경우는 각 파형간의 시간지연을 면밀히 관찰하여라.

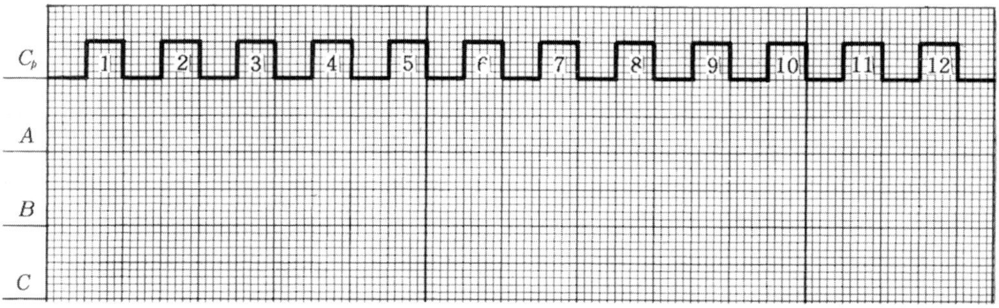

Graph 16－1 클록 펄스(C_p) 1[kHz]에 대한 출력 파형

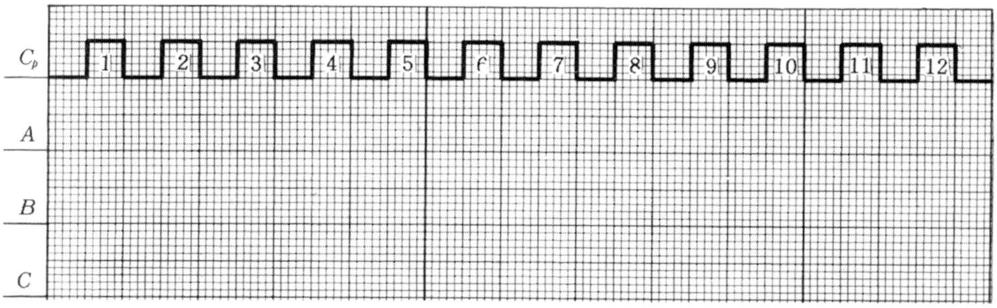

Graph 16－2 클록 펄스(C_p) 100[kHz]에 대한 출력 파형

(2) 그림 16－12의 리셋형 10진 카운터 실험회로를 결선하고 다음 순서에 따라 실험하라.

1) TTL 74121 단안정 멀티바이브레이터(Mono Stable Multivibrator) 외부에 R=3[kΩ], C=0.001[μF]를 결선한 다음 로직 펄서(싱글 펄서) 1을 순간적으로 눌렀다 놓는다(접지시켰다 +5[V]로 연결 또는 개방시켜도 무방함). 그리고 출력 A, B, C, D가 모두 논리 0이 되는지 확인한다.

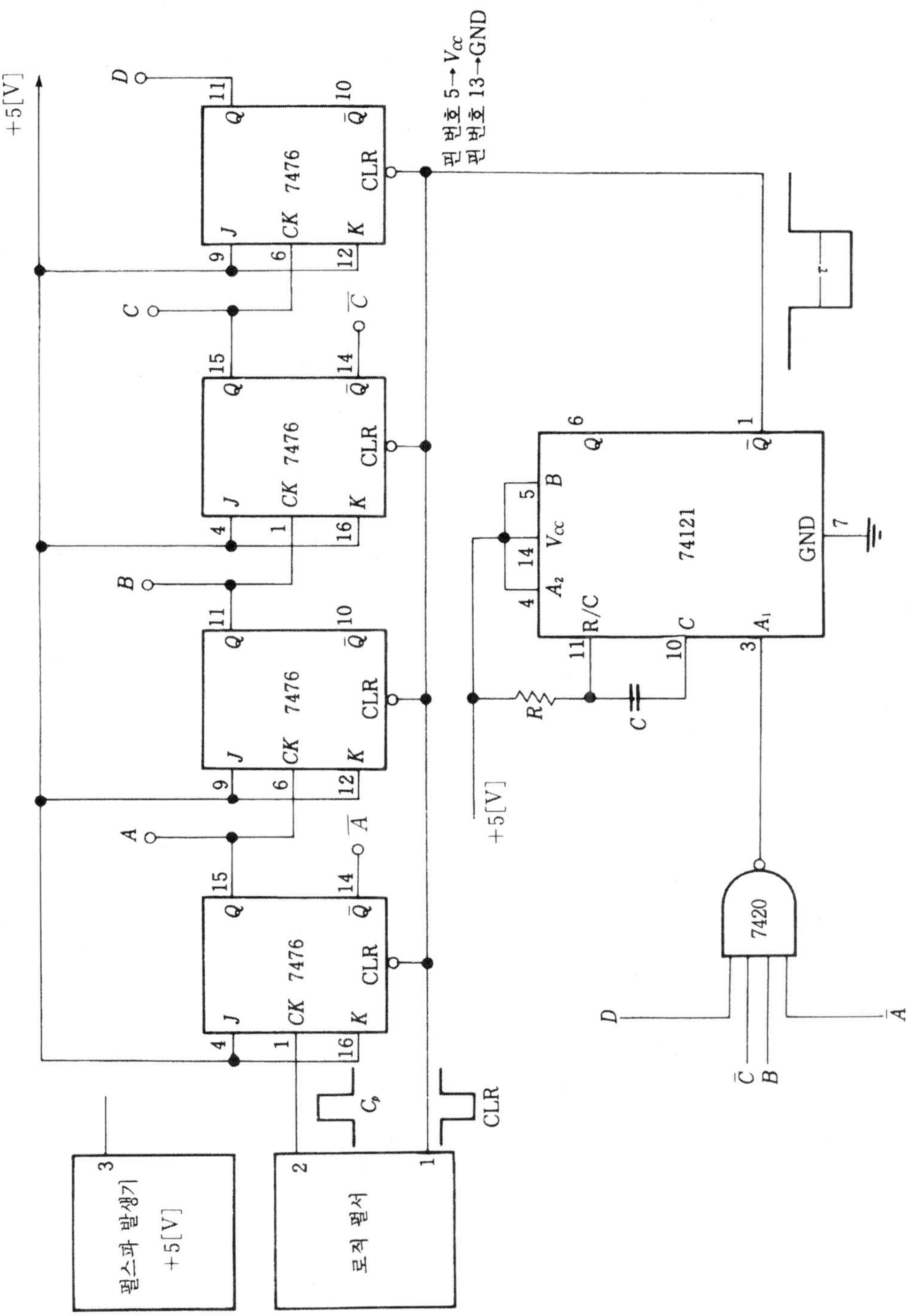

그림 16-12 리셋형 10진 카운터 실험회로

2) 로직 펄서(싱글 펄서) 2 즉 클록 펄서(C×p)를 인가하여 표 16−7을 완성시켜라.

표 16-7 리셋형 Mod 10 카운터 출력상태

클록 펄스(C_p) 인가 수	D	C	B	A
CLR				
1				
2				
3				
4				
5				
6				
7				
8				
9				
10				

3) 그림 16−12의 실험회로에서 로직 펄서(싱글 펄서) 대신 CK 단자(핀 번호 1번)에 구형파 발진기 3을 결선하고 출력을 5[V_{p-p}]가 되도록 한 후 1[kHz]와 100[kHz]에 대하여 2 현상 오실로스코프로 입력 C_p에 대한 출력 A, B, C, D의 파형을 비교 관측하여 Graph 16−3과 Graph 16−4를 완성하여라.

100[kHz]의 경우는 각 파형간에 시간지연을 면밀히 관찰하여라.

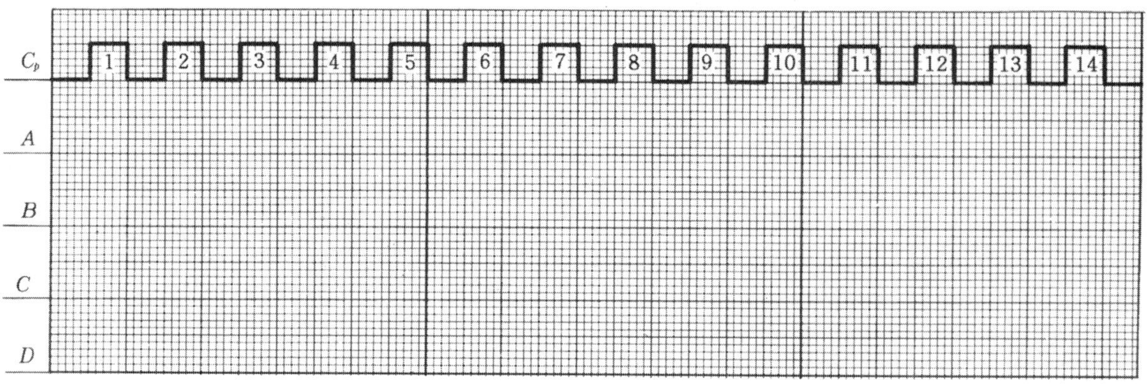

Graph 16-3 클록 펄스(C_p) 1[kHz]에 대한 출력 파형

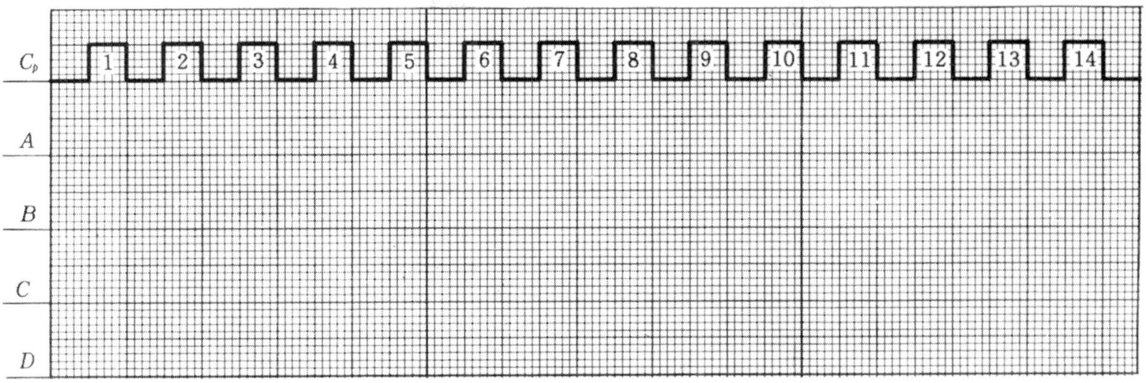

Graph 16-4 클록 펄스(C_p) 100[kHz]에 대한 출력 파형

(3) 그림 16-13의 직접 리셋트형 Mod 6 카운터 실험회로를 결선하고 다음 순서에 따라 실험하여라.

1) 로직 펄서(싱글 펄서) 1을 순간적으로 눌렀다 놓는다(접지시켰다 +5[V]로 연결 또는 개방시켜도 무방함). 다음 출력 A, B, C가 모두 논리 0이 되는지 확인한다.

2) 로직 펄서 2 즉 클록 펄스(C_p)를 인가하여 표 16-8을 완성시켜라.

표 16-8 직접 리셋형 Mod-6 카운터 출력상태

클록 펄스(C_p) 인가 수	C	B	A
CLR			
1			
2			
3			
4			
5			
6			

3) 그림 16-13의 실험회로에서 로직 펄서(싱글 펄서) 대신 CK 단자(핀 번호 1번)에 구형파 발진기 3을 접속하고 출력 5[V_{p-p}]가 되도록 한 다음 1[kHz]와 100[kHz]에 대하여 2 현상 오실로스코프로 입력 C_p에 대한 출력 A, B, C, D의 파형을 비교 관측하여 Graph 16-5와 Graph 16-6을 완성하여라.

100[kHz]의 경우는 각 파형간에 시간지연을 면밀히 관찰하여라.

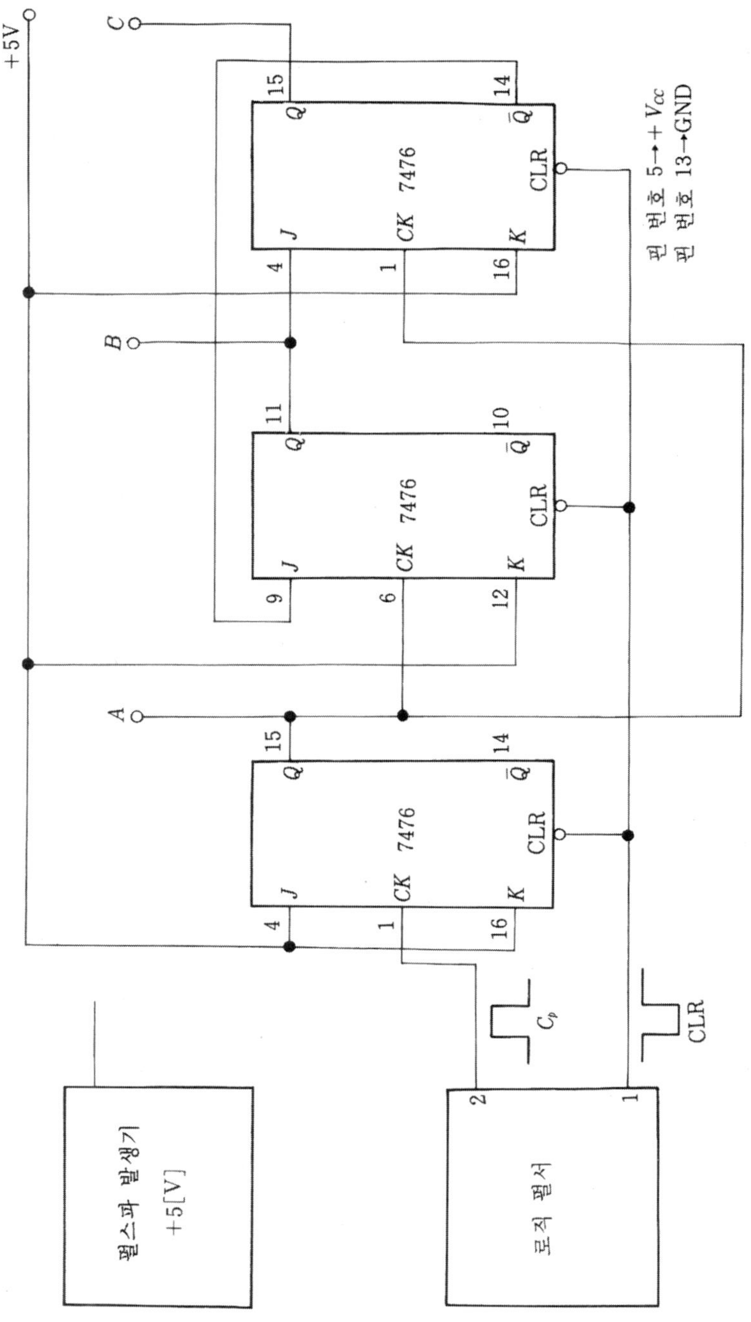

그림 16-13 직접 리셋형 Mod-6 카운터 실험회로

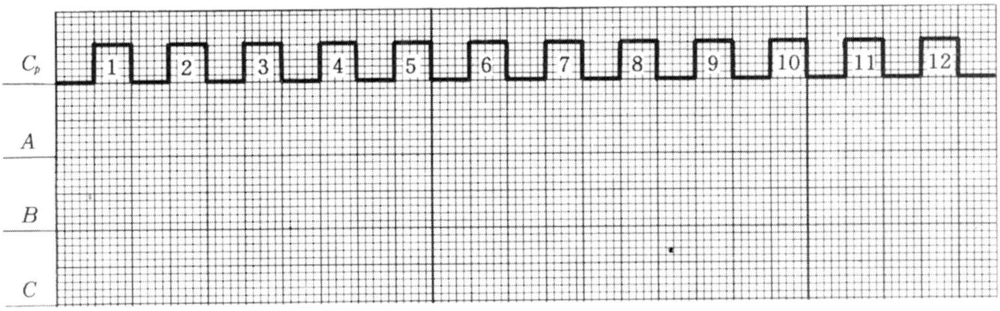

Graph 16-5 클록 펄스(C_p) 1[kHz]에 대한 출력 파형

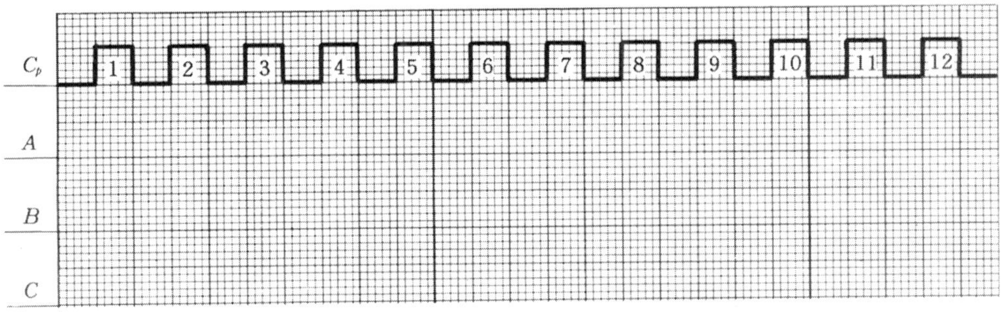

Graph 16-6 클록 펄스(C_p) 100[kHz]에 대한 출력 파형

(4) 그림 16-6의 74192 TTL의 핀 접속도를 참고로 하여 그림 16-4의 프로그래밍 가능 Up/Down 10진 카운터 실험회로를 결선하고, 다음 순서에 따라 실험하여라.

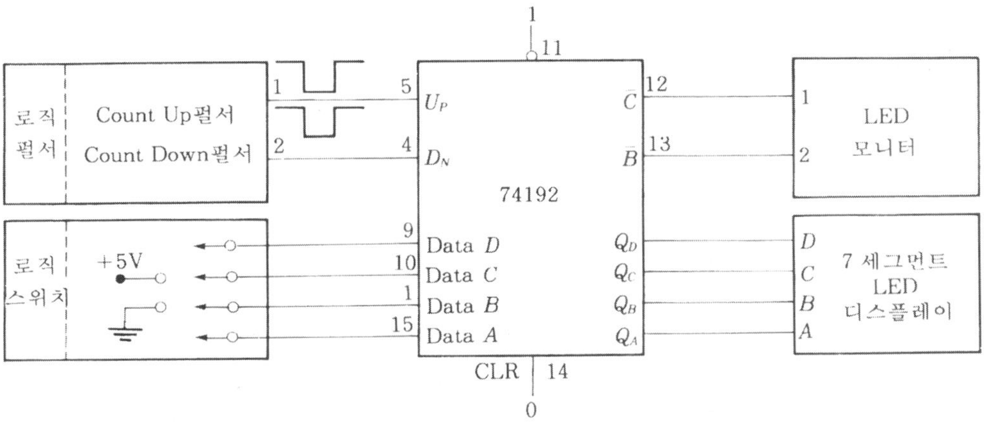

그림 16-14 프로그램 가능 Up/Down 10진 카운터 실험회로

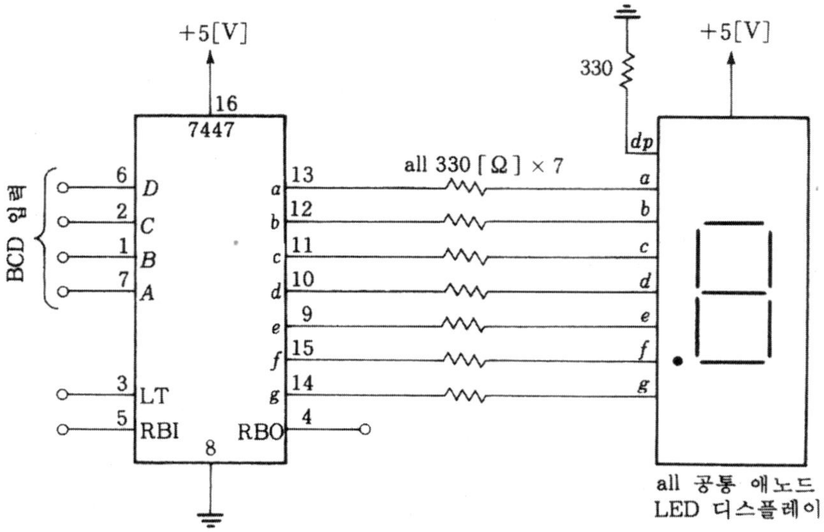

그림 16-15 7447-공동 Anode 디스플레이 인터페이스

1) 7-Segment LED display가 없으면 그림 16-15로 대신하여도 된다.

2) 회로도에 따라 기판에 부품을 설치하고 배선한 다음 4개의 로직 스위치(핀 번호 9, 10, 1, 15)를 모두 로직 0이 되게 프리셋을 시킨다. 평상시 2개의 로직 펄서(Logic pulser)는 논리 1로 둔다.

3) 기판에 전원을 가하면 7 세그먼트 LED 디스플레이에 어떤 숫자가 표시되는지 관찰한다.

4) Count Up 카운터인 로직 펄서 1(핀 번호 5)을 몇 번 눌렀다 놓으면 7 세그먼트 LED 디스플레이에 어떤 현상이 나타나는지 살펴보자.

5) 펄서 1을 계속 눌렀다 놓으면 숫자가 증가하면서 9를 지난 후에 7 세그먼트 LED 디스플레이와 LED 모니터에 어떤 현상이 일어나는지를 관찰하여라.

6) LED 디스플레이에 6자가 나타날 때까지 Count Up 펄서 1을 계속해서 작동시켜라.

다음 핀 번호 4번의 DN(Count Down) 입력에 결선된 Count Down 펄서 2를 세번 눌렀다 놓으면 LED 디스플레이에 어떤 현상이 일어나는지 관찰하여라.

7) Count Down 펄서 2를 5번 더 작동시켜라. LED 디스플레이에 0이 지나간 후 7 세그먼트 LED 디스플레이와 LED 모니터 2에는 무슨 현상이 발생하는지 관찰하여라.

8) 기판에서 전원을 제거한다. 카운터 74192의 핀 11번을 +5[V] 대신에 핀 13번에 결선하고 74192 카운터에서 LED 모니터 1과 2를 제거한다.

9) 로직 스위치 Data DCBA가 논리 0111이 되도록 preset을 시키고 기판에 전원을 공급하면 LED 디스플레이에 무슨 숫자가 나타나는지 관찰하여라.

10) LED 디스플레이에 0이 나타날 때까지 Count Down 펄서 2를 작동시킨다.
펄서 2를 다시 한 번 눌렀다 놓으면 무슨 숫자가 나타나는지 관찰하여라.

11) 기판에서 전원을 제거한 다음 10[kHz] 구형파 클록 신호를 74192 카운터의 핀 번호 4번에 연결한다.
기판에 다시 전원을 가하고 preset 스위치를 Data $DCBA=0001$로 세트되게 하여 주파수 카운터를 사용하여 입력 클록 주파수(핀 4)를 10[kHz]로 조정한 다음 핀 13의 출력 주파수를 측정하여라.

12) 프리셋 로직 스위치를 표 16-9와 같이 변화시켜 출력 주파수를 측정하여 표를 완성시켜라(단 입력 주파수 (핀 4)를 100[kHz]로 한다).

표 16-9

프리셋 데이터				측정된 출력 주파수 [kHz]
D	C	B	A	
0	0	0	1	
0	0	1	0	
0	1	0	0	
1	0	0	0	
1	0	1	0	

5 실험 결과 검토

(1) 그림 16－11의 귀환 펄스 Mod－6 카운터와 그림 16－12의 리셋형 10진 카운터 및 그림 16－13의 직접 리셋형 카운터 실험회로에서 입력 클록 펄스를 다같이 100[kHz]로 했을 때 시간지연차를 비교 검토하여라.

(2) 그림 16－14의 프로그램 가능 Up/Down 10진 카운터 실험회로에서 회로도에 따라 기판에 부품을 설치하고 배선한 다음 로직 스위치의 Data 전부를 논리 0으로 preset시키고 기판에 전원을 가하면 7 세그먼트 디스플레이에 어떤 숫자가 표시되는지 관찰하고 다른 실험조와 비교하여라. 이때 똑같은 실험을 한 상태에서도 다른 조와 비교해서 표시숫자가 같은지 다른지 비교 검토하여라.

(3) 그림 16－4의 실험에서 로직 스위치(핀 번호 9, 10, 1, 15)를 모두 로직 0으로 프리셋시키고 펄서 1을 계속 눌렀다 놓으면 9가 나타나고 다시 눌렀을 때의 LED 모니터의 상태와 7 세그먼트 LED 디스플레이 상태를 엄밀히 비교 검토하여라.

(4) 기판에서 전원을 제거하고 74192 카운터 핀 11번 ＋5[V]를 제거하고 핀 13번과 결선하여 LED 모니터 1과 2를 제거한 다음 로직 스위치 Data D, C, B, A가 논리 0111이 되도록 preset시키고 기판에 전원을 공급했을 때 LED 디스플레이에 나타난 숫자를 다른 실험조와 비교 검토하여라.

6 실험 결과 테스트

(1) 다음 설명 중 결합성 카운터를 가장 올바르게 설명한 것은?

(a) 귀환형 N진 카운터를 말한다.
(b) 동기 카운터 중 N진 카운터를 말한다.
(c) 비동기 카운터 중 N진 카운터를 말한다.
(d) 동기 카운터와 비동기 카운터를 결합한 카운터를 말한다.

(2) 다음 같은 N진 카운터에서 가장 적은 소자의 수를 갖고 있는 카운터는?

(a) 귀환 펄스형 카운터 (b) 직접 리셋형 카운터
(c) 리셋형 카운터 (d) 리플 캐리 카운터

(3) 다음 카운터 중 단안정 멀티바이브레이터를 꼭 필요로 하는 것은?

(a) 리셋을 이용한 N진 카운터 (b) 직접 리셋형 카운터
(c) 리플 캐리 카운터 (d) 프로그래밍 가능 Up/Down 카운터

(4) TTL 74192 프로그래밍 가능 Up/Down 카운터 실험회로에서 Count Down 펄서(로직 펄서 2)를 작동시켜 LED 디스플레이에 0이 나타나게 한 다음 Count Up 펄서(로직 펄서 1)를 3번 눌렀다 놓으면 LED 디스플레이에 표시될 숫자는?

(a) 1 (b) 2 (c) 3 (d) 4

(5) 74192 TTL 실험회로에서 Count Up 카운트를 할 경우 펄서 1을 계속 눌렀다 놓는다. 이때 LED 모니터에 불(신호)이 꺼질 경우로서 맞는 것은?

(a) 9에서는 꺼지고 0에서는 켜진다.
(b) 9에서는 켜지고 0에서는 꺼진다.
(c) 9자가 나타난 후 펄서 1을 누르고 있을 때
(d) 9자가 나타난 후 눌렀다 놓았을 때

(6) 74192 TTL 실험에서 LED 디스플레이에 6자가 나타날 때까지 Count Up 펄서 1을 계속해서 작동시키고 난 다음 핀 번호 4번의 D_N 입력에 결선된 Count Down 펄서 2를 세 번 눌렀다 놓으면 LED 디스플레이에 나타난 숫자는?

(a) 5 (b) 4 (c) 3 (d) 2

(7) 문제 (6)에서 다시 5번 더 Count Down 펄서 2를 눌렀다 놓았을 때 LED 모니터 2가 잠시 신호가 꺼졌다 켜지는 숫자는?

(a) 2와 1 사이 (b) 1과 0 사이
(c) 0과 9 사이 (d) 9와 8 사이

실험 17. 시프트 카운터

1 목 적

(1) 링 카운터의 동작 원리와 특성을 익힌다.

(2) 존슨 카운터의 동작 원리와 특성을 익힌다.

2 이 론

(1) 링 카운터

링 카운터는 시프트 레지스터를 응용한 가장 간단한 카운터로서 그림 17－1과 같이 직렬 입력, 병렬 출력 시프트 레지스터의 최종 출력을 다시 입력에 귀환시킨 일종의 순환 시프트 레지스터이다. 링 카운터는 항상 첫 번째 플립 플롭의 출력 Q_0를 1로, 나머지 플립 플롭은 모두 0이 되게 preset과 Reset을 걸어 준다. 그렇게 함으로써 클록 펄스(C_p) 인가수에 따라 Q_1, Q_2, Q_3에 논리 1이 시프트(shift)된다.

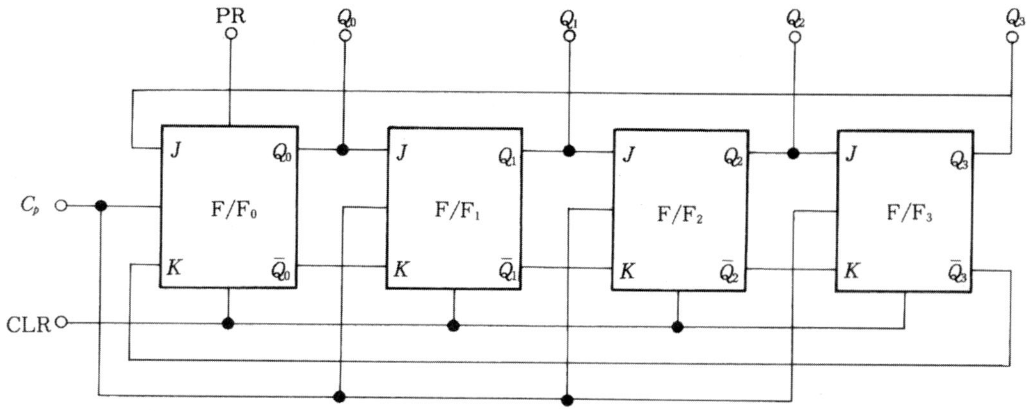

그림 17-1 링 카운터(Ring Counter)

이렇게 됨에 따라 5번째 클록 펄스에 대해서는 다시 처음 상태로 되돌아가서 Q_0, Q_1, Q_2, Q_3가 1000으로 되므로 링 카운터는 4까지 셀 수 있는 카운터인 셈이다.

일반적으로 N개의 플립 플롭으로 구성된 링 카운터는 N가지 출력상태가 나오며 8421 2진 카운터(Binary Counter)가 2^N 가지 임에 반해 링 카운터(Ring Counter)는 극히 비효율적이나 복호기(Decoder)가 별도로 필요하지 않다는 장점을 갖고 있다.

한편 C_p 인가에 따른 계수 동작표를 보면 표 17－1과 같다.

표 17－1 링 카운터의 계수 동작표

C_p 인가수	Q_0	Q_1	Q_2	Q_3
0	1	0	0	0
1	0	1	0	1
2	0	0	1	0
3	0	0	0	1
4(0)	1	0	0	0

이 계수 동작표를 Time Chart로 그려보면 Graph 17－1과 같다.

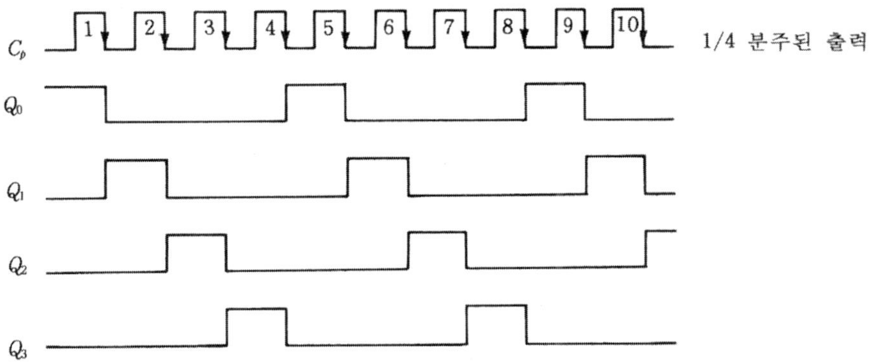

Graph 17－1 링 카운터 Time Chart

Graph 17－1의 링 카운터에서 알 수 있듯이 그림 17－1의 링 카운터는 플립 플롭이 4개로 구성되어 있어 출력 주파수는 입력 클록 주파수의 1/4이 된다. 따라서 ÷4 카운터가 된다. 또 출력 1/4, 즉 25%의 듀티 사이클(Duty Cycle)을 가지고 있다.

일반적으로 N개의 플립 플롭으로 구성된 링 카운터의 출력 주파수와 % 듀티 사이클은 식 (17－1)과 식 (17－2)로 표시할 수 있다.

$$\text{출력 주파수 } F_0 = \frac{f_i}{N} \qquad (17-1)$$

$$\text{\% 듀티 사이클 } D_0 = \frac{1}{N} \times 100 \qquad (17-2)$$

링 카운터를 구성하는 데 있어서 D형 플립 플롭의 수는 제한이 없다. 그림 17−1은 JK 플립 플롭을 사용한 4단 링 카운터를 나타낸 것이지만 각 단의 J와 K는 상보대칭이므로 사실상 JK 플립 플롭은 D형 플립 플롭으로 접속되어 있다.

식 (17−1)에서 보면 링 카운터는 어떤 모듈러스(Modulus)로나 구성할 수 있다는 것을 알 수 있다(모듈러스는 단순히 플립 플롭의 단수가 된다).

그러나 일반적으로 링 카운터는 같은 모듈러스를 갖는 2단 카운터보다 더 많은 플립 플롭단을 필요로 한다. 예를 들면, ÷16 2진 카운터는 4개의 T형 플립 플롭을 필요로 하지만, ÷16 링 카운터를 구성하는 데는 16개의 D형 플립 플롭이 필요하다. 앞에서 설명한 바와 같이 링 카운터는 하나의 플립 플롭이 세트되도록($Q_0 = 1$) 초기화하여야 한다. 그런데 Graph 17−1과 같이 링 카운터 회로에서 최초에 전원이 가해졌을 때 하나의 플립 플롭만이 세트되는 확률은 적다. 따라서 사용되는 플립 플롭은 프리셋(preset)과 클리어(CLR) 입력의 양쪽을 갖추고 있어야 한다.

그림 17−1의 링 카운터는 4단 링 카운터의 초단 플립 플롭을 1로, 나머지를 0으로 세트시켜 초기화한 것이다.

(2) 존슨 카운터

존슨 카운터는 일명 트위스트 링 카운터(Twist Ring Counter), 워킹 링 카운터(Walking Ring Counter), 또는 스위치 테일 카운터(Switchtail Counter)라고도 한다.

그림 17−2에서 볼 수 있듯이 존슨 카운터가 링 카운터와 다른 점은 첫 번째 단의 입력 J와 K를 각각 네 번째 단의 $\overline{Q}$ 와 Q로 바꾸어 취했다는 점이다. 따라서 표 17−2의 계수 동작표와 같이 8가지의 출력상태가 됨을 알 수 있다.

일반적으로 N단의 플립 플롭을 사용하는 경우 $2N$개의 출력상태가 발생함으로 링 카운터보다 효율적인 면에서는 우수하나 존슨 카운터의 경우는 복호기(Decoder)가 필요하다는 단점을 갖고 있다.

존슨 카운터가 구조면에서 링 카운터와 유사하지만 출력 주파수는 링 카운터의 1/2이다. 따라서 존슨 카운터가 N단으로 구상할 경우의 출력 주파수는 식 (17−3)과 같다.

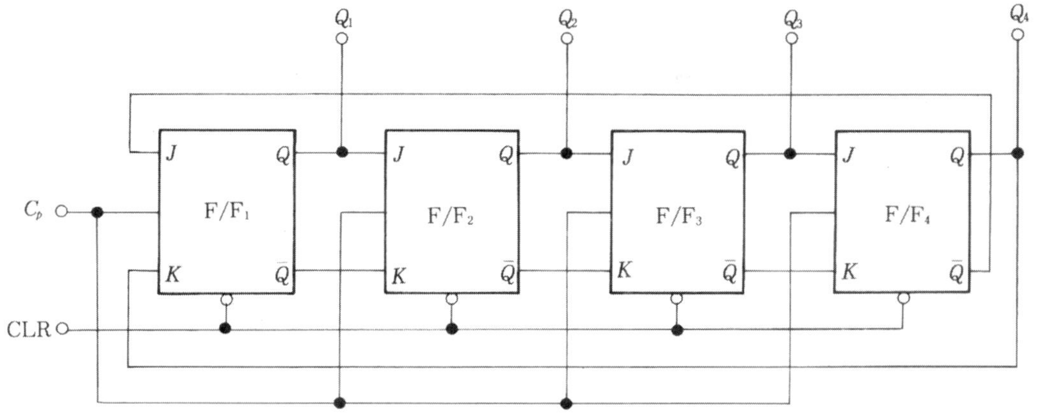

그림 17-2 존슨 카운터(Johnson Counter)

$$\text{출력 주파수 } F_0 = \frac{f_i}{2N} \tag{17-3}$$

한편 링 카운터의 듀티 사이클은 1/N인데 반해 존슨 카운터의 출력 파형은 Graph 17-2와 같이 대칭이므로 % 듀티 사이클은 50[%]가 된다.

표 17-2 존슨 카운터의 계수 동작표

C_p 인가 수	Q_4	Q_3	Q_2	Q_1
0	0	0	0	0
1	0	0	0	1
2	0	0	1	1
3	0	1	1	1
4	1	1	1	1
5	1	1	1	0
6	1	1	0	0
7	1	0	0	0
8(0)	0	0	0	0

표 17-2의 계수 동작표를 Time Chart로 그려보면 Graph 17-2와 같다.

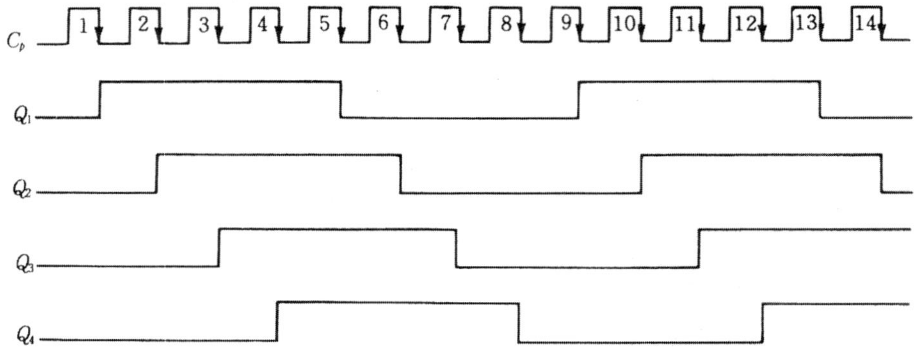

Graph 17-2 존슨 카운터 Time Chart

한편 존슨 카운터는 복호기가 필요하다는 단점이 있어 디코더를 위한 논리식 그림 17-2 F/F 4개에서 8가지 즉 0∼7을 표시하는 복호기는 $Q'_4 Q'_1 = 0$, $Q'_2 Q_1 = 1$, $Q'_3 \cdot Q_2 = 2$, $Q'_4 Q_3 = 3$, $Q_4 Q_1 = 4$, $Q_2 Q'_1 = 5$, $Q_3 Q'_2 = 6$, $Q_4 Q'_3 = 7$로 각각 AND 게이트를 사용하면 된다.

3 사용기기 및 부품

디지털 실험 장치
직류전원 공급장치
싱글 펄스 발생기
구형파 발생기 1[kHz] 5[$V_{p-p}-P$], 100[kHz] 5[V_{p-p}]
오실로스코프
TTL 7476 (2개)
저항 820[Ω]

4 실 험

(1) 그림 17－3의 4단 플립 플롭 링 카운터 실험회로를 결선하고 다음 순서에 따라 실험하여라.

1) 로직 펄서 1을 순간적으로 눌렀다 놓는다(접지시켰다 +5[V]로 연결 또는 개방시켜도 무방함). 그리고 출력 Q_0, Q_1, Q_2, Q_3 가 논리 1000이 되는지 확인하고, PR 단자(핀 번호 2번)만 preset 시키기 위하여 접지시켰다. +5[V] 또는 개방시킨 다음 출력 Q_0 가 논리 1이 되는지 확인한다.

2) Q_0, Q_1, Q_2, Q_3 가 논리 1000이 되는지 확인하고 로직 펄서(싱글 펄서) 2를 인가하여 표 17－3을 완성하여라.

표 17-3 존슨 카운터의 계수 동작표

C_p 인가 수	Q_0	Q_1	Q_2	Q_3
0				
1				
2				
3				
4				
5				
6				
7				
8				

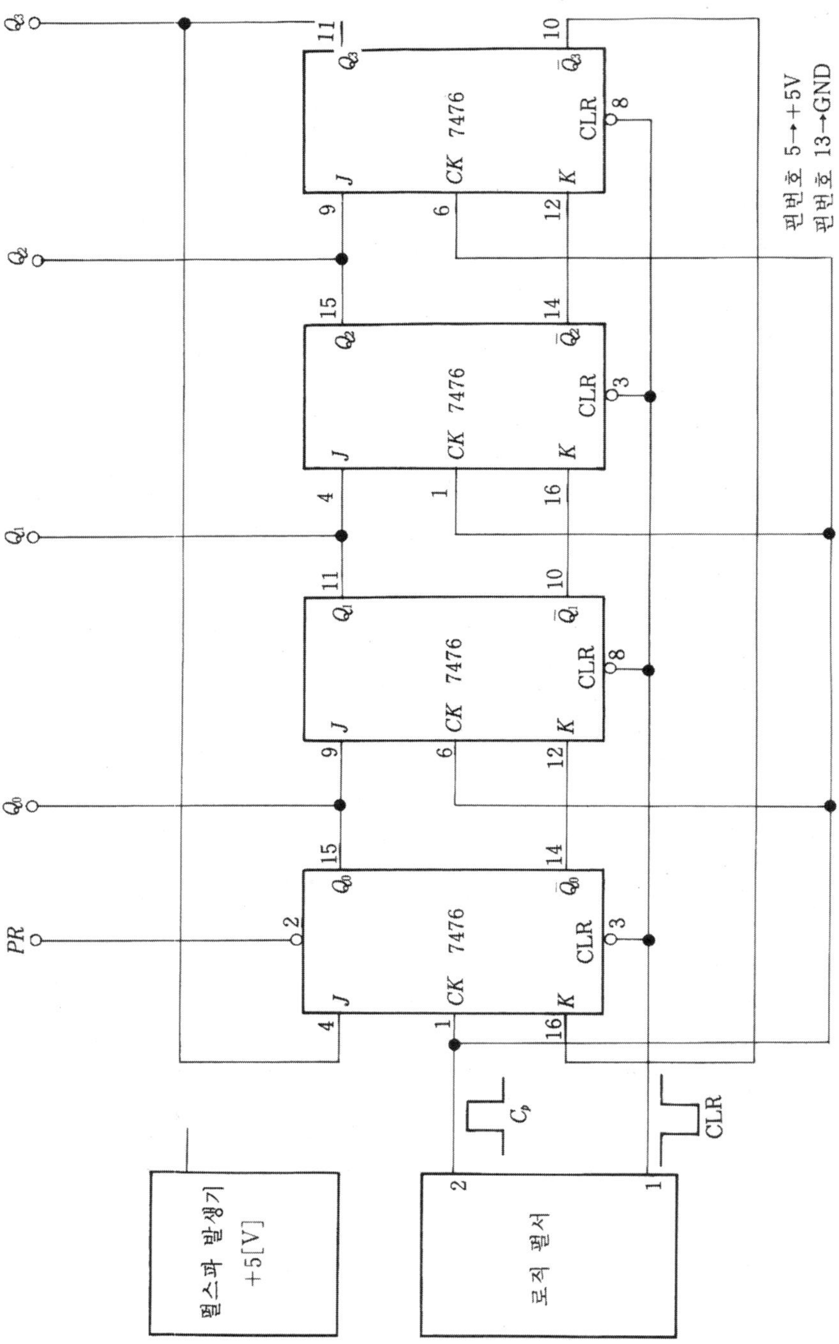

그림 17-3 4단 플립 플롭 링 카운터 실험회로

3) 그림 17−3의 실험회로에서 로직 펄서(싱글 펄서)를 제거하고 CK 단자(핀 번호 1번)에 구형파 발진기 3번을 연결하고 출력 5rm[V×P−P]가 되도록 한 후 1[kHz]와 100[kHz]에 대하여 2 현상 오실로스코프를 사용하여 입력 C×p에 대한 출력 Q×0, Q×1, Q×2, Q×3의 파형을 관찰하여 Graph 17−3과 Graph 17−4를 완성하여라.

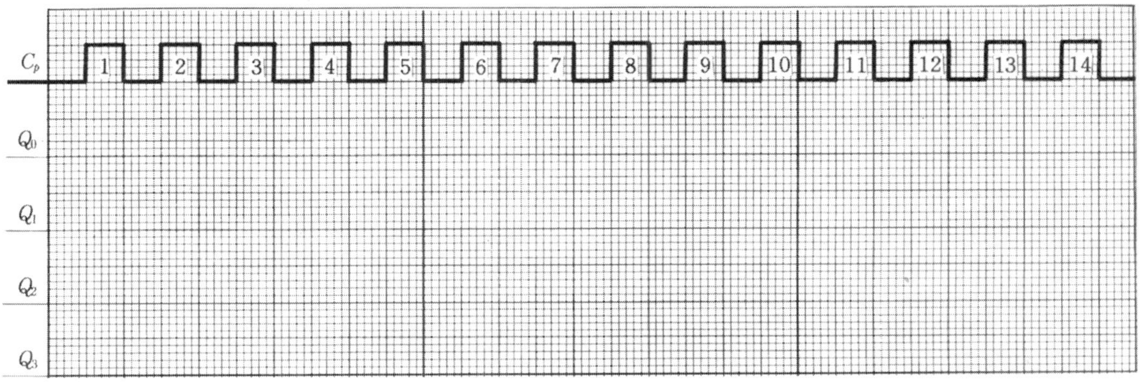

Graph 17-3 존클록 펄스(C_p) 1[kHz]에 대한 출력 파형

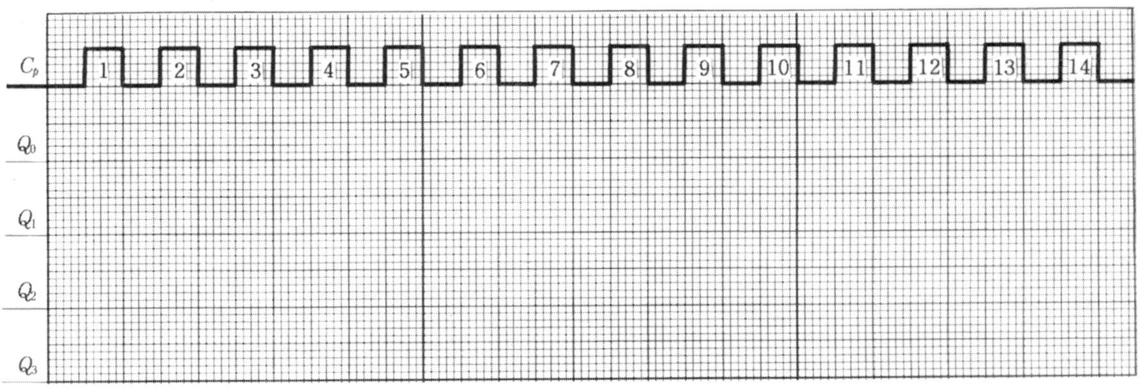

Graph 17-4 클록 펄스(C_p) 100[kHz]에 대한 출력 파형

4) 클록 펄스(C_p) 1[kHz] 때의 출력 파형이 주파수와 % 듀티 사이클을 측정하여라.

출력 주파수 f_0 = ＿＿＿＿＿＿＿＿ , % 듀티 사이클 = ＿＿＿＿＿＿＿＿

5) 클록 펄스(C_p) 100[kHz] 때의 출력 파형의 주파수와 % 듀티 사이클을 측정하여라.

출력 주파수 f_0 = ＿＿＿＿＿＿＿＿ , % 듀티 사이클 = ＿＿＿＿＿＿＿＿

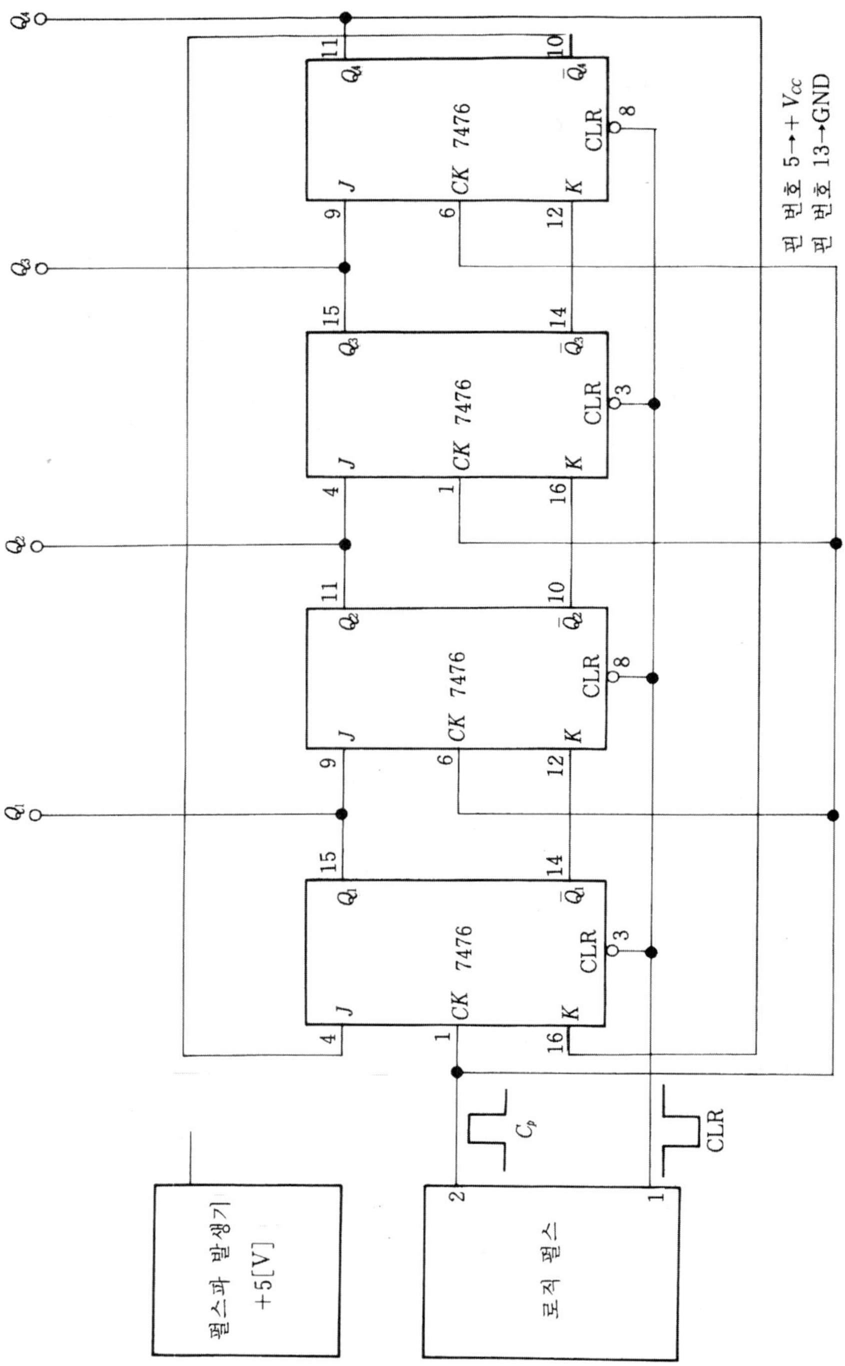

그림 17-4 존슨 카운터 실험회로

(2) 그림 17−4의 4단 플립 플롭을 사용한 존슨 카운터 실험회로를 결선하고 다음 순서에 따라 실험하여라.

1) 로직 펄서 1을 순간적으로 눌렀다 놓는다(접지시켰다 +5[V]로 연결 또는 개방시켜도 무방함), 그리고 출력 Q_1, Q_2, Q_3, Q_4 가 모두 논리 0이 되는지 확인하여라.

2) 로직 펄서(싱글 펄서) 2를 인가하여 표 17−4을 완성하여라.

표 17-4 존슨 카운터 출력상태

C_p 인가 수	Q_4	Q_3	Q_2	Q_1
CLR				
1				
2				
3				
4				
5				
6				
7				
8				
9				
10				
11				
12				

3) 그림 17−4의 실험회로에서 로직 펄서를 제거하고 CK 단자(핀 번호 1번)에 구형파 발진기 3을 연결하고 출력 5rm[V_{p-p}]가 되도록 한 후 1[kHz]와 100[kHz]에 대하여 2 현상 오실로스코프를 사용하여 입력 C_p 에 대한 출력 Q_4, Q_3, Q_2, Q_1 의 파형을 관찰하여 Graph 17−5과 Graph 17−6을 완성하여라.

4) 그림 17−4의 실험회로에서 디코더(decoder)를 위한 논리식 $Q'_4 Q'_1 = 0$, $Q'_2 Q_1 = 1$, $Q'_3 Q_2 = 2$, $Q'_4 \cdot Q'_3 = 3$, $Q_4 \cdot Q_1 = 4$, $Q_2 Q'_1 = 5$, $Q_3 Q'_2 = 6$, $Q_4 Q'_3 = 7$을 이용하여 복호기를 만들어 보자.

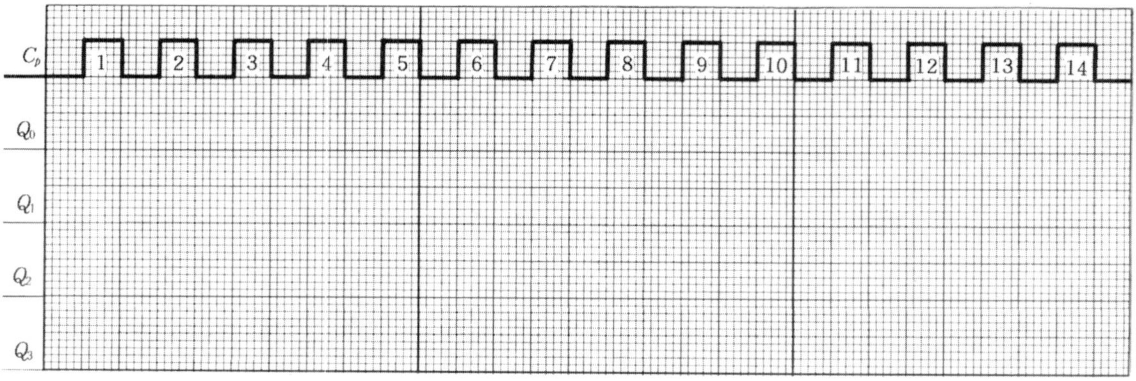

Graph 17-5 클록 펄스(C_p) 1[kHz]에 대한 출력 파형

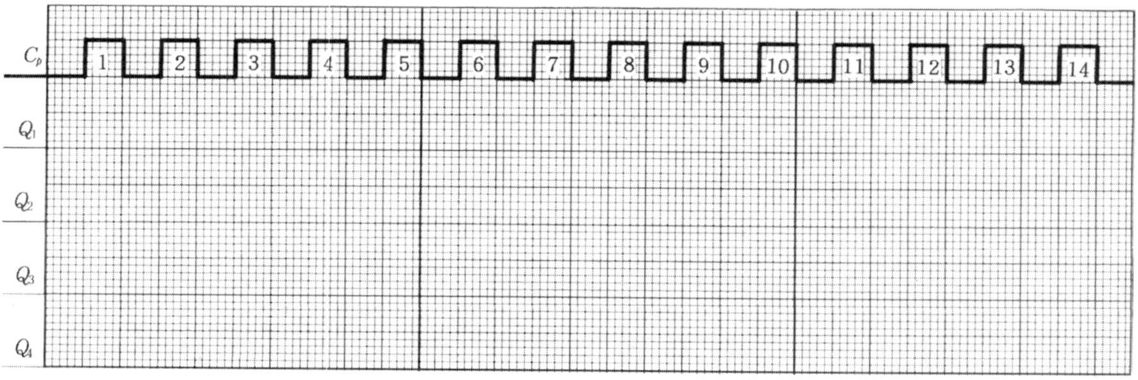

Graph 17-6 클록 펄스(C_p) 100[kHz]에 대한 출력 파형

5 실험 결과 검토

(1) 그림 17−3의 링 카운터 실험회로를 결선하고 전원을 공급한 후 로직 펄서 1을 순간적으로 눌렀다 놓은 다음 PR 단자(핀 번호 2번)만 preset시켰을 때 출력상태 Q_0, Q_1, Q_2, Q_3 가 논리 1000이 되는지 확인하고 논리 결과가 틀리면 그 이유를 검토하여라.

(2) Graph 17−3과 Graph 17−4를 비교하여 주파수와 듀티 사이클과의 관계를 검토하여 보자.

(3) 그림 17−4의 존슨 카운터 실험회로에서 플립 플롭의 수와 듀티 사이클과의 관계를 검토하여 보자.

(4) 그림 17−4의 실험회로에서 플립 플롭의 수와 출력 주파수와의 관계를 검토해 보아라.

(5) 그림 17−3의 링 카운터 실험회로와 그림 17−4의 존슨 카운터 실험회로에서 입력 클록 펄스(C_p)의 주파수에 대한 출력 주파수가 각각 어떤 관계를 갖고 있는지 검토하여라.

6 실험 결과 테스트

(1) 다음 링 카운터에 관한 설명 중 옳지 않은 것은?

(a) 링 카운터는 시프트 레지스터를 응용한 가장 간단한 카운터이다.
(b) 링 카운터는 첫 번째 플립 플롭의 출력은 논리 1로 하고 나머지는 모두 0이 되게 세팅한 다음 클록 펄스를 인가해야 한다.
(c) N개의 플립 플롭으로 구성된 링 카운터는 N가지의 출력상태가 나온다.
(d) 4개의 플립 플롭으로 구성된 링 카운터는 출력 주파수는 입력 주파수의 1/4로 분주된다.
(e) 링 카운터는 복호기가 필요하며, D형 플립 플롭으로 구성되어 있다.

(2) 다음 존슨 카운터에 관한 설명 중 옳지 않은 것은?

(a) 존슨 카운터는 일명 트위스트 링 카운터라고도 한다.
(b) 존슨 카운터의 출력 주파수는 링 카운터의 1/2이다.
(c) 존슨 카운터는 N단의 플립 플롭을 사용할 경우 $2N$개의 출력상태가 발생한다.
(d) 존슨 카운터는 복호기가 필요없으며 링 카운터보다 출력상태가 2배가 된다.

(3) 5개 단의 링 카운터에 해당되는 % 듀티 사이클은?

(a) 50% (b) 25% (c) 20% (d) 10%

(4) 클록 펄스를 인가하기 전에 4단 플립 플롭 링 카운터의 초기 출력상태 Q_0, Q_1, Q_2, Q_3 의 논리는?

(a) 0111 (b) 1000 (c) 0001 (d) 1110

(5) 출력 주파수를 입력 주파수의 1/100로 줄이고 싶다면 링 카운터의 플립 플롭의 개수는?

(a) 100개 (b) 50개 (c) 20개 (d) 10개

(6) 존슨 카운터에서 플립 플롭의 단수를 5개로 했을 때 % 듀티 사이클은?

(a) 20% (b) 30% (c) 40% (d) 50%

(7) 클록 펄스를 인가하기 전 4단 존슨 카운터의 초기 출력상태는?

(a) 0000 (b) 1000 (c) 0001 (d) 1001

(8) 4단 링 카운터에서 클록 펄스 1[kHz] 때의 출력 주파수는?

(a) 1[Hz] (b) 50[Hz] (c) 200[Hz] (d) 250[Hz]

(9) 4단 링 카운터에서 클록 펄스 100[kHz] 때의 출력 주파수는?

(a) 20[kHz] (b) 25[kHz] (c) 50[kHz] (d) 100[kHz]

(10) 그림 17－4의 4단 존슨 카운터 실험회로에서 입력 클록 펄스 주파수를 100[kHz]로 했을 때 출력 주파수는?

(a) 10[kHz] (b) 12.5[kHz] (c) 25[kHz] (d) 50[kHz]

VI 디지털 전자공학 응용

실험 18. 슈미트 트리거 회로

1 목 적

(1) 슈미트 트리거 회로의 동작 원리를 익힌다.

(2) 슈미트 트리거 회로의 특성을 익힌다.

2 이 론

(1) 슈미트 트리거 회로의 동작 원리

그림 18－1과 같이 2개의 트랜지스터(Transistor)를 한 쪽은 컬렉터－베이스(Collec tor－Base), 다른 쪽은 이미터(Emitter) 결합으로 된 일종의 쌍안정 멀티바이브레이터 회로를 슈미트 트리거 회로라 한다.

이것은 2개의 안정상태를 가지고 있이 쌍안정 멀티바이브레이터의 변형된 형태라고 할 수 있으며 파형발생에 쓰인다. 이 회로의 동작 원리는 $V_{in}=0$이라 가정하면 V_{CC}에 공급된 +5[V]가 트랜지스터 Q_2를 통하여 1[KΩ] 양단에 걸리는 전압 $V_C=1$[V]정도 된다. 따라서 트랜지스터 Q_1은 OFF, 트랜지스터 Q_2는 ON 상태이다.

이미터 전류에 비해 베이스 전류는 매우 적으므로 10[KΩ] 양단의 전압강하를 무시하면 V_{in}은 식 (18－1)과 같이 성립된다.

$$V_{in} \fallingdotseq V_c + V_{BE1} \qquad (18-1)$$

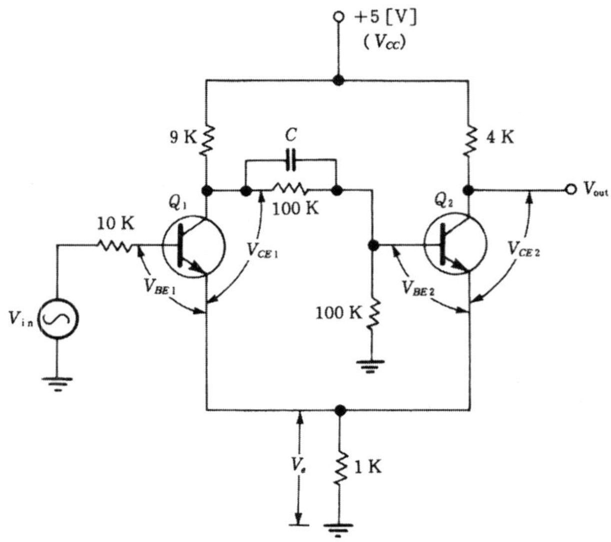

그림 18-1 슈미트 트리거 회로

트랜지스터 Q_1의 이미터와 베이스 사이의 전압 V_{BE1}이 0.7[V]에서 동작한다면 식 (18−1)에서 V_{in}은 1.7[V] 이상에서 Q_1이 ON되고 V_{CE1}의 전압이 급강하하여 스피드 업(Speed up)콘덴서 C를 통해 Q_2의 베이스 전압(V_{BE2})도 떨어져 Q_2가 OFF된다.

트랜지스터 $Q2$이 ON되면 V_{BE1}전압을 무시할 때 9[KΩ]에 4.5[V], 1[kΩ]에는 V_e가 0.5[V]의 전압이 걸려 Q_1의 베이스 전위는 V_{BE1}을 합치면 1.2[V]가 된다.

따라서 V_{in}은 1.2[V] 이하의 신호전압이 걸려야 Q_1트랜지스터가 OFF이고 트랜지스터 Q_2가 다시 ON되어 $V_T^-=1.2$[V], $V_T^+=1.7$[V] 즉 Low Trigger Level(LTL)인 $V_{LTL}(V_T^-)=1.2$[V], Upper Trigger Level(UTL)인 $V_{UTL}(V_T^+)=1.7$[V]가 된다.

(2) 슈미트 트리거 특성

그림 18−1의 슈미트 트리거 회로를 근거로 동작 원리를 논해 보았다. 이 때 입력 V_{in}전압의 변화를 X축, V_{out}전압의 변화를 Y축으로 하여 V_{out}의 High State와 Low State를 그림 18−2(a)와 (b)에 각각 표시하였으며, High State는 5[V], Low State는 1[V]가 된다. 앞서 설명했듯이 Low Trigger Level(V_T^-)과 High Trigger Level(V_T^+)은 그림 18−2(b)와 같이 각각 1.2[V], 1.7[V]가 된다. 이와 같이 입력신호 변화에 따른 출력변화를 각각 X축과 Y축에 나타내고 특히 X

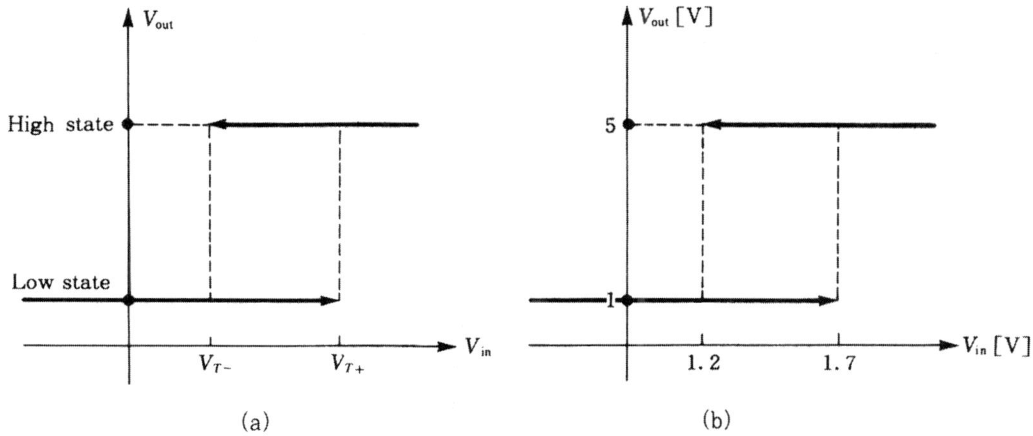

그림 18-2 슈미트 트리거 특성

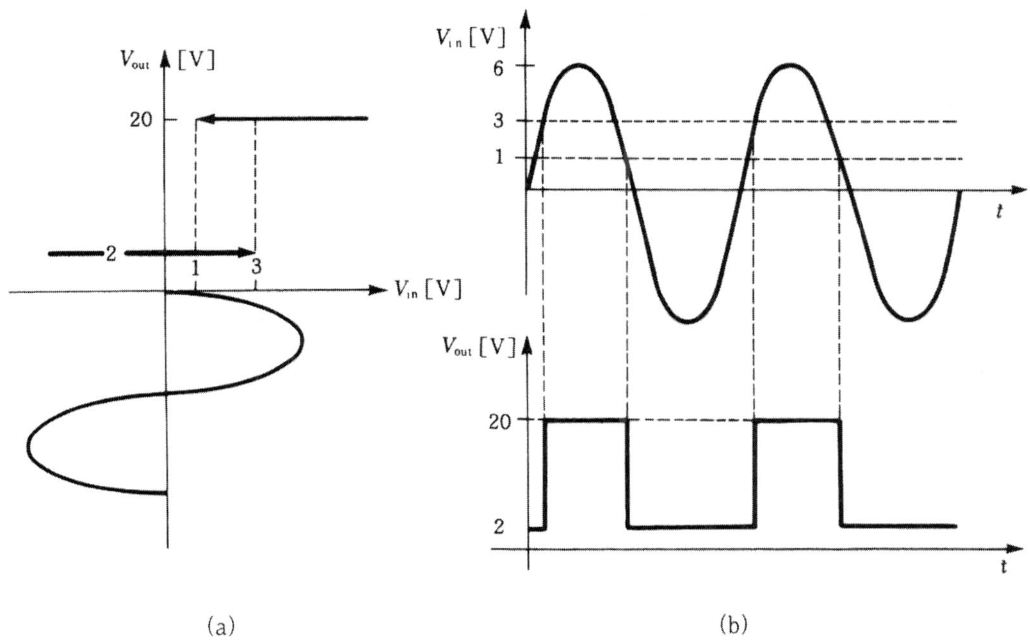

그림 18-3 입출력 파형에 따른 슈미트 트리거 특성

축에는 Low Trigger Level과 Upper Trigger Level을, Y축에는 High State와 Low State로 나타낸 특성을 슈미트 트리거 특성이라 한다.

그림 18-1 슈미트 트리거 회로에서 슈미트 트리거 특성이 V_{UTL}=3[V], V_{LTL}=1[V], High State=20[V], Low State=2[V], V_{in}=6 sinωt로 한다면 그림 18-3과 같이 입출력의 변화와 슈미트 트리거 특성을 함께 나타낼 수 있다.

그림 18-3(a)는 6 sinωt 입력 파형을 가했을 때 슈미트 트리거 특성을 나타낸 것이고, 그림 18-3(b)는 6 sinωt 입력 파형을 가했을 때 V_{out}출력 파형을 보인 것이다.

3 사용기기 및 부품

디지털 실험장치

직류전원 공급장치(DC power supply)

회로시험기(Tester)

직류 가변전원

정현파 발생기(100[Hz] 8rm[V_p-_p] 가능)

오실로스코프

트랜지스터 2SC 1815 (2개)

저항	680[Ω]	1개
	1[kΩ]	1개
	4.7[kΩ]	1개
	10[kΩ]	1개
	100[kΩ]	2개
콘덴서	0.01[μF]	1개
	0.02[μF]	1개

4 실 험

그림 18－4의 슈미트 트리거 회로를 결선하고 다음 순서에 따라 실험하여라.

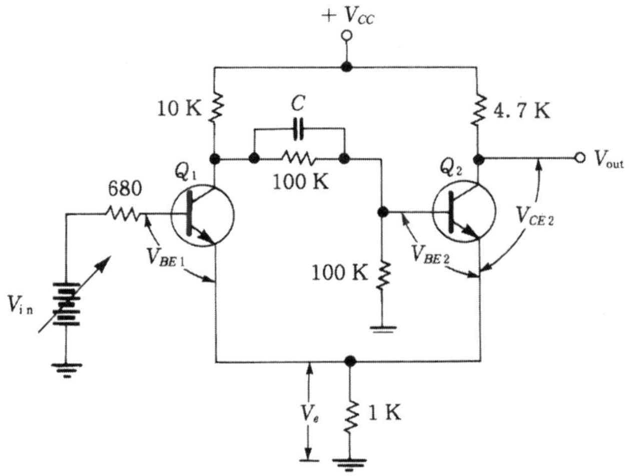

그림 18-4 슈미트 트리거 실험회로

(1) 그림 18－4의 슈미트 트리거 실험회로에서 가변 직류전압원 V_{in}=0 ~ 3[V], C=0.01 [μF], V_{cc}=+5[V]를 각각 접속하고 V_{in}의 변화에 따른 출력 전압 V_{out}을 측정하여 표 18－1을 완성하여라.

표 18-1

V_{in}[V]	0	0.5	1	1.5	2.0	2.5	3.0	2.5	2.0	1.5	1.2	0.5	0
V_{out}V]													

(2) 그림 18－4의 실험회로에서 가변 직류전압원 V_{in}=0 ~ 3[V], 콘덴서 C=0.02[μF], V_{CC}=+5[V]로 하고 입력 전압 V_{in}을 0[V]에서 점차 증가시키다가 갑자기 출력 전압이 증가될 때의 입력 전압 V_{in}과 출력 전압 V_{out}, 그리고 이 때 트랜지스터 Q_1의 Collector 단자전압 V_{C1} 및 트랜지스터 Q_2의 Base 단자전압 V_{B2}를 측정하여라.

V_{in}= ______ [V] V_{out}= ______ [V] V_{C1}= ______ [V] V_{B2}= ______ [V]

(3) 그림 18－4의 실험회로에서 가변 직류전압원 V_{in}=0 ~ 3[V], 콘덴서 C=0.01[μF], V_{CC}=+5[V]로 하고 입력 전압 V_{in}을 3[V]에서 점차 감소시키다가 갑자기 출력 전압이 감소될 때 입력 전압 V_{in}과 출력 전압 V_{out}, 그리고 이 때 트랜지스터 의 Collector 단자전압 V_{C1} 및 의 Collector 단자전압 V_{C1} 및 트랜지스터 Q_2의 Base 단자전압 V_{B2}를 측정하여라.

V_{in}= ______ [V] V_{out}= ______ [V] V_{C1}= ______ [V] V_{B2}= ______ [V]

(4) 그림 18－4의 실험회로에서 가변 직류전원 대신 교류전원 $V_{in}=3\sin\omega t$, 주파수 f=100[Hz], 콘덴서 C=0.01[μF], 직류 전압원 V_{CC}=+5[V]로 하고 2 현상 오실로스코프를 사용하여 입출력 파형을 그려 Graph 18－1을 완성하여라.

(5) 그림 18－4의 실험회로에서 가변 직류전압원 V_{in}=0 ~ 4[V], 콘덴서 C=0.01[μF], V_{CC}=+9[V]로 하고 입력 전압 V_{in}을 0[V]에서 점차 증가시키다가 갑자기 출력 전압이 증가될 때의 입력 전압 V_{in}과 출력 전압 V_{out}, 그리고 이 때 트랜지스터 Q_1의 Collector 단자전압 V_{C1} 및 트랜지스터 Q_2의 Base 단자 전압 V_{B2}를 측정하여라.

V_{in}= ______ [V] V_{out}= ______ [V] V_{C1}= ______ [V] V_{B2}= ______ [V]

(6) 그림 18−4의 실험회로에서 가변 직류전압원 V_{in}=0 ~ 4[V], 콘덴서 C=0.01[μF], 직류 전원전압 V_{CC}+9[V]로 하고 입력 전압 V_{in}을 4[V]에서 점차 감소시키다가 갑자기 출력 전압이 감소될 때의 입력 전압 V_{in}과 출력 전압 V_{out}, 그리고 이 때 트랜지스터 Q_1의 Collector 단자전압 V_{C1} 및 트랜지스터 Q_2의 Base 단자 전압 V_{B2}를 측정하여라.

V_{in}= ________ [V] V_{out}= ________ [V] V_{C1}= ________ [V] V_{B2}= ________ [V]

(7) 그림 18−4의 실험회로에서 가변 직류전원 대신 교류전원 $V_{in}=4\sin\omega t$, 주파수 f= 100[Hz], 콘덴서 C=0.01[μF], 직류전압원 V_{CC}=+9[V]로 하고 2 현상 오실로스코프를 사용하여 입력(V_{in}) 파형과 출력(V_{out}) 파형을 그려 Graph 18−2를 완성하여라.

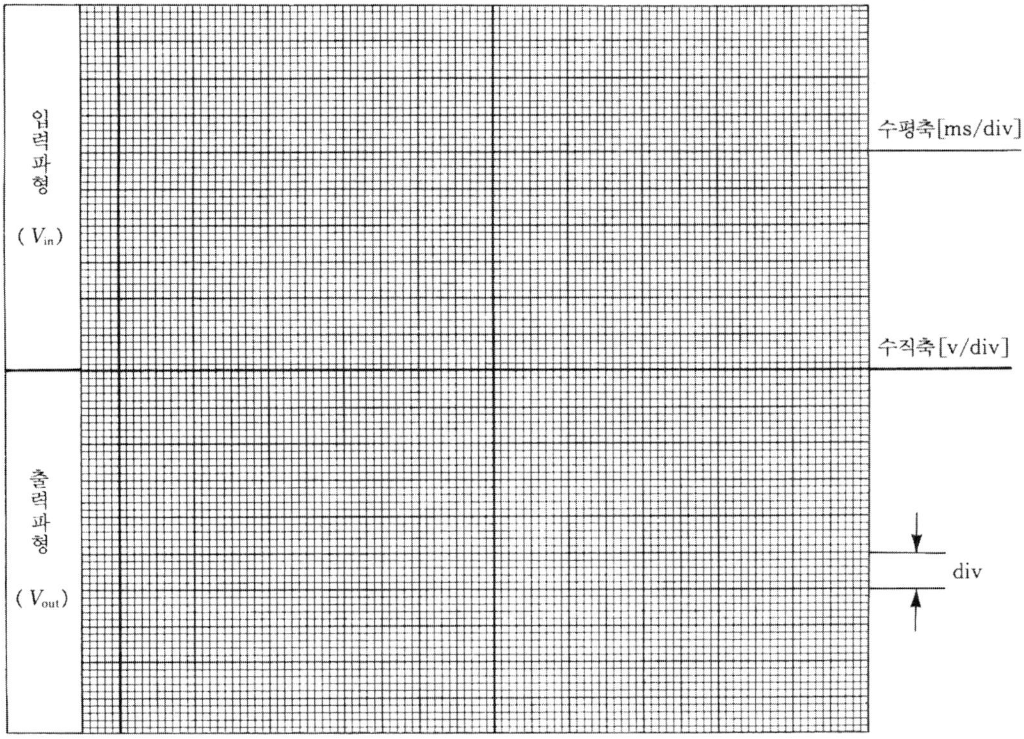

Graph 18−1 100[Hz] 슈미트 트리거 입출력 파형

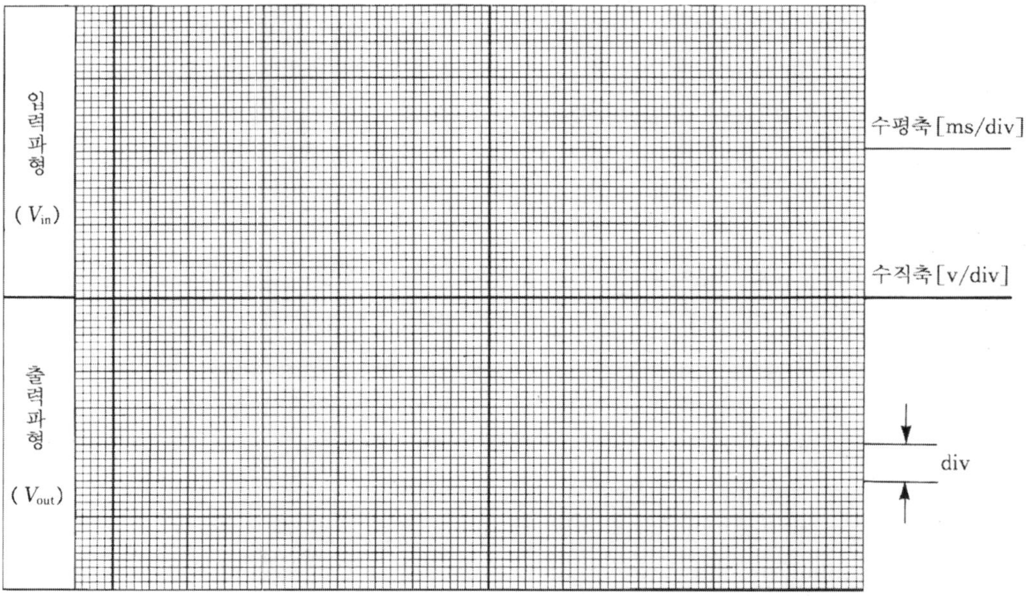

Graph 18-2 100[Hz] 슈미트 트리거 입출력 파형

5 실험 결과 검토

(1) 실험순서 (2)에서 입력신호 전압 V_{in}을 처음 0[V]로 고정시키면 트랜지스터 $Q1$은 OFF, Q_2는 ON 상태가 된다. 이 때의 트랜지스터 Q_1의 Collector 단자 전압과 V_{in}전압을 점차 증가시켜 트랜지스터 Q_1이 ON, Q_2가 OFF로 바뀌어진 후의 트랜지스터 Q_1의 Collector 단자 전압을 비교 검토하여라.

(2) 실험순서 (2)에서 입력신호 전압 V_{in}을 처음 0[V]로 고정시켰을 때 트랜지스터 Q×2의 Base 단자 전압과 V×\in을 점차 증가시켜 트랜지스터 Q_2가 OFF되어 출력 V_{out}이 갑자기 증가되었을 때 Q_2의 Base 전압을 비교 검토하여라.

(3) 실험순서 (6)에서 입력신호 전압 V_{in}을 처음 +4[V]로 고정시키면 트랜지스터 Q_1은 ON, Q_2는 OFF 상태가 된다. 이 때의 트랜지스터 Q_1의 Collector 단자 전압과 V_{in}전압을 점차 감소시켜 트랜지스터 Q_1의 Collector 단자 전압을 비교 검토하여라.

(4) 실험순서 (6)에서 입력신호 전압 V_{in}을 처음 +4[V]로 고정시키면 트랜지스터 Q_2의 Base 단자 전압과 V_{in}을 점차 감소시 트랜지스터 Q_2가 ON 되었을 때 출력 전압 V_{out}이 갑자기 떨어졌을 때 Q_2의 Base 단자 전압을 서로 비교 검토하여라.

(5) 실험순서 (4)의 경우 $V_{in}=3\sin\omega t$, $V_{CC}=+5$[V]이고, 실험 순서 (7)의 경우는 $V_{in}=4\sin\omega t$, $V_{CC}=+9$[V], 이 때 Graph 18−1과 Graph 18−2에서의 입출력상태 즉 V_{out}의 Low와 High 상태 전압과 V_{in}의 Upper trigger level(V_{out})과 Low trigger level을 서로 비교 검토하여라.

6 실험 결과 테스트

(1) 슈미트 트리거 회로에 관한 설명 중 올바른 것은?

(a) 정현파 발생기 회로이다.
(b) 2개의 안정 상태를 갖는 쌍안정 멀티바이브레이터 회로의 일종이다.
(c) 구형파 발생을 하는 무안정 멀티바이브레이터 회로이다.
(d) 구형파 발생을 하는 단안정 멀티바이브레이터 회로이다.

(2) 그림 18－1의 슈미트 트리거 회로에서 100[kΩ]과 병렬 연결된 Condenser의 C의 역할 중 올바른 것은?

(a) 교류만을 통과시키는 Condenser이다.
(b) 직류만을 트랜지스터 Q_2에 인가시키는 역할을 한다.
(c) Q_1의 Collector 전압을 빠른 시간에 Q_2 Base에 전달한다.
(d) 저항 100[kΩ]과 합성저항을 얻기 위한 Condenser이다.

(3) 그림 18－1의 슈미트 트리거 회로에서 근사치로 가장 적합한 것은?

(a) $V_T^-=1.2$[V], $V_T^+=1.7$[V], $V_{\text{out High Shate}}=5$[V], $V_{\text{out Low Shate}}=1$[V]
(b) $V_T^-=1.7$[V], $V_T^+=1.2$[V], $V_{\text{out High Shate}}=5$[V], $V_{\text{out Low Shate}}=1$[V]
(c) $V_T^-=1.2$[V], $V_T^+=1.7$[V], $V_{\text{out High Shate}}=1$[V], $V_{\text{out Low Shate}}=5$[V]
(d) $V_T^-=1.7$[V], $V_T^+=1.2$[V], $V_{\text{out High Shate}}=1$[V], $V_{\text{out Low Shate}}=5$[V]

(4) 그림 18－4의 실험회로에서 가변 직류전원 대신 교류전원 $V_{in}=3\sin\omega t$, 직류전압원 $VCC=+5$[V]로 하면 슈미트 트리거 특성에서 입력 전압(V_{in})측에서 얻어지는 Low trigger level $V_{LTL}(V_T^-)$과 Upper trigger level $V_{UTL}(V_T^+)$, 출력 전압(V_{in})측에서 얻어지는 High State(V_{OH}), Low State 전압(V_{OL})이 가장 근사치인 값은?

(a) $V_T^-=1.2$[V], $V_T^+=1.8$[V], $V_{OH}=5$[V], $V_{OL}=2$[V]
(b) $V_T^-=1.4$[V], $V_T^+=1.6$[V], $V_{OH}=4$[V], $V_{OL}=1$[V]
(c) $V_T^-=1.4$[V], $V_T^+=1.8$[V], $V_{OH}=4$[V], $V_{OL}=2$[V]
(d) $V_T^-=1.2$[V], $V_T^+=1.6$[V], $V_{OH}=5$[V], $V_{OL}=1$[V]

(5) 그림 18－4의 실험회로에서 가변 직류전원 대신 교류전원 $V_{in}=4\sin\omega t$, 직류전압원 $V_{CC}=+9$[V]로 한 실험순서 (7)에서 V_T^-, V_T^+, V_{OL} 및 V_{OH}의 가장 근사치인 값은?

(a) $V_T^-=2.0$[V], $V_T^+=3.3$[V], $V_{OH}=9$[V], $V_{OL}=2$[V]

(b) $V_T^-=1.5$[V], $V_T^+=2.3$[V], $V_{OH}=9$[V], $V_{OL}=1.6$[V]
(c) $V_T^-=1.5$[V], $V_T^+=2.3$[V], $V_{OH}=5$[V], $V_{OL}=1.6$[V]
(d) $V_T^-=2.0$[V], $V_T^+=3.3$[V], $V_{OH}=5$[V], $V_{OL}=2$[V]

(6) 그림 18−4의 실험회로에서 $V_{CC}=+5$[V], 콘덴서 $C=0.01$[μF]로 하고 가변 직류전원을 0[V]에서 점차 증가시켜 트랜지스터 Q_1이 ON 될 때 Q_1의 Collector 단자 전압(V_{C1})의 가장 근사치 값은?

(a) 0.5[V]　　(b) 1.0[V]　　(c) 1.5[V]　　(d) 2.0[V]

(7) 그림 18−4의 실험회로에서 $VCC=+9$[V], 콘덴서 $C=0.01$[μF]로 하고 가변 직류전원을 0[V]에서 점차 증가시켜 트랜지스터 Q_1이 ON 될 때 Q_1의 Collector 단자 전압(V_{C1})의 가장 근사치 값은?

(a) 0.5[V]　　(b) 1.0[V]　　(c) 1.5[V]　　(d) 2.0[V]

(8) 그림 18−4의 실험회로에서 $V_{CC}=+5$[V], 콘덴서 $C=0.01$[μF]로 하고 가변 직류전원을 +3[V]에서 점차 감소시켜 트랜지스터 Q_1이 OFF 될 때 트랜지스터 Q_2의 Base 단자 전압(V_{C1})의 가장 근사치 값은?

(a) 0.5[V]　　(b) 1.0[V]　　(c) 1.5[V]　　(d) 2.0[V]

(9) 그림 18−4의 실험회로에서 $V_{CC}=+9$[V], 콘덴서 $C=0.01$[μF]로 하고 가변 직류전원을 +4[V]에서 점차 감소시켜 트랜지스터 Q_1이 OFF 될 때 Q_2의 트랜지스터 Q_2의 Base 단자 전압(V_{BE2})의 가장 근사치 값은?

(a) 0.5[V]　　(b) 1.0[V]　　(c) 1.5[V]　　(d) 2.0[V]

실험 19. 메모리 RAM과 ROM

1 목 적

(1) 메모리의 필요성과 메모리의 종류를 익힌다.
(2) RAM과 ROM의 종류 및 기본동작을 이해한다.
(3) 기본적인 스테이틱 RAM 회로를 구성하고 동작을 실험한다.

2 이 론

(1) 메모리의 개요

메모리는 2진 정보를 저장하고, 기억시킨 정보를 읽어낼 수 있는 소자이다.

메모리의 기억공간은 비트(bit)단위로 구성되며, 메모리는 기억공간의 데이터를 일렬로 저장하기 위해 어드레스(address)가 할당되고, 한 주소마다 데이터의 크기는 바이트(byte) 혹은 워드(word) 단위로 할당한다. 메모리의 기억용량은 번지의 크기 * 데이터 비트 수로 결성된다.

일반적으로 데이터의 바이트 수는 8비트(1 byte), 16비트(1 word) 등이 대부분이고, 어드레스의 크기에 따라 메모리의 용량을 결정한다. 이 때 기억용량의 크기를 표시하기 위한 용량의 단위는 KB(kilobyte), MB(megabyte), GB(gigabyte), TB(telabyte), PB(petabyte) 등이며, 1 KB는 정확히 1024 바이트이다.

메모리는 기억된 정보를 읽거나 기록하는 속도에 따라 성능을 평가할 수 있다. 메모리를 몇 가지로 분류하면 다음과 같다.

1) 주 기억장치	RAM(Random Access Memory) ROM(Read Only Memory)
2) 보조 기억장치	Magnetic Disk, Megnetic Tape, Optical Disk

여기서 주 기억장치는 반도체로 구성되는데, 이 때 구성 반도체 소자에 따라 바이폴라 메모리(bipolar memory)와 MOS 메모리(metal oxide memory)로 분류할 수 있다.

다음은 주 기억장치인 램(RAM)과 롬(ROM)의 종류, 기본구성 및 회로동작을 설명하기로 한다.

(2) RAM

램은 데이터를 입력하여 저장하거나 출력이 자유롭게 할 수 있는 메모리이고, 전원이 인가되지 않으면 기억된 내용이 지워진다. RAM은 스테이틱 RAM(Static RAM)과 다이나믹 RAM(Dynamic RAM)으로 크게 분류된다.

다이나믹 램은 셀의 구조가 간단하여 고집적회로 실현이 가능하므로 메모리 용량이 큰 소자의 실현이 가능하며, 메모리 셀의 정보를 계속 유지하기 위하여 리프레시 동작을 필요로 한다. 스테이틱 램은 셀의 구조를 기억논리(플립 플롭)를 이용하여 회로를 구성한 것으로 소자의 집적도는 떨어지나 리프레시 동작이 필요치 않아 디지털 시스템의 하드웨어 구현이 쉽다. 일반적으로 컴퓨터 시스템의 메모리 용량이 클 때는 다이나믹 램으로 메모리를 구성하고, 소형 시스템인 경우는 하드웨어의 부담이 적은 스테이틱 램으로 메모리 회로를 구성한다.

그림 19−1은 스테이틱 램의 메모리 셀의 회로구성으로 1비트 데이터를 처리한다. 그림 19−1(a)에서 입력(Input)은 기억시킬 2진 정보인 데이터를 입력하는 단자이고, 데이터를

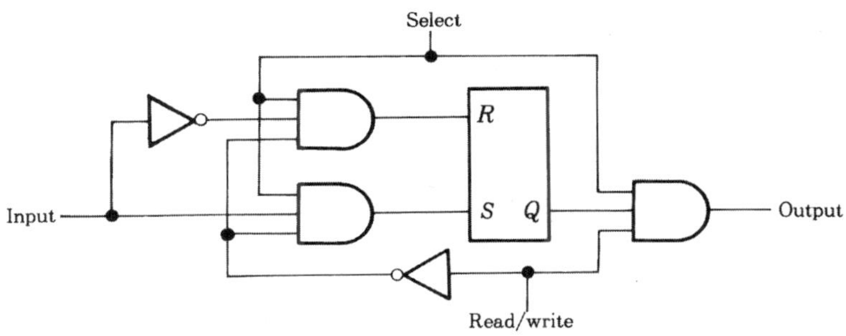

(a) 스테이틱 램의 기본 논리회로

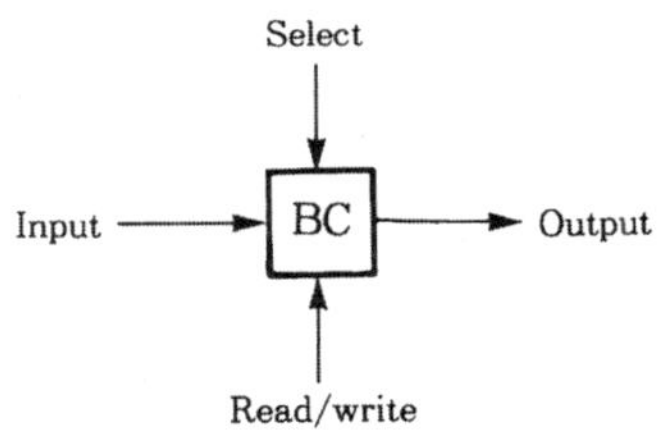

(b)

그림 19−1 스테이틱 램의 메모리 셀 구성

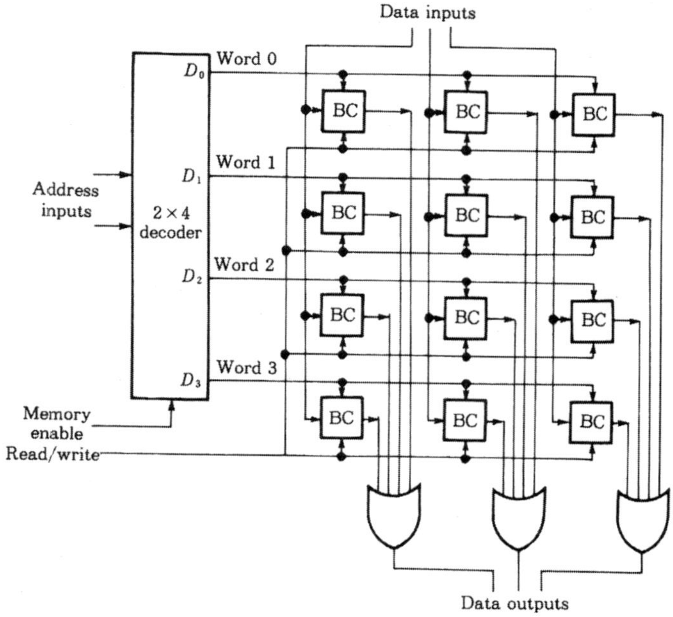

그림 19-2 기본적인 스테이틱 램의 회로구성

저장(write)하기 위해서는 R/W 단자를 "0"으로 하며, 데이터를 읽기(read) 위해서는 R/W 단자를 "1"로 한다. 셀렉트(select) 단자는 메모리 셀의 선택 여부를 결정한다. 그림 19-1(b)는 메모리 셀을 간단하게 기호화한 것이다.

그림 19-2는 스테이틱 램의 4 * 3의 2진 정보의 기억용량을 갖는 기본적인 회로 구성이다. 회로 동작은 데이터 번지가 4개이므로 각각의 번지를 선택하기 위한 어드레스 입력 단자는 2개이며, 2 * 4 디코더에 의하여 필요한 데이터의 번지가 선택된다. 메모리 셀의 각각의 R/W 모두를 묶어 동시에 메모리 셀의 R/W 조건을 결정한다.

데이터의 저장은 디코더에 의해 번지를 선택하고 R/W "0"이면, 3비트의 데이터를 입력하여 선택된 번지에 데이터를 기억시킨다. 데이터의 읽기는 디코더에 의해 어드레스가 선택되고 R/W 단자가 "1"이면, 3비트의 데이터가 출력단자를 통하여 출력된다.

그림 19-3은 스테이틱 램 6264(8192 * 8)의 내부구조와 상징기호를 나타낸다. 6264는 어드레스 지정을 위해 셀렉트 회로를 내장하고 어드레스 값에 따라 메모리 어레이의 메모리 셀을 선택한다. 선택된 번지의 4비트 데이터는 /WE의 입력에 따라 데이터의 읽기와 쓰기(저장)가 결정된다. 이 때 데이터는 /CS 단자가 "1"이면 데이터 버스는 트라이 스테이트 상태를 유지하며, "0"인 경우에 칩이 선택되고 데이터를 입 · 출력 할 수 있다.

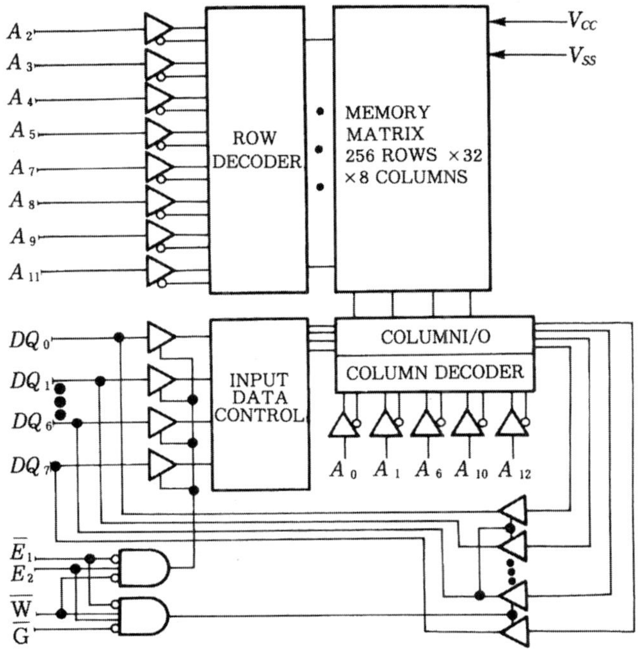

그림 19-3 스테이틱 RAM(8192*8)의 내부구조 및 상징기호

일반적으로 램 및 롬의 사용은 디지털 시스템 하드웨어가 요구하는 메모리의 크기 및 마이크로프로세서의 실행속도에 따라 결정된다. 메모리 소자가 결정되면 타이밍도에 따라 외부 디지털 소자와 인터페이스시켜야 한다.

그림 19-4(a)는 6264의 메모리 데이터를 읽어낼 때 메모리 칩의 어드레스 버스, 칩 선택단자(/CS), 데이터 버스의 타이밍도이다. 데이터의 입력은 리드 사이클 타임(T_{AVAV}) 동안에 이루어져야 하며, 6264의 데이터 출력은 어드레스 값이 지정되고, /CS 단자가 "0"이 된 이후에 데이터가 출력된다. 이 때의 시간을 액세스 타임(Access Time)이라 하며, 칩의 응답성을 결정하는 중요한 요소가 된다.

라이트 사이클은 그림 19-4(b)와 같다. 데이터를 저장하기 위해서는 라이트 타임 사이클 타임 동안에 어드레스 버스의 데이터가 입력되고, /CS "0", /WE "0"으로 한 후 외부에서 데이터 값을 메모리 칩의 데이터 버스에 입력해야 한다. 일련의 이러한 동작은 라이트 타임(Write Time)의 시간요소를 만족해야 한다.

(3) ROM

기억된 정보 데이터를 읽어내기만 할 수 있는 메모리 소자로서, 전원이 인가되지 않아도 저장된 데이터가 소멸되지 않는 기능을 갖고 있다. ROM의 기능적 분류를 보면 마스크 ROM(mask rom), PROM(programmable rom), EPROM(erasable and program mable rom), EEPROM(electrically erasable and programmable rom) 등으로 구분된다.

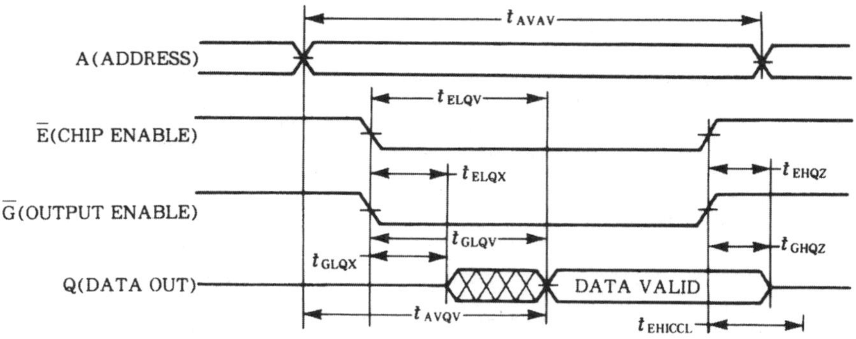

(a) 리드 사이클

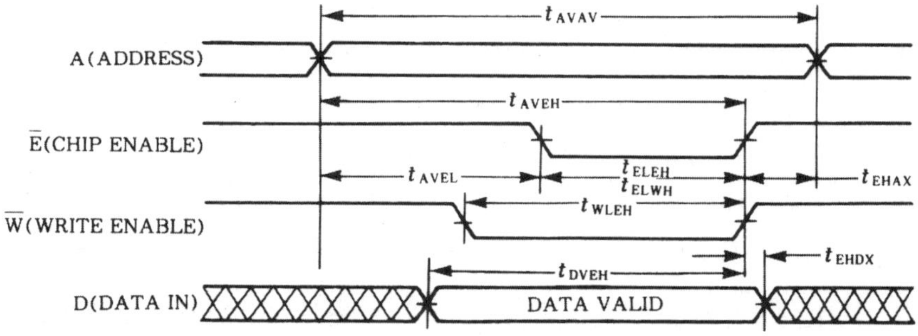

(b) 라이트 사이클

그림 19-4 리드 및 라이팅 타이밍도

마스크 롬은 사용자의 요구에 따라 제조 메이커에서 단 한번 데이트를 입력함으로써 다량 생산에 적합한 이점을 갖는다. PROM은 롬 라이터(ROM Writer)를 이용하여 사용자가 필요에 따라 데이터를 입력할 수 있으나, 한 번 데이터를 입력하면 다시 새로운 데이터를 입력하기 위하여 기존의 데이터를 지울 수 없는 메모리이다.

EPROM은 새로운 데이터를 입력하기 위하여 메모리에 입력된 데이터를 지워 사용할 수 있는 메모리로서 기억된 데이터를 지우기 위해서는 자외선(ultra violet)을 이용한다.

EEPROM은 롬의 데이터 기억 및 소거를 전기적으로 할 수 있는 메모리이다.

그림 19−5는 기본적인 PROM의 내부회로 구성으로 디코더와 OR 게이트로 회로를 구성한다. 그림 19−5의 5 * 32에서 5는 어드레스 입력수이고, 32는 번지수를 나타낸다. 이 때 OR 게이트는 번지수와 같은 입력조건으로 선택적으로 프로그램이 가능하도록 되어 있다. 데이터의 읽어내기 동작은 어드레스가 선택되면 다른 번지의 워드는 "0"이므로 OR 게이트 출력은 선택된 워드의 연결상태에 따라 각각의 출력조건이 결정된다.

그림 19−6은 EEPROM(2764A)의 내부회로 구성을 나타낸다. 데이터의 프로그램을 실행하기 위해서 /OE, /PGM, /CE의 입 · 출력을 제어할 수 있는 회로를 내장하며, 어드레스 디코더와 메모리 셀 매트릭스, 데이터 버퍼 등을 내장하고 있다.

칩의 데이터 저장은 전용 ROM 라이터를 이용하고, 데이터의 리드 타이밍은 RAM과 유사하다.

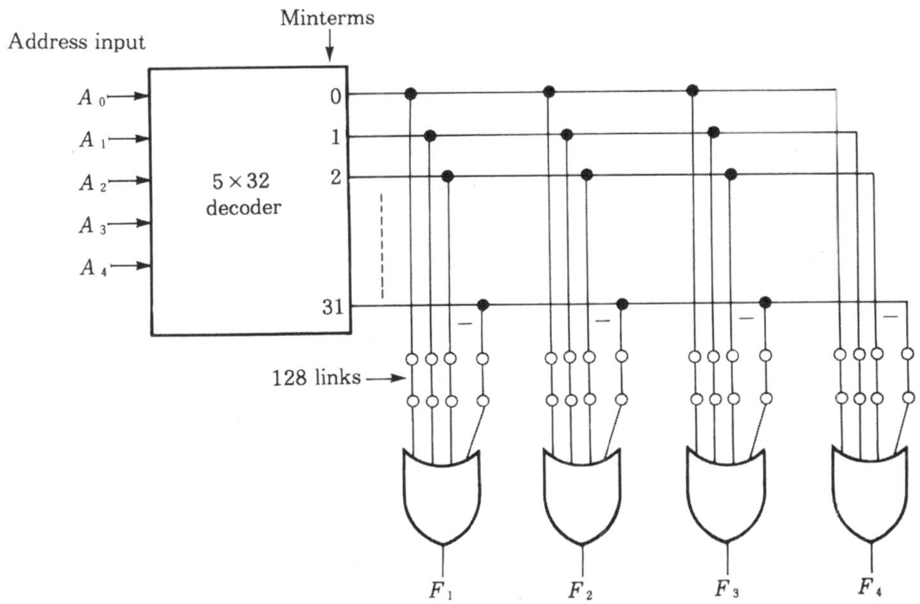

그림 19-5 ROM의 내부구조

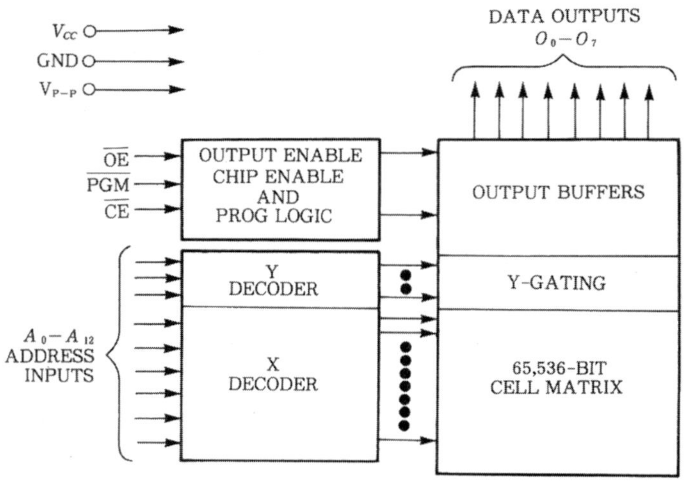

그림 19-6 EPROM(2764)의 내부구성 및 상징기호

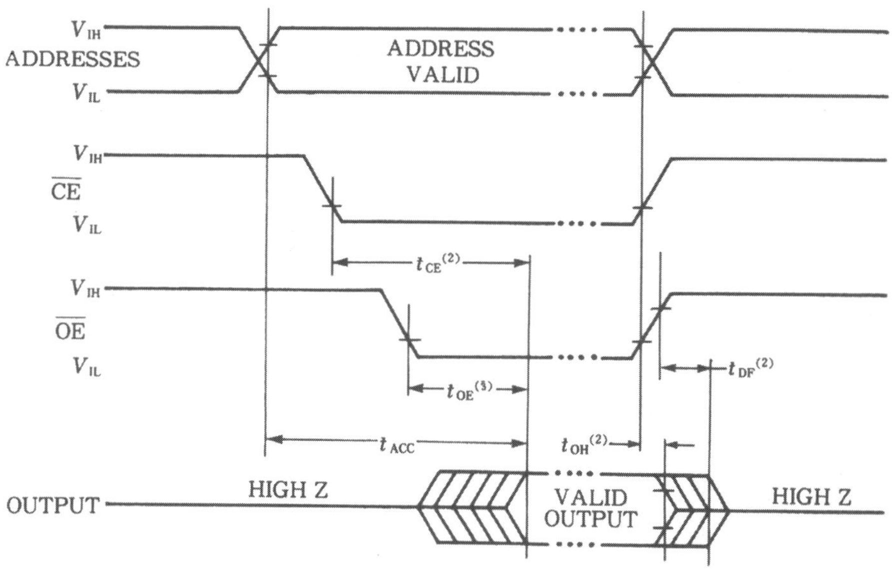

그림 19-7 EPROM(27C64)의 리드 타이밍도

3 사용기기 및 부품

디지털 실험장치	TTL 7404 2개
직류전원 공급장치	TTL 7411 4개
회로시험기	TTL 7489
오실로스코프	TTL 74139
LED 4개	Dip SW 2회로
저항 330 [Ω] 12개, 4.7 [X] 4개	Dip SW 4회로 2개

4 실 험

(1) 그림 19−8의 회로를 구성하고, 표 19−1의 데이터값에 따라 출력 결과를 표 19−1에 작성하여라.

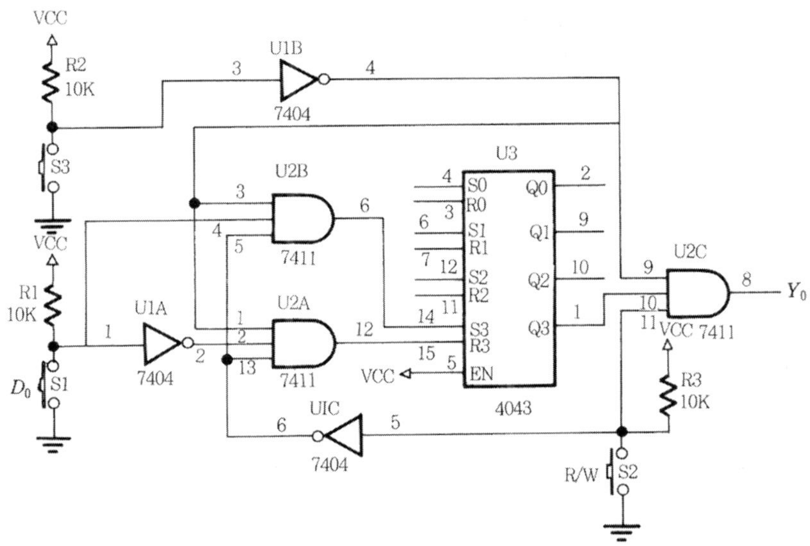

그림 19-8 1비트 셀

표 19-1 데이터 리드/라이트

SE	R/W	D_0	Y_0	Q_3
1	×	×	×	
0	0	0		
0	1	1		
0	0	1		
0	1	0		

(2) 그림 1 * 4의 스테이틱 메모리를 구성하고, 진리표 19−2를 작성하여라.

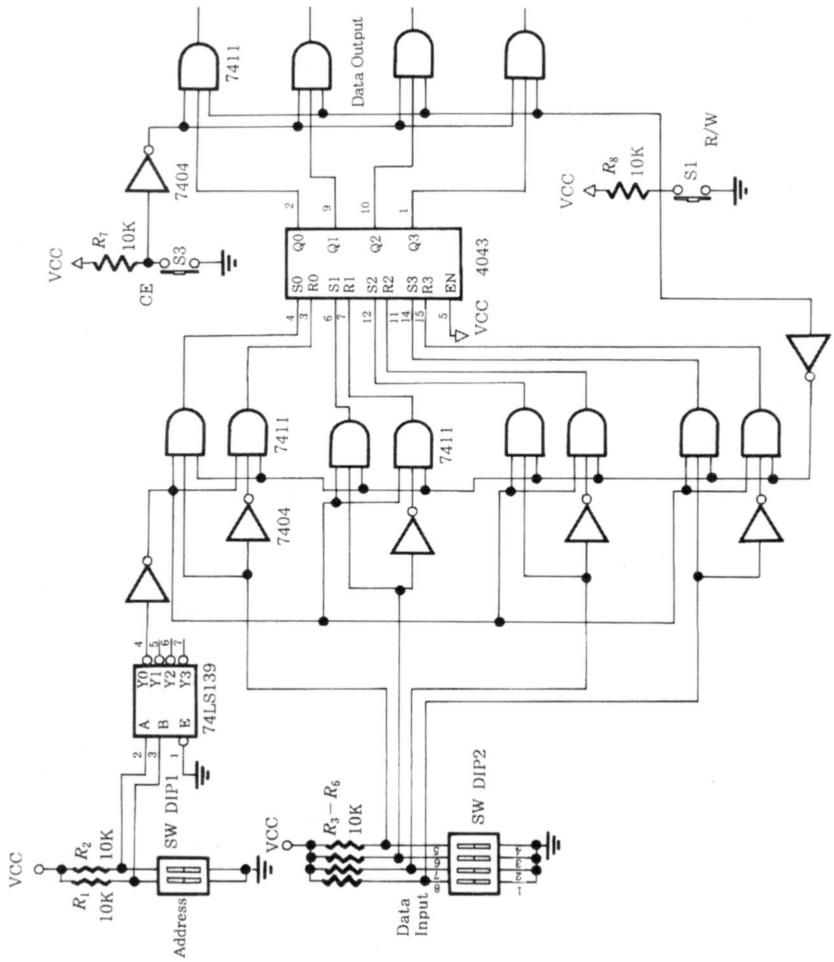

그림 19-9 1 * 4 스테이틱 메모리의 구성도

표 19-2 진리표

(× ; don' t care 상태)

CE	R/W	ADDRESS		DATA INPUT				DATAOUTPUT			
		A1	A2	D3	D2	D1	D0	Y3	Y2	Y1	Y0
1	×	×	×	×	×	×	×	×	×	×	×
0	0	0	0	0	0	0	0	×	×	×	×
0	1	0	0	×	×	×	×				
0	0	0	1	1	0	1	0	×	×	×	×
0	1	0	1	×	×	×	×				
0	0	0	0	1	1	1	1	×	×	×	×
0	1	0	0	×	×	×	×				

5 실험 결과 검토

(1) 그림 19−8의 회로에서 CE 단자가 "1"일 때 Y_0값은 어떻게 되며 입력 데이터와 R/W 데이터가 입력 되었을 때 Y_0값과 어떤 관계가 있는가 고찰하여라.

(2) 표 19−1에서 Q_3과 Y_0의 출력 결과를 비교 분석하여라.

(3) 표 19−2에서 어드레스가 "00"일 때와 "01"일 때 출력 데이터 값을 분석하여라.

(4) 그림 19−9에서 R./W를 "0"으로 하고 입력 데이터 D_3-D_0를 입력 시킬 때 Y_3-Y_0의 출력값이 하이 임피던스가 되도록 트라이 스테이트 버퍼를 이용하여 하드웨어를 확장하여라.

6 실험 결과 테스트

(1) 주 기억장치로 이용되는 반도체 소자가 아닌 것은?

(a) RAM (b) ROM (c) EEPROM (d) Decoder IC

(2) 보조 기억장치가 아닌 것은

(a) 자기 디스크 (b) 광 디스크
(c) 마이크로프로세서 (d) 자기 테이프

(3) 1워드의 설명으로 적합한 것은?

(a) 1워드는 2리블이다. (b) 1워드는 2바이트이다.
(c) 1워드는 3리블이다. (d) 1워드는 4바이트이다.

(4) 메모리의 정보를 계속 유지하기 위하여 리프레시 동작이 필요한 것은?

(a) 스테이틱 램 (b) 다이나믹 램
(c) EEPROM (d) PROM

(5) 그림 19−1에서 입력 데이터 "1"을 기억시키기 위해서 타당한 것은?

(a) $\overline{\text{CE}}$와 R/W를 "0"으로 하고, D_0를 "1"로 한다.
(b) $\overline{\text{CE}}$와 R/W를 "1"로 하고, D_0를 "0"으로 한다.
(c) $\overline{\text{CE}}$와 D_0를 "1"로 하고, R/W를 "0"으로 한다.
(d) $\overline{\text{CE}}$를 "0"으로 하고, R/W와 D_0를 "1"로 한다.

(6) ROM 품종 중에서 전기적으로 소거가 가능한 ROM은 다음 중 어느 것인가?

(a) PROM (b) EEPROM (c) EPROM (d) 마스크 ROM

(7) 그림 19−4의 타이밍도에서 t_{ELQX}시간동안 데이터 버스는 어떤 상태를 유지하는가?

(a) 하이 임피던스 상태가 된다. (b) RAM의 내부 데이터를 출력한다.
(c) "0" 상태를 유지한다.
(d) 외부 데이터를 RAM에 입력한다.

실험 20. D/A 변환기와 A/D 변환기

1 목 적

(1) D/A 변환기와 A/D 변환기의 기본 원리를 이해한다.

(2) 기본적인 D/A 변환기와 A/D 변환기의 회로구성을 익힌다.

(3) D/A 변환기 및 A/D 변환기를 회로로 실현하고 실험한다.

2 이 론

(1) D/A 변환기와 A/D 변환기의 기본 원리

디지털 시스템의 신호는 "0"과 "1"의 2진수 정보이며 이러한 디지털 신호를 아날로그 신호로 변환하고, 필요에 따라서 아날로그 신호를 디지털로 변환시킬 필요가 있다. D/A 변환기(Digital to Analog Converter)는 디지털 값을 아날로그 전압이나 전류로 변환시키며, A/D 변환기(Analog to Digital Converter)는 아날로그 전압을 디지털 값으로 변환시키는 소자이다.

그림 20-1에 D/A 변환기와 A/D 변환기의 기본구성을 나타내고 있다. 그림 20-1(a)에서 2진 정보인 "1"과 "0" 상태의 디지털 값은 D/A 변환기 회로를 이용하여 아날로그 전압값

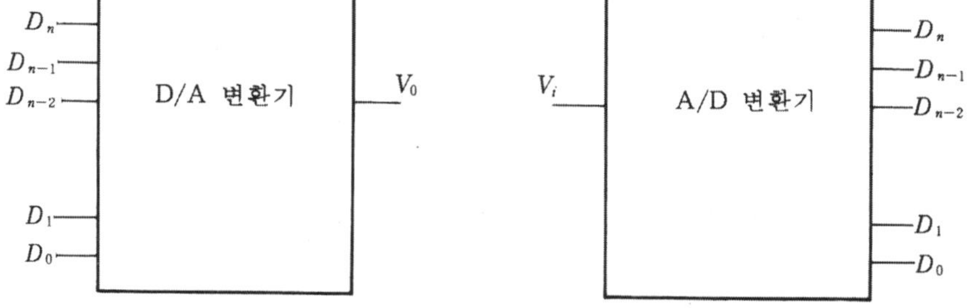

(a) (b)

그림 20-1 D/A 변화기와 A/D 변화기의 기본구성

으로 변환된다. 이 때 D/A 변환기는 2진 정보 최하위 비트인 LSB(D_0)부터 최상위 비트 MSB(D_n)까지 입력되는 디지털 값을 아날로그 전압값으로 변환하여 출력하게 되며, MSB의 비트 값이 클수록 고정도 분해능의 아날로그 값을 얻을 수 있다. 그림 20－1(b)에서 입력된 아날로그 전압 V_i는 A/D 변환기(Analog to Digital Converter)를 통하여 "0"과 "1"의 디지털 로직 레벨로 변환되며, 이 때 디지털 값 출력은 $D_n(2^n)$부터 $D_n(2^n)$의 값이 된다. A/D 변환기는 2진 정보 디지털 출력 비트수와 변환시간(Conversion Time)이 필요하다.

A/D 변환기는 변환시간과 데이터의 질을 높이기 위해서 여러 가지 회로방식이 있다. 일반적으로 D/A 변환기를 회로로 구성하는 방법으로는 반전 가산형 D/A 변환기와 레더형 D/A 변환기 등이 있고, A/D 변환기는 카운팅 A/D 변환기, 트래킹 A/D 변환기, 듀열슬롭 A/D 변환기, 마이크로컴퓨터를 이용한 A/D 변환회로, 고속 A/D 변환기 등이 있다.

(2) 반전 가산형 A/D 변환기

그림 20－2에 연산 증폭기를 이용한 반전 가산형 A/D 변환기 구성을 보이고 있다. 반전 가산기 입력에 D_0 부터 D_n까지 디지털 값이 입력되었을 때 아날로그 출력전압은 다음과 같다.

$$V_{n0} = -R_f / R_n \cdot V_i \qquad (20-1)$$

V_0 : D/A 변환기 출력전압

R_f : 귀환저항

R_n : D_0의 입력저항

V_i : 입력

그림 20－1에서 디지털 2진 정보는 각각의 입력조건에 따라 식 (20－1)을 적용하면 D/A 변환기의 아날로그 출력전압값을 얻을 수 있다.

이 때 귀환저항과 각각의 입력저항은

$$R_f = K / \left(\frac{1}{R_n} + \frac{1}{R_{n-1}} + \cdots\cdots + \frac{1}{R_1} \right) \qquad (20-2)$$

$$R_n = 2^{n-1} \cdot R_1 \qquad (20-3)$$

K : 반전 증폭기의 증폭도

R_1 : $D_0(2^0)$의 2진 정보

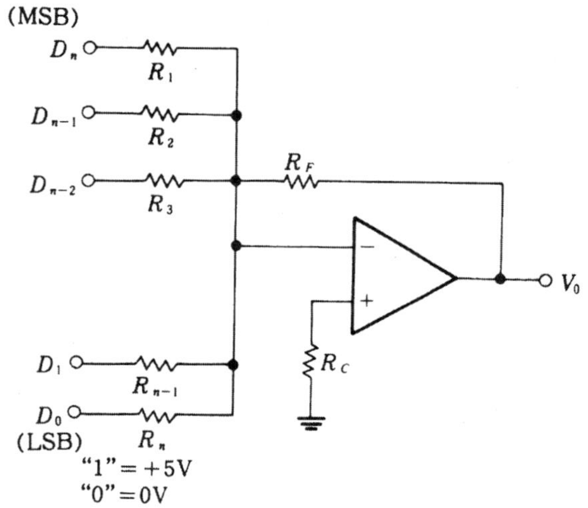

그림 20-2 반전 가산형 D/A 변환기의 구성

입력되는 디지털 "0"과 "1"의 2진 정보가 정확하게 0[V]와 5[V]의 전압값을 유지해야 D/A 변환기 출력전압값의 선형성을 유지할 수 있다. 일반적으로 디지털 입력회로가 TTL일 때는 CMOS나 연산 증폭기를 이용한 비교기의 회로를 통하여 논리출력값을 0[V]와 5[V]로 보정하는 것이 바람직하다.

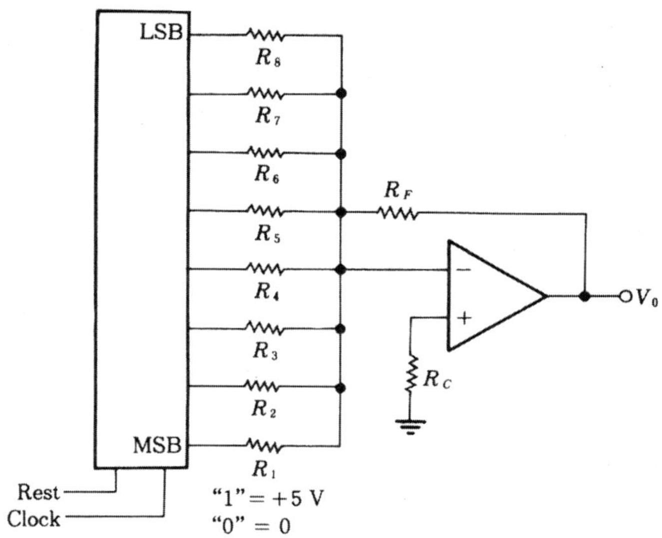

그림 20-3 반전 가산형 D/A 변환기의 응용

반전 가산기로 사용되는 연산 증폭기는 입력저항이 높은 것을 사용한다. 위의 반전 가산형 D/A 변환기는 회로가 간단하지만 저항값 선정과 저항소자의 오차 때문에 D/A 변환값의 선형성이 떨어지므로 8비트 이하의 간단한 회로구성에서만 사용한다.

그림 20－3은 그림 20－2에 2진 카운터와 반전형 D/A 변환기 구성으로 펄스 수를 계수하여 아날로그 값으로 변환한다. 동작은 우선 리셋 신호로 2진 카운터를 초기화하고, 입력된 클록 펄스 정보를 계수하며, 펄스 수에 상응하는 값을 아날로그 전압값으로 변환한다.

이 때 최대 계수 가능한 펄수 수는 다음과 같다.

$$f_n = 1/2^n \tag{20-4}$$

식 (20－4)보다 많은 펄스 정보가 입력되면 오버 플로 상태가 2진 카운터는 초기화되고 다시 계수되어 펄수 수와 비례하는 아날로그 값을 얻을 수 없다.

(3) 레더형 D/A 변환기

그림 20－4는 레더형 D/A 변환기의 기본구성으로 R과 $2R$의 레더형 저항회로와 연산 증폭기를 이용한 비반전회로로 구성한다. 위의 회로는 저항선정이 간단하여 집적회로 설계시

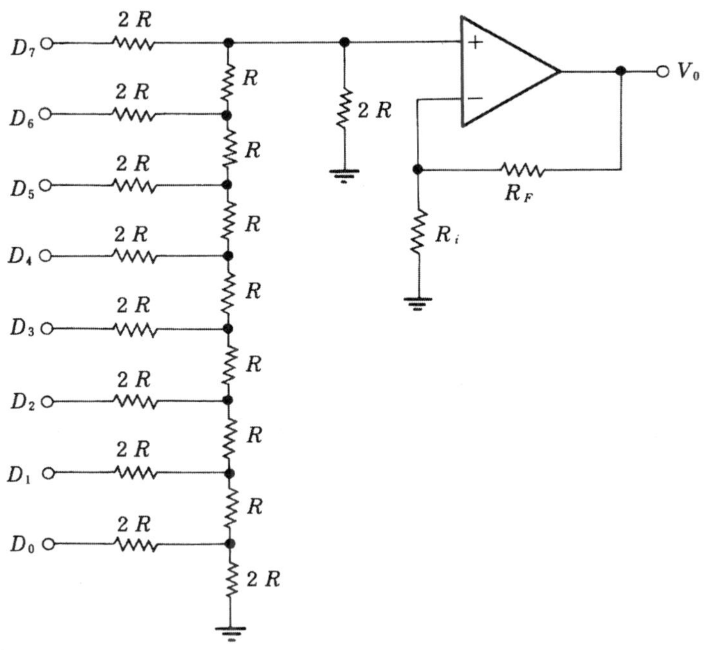

그림 20-4 반전 가산형 D/A 변환기의 구성

유리하며, 디지털 의 변환시 아날로그 값의 선형성이 양호하기 때문에 실제로 사용되는 D/A 변환기 회로이다.

그림 20-4의 레더형 저항회로의 출력전압 Vr은 입력정보의 데이터에 따라 다음 식을 만족한다.

$$Vr = (1/2)/^{N-n} = \cdot (1/3) \cdot V_n \qquad (20-5)$$

Vr : $R/\ 2R$레더회로의 출력전압
N : 2진 정보(D_n)의 비트 수
n : 2진 정보 "1"이 입력된 비트 수
V_n : 디지털 전압레벨

식 (20-5)를 이용하여 D/A 변환기에 입력되는 각각의 2진 정보 전압값을 식 (20-5)에 대입하여 정리하면 임의의 디지털 신호를 아날로그 출력전압으로 바꿀 수 있다. D/A 변환기의 출력전압은

$$V_0 = \{(R_f + R_i)/\ R_i\} \cdot (1/2)/^{N-n} \cdot (1/3) \cdot V_n \qquad (20-6)$$

레더형 D/A 변환기는 선형성이 양호하므로 8비트 이상 고정도의 D/A 변환기가 가능하며, 실제로 레더 저항회로, 비교기, 연산 증폭기 등을 내장한 D/A 변환기를 집적화하여 사용된다.

그림 20-4 구성의 입력회로에 2진 카운터를 이용하여 그림 20-2와 같은 형태로 회로를 구성하면 보다 정확한 주파수를 계수할 수 있는 D/A 변환기를 구성할 수 있다.

(4) 계수형 A/D 변환기(Counting A/D Converter)

그림 20-5는 계수형 A/D 변환기의 구성이며, D/A 변환기, 비교기, 제어로직, 2진 카운터 등으로 구성된다.

회로 동작은 리셋시켜 2진 카운터 계수값을 초기화(크리어)시키면 2진 카운터의 데이터 값($D_0 - D_n$)이 모두 "0"이 되며 레더형 D/A 변환기의 리퍼런스 전압 V_a가 0[V] 된다. 클록 주파수를 AND 논리에 입력한다.

아날로그 전압 V_i가 입력되면 비교기에서 최소 0[V]와 비교하여 "1"을 출력하고, AND 논리는 클록 주파수를 2진 카운터에 보낸다. 2진 카운터는 계수를 하여 V_a 증가시켜 $V_{in} \leqq V_a$되면 계수를 비교기가 "0"으로 되고, AND 논리의 출력이 "0"이 되어 2진 카운터의 클록의 계수가 정지

된다. 그때 2진 카운터의 2진 출력값이 V_{in}의 디지털 변환값이다.

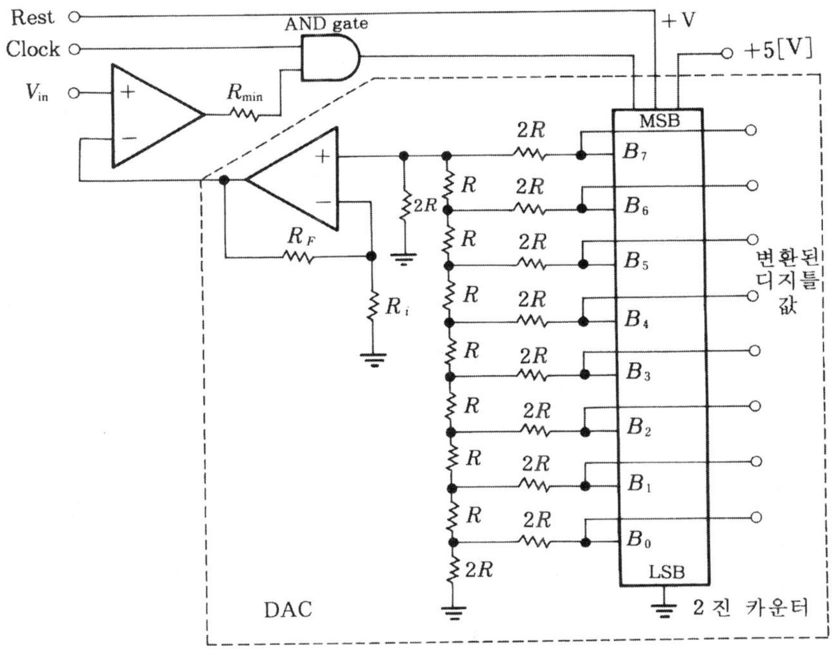

(a) 계수형 A/D 변환기의 구성

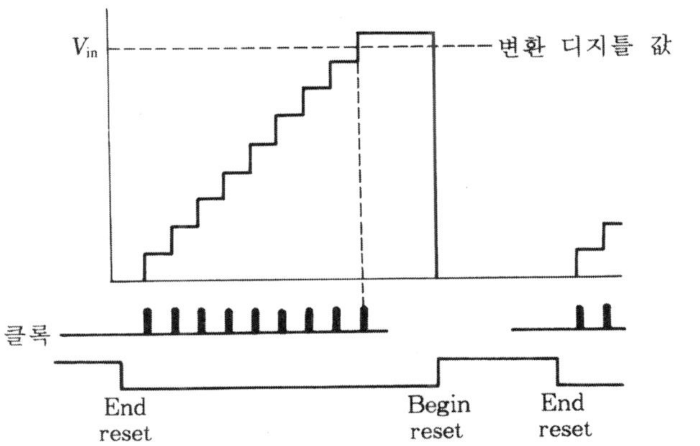

(b) 타이밍도

그림 20-5 계수형 A/D 변환기의 구성

언급된 계수형 A/D 변환기는 비교적 변환속도가 느리므로 디지털 패널 미터 등 응답속도가 빠르지 않는 회로에 응용되고 있다.

(5) 트래킹 A/D 변환기

그림 20−6은 크래킹 A/D 변환기를 나타내며 레더형 D/A 변환기, 비교기, 제어로직, 업다운 2진 카운터 등으로 구성된다.

트래킹 A/D 변환기는 아날로그 입력전압값이 변할 때 계수형 A/D 변환기보다 빠른 디지털 데이터 값을 얻어낼 수 있다.

회로구성과 동작은 계수형 A/D 변환기와 같으나 2진 카운터 대신 업다운 2진 카운터를 사용하였다. 업다운 카운터는 비교기의 출력에 다라 업 모드와 다운 모드를 바꾸어 클록값을 계수하기 때문에 입력전압 V_{in}변동에 추종된 디지털 데이터 값을 출력이 가능하다.

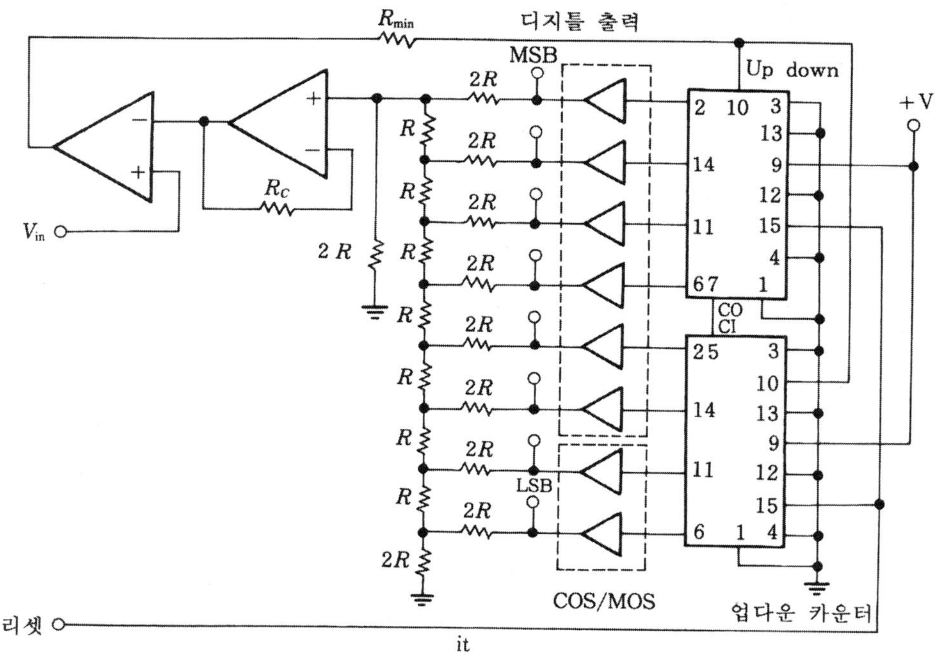

그림 20-6 트래킹 A/D 변환기의 구성

(6) 병렬 데이터 처리 A/D 변환기의 구성

그림 20−7은 병렬 A/D 변환기(Parallel Analog to Digital Converter)의 구성으로 빠른 A/D 변환을 실행할 수 있다. 회로구성은 저항회로에 의한 분압회로, 연산 증폭을 이용한 비교기, 인코더로 구성된다. 이 때 비교기의 기준전압이 N저항의 전압 분배기의 공급전압 V_n은 $V_n - V_{in(\max)}$이다.

2진 정보 N비트를 변환하기 위해서는 2^{N-1}의 전압 비교기와 2^N의 인코더가 필요하다. 예를 들면 아날로그 전압을 3비트의 2진 정보를 A/D 변환하기 위해서는 7개를 비교기가 필요하며 8 ×3 인코더를 필요로 한다.

이렇게 아날로그 전압을 디지털 값으로 변환하는 과정을 빈 변환(Bin Conversion)이라 부르며, 아날로그 입력은 두 인접 비교기의 드레시홀드에 의해서 결정된 전압 레인지 내에서 분류되고, 빈 변환을 행하여 보다 정도가 높은 A/D 변환기를 실현할 수가 있다.

(7) 실제 D/A 변환기와 A/D 변환기의 응용

일반적으로 사용되고 있는 8비트 D/A 변환기와 A/D 변환기의 내부 구성에 관하여 요약한다.

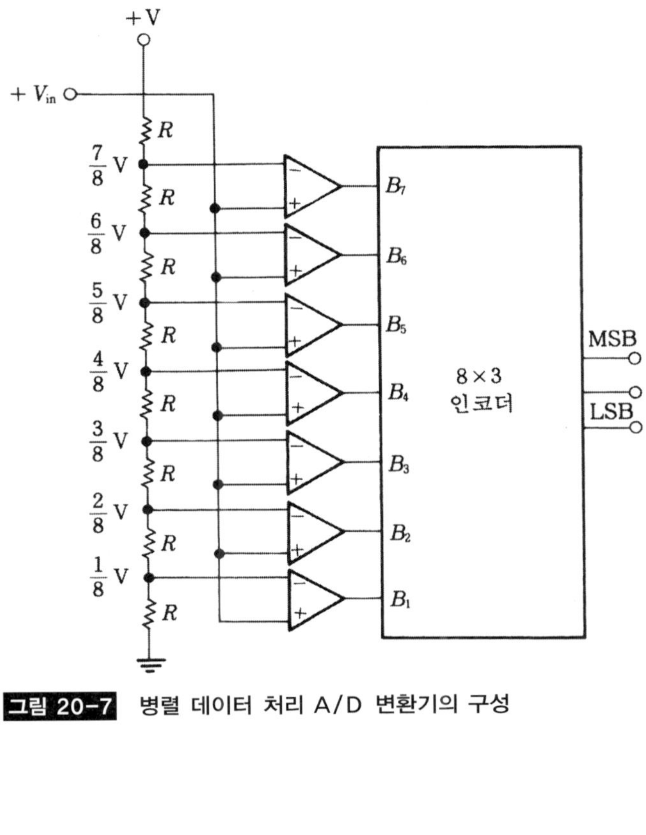

그림 20-7 병렬 데이터 처리 A/D 변환기의 구성

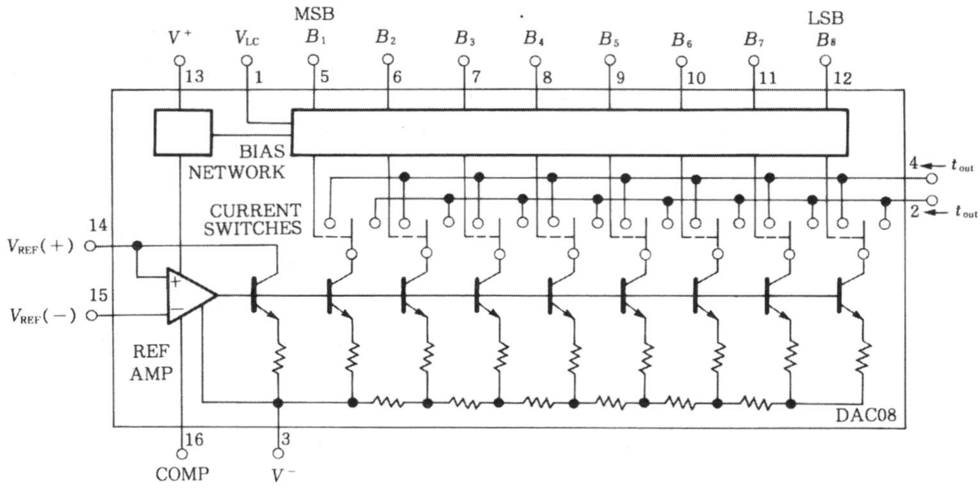

그림 20-8 8비트 D/A 변환기(DAC0800)의 내부회로 구성

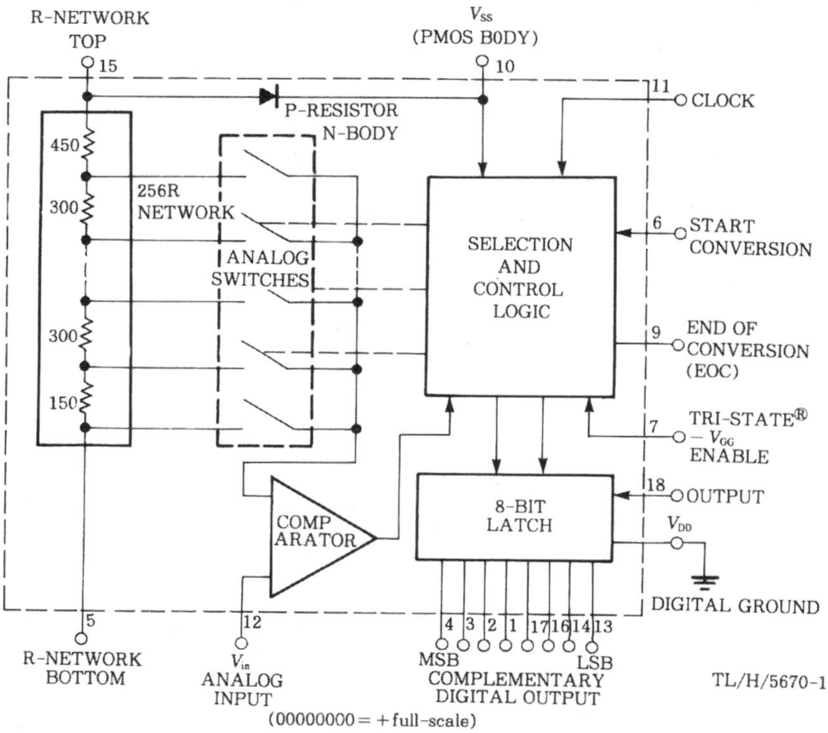

그림 20-9 8비트 A/D 변환기(ADC0800)의 내부회로 구성

그림 20－8은 8비트 D/A 변환기 DAC0800의 내부 구성으로 내부 트랜지스터 스위치의 조건을 결정하기 위한 바이어스 네트웍과 정확한 2진 정보 전압값을 얻기 위한 트랜지스터 스위치, $R/2R$레더 저항, 연산 증폭기를 내장하고 있다.

그림 20－9는 8비트 A/D 변환기 ADC0800의 내부회로 구성이다. ADC0800은 기준입력 전압을 위해서 R네트웍의 저항 분압회로, A/D 변환제어 입출력과 내부 데이터 변환을 제어하는 제어회로와 비교기, 출력 결과를 저장하는 래치로 구성되었다.

ADC0800의 IC를 이용한 A/D 변환은 외부에서 아날로그 입력전압이 입력되고, 스타트 컴버전 입력신호를 "0" 으로 하면 $40X$후에 EDC가 "0" 에서 "1" 로 출력된다. A/D 변환값은 EDC 신호가 "1" 일 때를 감지하여 외부에서 ACD0800 인에이블 단자에 "1" 을 입력하면 ADC0800은 데이터를 출력한다.

이 때 A/D 변환시간 T는 클록 주파수가 X[kHz]라면 T＝1/40X를 필요로 한다. 그림 20－10은 ADC0800의 A/D 변환시 타이밍도이다.

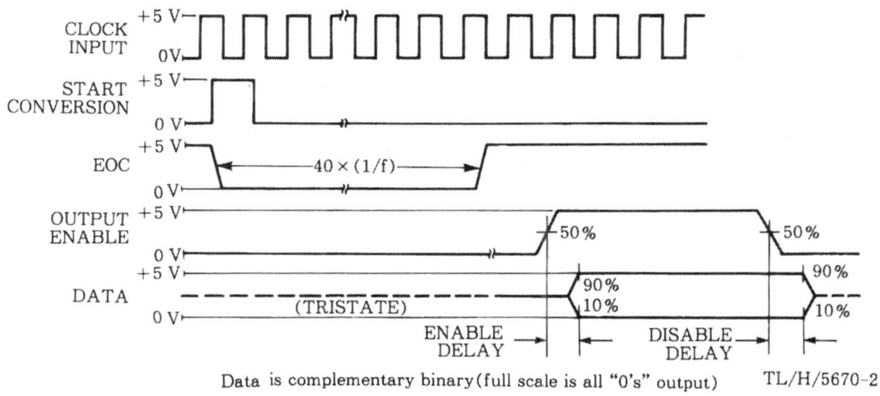

그림 20-10 8비트 계수형 A/D 변환기(ADC0800)의 타이밍도

3 사용기기 및 부품

디지털 실험장치
회로시험기
오실로스코프
저주파 발진기(구형파 가능한 것)
TL 082, 2개
TTL 4520, 2개
TTL 7408 AND Gate
DAC 0800, ADC 0800
제너 다이오드 1N4733A 5[V], 10[V]
LM 329DZ
콘덴서 0.01[μF] 2개, 0.1[μF] 2개, 4.7[μF] 2개
저항 10[Ω], 1[kΩ] 2개, 2.7[kΩ], 4.7[kΩ] 3개, 10[kΩ] 9개, 20[kΩ] 9개

4 실 험

(1) 반전 가산기형 D/A 변환회로

1) 그림 20－11의 D/A 변환기 회로를 실현하여라.
2) 반전증폭기에서 $R_0=8K$, $R_1=4K$, $R_2=2K$, $R_3=1K$, $K=2$일 때 R_f 값을 계산하여라.
3) 입력 데이터가 다음과 같을 때 출력전압을 표 20－1에 기입하고, 표 20－2를 도시하라.

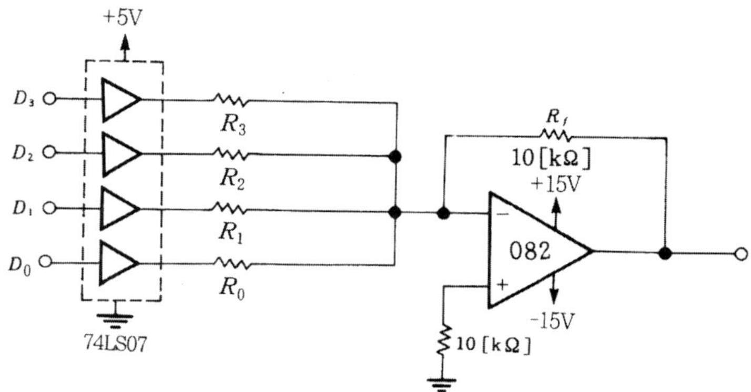

그림 20-11 4비트 반전 가산형 D/A 변환기

표 20-1

D_3	D_2	D_1	D_0	V_0
0	0	0	0	
0	0	0	1	
0	0	1	0	
0	0	1	1	
0	1	0	0	
0	1	0	1	
0	1	1	0	
0	1	1	1	
1	0	0	0	
1	0	0	1	
1	0	1	0	
1	0	1	1	
1	1	0	0	
1	1	0	1	
1	1	1	0	
1	1	1	1	

표 20-2

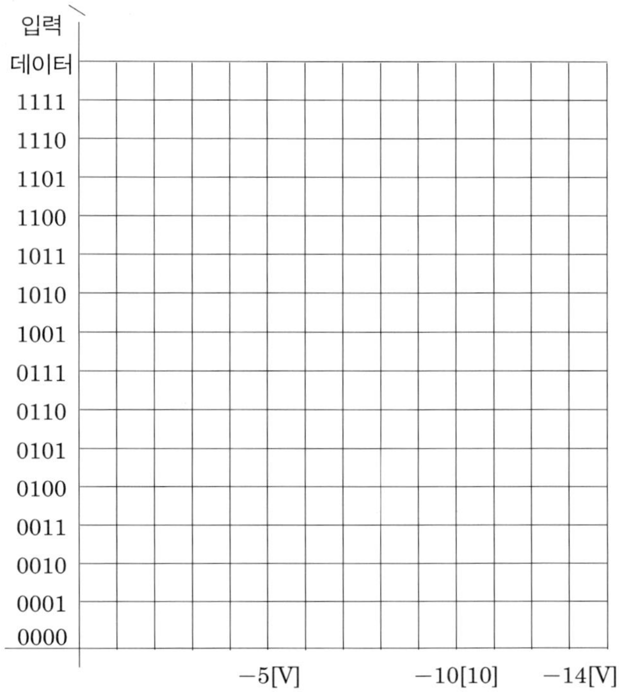

(2) 레더형 D/A 변환기

1) 그림 20-12의 D/A 변환기 회로를 실현하여라. 이때 4520B의 전원 전압은 5V이고 TL083는 ±15V이다.

2) 2진 카운터에 리셋시킨 후 입력 펄스를 1부터 257까지 인가할 때 표 20-3을 기록하라.

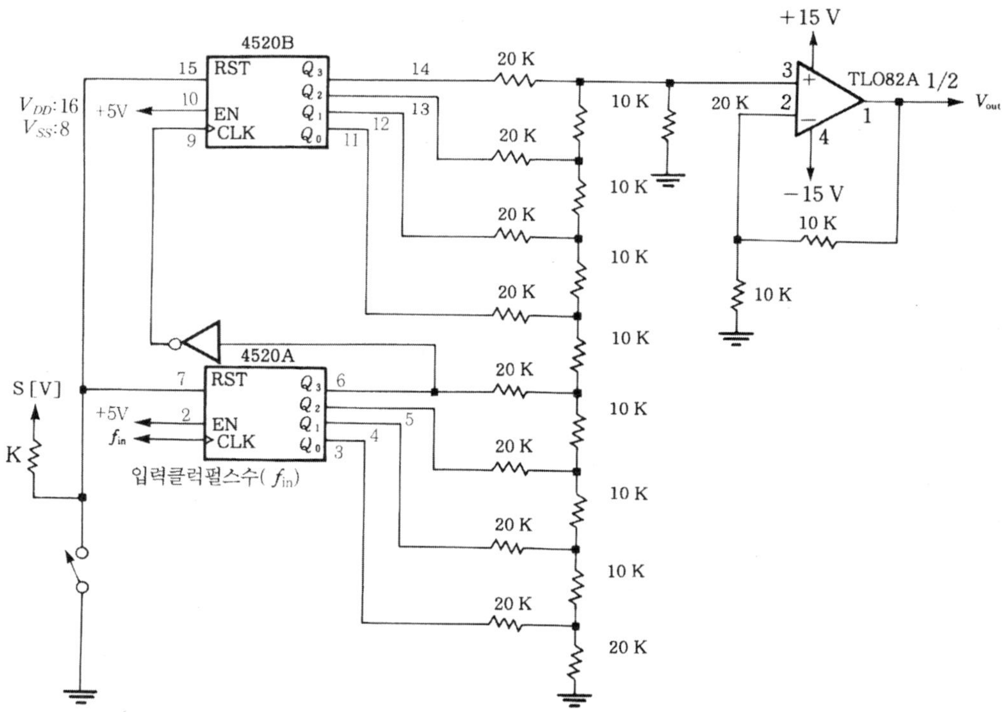

그림 20-12 8비트 레더형 D/A 변환기

표 20-3

클록수(f_{in})	0	20	40	60	80	100	150	200	250	254	255	256	257
출력전압(V_0)													

표 20-4

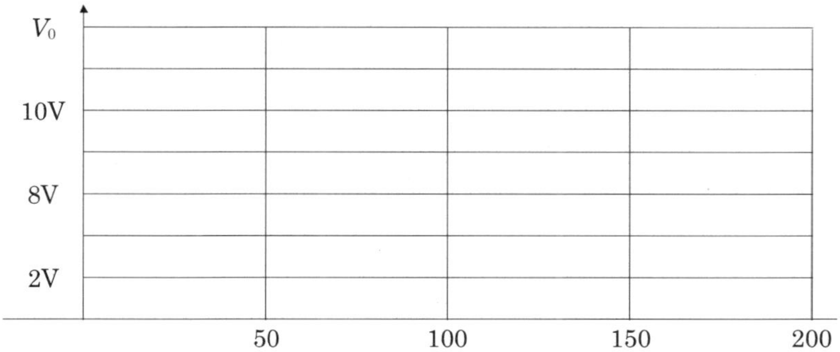

(3) 카운팅형 A/D 변환기

1) 그림 20－13을 구성하여라.

2) 입력 전압이 표 20－5와 같을 때 2진 카운터의 출력 결과를 표 20－5에 기록하여라.

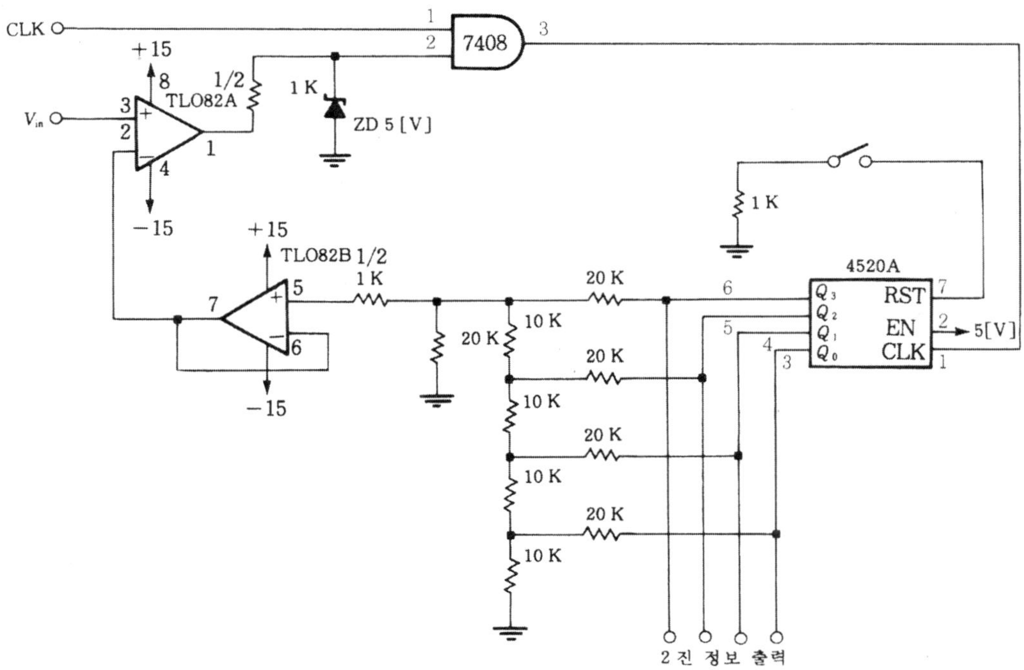

그림 20-13 4비트 카운트형 A/D 변환기

표 20-5

입력전압(V_{in})	2진 정보			
	D_3	D_2	D_1	D_0
0[V]				
1				
2				
3				
4				
5				
6				
7				
8				
9				
10				

(4) 다음 그림 20－14와 20－15의 A/D 변환기와 D/A 변환기를 구성하여라.

1) A/D 변환기의 출력을 D/A의 입력에 인터페이스하여라. 그리고 V_1를 표 20－6과 같이 입력하고 출력 V_2를 측정하여 기재하여라.

2) $V_1 = 5\sin e\,600t$를 입력할 때 V_2 전압을 측정하여라.

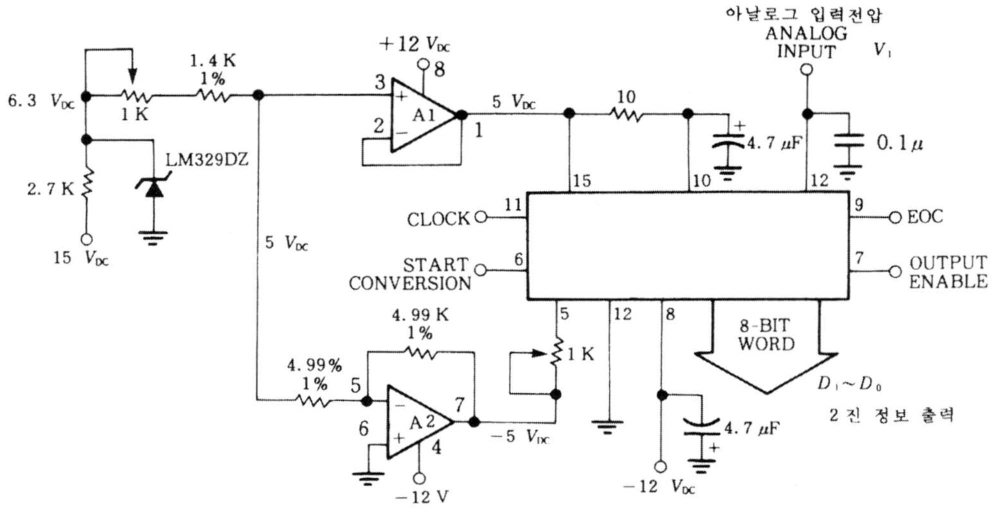

그림 20-14 8비트 A/D 변환기(ADC0800)

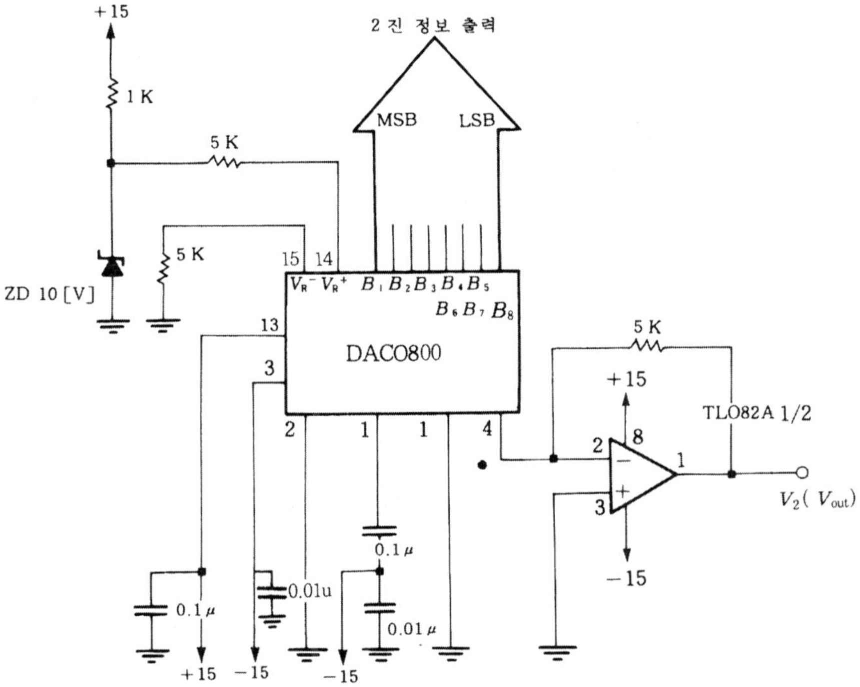

그림 20-15 8비트 D/A 변환기(DAC0800)

5 실험 결과 검토

(1) 그림 20－11의 회로에서 표 20－1과 같이 2진 정보가 D/A 변환기 입력에 입력될 때 식 (20－1)을 이용하여 계산된 결과와 실험 결과를 비교 분석하여라. 분석 결과 측정치와 계산치가 다른 이유를 검토하여라.

(2) 양자화 오차에 관하여 검토하여라.

(3) 그림 20－13의 표 20－5에서 클록이 16이상 일 때 카운트가 초기화되는 이유를 검토하여라.

(4) 그림 20－13에서 제너 다이오드를 5[V]를 사용한 이유를 검토하여라.

(5) 그림 20－13에서 입력 전압 V_{in}의 전압을 5[V]에서 4[V]로 변화시켰을 때 D/A 출력 데이터 값을 검토하여라.

(6) 실험 (4)의 2)에서 A/D 변환기(ADC0800)의 입력 정현차 전압 V_{pp}를 5[V]로 하고, 입력 주파수를 100[Hz], 1[kHz], 10[kHz], 100[kHz]로 하여 D/A 변환기로 출력하여라. 이때 V_1과 V_2파형을 관측하고 비교 분석하여라.

6 실험 결과 테스트

(1) 그림 20－11에서 4비트 반전 가산형 D/A 변환기의 입력 2진 정보가 1100비트로 입력될 때 출력 전압은?(R_0=256[K], R_1=128[K], R_2=64[K], R_3=12[K]이고 디지털 전압 레벨은 "1"이 5[V]이고 "0"은 0[V]로 가정한다)

(a) 5[V]　　(b) 7.5[V]　　(c) 3[V]　　(d) 3.5[V]

(2) 반전 가산형 D/A 변환기보다 레더형 D/A 변환기가 출력전압의 선형성이 양호한 이유를 요약하여라.

(3) D/A 변환시 양자화 오차를 적게 하기 위한 방법이 아닌 것은?

(a) 입력 데이터 비트 수를 늘인다.
(b) 오차가 작은 저항값을 사용한다.
(c) 입력 임피던스가 높은 연산 증폭기를 사용한다.
(d) 입력 데이터 비트 수를 적게 한다.

(4) A/D 변환 방법 중에서 정보변환이 가장 빠른 변환 방법은?

(a) 계수형 A/D 변환 방법
(b) 트래킹 A/D 변환 방법
(c) 병렬 A/D 변환 방법
(d) 듀열 슬롭 방식 A/D 변환 방법

(5) ADC0800의 타이밍도(그림 20－10)에 관하여 설명이 틀린 것은?

(a) 스타트 변환 신호는 A/D 변환기 내부에서 발생된다.
(b) 스타트 변환 신호는 A/D 변환을 시작하라는 외부 지령 신호이다.
(c) ADC0800은 EDC가 "0" 일 때 A/D 변환을 실행한다.
(d) ADC0800은 A/D 변환을 하고 있을 때 2진 정보 출력 단자는 하이 임피던스 상태를 유지한다.

Ⅶ 기사 실기시험 대비, 제작편 및 실험 결과 테스트 정답

1. TTL IC를 이용한 디지털 시계회로

2. 톤 디코더 조립 및 측정

3. 가변형 분주회로

4. OP AMP를 이용한 삼각파 발진기회로

5. 전압레벨 판별기회로

6. 레벨표시 회로

7. 삼각파 발생기를 이용한 신호 분주기

8. 가산회로

9. 5진 카운터를 이용한 신호처리

지금까지 대학이나 산업체에서 필요한 디지털 전자공학 이론을 전반적으로 실험실습을 통하여 확인하고 또 그 기초 이론을 더욱 확고하게 다졌으리라고 믿는다.

제Ⅶ부에서는 이와 같이 다져진 이론과 실기를 산업체의 현장에서나 연구소 및 대학원에 응용될 수 있도록 제작편을 마련하는 것도 중요하리라고 생각된다. 따라서 기사 실기시험 및 제작을 함에 있어 많은 도움이 되었으면 한다.

1. TTL IC를 이용한 디지틀 시계회로

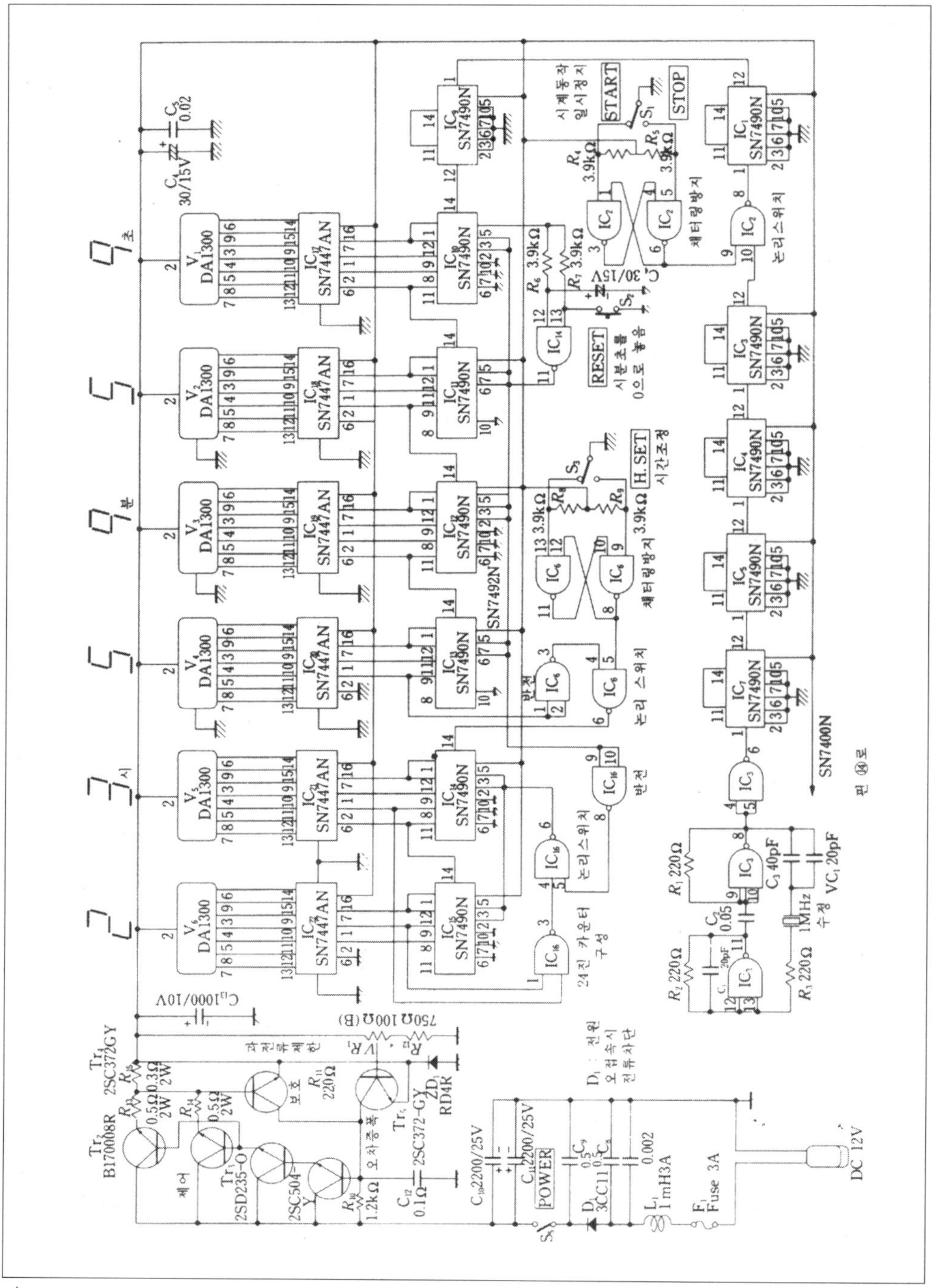

2. 톤 디코더 조립 및 측정

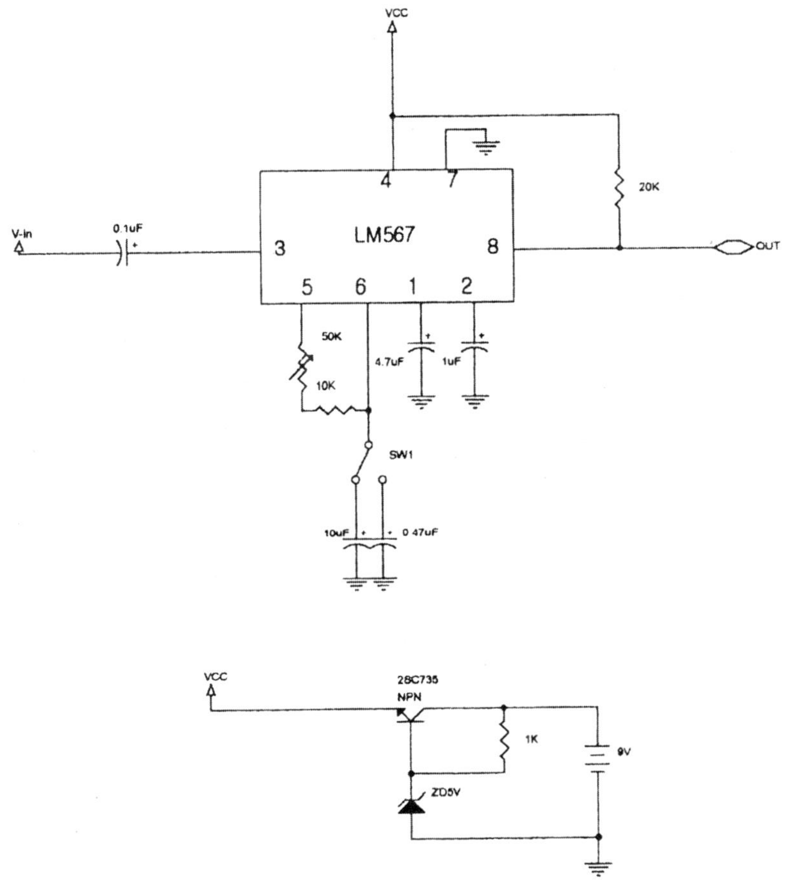
VCC
20K
V-in
0.1uF
LM567
4
7
3
8
5
6
1
2
OUT
50K
10K
4.7uF
1uF
SW1
10uF
0 47uF
VCC
2SC735
NPN
1K
9V
ZD5V

3. 가변형 분주회로

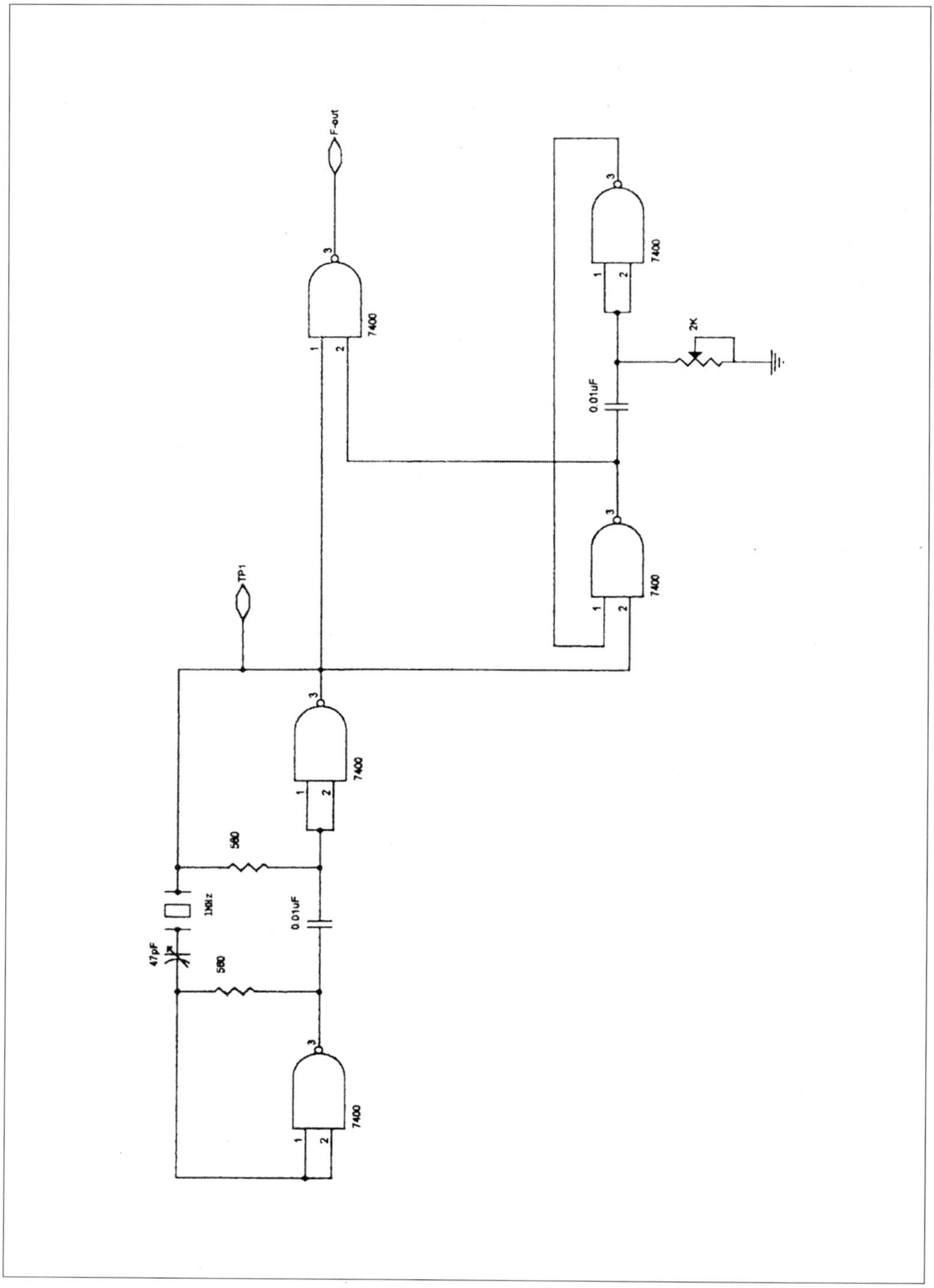

4. OP AMP를 이용한 삼각파 발진기회로

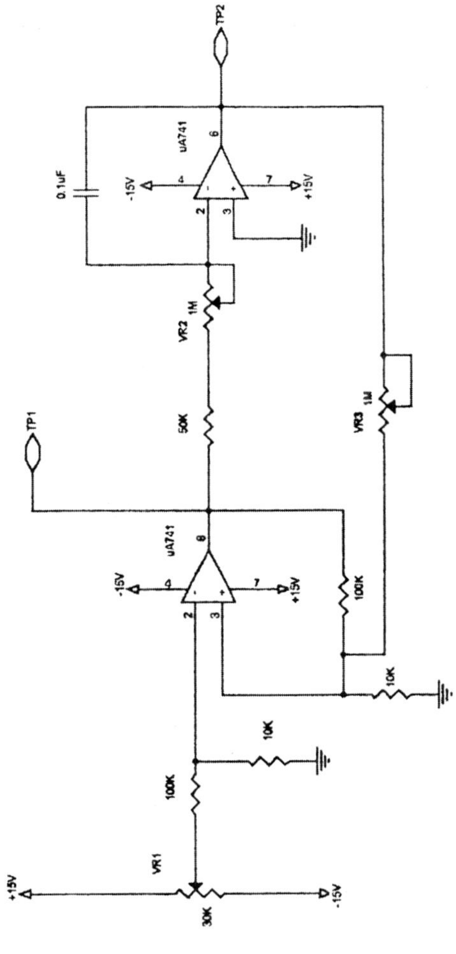

5. 전압레벨 판별기 회로

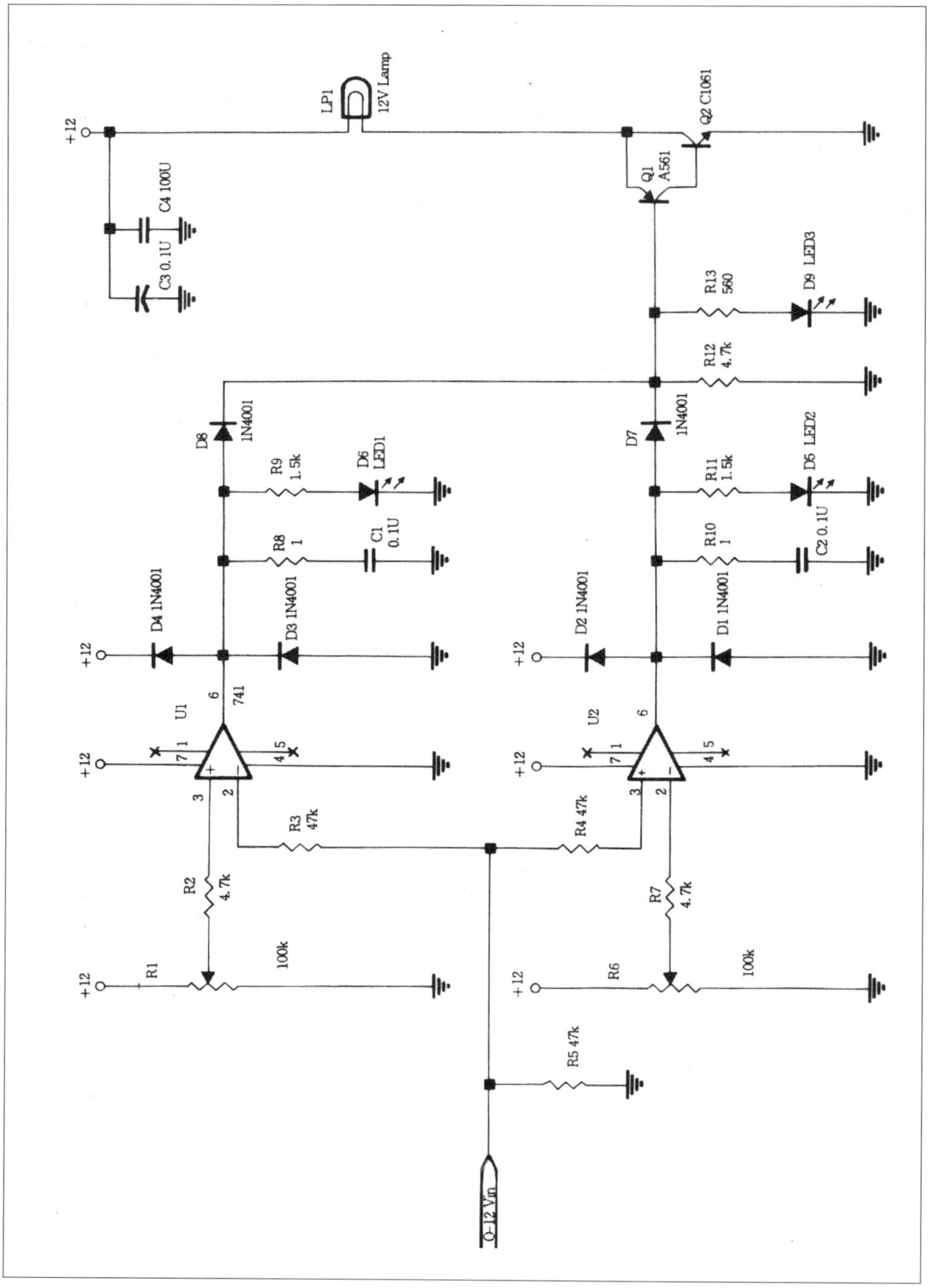

LP1
12V Lamp
Q1 A561
Q2 C1061
C4 100U
C3 0.1U
R13 560
D9 LED3
R12 4.7k
D8 1N4001
D7 1N4001
R9 1.5k
D6 LED1
R11 1.5k
D5 LED2
R8 1
C1 0.1U
R10 1
C2 0.1U
D4 1N4001
D3 1N4001
D2 1N4001
D1 1N4001
U1
741
U2
R3 47k
R4 47k
R2 4.7k
R7 4.7k
R1
R6
100k
R5 47k
0-12 Vin
+12

6. 레벨표시 회로

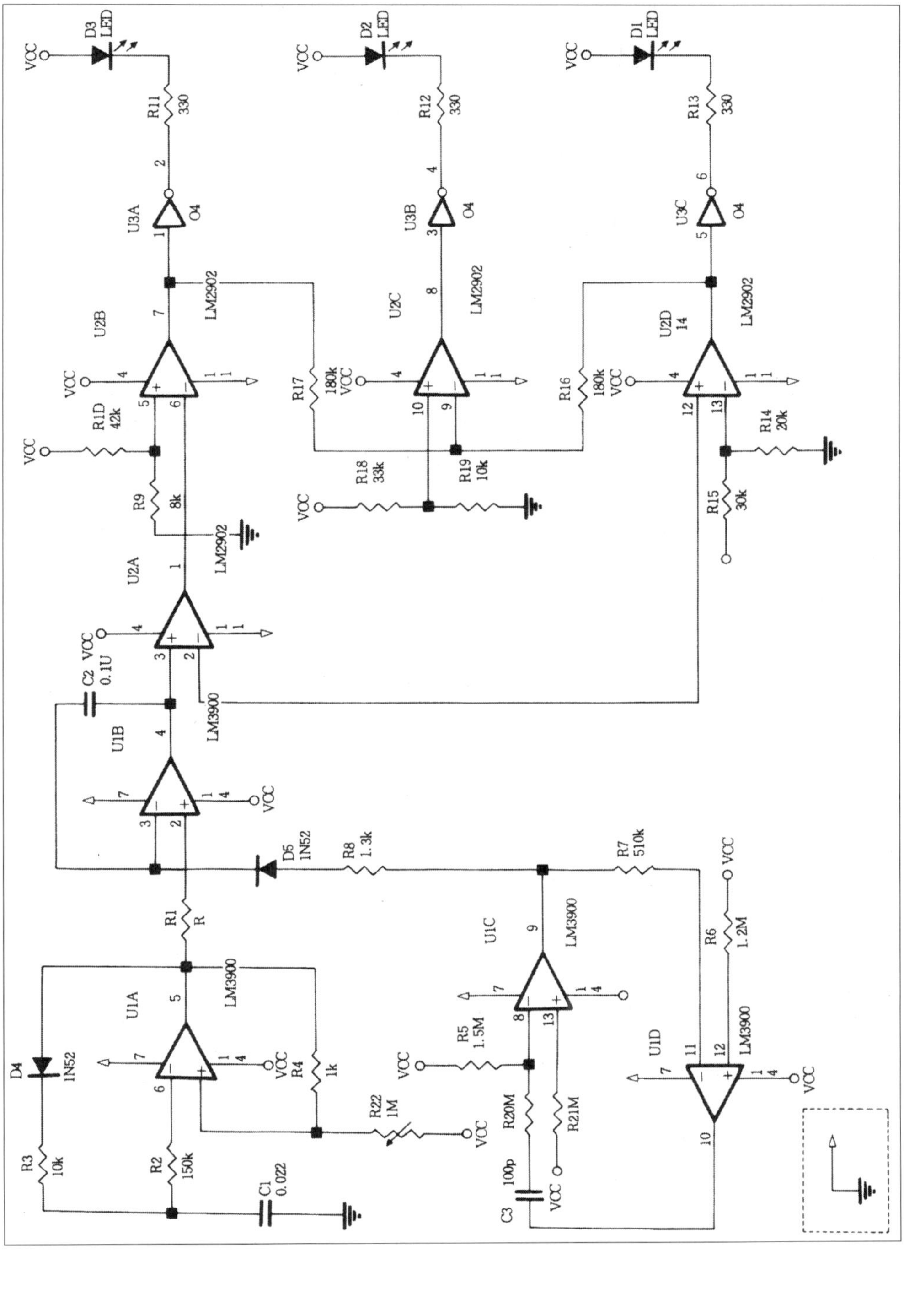
D3 LED
D2 LED
D1 LED
VCC
R11 330
R12 330
R13 330
U3A 04
U3B 04
U3C 04
U2B LM2902
U2C LM2902
U2D LM2902
U2A LM2902
R17 180k
R16 180k
R1D 42k
R9 8k
R18 33k
R19 10k
R14 20k
R15 30k
C2 0.1U
U1B LM3900
U1A LM3900
U1C LM3900
U1D LM3900
D5 1N52
D4 1N52
R8 1.3k
R7 510k
R1 R
R4 1k
R22 1M
R5 1.5M
R20M
R21M
R6 1.2M
R3 10k
R2 150k
C1 0.022
C3 100p

7. 삼각파 발생기를 이용한 신호 분주기

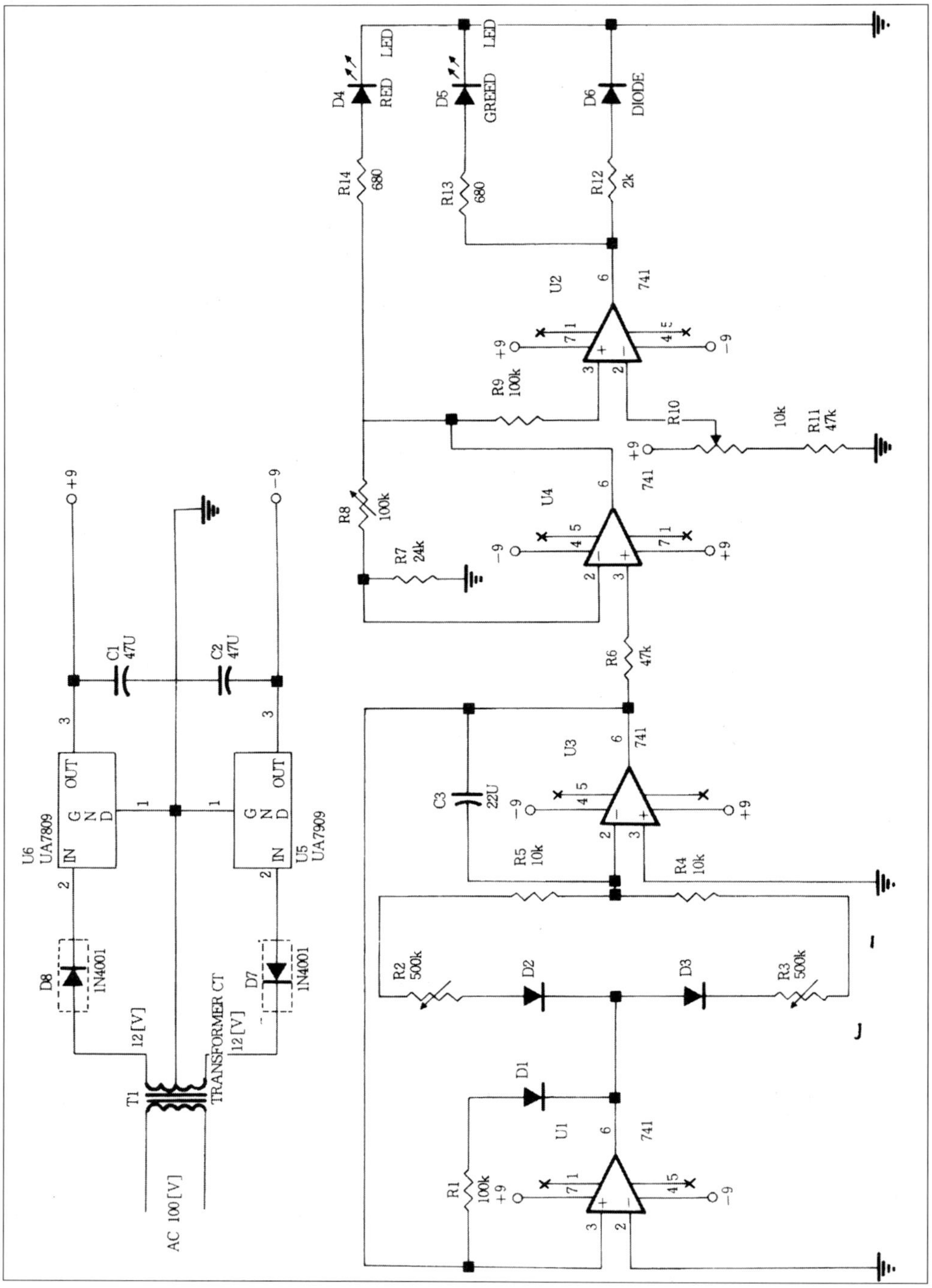

8. 가산회로

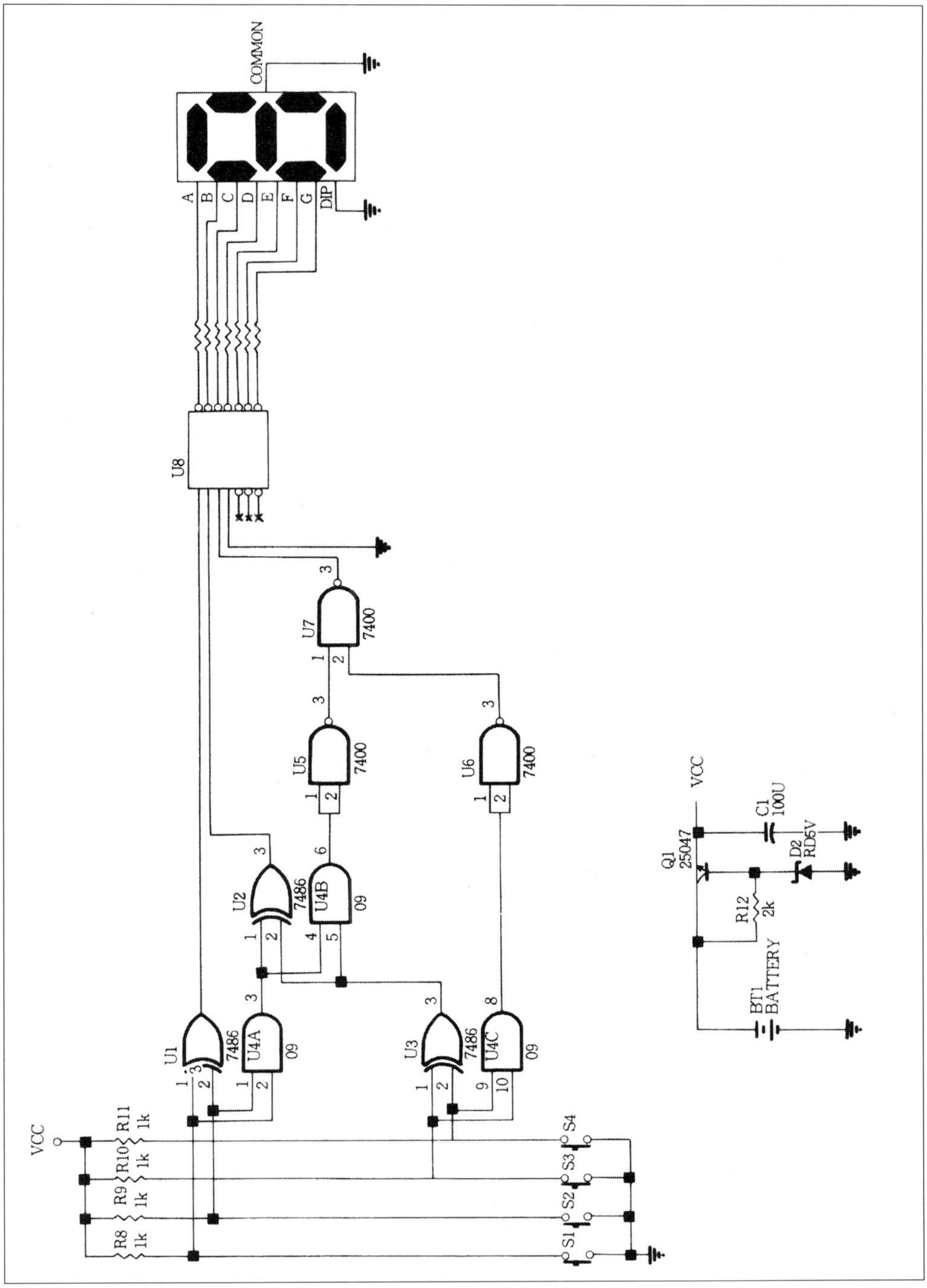
COMMON
A
B
C
D
E
F
G
DIP
U8
U7
7400
U5
7400
U6
7400
U2
7486
U4B
09
U1
7486
U4A
09
U3
7486
U4C
09
VCC
R8
1k
R9
1k
R10
1k
R11
1k
S1
S2
S3
S4
VCC
Q1
25047
C1
100U
D2
RD5V
R12
2k
BT1
BATTERY

9. 5진 카운터를 이용한 신호처리

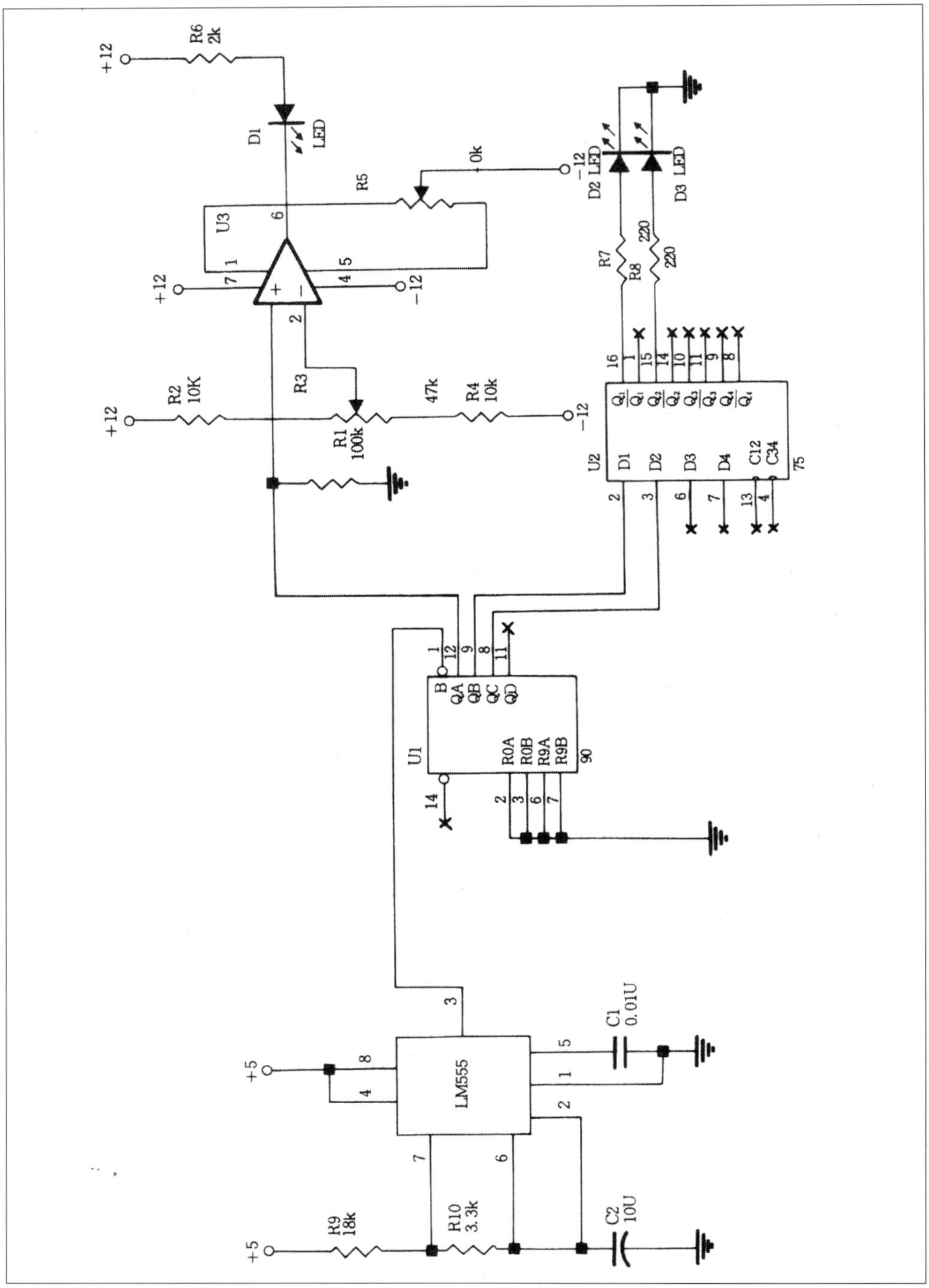

실험결과테스트 정답

실험 결과 테스트 정답 — 실험 1. 기본 논리 게이트와 그 응용

(1) (a) **(2)** (b) **(3)** (c) **(4)** (c)
(5) (c) **(6)** (a)

실험 결과 테스트 정답 — 실험 2. 부울대수

(1) (b) **(2)** (d) **(3)** (a) **(4)** (c)
(5) (b) **(6)** (b) **(7)** (b)

실험 결과 테스트 정답 — 실험 3. NAND와 NOR 게이트

(1) (b) **(2)** (b) **(3)** (c) **(4)** (a)
(5) (a) **(6)** (b) **(7)** (c) **(8)** (a)
(9) (d)

실험 결과 테스트 정답 — 실험 4. 논리함수의 간략화

(1) (c) **(2)** (a) **(3)** (d) **(4)** (b)
(5) (b) **(6)** (d) **(7)** (d) **(8)** (d)
(9) (b) **(10)** (a) **(11)** (c) **(12)** (b)
(13) (a) **(14)** (c)

실험 결과 테스트 정답 — 실험 5. Exclusive OR 게이트와 그 응용

(1) (c) **(2)** (d) **(3)** (d) **(4)** (c)
(5) (a) **(6)** (b) **(7)** (a) **(8)** (d)

실험 결과 테스트 정답 — 실험 6. 가산기와 감산기 (Adders and Subtractors)

(1) (b) **(2)** (c) **(3)** (c) **(4)** (a)
(5) (b)

실험 결과 테스트 정답 — 실험 7. 디코더와 인코더 (Decoder와 Encorder)

(1) (b) **(2)** (d) **(3)** (d) **(4)** (d)
(5) (b) **(6)** (b)

실험 결과 테스트 정답 — 실험 8. 멀티플렉서와 디멀티플렉서

(1) (c) **(2)** (b) **(3)** (c) **(4)** (b)
(5) (e)

실험 결과 테스트 정답 — 실험 9. RS 래치와 D 래치

(1) (d) **(2)** (a) **(3)** (c) **(4)** (b)
(5) (c) **(6)** (a) **(7)** (d) **(8)** (a)

실험 결과 테스트 정답 실험 10. 플립 플롭

(1) (c) **(2)** (b) **(3)** (b) **(4)** (a)
(5) (d) **(6)** (d) **(7)** (b) **(8)** (d)
(9) (d)

실험 결과 테스트 정답 실험 11. 단안정 멀티바이브레이터

(1) (b) **(2)** (c) **(3)** (b) **(4)** (b)
(5) (b) **(6)** (b) **(7)** (b) **(8)** (d)
(9) (b) **(10)** (b)

실험 결과 테스트 정답 실험 12. 비안정 멀티바이브레이터

(1) (a) **(2)** (e) **(3)** (b) **(4)** (a)
(5) (b) **(6)** (d) **(7)** (a) **(8)** (c)
(9) (a) **(10)** (c)

실험 결과 테스트 정답 실험 13. 시프트 레지스터

(1) (c) **(2)** (d) **(3)** (d) **(4)** (b)
(5) (a) **(6)** (b) **(7)** (c)

실험 결과 테스트 정답 실험 14. 비동기식 카운터

(1) (c) **(2)** (a) **(3)** (c) **(4)** (d)
(5) (c) **(6)** (b) **(7)** (c) **(8)** (d)

실험 결과 테스트 정답 실험 15. 동기식 카운터

(1) (c) **(2)** (b) **(3)** (c) **(4)** (a)
(5) (a) **(6)** (c) **(7)** (a)

실험 결과 테스트 정답 실험 16. 결합형 카운터

(1) (d) **(2)** (b) **(3)** (a) **(4)** (c)
(5) (c) **(6)** (c) **(7)** (c)

실험 결과 테스트 정답 실험 17. 시프트 카운터

(1) (e) **(2)** (d) **(3)** (c) **(4)** (b)
(5) (a) **(6)** (d) **(7)** (a) **(8)** (d)
(9) (b) **(10)** (b)

실험 결과 테스트 정답 실험 18. 슈미트 트리거(Schmitt Trigger) 회로

(1) (b) **(2)** (c) **(3)** (a) **(4)** (d)
(5) (b) **(6)** (a) **(7)** (b) **(8)** (c)
(9) (d)

실험 결과 테스트 정답 실험 19. 메모리 RAM과 ROM

(1) (d) **(2)** (c) **(3)** (b) **(4)** (b)
(5) (c) **(6)** (b) **(7)** (a)

실험 결과 테스트 정답 실험 20. D/A 변환기와 A/D 변환기

(1) (b)
(2) 반전 가산형 D/A 변환기는 각각의 궤한저항 에 따라 출력전압이 결정된다. 이 때 각각의 궤한저항 선정에 따른 입력저항 을 정확히 선정하기가 어렵다. 또 가산기의 입력수가 증가할수록 정확한 가산 출력전압을 얻기가 어렵다. 그러므로 입력 데이터수가 증가하면 출력전압의 선형성이 떨어진다.
(3) (d) **(4)** (c) **(5)** (a)

부록

데이터 표

1. TTL
2. OP AMP
3. Timer
4. RAM과 ROM
5. A/D와 D/A

74LS00 ●Quadruple 2-input Positive NAND Gates

■CIRCUIT SCHEMATIC(¼)

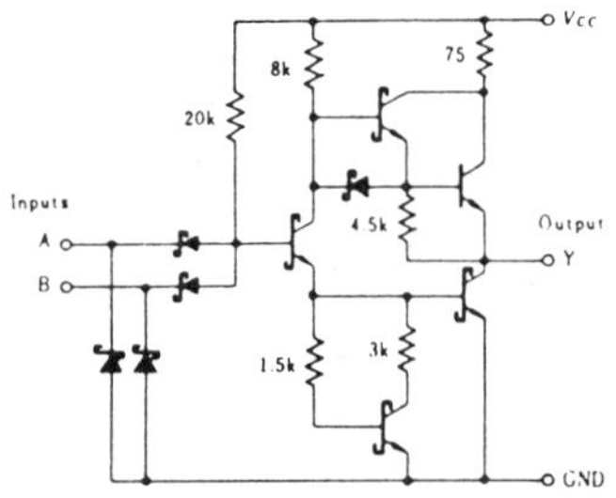

■PIN ARRANGEMENT

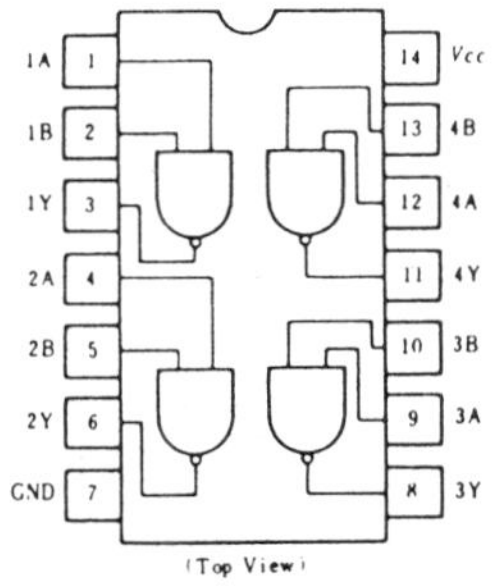

■ELECTRICAL CHARACTERISTICS ($Ta=-20\sim+75$℃)

Item	Symbol	Test Conditions		min	typ*	max	Unit
Input voltage	V_{IH}			2.0	–	–	V
	V_{IL}			–	–	0.8	V
Output voltage	V_{OH}	$V_{CC}=4.75V$, $V_{IL}=0.8V$, $I_{OH}=-400\mu A$		2.7	–	–	V
	V_{OL}	$V_{CC}=4.75V$, $V_{IH}=2V$	$I_{OL}=8mA$	–	–	0.5	V
			$I_{OL}=4mA$	–	–	0.4	
Input current	I_{IH}	$V_{CC}=5.25V$, $V_I=2.7V$		–	–	20	μA
	I_{IL}	$V_{CC}=5.25V$, $V_I=0.4V$		–	–	−0.4	mA
	I_I	$V_{CC}=5.25V$, $V_I=7V$		–	–	0.1	mA
Short-circuit output current	I_{OS}	$V_{CC}=5.25V$		−20	–	−100	mA
Supply current	I_{CCH}	$V_{CC}=5.25V$		–	0.8	1.6	mA
	I_{CCL}	$V_{CC}=5.25V$		–	2.4	4.4	mA
Input clamp voltage	V_{IK}	$V_{CC}=4.75V$, $I_{IN}=-18mA$		–	–	−1.5	V

* $V_{CC}=5V$, $Ta=25°C$

■SWITCHING CHARACTERISTICS ($V_{CC}=5V$, $Ta=25$℃)

Item	Symbol	Test Conditions	min	typ	max	Unit
Propagation delay time	t_{PLH}	$C_L=15pF$, $R_L=2k\Omega$	–	9	15	ns
	t_{PHL}		–	10	15	ns

Note) Refer to Test Circuit and Waveform of the Common Item

74LS02 ●Quadruple 2-input Positive NOR Gates

■CIRCUIT SCHEMATIC(¼)

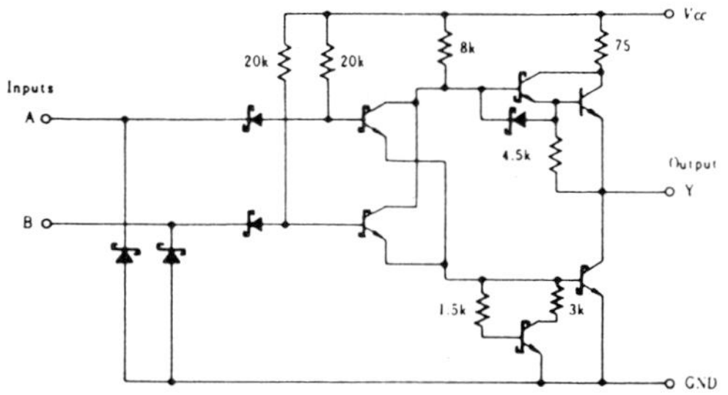

■PIN ARRANGEMENT

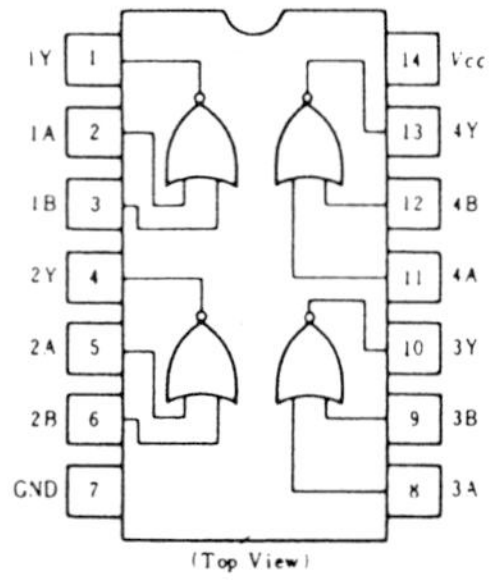

■ELECTRICAL CHARACTERISTICS ($Ta=-20\sim+75$℃)

Item	Symbol	Test Conditions		min	typ*	max	Unit
Input voltage	V_{IH}			2.0	–	–	V
	V_{IL}			–	–	0.8	V
Output voltage	V_{OH}	$V_{CC}=4.75$V, $V_{IL}=0.8$V, $I_{OH}=-400\mu$A		2.7	–	–	V
	V_{OL}	$V_{CC}=4.75$V, $V_{IH}=2$V	$I_{OL}=8$mA	–	–	0.5	V
			$I_{OL}=4$mA	–	–	0.4	
Input current	I_{IH}	$V_{CC}=5.25$V, $V_I=2.7$V		–	–	20	μA
	I_{IL}	$V_{CC}=5.25$V, $V_I=0.4$V		–	–	−0.4	mA
	I_I	$V_{CC}=5.25$V, $V_I=7$V		–	–	0.1	mA
Short-circuit output current	I_{OS}	$V_{CC}=5.25$V		−20	–	−100	mA
Supply current	I_{CCH}	$V_{CC}=5.25$V		–	1.6	3.2	mA
	I_{CCL}	$V_{CC}=5.25$V		–	2.8	5.4	mA
Input clamp voltage	V_{IK}	$V_{CC}=4.75$V, $I_{IN}=-18$mA		–	–	−1.5	V

* $V_{CC}=5$V, $Ta=25°$C

■SWITCHING CHARACTERISTICS ($V_{CC}=5$V, $Ta=25$℃)

Item	Symbol	Test Conditions	min	typ	max	Unit
Propagation delay time	t_{PLH}	$C_L=15$pF, $R_L=2$kΩ	–	10	15	ns
	t_{PHL}		–	10	15	ns

Note) Refer to Test Circuit and Waveform of the Common Item

74LS03 ● Quadruple 2-Input Positive-NAND Gate with Open-Collector Output

Electrical Characteristics SN54LS03/SN74LS03

absolute maximum ratings over operating free-air temperature range

Supply voltage, V_{CC}	7V	Operating free-air temperature range	SN54LS	−55°C to 125°C
Input voltage	7V		SN74LS	0°C to 70°C
Interemitter voltage	5.5V	Storage temperature range		−65°C to 150°C

recommended operating conditions

	SN54LS03			SN74LS03			UNIT
	MIN	NOM	MAX	MIN	NOM	MAX	
Supply voltage, V_{CC}	4.5	5	5.5	4.75	5	5.25	V
High-level output voltage, V_{OH}			5.5			5.5	V
Low-level output current, I_{OL}			4			8	mA
Operating free-air temperature, T_A	−55		125	0		70	°C

electrical characteristics over recommended operating free-air temperature range

PARAMETER		TEST CONDITIONS †		MIN	TYP ‡	MAX	UNIT
V_{IH}	High-level input voltage			2			V
V_{IL}	Low-level input voltage		54LS			0.7	V
			74LS			0.8	
V_I	Input clamp voltage	V_{CC}=MIN, I_I=−18mA				−1.5	V
I_{OH}	High-level output current	V_{CC}=MIN, V_{IL}=V_{IL} max, V_{OH}=5.5V				100	μA
V_{OL}	Low-level output voltage	V_{CC}=MIN, V_{IH}=2V, I_{OL}=MAX	54LS		0.25	0.4	V
			74LS		0.35	0.5	
I_I	Input current at maximum input voltage	V_{CC}=MAX, V_I=7V				0.1	mA
I_{IH}	High-level input current	V_{CC}=MAX, V_{IH}=2.7V				20	μA
I_{IL}	Low-level input current	V_{CC}=MAX, V_{IL}=0.4V				−0.4	mA
I_{CCH}	Supply current	V_{CC}=MAX	Total, outputs high		0.8	1.6	mA
I_{CCL}	Supply current		Total, outputs low		2.4	4.4	mA
I_{CC}	Supply current	V_{CC}=5V,	Average per gate (50% duty cycle)		0.4		mA
t_{PLH}	Propagation delay time, low-to-high-level output	V_{CC}=5V, T_A=25°C.	C_L=15PF, R_L=2KΩ		17	32	ns
t_{PHL}	Propagation delay time, high-to-low-level output				15	28	ns

Pin Assignment (Top View)

①

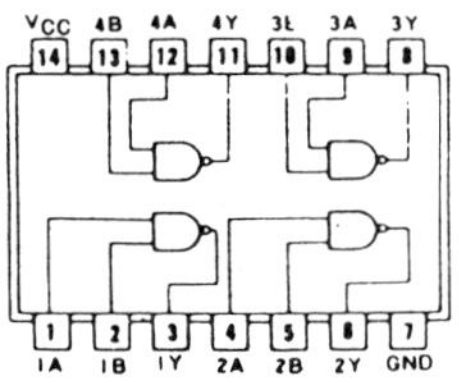

positiv logic :
$Y = \overline{AB}$

Schematics (each gate)

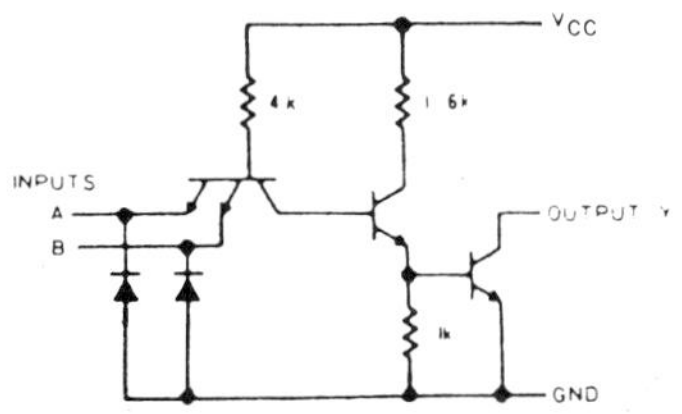

'03 CIRCUIT

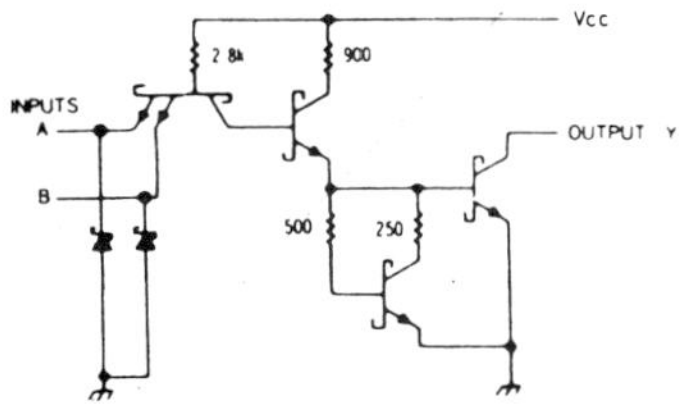

'S03 CIRCUIT

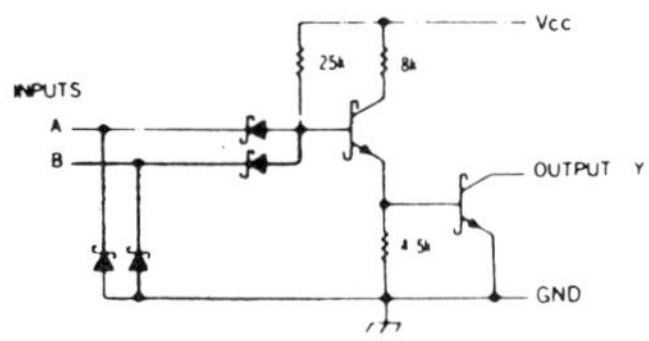

'LS03 CIRCUIT

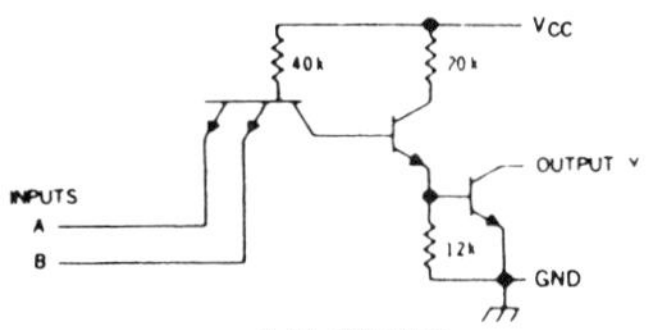

'L03 CIRCUIT

Resistor values shown are nominal and in ohms.

† For conditions shown as MIN or MAX, use the appropriate value specified under recommended operating conditions.
‡ All typical values are at V_{CC}=5V, T_A=25°C.

74LS03 ● Quadruple 2-Input Positive-NAND Gate with Open-Collector Output

Electrical Characteristics SN54ALS03A/SN74ALS03A

absolute maximum ratings over operating free-air temperature range

Supply voltage, V_{CC}	7 V	Operating free-air temperature range	SN54ALS	−55℃ to 125℃
			SN74ALS	0℃ to 70℃
Input voltage	7 V	Storage temperature range		−65℃ to 150℃

recommended operating conditions

PARAMETER	SN54ALS03A			SN74ALS03A			UNIT
	MIN	NOM	MAX	MIN	NOM	MAX	
Supply voltage, V_{CC}	4.5	5	5.5	4.5	5	5.5	V
High-level output voltage, V_{OH}			5.5			5.5	V
Low-level output current, I_{OL}			4			4	mA
Operating free-air temperature, T_A	−55		125	0		70	℃

electrical characteristics over recommended operating free-air temperature range

PARAMETER		TEST CONDITIONS		MIN	NOM	MAX	UNIT
V_{IH}	High-level input voltage			2			V
V_{IL}	Low-level input voltage					0.8	V
V_{IK}	Input clamp voltage	V_{CC} = MIN, I_I = −18mA				1.5	V
I_{OH}	High-level output current	V_{CC} = MIN, V_{OH} = MAX				0.1	mA
V_{OL}	Low-level output voltage	V_{CC} = MIN, I_{OL} = MAX			0.25	0.4	V
I_I	Input current at maximum input voltage	V_{CC} = MAX, V_I = 7 V				0.1	mA
I_{IH}	High-level input current	V_{CC} = MAX, V_{IH} = 2.7V				20	μA
I_{IL}	Low-level input current	V_{CC} = MAX, V_{IL} = 0.4V				0.2	mA
I_{CCH}	Supply current, outputs high	V_{CC} = MAX, V_I = 0			0.43	0.85	mA
I_{CCl}	Supply current, outputs low	V_{CC} = MAX, V_I = 4.5V			1.62	3	mA
t_{PLH}	Propagation delay time, low-to-high-level output	V_{CC} = 4.5~5.5V, C_L = 50PF, R_L = 500Ω	SN54	23		59	ns
			SN74	23		54	
t_{PHL}	Propagation delay time, high-to-low-level output		SN54	8		26	ns
			SN74	8		22	

Pin Assignment (Top View)

①

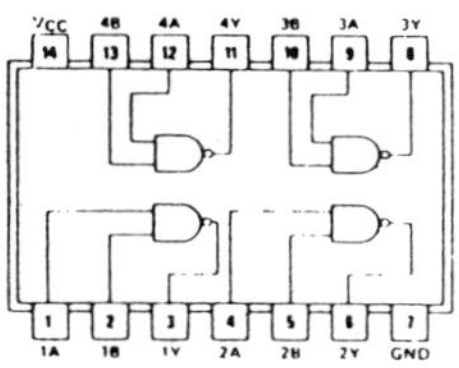

* All typical values are at V_{CC} = 5V, T_A = 25℃.

74LS04 / 74LS05 ●Hex Inverters ●Hex Inverters (with Open Collector Outputs)

■CIRCUIT SCHEMATIC(⅙)

HD74LS04

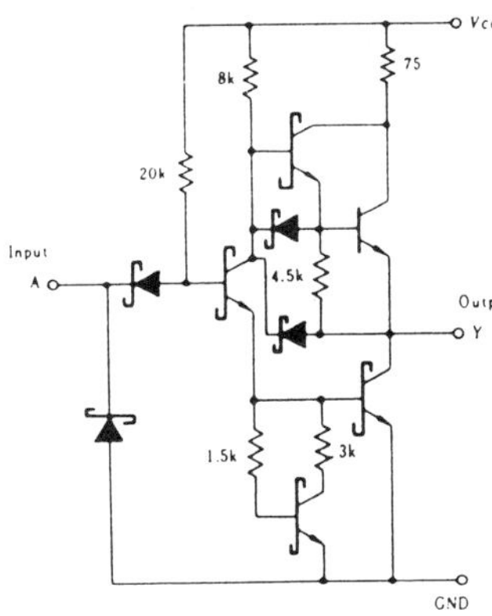

HD74LS05

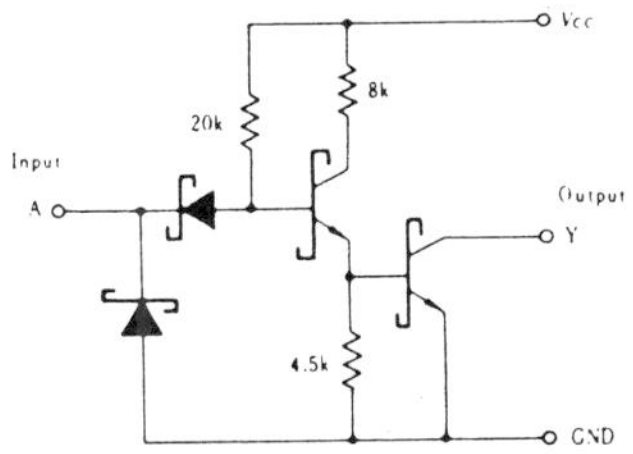

■PIN ARRANGEMENT

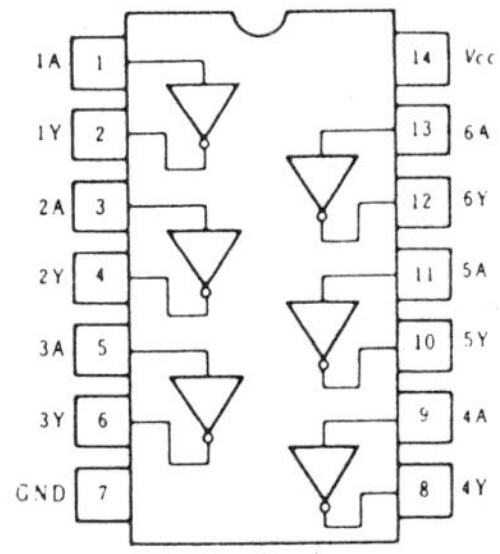

(Top View)

■HD74LS05 RECOMMENDED OPERATING CONDITIONS

Item	Symbol	min	typ	max	Unit
High level output voltage	V_{OH}	–	–	5.5	V
Low level output current	I_{OL}	–	–	8	mA

■ELECTRICAL CHARACTERISTICS ($Ta=-20\sim+75$℃)

Item	Symbol	Test Conditions		HD74LS04			HD74LS05			Unit
				min	typ*	max	min	typ*	max	
Input voltage	V_{IH}			2.0	–	–	2.0	–	–	V
	V_{IL}			–	–	0.8	–	–	0.8	V
Output voltage	V_{OH}	$V_{CC}=4.75V$, $V_{IL}=0.8V$, $I_{OH}=-400\mu A$		2.7	–	–	–	–	–	V
	V_{OL}	$V_{CC}=4.75V$, $V_{IH}=2V$	$I_{OL}=8mA$	–	–	0.5	–	–	0.5	V
			$I_{OL}=4mA$	–	–	0.4	–	–	0.4	
Output current	I_{OH}	$V_{CC}=4.75V$, $V_{IL}=0.8V$, $V_{OH}=5.5V$		–	–	–	–	–	100	μA
Input current	I_{IH}	$V_{CC}=5.25V$, $V_I=2.7V$		–	–	20	–	–	20	μA
	I_{IL}	$V_{CC}=5.25V$, $V_I=0.4V$		–	–	−0.4	–	–	−0.4	mA
	I_I	$V_{CC}=5.25V$, $V_I=7V$		–	–	0.1	–	–	0.1	mA
Short-circuit output current	I_{OS}	$V_{CC}=5.25V$		−20	–	−100	–	–	–	mA
Supply current	I_{CCH}	$V_{CC}=5.25V$		–	1.2	2.4	–	1.2	2.4	mA
	I_{CCL}			–	3.6	6.6	–	3.6	6.6	
Input clamp voltage	V_{IK}	$V_{CC}=4.75V$, $I_{IN}=-18mA$		–	–	−1.5	–	–	−1.5	V

* $V_{CC}=5V$, $Ta=25°C$

■SWITCHING CHARACTERISTICS ($V_{CC}=5V$, $Ta=25$℃)

Item	Symbol	Test Conditions	HD74LS04			HD74LS05			Unit
			min	typ	max	min	typ	max	
Propagation delay time	t_{PLH}	$C_L=15pF$, $R_L=2k\Omega$	–	9	15	–	17	32	ns
	t_{PHL}		–	10	15	–	15	28	

Note) Refer to Test Circuit and Waveform of the Common Item

74LS07 ● Hex Buffer/Driver with Open-Collector High-Voltage Output

Electrical Characteristics SN5407/SN7407

absolute maximum ratings over operating free-air temperature range

Supply voltage, V_{CC}	7V	Operating free-air temperature range	SN54'	−55°C to 125°C
Input voltage	5.5V		SN74'	0°C to 70°C
Off-state (high-level) voltage applied to open-collector outputs	30 V	Storage temperature range		−65°C to 150°C

recommended operating conditions

	SN5407 MIN	SN5407 NOM	SN5407 MAX	SN7407 MIN	SN7407 NOM	SN7407 MAX	UNIT
Supply voltage, V_{CC}	4.5	5	5.5	4.75	5	5.25	V
High-level output voltage, V_{OH}			30			30	V
Low-level output current, I_{OL}			30			40	mA
Operating free-air temperature, T_A	−55		125	0		70	°C

electrical characteristics over recommended operating free-air temperature range

PARAMETER		TEST CONDITIONS †	MIN	TYP ‡	MAX	UNIT
V_{IH}	High-level input voltage		2			V
V_{IL}	Low-level input voltage				0.8	V
V_{IK}	Input clamp voltage	V_{CC}=MIN, I_I=−12mA			−1.5	V
I_{OH}	High-level output current	V_{CC}=MIN, V_{IH}=2V, V_{OH}=MAX			250	μA
V_{OL}	Low level output voltage	V_{CC}=MIN, V_{IL}=V_{IL} max, I_{OL}=16mA			0.4	V
		V_{CC}=MIN, V_{IL}=V_{IL} max, I_{OL}=MAX			0.7	
I_I	Input current at maximum input voltage	V_{CC}=MAX, V_I=5.5V			1	mA
I_{IH}	High-level input current	V_{CC}=MAX, V_{IH}=2.4V			40	μA
I_{IL}	Low-level input current	V_{CC}=MAX, V_{IL}=0.4V			−1.6	mA
I_{CCH}	Supply current	V_{CC}=MAX, Total, outputs high		29	41	mA
I_{CCL}	Supply current	V_{CC}=MAX, Total, outputs low		21	30	mA
I_{CC}	Supply current	V_{CC}=5V, Average per gate (50% duly cycle)		4.17		mA
t_{PLH}	Propagation delay time, low-to-high-level output	V_{CC}=5V, T_A=25°C, C_L=15pF, R_L=110Ω		6	10	ns
t_{PHL}	Propagation delay time, high-to-low-level output			20	30	ns

Pin Assignment (Top View)

①

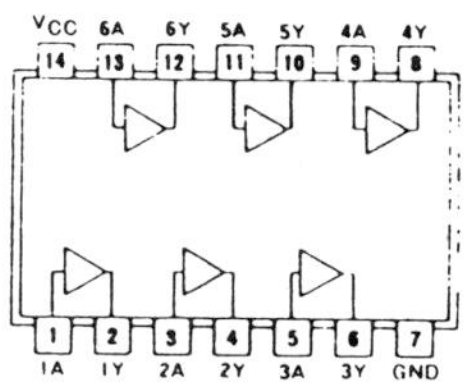

positive logic:
Y = A

schematic (each gate)

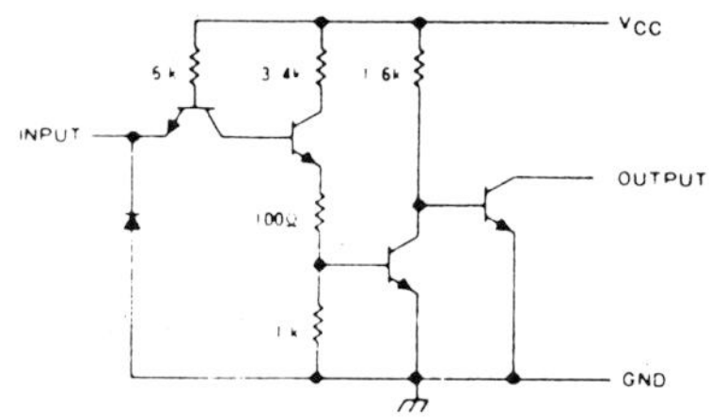

'07 CIRCUIT

Resistor values shown are nominal and in ohms.

† For conditions shown as MIN or MAX, use the appropriate value specified under recommended operating conditions

‡ All typical values are at V_{CC}=5V, T_A=25°C.

74LS08 ●Quadruple 2-input Positive AND Gates

■CIRCUIT SCHEMATIC(¼)

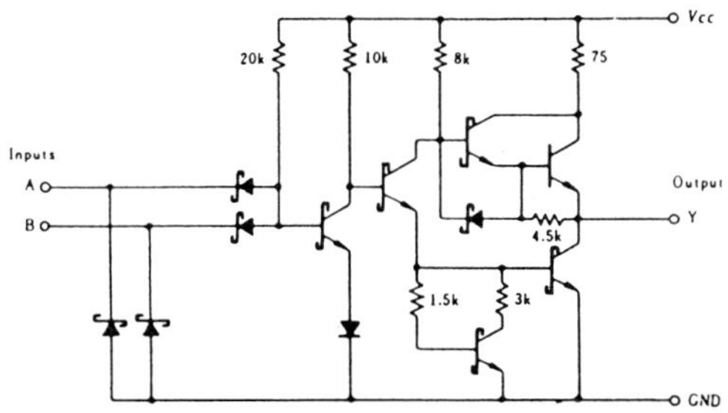

■PIN ARRANGEMENT

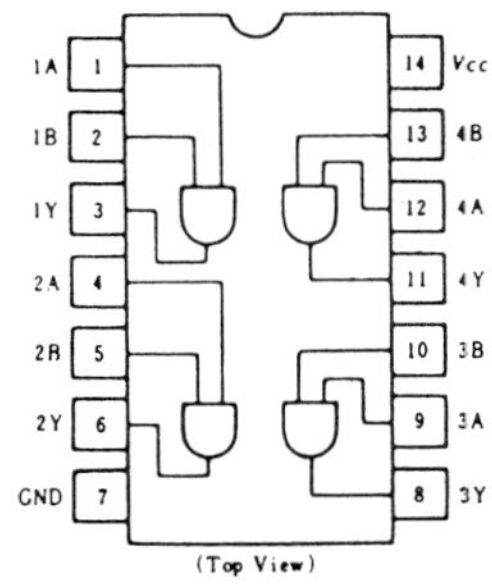

■ELECTRICAL CHARACTERISTICS ($Ta=-20\sim+75$℃)

Item	Symbol	Test Conditions		min	typ*	max	Unit
Input voltage	V_{IH}			2.0	–	–	V
	V_{IL}			–	–	0.8	V
Output voltage	V_{OH}	$V_{CC}=4.75V$, $V_{IH}=2V$, $I_{OH}=-400\mu A$		2.7	–	–	V
	V_{OL}	$V_{CC}=4.75V$, $V_{IL}=0.8V$	$I_{OL}=8mA$	–	–	0.5	V
			$I_{OL}=4mA$	–	–	0.4	
Input current	I_{IH}	$V_{CC}=5.25V$, $V_I=2.7V$		–	–	20	μA
	I_{IL}	$V_{CC}=5.25V$, $V_I=0.4V$		–	–	−0.4	mA
	I_I	$V_{CC}=5.25V$, $V_I=7V$		–	–	0.1	mA
Short-circuit output current	I_{OS}	$V_{CC}=5.25V$		−20	–	−100	mA
Supply current	I_{CCH}	$V_{CC}=5.25V$		–	2.4	4.8	mA
	I_{CCL}			–	4.4	8.8	
Input clamp voltage	V_{IK}	$V_{CC}=4.75V$, $I_{IN}=-18mA$		–	–	−1.5	V

* V_{CC}=5V, Ta=25°C

■SWITCHING CHARACTERISTICS ($V_{CC}=5V$, $Ta=25$℃)

Item	Symbol	Test Conditions	min	typ	max	Unit
Propagation delay time	t_{PLH}	$C_L=15pF$, $R_L=2k\Omega$	–	8	15	ns
	t_{PHL}		–	10	20	

Note) Refer to Test Circuit and Waveform of the Common Item

74LS10 ●Triple 3-input Positive NAND Gates

■CIRCUIT SCHEMATIC(⅓)

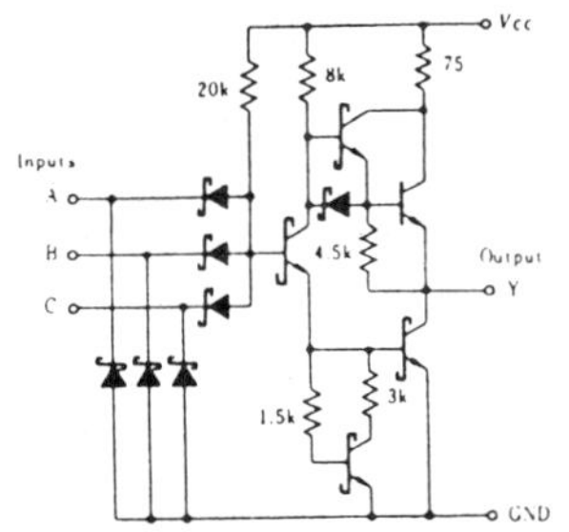

■PIN ARRANGEMENT

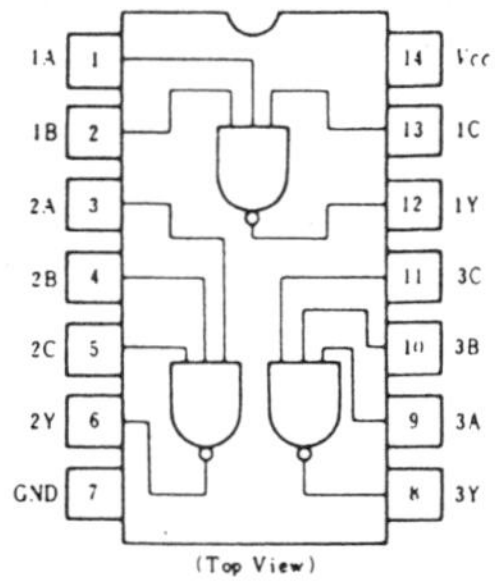

■ELECTRICAL CHARACTERISTICS ($Ta=-20\sim+75$℃)

Item	Symbol	Test Conditions		min	typ*	max	Unit
Input voltage	V_{IH}			2.0	–	–	V
	V_{IL}			–	–	0.8	V
Output voltage	V_{OH}	$V_{CC}=4.75V$, $V_{IL}=0.8V$, $I_{OH}=-400\mu A$		2.7	–	–	V
	V_{OL}	$V_{CC}=4.75V$, $V_{IH}=2V$	$I_{OL}=8mA$	–	–	0.5	V
			$I_{OL}=4mA$	–	–	0.4	
Input current	I_{IH}	$V_{CC}=5.25V$, $V_I=2.7V$		–	–	20	μA
	I_{IL}	$V_{CC}=5.25V$, $V_I=0.4V$		–	–	−0.4	mA
	I_I	$V_{CC}=5.25V$, $V_I=7V$		–	–	0.1	mA
Short-circuit output current	I_{OS}	$V_{CC}=5.25V$		−20	–	−100	mA
Supply current	I_{CCH}	$V_{CC}=5.25V$		–	0.6	1.2	mA
	I_{CCL}			–	1.8	3.3	
Input clamp voltage	V_{IK}	$V_{CC}=4.75V$, $I_{IN}=-18mA$		–	–	−1.5	V

* $V_{CC}=5V$, $Ta=25°C$

■SWITCHING CHARACTERISTICS ($V_{CC}=5V$, $Ta=25$℃)

Item	Symbol	Test Conditions	min	typ	max	Unit
Propagation delay time	t_{PLH}	$C_L=15pF$, $R_L=2k\Omega$	–	9	15	ns
	t_{PHL}		–	10	15	

Note) Refer to Test Circuit and Waveform of the Common Item

74LS11 ● Triple 3-Input Positive-AND Gate

Electrical Characteristics SN54LS11/SN74LS11

absolute maximum ratings over operating free-air temperature range

Supply voltage V_{CC}	7V	Operating free-air temperature range	SN54LS	−55°C to 125°C
Input voltage	7V		SN74LS	0°C to 70°C
Interemitter voltage	5.5V	Storage temperature range		−65°C to 150°C

recommended operating conditions

	SN54LS11			SN74LS11			UNIT
	MIN	NOM	MAX	MIN	NOM	MAX	
Supply voltage, V_{CC}	4.5	5	5.5	4.75	5	5.25	V
High-level output current, I_{OH}			400			−400	μA
Low-level output current, I_{OL}			4			8	mA
Operating free-air temperature, T_A	−55		125	0		70	°C

electrical characteristics over recommended operating free-air temperature range

PARAMETER		TEST CONDITIONS †		MIN	TYP ‡	MAX	UNIT
V_{IH}	High-level input voltage			2			V
V_{IL}	Low-level input voltage		54LS			0.7	V
			74LS			0.8	
V_{IK}	Input clamp voltage	V_{CC} = MIN, I_I = −18mA				−1.5	V
V_{OH}	High-level output voltage	V_{CC} = MIN, V_{IH} = 2V, I_{OH} = MAX	54LS	2.5	3.4		V
			74LS	2.7	3.4		
V_{OL}	Low-level output voltage	V_{CC} = MIN, I_{OL} = MAX, V_{IL} = V_{IL} max	54LS		0.25	0.4	V
			74LS		0.35	0.5	
I_I	Input current at maximum input voltage	V_{CC} = MAX, V_I = 7V				0.1	mA
I_{IH}	High-level input current	V_{CC} = MAX, V_{IH} = 2.7 V				20	μA
I_{IL}	Low-level input current	V_{CC} = MAX, V_{IL} = 0.4V				−0.4	mA
I_{OS}	Short circuit output current ◆	V_{CC} = MAX		−20		−100	mA
I_{CCH}	Supply current	V_{CC} = MAX	Total, outputs high		1.8	3.6	mA
I_{CCL}	Supply current		Total, outputs low		3.3	6.6	mA
I_{CC}	Supply current	V_{CC} = 5V	Average per gate (50% duly cycle)		0.85		mA
t_{PLH}	Propagation delay time, low-to-high-level output	V_{CC} = 5V, T_A = 25°C	C_L = 15pF, R_L = 2kΩ		8	15	ns
t_{PHL}	Propagation delay time, high-to-low-level output				10	20	ns

Pin Assignments (Top View)

①

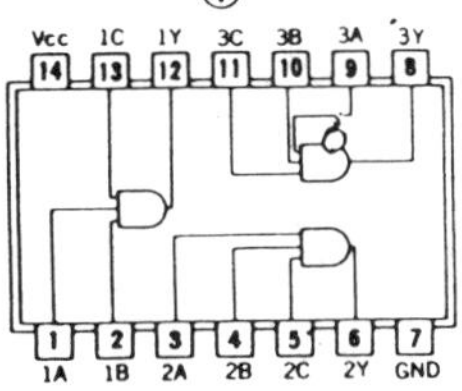

②

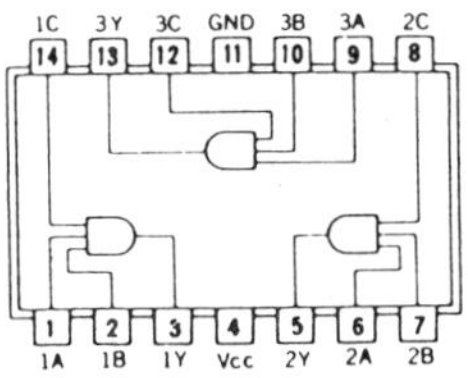

positive logic:
Y = ABC

Schematics (each gate)

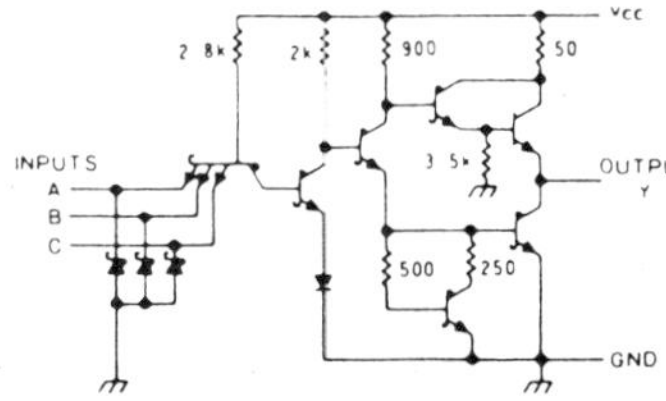

'S11 CIRCUIT

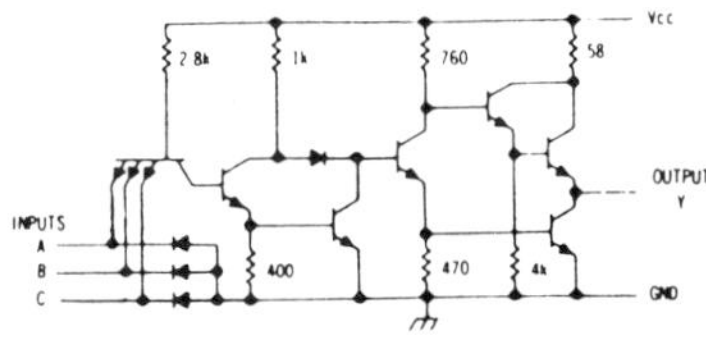

'H11 CIRCUIT

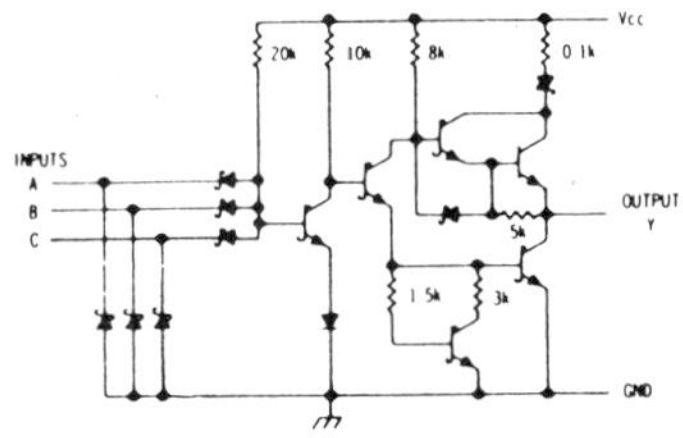

'LS11 CIRCUIT

Resistor values shown are nominal and in ohms.

† For conditions shown as MIN or MAX, use the appropriate values specified under recommended operating conditions.
‡ All typical values are at V_{CC} = 5V, T_A = 25°C.
◆ Not more than one output should be shorted at a time, and for SN54H'/SN74H' and SN54S'/SN74S', duration of output short circuit should not exceed one second.

74LS11 ● Triple 3-Input Positive-AND Gate

Electrical Characteristics SN54ALS11/SN74ALS11

adsolute maximum ratings over operating free-air temperature range

Supply voltage, V_{CC}	7V	Operating free-air temperature range	SN54ALS	−55℃ to 125℃
			SN74ALS	0℃ to 70℃
Input voltage	7V	Storage temperature range		−65℃ to 150℃

recommended operating conditions

PARAMETER	SN54ALS11 MIN	SN54ALS11 NOM	SN54ALS11 MAX	SN74ALS11 MIN	SN74ALS11 NOM	SN74ALS11 MAX	UNIT
Supply voltage, V_{CC}	4.5	5	5.5	4.5	5	5.5	V
High-level output current, I_{OH}			−400			−400	μA
Low-level output current, I_{OL}			4			4	mA
Operating free-air temperature, T_A	−55		125	0		70	℃

electrical characteristics over recommended operating free-air temperature range

PARAMETER		TEST CONDITIONS		MIN	TYP*	MAX	UNIT
V_{IH}	High-level input voltage			2			V
V_{IL}	Low-level input voltage					0.8	V
V_{IK}	Input clamp voltage	V_{CC}=MIN, I_I=−18mA				1.5	V
V_{OH}	High-level output voltage	V_{CC}=MIN, I_{CH}=MAX		2.5	3.4		V
V_{OL}	Low-level output voltage	V_{CC}=MIN, I_{OL}=MAX			0.25	0.4	V
I_I	Input current at maximum input voltage	V_{CC}=MAX, V_I=7V				0.1	mA
I_{IH}	High-level input current	V_{CC}=MAX, V_{IH}=2.7V				20	μA
I_{IL}	Low-level input current	V_{CC}=MAX, V_{IL}=0.4V				−0.2	mA
I_{OS}	Short circuit output current	V_{CC}=MAX, V_O=2.25V		−20		60	mA
I_{CCH}	Supply current, outputs high	V_{CC}=MAX, V_I=4.5V			1.0	1.8	mA
I_{CCL}	Supply current, outputs low	V_{CC}=MAX, V_I=0V			1.6	3	mA
t_{PLH}	Propagation delay time, low-to-high-level output	V_{CC}=4.5−5.5V, C_L=50pF, R_L=500Ω	SN54	5		23	ns
			SN74	5		20	
t_{PHL}	Propagation delay time, high-to-low-level output		SN54	3		12	ns
			SN74	3		10	

Pin Assignment (Top View)

①

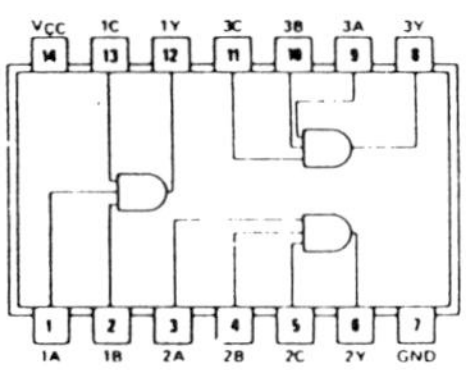

Electrical Characteristics FC54F11/FC74F11

absolute maximum ratings over operating free-air temperature range

Supply voltage, V_{CC}	7V	Operating free-air temperature range	FC54F11	−55℃ to 125℃
			FC74F11	0℃ to 70℃
Input voltage	7V	Storage temperature range		−65℃ to 150℃

recommended operating conditions

PARAMETER	FC54F11 MIN	FC54F11 NOM	FC54F11 MAX	FC74F11 MIN	FC74F11 NOM	FC74F11 MAX	UNIT
Supply voltage, V_{CC}	4.5	5	5.5	4.75	5	5.25	V
High-level output current, I_{OH}			−1			−1	mA
Low-level output current, I_{OL}			20			20	mA
Operating free-air temperature, T_A	−55		125	0		70	℃

electrical characteristics over recommended operating free-air temperature range

PARAMETER		TEST CONDITIONS		MIN	TYP	MAX	UNIT
V_{IH}	High-level input voltage			2			V
V_{IL}	Low-level input voltage					0.8	V
V_{CD}	Input clamp diode voltage	V_{CC}=MIN, I_I=−18mA				−1.2	V
V_{OH}	High-level output voltage	V_{CC}=MIN, I_{OH}=MAX		2.7	3.4		V
V_{OL}	Low-level output voltage	V_{CC}=MIN, I_{OL}=MAX			0.35	0.5	V
I_I	Input current at maximum input voltage	V_{CC}=MAX, V_I=7V				0.1	mA
I_{IH}	High-level input current	V_{CC}=MAX, V_{IH}=2.7V				20	μA
I_{IL}	Low-level input current	V_{CC}=MAX, V_{IL}=0.5V				−0.6	mA
I_{OS}	Short circuit output current	V_{CC}=MAX		−60		−120	mA
I_{CCH}	Supply current, outputs high	V_{CC}=MAX	V_{IN}=Open		4.1	6.2	mA
I_{CCL}	Supply current, outputs low		V_{IN}=Gnd		6.5	9.7	mA
t_{PLH}	Propagation delay time, low-to-high-level output	V_{CC}=5V, C_L=50pF, T_A=25℃, R_L=500Ω		3.0	4.2	5.6	ns
t_{PHL}	Propagation delay time, high-to-low-level output			2.5	4.1	5.5	ns

* All typical values are at V_{CC}=5V, T_A=25℃.

74LS14 Hex Schmitt-Trigger Inverter

	Schottky TTL					High-Speed TTL					Low-Power Schottky TTL					Standard TTL					Low-Power TTL				
	Device Type	Package				Device Type	Package				Device Type	Package				Device Type	Package				Device Type	Package			
		C	P	M	CF		C	P	M	CF		C	P	M	CF		C	P	M	CF		C	P	M	CF
T.I.											SN54LS14	J①			W①	SN5414	J①			W①					
											SN74LS14	J①	N①			SN7414	J①	N①							
FAIRCHILD											FM54LS14/FM9LS14	D①			F①	FM5414/FM9N14	D①								
											FC74LS14/FC9LS14	D①	P①		F①	FC7414/FC9N14	D①	P①							
MOTOROLA											SN74LS14	J①													
											SN74LS14		P①			MC7414		P①							
N.S.C.											DM54LS14	J①	①		W①	DM5414	J①			W①					
											DM74LS14		N①			DM7414		N①							
PHILIPS																									
											N74LS14		①			N7414		①							
SIGNETICS											S54LS14	F①			W①	N5414	F①								
											N74LS14		A①			N7414	F①	B①							
SIEMENS																									
FUJITSU																									
											74LS14		M①												
HITACHI																									
											HD74LS14		P①			HD7414	①	P①							
MITSUBISHI																									
											M74LS14		P①			M53214		P①							
NEC																									
TOSHIBA																									

Electrical Characteristics SN54LS14/SN74LS14

absolute maximum ratings over operating free-air temperature range

Supply voltage, V_{CC}	7V	Operating free-air temperature range	SN54LS	−55°C to 125°C
Input voltage	7V		SN74LS	0°C to 70°C
		Storage temperature range		−65°C to 150°C

recommended operating conditions

	SN54LS14			SN74LS14			UNIT
	MIN	NOM	MAX	MIN	NOM	MAX	
Supply voltage, V_{CC}	4.5	5	5.5	4.75	5	5.25	V
High-level output current, I_{OH}			−400			−400	μA
Low-level output current, I_{OL}			4			8	mA
Operating free-air temperature, T_A	−55		125	0		70	°C

electrical characteristics over recommended operating free-air temperature range

PARAMETER		TEST CONDITIONS †		MIN	TYP ‡	MAX	UNIT
V_{T+}	Positive-going threshold voltage	$V_{CC}=5V$		1.4	1.6	1.9	V
V_{T-}	Negative-going threshold voltage	$V_{CC}=5V$		0.5	0.8	1	V
	Hysteresis ($V_{T+}-V_{T-}$)	$V_{CC}=5V$		0.4	0.8		V
V_{IK}	Input clamp voltage	V_{CC}=MIN, $I_I=-18mA$				−1.5	V
V_{OH}	High-level output voltage	V_{CC}=MIN, I_{OH}=MAX, $V_I=V_{T-}$ min	54LS				V
			74LS	2.7	3.4		
V_{OL}	Low-level output voltage	V_{CC}=MIN, I_{OL}=MAX, $V_I=V_{T+}$ max	54LS		0.25	0.4	V
			74LS		0.35	0.5	
I_{T+}	Input current at positive-going threshold	$V_{CC}=5V$, $V_I=V_{T+}$			−0.14		mA
I_{T-}	Input current at negative-going threshold	$V_{CC}=5V$, $V_I=V_{T-}$			−0.18		mA
I_I	Input current at maximum input voltage	V_{CC}=MAX, $V_I=7V$				0.1	mA
I_{IH}	High-level input current	V_{CC}=MAX, $V_I=2.7V$				20	μA
I_{IL}	Low-level input current	V_{CC}=MAX, $V_{IL}=0.4V$				−0.4	mA
I_{OS}	Short-circuit output current ◆	V_{CC}=MAX		−20		−100	mA
I_{CC}	Supply current: Total, output high	V_{CC}=MAX			8.6	16	mA
	Supply current: Total, output low				12	21	
	Supply current: Average per gate	$V_{CC}=5V$, 50% duty cycle			1.72		
t_{PLH}	Propagation delay time, low-to-high-level output	$V_{CC}=5V$, $T_A=25°C$,			15	22	ns
t_{PHL}	Propagation delay time, high-to-low-level output	$C_L=15pF$, $R_L=2kΩ$			15	22	ns

Pin Assignment (Top View)

①

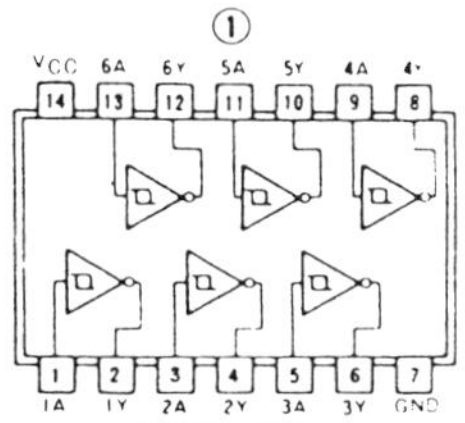

positive logic:
$Y = \overline{A}$

Schematics (each gate)

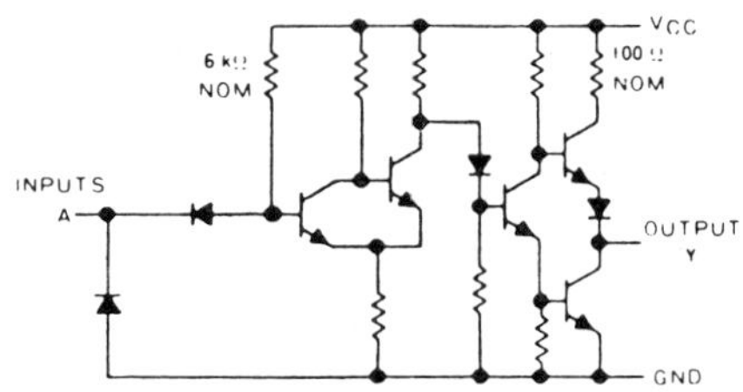

'14 CIRCUIT

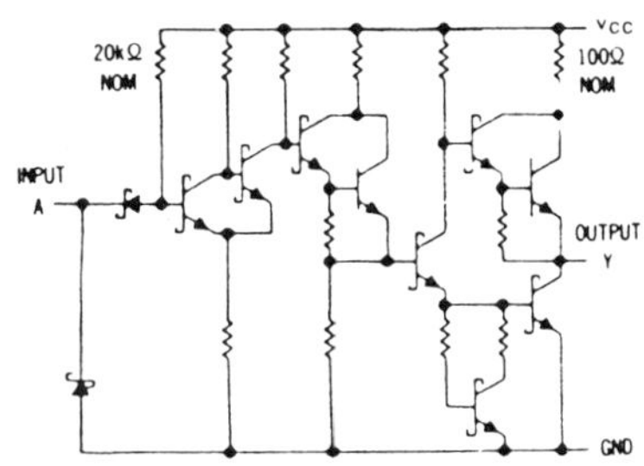

'LS14 CIRCUIT

Resistor values shown are nominal and in ohms.

† For conditions shown as MIN or MAX, use the appropriate value specified under recommended operating conditions.
‡ All typical values are at $V_{CC}=5V$, $T_A=25°C$.
◆ Not more than one output should be shorted at a time.

74LS20 ●Dual 4-input Positive NAND Gates

■CIRCUIT SCHEMATIC(½)

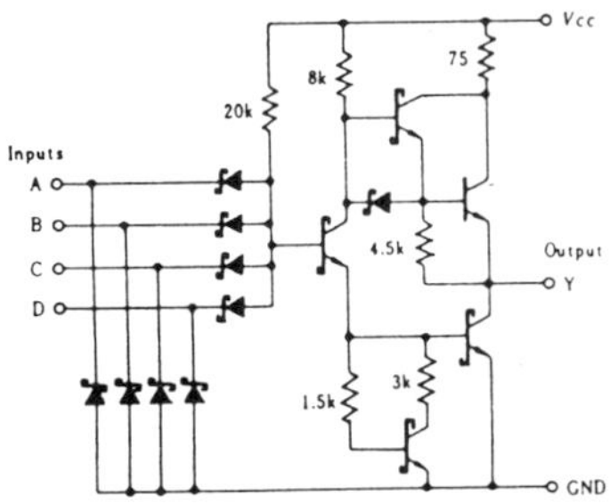

■PIN ARRANGEMENT

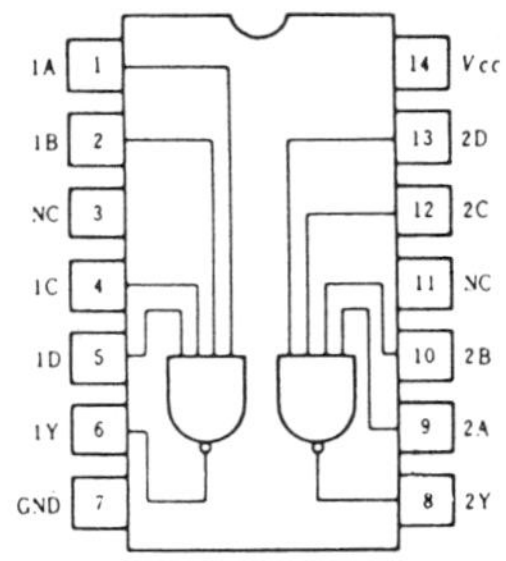

(Top View)

■ELECTRICAL CHARACTERISTICS ($Ta = -20 \sim +75$℃)

Item	Symbol	Test Conditions		min	typ*	max	Unit
Input voltage	V_{IH}			2.0	–	–	V
	V_{IL}			–	–	0.8	V
Output voltage	V_{OH}	$V_{CC}=4.75$V, $V_{IL}=0.8$V, $I_{OH}=-400\mu$A		2.7	–	–	V
	V_{OL}	$V_{CC}=4.75$V, $V_{IH}=2$V	$I_{OL}=8$mA	–	–	0.5	V
			$I_{OL}=4$mA	–	–	0.4	
Input current	I_{IH}	$V_{CC}=5.25$V, $V_I=2.7$V		–	–	20	μA
	I_{IL}	$V_{CC}=5.25$V, $V_I=0.4$V		–	–	−0.4	mA
	I_I	$V_{CC}=5.25$V, $V_I=7$V		–	–	0.1	mA
Short-circuit output current	I_{OS}	$V_{CC}=5.25$V		−20	–	−100	mA
Supply current	I_{CCH}	$V_{CC}=5.25$V		–	0.4	0.8	mA
	I_{CCL}	$V_{CC}=5.25$V		–	1.2	2.2	mA
Input clamp voltage	V_{IK}	$V_{CC}=4.75$V, $I_{IN}=-18$mA		–	–	−1.5	V

* V_{CC}=5V, Ta=25°C

■SWITCHING CHARACTERISTICS ($V_{CC}=5$V, $Ta=25$℃)

Item	Symbol	Test Conditions	min	typ	max	Unit
Propagation delay time	t_{PLH}	$C_L=15$pF, $R_L=2$kΩ	–	9	15	ns
	t_{PHL}		–	10	15	ns

Note) Refer to Test Circuit and Waveform of the Common Item

74LS21

Dual 4input positive AND Gate

	Schottky TTL Device Type	C	P	M	CF	High-Speed TTL Device Type	C	P	M	CF	Low-Power Schottky TTL Device Type	C	P	M	CF	Standard TTL Device Type	C	P	M	CF	Low-Power TTL Device Type	C	P	M	CF
T.I.						SN54H21	J①			W②	SN54LS21	J①			W①										
						SN74H21	J①	N①			SN74LS21	J①	N①												
FAIRCHILD						MF54H21/FM9H21	D①			F①	F54LS21/F9LS21	D①			F①	5421	D①			F①					
						FC74H21/FC9H21	D①	P①		F①	F74LS21/F9LS21	D①	P①		F①	7421	D①	P①		F①					
MOTOROLA						MC3111	L①				SN54LS21	J①													
						MC3011	L①	P①			SN74LS21		P①												
N.S.C.						DM54H21	J①				DM54LS21	J①			W①										
						DM74H21		N①			DM74LS21		N①												
PHILIPS						N74H21		①			N74LS21		①			N7421		①							
SIGNETICS											S54LS21	F①				S5421	F①								
											N74LS21		A①			N7421		A①							
SIEMENS																									
FUJITSU						MB614	①	M①			74LS21		M①												
HITACHI											HD74LS21		P①												
MITSUBISHI											M74LS22P		P①												
NEC						μPB216	D①	C①																	
TOSHIBA																TD3421A		P①							

Electrical Characteristics SN54LS21/SN74LS21

absolute maximum ratings over operating free-air temperature range

Supply voltage VCC	7V	Operating free-air temperature range	SN54H	−55℃ to 125℃
Input voltage	7V		SN74H	0℃ to 70℃
Interemitter voltage	5.5V	Storage temperature range		−65℃ to 150℃

recommended operating conditions

	SN54LS21 MIN	SN54LS21 NOM	SN54LS21 MAX	SN74LS21 MIN	SN74LS21 NOM	SN74LS21 MAX	UNIT
Supply voltage, V_{CC}	4.5	5	5.5	4.75	5	5.25	V
High-level output current, I_{OH}			−400			−400	μA
Low-level output current, I_{OL}			4			8	mA
Operating free-air temperature, T_A	−55		125	0		70	℃

electrical characteristics over recommended operating free-air temperature range

	PARAMETER	TEST CONDITIONS †		MIN	TYP ‡	MAX	UNIT
V_{IH}	High-level input voltage			2			V
V_{IL}	Low-level input voltage		54LS			0.7	V
			74LS			0.8	
V_{IK}	Input clamp voltage	V_{CC} = MIN, I_I = −18mA				−1.5	V
V_{OH}	High-level output voltage	V_{CC} = MIN, V_{IH} = 2V, I_{OH} = MAX	54LS	2.5	3.4		V
			74LS	2.7	3.4		
V_{OL}	Low-level output voltage	V_{CC} = MIN, I_{OL} = MAX, V_{IL} = V_{IL} max	54LS		0.25	0.4	V
			74LS		0.35	0.5	
I_I	Input current at maximum input voltage	V_{CC} = MAX, V_I = 7V				0.1	mA
I_{IH}	High-level input current	V_{CC} = MAX, V_{IH} = 2.7V				20	μA
I_{IL}	Low-level input current	V_{CC} = MAX, V_{IL} = 0.4V				−0.4	mA
I_{OS}	Short circuit output current ◆	V_{CC} = MAX		−20		−100	mA
I_{CCH}	Supply current	V_{CC} = MAX	Total, outputs high		1.2	2.4	mA
I_{CCL}	Supply current		Total, outputs low		2.2	4.4	mA
I_{CC}	Supply current	V_{CC} = 5V	Average per gate (50% duty cycle)		0.85		mA
t_{PLH}	Propagation delay time, low-to-high-level output	V_{CC} = 5V, T_A = 25℃, C_L = 15pF, R_L = 2kΩ			8	15	ns
t_{PHL}	Propagation delay time, high-to-low-level output				10	20	ns

Pin Assignments (Top View)

①

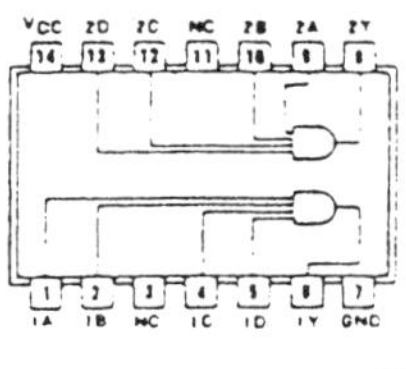

②

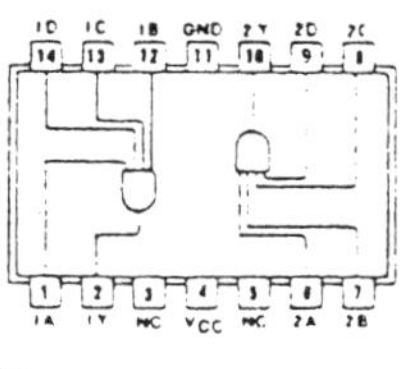

positive logic
Y = ABCD

NC – No internal connection

Schematics (each gate)

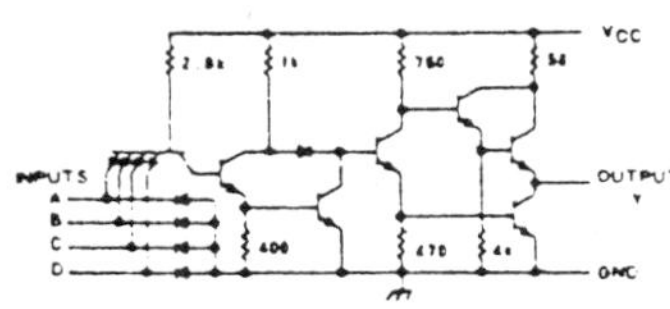

'H21 CIRCUIT

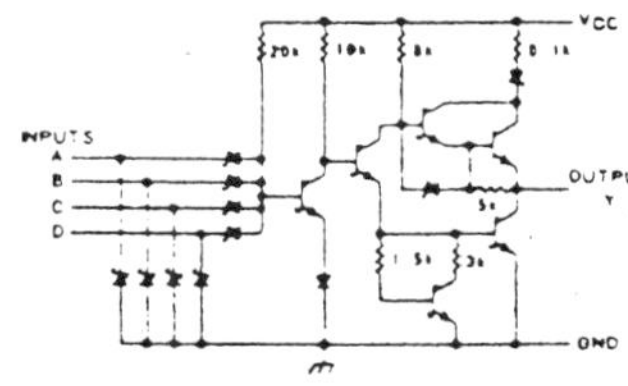

'LS21 CIRCUIT

Resistor values shown are nominal and in ohms

† For conditions shown as MIN or MAX, use the appropriate value specified under recommended operating conditions.
‡ All typical values are at V_{CC} = 5V, T_A = 25℃
◆ Not more than one output should be shorted at a time, and for SN54H and SN74H duration of output short circuit should not exceed one second.

74LS21 Dual 4input positive AND Gate

	ALS TTL					AS TTL					FAST TTL				
	Device Type	Package				Device Type	Package				Device Type	Package			
		C	P	M	CF		C	P	M	CF		C	P	M	CF
T.L	SN54ALS21	J1			W1										
	SN74ALS21	J1	N1												
FAIRCHILD															
MOTOROLA															
N.S.C.	DM54ALS21	J1													
	DM74ALS21	J1	N1												
PHILIPS															
SIGNETICS															
SIEMENS															
FUJITSU	MB74ALS21		M1												
HITACHI	HD74ALS21		P①												
MITSUBISHI															
NEC															
TOSHIBA															

Pin Assignment (Top View)

①

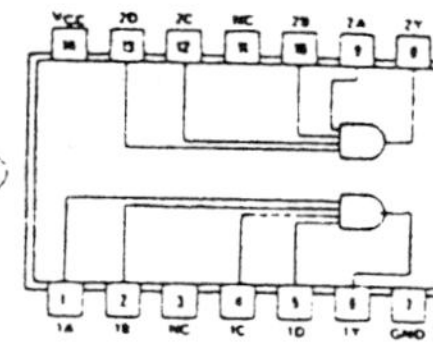

Electrical Characteristics SN54ALS21/SN74ALS21

absolute maximum ratings over operating free-air temperature range

Supply voltage, V_{CC}	7V	Operating free-air temperature range	SN54ALS	−55℃ to 125℃
Input voltage	7V		SN74ALS	0℃ to 70℃
Interemitter voltage	5.5V	Storage temperature range		−65℃ to 150℃

recommended operating conditions

	SN54ALS21			SN74ALS21			UNIT
	MIN	NOM	MAX	MIN	NOM	MAX	
Supply voltage, V_{CC}	4.5	5	5.5	4.5	5	5.5	V
High-level output current, I_{OH}			−400			−400	μA
Low-level output current, I_{OL}			4			4	mA
Operating free-air temperature, T_A	−55		125	0		70	℃

electrical characteristics over recommended operating free-air temperature range

PARAMETER		TEST CONDITIONS			MIN	TYP *	MAX	UNIT
V_{IH}	High-level input voltage				2			V
V_{IL}	Low-level input voltage						0.8	V
V_{IK}	Input clamp voltage	V_{CC} = MIN, I_I = −18mA					−1.5	V
V_{OH}	High-level output voltage	I_{OH} = MAX	54/74ALS, V_{CC} = MIN		2.5	3.4		V
			74ALS, V_{CC} = 4.75V		2.7	3.4		
V_{OL}	Low-level output voltage	I_{OL} = MAX	54/74ALS, V_{CC} = MIN			0.25	0.4	V
			74ALS, V_{CC} = 4.75V			0.35	0.5	
I_I	Input current at maximum input voltage	V_{CC} = MAX, V_I = 7V					0.1	mA
I_{IH}	High-level input current	V_{CC} = MAX, V_I = 2.7V					20	μA
I_{IL}	Low-level input current	V_{CC} = MAX, V_{IL} = 0.4V					−0.2	mA
I_O	Output current	V_{CC} = MAX, V_O = 2.25V			−10		−60	mA
I_{CCH}	Supply current, outputs high	V_{CC} MAX, V_I = 4.5V				0.67	1.2	mA
I_{CCL}	Supply current, outputs low	V_{CC} = MAX, V_I = 0V				1.1	2.0	mA
t_{PLH}	Propagation delay time, low-to-high-level output	V_{CC} = 4.5~5.5V, C_L = 50pF, P_L = 500Ω		54ALS	6		30	ns
				74ALS	6		26	
t_{PHL}	Propagation delay time, high-to-low-level output			54ALS	3		12	ns
				74ALS	3		10	

* All typical values are at V_{CC} = 5V, T_A = 25℃.

74LS27 ● Triple 3-Input Positive-NOR Gate

Electrical Characteristics SN54LS27/SN74LS27

absolute maximum ratings over operating free-air temperature range

Supply voltage, V_{CC}	7V	Operating free-air temperature range	SN54LS	−55°C to 125°C
Input voltage	7V		SN74LS	0°C to 70°C
Interemitter voltage	5.5V	Storage temperature range		−65°C to 150°C

recommended operating conditions

	SN54LS27			SN74LS27			UNIT
	MIN	NOM	MAX	MIN	NOM	MAX	
Supply voltage, V_{CC}	4.5	5	5.5	4.75	5	5.25	V
High-level output current I_{OH}			400			−400	μA
Low-level output current I_{OL}			4			8	mA
Operating free-air temperature T_A	−55		125	0		70	°C

electrical characteristics over recommended operating free-air temperature range

RARAMETER		TEST CONDITIONS †		MIN	TYP ‡	MAX	UNIT
V_{IH}	High-level input voltage			2			V
V_{IL}	Low-level input voltage		54LS			0.7	V
			74LS			0.8	
V_{IK}	Input clamp voltage	V_{CC} = MIN, I_I = −18 mA				−1.5	V
V_{OH}	High-level output voltage	V_{CC} = MIN, I_{OH} = MAX, $V_{IL} = V_{IL}$ max	54LS	2.5	3.4		V
			74LS	2.7	3.4		
V_{OL}	Low-level output voltage	V_{CC} = MIN, V_{IH} = 2 V, I_{OL} = MAX	54LS		0.25	0.4	V
			74LS		0.35	0.5	
I_I	Input current at maximum input voltage	V_{CC} = MAX, V_I = 7V				0.1	mA
I_{IH}	High-level input current, Data inputs	V_{CC} = MAX, V_{IH} = 2.7V				20	μA
I_{IL}	Low-level input current, Data inputs	V_{CC} = MAX, V_{IL} = 0.4 V				−0.4	mA
I_{OS}	Short-circuit output current ◆	V_{CC} = MAX	54LS	−20		−100	mA
			74LS	−20		−100	
I_{CCH}	Supply current	V_{CC} = MAX	Total, outputs high		2.0	4	mA
I_{CCL}	Supply current	V_{CC} = MAX	Total, outputs low		3.4	6.8	mA
I_{CC}	Supply current	V_{CC} = 5 V	Average per gate (50% duty cycle)		0.9		mA
t_{PLH}	Propagation delay time, low-to-high-level output	V_{CC} = 5 V, T_A = 25°C			10	15	ns
t_{PHL}	Propagation delay time, high-to-low-level output	C_L = 15pF, R_L = 2kΩ			10	15	ns

Pin Assignment (Top View)

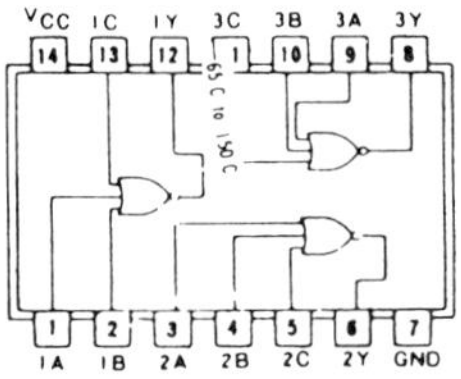

①

positive logic:
$Y = \overline{A+B+C}$

Schematics (each gate)

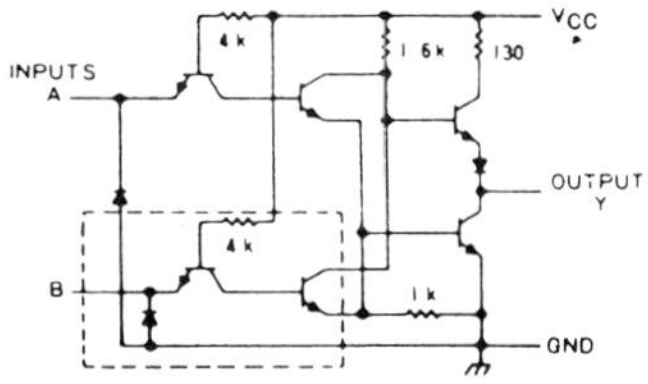

The portion of the schematic within the dashed lines is repeated for the C input of the '27.

'27 CIRCUIT

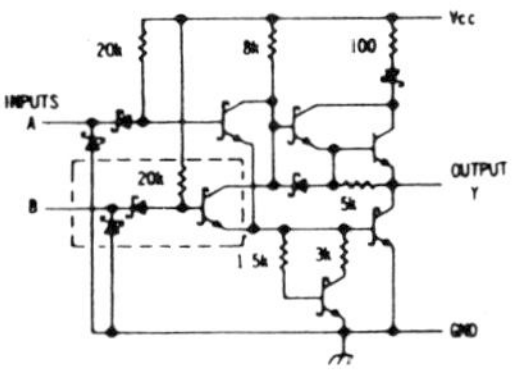

The portion of the schematic within the dashed lines is repeated for the C input of the 'LS27.

'LS27 CIRCUIT

Resistor values shown are nominal and in ohms.

† For conditions shown as MIN or MAX, use the appropriate value specified under recommended operating conditions.
‡ All typical values are at V_{CC} = 5 V, T_A = 25°C.
◆ Not more than one output should be shorted at a time.

74LS27 ● Triple 3-Input Positive-NOR Gate

Electrical Characteristics SN54ALS27/SN74ALS27

absolute maximum ratings over operating free-air temperature range

Supply voltage, V_{CC}	7V	Operating free-air temperature range	SN54ALS	−55℃ to 125℃
			SN74ALS	0℃ to 70℃
Input voltage	7V	Storage temperature range		−65℃ to 150℃

recommended operating conditions

	SN54ALS27			SN74ALS27			UNIT
	MIN	NOM	MAX	MIN	NOM	MAX	
Supply voltage, V_{CC}	4.5	5	5.5	4.5	5	5.5	V
High-level output current, I_{OH}			−400			−400	μA
Low-level output current, I_{OL}			4			4	mA
Operating free-air temperature, T_A	−55		125	0		70	℃

electrical characteristics over recommended operating free-air temperature range

PARAMETER		TEST CONDITIONS		MIN	TYP*	MAX	UNIT
V_{IH}	High-level input voltage			2			V
V_{IL}	Low-level input voltage					0.8	V
V_{IK}	Input clamp voltage	V_{CC}=MIN, I_I=−18mA				−1.5	V
V_{OH}	High-level output voltage	I_{OH}=MAX	54/74ALS,V_{CC}=MIN	2.5	3.4		V
			74ALS,V_{CC}=4.75V	2.7	3.4		
V_{OL}	Low-level output voltage	I_{OL}=MAX	54/74ALS,V_{CC}=MIN		0.25	0.4	V
			74ALS,V_{CC}=4.75V		0.35	0.5	
I_I	Input current at maximum input voltage	V_{CC}=MAX, V_I=7V				0.1	mA
I_{IH}	High-level input current	V_{CC}=MAX, V_I=2.7V				20	μA
I_{IL}	Low-level input current	V_{CC}=MAX, V_O=0.4V				−0.2	mA
I_O	Output current	V_{CC}=MAX, V_O=2.25V		−10		−60	mA
I_{CCH}	Supply current, outputs high	V_{CC}=MAX, V_I=0V			0.97	1.8	mA
I_{CCL}	Supply current, outputs low	V_{CC}=MAX, V_I=4.5V			2.0	4.0	mA
t_{PLH}	Propagation delay time, low-to-high-level output	V_{CC}=4.5～5.5V, R_L=500Ω, C_L=50pF	54ALS	4		22	ns
			74ALS	4		15	
t_{PHL}	Propagation delay time, high-to-low-level output		54ALS	3		10	ns
			74ALS	3		9	

Pin Assignment (Top View)

①

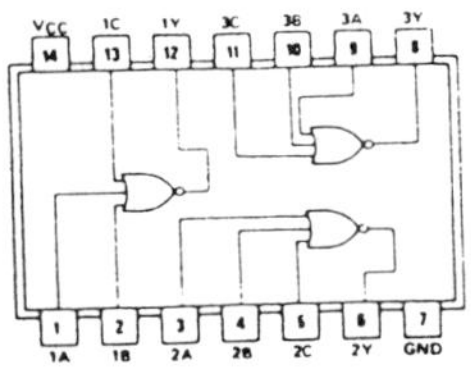

*All typical values are at V_{CC}=5V, T_A=25℃.

74LS30 ●8-input Positive NAND Gate

■CIRCUIT SCHEMATIC

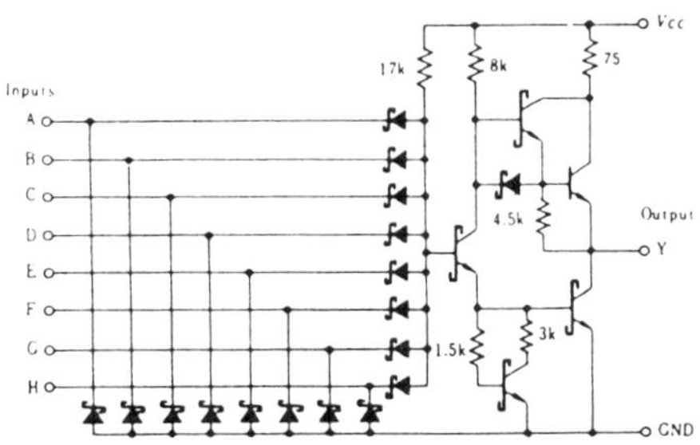

■PIN ARRANGEMENT

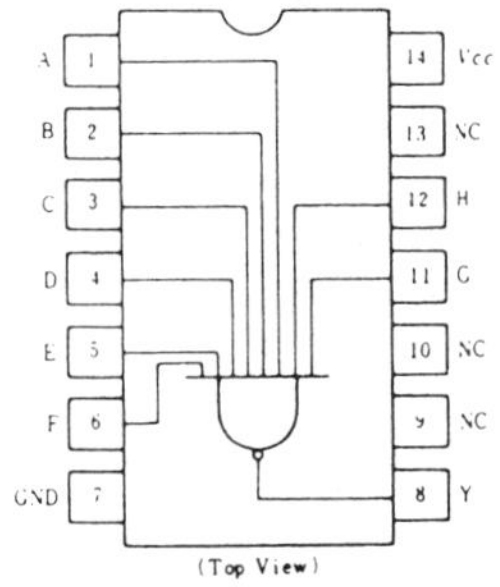

■ELECTRICAL CHARACTERISTICS ($Ta=-20\sim+75$℃)

Item	Symbol	Test Conditions		min	typ*	max	Unit
Input voltage	V_{IH}			2.0	–	–	V
	V_{IL}			–	–	0.8	V
Output voltage	V_{OH}	$V_{CC}=4.75V$, $V_{IL}=0.8V$, $I_{OH}=-400\mu A$		2.7	–	–	V
	V_{OL}	$V_{CC}=4.75V$, $V_{IH}=2V$	$I_{OL}=8mA$	–	–	0.5	V
			$I_{OL}=4mA$	–	–	0.4	
Input current	I_{IH}	$V_{CC}=5.25V$, $V_I=2.7V$		–	–	20	μA
	I_{IL}	$V_{CC}=5.25V$, $V_I=0.4V$		–	–	−0.4	mA
	I_I	$V_{CC}=5.25V$, $V_I=7V$		–	–	0.1	mA
Short circuit output current	I_{OS}	$V_{CC}=5.25V$		−20	–	−100	mA
Supply current	I_{CCH}	$V_{CC}=5.25V$		–	0.35	0.5	mA
	I_{CCL}			–	0.6	1.1	
Input clamp voltage	V_{IK}	$V_{CC}=4.75V$, $I_{IN}=-18mA$		–	–	−1.5	V

* $V_{CC}=5V$, $Ta=25°C$

■SWITCHING CHARACTERISTICS ($V_{CC}=5V$, $Ta=25$℃)

Item	Symbol	Test Conditions	min	typ	max	Unit
Propagation delay time	t_{PLH}	$C_L=15pF$, $R_L=2k\Omega$	–	8	15	ns
	t_{PHL}		–	13	20	

Note) Refer to Test Circuit and Waveform of the Common Item

74LS32 ●Quadruple 2-input Positive OR Gates

■CIRCUIT SCHEMATIC(¼)

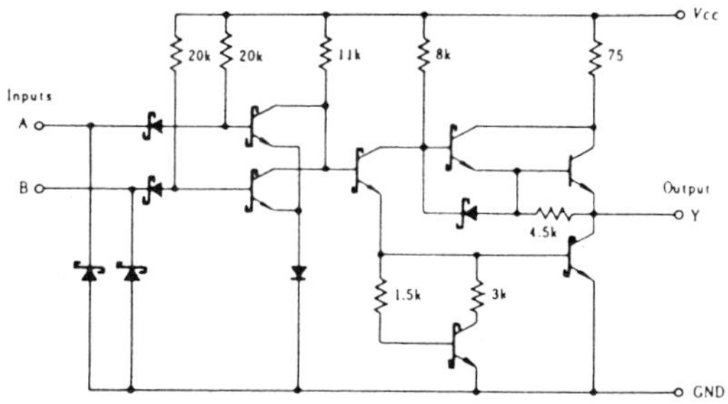

■PIN ARRANGEMENT

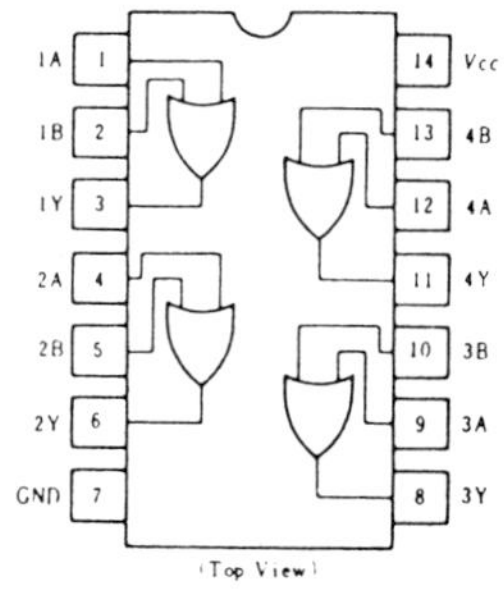

■ELECTRICAL CHARACTERISTICS ($Ta = -20 \sim +75$℃)

Item	Symbol	Test Conditions		min	typ*	max	Unit
Input voltage	V_{IH}			2.0	–	–	V
	V_{IL}			–	–	0.8	V
Output voltage	V_{OH}	$V_{CC}=4.75V$, $V_{IH}=2V$, $I_{OH}=-400\mu A$		2.7	–	–	V
	V_{OL}	$V_{CC}=4.75V$, $V_{IL}=0.8V$	$I_{OL}=8mA$	–	–	0.5	V
			$I_{OL}=4mA$	–	–	0.4	
Input current	I_{IH}	$V_{CC}=5.25V$, $V_I=2.7V$		–	–	20	μA
	I_{IL}	$V_{CC}=5.25V$, $V_I=0.4V$		–	–	−0.4	mA
	I_I	$V_{CC}=5.25V$, $V_I=7V$		–	–	0.1	mA
Short-circuit output current	I_{OS}	$V_{CC}=5.25V$		−20	–	−100	mA
Supply current	I_{CCH}	$V_{CC}=5.25V$		–	3.1	6.2	mA
	I_{CCL}	$V_{CC}=5.25V$		–	4.9	9.8	mA
Input clamp voltage	V_{IK}	$V_{CC}=4.75V$, $I_{IN}=-18mA$		–	–	−1.5	V

* $V_{CC}=5V$, $Ta=25°C$

■SWITCHING CHARACTERISTICS ($V_{CC}=5V$, $Ta=25$℃)

Item	Symbol	Test Conditions	min	typ	max	Unit
Propagation delay time	t_{PLH}	$C_L=15pF$, $R_L=2k\Omega$	–	14	22	ns
	t_{PHL}		–	14	22	ns

Note) Refer to Test Circuit and Waveform of the Common Item

74LS33 ● Quadruple 2-Input Positive-NOR Buffer with Open-Collector Output

Electrical Characteristics SN54LS33/SN74LS33

absolute maximum ratings over operating free-air temperature range

Supply voltage V_{CC}	7V	Operating free-air temperature range	SN54LS	−55°C to 125°C
Input voltage	7V		SN74LS	0°C to 70°C
		Storage temperature range		−65°C to 150°C

recommended operating conditions

	SN54LS33 MIN	SN54LS33 NOM	SN54LS33 MAX	SN74LS33 MIN	SN74LS33 NOM	SN74LS33 MAX	UNIT
Supply voltage, V_{CC}	4.5	5	5.5	4.75	5	5.25	V
High-level output voltage, V_{OH}			5.5			5.5	V
Low-level output current, I_{OL}			12			24	mA
Operating free-air temperature, T_A	−55		125	0		70	°C

electrical characteristics over recommended operating free-air temperature range

	PARAMETER	TEST CONDITIONS†		MIN	TYP‡	MAX	UNIT
V_{IH}	High-level input voltage			2			V
V_{IL}	Low-level input voltage		54LS 74LS			0.7 0.8	V
V_{IK}	Input clamp voltage	V_{CC} = MIN, I_I = −18 mA				−1.5	V
I_{OH}	High-level output current	V_{CC} = MIN, V_{IL} = V_{IL} max V_{OH} = MAX				250	μA
V_{OL}	Low-level output voltage	V_{CC} = MIN, V_{IH} = 2 V I_{OL} = MAX	54LS 74LS		0.25 0.35	0.4 0.5	V
I_I	Input current at maximum input voltage	V_{CC} = MAX, V_I = 7V				0.1	mA
I_{IH}	High-level input current	V_{CC} = MAX, V_{IH} = 2.7V				20	μA
I_{IL}	Low-level input current	V_{CC} = MAX, V_{IL} = 0.4 V				−0.4	mA
I_{CCH}	Supply current	V_{CC} = MAX	Total, outputs high		1.8	3.6	mA
I_{CCL}	Supply current	V_{CC} = MAX	Total, outputs low		6.9	13.8	mA
I_{CC}	Supply current	V_{CC} = 5 V	Average per gate (50% duty cycle)		1.09		mA
t_{PLH}	Propagation delay time, low-to-high-level output	V_{CC} = 5 V, T_A = 25°C, C_L = 45pF, R_L = 667Ω			20	32	ns
t_{PHL}	Propagation delay time, high-to-low-level output	V_{CC} = 5 V, T_A = 25°C, C_L = 45pF, R_L = 667Ω			18	28	ns

Pin Assignment (Top View)

①

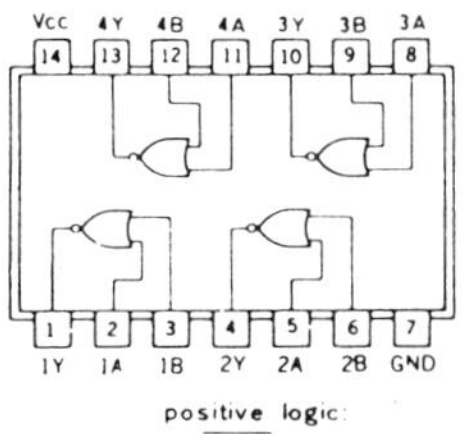

positive logic:
$Y = \overline{A + B}$

schematics(each gate)

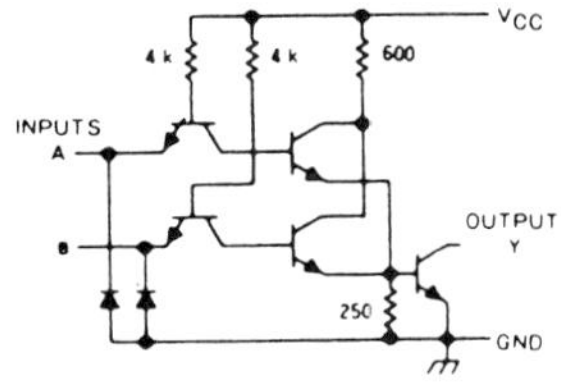

'33 CIRCUIT

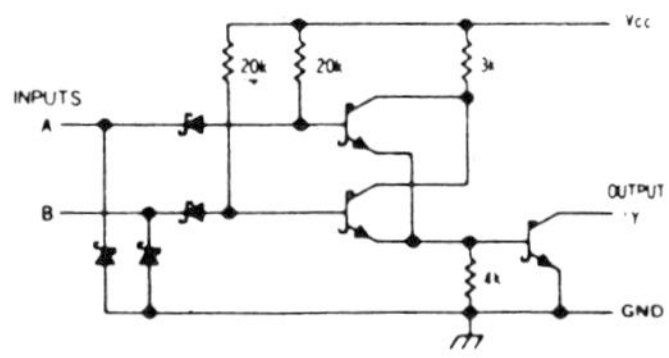

'LS33 CIRCUIT

Resistor values shown are nominal and in ohms.

† For conditions shown as MIN or MAX, use the appropriate value specified under recommended operating conditions.
‡ All typical values are at V_{CC} = 5 V, T_A = 25°C.

CONTINUED ON NEXT PAGE

74LS33 ● Quadruple 2-Input Positive-NOR Buffer with Open-Collector Output

Electrical Characteristics SN54ALS33/SN74ALS33

absolute maximum ratings over operating free-air temperature range

Supply voltage, V_{CC}	7V	Operating free-air temperature range	SN54ALS	−55℃ to 125℃
			SN74ALS	0℃ to 70℃
Input voltage	7V	Storage temperature range		−65℃ to 150℃

recommended operating conditions

	SN54ALS33			SN74ALS33			UNIT
	MIN	NOM	MAX	MIN	NOM	MAX	
Supply voltage, V_{CC}	4.5	5	5.5	4.5	5	5.5	V
High-level output voltage, V_{OH}			5.5			5.5	V
Low-level output current, I_{OL}			12			12	mA
Operating free-air temperature, T_A	−55		125	0		70	℃

electrical characteristics over recommended operating free-air temperature range

PARAMETER		TEST CONDITIONS	MIN	TYP *	MAX	UNIT
V_{IH}	High-level input voltage		2			V
V_{IL}	Low-level input voltage				0.8	V
V_{IK}	Input clamp voltage	V_{CC}=MIN, $I_I=-18mA$			−1.5	V
I_{OH}	High-level output current	V_{CC}=MIN, V_{OH}=MAX			0.1	mA
V_{OL}	Low-level output voltage	V_{CC}=MIN, I_{OL}=MAX		0.25	0.4	V
I_I	Input current at maximum input voltage	V_{CC}=MAX, V_I=7V			0.1	mA
I_{IH}	High-level input current	V_{CC}=MAX, V_{IH}=2.7V			20	μA
I_{IL}	Low-level input current	V_{CC}=MAX, V_{IL}=0.4V			−0.2	mA
I_{CCH}	Supply current, outputs, high	V_{CC}=MAX, V_I=0V		1.7	2.8	mA
I_{CCL}	Supply current, outputs low	V_{CC}=MAX, V_I=4.5V		4.8	8.0	mA
t_{PLH}	Propagation delay time, low-to-high-level output	V_{CC}=4.5~5.5V, C_L=50pF, R_L=500Ω	10		40	ns
			10		30	
t_{PHL}	Propagation delay time, high-to-low-level output		7		18	ns
			7		15	

Pin Assignment (Top View)

①

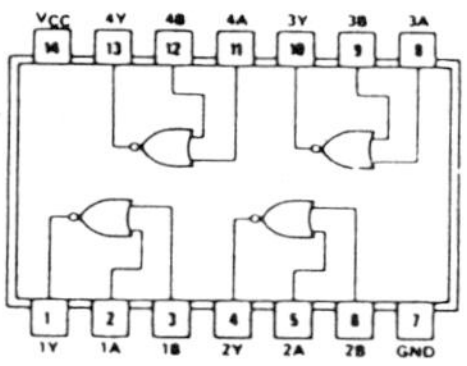

* All typical values are at V_{CC}=5V, T_A=25℃.

74LS42 ●BCD-to-Decimal Decoder

This monolithic decimal decoder consists of eight inverters and ten four-input NAND gates. The inverters are connected in pairs to make BCD input data available for decoding by NAND gates. Full decoding of valid input logic ensures that all outputs remain off for all invalid input conditions.

■PIN ARRANGEMENT

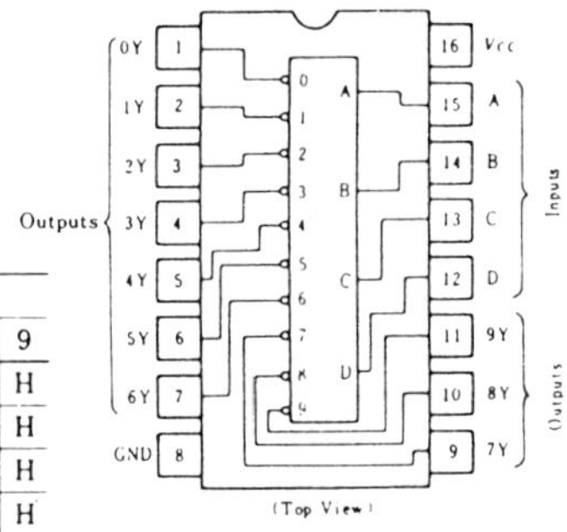

■BLOCK DIAGRAM

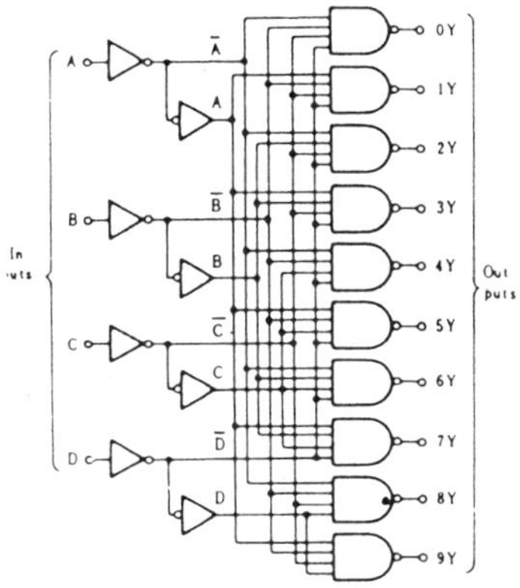

■FUNCTION TABLE

No.	BCD Input				Decimal Output									
	D	C	B	A	0	1	2	3	4	5	6	7	8	9
0	L	L	L	L	L	H	H	H	H	H	H	H	H	H
1	L	L	L	H	H	L	H	H	H	H	H	H	H	H
2	L	L	H	L	H	H	L	H	H	H	H	H	H	H
3	L	L	H	H	H	H	H	L	H	H	H	H	H	H
4	L	H	L	L	H	H	H	H	L	H	H	H	H	H
5	L	H	L	H	H	H	H	H	H	L	H	H	H	H
6	L	H	H	L	H	H	H	H	H	H	L	H	H	H
7	L	H	H	H	H	H	H	H	H	H	H	L	H	H
8	H	L	L	L	H	H	H	H	H	H	H	H	L	H
9	H	L	L	H	H	H	H	H	H	H	H	H	H	L
INVALID	H	L	H	L	H	H	H	H	H	H	H	H	H	H
	H	L	H	H	H	H	H	H	H	H	H	H	H	H
	H	H	L	L	H	H	H	H	H	H	H	H	H	H
	H	H	L	H	H	H	H	H	H	H	H	H	H	H
	H	H	H	L	H	H	H	H	H	H	H	H	H	H
	H	H	H	H	H	H	H	H	H	H	H	H	H	H

H; high level, L; low level

■ELECTRICAL CHARACTERISTICS ($Ta = -20 \sim +75°C$)

Item	Symbol	Test Conditions		min	typ*	max	Unit
Input voltage	V_{IH}			2.0	–	–	V
	V_{IL}			–	–	0.8	V
Output voltage	V_{OH}	$V_{CC}=4.75V$, $V_{IH}=2V$, $V_{IL}=0.8V$, $I_{OH}=-400\mu A$		2.7	–	–	V
	V_{OL}	$V_{CC}=4.75V$, $V_{IH}=2V$, $V_{IL}=0.8V$	$I_{OL}=8mA$	–	–	0.5	V
			$I_{OL}=4mA$	–	–	0.4	
Input current	I_{IH}	$V_{CC}=5.25V$, $V_I=2.7V$		–	–	20	μA
	I_{IL}	$V_{CC}=5.25V$, $V_I=0.4V$		–	–	−0.4	mA
	I_I	$V_{CC}=5.25V$, $V_I=7V$		–	–	0.1	mA
Short-circuit output current	I_{OS}	$V_{CC}=5.25V$		−20	–	−100	mA
Supply current	I_{CC}**	$V_{CC}=5.25V$		–	7	13	mA
Input clamp voltage	V_{IK}	$V_{CC}=4.75V$, $I_{IN}=-18mA$		–	–	−1.5	V

* $V_{CC}=5V$, $Ta=25°C$
** I_{CC} is measured with all outputs open and all inputs grounded.

74LS42

■SWITCHING CHARACTERISTICS (V_{CC}=5V, Ta=25℃)

Item		Symbol	Test Conditions	min	typ	max	Unit
Propagation delay time	2 Stage	t_{PLH}	C_L=15pF, R_L=2kΩ	–	15	25	ns
	3 Stage			–	20	30	
	2 Stage	t_{PHL}		–	15	25	ns
	3 Stage			–	20	30	

■TESTING METHOD

1) Test Circuit

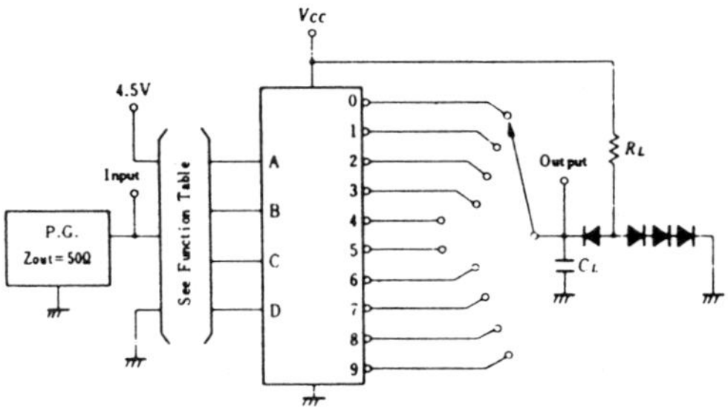

Waveform

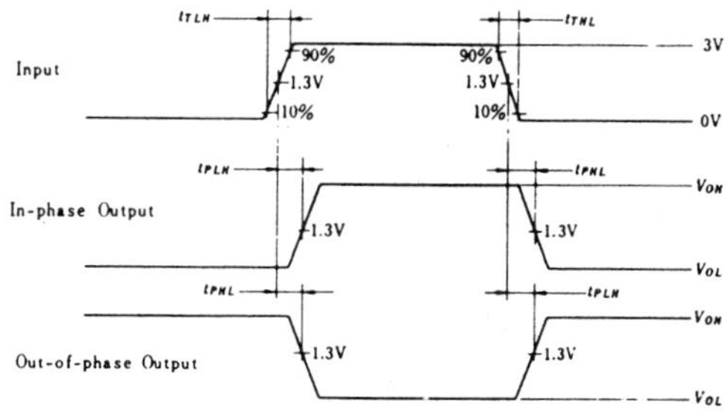

Input pulse: $t_{TLH} \leq 15$ns, $t_{THL} \leq 6$ns, PRR=1MHz, duty cycle 50%.

74LS47 ●BCD-to-Seven-Segment Decoder/Driver (with 15V Outputs)

HD74LS47 features active-low outputs designed for driving incandescent indicators directly. This device has full ripple-blanking input/output controls and a lamp test input. Display patterns for BCD input counts above 9 are unique symbols to authenticate input conditions. This circuit incorporates automatic leading and/or tailling-edge zero-blanking control (RBI and RBO). Lamp test (LT) of these types may be performed at any time when the BI/RBO node is at a high level. It contains an overriding blanking input (BI) which can be used to control the lamp intensity of pulsing or to inhibit the outputs. Inputs and outputs are entirely compatible for use with TTL or DTL logic outputs.

■PIN ARRANGEMENT

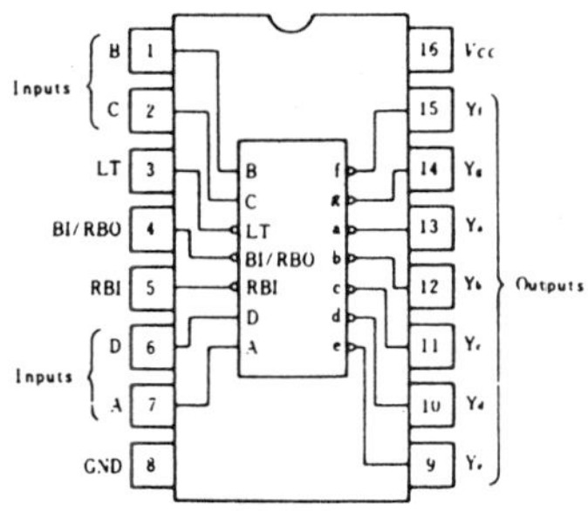

(Top View)

■BLOCK DIAGRAM

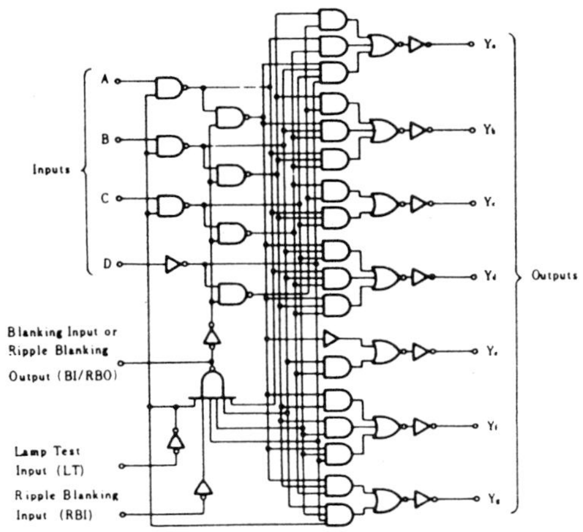

■ABSOLUTE MAXIMUM RATINGS

Item	Symbol	Ratings	Unit
Supply voltage	V_{CC}	7.0	V
Input voltage	V_{IN}	7.0	V
Output current (tw ≦ 1ms, duty cycle ≦ 10%)	$I_{O(peak)}$	200	mA
Output current (off-state)	$I_{O(off)}$	1	mA
Operating temperature range	T_{opr}	−20 ~ +75	℃
Storage temperature range	T_{stg}	−65 ~ +150	℃

74LS47

■FUNCTION TABLE

Decimal or Function	Inputs						BI/RBO	Outputs							Note
	LT	RBI	D	C	B	A		a	b	c	d	e	f	g	
0	H	H	L	L	L	L	H	ON	ON	ON	ON	ON	ON	OFF	1
1	H	×	L	L	L	H	H	OFF	ON	ON	OFF	OFF	OFF	OFF	
2	H	×	L	L	H	L	H	ON	ON	OFF	ON	ON	OFF	ON	
3	H	×	L	L	H	H	H	ON	ON	ON	ON	OFF	OFF	ON	
4	H	×	L	H	L	L	H	OFF	ON	ON	OFF	OFF	ON	ON	
5	H	×	L	H	L	H	H	ON	OFF	ON	ON	OFF	ON	ON	
6	H	×	L	H	H	L	H	OFF	OFF	ON	ON	ON	ON	ON	
7	H	×	L	H	H	H	H	ON	ON	ON	OFF	OFF	OFF	OFF	
8	H	×	H	L	L	L	H	ON	ON	ON	ON	ON	ON	ON	
9	H	×	H	L	L	H	H	ON	ON	ON	OFF	OFF	ON	ON	
10	H	×	H	L	H	L	H	OFF	OFF	OFF	ON	ON	OFF	ON	
11	H	×	H	L	H	H	H	OFF	OFF	ON	ON	OFF	OFF	ON	
12	H	×	H	H	L	L	H	OFF	ON	OFF	OFF	OFF	ON	ON	
13	H	×	H	H	L	H	H	ON	OFF	OFF	ON	OFF	ON	ON	
14	H	×	H	H	H	L	H	OFF	OFF	OFF	ON	ON	ON	ON	
15	H	×	H	H	H	H	H	OFF	OFF	OFF	OFF	OFF	OFF	OFF	
BI	×	×	×	×	×	×	L	OFF	OFF	OFF	OFF	OFF	OFF	OFF	2
RBI	H	L	L	L	L	L	L	OFF	OFF	OFF	OFF	OFF	OFF	OFF	3
LT	L	×	×	×	×	×	H	ON	ON	ON	ON	ON	ON	ON	4

H; high level, L; low level, X; irrelevant

Notes: 1. The blanking input (BI) must be open or held at a high logic level when output functions 0 through 15 are desired. The ripple-blanking input (RBI) must be open or high if blanking of a decimal zero is not desired.

2. When a low logic level is applied directly to the blanking input (BI), all segment outputs are off regardless of the level of any other input.

3. When ripple-blanking input (RBI) and inputs A, B, C, and D are a low level with the lamp test input high, all segment outputs go off and the ripple-blanking output (RBO) goes to a low level (response condition).

4. When a blanking input/ripple blanking output (BI/RBO) is open or held high and a low is applied to the lamp-test input, all segment outputs are on.

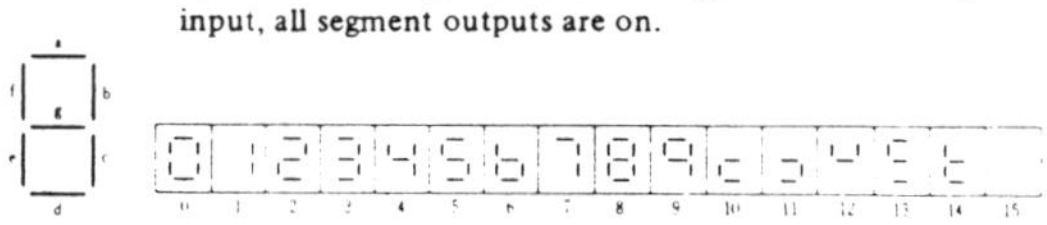

■RECOMMENDED OPERATING CONDITIONS

Item	Symbol	min	typ	max	Unit
Supply voltage	V_{CC}	4.75	5.0	5.25	V
Off-state output voltage *	$V_{O(off)}$	–	–	15	V
On-state output current *	$I_{O(on)}$	–	–	24	mA
High level output current **	I_{OH}	–	–	−50	μA
Low level output current **	I_{OL}	–	–	3.2	mA
Operating temperature range	T_{opr}	−20	25	75	℃

* Applied to the a through g outputs.
** BI/RBO terminal.

74LS47

■ELECTRICAL CHARACTERISTICS ($Ta = -20 \sim +75$℃)

Item		Symbol	Test Conditions		min	typ*	max	Unit
Input voltage		V_{IH}			2.0	–	–	V
		V_{IL}			–	–	0.8	V
Output voltage	BI/RBO	V_{OH}	$V_{CC}=4.75V$, $V_{IH}=2V$, $V_{IL}=0.8V$, $I_{OH}=-50\mu A$		2.4	–	–	V
		V_{OL}	$V_{CC}=4.75V$, $V_{IH}=2V$, $V_{IL}=0.8V$	$I_{OL}=1.6mA$	–	–	0.4	V
				$I_{OL}=3.2mA$	–	–	0.5	V
	a~g	$V_{O(on)}$	$V_{CC}=5.25V$, $V_{IH}=2V$, $V_{IL}=0.8V$	$I_{O(on)}=12mA$	–	–	0.4	V
				$I_{O(on)}=24mA$	–	–	0.5	V
Output current	a~g	$I_{O(off)}$	$V_{CC}=5.25V$, $V_{IH}=2V$, $V_{IL}=0.8V$, $V_{O(off)}=15V$		–	–	250	μA
Input current		I_{IH}	$V_{CC}=5.25V$, $V_I=2.7V$		–	–	20	μA
	All input except BI/RBO	I_{IL}	$V_{CC}=5.25V$, $V_I=0.4V$		–	–	−0.4	mA
	BI/RBO				–	–	−1.2	mA
		I_I	$V_{CC}=5.25V$, $V_I=7V$		–	–	0.1	mA
Short circuit output current	BI/RBO	I_{OS}	$V_{CC}=5.25V$		−0.3	–	−2	mA
Supply current **		I_{CC}	$V_{CC}=5.25V$		–	7	13	mA
Input clamp voltage		V_{IK}	$V_{CC}=4.75V$, $I_{IN}=-18mA$		–	–	−1.5	V

* $V_{CC}=5V$, $Ta=25°C$
** I_{CC} is measured with all outputs open and all inputs at 4.5V.

■SWITCHING CHARACTERISTICS ($V_{CC}=5V$, $Ta=25$℃)

Item	Symbol	Input	Test Conditions	min	typ	max	Unit
Turn on time	t_{on}	A	C_L 15pF, R_L 665Ω		–	100	ns
		RBI			–	100	ns
Turn off time	t_{off}	A				100	ns
		RBI				100	ns

■TESTING METHOD

1) Test Circuit

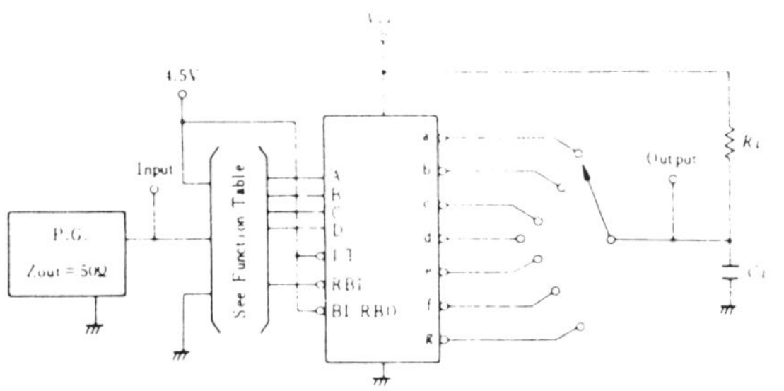

Waveform

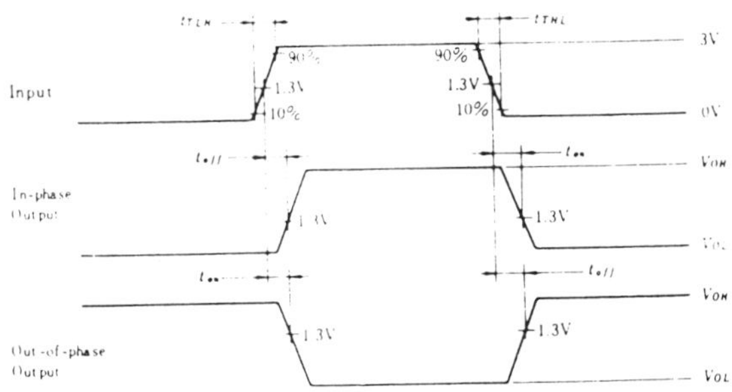

Input pulse; $t_{TLH} \leq 15ns$, $t_{THL} \leq 6ns$, $PRR=1MHz$, duty cycle 50%.

2) Testing Table

Item	Inputs					Outputs						
	RBI	D	C	B	A	a	b	c	d	e	f	g
t_{on}	4.5V	GND	GND	GND	IN	OUT	–	–	OUT	OUT	OUT	–
	4.5V	GND	GND	4.5V	IN	–	–	OUT	–	OUT	–	–
t_{off}	4.5V	GND	4.5V	4.5V	IN	OUT	OUT	–	OUT	OUT	OUT	OUT
	IN	GND	GND	GND	GND	OUT	OUT	OUT	OUT	OUT	OUT	–

74LS48 ● BCD-to-Seven Segment Decoder/Driver

Electrical Characteristics ⁄ SN74LS48/SN74LS48

absolute maximum ratings over operating free-air temperature range

Supply voltage, V_{CC}	7V	Operating free-air temperature range	SN54LS	55°C to 125°C
Input voltage	7V		SN74LS	0°C to 70°C
		Storage temperature range		65°C to 150°C

recommended operating conditions

		SN54LS48 MIN	SN54LS48 NOM	SN54LS48 MAX	SN74LS48 MIN	SN74LS48 NOM	SN74LS48 MAX	UNIT
Supply voltage, V_{CC}		4.5	5	5.5	4.75	5	5.25	V
High-level output current, I_{OH}	a thru g			-100			-100	μA
	BI/RBO			-50			-50	
Low-level output current, I_{OL}	a thru g			2			6	mA
	BI/RBO			1.6			3.2	
Operating free-air temperature, T_A		-55		125	0		70	°C

electrical characteristics over recommended operating free-air temperature range

PARAMETER *			TEST CONDITIONS †		MIN	TYP ‡	MAX	UNIT
V_{IH}	High-level input voltage				2			V
V_{IL}	Low-level input voltage			54LS			0.7	V
				74LS			0.8	
V_{IK}	Input clamp voltage, any input except BI/RBO		V_{CC} = MIN, I_I = −18mA				-1.5	V
V_{OH}	High-level output voltage	a thru g BI/RBO	V_{CC} = MIN, V_{IH} = 2V, V_{IL} = 0.8V, I_{OH} = MAX		2.4	4.2		V
I_O	Output current	a thru g	V_{CC} = MIN, V_O = 0.85V, Input conditions as for V_{OH}		−1.3	-2		mA
V_{OL}	Low-level output voltage	a thru g	V_{CC} = MIN V_{IH} = 2V V_{IL} = 0.8V	I_{OL} = 2mA		0.25	0.4	V
		BI/RBO		I_{OL} = 1.6mA		0.25	0.4	
I_I	Input current at maximum input voltage	Any input except BI / RBO	V_{CC} = MAX, V_I = 7V				0.1	mA
I_{IH}	High-level input current	Any input except BI / RBO	V_{CC} = MAX, V_I = 2.7V				20	μA
I_{IL}	Low-level input current	Any input except BI / RBO	V_{CC} = MAX, V_I = 0.4V				-0.4	mA
		BI / RBO					-1.2	
I_{OS}	Short-circuit output current	BI / RBO	V_{CC} = MAX		-0.3		2	mA
I_{CC}	Supply current		V_{CC} MAX.	SN54LS48		25	38	mA
				SN74LS48		25	38	
t_{PHL}		from A input	V_{CC} = 5V T_A = 25℃ C_L = 15pF	R_L = 4kΩ			100	ns
t_{PLH}		from A input					100	ns
t_{PHL}		from RBI input		R_L = 6kΩ			100	ns
t_{PLH}		from RBI input					100	ns

Pin Assignment (Top View)

①

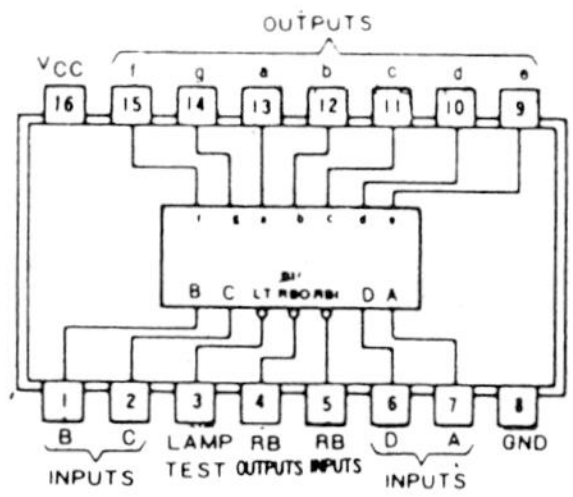

Positive logic : see function table

NOTES

1 The blanking input (BI) must be open or held at a high logic level when output functions 0 through 15 are desired. The ripple-blanking input (RBI) must be open or high, if blanking of a decimal zero is not desired.

*2 When a low logic level is applied directly to the blanking input (BI), all segment outputs are low regardless of the level of any other input.

3 when ripple-blanking input (RBI) and inputs A, B, C, and D are at a low level with the lamp-test input high, all segment outputs go low and the ripple-blanking output (RBO) goes to a low level (response condition).

4. When the blanking input/ripple-blanking output (BI/RBO) is open or held high and a low is applied to the lamp-test input, all segment outputs are high.

BI/RBO is wire-AND logic serving as blanking input (BI) and/or ripple-blanking output (RBO)

† For conditions shown as MIN or MAX, use the appropriate value specified under recommended operating conditions for the applicable type.

‡ All typical values are at V_{CC} = 5V, T_A = 25℃.

* I_{CC} is measured with all outputs open and all inputs at 4.5V.

t_{PLH} ≡ propagation delay time, low-to-high-level output

t_{PHL} ≡ propagation dalay time, high-to-low-level output

74LS48 ● BCD-to-Seven Segment Decoder/Driver

Function Table

'48, 'LS48 (see NOTES)

DECIMAL OR FUNCTION	INPUTS						BI/RBO#	OUTPUTS							NOTE
	LT	RBI	D	C	B	A		a	b	c	d	e	f	g	
0	H	H	L	L	L	L	H	H	H	H	H	H	H	L	1
1	H	X	L	L	L	H	H	L	H	H	L	L	L	L	1
2	H	X	L	L	H	L	H	H	H	L	H	H	L	H	
3	H	X	L	L	H	H	H	H	H	H	H	L	L	H	
4	H	X	L	H	L	L	H	L	H	H	L	L	H	H	
5	H	X	L	H	L	H	H	H	L	H	H	L	H	H	
6	H	X	L	H	H	L	H	L	L	H	H	H	H	H	
7	H	X	L	H	H	H	H	H	H	H	L	L	L	L	
8	H	X	H	L	L	L	H	H	H	H	H	H	H	H	
9	H	X	H	L	L	H	H	H	H	H	L	L	H	H	
10	H	X	H	L	H	L	H	L	L	L	H	H	L	H	
11	H	X	H	L	H	H	H	L	L	H	H	L	L	H	
12	H	X	H	H	L	L	H	L	H	L	L	L	H	H	
13	H	X	H	H	L	H	H	H	L	L	H	L	H	H	
14	H	X	H	H	H	L	H	L	L	L	H	H	H	H	
15	H	X	H	H	H	H	H	L	L	L	L	L	L	L	
BI	X	X	X	X	X	X	L	L	L	L	L	L	L	L	2
RBI	H	L	L	L	L	L	L	L	L	L	L	L	L	L	3
LT	L	X	X	X	X	X	H	H	H	H	H	H	H	H	4

H = high level, L = low level, X = irrelevant

Functional Block Diagram

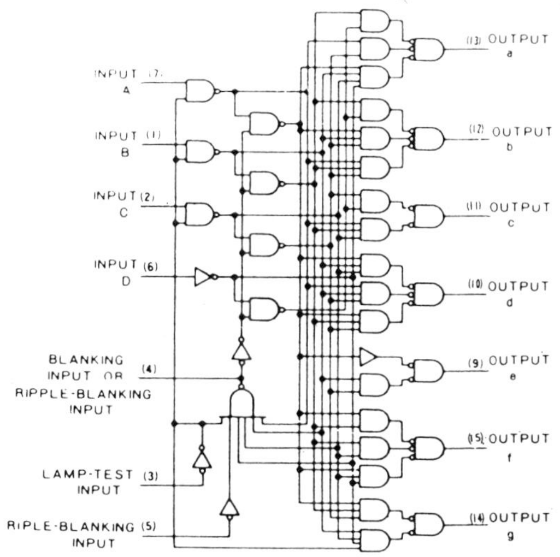

'48, 'LS48 BCD-TO-SEVEN-SEGMENT DECODER/DRIVER

74LS51 ●2-wide 2-input, 2-wide 3-input AND-OR-INVERT Gates

■CIRCUIT SCHEMATIC(½)

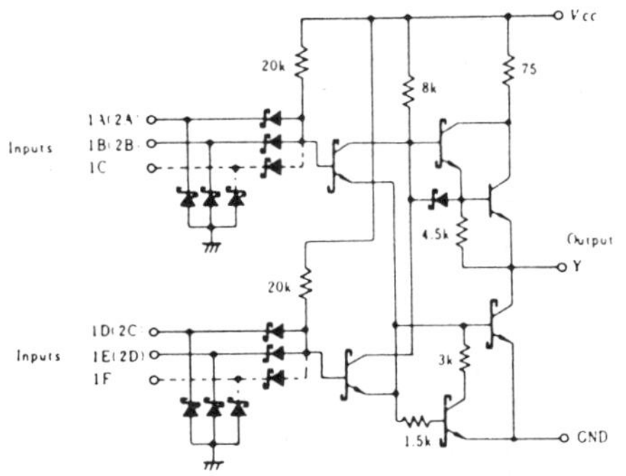

■PIN ARRANGEMENT

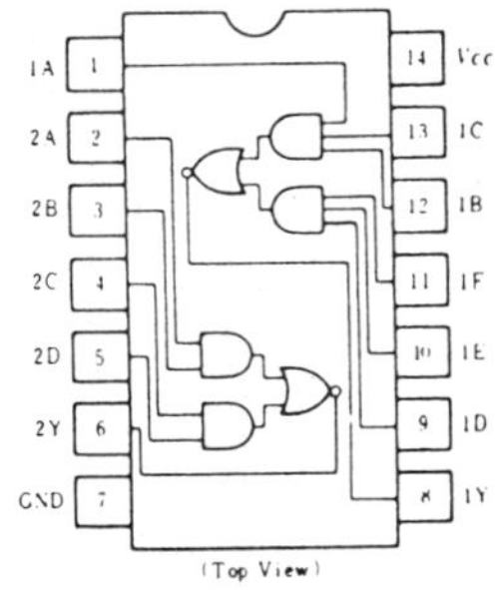

■ELECTRICAL CHARACTERISTICS ($Ta = -20 \sim +75°C$)

Item	Symbol	Test Conditions		min	typ*	max	Unit
Input voltage	V_{IH}			2.0	–	–	V
	V_{IL}			–	–	0.8	V
Output voltage	V_{OH}	$V_{CC}=4.75V$, $V_{IL}=0.8V$, $I_{OH}=-400\mu A$		2.7	–	–	V
	V_{OL}	$V_{CC}=4.75V$, $V_{IH}=2V$	$I_{OL}=8mA$	–	–	0.5	V
			$I_{OL}=4mA$	–	–	0.4	
Input current	I_{IH}	$V_{CC}=5.25V$, $V_I=2.7V$		–	–	20	μA
	I_{IL}	$V_{CC}=5.25V$, $V_I=0.4V$		–	–	−0.4	mA
	I_I	$V_{CC}=5.25V$, $V_I=7V$		–	–	0.2	mA
Short circuit output current	I_{OS}	$V_{CC}=5.25V$		−20	–	−100	mA
Supply current	I_{CCH}	$V_{CC}=5.25V$		–	0.8	1.6	mA
	I_{CCL}			–	1.4	2.8	
Input clamp voltage	V_{IK}	$V_{CC}=4.75V$, $I_{IN}=-18mA$		–	–	−1.5	V

* $V_{CC}=5V$, $Ta=25°C$

■SWITCHING CHARACTERISTICS ($V_{CC}=5V$, $Ta=25°C$)

Item	Symbol	Test Conditions	min	typ	max	Unit
Propagation delay time	t_{PLH}	$C_L=15pF$, $R_L=2k\Omega$	–	12	20	ns
	t_{PHL}		–	12.5	20	

Note) Refer to Test Circuit and Waveform of the Common Item

74LS73 Dual J-K Master-Slave Flip-Flop with Clear

	Schottky TTL					High-Speed TTL					Low-Power Schottky TTL				
	Device Type	Package				Device Type	Package				Device Type	Package			
		C	P	M	CF		C	P	M	CF		C	P	M	CF
T.I.						SN54H73	J①			W①	SN54LS73	J①			W①
						SN74H73	J①	N①			SN74LS73	J①	N①		
FAIRCHILD						FM54H73/FM9H73	D①			F①	FM54LS73/FM9LS73				
						FC74H73/FC9H73	D①	P①			FC74LS73/FC9LS73				
MOTOROLA						MC3163	L①			F①	SN54LS73	J①			
						MC3063	L①	P①		F①	SN74LS73		P①		
N.S.C.						DM54H73	J①				DM54LS73	J①			W①
						DM74H73		N①			DM74LS73		P①		
PHILIPS															
						N74H73		①			N74LS73		①		
SIGNETICS						S54H73	F①	A①		W①	S54LS73	F①			
						N74H73	F①	A①			N74LS73		A①		
SIEMENS															
FUJITSU															
											MB74LS73		M①		
HITACHI															
											HD74LS73		P①		
MITSUBISHI															
											M74LS73A		P①		
NEC															
TOSHIBA															

	Standard TTL					Low-Power TTL				
	Device Type	Package				Device Type	Package			
		C	P	M	CF		C	P	M	CF
T.I.	SN5473	J①			W①	SN54L73	J①		T①	
	SN7473	J①	N①			SN74L73	J①	N①		
FAIRCHILD	FM5473/FM9N73	D①			F①					
	FC7473/FC9N73	D①	P①							
MOTOROLA	MC5473	L①			F①					
	MC7473	L①	P①		F①					
N.S.C.	DM5473	J①	N①		W①	DM54L73	J①			F①
	DM7473	J①	N①			DM74L73		N①		
PHILIPS										
	FJJ121/7473		①							
SIGNETICS	S5473	F①	A①		W①					
	N7473	F①	A①							
SIEMENS										
	FLJ121		①							
FUJITSU										
HITACHI										
	HD7473/HD2515	①	P①							
MITSUBISHI										
	M53273		P①							
NEC										
	μPB225	D①	C①							
TOSHIBA										
	TD3473A		P①							

Electrical Characteristics SN54LS73/SN74LS73

absolute maximum ratings over operating free-air temperature range

Supply voltage, V_{CC}	7V	Operating free-air temperature range	SN54LS	−55°C to 125°C
Input voltage	5.5V		SN74LS	0°C to 70°C
		Storage temperature range		−65°C to 150°C

recommended operating conditions

		SN54LS73 MIN	SN54LS73 NOM	SN54LS73 MAX	SN74LS73 MIN	SN74LS73 NOM	SN74LS73 MAX	UNIT
Supply voltage, V_{CC}		4.5	5	5.5	4.75	5	5.25	V
High-level output current, I_{OH}				−400			−400	μA
Low-level output current, I_{OL}				4			8	mA
Clock frequency, f_{clock}		0		30	0		30	MHz
Pulse width, t_w	Clock high	20			20			ns
	Preset or clear low	25			25			
Input setup time, t_{setup}	High-level data	20↓			20↓			
	Low-level data	20↓			20↓			ns
Input hold time, t_{hold}		0↓			0↓			ns
Operating free-air temperature, T_A		−55		125	0		70	°C

electrical characteristics over recommended operating free-air temperature range

PARAMETER◆			TEST CONDITIONS†		MIN	TYP‡	MAX	UNIT
V_{IH}	High-level input voltage				2			V
V_{IL}	Low-level input voltage						0.8	V
V_I	Input clamp voltage		V_{CC} = MIN, I_I = −18mA				−1.5	V
V_{OH}	High-level output voltage		V_{CC} = MIN, V_{IH} = 2V,	54LS	2.5	3.4		V
			V_{IL} = V_{IL}max, I_{OH} = MAX	74LS	2.7	3.4		
V_{OL}	Low-level output voltage		V_{CC} = MIN, V_{IH} = 2V,	54LS		0.25	0.4	V
			V_{IL} = V_{IL}max, I_{OL} = MAX	74LS		0.35	0.5	
I_I	Input current at maximum input voltage	D, J, K, or K	V_{CC} = MAX, V_I = 7V				0.1	mA
		Clear					0.3	
		Preset					0.3	
		Clock					0.4	
I_{IH}	High-level input current	D, J, K, or K	V_{CC} = MAX, V_I = 2.7V				20	μA
		Clear					60	
		Preset					60	
		Clock					80	
I_{IL}	Low-level input current	D, J, K, or K	V_{CC} = MAX, V_I = 0.4V				−0.4	mA
		Clear					−0.8	
		Preset					−0.8	
		Clock					−0.8	
I_{OS}	Short-circuit output current ◆	54LS	V_{CC} = MAX		−20		100	mA
		74LS			−20		−100	
I_{CC}	Supply current (Total)		V_{CC} = MAX, See Note 1			4	8	mA
f_{max}	maximum clock frequency		V_{CC} = 5V, T_A = 25°C, C_L = 15pF, R_L = 2kΩ		30	45		MHz
t_{PLH}	from clear, preset or clock (as appropriate) to Q or $\bar{Q}$					11	20	ns
t_{PHL}	from clear, preset or clock (as appropriate) to Q or $\bar{Q}$					15	30	

Pin Assignment (Top View)

①

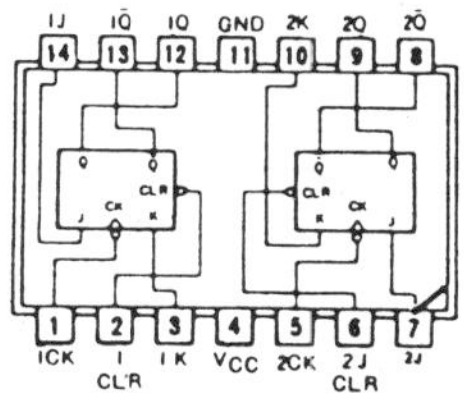

Function Tables

'73 H73, 'L73 (See Note 2)

INPUTS				OUTPUTS	
CLEAR	CLOCK	J	K	Q	$\bar{Q}$
L	X	X	X	L	H
H	⎍	L	L	Q_0	$\bar{Q}_0$
H	⎍	H	L	H	L
H	⎍	L	H	L	H
H	⎍	H	H	TOGGLE	

LS73 (See Note 2)

INPUTS				OUTPUTS	
CLEAR	CLOCK	J	K	Q	$\bar{Q}$
L	X	X	X	L	H
H	↓	L	L	Q_0	$\bar{Q}_0$
H	↓	H	L	H	L
H	↓	L	H	L	H
H	↓	H	H	TOGGLE	
H	H	X	X	Q_0	$\bar{Q}_0$

Functional Block Diagrams

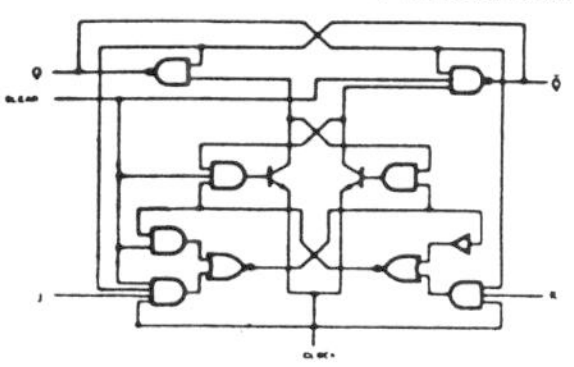

'73-DUAL J-K WITH CLEAR

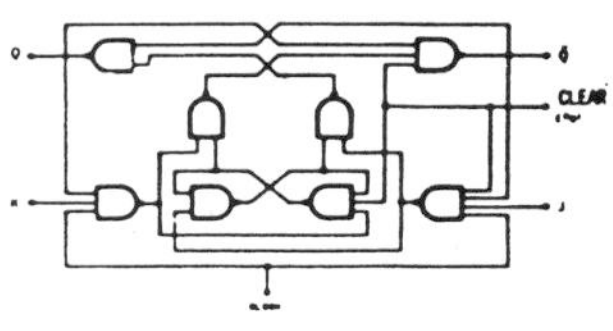

H73-DUAL J-K WITH CLEAR

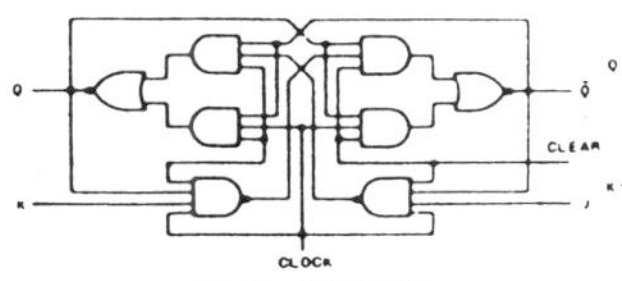

LS73 DUAL J-K WITH CLEAR

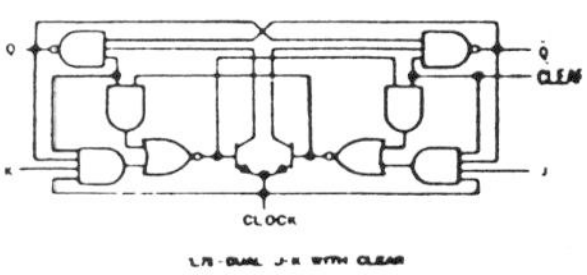

L73-DUAL J-K WITH CLEAR

NOTES: 1. with all outputs open, I_{CC} is measured with the Q and $\bar{Q}$ outputs high in turn. At the time time of mesaurement, the clock input is grounded.

2. H = high level (steady state), L = low level (steady state), X = irrelevant
↓ = transition from high to low level
⎍ = high-level pulse; data inputs should be held constant while clock is high; data is transferred to output on the falling edge of the pulse.
Qo = the level of Q before the indicated input conditions were established.
TOGGLE: Each output changes to the complement of its previous level on each active transition (pulse) of the clock.

† For conditions shown as MIN or MAX, use the appropriate value specified under recommended operating conditions.
‡ All typical values are at V_{CC} = 5V, T_A = 25°C
◆ Not more than one output should be shorted at time
◆ t_{PLH} = propagation delay time, low-to-high-level output
t_{PHL} = propagation delay time, high-to-low-level output
§ The arrow indicates the edge of the clock pulse used for reference: ↓ for the falling edge

74LS74A ●Dual D-type Positive Edge-triggered Flip-Flops (with Preset and Clear)

■FUNCTION TABLE

Inputs				Outputs	
Preset	Clear	Clock	D	Q	$\bar{Q}$
L	H	×	×	H	L
H	L	×	×	L	H
L	L	×	×	H*	H*
H	H	↑	H	H	L
H	H	↑	L	L	H
H	H	L	×	Q_0	$\bar{Q}_0$

Notes) H; high level, L; low level, X; irrelevant
↑; transition from low to high level
Q_0; level of Q before the indicated steady-state conditions were established.
$\bar{Q}_0$; complement of Q_0 or level of $\bar{Q}$ before the indicated steady-state input conditions were established.
*; This configuration is nonstable, that is, it will not persist when preset and clear inputs return to their inactive (high) level.

■PIN ARRANGEMENT

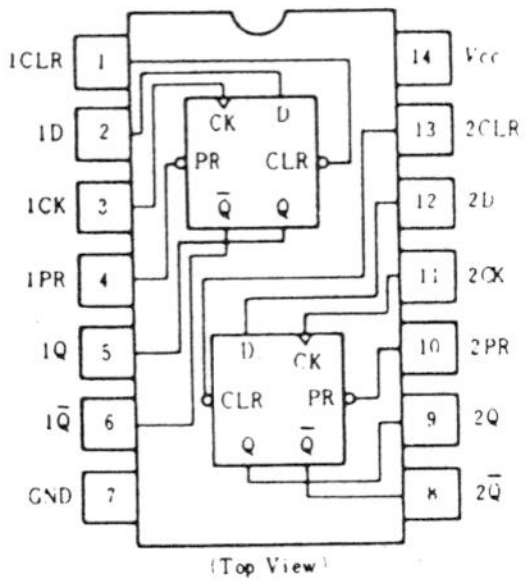

■TIMING DEFINITION

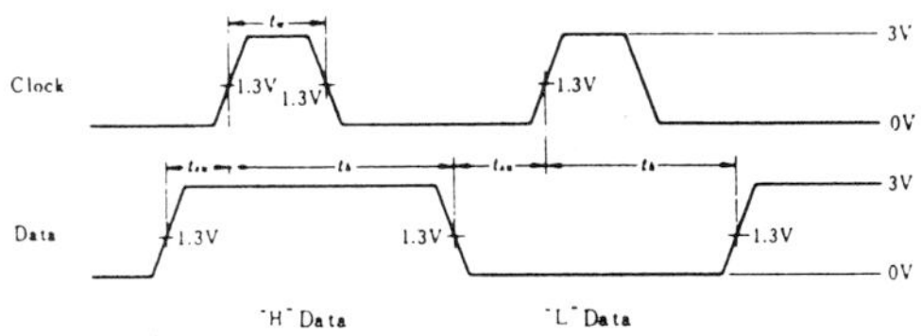

■RECOMMENDED OPERATING CONDITIONS

Item		Symbol	min	typ	max	Unit
Clock frequency		f_{clock}	0	—	25	MHz
Pulse width	Clock High	t_W	25	—	—	ns
	Clear Preset		25	—	—	
Setup time	"H" Data	t_{su}	20↑	—	—	ns
	"L" Data		20↑	—	—	
Hold time		t_h	5↑	—	—	ns

Note) ↑; The arrow indicates the rising edge.

■ELECTRICAL CHARACTERISTICS ($Ta = -20 \sim +75$℃)

Item		Symbol	Test Conditions		min	typ*	max	Unit
Input voltage		V_{IH}			2.0	—	—	V
		V_{IL}			—	—	0.8	V
Output voltage		V_{OH}	$V_{CC}=4.75V,\ V_{IH}=2V,\ V_{IL}=0.8V,\ I_{OH}=-400\mu A$		2.7	—	—	V
		V_{OL}	$V_{CC}=4.75V,\ V_{IL}=0.8V,$ $V_{IH}=2V$	$I_{OL}=8mA$	—	—	0.5	V
				$I_{OL}=4mA$	—	—	0.4	
Input current	D	I_{IH}	$V_{CC}=5.25V,\ V_I=2.7V$		—	—	20	μA
	Clear				—	—	40	
	Preset				—	—	40	
	Clock				—	—	20	
	D	I_{IL}	$V_{CC}=5.25V,\ V_I=0.4V$		—	—	−0.4	mA
	Clear				—	—	−0.8	
	Preset				—	—	−0.8	
	Clock				—	—	−0.4	
	D	I_I	$V_{CC}=5.25V,\ V_I=7V$		—	—	0.1	mA
	Clear				—	—	0.2	
	Preset				—	—	0.2	
	Clock				—	—	0.1	
Short-circuit output current		I_{OS}	$V_{CC}=5.25V$		−20	—	−100	mA
Supply current		I_{CC}**	$V_{CC}=5.25V$		—	4	8	mA
Input clamp voltage		V_{IK}	$V_{CC}=4.75V,\ I_{IN}=-18mA$		—	—	−1.5	V

* V_{CC}=5V, Ta=25°C
** With all outputs open, I_{CC} is measured with the Q and $\bar{Q}$ outputs high in turn. At the time of measurement, the clock input is grounded.

74LS74A

■SWITCHING CHARACTERISTICS (V_{CC}=5V, Ta=25℃)

Item	Symbol	Inputs	Outputs	Test Condition	min	typ	max	Unit
Maximum clock frequency	f_{max}			C_L=15pF, R_L=2kΩ	25	33	–	MHz
Propagation delay time	t_{PLH}	Clock, Clear or Preset	Q, $\overline{Q}$		–	13	25	ns
	t_{PHL}				–	25	40	ns

■TESTING METHOD

1) Test Circuit

1.1) f_{max}, t_{PLH}, t_{PHL} (Clock→Q,$\overline{Q}$)

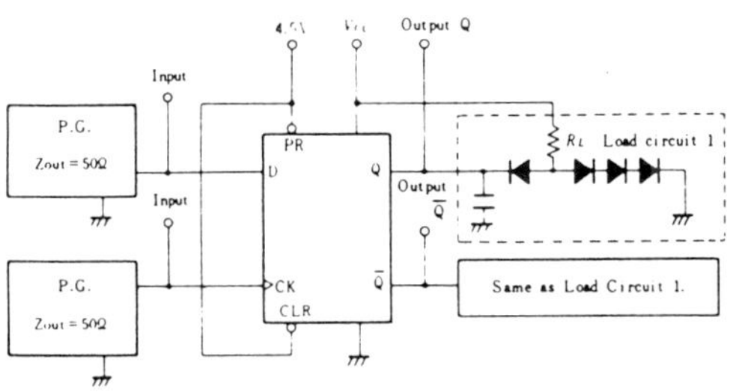

Notes) 1. Test is put into the each flip-flop
2. All diodes are 1S2074 Ⓗ.
3. C_L includes probe and jig capacitance.

1.2) t_{PHL}, t_{PLH} (Clear or Preset→Q,$\overline{Q}$)

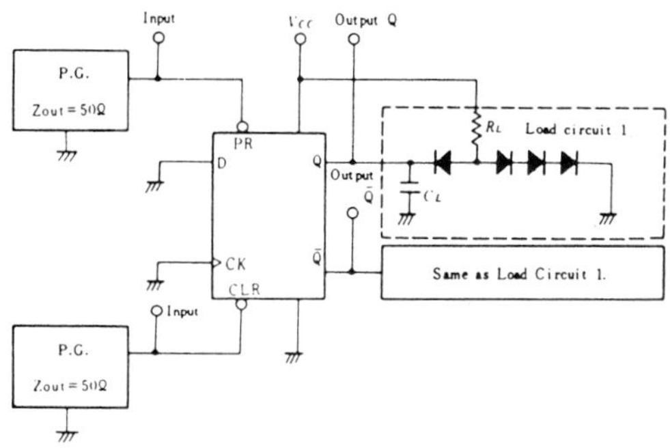

Notes) 1. Test is put into the each flip-flop
2. All diodes are 1S2074 Ⓗ.
3. C_L includes probe and jig capacitance.

Waveform

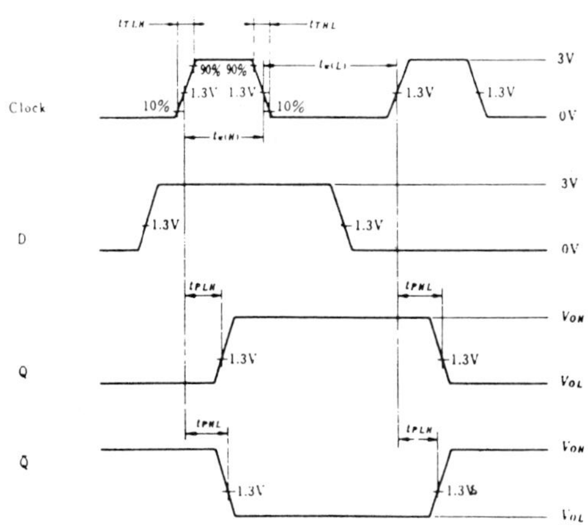

Note) Clock input pulse; t_{TLH}≦15ns, t_{THL}≦6ns, PRR=1MHz, duty cycle=50% and: for f_{max}, t_{TLH}=t_{THL}≦2.5ns.

Waveform

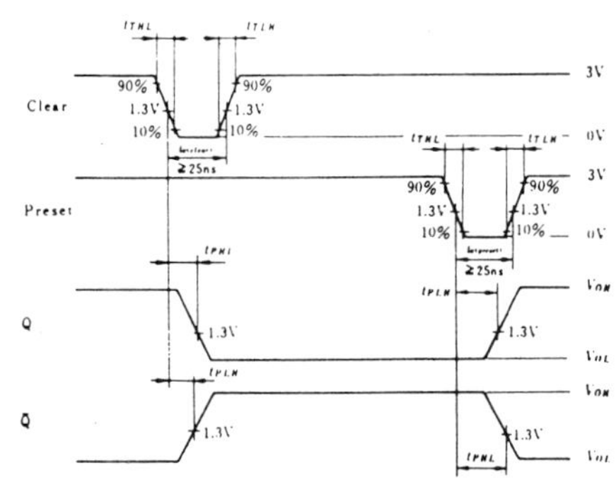

Note) Clear and preset input pulse; t_{TLH}≦15ns, t_{THL}≦6ns, PRR=1MHz

74LS75 ●Quadruple Bistable Latches

The HD74LS75 is ideally suited for use as temporary storage for binary information between processing units and input/output or indicator units. Information present at a data(D) input is transferred to the Q output when the enable (G) is high and the Q output will follow the data input as long as the enable remains high. When the enable goes low, the information (that was present at the data input at the time the transition occurred) is retained at the Q output until the enable is permitted to go high. This device features complementary Q and $\bar{Q}$ outputs from a 4-bit latch.

■BLOCK DIAGRAM(¼)

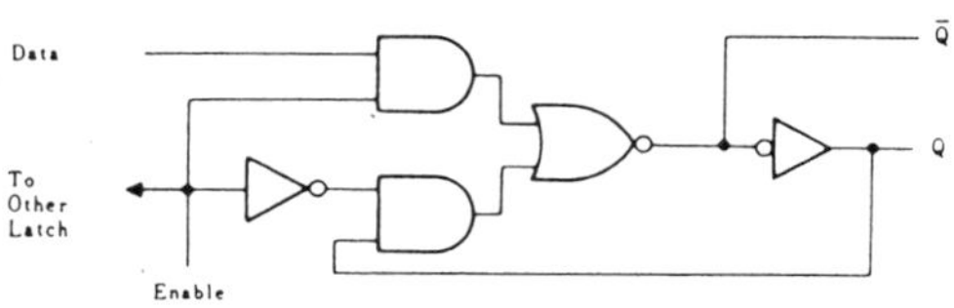

■PIN ARRANGEMENT

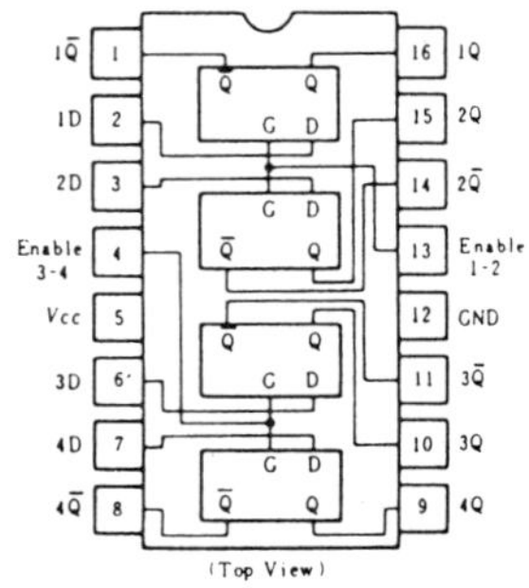

■FUNCTION TABLE

Inputs		Outputs	
D	G	Q	$\bar{Q}$
L	H	L	H
H	H	H	L
×	L	Q_0	$\bar{Q}_0$

Notes) H; high level, L; low level, X; irrelevant
Q_0; level of Q before the indicated steady-state input conditions were established.
$\bar{Q}_0$; complement of Q_0 or level of $\bar{Q}$ before the indicated steady-state input conditions were established.

■RECOMMENDED OPERATING CONDITIONS

Item	Symbol	min	typ	max	Unit
Pulse width	t_w	20	–	–	ns
Setup time	t_{su}	15	–	–	ns
Hold time	t_h	5	–	–	ns

■ELECTRICAL CHARACTERISTICS ($Ta = -20 \sim +75$℃)

Item	Symbol	Test Conditions		min	typ*	max	Unit
Input voltage	V_{IH}			2.0	–	–	V
	V_{IL}			–	–	0.8	V
Output voltage	V_{OH}	$V_{CC}=4.75V$, $V_{IH}=2V$, $V_{IL}=0.8V$, $I_{OH}=-400\mu A$		2.7	–	–	V
	V_{OL}	$V_{CC}=4.75V$, $V_{IH}=2V$, $V_{IL}=0.8V$	$I_{OL}=4mA$	–	–	0.4	V
			$I_{OL}=8mA$	–	–	0.5	
Input current	I_{IH}	$V_{CC}=5.25V$, $V_I=2.7V$	D input	–	–	20	μA
			G input	–	–	80	
	I_{IL}	$V_{CC}=5.25V$, $V_I=0.4V$	D input	–	–	−0.4	mA
			G input	–	–	−1.6	
	I_I	$V_{CC}=5.25V$, $V_I=7V$	D input	–	–	0.1	mA
			G input	–	–	0.4	
Short-circuit output current	I_{OS}	$V_{CC}=5.25V$		−20	–	−100	mA
Supply current **	I_{CC}	$V_{CC}=5.25V$		–	6.3	12	mA
Input clamp voltage	V_{IK}	$V_{CC}=4.75V$, $I_{IN}=-18mA$		–	–	−1.5	V

* $V_{CC}=5V$, $Ta=25°C$
** I_{CC} is measured with all outputs open and all inputs grounded.

74LS75

■SWITCHING CHARACTERISTICS (V_{CC}=5V, Ta=25℃)

Item	Symbol	Input	Output	Test Conditions	min	typ	max	Unit
Propagation delay time	t_{PLH}	D	Q	C_L=15pF, R_L=2kΩ	–	15	27	ns
	t_{PHL}				–	9	17	
	t_{PLH}	D	$\overline{Q}$		–	12	20	ns
	t_{PHL}				–	7	15	
	t_{PLH}	G	Q		–	15	27	ns
	t_{PHL}				–	14	25	
	t_{PLH}	G	$\overline{Q}$		–	16	30	ns
	t_{PHL}				–	7	15	

■TESTING METHOD

1) Test Circuit

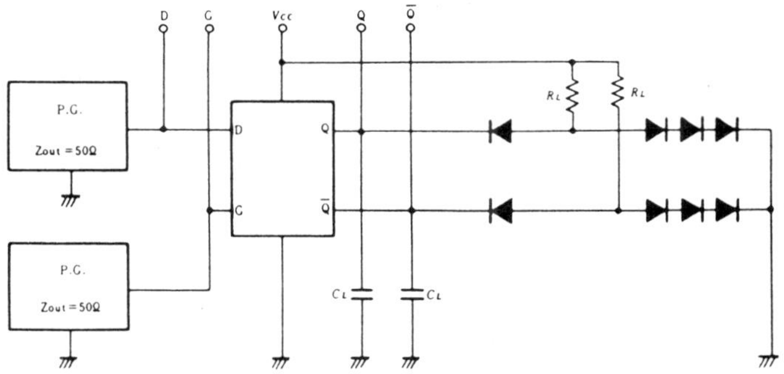

Notes) 1. Test is put into the each latch
2. All diodes are 1S2074 Ⓗ.
3. C_L includes probe and jig capacitance.

Waveform

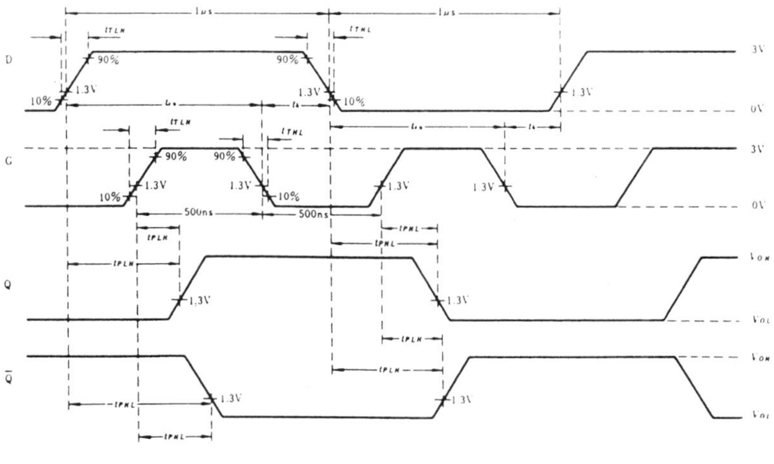

Notes) 1. Input pulse; D input; PRR=500kHz, G input, PRR=1MHz, t_{THL}≤10ns, t_{TLH}≤10ns.
2. When measuring propagation delay times from the D input, the corresponding G input must be held high.

74LS76A ●Dual J-K Flip-Flops (with Preset and Clear)

■BLOCK DIAGRAM(½)

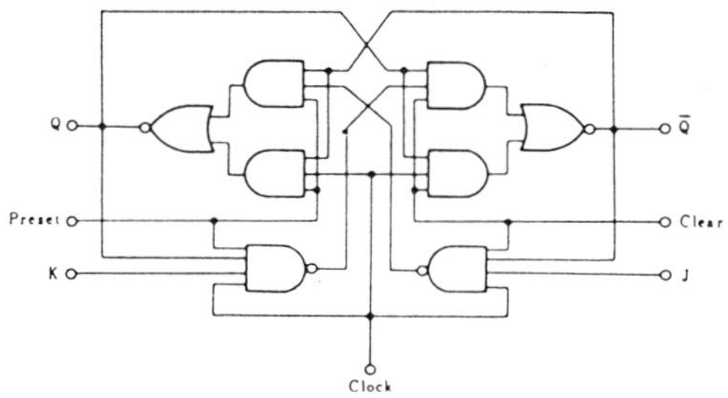

■PIN ARRANGEMENT

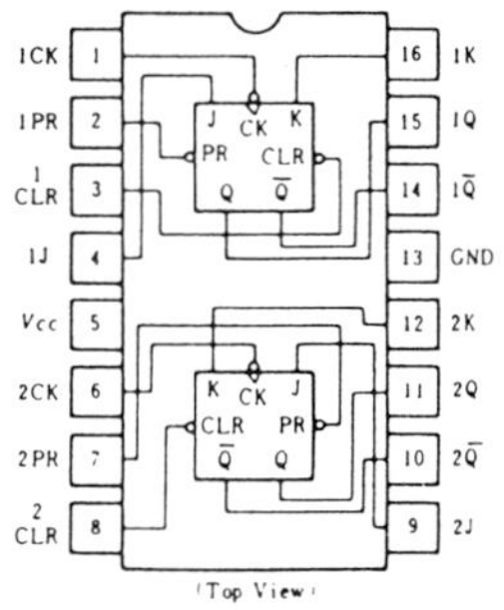

■RECOMMENDED OPERATING CONDITIONS

Item		Symbol	min	typ	max	Unit
Clock frequency		f_{clock}	0	—	30	MHz
Pulse width	Clock High	t_W	20	—	—	ns
	Clear Preset Low		25	—	—	
Setup time	"H" Data	t_{su}	20↓	—	—	ns
	"L" Data		20↓	—	—	
Hold time		t_h	0↓	—	—	ns

Note) ↓; The arrow indicates the falling edge.

■TIMING DEFINITION

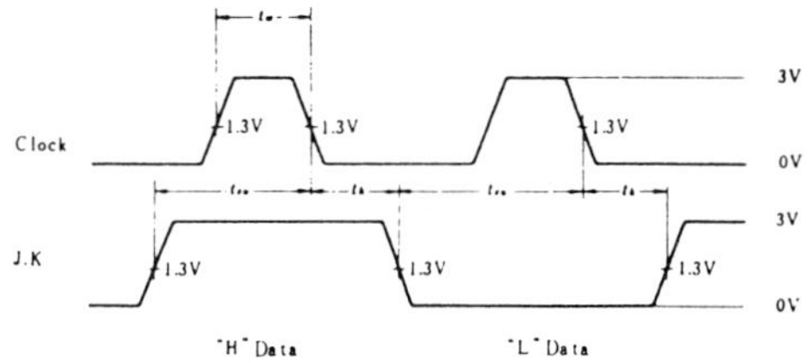

■ELECTRICAL CHARACTERISTICS ($Ta = -20 \sim +75$℃)

Item		Symbol	Test Conditions		min	typ*	max	Unit
Input voltage		V_{IH}			2.0	—	—	V
		V_{IL}			—	—	0.8	V
Output voltage		V_{OH}	$V_{CC}=4.75V$, $V_{IH}=2V$, $V_{IL}=0.8V$, $I_{OH}=-400\mu A$		2.7	—	—	V
		V_{OL}	$V_{CC}=4.75V$, $V_{IH}=2V$, $V_{IL}=0.8V$	$I_{OL}=8mA$	—	—	0.5	V
				$I_{OL}=4mA$	—	—	0.4	
Input current	J, K	I_{IH}	$V_{CC}=5.25V$, $V_I=2.7V$		—	—	20	μA
	Clear				—	—	60	
	Preset				—	—	60	
	Clock				—	—	80	
	J, K	I_{IL}**	$V_{CC}=5.25V$, $V_I=0.4V$		—	—	−0.4	mA
	Clear				—	—	−0.8	
	Preset				—	—	−0.8	
	Clock				—	—	−0.8	
	J, K	I_I	$V_{CC}=5.25V$, $V_I=7V$		—	—	0.1	mA
	Clear				—	—	0.3	
	Preset				—	—	0.3	
	Clock				—	—	0.4	
Short-circuit output current		I_{OS}	$V_{CC}=5.25V$		−20	—	−100	mA
Supply current ***		I_{CC}	$V_{CC}=5.25V$		—	4	6	mA
Input clamp voltage		V_{IK}	$V_{CC}=4.75V$, $I_{IN}=-18mA$		—	—	−1.5	V

* $VCC = 5V$, $Ta = 25°C$
** IIL should not be measured when preset and clear inputs are low at same time.
*** With all outputs open, ICC is measured with the Q and Q̄ outputs high in turn.
At the time of measurement, the clock input is grounded.

74LS76A

■FUNCTION TABLE

Inputs					Outputs	
Preset	Clear	Clock	J	K	Q	$\overline{Q}$
L	H	×	×	×	H	L
H	L	×	×	×	L	H
L	L	×	×	×	H*	H*
H	H	↓	L	L	Q_0	$\overline{Q}_0$
H	H	↓	H	L	H	L
H	H	↓	L	H	L	H
H	H	↓	H	H	Toggle	
H	H	H	×	×	Q_0	$\overline{Q}_0$

Notes) H; high level, L; low level, X; irrelevant
↓; transition from high to low level
Q_0; level of Q before the indicated steady-state input conditions were established.
$\overline{Q}_0$; complement of Q_0 or level of $\overline{Q}$ before the indicated steady-state input conditions were established.
Toggle; each output changes to the complement of its previous level on each active transition indicated by ↓.
*; This configuration is nonstable; that is, it will not persist when preset and clear inputs return to their inactive (high) level.

■SWITCHING CHARACTERISTICS (V_{CC}=5V, Ta=25℃)

Item	Symbol	Inputs	Outputs	Test Conditions	min	typ	max	Unit
Maximum clock frequency	f_{max}			C_L=15pF, R_L=2kΩ	30	45	−	MHz
Propagation delay time	t_{PLH}	Clear Preset Clock	Q, $\overline{Q}$		−	15	20	ns
	t_{PHL}				−	15	20	ns

■TESTING METHOD

1) Test Circuit

1.1) f_{max}, t_{PLH}, t_{PHL} (Clock→Q, $\overline{Q}$)

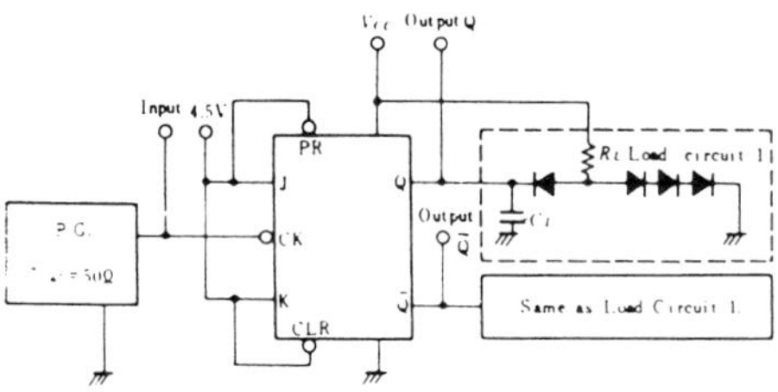

Notes) 1. Test is put into the each flip-flop
2. All diodes are 1S2074 Ⓗ.
3. C_L includes probe and jig capacitance.

Waveform

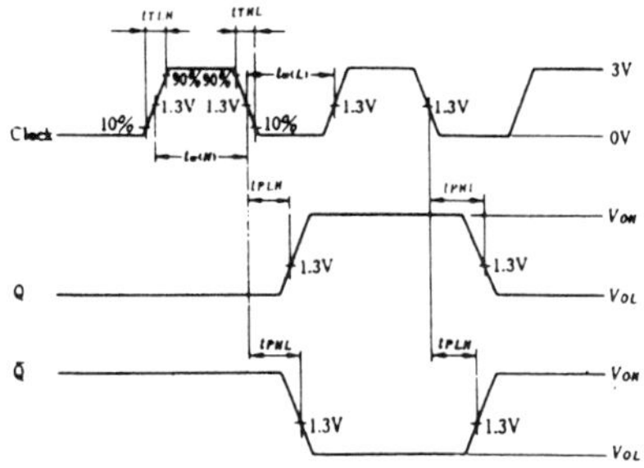

Note) Clock input pulse; $t_{TLH} \leq 15$ns, $t_{THL} \leq 6$ns, PRR=1MHz, duty cycle=50% and: for f_{max}, $t_{TLH} = t_{THL} \leq 2.5$ns.

1.2) t_{PHL}, t_{PLH} (Clear, Preset→Q, $\overline{Q}$)

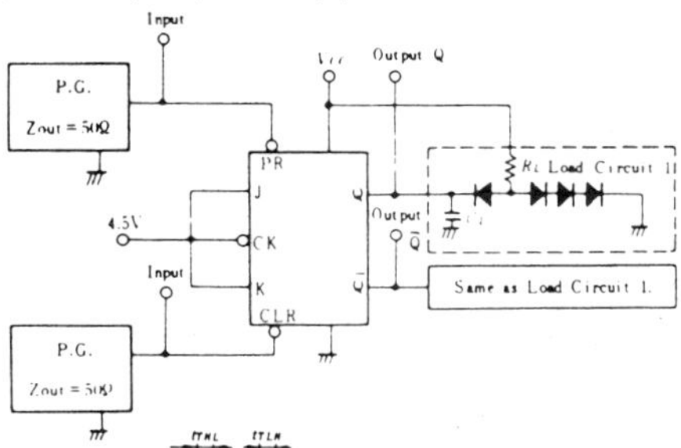

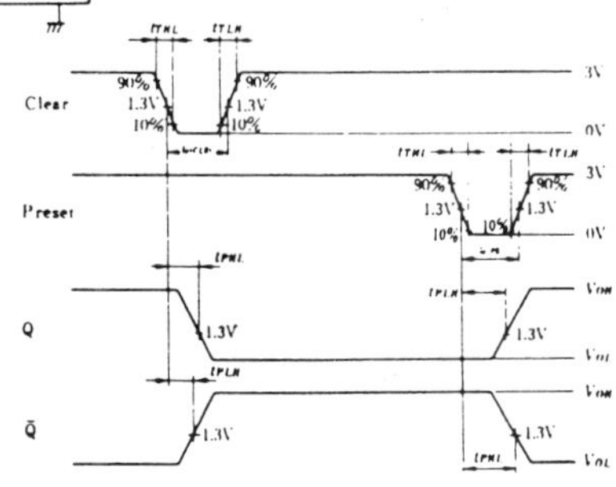

Note) Clear and preset input pulse; $t_{TLH} \leq 15$ns, $t_{THL} \leq 6$ns, PRR=1MHz

74LS83 ● Single 4-Bit Binary Full Adder(Look Ahead Carry)

Electrical Characteristics SN54LS83A/SN74LS83A

absolute maximum ratings over operating free-air temperature range

Supply voltage, V_{CC}	7V	Operating free-air temperature range	SN54LS	−55°C to 125°C
Input voltage	7V		SN74LS	0°C to 70°C
Interemitter voltage (see Note 1)	5.5V	Storage temperature range		−65°C to 150°C

recommended operating conditions

	SN54LS83A MIN	SN54LS83A NOM	SN54LS83A MAX	SN74LS83A MIN	SN74LS83A NOM	SN74LS83A MAX	UNIT
Supply Voltage, V_{CC}	4.5	5	5.5	4.75	5	5.25	V
High-level output current, I_{OH}			−400			−400	μA
Low-level output current, I_{OL}			4			8	mA
Operating free-air temperature, T_A	−55		125	0		70	°C

electrical characteristics over rocommended operating free-air temperature range

PARAMETER •			TEST CONDITIONS †	MIN	TYP ‡	MAX	UNIT
V_{IH}	High-level input voltage			2			V
V_{IL}	Low-level input voltage	54LS				0.7	V
		74LS				0.8	
V_{IK}	Input clamp voltage		V_{CC}=MIN, I_I=−18mA			−1.5	V
V_{OH}	High-level output voltage	54LS	V_{CC}=MIN, V_{IH}=2V, $V_{IL}=V_{ILmax}$, I_{OH}=MAX	2.5	3.4		V
		74LS		2.7	3.4		
V_{OL}	Low-level output voltage	54LS	V_{CC}=MIN, V_{IH}=2V, $V_{IL}=V_{ILmax}$, I_{OL}=MAX		0.25	0.4	V
		74LS			0.35	0.5	
I_I	Input current at maximum input voltage	Any A or B	V_{CC}=MAX, V_I=7V			0.2	mA
		CO				0.1	
I_{IH}	High-level input current	Any A or B	V_{CC}=MAX, V_I=2.7V			40	μA
		CO				20	
I_{IL}	Low-level input current	Any A or B	V_{CC}=MAX, V_I=0.4V			−0.8	mA
		CO				−0.4	
I_{OS}	Short-circuit output current ◆		V_{CC}=MAX	−20		−100	mA
I_{CC}	Supply current		V_{CC}=MAX, Outputs open: All inputs grounded		22	39	mA
			All B low, other inputs at 4.5V		19	34	
			All inputs at 4.5V		19	34	
t_{PLH}	from CO to output Any Σ		V_{CC}=5V, T_A=25°C, C_L=15pF, R_L=2kΩ		16	24	ns
t_{PHL}					15	24	
t_{PLH}	from A_i or B_i to output Σ_i				15	24	ns
t_{PHL}					15	24	
t_{PLH}	from CO to output C4				11	17	ns
t_{PHL}					15	22	
t_{PLH}	from A_i or B_i to output C4				11	17	ns
t_{PHL}					12	17	

Pin Assignment (Top View) ①

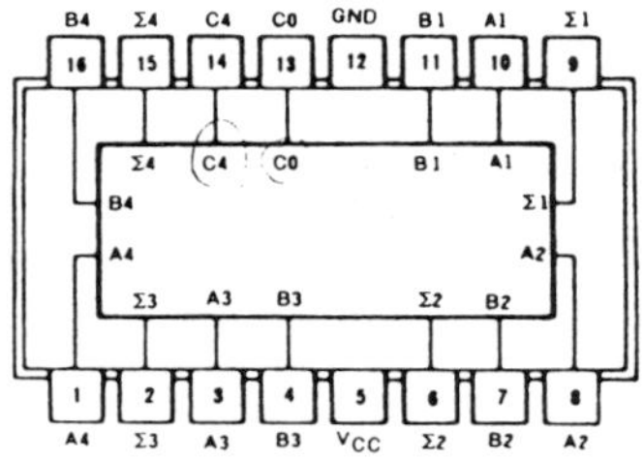

positive logic: see function table

Function Table

'83A, 'LS83 (see Note 2)

INPUT				OUTPUT WHEN CO=L / WHEN C2=L			OUTPUT WHEN CO=H / WHEN C2=H		
A1 / A3	B1 / B3	A2 / A4	B2 / B4	Σ1 / Σ3	Σ2 / Σ4	C2 / C4	Σ1 / Σ3	Σ2 / Σ4	C2 / C4
L	L	L	L	L	L	L	H	L	L
H	L	L	L	H	L	L	L	H	L
L	H	L	L	H	L	L	L	H	L
H	H	L	L	L	H	L	H	H	L
L	L	H	L	L	H	L	H	H	L
H	L	H	L	H	H	L	L	L	H
L	H	H	L	H	H	L	L	L	H
H	H	H	L	L	L	H	H	L	H
L	L	L	H	L	H	L	H	H	L
H	L	L	H	H	H	L	L	L	H
L	H	L	H	H	H	L	L	L	H
H	H	L	H	L	L	H	H	L	H
L	L	H	H	L	L	H	H	L	H
H	L	H	H	H	L	H	L	H	H
L	H	H	H	H	L	H	L	H	H
H	H	H	H	L	H	H	H	H	H

H=high level, L=low level

NOTES: 1. This is the voltage between two emitters of a multiple-emitter transistor. For the 83A, this rating applies between the following pairs: A1 and B1, A2 and B2, A3 and B3, A4 and B4.
2. Input conditions at A1, B1, A2, B2, and CO are used to determine outputs Σ1 and Σ2 and the value of the internal carry C2. The values at C2, A3, B3, A4, and B4 are then used to determine outputs Σ3, Σ4, and C4.

† For conditions shown as MIN or MAX, use the appropriate value specified under recommended operating conditions for the applicable device type.
‡ All typical values are at V_{CC}=5V, T_A=25°C.
◆ Only one output should be shorted at a time, and duration of the short-circuit should not exceed one second.
• t_{PLH} ≡ propagation delay time, low-to-high-level output
t_{PHL} ≡ propagation delay time, high-to-low-level output

CONTINUED ON NEXT PAGE

74LS83 ● Single 4-Bit Binary Full Adder(Look Ahead Carry)

Functional Block Diagram

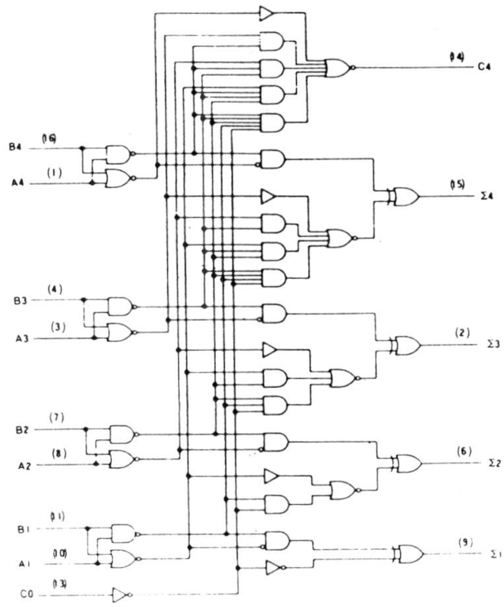

'LS83A, '83A 4-BIT BINARY FULL ADDER

74LS86 ●Quadruple 2-input Exclusive-OR Gates

■PIN ARRANGEMENT

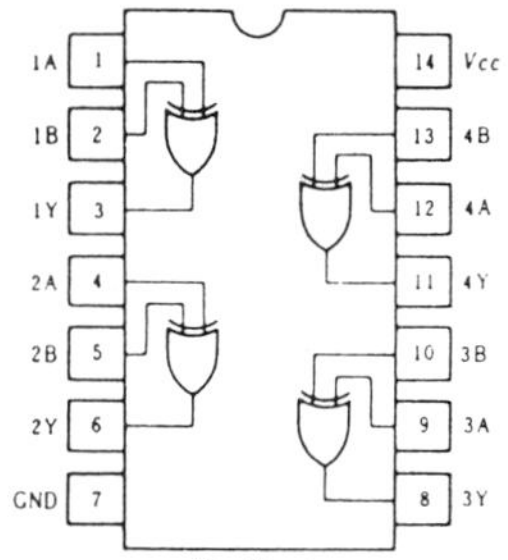

(Top View)

■FUNCTION TABLE

Inputs		Output
A	B	Y
L	L	L
L	H	H
H	L	H
H	H	L

H; high level, L; low level

■ELECTRICAL CHARACTERISTICS ($Ta = -20 \sim +75$℃)

Item	Symbol	Test Conditions		min	typ*	max	Unit
Input voltage	V_{IH}			2.0	–	–	V
	V_{IL}			–	–	0.8	V
Output voltage	V_{OH}	$V_{CC}=4.75V$, $V_{IH}=2V$, $V_{IL}=0.8V$, $I_{OH}=-400\mu A$		2.7	–	–	V
	V_{OL}	$V_{OL}=4.75V$, $V_{IH}=2V$, $V_{IL}=0.8V$	$I_{OL}=4mA$	–	–	0.4	V
			$I_{OL}=8mA$	–	–	0.5	
Input current	I_I	$V_{CC}=5.25V$, $V_I=7V$		–	–	0.2	mA
	I_{IH}	$V_{CC}=5.25V$, $V_I=2.7V$		–	–	40	μA
	I_{IL}	$V_{CC}=5.25V$, $V_I=0.4V$		–	–	−0.8	mA
Short-circuit output current	I_{OS}	$V_{CC}=5.25V$		−20	–	−100	mA
Supply current **	I_{CC}	$V_{CC}=5.25V$		–	6.1	10	mA
Input clamp voltage	V_{IK}	$V_{CC}=4.75V$, $I_{IN}=-18mA$		–	–	−1.5	V

* $V_{CC}=5V$, $Ta=25°C$

** I_{CC} is measured with all outputs open and all inputs grounded.

■SWITCHING CHARACTERISTICS ($V_{CC}=5V$, $Ta=25$℃)

Item	Symbol	Inputs	Test Conditions		min	typ	max	Unit
Propagation delay time	t_{PLH}	A or B	$C_L=15pF$, $R_L=2k\Omega$	Other inputs = 0V	–	12	23	ns
	t_{PHL}				–	10	17	ns
	t_{PLH}	A or B		Other inputs = 4.5V	–	20	30	ns
	t_{PHL}				–	13	22	ns

Note) Refer to Test Circuit and Waveform of the Common Item

54/7489
54LS/74LS89

64-BIT RANDOM ACCESS MEMORY
(With Open-Collector Outputs)

DESCRIPTION — The '89 a high speed, low power 64-bit Random Access Memory organized as a 16-word by 4-bit array. Address inputs are buffered to minimize loading, and addresses are fully decoded on-chip. Outputs are open-collector type and are in the off (HIGH) state when both the Chip Select ($\overline{CS}$) and Write Enable ($\overline{WE}$) are HIGH. For all other combinations of $\overline{CS}$ and $\overline{WE}$ the outputs are active, presenting the complement of either the stored data (READ mode) or the information present on the D inputs.

- **OPEN-COLLECTOR OUTPUTS FOR WIRED-AND APPLICATIONS**
- **BUFFERED INPUTS MINIMIZE LOADING**
- **ADDRESS DECODING ON-CHIP**
- **DIODE CLAMPED INPUTS MINIMIZE RINGING**

CONNECTION DIAGRAM
PINOUT A

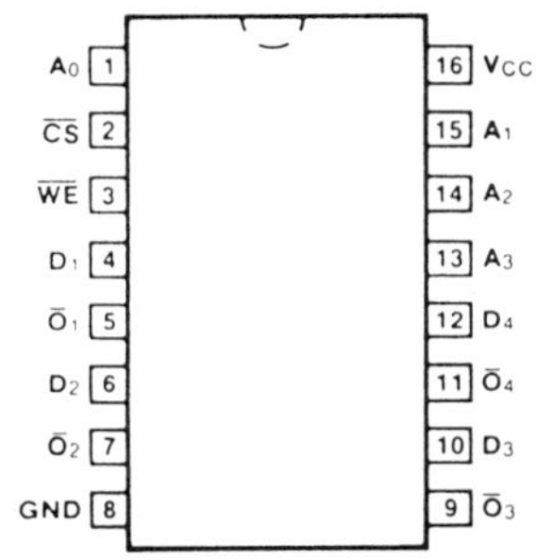

LOGIC SYMBOL

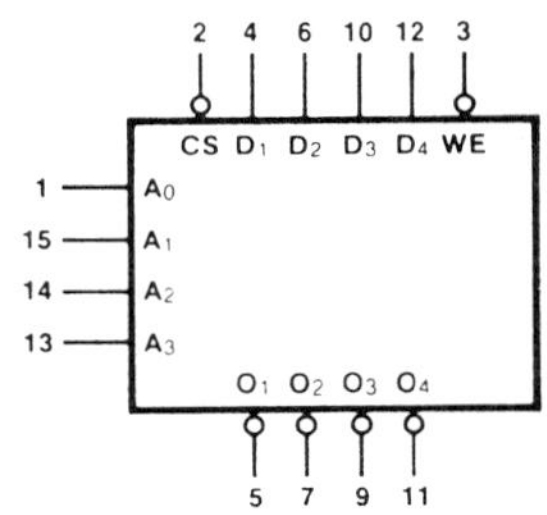

V_{CC} = Pin 16
GND = Pin 8

ORDERING CODE: See Section 9

PKGS	PIN OUT	COMMERCIAL GRADE	MILITARY GRADE	PKG TYPE
		V_{CC} = +5.0 V ±5%, T_A = 0° C to +70° C	V_{CC} = +5.0 V ±10%, T_A = -55° C to +125° C	
Plastic DIP (P)	A	7489PC, 74LS89PC		9B
Ceramic DIP (D)	A	7489DC, 74LS89DC	5489DM, 54LS89DM	7B
Flatpak (F)	A	7489FC, 74LS89FC	5489FM, 54LS89FM	4L

INPUT LOADING/FAN-OUT: See Section 3 for U.L. definitions

PIN NAMES	DESCRIPTION	54/74 (U.L.) HIGH/LOW	54/74LS (U.L.) HIGH/LOW
A_0 — A_3	Address Inputs	1.0/1.0	0.5/0.013
$\overline{CS}$	Chip Select Input (Active LOW)	1.0/1.0	0.5/0.013
$\overline{WE}$	Write Enable Input (Active LOW)	1.0/1.0	0.5/0.013
D_1 — D_4	Data Inputs	1.0/1.0	0.5/0.013
$\overline{O}_1$ — $\overline{O}_4$	Inverted Data Outputs	OC*/7.5	OC*/10 (5.0)

*OC — Open Collector

FUNCTION TABLE

INPUTS		OPERATION	CONDITION OF OUTPUTS
$\overline{CS}$	$\overline{WE}$		
L	L	Write	Complement of Data Inputs
L	H	Read	Complement of Selected Word
H	L	Inhibit Entry	Undetermined
H	H	Hold	(Off) HIGH

H = HIGH Voltage Level
L = LOW Voltage Level

LOGIC DIAGRAM

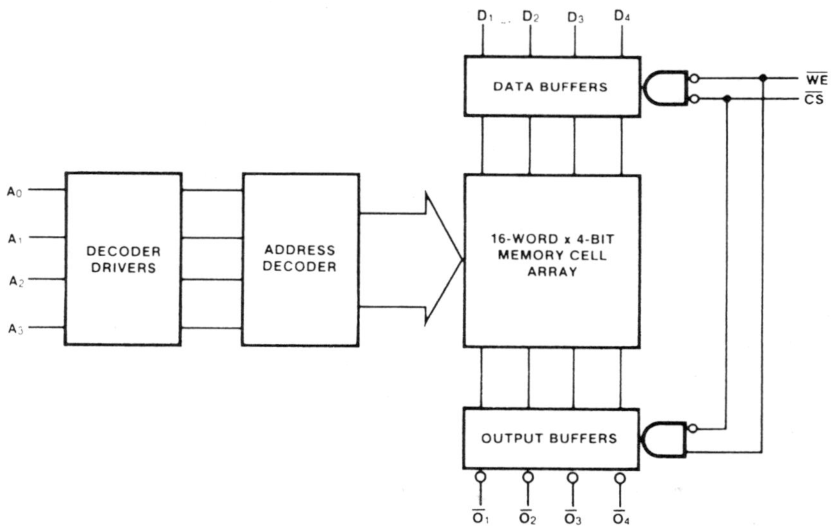

DC CHARACTERISTICS OVER OPERATING TEMPERATURE RANGE (unless otherwise specified)

SYMBOL	PARAMETER	54/74 Min	54/74 Max	54/74LS Min	54/74LS Max	UNITS	CONDITIONS
I_{OH}	Output HIGH Current		20		20	μA	V_{CC} = Min, V_{OH} = 5.5 V
V_{OL}	Output LOW Voltage		0.4			V	I_{OL} = 12 mA, V_{CC} = Min
			0.45				I_{OL} = 16 mA, V_{CC} = Min
	XM, XC				0.4	V	I_{OL} = 8.0 mA, V_{CC} = Min
	XC				0.5		I_{OL} = 16 mA, V_{CC} = Min
I_{CC}	Power Supply Current		105		40	mA	V_{CC} = Min, $\overline{CS}$ = Gnd
C_O	Off-State Output Capacitance	4.0*		4.0*		pF	V_O = 2.4 V, f = 1 MHz

AC CHARACTERISTICS: V_{CC} = +5.0 V, T_A = +25° C (See Section 3 for waveforms and load configurations)

SYMBOL	PARAMETER	54/74 (C_L = 30 pF, R_L = 300 Ω) Min	Max	54/74LS (C_L = 15 pF, R_L = 2 kΩ) Min	Max	UNITS	CONDITIONS
t_{PLH} t_{PHL}	Propagation Delay $\overline{CS}$ to $\overline{O}_n$		50 50	10* 10*		ns	Figs. 3-2, 3-5 '89 has 600 Ω to Gnd
t_{PLH} t_{PHL}	Propagation Delay A_n to $\overline{O}_n$		60 60	37* 37*		ns	Figs. 3-2, 3-20 '89 has 600 Ω to Gnd
t_{rec}	Recovery Time $\overline{WE}$ to $\overline{O}_n$		70	30*		ns	Figs. 3-2, 3-4, 3-5 '89 has 600 Ω to Gnd

AC OPERATING REQUIREMENTS: V_{CC} = +5.0 V, T_A = +25° C

SYMBOL	PARAMETER	54/74 Min	54/74 Max	54/74LS Min	54/74LS Max	UNITS	CONDITIONS
t_s (H) t_s (L)	Setup Time HIGH or LOW D_n to $\overline{WE}$	40 40		25* 25*		ns	Fig. 3-13
t_s (H) t_s (L)	Setup Time HIGH or LOW A_n to $\overline{WE}$	0 0		10* 10*		ns	Fig. 3-21
t_h (H) t_h (L)	Hold Time HIGH or LOW D_n or A_n to $\overline{WE}$	5.0 5.0		0* 0*		ns	Figs. 3-13, 3-21
t_w (L)	$\overline{WE}$ Pulse Width LOW	40		25*		ns	Fig. 3-21

*Typical Value

74LS90 ●Decade Counters

The HD74LS90 contains four master-slave flip-flops and additional gating to provide a divide-by-two counter and three-stage binary counter for divide-by-five. This device has a gated zero reset and also has gated set-to-nine inputs for use in BCD nine's complement applications. To use this maximum count length of this counter the B input is connected to the Q_A output. The input count pulses are applied to input A and the outputs are descrived in the appropriate function table. A symmetrical divide-by-ten count can be obtained from HD-74LS90 counter by connecting the Q_D output to the A input and applying the input count to the B input which gives a divide-by-ten square wave at output Q_A.

■PIN ARRANGEMENT

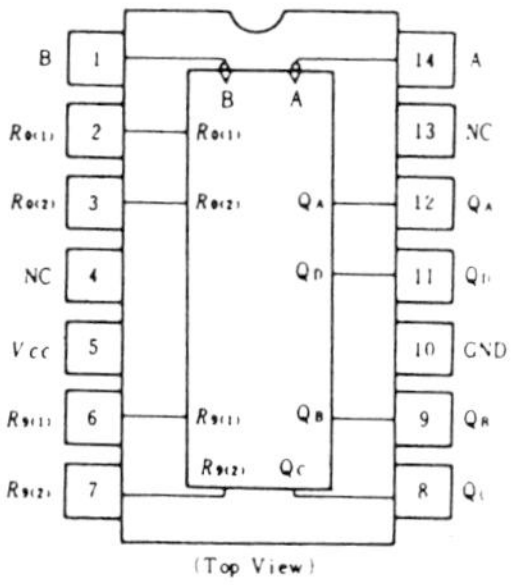

■BLOCK DIAGRAM

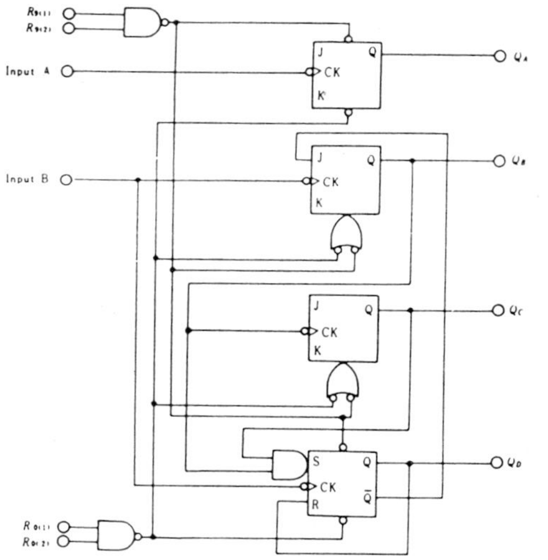

■ABSOLUTE MAXIMUM RATINGS

Item		Symbol	Ratings	Unit
Supply voltage		V_{CC}	7.0	V
Input voltage	R Inputs	V_{IN}	7.0	V
	A, B Inputs		5.5	V
Operating temperature range		T_{opr}	−20～+75	℃
Storage temperature range		T_{stg}	−65～+150	℃

■FUNCTION TABLE

Reset/Count Function Table

Reset Inputs				Outputs			
$R_{0(1)}$	$R_{0(2)}$	$R_{9(1)}$	$R_{9(2)}$	Q_D	Q_C	Q_B	Q_A
H	H	L	×	L	L	L	L
H	H	×	L	L	L	L	L
×	×	H	H	H	L	L	H
×	L	×	L	Count			
L	×	L	×	Count			
L	×	×	L	Count			
×	L	L	×	Count			

BCD Count Sequence(Notes1)

Count	Outputs			
	Q_D	Q_C	Q_B	Q_A
0	L	L	L	L
1	L	L	L	H
2	L	L	H	L
3	L	L	H	H
4	L	H	L	L
5	L	H	L	H
6	L	H	H	L
7	L	H	H	H
8	H	L	L	L
9	H	L	L	H

Bi-Quinary Count Sequence(Notes2)

Count	Qutputs			
	Q_A	Q_D	Q_C	Q_B
0	L	L	L	L
1	L	L	L	H
2	L	L	H	L
3	L	L	H	H
4	L	H	L	L
5	H	L	L	L
6	H	L	L	H
7	H	L	H	L
8	H	L	H	H
9	H	H	L	L

Notes) 1. Output Q_A is connected to input B for BCD count.
2. Output Q_D is connected to input A for Bi-quinary count.
3. H; high level, L; low level, X; irrelevant.

74LS90

■RECOMMENDED OPERATING CONDITIONS

Item		Symbol	min	typ	max	Unit
Count frequency	A input	f_{count}	0	–	32	MHz
	B input		0	–	16	
Pulse width	A input	t_w	15	–	–	ns
	B input		30	–	–	
	Reset inputs		15	–	–	
Setup time		t_{su}	25	–	–	ns

■TIMING DEFINITION

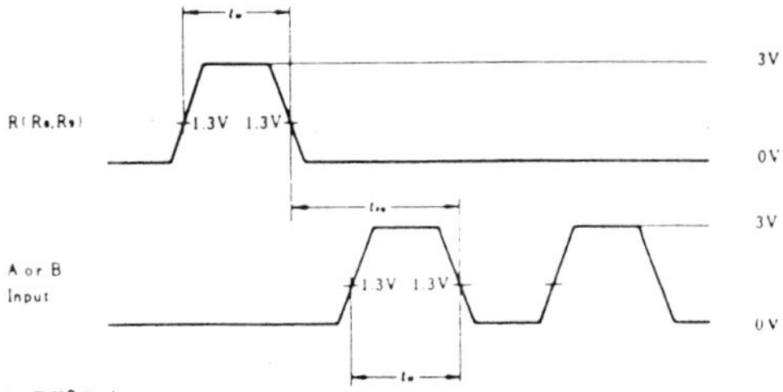

■ELECTRICAL CHARACTERISTICS ($Ta=-20\sim+75$℃)

Item		Symbol	Test Conditions		min	typ*	max	Unit
Input voltage		V_{IH}			2.0	–	–	V
		V_{IL}			–	–	0.8	V
Output voltage		V_{OH}	$V_{CC}=4.75V$, $V_{IH}=2V$, $V_{IL}=0.8V$, $I_{OH}=-400\mu A$		2.7	–	–	V
		V_{OL}	$V_{CC}=4.75V$, $V_{IH}=2V$, $V_{IL}=0.8V$	$I_{OL}=4mA$**	–	–	0.4	V
				$I_{OL}=8mA$**	–	–	0.5	
Input current	Any Reset	I_{IL}	$V_{CC}=5.25V$, $V_I=0.4V$		–	–	−0.4	mA
	A input				–	–	−2.4	
	B input				–	–	−3.2	
	Any Reset	I_{IH}	$V_{CC}=5.25V$, $V_I=2.7V$		–	–	20	μA
	A input				–	–	40	
	B input				–	–	80	
	Any Reset	I_I	$V_{CC}=5.25V$	$V_I=7V$	–	–	0.1	mA
	A input			$V_I=5.5V$	–	–	0.2	
	B input				–	–	0.4	
Short-circuit output current		I_{OS}	$V_{CC}=5.25V$		−20	–	−100	mA
Supply current ***		I_{CC}	$V_{CC}=5.25V$		–	9	15	mA
Input clamp voltage		V_{IK}	$V_{CC}=4.75V$, $I_{IN}=-18mA$		–	–	−1.5	V

* $V_{CC}=5V$, $Ta=25°C$

** Q_A output is tested at specified I_{OL} plus the limit value of I_{IL} for the B input. This permits driving the B input while maintaining full fan out capability.

*** I_{CC} is measured with all outputs open, both R_0 inputs grounded following momentary connection to 4.5V, and all other inputs grounded.

■SWITCHING CHARACTERISTICS ($V_{CC}=5V$, $Ta=25$℃)

Item	Symbol	Inputs	Outputs	Test Conditions	min	typ	max	Unit
Maximum count frequency	f_{max}	A	Q_A		32	42	–	MHz
		B	Q_B		16	–	–	
Propagation delay time	t_{PLH}	A	Q_A	$C_L=15pF$, $R_L=2k\Omega$	–	10	16	ns
	t_{PHL}				–	12	18	
	t_{PLH}	B	Q_D		–	32	48	ns
	t_{PHL}				–	34	50	
	t_{PLH}	B	Q_B		–	10	16	ns
	t_{PHL}				–	14	21	
	t_{PLH}	B	Q_C		–	21	32	ns
	t_{PHL}				–	23	35	
	t_{PLH}	B	Q_D		–	21	32	ns
	t_{PHL}				–	23	35	
	t_{PHL}	Set-to-0	$Q_A\sim Q_D$		–	26	40	ns
	t_{PLH}	Set-to-9	Q_A, Q_D		–	20	30	ns
	t_{PHL}		Q_B, Q_C		–	26	40	

74LS90

■TESTING METHOD

1) Test Circuit

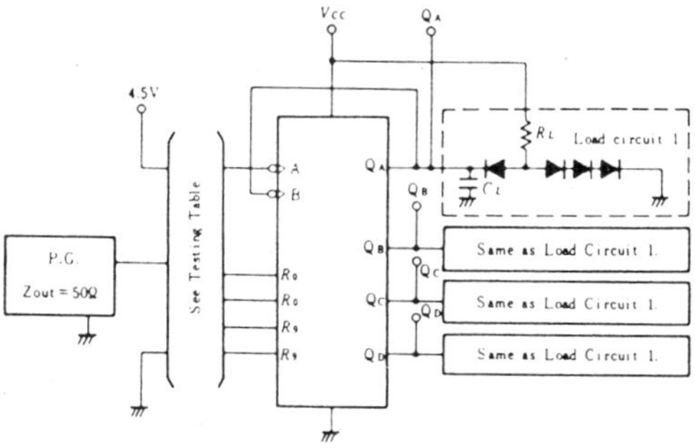

Notes) 1. Input pulse; $t_{TLH} \leq 15ns$, $t_{THL} \leq 6ns$, PRR=1MHz, duty cycle=50%
2. C_L includes probe and jig capacitance.
3. All diodes are 1S2074 Ⓗ.

2) Testing Table

Item	From input to output	Inputs A	Inputs B	Inputs R_0	Inputs R_9	Outputs Q_A	Outputs Q_B	Outputs Q_C	Outputs Q_D
f_{max}	A→Q	IN	to Q_A	GND	GND	Out	Out	Out	Out
	B→Q	4.5V	IN	GND	GND	–	Out	Out	Out
t_{PLH} t_{PHL}	A→Q_A	IN	to Q_A	GND	GND	Out	–	–	–
	A→Q_D	IN	to Q_A	GND	GND	–	–	–	Out
	B→Q_B	4.5V	IN	GND	GND	–	Out	–	–
	B→Q_C	4.5V	IN	GND	GND	–	–	Out	–
	B→Q_D	4.5V	IN	GND	GND	–	–	–	Out
	R_0**→Q	IN*	to Q_A	IN	GND	Out	Out	Out	Out
	R_9**→Q	IN*	to Q_A	GND	IN	Out	Out	Out	Out

*; For initialized
**; Measured with each input and unused inputs at 4.5V.

Waveform-1 f_{max}, t_{PLH}, t_{PHL}(Clock→Q)

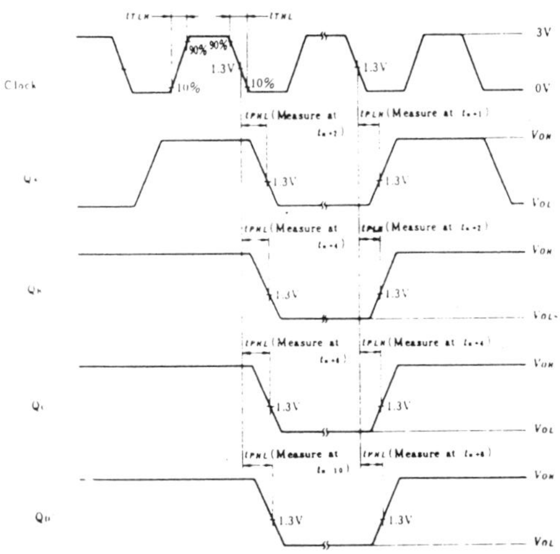

Notes) 1. Input pulse; $t_{TLH} \leq 15ns$, $t_{THL} \leq 5ns$, PRR=1MHz, duty cycle=50% and: for f_{max}, $t_{TLH}=t_{THL} \leq 2.5ns$.
2. t_n is reference bit time when all outputs are low.

Waveform-2 t_{PHL}(R_0→Q)

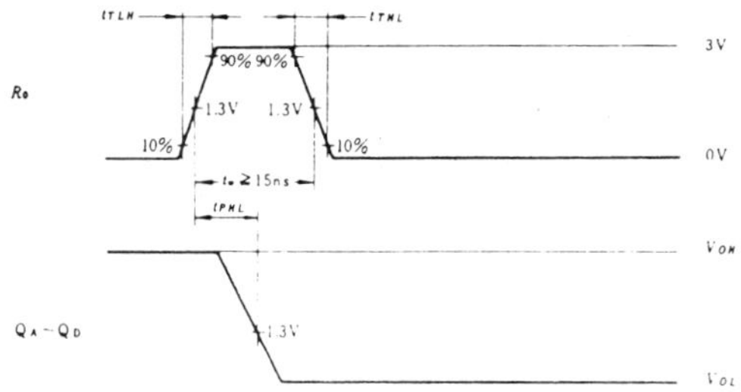

Waveform-3 t_{PLH}, t_{PHL}(R_9→Q)

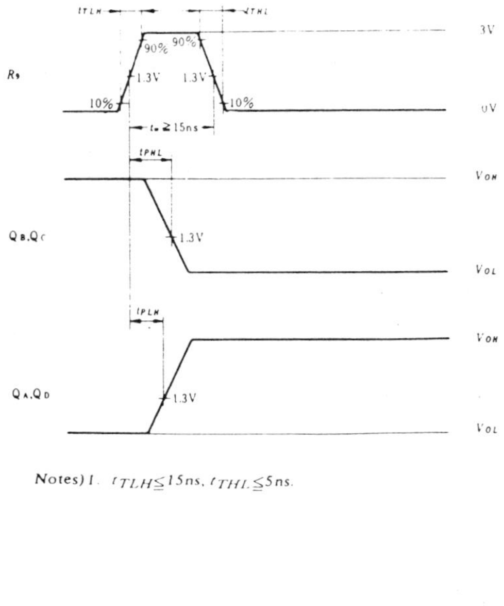

Notes) 1. $t_{TLH} \leq 15ns$, $t_{THL} \leq 5ns$.

74LS92 • Divide-by-Twelve Counter(Divide-by-Two and Divide-by-Six)

Electrical Characteristics SN54LS/SN74LS92

absolute maximum ratings over operating free-air temperature range

Supply voltage V_{CC} (See Note 1)		7V	Operating free-air temperature range	SN54LS	−55°C to 125°C
Input voltage	R inputs	7V		SN74LS	0°C to 70°C
	A and B inputs	5.5V	Storage temperature range		−65°C to 150°C

recommended operating conditions

		SN54LS92 MIN	SN54LS92 NOM	SN54LS92 MAX	SN74LS92 MIN	SN74LS92 NOM	SN74LS92 MAX	UNIT
Supply voltage, V_{CC}		4.5	5	5.5	4.75	5	5.25	V
High-level output current, I_{OH}				400			400	μA
Low-level output current, I_{OL}				4			8	mA
Count frequency, f_{count}	A input	0		32	0		32	MHz
	B input	0		16	0		16	
Pulse width, t_w	A input	15			15			ns
	B input	30			30			
	Reset inputs	15			15			
Reset inactive-state set up time, t_{setup}		25			25			ns
Operating free-air temperature, T_A		−55		125	0		70	°C

electrical characteristics over recommended operating free-air temperature range

PARAMETER •			TEST CONDITIONS †		MIN	TYP ‡	MAX	UNIT
V_{IH}	High-level input voltage				2			V
V_{IL}	Low-level input voltage			54LS			0.7	V
				74LS			0.8	
V_{IK}	Input clamp voltage		V_{CC} = MIN, I_I = −18mA				−1.5	V
V_{OH}	High-level output voltage	54LS	V_{CC} = MIN, V_{IH} = 2V,		2.5	3.4		V
		74LS	V_{IL} = V_{ILmax}, I_{OH} = −400μA		2.7	3.4		
V_{OL}	Low-level output voltage	54LS	V_{CC} = MIN, V_{IH} = 2V,			0.25	0.4	V
		74LS	V_{IL} = V_{ILmax}, I_{OL} = MAX §			0.35	0.5	
I_I	Input current at maximum input voltage	Any reset	V_{CC} = MAX, V_I = 7V				0.1	mA
		A input	V_{CC} = MAX, V_I = 5.5V				0.2	
		B input					0.4	
I_{IH}	High-level input current	Any reset	V_{CC} = MAX, V_I = 2.7V				20	μA
		A input					40	
		B input					80	
I_{IL}	Low-level input current	Any reset	V_{CC} = MAX, V_I = 0.4V				0.4	mA
		A input					2.4	
		B input					3.2	
I_{OS}	Short-circuit output current •		V_{CC} = MAX	SN54LS	−20		100	mA
				SN74LS	−20		100	
I_{CC}	Supply current		V_{CC} = MAX, See Note 2			9	15	mA
f_{max}	from A to output Q_A		V_{CC} = 5V, T_A = 25°C, C_L = 15pF, R_L = 2kΩ		32	42		MHz
	from B to output QB				1.6			
t_{PLH}	from A to output Q_A					10	16	ns
t_{PHL}						12	18	
t_{PLH}	from A to output Q_D					32	48	ns
t_{PHL}						34	50	
t_{PLH}	from B to output Q_B					10	16	ns
t_{PHL}						14	21	
t_{PLH}	from B to output Q_C					10	16	ns
t_{PHL}						14	21	
t_{PLH}	from B to output Q_D					21	32	ns
t_{PHL}						23	35	
t_{PHL}	from Set-to-0 to Any output					26	40	ns

Pin Assignment (Top View)

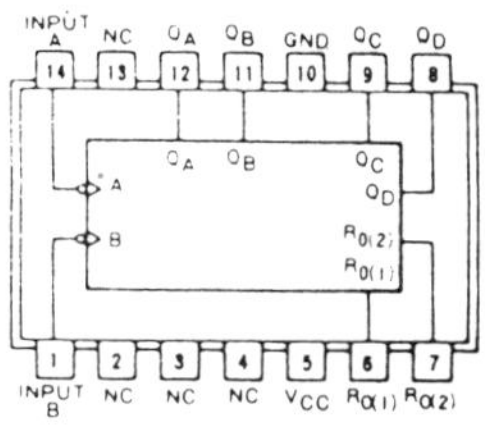

positive logic: see function tables
NC—NO internal connection

Function Table

COUNT SEQUENCE
'92A, 'LS92 (See Notes 3, 4)

COUNT	OUTPUT Q_D	Q_C	Q_B	Q_A
0	L	L	L	L
1	L	L	L	H
2	L	L	H	L
3	L	L	H	H
4	L	H	L	L
5	L	H	L	H
6	H	L	L	L
7	H	L	L	H
8	H	L	H	L
9	H	L	H	H
10	H	H	L	L
11	H	H	L	H

RESET/COUNT
'92A, 'LS92 (See Notes 4)

RESET INPUTS $R_{0(1)}$	$R_{0(2)}$	OUTPUT Q_D	Q_C	Q_B	Q_A
H	H	L	L	L	L
L	X	COUNT			
X	L	COUNT			

Functional Block Diagram

(See Note 5)

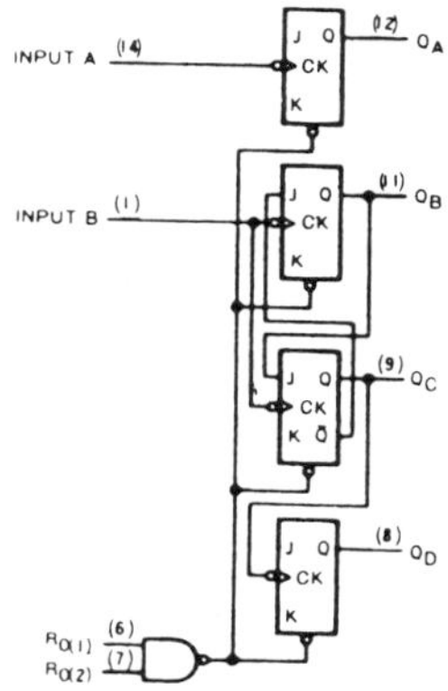

'92 'LS92 DIVIDE-BY-TWO AND DIVIDE-BY-SIX

NOTES
1. Voltage value are with respect to network ground terminal
2. I_{CC} is measured with all outputs open, both R_0 inputs grounded following momentary connection to 4.5V, and all other inputs grounded
3. Output Q_A is connected to input B
4. H = high level, L = low level, X = irrelevant
5. The J and K inputs shown without connection are for reference only and are functionally at a high level

† For conditions shown as MIN or MAX, use the appropriate value specified under recommended operating conditions for the applicables type
‡ All typical values are at V_{CC} = 5V, T_A = 25°C
• Not more than one output should be shorted at a time, and duration of the short-circuit should not exceed one second
§ Q_A outputs are tested at I_{OL} plus the limit value for I_{IL} the B input. This permits driving the B input while maintaining full fan-out capability
• f_{max} ≡ maximum count frequency t_{PLH} ≡ propagation delay time, low-to-high-level output t_{PHL} ≡ propagation deley time, high-to-low-level output

74LS106 • Dual J-K Negative-Edge-Triggered Flip-Flop with Preset and Clear

Electrical Characteristics SN54H106 / SN74H106

absolute maximum ratings over operating free-air temperature range

Supply voltage V_{CC}	7V	Operating free-air temperature range	SN54H'	55℃	to	125℃
Input voltage	5.5V		SN74H'	0℃	to	70℃
		Storage temperature range		65℃	to	150℃

recommend operating conditions

		SN54H106 MIN	SN54H106 NOM	SN54H106 MAX	SN74H106 MIN	SN74H106 NOM	SN74H106 MAX	UNIT
Supply voltage V_{CC}		4.5	5	5.5	4.75	5	5.25	V
High-level output current I_{OH}				500			500	μA
Low-level output current I_{OL}				20			20	mA
Pulse width, t_w	Clock high	10			10			ns
	Clock low	15			15			
	Clear or preset Low	16			16			
Setup time, t_{su}	High-level data	10↓§			10↓§			ns
	Low-level data	13↓§			13↓§			
Hold time, t_{hold}		0↓§			0↓§			ns
Operating free-air temperature, T_A		-55		125	0		70	℃

electrical characteristics over recommended operating free-air temperature range

PARAMETER *			TEST CONDITIONS †	MIN	TYP ‡	MAX	UNIT
V_{IH}	High-level input voltage			2			V
V_{IL}	Low-level input voltage					0.8	V
V_{IK}	Input clamp voltage		V_{CC}=MIN, I_I=−8mA			−1.5	V
V_{OH}	High-level output voltage		V_{CC}=MIN, V_{IH}=2V, V_{IL}=0.8V, I_{OH}=−500μA	2.4	3.4		V
V_{OL}	Low-level output voltage		V_{CC}=MIN, V_{IH}=2V, V_{IL}=0.8V, I_{OL}=20mA		0.2	0.4	V
I_I	Input current at maximum input voltage		V_{CC}=MAX, V_I=5.5V			1	mA
I_{IH}	High-level input current	Any J or K	V_{CC}=MAX, V_I=2.4V			50	μA
		Clear				100	
		Preset				100	
		Clock		0		−1	mA
I_{IL}	Low-level input current	Any J or K	V_{CC}=MAX, V_I=0.4V		−1	−2	mA
		Clear			−1	−2	
		Preset			−1	−2	
		Clock			−3	−4.8	
I_{OS}	Short-circuit output current ◆		V_{CC}=MAX	−40		−100	mA
I_{CC}	Supply current (Average per flip-flop)		V_{CC}=MAX, See Note 1		20	38	mA
f_{max}	maximum clock frequency		V_{CC}=5V, T_A=25℃, C_L=25pF, R_L=280Ω	40	50		MHz
t_{PLH}	from Preset or Clear to output Q or $\bar{Q}$				8	12	ns
t_{PHL}	from Preset or Clear (clock high) to output $\bar{Q}$ or Q				15	20	ns
	from Preset or Clear (clock low) to output $\bar{Q}$ or Q				23	35	
t_{PLH}	from Clock				10	15	ns
t_{PHL}	to output Q or $\bar{Q}$				16	20	

† For conditions shown as MIN or MAX, use the appropriate value specified under recommended operating conditions.
‡ All typical values are at V_{CC}=5V, T_A=25℃
◆ Not more than one output should be shorted at a time, and duration of the short-circuit should not exceed one second.
* t_{PLH} ≡ propagation delay time, low-to-high-level output
t_{PHL} ≡ propagation delay time, high-to-low-level output

Pin Assignment (Top View)

①

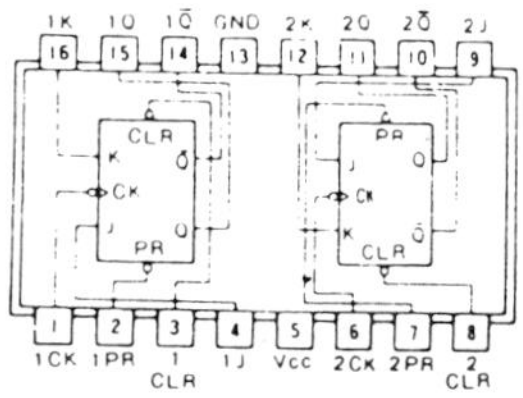

Function Table

'H106 (See Note 2)

INPUTS					OUTPUTS	
PRESET	CLEAR	CLOCK	J	K	Q	$\bar{Q}$
L	H	X	X	X	H	L
H	L	X	X	X	L	H
L	L	X	X	X	H*	H*
H	H	↓	L	L	Q_0	$\bar{Q}_0$
H	H	↓	H	L	H	L
H	H	↓	L	H	L	H
H	H	↓	H	H	TOGGLE	
H	H	H	X	X	Q_0	$\bar{Q}_0$

Functional Block Diagram

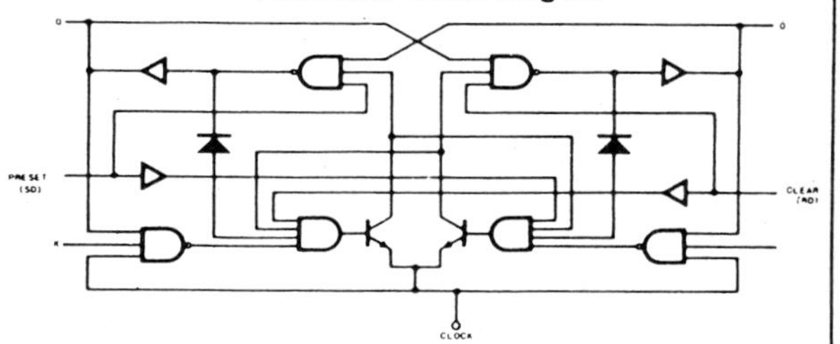

'H106-DUAL J-K WITH CLEAR AND PRESET

NOTES 1 With all outputs open, ICC is measured with the Q and $\bar{Q}$ outputs high in turn. At the time of measurement, the clock input is grounded.
2 H high level (state steady), L low level (steady state), X irrelevant
↓ transition from high to low level
Q0 the level of Q before the indicated input conditions were established.
TOGGLE: Each output changes to the complement of the its previous level on each active transition (pulse) of the clock
* This configuration is nonstable; that is, it will not persist and clear inputs return to their inactive (high) level.

74SL121 ● Monostable Multivibrator with Schmitt-Trigger Input

Electrical Characteristics SN54121/SN74121

absolute maximum ratings over operating free-air temperature range

Supply voltage, VCC	7V	Operating free-air temperature range	SN54	−55°C to 125°C
Input voltage	5.5V		SN74	0°C to 70°C
		storage temperature range		−65°C to 150°C

recomended operating conditions

		SN54121			SN74121			UNIT
		MIN	NOM	MAX	MIN	NOM	MAX	
Supply voltage, VCC		4.5	5	5.5	4.75	5	5.25	V
High level output current, IOH				−400			−400	·A
Low-level output current, I_{OL}				16			16	mA
Rate of rise or fall of input pulse, dv/dt	Schmitt input, B	1			1			V/S
	Logic inputs, A1, A2	1			1			V/μs
Input pulse width $t_{w(in)}$		50			50			ns
External timing capacitance, Rext		1.4		30	1.4		40	KΩ
External timing capacitance, C_{ext}		0		1000	0		1000	μF
Duty cycle	RT=2KΩ			67			67	%
	RT=MAX Rext			90			90	
Operating free-air temperature, TA		−55		125	0		70	℃

electrical characteristics over recommended operating free-air temperature range

	PARAMETER	TEST CONDITIONS †		MIN	TYP ‡	MAX	UNIT
V_{T+}	Positive-going threshold voltage	V_{CC}=MIN	A input		1.4	2	V
V_{T-}	Negative-going threshold voltage	V_{CC}=MIN	A input	0.8	1.4		V
V_{T+}	Positive-going threshold voltage	V_{OC}=MIN	B input		1.55	2	V
V_{T-}	Negative-going threshold voltage	V_{CC}=MIN	B input	0.8	1.35		V
V_I	Input clamp voltage	V_{CC}=MIN,	I_I=−12mA			−1.5	V
V_{OH}	High-level output voltage	V_{CC}=MIN,	I_{OH}=MAX	2.4	3.4		V
V_{OL}	Low-level output voltage	V_{CC}=MIN,	I_{OL}=MAX		0.2	0.4	V
I_I	Input current at maximum input voltage	V_{CC}=MAX, V_I=5.5 V				1	mA
I_{IH}	High-level input current	V_{CC}=MAX, V_I=2.4V	A1 or A2			40	μA
			B			80	μA
I_{IL}	Low-level input current	V_{CC}=MAX, V_I=0.4V	A1 or A2			−1.6	mA
			B			−3.2	
I_{OS}	Short-circuit output current ◆	V_{CC}=MAX	54	−20		−55	mA
			74	−18		−55	
I_{CC}	Supply current	V_{CC}=MAX	Quiescent		13	25	mA
			Triggered		23	40	
t_{PLH}	Propagation delay telme, low-to-high-level Q output from either A input	V_{CC}=5V, T_A=25°C, C_L=15pF, R_L=400Ω	C_{ext}=80pF, Rint to V_{CC}		45	70	ns
t_{PLH}	Propagation delay time, low-to-high-level Q output from B input				35	55	ns
t_{PHL}	Propagation delay time, high-to-low-level $\bar{Q}$ output from either A input				50	80	ns
t_{PHL}	Propagation delay time, high-to-low-level $\bar{Q}$ output from B input				40	65	ns
$t_w(out)$	Pulse width obtained using internal timing resistor	V_{CC}=5V, T_A=25℃, C_L=15pF, R_L=400Ω	C_{ext}=80pF, Rint to V_{CC}	70	110	150	ns
$t_w(out)$	Pulse width obtained with zero timing capacitance		C_{ext}=0, Rint to V_{CC}		30	50	ns
$t_w(out)$	Pulse width obtained using external timing resistor		C_{ext}=100pF, R_T=10kΩ	600	700	800	ns
			C_{ext}=1μF, R_T=10kΩ	6	7	8	ms

† For conditions shown as MIN or MAX, use the appropriate value specified under recommended operating conditions.
‡ All typical values are at V_{CC}=5V, T_A=25°C.
◆ Not more than one output should be shorted at a time.

Pin Assignment (Top view)

①

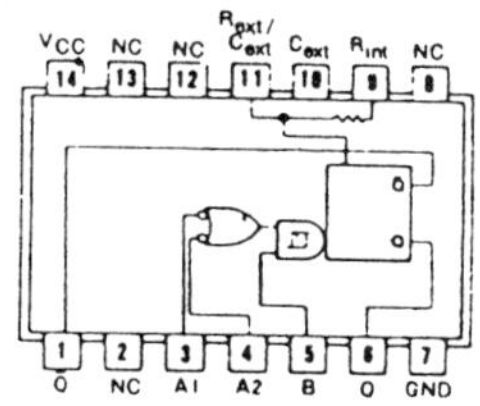

NC-No internal connection
'121···R_{int} = 2 kΩ NOM
'L121···R_{int} = 4 kΩ NOM

Function Table

'121, 'L121 (See Note)

INPUTS			OUTPUTS	
A1	A2	B	Q	$\bar{Q}$
L	X	H	L	H
X	L	H	L	H
X	X	L	L	H
H	H	X	L	H
H	↓	H	⊓	⊔
↓	H	H	⊓	⊔
↓	↓	H	⊓	⊔
L	X	↑	⊓	⊔
X	L	↑	⊓	⊔

NOTES : 1. H=high level (steady state), L=low level (steady state), ↑=transition from low to high level, ↓=transition from high to low level, ⊓=one high-level pulse, ⊔=one low-level pulse, X=irrelevant (any input, including transitions).

2. An external capacitor may be connected between C_{ext} (poitive) and R_{ext}/C_{ext}. For accurate repeatable pulse widths, connect an external resistor between R_{ext}/C_{ext} and V_{CC} with R_{int} open-circuited.

3. To use the internal timing resistor, connect R_{int} to V_{CC}.

4. To obtain variable pulse widths, connect external values resistance between R_{int} or R_{ext}/C_{ext} and V_{CC}.

The output pulse width is difined as:

$$t_w = C_{ext} R_T \ln 2 \approx 0.7\, C_{ext} R_T$$

where

R_T is in KΩ
C_{ext} is in pF
t_w is in nanoseconds.

74LS123 Dual Retriggerable Monostable Multivibrator with Clear

	Schottky TTL					High-Speed TTL					Low-Power Schottky TTL					Standard TTL					Low-Power TTL				
	Device Type	Package C	P	M	CF	Device Type	Package C	P	M	CF	Device Type	Package C	P	M	CF	Device Type	Package C	P	M	CF	Device Type	Package C	P	M	CF
T.I.											SN54LS123	J①			W①	SN54123	J①			W①	SN54L123	J①			
											SN74LS123	J①	N①			SN74123	J①	N①			SN74L123	J①	N①		
FAIRCHILD																FM54123/FM88123	D①			F①					
																FC74123/FC88123	D①	P①		F①					
MOTOROLA											SN54LS123	L①													
											SN74LS123	L①	P①			MC74123		P①							
N.S.C.											DM54LS123	J①			W①										
											DM74LS123		N①												
PHILIPS											N74LS123		①			N74123		①							
SIGNETICS																S54123	F①	B①		W①					
											N74LS123		①			N74123	F①	B①							
SIEMENS																FLK121		①							
FUJITSU											74LS123		M①			MB440	①	M①							
HITACHI											HD74LS123		P①			HD74123/HD2516	①	P①							
MITSUBISHI											M74LS123		P①			M53323		P①							
NEC																μPB2123	D①								
TOSHIBA																									

Electrical Characteristics SN54LS123/SN74LS123

absolute maximum ratings operating free-air temperature range

Supply voltage, VCC	7V	Operating free air temperature range	SN54LS	−55°C to 125°C
Input voltage	7V		SN74LS	0°C to 70°C
		Storage temperature range		−65°C to 150°C

recommended operating conditions

	SN54LS123 MIN	NOM	MAX	SN74LS123 MIN	NOM	MAX	UNIT
Supply voltage, VCC	4.5	5	5.5	4.75	5	5.25	V
High-level output current, I_{OH}			−400			−400	μA
Low-level output current, I_{OL}			4			8	mA
Pulse width, t_w	40			40			ns
External timing resistance, Rext	5		180	5		260	KΩ
External timing capacitance, Cext	No restriction			No restriction			
Wiring capacitance at Rext/Cext terminal			50			50	pF
Operating free-air temperature, T_A	−55		125	0		70	℃

electrical characteristics over recommended operating free-air temperature range (See Note 1)

PARAMETER •		TEST CONDITIONS †		MIN	TYP ‡	MAX	UNIT
V_{IH}	High-level input voltage			2			V
V_{IL}	Low-level input voltage		54LS			0.7	V
			74LS			0.8	
V_{IK}	Input clamp voltage	V_{CC} = MIN, I_I = −18mA				−1.5	V
V_{OH}	High-level output voltage	V_{CC} = MIN, I_{OH} = MAX, V_{IH} = 2V, V_{IL} = V_{ILmax}	54LS	2.5	3.5		V
			74LS	2.7	3.5		
V_{OL}	Low-level output voltage	V_{CC} = MIN, I_{OL} = 8mA, V_{IH} = 2V, V_{IL} = V_{ILmax}			0.35	0.5	V
I_I	Input current at maximum input voltage	V_{CC} = MAX, V_I = 7V				0.1	mA
I_{IH}	High-level input current	V_{CC} = MAX, V_I = 2.7V				20	μA
I_{IL}	Low-level input current	V_{CC} = MAX, V_I = 0.4V				−0.4	mA
I_{OS}	Short-circuit output current ◆	V_{CC} = MAX,		20		100	mA
I_{CC}	Supply current (quiescent or triggered)	V_{CC} = MAX, See Note 2			12	20	mA
t_{PLH}	from A to output Q	V_{CC} = 5V, T_A = 25℃, C_L = 15pF, R_L = 2kΩ	C_{ext} = 0, R_{ext} = 5kΩ		23	33	ns
	from B to output Q				23	44	
t_{PHL}	from A to output $\overline{Q}$				32	45	ns
	from B to output $\overline{Q}$				34	56	
t_{PHL}	from Clear to output Q				20	27	ns
t_{PLH}	from Clear to output $\overline{Q}$				28	45	
t_{wQ}(min)	from A or B to output Q				116	200	ns
t_{wQ}	from A or B to output Q		C_{ext} = 1000pF, R_{ext} = 10kΩ	4	4.5	5	μs

NOTES :
1. To measure V_{OH} at Q, V_{OL} at $\overline{Q}$ or I_{OS} at Q, ground R_{ext}/C_{ext}, apply 2V to B and clear, and pulse A from 2V to 0V.
2. With all outputs open and 4.5V applied to all data and clear inputs, I_{CC} is measured after a momentary ground, then 4.5V, is applied to clock.

Pin Assignment (Top View)

①

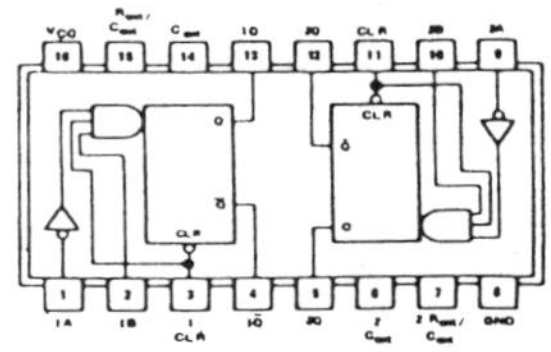

FUNCTION TABLE

123 'LS123, L123 (See Note 3)

INPUTS CLEAR	A	B	OUTPUTS Q	$\overline{Q}$
L	X	X	L	H
X	H	X	L	H
X	X	L	L	H
H	L	↑	⎍	⊔
H	↓	H	⎍	⊔
↑	L	H	⎍	⊔

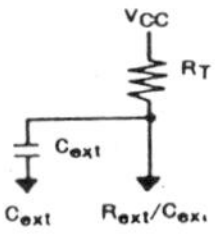

Figure 1

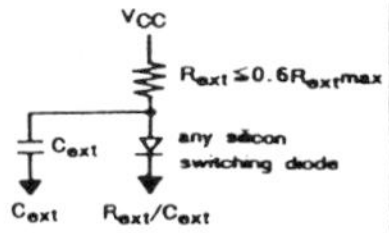

Figure 2

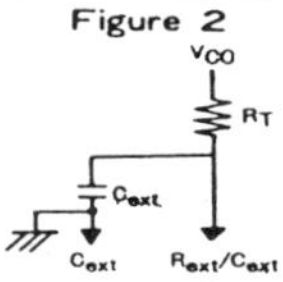

Figure 3

Typical Application Data

When C_{ext} > 1000pF, the output pulse width is defined as :
for '123, 'L123 (see Figure 1)

$$t_w = K \cdot R_T \cdot C_{ext}\left(1+\frac{0.7}{R_T}\right)$$

where K is 0.28 for '123, 0.33 for 'L123
R_T is in KΩ (external timing resistance)
C_{ext} is in pF
t_w is in pF
t_w is in nanoseconds.

in applications using the diode, the pulse width is (see Figure 2)

$$t_w = K_D \cdot R_T \cdot C_{ext}\left(1+\frac{0.7}{R_T}\right)$$

K_D is 0.25 for '123, 0.29 for 'L123
for 'LS123 (see Figure 3)

$$t_w = 0.45 \cdot R_T \cdot C_{ext}$$

For best results, system ground should be applied to the C_{ext} terminal. The switching diode is not needed for electrolytic capacitance applications.

NOTES
3. A. H = high level (steady state), L = low level (steady state), ↑ = transition from low to high level, ↓ = transition from high to low level, ⎍ = one high-level pulse, ⊔ = one low-level pulse, X = irrelevant (any input, including transitions).
B. An external timing capacitor may be connected between C_{ext} R_{ext}/C_{ext} (positive).
C. For improved pulse width accuracy and repeatability, connect an external resistor between R_{ext}/C_{ext} and V_{CC}.
D. To obtain variable pulse widths, connect external resistance between R_{ext}/C_{ext} and V_{CC}.

† For conditions shown as MIN or MAX, use the value specified under recommended operating conditions.
‡ All typical values are at V_{CC} = 5V, T_A = 25℃.
◆ Not more than one output should be shorted at a time.
• t_{PLH} = propagation delay time, low-to-high-level output
t_{PHL} = propagation delay time, high-low-level output
t_{wQ} = width of pulse at output Q

74LS138 3-Line-to-8-Line Decoder /Demultiplexer

	Schottky TTL Device Type	C	P	M	CF	High-Speed TTL Device Type	C	P	M	CF	Low-Power Schottky TTL Device Type	C	P	M	CF	Standard TTL Device Type	C	P	M	CF	Low-Power TTL Device Type	C	P	M	CF
T.I.	SN54S138	J(1)			W(1)						SN54LS138	J(1)			W(1)										
	SN74S138	J(1)	N(1)								SN74LS138	J(1)	N(1)												
FAIRCHILD	/FM93S138	D(1)			F(1)						FM54LS138/FM93LS138	D(1)			F(1)										
	FC74S138/FC93S138	D(1)	P(1)		F(1)						FC74LS138/FC93LS138	D(1)	P(1)		F(1)										
MOTOROLA											SN54LS138	J(1)													
											SN74LS138		P(1)												
N.S.C.	DM54S138	J(1)									DM74LS138	J(1)			W(1)										
	DM74S138		N(1)								DM54LS138		N(1)												
PHILIPS	N74S138		(1)								N74LS138		(1)												
SIGNETICS	S54S138	F(1)	B(1)		W(1)						S54LS138	F(1)			W(1)										
	N74S138	F(1)	B(1)								N74LS138		A(1)												
SIEMENS																									
FUJITSU											74LS138		M(1)												
HITACHI											HD74LS138		P(1)												
MITSUBISHI	M74S138		P(1)								M74LS138		P(1)												
NEC											74LS138		C(1)												
TOSHIBA											TD25LS138		P(1)												

Electrical Characteristics SN54LS138/SN74LS138

absolute maximum ratings over operating free-air temperature range

Supply voltage, V_{CC}	7V	Operating free-air temperature range	SN54LS	−55°C to 125°C
Input voltage	7V		SN74LS	0°C to 70°C
		Storage temperature range		−65°C to 150°C

recommended operarating conditions

	SN54LS138 MIN	NOM	MAX	SN74LS138 MIN	NOM	MAX	UNIT
Supply voltage, V_{CC}	4.5	5	5.5	4.75	5	5.25	V
High-level output current, I_{OH}			−400			−400	μA
Low-level output current, I_{OL}			4			8	mA
Operating free-air temperature, T_A	−55		125	0		70	°C

electrical characteristics over recommended operating free-air temperature range

PARAMETER ■			TEST CONDITIONS †			MIN	TYP ‡	MAX	UNIT
V_{IH}	High-level input voltage					2			V
V_{IL}	Low-level input voltage				54LS			0.7	V
					74LS			0.8	
V_{IK}	Input clamp voltage		V_{CC} = MIN, I_I = −18mA					−1.5	V
V_{OH}	High-level output voltage	54LS	V_{CC} = MIN, V_{IH} = 2V,			2.5	3.4		V
		74LS	V_{IL} = V_{ILmax} IOH = −400μA			2.7	3.4		
V_{OL}	Low-level output voltage	54LS	V_{CC} = MIN, V_{IH} = 2V,				0.25	0.4	V
		74LS	V_{IL} = V_{ILmax} I_{OL} = MAX				0.35	0.5	
I_I	Input current at maximum input voltage		V_{CC} = MAX, V_I = 7V					0.1	mA
I_{IH}	High-level input current		V_{CC} = MAX, V_I = 2.7V					20	μA
I_{IL}	Low-level input current		V_{CC} = MAX, V_I = 0.4V					−0.4	mA
I_{OS}	Short-circuit output current ◆		V_{CC} = MAX			20		−100	mA
I_{CC}	Supply current		V_{CC} = MAX, Outputs enabled and open				6.3	10	mA
t_{PLH}	from Binary select to Any output		V_{CC} = 5V, T_A = 25°C, C_L = 15pF, R_L = 2kΩ	levels of delay	2		13	20	ns
t_{PHL}							27	41	
t_{PLH}					3		18	27	ns
t_{PHL}							26	39	
t_{PLH}	from Enable to Any output				2		12	18	ns
t_{PHL}							21	32	
t_{PLH}					3		17	26	ns
t_{PHL}							25	38	

Pin Assignment (Top View)

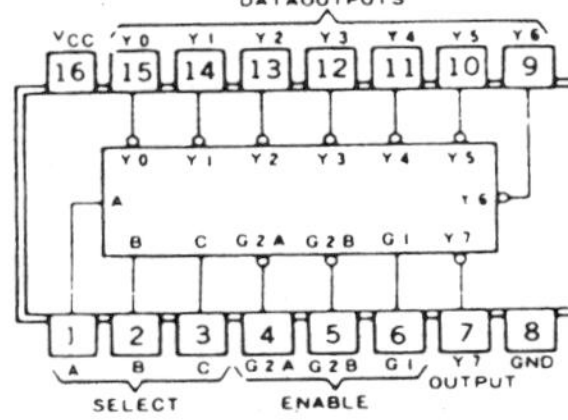

positive logic: see function table

Function Table

'S138 'LS138

INPUTS ENABLE G1	G2*	SELECT C	B	A	OUTPUTS Y0	Y1	Y2	Y3	Y4	Y5	Y6	Y7
X	H	X	X	X	H	H	H	H	H	H	H	H
L	X	X	X	X	H	H	H	H	H	H	H	H
H	L	L	L	L	L	H	H	H	H	H	H	H
H	L	L	L	H	H	L	H	H	H	H	H	H
H	L	L	H	L	H	H	L	H	H	H	H	H
H	L	L	H	H	H	H	H	L	H	H	H	H
H	L	H	L	L	H	H	H	H	L	H	H	H
H	L	H	L	H	H	H	H	H	H	L	H	H
H	L	H	H	L	H	H	H	H	H	H	L	H
H	L	H	H	H	H	H	H	H	H	H	H	L

* G2 = G2A + G2B
H = high level, L = low level, X = irrelevant

Functional Block Diagram

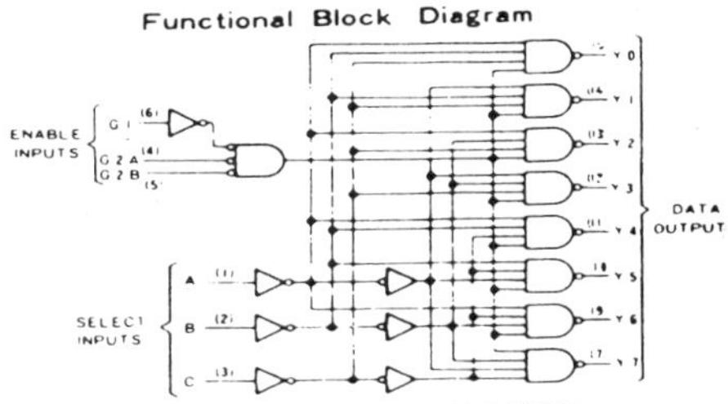

'S138 'LS138 DECODER/DEMULTIPLEXER

† For conditions shown as MIN or MAX, use the appropriate value specified under recommended operating conditions for the applicable device type
‡ All typical values are at V_{CC} = 5V, T_A = 25°C.
◆ Not more than one output should be shorted at a time and duration of short-circuit should not exceed one second
■ t_{PLH} = propagation delay time, low-to-high-level output
t_{PHL} = propagation delay time, high-to-low-level output

CONTINUED ON NEXT PAGE

74LS138 3-Line-to-8-Line Decoder

	ALS TTL Device Type	C	P	M	CF	AS TTL Device Type	C	P	M	CF	FAST TTL Device Type	C	P	M	CF
T.I.	SN54ALS138	J·1													
	SN74ALS138	J 1	N 1												
FAIRCHILD											FC54F138 •	D①			F①
											FC74F138	D①	P①		
MOTOROLA	SN54ALS138	J 1									MC54F 138	J①			
	SN74ALS138	J 1	N 1								MC74F 138	J①	N①		
N. S. C.	DM54ALS138	J 1													
	DM74ALS138		N 1												
PHILIPS															
SIGNETICS											S54F138	F①			
											N74F 138		N①		
SIEMENS															
FUJITSU	MB74ALS138		M 1												
HITACHI															
MITSUBISHI															
NEC															
TOSHIBA															

Pin Assignment (Top View)

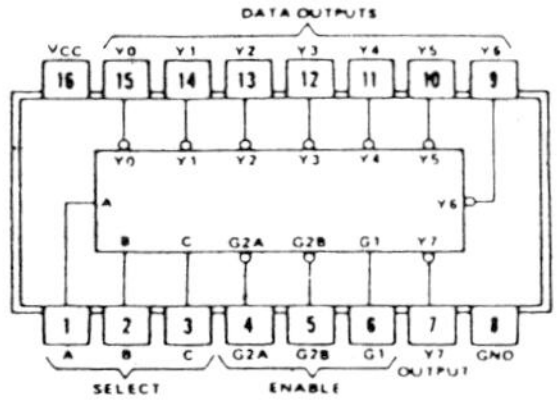

1

Elecrtical Characteristics SN54ALS138/SN74ALS138

absolute maximum ratings over operating free-air temperature range

Supply voltage, V_{CC}	7 V	Operating free-air temperature range	SN54ALS	−55℃ to 125℃
			SN74ALS	0℃ to 70℃
Input voltage	7 V	Storage temperature range		−65℃ to 150℃

recommended operating conditions

PARAMETER	SN54ALS138 MIN	NOM	MAX	SN74ALS138 MIN	NOM	MAX	UNIT
Supply voltage, V_{CC}	4.5	5	5.5	4.5	5	5.5	V
High-level output current, I_{OH}			−400			−400	μA
Low-level output current, I_{OL}			4			4	mA
Operating free-air temperature, T_A	−55		125	0		70	℃

electrical characteristics over recommended operating free-air temperature range

PARAMETER		TEST CONDITIONS	MIN	TYP *	MAX	UNIT
V_{IH}	High-level input voltage		2			V
V_{IL}	Low-level input voltage				0.8	V
V_{IK}	Input clamp voltage	V_{CC}=MIN, I_I=−18mA			−1.5	V
V_{OH}	High-levl output voltage	I_{OH} MAX, V_{CC} MIN	2.5	3.4		V
		I_{OH} MAX, 74ALS V_{CC} 4.75V	2.5	3.4		
V_{OL}	Low-level output voltage	I_{OL} MAX, V_{CC} MIN		0.25	0.4	V
		I_{OL} MAX, 74ALS V_{CC} 4.75V		0.35	0.5	
I_I	Input current at maximum input voltage	V_{CC}=MAX, V_I=7 V			0.1	mA
I_H	High-level input current	V_{CC}=MAX, V_I=2.7V			20	μA
I_L	Low-level input current	V_{CC}=MAX, V_I=0.4V			−0.2	mA
I_O	Output current	V_{CC}=MAX, V_O=2.25	−30		−112	mA
I_{CC}	Supply current	V_{CC}=MAX		5	10	mA

switching characteristics

PARAMETER	FROM	TO	LEVELS OF DELAY	TEST CONDITIONS		MIN	TYP	MAX	UNIT
t_{PLH}	A, B, C	Y	4	V_{CC}=4.5~5.5, C_L 50pF, R_L 500Ω	54ALS	7		25	ns
					74ALS	7		20	
t_{PHL}					54ALS	6		22	ns
					74ALS	6		18	
t_{PLH}	A, B, C	Y	3		54ALS	6		21	ns
					74ALS	6		18	
t_{PHL}					54ALS	6		21	ns
					74ALS	6		18	
t_{PLH}	Enable G 2	Y	2		54ALS	4		15	ns
					74ALS	4		13	
t_{PHL}					54ALS	5		19	ns
					74ALS	5		15	
t_{PLH}	Enable G 1	Y	3		54ALS	5		20	ns
					74ALS	5		17	
t_{PHL}					54ALS	6		20	ns
					74ALS	6		17	

Electrical Characteristics FC54F138/FC74F138

absolute maximum ratings over operating frre-air temperature range

Supply voltage, V_{CC}	7 V	Operating free-air temperature range	FC54F	−55℃ to 125℃
			FC74F	0℃ to 70℃
Input voltage	7 V	Storage temperature range		−65℃ to 150℃

recommended operating conditions

PARAMETER	FC54F138 MIN	NOM	MAX	FC74F138 MIN	NOM	MAX	UNIT
Supply voltage, V_{CC}	4.5	5	5.5	4.75	5	5.25	V
High-level output current, I_{OH}			−1			−1	mA
Low-level output current, I_{OL}			20			20	mA
Operating free-air temperature, T_A	−55		125	0		70	℃

electrical characteristics over recommended operating free-air temperature range

PARAMETER		TEST CONDITIONS	MIN	TYP	MAX	UNIT
V_{IH}	High-level Input voltage		2			V
V_{IL}	Low-level input voltage				0.8	V
V_{CD}	Input clamp diode voltage	V_{CC}=MIN, I_I=−18mA			−1.2	V
V_{OH}	High-level output voltage	V_{CC}=MIN, I_{OH}=MAX	2.7	3.4		V
V_{OL}	Low-level output voltage	V_{CC}=MIN, I_{OL}=MAX		0.35	0.5	V
I_I	Input current at maximum input voltage	V_{CC}=MAX, V_I=7V			0.1	mA
I_{IH}	High-level input current	V_{CC}=MAX, V_I=2.7V			20	μA
I_{IL}	Low-level input current	V_{CC}=MAX, V_I=0.5V			−0.6	mA
I_{OS}	Short-circuit output current	V_{CC}=MAX	−60		150	mA
I_{CC}	Supply current	V_{CC}=MAX		13	20	mA
t_{PLH}	from An to $\bar{O}$n	V_{CC}=5 V, T_A=25℃, C_L=50pF, R_L=500Ω	3.5	5.6	7.0	ns
t_{PHL}			4.0	6.1	8.0	
t_{PLH}	from $\bar{E}_1$ or $\bar{E}_2$ to $\bar{O}$n		3.5	5.4	7.0	ns
t_{PHL}			3.0	5.3	7.0	
t_{PLH}	from E_3 to $\bar{O}$n		4.0	6.2	8.0	ns
t_{PHL}			3.5	5.6	7.5	

* All typical values are at V_{CC} 5V, T_A 25℃.

74LS139 Dual 2-Line-to-4-Line Decoder／Demultiplexer

	Schottky TTL					High-Speed TTL					Low-Power Schottky TTL					Standard TTL					Low-Power TTL				
	Device Type	Package C	P	M	CF	Device Type	Package C	P	M	CF	Device Type	Package C	P	M	CF	Device Type	Package C	P	M	CF	Device Type	Package C	P	M	CF
T.I.	SN54S139	J①			W①						SN54LS139	J①			W①										
	SN74S139	J①	N①								SN74LS139	J①	N①												
FAIRCHILD	／FW93S139	D①			F①						FM54LS139／FM9LS139	D①			F①										
	FC74S139／FC93S139	D①	P①		F①						FC74LS139／FC9LS139	D①	P①		F①										
MOTOROLA											SN54LS139	J①													
											SN74LS139		P①												
N.S.C.	DM54S139	J①			W①						DM54LS139	J①			W①										
	DM74S139		N①								DM74LS139		N①												
PHILIPS	N74S139		①								N74LS139		①												
SIGNETICS	S54S139	F①	B①		W①						S54LS139	F①			W①										
	N74S139	F①	B①		W①						N74LS139		A①												
SIEMENS																									
FUJITSU											74LS139		M①												
HITACHI	MD74S139		P①								HD74LS139		P①												
MITSUBISHI											M74LS139		P①												
NEC											74LS139		C①												
AMD																									

Electrical Characteristics SN54LS139/SN74LS139

absolute maximum ratings over operating free-air temperature range

Supply voltage, V_{CC}	7V	Operating free-air temperature range	SN54LS	−55°C to 125°C
Input voltage	7V		SN74LS	0°C to 70°C
		Storage temperature range		−65°C to 150°C

recommended opering conditions

	SN54LS139 MIN	NOM	MAX	SN74LS139 MIN	NOM	MAX	UNIT
Supply voltage, V_{CC}	4.5	5	5.5	4.75	5	5.25	V
High-level output current, I_{OH}			400			400	μA
Low-level output current, I_{OL}			4			8	mA
Operating free-air temperature, T_A	−55		125	0		70	°C

electrical characteristics over recommended operating free-air temperature range

PARAMETER *			TEST CONDITIONS †	MIN	TYP ‡	MAX	UNIT
V_{IH}	High-level input voltage			2			V
V_{IL}	Low-level input voltage	54LS				0.7	V
		74LS				0.8	
V_{IK}	Input clamp voltage		V_{CC} = MIN, I_I = −18mA			−1.5	V
V_{OH}	High-level output voltage	54LS	V_{CC} = MIN, V_{IH} = 2 V,	2.5	3.4		V
		74LS	V_{IL} = V_{ILmax} I_{OH} = −400μA	2.7	3.4		
V_{OL}	Low-level output voltage	54LS	V_{CC} = MIN, V_{IH} = 2 V,		0.25	0.4	V
		74LS	V_{IL} = V_{ILmax} I_{OL} = MAX		0.35	0.5	
I_I	Input current at maximum input voltage		V_{CC} = MAX, V_I = 7V			0.1	mA
I_{IH}	High-level input current		V_{CC} = MAX, V_I = 2.7V			20	μA
I_{IL}	Low-level input current		V_{CC} = MAX, V_I = 0.5V			−0.4	mA
I_{OS}	Short-circuit output current •		V_{CC} = MAX,	−20		−100	mA
I_{CC}	Supply current		V_{CC} = MAX, Outputs enabled and open		6.8	11	mA
t_{PLH}	from Binary select		V_{CC} = 5 V, T_A = 25°C, C_L = 15pF, R_L = 2kΩ; levels of delay: 2		13	20	ns
t_{PHL}					22	33	
t_{PLH}	to Any output		levels of delay: 3		18	29	ns
t_{PHL}					25	38	
t_{PLH}	from Enable		levels of delay: 2		16	24	ns
t_{PHL}	to Any output				21	32	

† For conditions shown as MIN or MAX, use the appropriate value specified under recommended operating conditions for the applicable device type

‡ All typical values are at V_{CC} = 5 V, T_A = 25°C

• Not more than output should be shorted at a time

• t_{PLH} = propagation delay time, low-to-high level output, t_{PLH} = propagation delay time, high-to-low-level output

Pin Assignment (Top View)

①

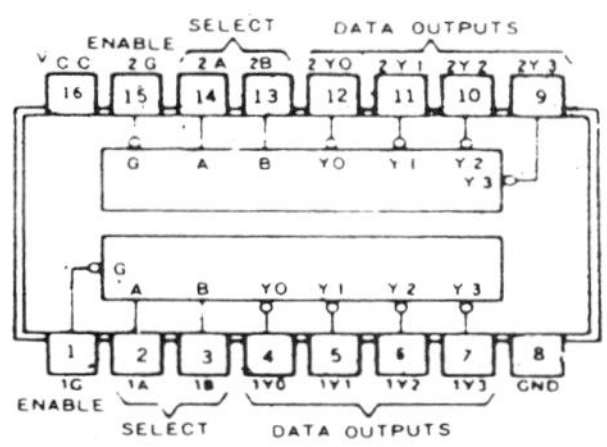

positive logic: see function table

Function Table

'S139 'LS139

(EACH DECODER／DEMULTIPLEXER)

INPUTS ENABLE G	SELECT B	A	OUTPUTS Y0	Y1	Y2	Y3
H	X	X	H	H	H	H
L	L	L	L	H	H	H
L	L	H	H	L	H	H
L	H	L	H	H	L	H
L	H	H	H	H	H	L

H = high level, L = low level, X = irrelevant

Functional Block Diagram

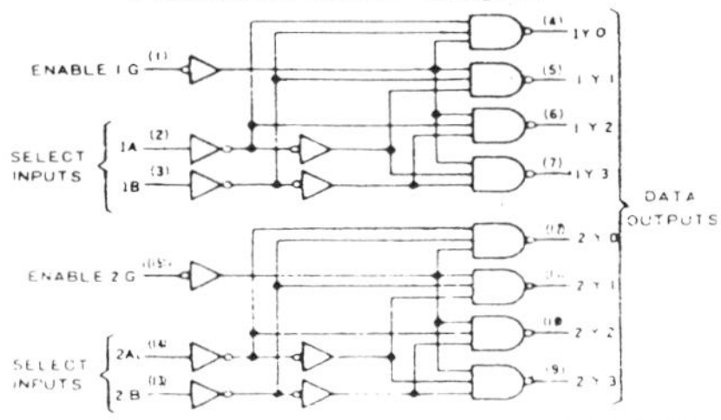

'S139 'LS139 DECODER/DEMUTIPLEXER

74SL151 ● 8-Line-to-I-Line Datata Selector/Multiplexer

Electrical Charaoteristics SN54LS151 /SN74LS151

absolute maximum ratings over operating free-air temperature range

Supply voltage, V_{CC}	7V	Operating free-air temperature range	SN54LS	−55°C to 125°C
Input voltage	7V		SN74LS	0°C to 70°C
		Storage temperature range		−65°C to 150°C

recommended operating conditions

	SN54LS151			SN74LS151			UNIT
	MIN	NOM	MAX	MIN	NOM	MAX	
Supply voltage, V_{CC}	4.5	5	5.5	4.75	5	5.25	V
High-level output current, I_{OH}			−400			−400	μA
Low-level output current, I_{OL}			4			8	mA
Operating free-air temperature, T_A	−55		125	0		70	°C

electrical characteristics over recommended operating free-air temperature range

PARAMETER*			TEST CONDITIONS†		MIN	TYP‡	MAX	UNIT
V_{IH}	High-level input voltage				2			V
V_{IL}	Low-level input voltage			54LS			0.7	V
				74LS			0.8	
V_{IK}	Input clamp voltage		V_{CC}=MIN, I_I=−18mA				−1.5	V
V_{OH}	High-level output voltage	54LS	V_{CC}=MIN, V_{IH}=2V,		2.5	3.4		V
		74LS	$V_{IL}=V_{ILmax}$, I_{OH}=−400μA		2.7	3.4		
V_{OL}	Low-level output voltage	54LS	V_{CC}=MIN, V_{IH}=2V,			0.25	0.4	V
		74LS	$V_{IL}=V_{ILmax}$, I_{OL}=MAX			0.35	0.5	
I_I	Input current at maximum input voltage		V_{CC}=MAX, V_I=7V				0.1	mA
I_{IH}	High-level input current		V_{CC}=MAX, V_I=2.7V				20	μA
I_{IL}	Low-level input current		V_{CC}=MAX, V_I=0.4V				−0.4	mA
I_{OS}	Short-circuit output current◆		V_{CC}=MAX	54LS	−20		−100	mA
				74LS	−20		−100	
I_{CC}	Supply current		V_{CC}=MAX, See Outputs open, All inputs at 4.5V			6.0	10	mA
t_{PLH}	from A, B, or C (4 levels)		V_{CC}=5V, T_A=25°C, C_L=15pF, R_L=2kΩ			27	43	ns
t_{PHL}	to output Y					18	30	
t_{PLH}	from A, B, or C (3 levels)					14	23	ns
t_{PHL}	to output W					20	32	
t_{PLH}	from Strobe					26	42	ns
t_{PHL}	to output Y					20	32	
t_{PLH}	from Strobe					15	24	ns
t_{PHL}	to output W					18	30	
t_{PLH}	from Any D					20	32	ns
t_{PHL}	to output Y					16	26	
t_{PLH}	from Any D					13	21	ns
t_{PHL}	to output W					12	20	

Pin Assignment (Top View)

①

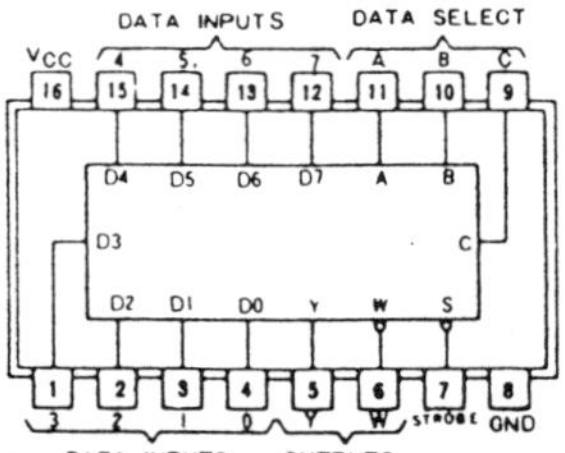

positive logic: see function table

Function Table

'151A, 'LS151, 'S151

INPUTS				OUTPUTS	
SELECT			STROBE		
C	B	A	S	Y	W
X	X	X	H	L	H
L	L	L	L	D0	$\overline{D0}$
L	L	H	L	D1	$\overline{D1}$
L	H	L	L	D2	$\overline{D2}$
L	H	H	L	D3	$\overline{D3}$
H	L	L	L	D4	$\overline{D4}$
H	L	H	L	D5	$\overline{D5}$
H	H	L	L	D6	$\overline{D6}$
H	H	H	L	D7	$\overline{D7}$

H=high level, L=low level, X=irrelevant
D0, D1 … D7=the level of the D respective input

Functional Block Diagram

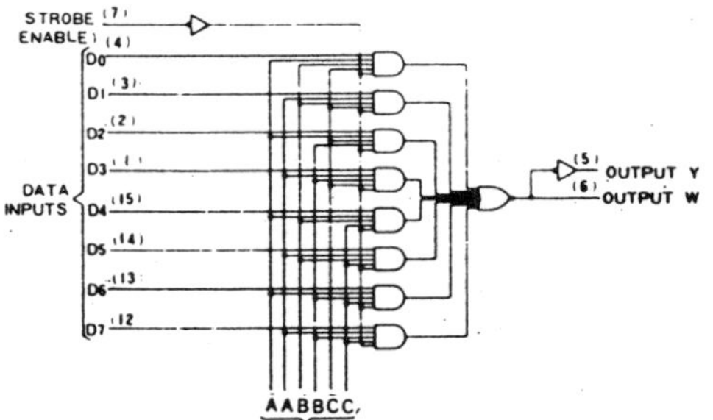

ADDRESS BUFFERS FOR '151A

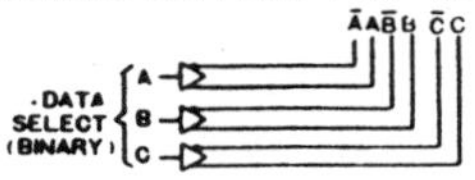

ADDRESS BUFFERS FOR 'LS151, 'S151

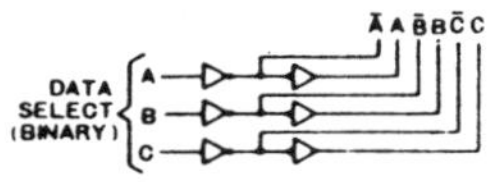

'151A, 'LS151, 'S151 DATA SELECTOR/MULTIPLEXER

† For conditions shown as MIN or MAX, use the appropriate value specified under recommended operating conditions for the applicable device type.
‡ All typical values at V_{CC}=5V, T_A=25°C.
◆ Not more than one output of should be shorted at a time and duration of short-circuit should not exceed one second.
* t_{PLH}= propagation delay time, low-to-high-level output
t_{PHL}= propagation delay time, high-to-low-level output

74LS153 ●Dual 4-Line to 1-Line Data Selectors/Multiplexers

This data selector/multiplexer contains inverters and drivers to supply fully complementary, on-chip, binary decoding data selection to the AND-OR-INVERT gates. Separate strobe inputs are provided for each of the two four-line sections.

■BLOCK DIAGRAM

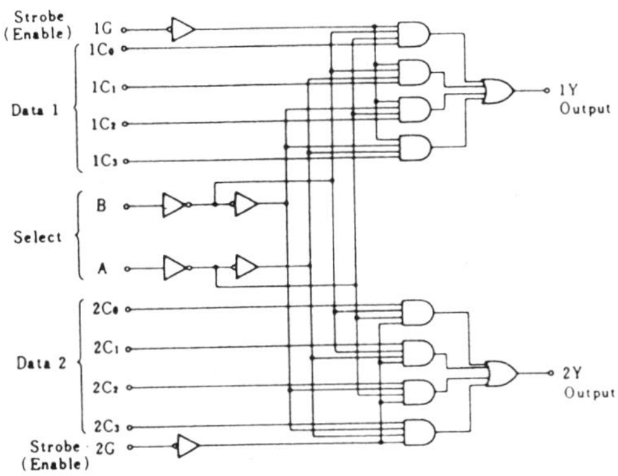

■PIN ARRANGEMENT

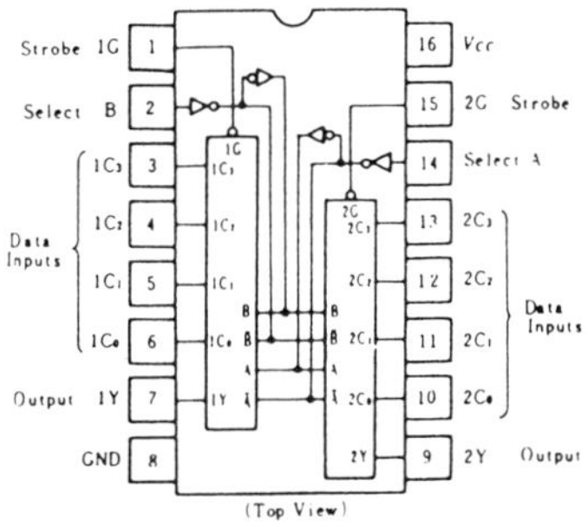

■FUNCTION TABLE

Inputs							Outputs
Select		Data				Strobe	
B	A	C_0	C_1	C_2	C_3	G	Y
×	×	×	×	×	×	H	L
L	L	L	×	×	×	L	L
L	L	H	×	×	×	L	H
L	H	×	L	×	×	L	L
L	H	×	H	×	×	L	H
H	L	×	×	L	×	L	L
H	L	×	×	H	×	L	H
H	H	×	×	×	L	L	L
H	H	×	×	×	H	L	H

H; high level, L; low level, X; irrelevant

■ELECTRICAL CHARACTERISTICS ($Ta = -20 \sim +75$ ℃)

Item	Symbol	Test Conditions		min	typ*	max	Unit
Input voltage	V_{IH}			2.0	–	–	V
	V_{IL}			–	–	0.8	V
Output voltage	V_{OH}	$V_{CC}=4.75$V, $V_{IH}=2$V, $V_{IL}=0.8$V, $I_{OH}=-400\mu$A		2.7	–	–	V
	V_{OL}	$V_{CC}=4.75$V, $V_{IH}=2$V, $V_{IL}=0.8$V	$I_{OL}=4$mA	–	–	0.4	V
			$I_{OL}=8$mA	–	–	0.5	
Input current	I_{IH}	$V_{CC}=5.25$V, $V_I=2.7$V		–	–	20	μA
	I_{IL}	$V_{CC}=5.25$V, $V_I=0.4$V		–	–	−0.4	mA
	I_I	$V_{CC}=5.25$V, $V_I=7$V		–	–	0.1	mA
Short-circuit output current	I_{OS}	$V_{CC}=5.25$V		−20	–	−100	mA
Supply current**	I_{CCL}	$V_{CC}=5.25$V		–	6.2	10	mA
Input clamp voltage	V_{IK}	$V_{CC}=4.75$V, $I_{IN}=-18$mA		–	–	−1.5	V

* $V_{CC}=5$V, $Ta=25$°C

** I_{CC} is measured with all outputs open and all inputs grounded.

74LS153

■SWITCHING CHARACTERISTICS ($V_{CC}=5V$, $Ta=25℃$)

<table>
<tr><th>Item</th><th>Symbol</th><th>Inputs</th><th>Outputs</th><th>Test Conditions</th><th>min</th><th>typ</th><th>max</th><th>Unit</th></tr>
<tr><td rowspan="6">Propagation delay time</td><td>t_{PLH}</td><td>Data</td><td>Y</td><td rowspan="6">$C_L=15pF$, $R_L=2k\Omega$</td><td>–</td><td>10</td><td>15</td><td>ns</td></tr>
<tr><td>t_{PHL}</td><td>Data</td><td>Y</td><td>–</td><td>17</td><td>26</td><td>ns</td></tr>
<tr><td>t_{PLH}</td><td>Select</td><td>Y</td><td>–</td><td>19</td><td>29</td><td>ns</td></tr>
<tr><td>t_{PHL}</td><td>Select</td><td>Y</td><td>–</td><td>25</td><td>38</td><td>ns</td></tr>
<tr><td>t_{PLH}</td><td>Strobe</td><td>Y</td><td>–</td><td>16</td><td>24</td><td>ns</td></tr>
<tr><td>t_{PHL}</td><td>Strobe</td><td>Y</td><td>–</td><td>21</td><td>32</td><td>ns</td></tr>
</table>

■TESTING METHOD

1) Test Circuit

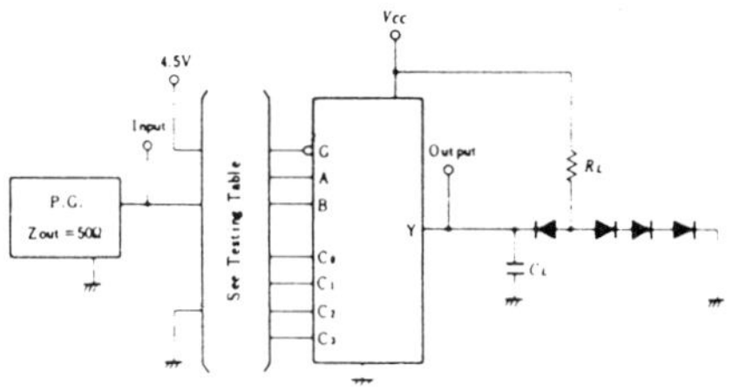

Notes) 1. C_L includes probe and jig capacitance.
2. All diodes are 1S2074 Ⓗ.

2) Testing Table

<table>
<tr><th rowspan="2">Item</th><th colspan="7">Inputs</th><th>Output</th></tr>
<tr><th>B</th><th>A</th><th>C_0</th><th>C_1</th><th>C_2</th><th>C_3</th><th>G</th><th>Y</th></tr>
<tr><td rowspan="9">t_{PLH}
t_{PHL}</td><td>GND</td><td>GND</td><td>IN</td><td>×</td><td>×</td><td>×</td><td>GND</td><td>OUT</td></tr>
<tr><td>GND</td><td>4.5V</td><td>×</td><td>IN</td><td>×</td><td>×</td><td>GND</td><td>OUT</td></tr>
<tr><td>4.5V</td><td>GND</td><td>×</td><td>×</td><td>IN</td><td>×</td><td>GND</td><td>OUT</td></tr>
<tr><td>4.5V</td><td>4.5V</td><td>×</td><td>×</td><td>×</td><td>IN</td><td>GND</td><td>OUT</td></tr>
<tr><td rowspan="2">GND</td><td rowspan="2">IN</td><td>GND</td><td>4.5V</td><td rowspan="2">×</td><td rowspan="2">×</td><td rowspan="2">GND</td><td rowspan="2">OUT</td></tr>
<tr><td>4.5V</td><td>GND</td></tr>
<tr><td rowspan="2">IN</td><td rowspan="2">GND</td><td>GND</td><td rowspan="2">×</td><td>4.5V</td><td rowspan="2">×</td><td rowspan="2">GND</td><td rowspan="2">OUT</td></tr>
<tr><td>4.5V</td><td>GND</td></tr>
<tr><td>GND</td><td>GND</td><td>4.5V</td><td>×</td><td>×</td><td>×</td><td>IN</td><td>OUT</td></tr>
</table>

X: "4.5V" or "GND"

Waveform

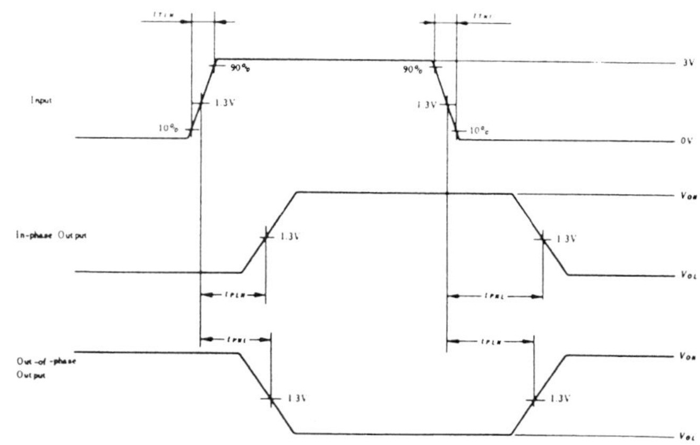

Input pulse; $t_{TLH} \leq 15ns$, $t_{THL} \leq 6ns$,
$PRR=1MHz$, duty cycle 50%.

74LS164 ●8-Bit Parallel-Out Serial-In Shift Registers

This 8-bit shift register features gated serial inputs and an asynchronous clear. The gated serial inputs (A and B) permit complete control over incoming data as a low at either (or both) input(s) inhibits entry of the new data and resets the first flip-flop to the low level at the next clock pulse. A high-level input enables the other input which will them determine the state of the first flip-flop. Data at the serial inputs may be changed while the clock is high or low, but only information meeting the setup requirements will be entered. Clocking occurs on the low-to-high-level transition of the clock input.

■PIN ARRANGEMENT

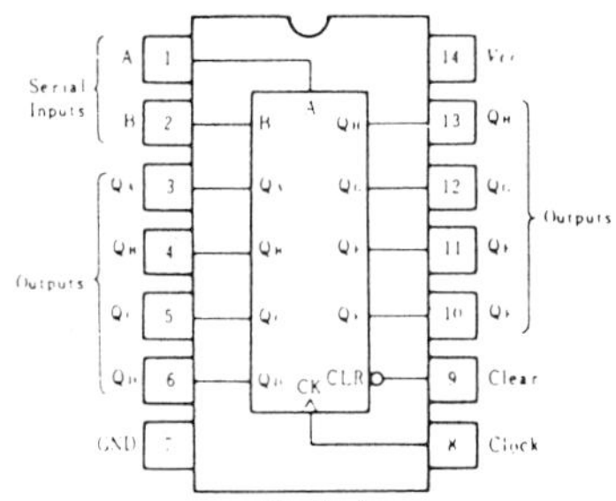

(Top View)

■BLOCK DIAGRAM

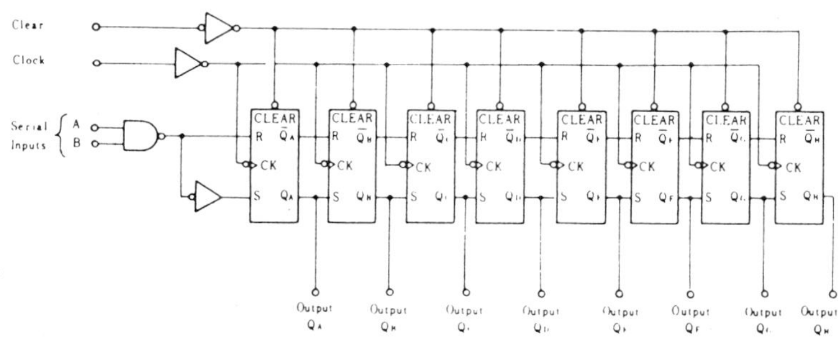

■FUNCTION TABLE

Inputs				Outputs		
Clear	Clock	A	B	Q_A	Q_B ······	Q_H
L	×	×	×	L	L	L
H	L	×	×	Q_{A0}	Q_{B0}	Q_{H0}
H	↑	H	H	H	Q_{An}	Q_{Gn}
H	↑	L	×	L	Q_{An}	Q_{Gn}
H	↑	×	L	L	Q_{An}	Q_{Gn}

Notes) 1. H; high level, L; low level, X; irrelevant
2. ↑; transition from low to high level
3. Q_{A0}, Q_{B0}, Q_{H0}; the level of Q_A, Q_B, or Q_H, respectively, before the indicated steady-state input conditions were established.
4. Q_{An}, Q_{Gn}; the level of Q_A or Q_G before the most-recent ↑ transition of the clock; indicates a one-bit shift.

■RECOMMENDED OPERATING CONDITIONS

Item	Symbol	min	typ	max	Unit
Clock frequency	f_{clock}	0	–	25	MHz
Clock pulse width	$t_{w(CK)}$	20	–	–	ns
Clear pulse width	$t_{w(CLR)}$	20	–	–	ns
Data setup time	t_{su}	15	–	–	ns
Data hold time	t_h	5	–	–	ns

■TYPICAL CLEAR, SHIFT, AND CLEAR SEQUENCES

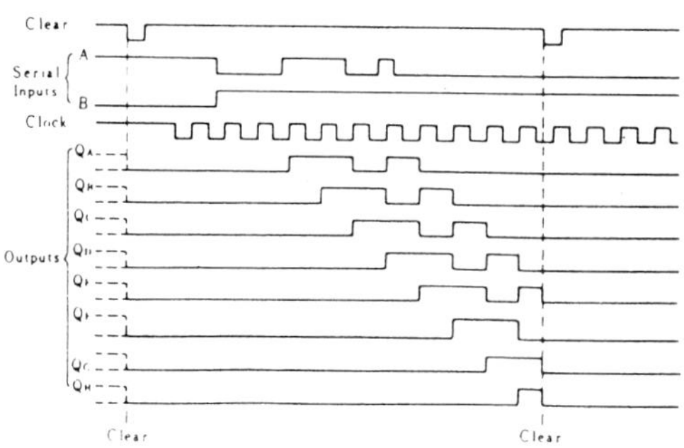

74LS164

■ELECTRICAL CHARACTERISTICS ($Ta=-20\sim+75^\circ C$)

Item	Symbol	Test Conditions		min	typ*	max	Unit
Input voltage	V_{IH}			2.0	–	–	V
	V_{IL}			–	–	0.8	V
Output voltage	V_{OH}	$V_{CC}=4.75V,\ V_{IH}=2V,\ V_{IL}=0.8V,\ I_{OH}=-400\mu A$		2.7	–	–	V
	V_{OL}	$V_{CC}=4.75V,\ V_{IH}=2V,\ V_{IL}=0.8V$	$I_{OL}=4mA$	–	–	0.4	V
			$I_{OL}=8mA$	–	–	0.5	
Input current	I_{IH}	$V_{CC}=5.25V,\ V_I=2.7V$		–	–	20	μA
	I_{IL}	$V_{CC}=5.25V,\ V_I=0.4V$		–	–	−0.4	mA
	I_I	$V_{CC}=5.25V,\ V_I=7V$		–	–	0.1	mA
Short-circuit output current	I_{OS}	$V_{CC}=5.25V$		−20	–	−100	mA
Supply current**	I_{CC}	$V_{CC}=5.25V$		–	16	27	mA
Input clamp voltage	V_{IK}	$V_{CC}=4.75V,\ I_{IN}=-18mA$		–	–	−1.5	V

* $V_{CC}=5V,\ Ta=25^\circ C$

** I_{CC} is measured with outputs open, serial inputs grounded, the clock input at 2.4V, and a momentary grounded, then 4.5V applied to clear.

■SWITCHING CHARACTERISTICS ($V_{CC}=5V,\ Ta=25^\circ C$)

Item	Symbol	Inputs	Outputs	Test Conditions	min	typ	max	Unit
Maximum clock frequency	f_{max}				25	36	–	MHz
Propagation delay time	t_{PHL}	Clear	Q	$C_L=15pF,\ R_L=2k\Omega$	–	24	36	ns
	t_{PLH}	Clock	Q		–	17	27	ns
	t_{PHL}	Clock	Q		–	21	32	ns

■TESTING METHOD

1) Test Circuit

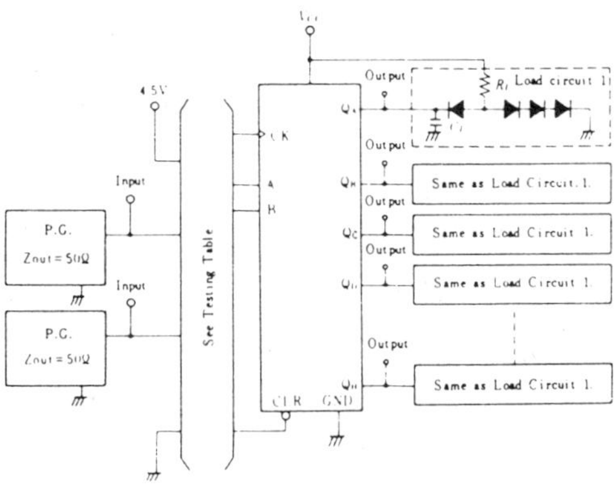

Waveform

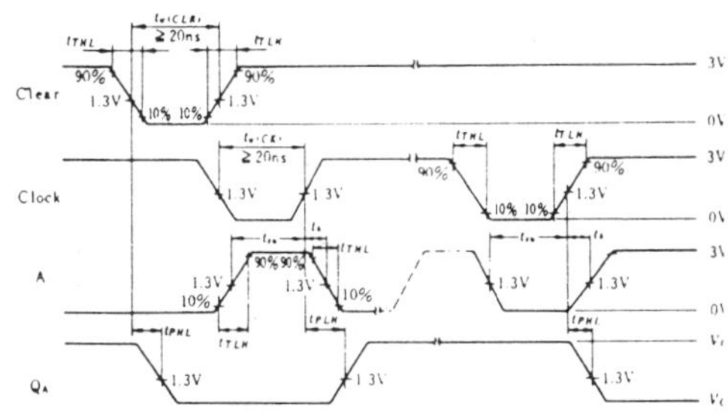

Notes) 1. Input pulse: $t_{TLH}\leq 15ns$, $t_{THL}\leq 6ns$, $PRR=1MHz$, (Clock, Clear), $PRR=500kHz$ (A or B)
2. C_L includes probe and jig capacitance.
3. All diodes are 1S2074 Ⓗ

Notes) Q_A output is illustrated. Relationship of serial input A and B data to other Q outputs is illustrated in the timing chart.

2) Testing Table

Item	From input to output	Inputs				Outputs							
		CLR	CK	A	B	Q_A	Q_B	Q_C	Q_D	Q_E	Q_F	Q_G	Q_H
f_{max}		4.5V	IN	IN	4.5V	OUT	OUT	OUT	OUT	OUT	OUT	OUT	OUT
t_{PLH}	Clear→Q	IN	IN	IN	4.5V	OUT	OUT	OUT	OUT	OUT	OUT	OUT	OUT
t_{PHL}	CK → Q	4.5V	IN	IN	4.5V	OUT	OUT	OUT	OUT	OUT	OUT	OUT	OUT

74LS181 ●Arithmetic Logic Units/Function Generators

The HD74LS181 is arithmetic logic unit (ALU)/function generator that have a complexity of 75 equivalent gates. This circuit performs 16 binary arithmetic operations on two 4-bit words as shown in Function Table (Table 1 and 2).
These operations are selected by the four function-select lines (S0, S1, S2, S3) and include addition, subtraction, decrement, and straight transfer.
When performing arithmetic manipulations, the internal carries must be enabled by applying a low-level voltage to the mode control input (M).
A full carry look-ahead scheme is made available in this device for fast, simultaneous carry generation by means of two cascade-outputs (pin 15 and 17) for the four bits in the package. When used in conjunction with the HD74182 or HD-74S182, full carry look-ahead circuits, high-speed arithmetic operations can be performed. The typical addition times shown above illustrate the little additional time required for addition of longer words when full carry look-ahead is employed. If high speed is not of importance, a ripple-carry input (C_n) and a ripple-carry output (C_{n+4}) are available. However, the ripple-carry delay has also been minimized so that arithmetic manipulations for small word lengths can be performed without external circuitry.
The HD74LS181 will accommodate active-high or active-low data if the pin designations are interpreted as follows.

Pin No.	2	1	23	22	21	20	19	18
Active-high data (Table 1)	A_0	B_0	A_1	B_1	A_2	B_2	A_3	B_3
Active-low data (Table 2)	$\bar{A}_0$	$\bar{B}_0$	$\bar{A}_1$	$\bar{B}_1$	$\bar{A}_2$	$\bar{B}_2$	$\bar{A}_3$	$\bar{B}_3$
Pin No.	9	10	11	13	7	16	15	17
Active-high data (Table 1)	F_0	F_1	F_2	F_3	$\bar{C}_n$	$\bar{C}_{n+4}$	X	Y
Active-low data (Table 2)	$\bar{F}_0$	$\bar{F}_1$	$\bar{F}_2$	$\bar{F}_3$	C_n	C_{n+4}	$\bar{P}$	$\bar{G}$

Subtraction is accomplished by 1's complement addition where the 1's complement of the subtrahend is generated internally. The resultant output is A-B-1, which requires an end-arround or forced carry to provide A-B.
The HD74LS181 can also be utilized as a comparator. The A=B output is internally decoded from the function outputs (F0, F1, F2, F3) so that when two words of equal magnitude are applied at the A and B inputs, it will assume a high level to indicate equality (A=B). The ALU should be in the subtract mode with Cn=H when performing this comparison. The A=B output is open-collector so that is can be wire-AND connected to give a comparison for more than four bits. The carry output (Cn+4) can also be used to supply relative magnitude information. Again, the ALU should be placed in the subtract mode by placing the function select inputs S3, S2, S1, S0 at L, H, H, L, respectively.

Input Cn	Output C_{n+4}	Active-high data (Table 1)	Active-low data (Table 2)
H	H	A ≦ B	A ≧ B
H	L	A > B	A < B
L	H	A < B	A > B
L	L	A ≧ B	A ≦ B

This circuit have been designed to not only incorporate all of the designer's requirements for arithmetic operations, but also to provide 16 possible functions of two Boolean variables without the use of external circuitry. These logic functions are selected by use of the four function-select inputs (S0, S1, S2, S3) with the mode-control input (M) at a high level to disable the internal carry. The 16 logic functions are detailed in Table 1 and 2 and include exclusive-OR, NAND, AND NOR, and OR functions.

● Signal Designations

The HD74LS181 together with the HD74182 and HD74-S182 can be used with the signal designations of either Figure 1 or Figure 2. The inversion indicators and the bars over the terminal letter symbols (e.g. $\bar{C}$) each indicate that the associated input or output is active with respect to the selected function of the device when that input or output is low. That is, a low at $\bar{C}$ means "do carry" while a high means "to not carry". The logic functions and arithmetic operations of Figure 2 are given in Table 2.

Figure 1

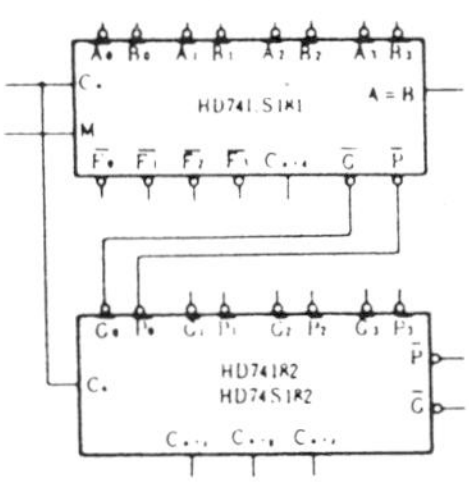

Figure 2

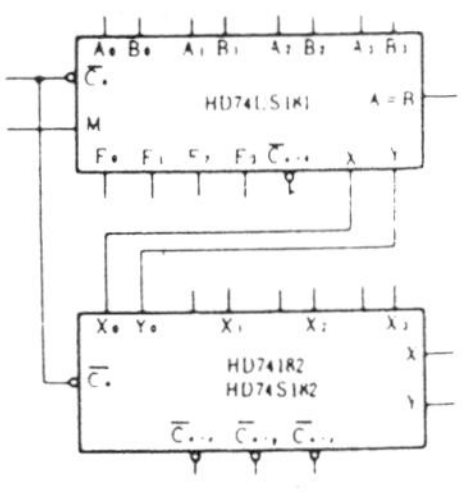

74LS181

■FUNCTION TABLE

● Table 1

S Inputs				Active-high data		
				M = "H" Logic Functions	M = "L" : Arithmetic Operations	
S_3	S_2	S_1	S_0		$\bar{C}_n$ = "H" (no carry)	$\bar{C}_n$ = "L" (with carry)
L	L	L	L	$F=\bar{A}$	$F=A$	$F=A$ plus 1
L	L	L	H	$F=\overline{A+B}$	$F=A+B$	$F=(A+B)$ plus 1
L	L	H	L	$F=\bar{A}B$	$F=A+\bar{B}$	$F=(A+\bar{B})$ plus 1
L	L	H	H	$F=0$	$F=$ minus 1 (2's compl)	$F=$ Zero
L	H	L	L	$F=\overline{AB}$	$F=A$ plus $A\bar{B}$	$F=A$ plus $A\bar{B}$ plus 1
L	H	L	H	$F=\bar{B}$	$F=(A+B)$ plus $A\bar{B}$	$F=(A+B)$ plus $A\bar{B}$ plus 1
L	H	H	L	$F=A\oplus B$	$F=A$ minus B minus 1	$F=A$ minus B
L	H	H	H	$F=A\bar{B}$	$F=A\bar{B}$ minus 1	$F=A\bar{B}$
H	L	L	L	$F=\bar{A}+B$	$F=A$ plus AB	$F=A$ plus AB plus 1
H	L	L	H	$F=\overline{A\oplus B}$	$F=A$ plus B	$F=A$ plus B plus 1
H	L	H	L	$F=B$	$F=(A+\bar{B})$ plus AB	$F=(A+\bar{B})$ plus AB plus 1
H	L	H	H	$F=AB$	$F=AB$ minus 1	$F=AB$
H	H	L	L	$F=1$	$F=A$ plus A*	$F=A$ plus A plus 1
H	H	L	H	$F=A+\bar{B}$	$F=(A+B)$ plus A	$F=(A+B)$ plus A plus 1
H	H	H	L	$F=A+B$	$F=(A+\bar{B})$ plus A	$F=(A+\bar{B})$ plus A plus 1
H	H	H	H	$F=A$	$F=A$ minus 1	$F=A$

Notes) H; high level, L; low level
* Each bit is shifted to the next more significant position.

●Table 2

S Inputs				Active-low data		
				M = "H" Logic Functions	M = "L" : Arithmetic Operations	
S_3	S_2	S_1	S_0		C_n = "L" (no carry)	C_n = "H" (with carry)
L	L	L	L	$F=\bar{A}$	$F=A$ minus 1	$F=A$
L	L	L	H	$F=\overline{AB}$	$F=AB$ minus 1	$F=AB$
L	L	H	L	$F=\bar{A}+B$	$F=A\bar{B}$ minus 1	$F=A\bar{B}$
L	L	H	H	$F=1$	$F=$ minus 1 (2's compl)	$F=0$
L	H	L	L	$F=\overline{A+B}$	$F=A$ plus $(A+\bar{B})$	$F=A$ plus $(A+\bar{B})$ plus 1
L	H	L	H	$F=\bar{B}$	$F=AB$ plus $(A+\bar{B})$	$F=AB$ plus $(A+\bar{B})$ plus 1
L	H	H	L	$F=\overline{A\oplus B}$	$F=A$ minus B minus 1	$F=A$ minus B
L	H	H	H	$F=A+\bar{B}$	$F=A+\bar{B}$	$F=(A+\bar{B})$ plus 1
H	L	L	L	$F=\bar{A}B$	$F=A$ plus $(A+B)$	$F=A$ plus $(A+B)$ plus 1
H	L	L	H	$F=A\oplus B$	$F=A$ plus B	$F=A$ plus B plus 1
H	L	H	L	$F=B$	$F=A\bar{B}$ plus $(A+B)$	$F=A\bar{B}$ plus $(A+B)$ plus 1
H	L	H	H	$F=A+B$	$F=A+B$	$F=(A+B)$ plus 1
H	H	L	L	$F=0$	$F=A$ plus A*	$F=A$ plus A plus 1
H	H	L	H	$F=A\bar{B}$	$F=AB$ plus A	$F=AB$ plus A plus 1
H	H	H	L	$F=AB$	$F=A\bar{B}$ plus A	$F=A\bar{B}$ plus A plus 1
H	H	H	H	$F=A$	$F=A$	$F=A$ plus 1

* Each bit is shifted to the next more significant position.

74LS181

■PIN ARRANGEMENT

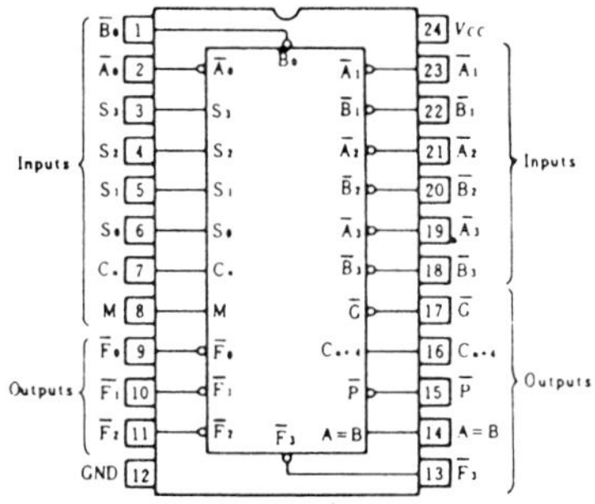

(Top View)

■BLOCK DIAGRAM

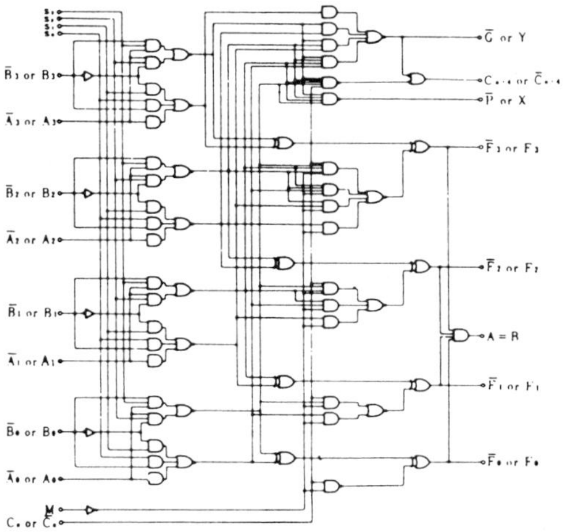

■ABSOLUTE MAXIMUM RATINGS

Item	Symbol	Ratings	Unit
Supply voltage	V_{CC}	7.0	V
Input voltage	V_{IN}	5.5	V
Operating temperature range	T_{opr}	−20 ~ +75	℃
Storage temperature range	T_{stg}	−65 ~ +150	℃

■PIN DESIGNATIONS

Item	Functions
$\bar{A}_3, \bar{A}_2, \bar{A}_1, \bar{A}_0$	Word A Inputs
$\bar{B}_3, \bar{B}_2, \bar{B}_1, \bar{B}_0$	Word B Inputs
S_3, S_2, S_1, S_0	Function-Select Inputs
C_n	Ripple-Carry Input
M	Mode Control Input
$\bar{F}_3, \bar{F}_2, \bar{F}_1, \bar{F}_0$	Function Outputs
A = B	Comparator Output
$\bar{P}$	Carry Propagate Output
$\overline{C_{n+4}}$	Ripple-Carry Output
$\bar{G}$	Carry Generate Output

74LS181

■ELECTRICAL CHARACTERISTICS ($Ta = -20 \sim +75°C$)

Item		Symbol	Test Conditions		min	typ*	max	Unit
Input voltage		V_{IH}			2.0	–	–	V
		V_{IL}			–	–	0.8	V
Output current △		I_{OH}	$V_{CC}=4.75V$, $V_{IH}=2V$, $V_{IL}=0.8V$, $V_{OH}=5.5V$		–	–	100	μA
Output voltage △△		V_{OH}	$V_{CC}=4.75V$, $V_{IH}=2V$, $V_{IL}=0.8V$, $I_{OH}=-400\mu A$		2.7	–	–	V
Output voltage	All outputs	V_{OL}	$V_{CC}=4.75V$, $V_{IH}=2V$, $V_{IL}=0.8V$	$I_{OL}=4mA$	–	–	0.4	V
				$I_{OL}=8mA$	–	–	0.5	
	output $\bar{G}$			$I_{OL}=16mA$	–	–	0.7	
Input current	Mode	I_{IH}	$V_{CC}=5.25V$, $V_I=2.7V$		–	–	20	μA
	$\bar{A}$, $\bar{B}$				–	–	60	
	S				–	–	80	
	Carry				–	–	100	
	Mode	I_{IL}	$V_{CC}=5.25V$, $V_I=0.4V$		–	–	−0.4	mA
	$\bar{A}$, $\bar{B}$				–	–	−1.2	
	S				–	–	−1.6	
	Carry				–	–	−2	
	Mode	I_I	$V_{CC}=5.25V$, $V_I=5.5V$		–	–	0.1	mA
	$\bar{A}$, $\bar{B}$				–	–	0.3	
	S				–	–	0.4	
	Carry				–	–	0.5	
Short-circuit output current		I_{OS}	$V_{CC}=5.25V$		−20	–	−100	mA
Supply current		I_{CC}**	$V_{CC}=5.25V$	Condition A	–	20	34	mA
				Condition B	–	21	37	
Input clamp voltage		V_{IK}	$V_{CC}=4.75V$, $I_{IN}=-18mA$		–	–	−1.5	V

* $V_{CC}=5V$, $Ta=25°C$

△ A=B output only.
△△ any output except A=B.

** With outputs open, I_{CC} is measured for the following conditions:
A. S_0 through S_3, M, and $\bar{A}$ inputs are at 4.5V, all other inputs are grounded.
B. S_0 through S_3 and M are at 4.5V, all other inputs are grounded.

■SWITCHING CHARACTERISTICS ($V_{CC}=5V$, $Ta=25°C$, $C_L=15pF$, $R_L=2k\Omega$)

Item	Symbol	Inputs	Outputs	Test Conditions	min	typ	max	Unit
Propagation delay time	t_{PLH}	C_n	C_{n+4}		–	18	27	ns
	t_{PHL}				–	13	20	
	t_{PLH}	$\bar{A}i$ or $\bar{B}i$	C_{n+4}	$M=0V$, $S_0=S_3=4.5V$	–	25	38	ns
	t_{PHL}			$S_1=S_2=0V$ ($\overline{SUM}$ mode)	–	25	38	
	t_{PLH}	$\bar{A}i$ or $\bar{B}i$	C_{n+4}	$M=0V$, $S_0=S_3=0V$	–	27	41	ns
	t_{PHL}			$S_1=S_2=4.5V$ ($\overline{DIFF}$ mode)	–	27	41	
	t_{PLH}	C_n	A_n, $\bar{F}$	$M=0V$	–	17	26	ns
	t_{PHL}			($\overline{SUM}$ or $\overline{DIFF}$ mode)	–	13	20	
	t_{PLH}	$\bar{A}i$ or $\bar{B}i$	$\bar{G}$	$M=0V$, $S_0=S_3=4.5V$	–	19	29	ns
	t_{PHL}			$S_1=S_2=0V$ ($\overline{SUM}$ mode)	–	15	23	
	t_{PLH}	$\bar{A}i$ or $\bar{B}i$	$\bar{G}$	$M=0V$, $S_0=S_3=0V$	–	21	32	ns
	t_{PHL}			$S_1=S_2=4.5V$ ($\overline{DIFF}$ mode)	–	21	32	
	t_{PLH}	$\bar{A}i$ or $\bar{B}i$	$\bar{P}$	$M=0V$, $S_0=S_3=4.5V$	–	20	30	ns
	t_{PHL}			$S_1=S_2=0V$ ($\overline{SUM}$ mode)	–	20	30	
	t_{PLH}	$\bar{A}i$ or $\bar{B}i$	$\bar{P}$	$M=0V$, $S_0=S_3=0V$	–	20	30	ns
	t_{PHL}			$S_1=S_2=4.5V$ ($\overline{DIFF}$ mode)	–	22	33	
	t_{PLH}	$\bar{A}i$ or $\bar{B}i$	$\bar{F}i$	$M=0V$, $S_0=S_3=4.5V$	–	21	32	ns
	t_{PHL}			$S_1=S_2=0V$ ($\overline{SUM}$ mode)	–	13	20	
	t_{PLH}	$\bar{A}i$ or $\bar{B}i$	$\bar{F}i$	$M=0V$, $S_0=S_3=0V$	–	21	32	ns
	t_{PHL}			$S_1=S_2=4.5V$ ($\overline{DIFF}$ mode)	–	21	32	
	t_{PLH}	$\bar{A}i$ or $\bar{B}i$	$\bar{F}i$	$M=4.5V$ (logic mode)	–	22	33	ns
	t_{PHL}				–	26	38	
	t_{PLH}	$\bar{A}i$ or $\bar{B}i$	A=B	$M=0V$, $S_0=S_3=0V$	–	33	50	ns
	t_{PHL}			$S_1=S_2=4.5V$ ($\overline{DIFF}$ mode)	–	41	62	

74LS181

■TESTING METHOD

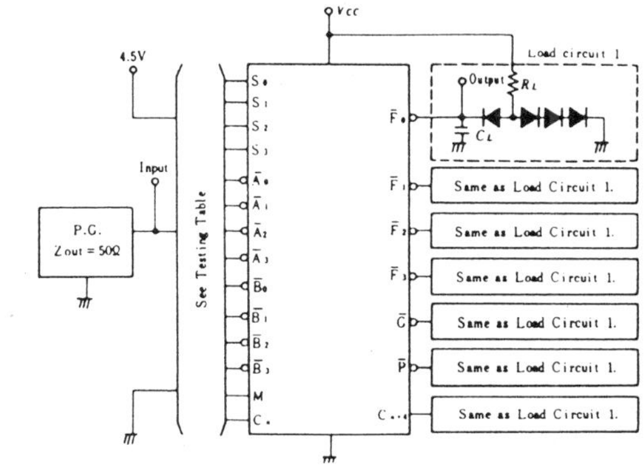

Waveform

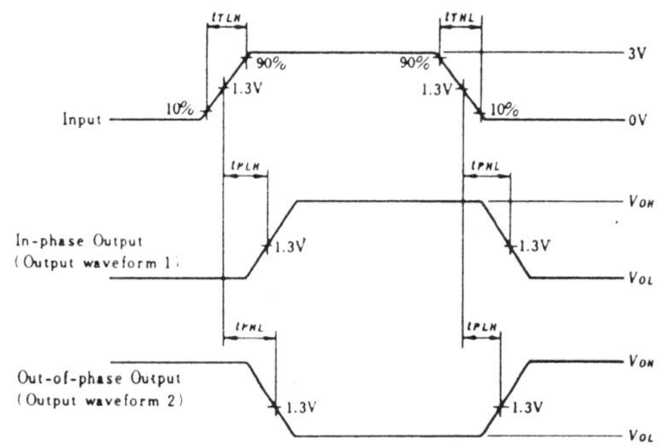

Notes) 1. C_L includes probe and jig capacitance.
2. All diodes are 1S2074 Ⓗ.

$\overline{\text{SUM}}$ Mode Test Table ($S_0 = S_3 = 4.5V$, $S_1 = S_2 = M = 0V$)

Item	Test inputs	Other inputs		Other data inputs		Test outputs	Output waveform
		4.5V	GND	4.5V	GND		
t_{PLH} / t_{PHL}	$\bar{A}_i$	$\bar{B}_i$	–	Remaining $\bar{A}$, $\bar{B}$	C_n	$\bar{F}_i$	1
t_{PLH} / t_{PHL}	$\bar{B}_i$	$\bar{A}_i$	–	Remaining $\bar{A}$, $\bar{B}$	C_n	$\bar{F}_i$	1
t_{PLH} / t_{PHL}	$\bar{A}_i$	$\bar{B}_i$	–	–	Remaining $\bar{A}$, $\bar{B}$, C_n	$\bar{P}$	1
t_{PLH} / t_{PHL}	$\bar{B}_i$	$\bar{A}_i$	–	–	Remaining $\bar{A}$, $\bar{B}$, C_n	$\bar{P}$	1
t_{PLH} / t_{PHL}	$\bar{A}_i$	–	$\bar{B}_i$	Remaining $\bar{B}$	Remaining $\bar{A}$, C_n	$\bar{G}$	1
t_{PLH} / t_{PHL}	$\bar{B}_i$	–	$\bar{A}_i$	Remaining $\bar{B}$	Remaining $\bar{A}$, C_n	$\bar{G}$	1
t_{PLH} / t_{PHL}	C_n	–	–	All $\bar{A}$	All $\bar{B}$	$\bar{F}$, C_{n+4}	1
t_{PLH} / t_{PHL}	$\bar{A}_i$	–	$\bar{B}_i$	Remaining $\bar{B}$	Remaining $\bar{A}$, C_n	C_{n+4}	2
t_{PLH} / t_{PHL}	$\bar{B}_i$	–	$\bar{A}_i$	Remaining $\bar{B}$	Remaining $\bar{A}$, C_n	C_{n+4}	2

74LS181

$\overline{\text{DIFF}}$ Mode Test Table ($S_1 = S_2 = 4.5V$, $S_0 = S_3 = M = 0V$)

Item	Test inputs	Other inputs		Other data inputs		Test outputs	Output waveform
		4.5V	GND	4.5V	GND		
t_{PLH} / t_{PHL}	$\bar{A}_i$	–	$\bar{B}_i$	Remaining $\bar{A}$	Remaining $\bar{B}$, C_n	$\bar{F}_i$	1
t_{PLH} / t_{PHL}	$\bar{B}_i$	$\bar{A}_i$	–	Remaining $\bar{A}$	Remaining $\bar{B}$, C_n	$\bar{F}_i$	2
t_{PLH} / t_{PHL}	$\bar{A}_i$	–	$\bar{B}_i$	–	Remaining $\bar{A}$, $\bar{B}$, C_n	$\bar{P}$	1
t_{PLH} / t_{PHL}	$\bar{B}_i$	$\bar{A}_i$	–	–	Remaining $\bar{A}$, $\bar{B}$, C_n	$\bar{P}$	2
t_{PLH} / t_{PHL}	$\bar{A}_i$	$\bar{B}_i$	–	–	Remaining $\bar{A}$, $\bar{B}$, C_n	$\bar{G}$	1
t_{PLH} / t_{PHL}	$\bar{B}_i$	–	$\bar{A}_i$	–	Remaining $\bar{A}$, $\bar{B}$, C_n	$\bar{G}$	2
t_{PLH} / t_{PHL}	$\bar{A}_i$	–	$\bar{B}_i$	Remaining $\bar{A}$	Remaining $\bar{B}$, C_n	A = B	1
t_{PLH} / t_{PHL}	$\bar{B}_i$	$\bar{A}_i$	–	Remaining $\bar{A}$	Remaining $\bar{B}$, C_n	A = B	2
t_{PLH} / t_{PHL}	$\bar{C}_n$	–	–	All $\bar{A}$, $\bar{B}$	–	C_{n+4}, $\bar{F}$	1
t_{PLH} / t_{PHL}	$\bar{A}_i$	$\bar{B}_i$	–	–	Remaining $\bar{A}$, $\bar{B}$, C_n	C_{n+4}	2
t_{PLH} / t_{PHL}	$\bar{B}_i$	–	$\bar{A}_i$	–	Remaining $\bar{A}$, $\bar{B}$, C_n	C_{n+4}	1

Logic Mode Test Table ($S_1 = S_2 = M = 4.5V$, $S_0 = S_3 = 0V$)

Item	Test inputs	Other inputs		Other data inputs		Test outputs	Output waveform
		4.5V	GND	4.5V	GND		
t_{PLH} / t_{PHL}	$\bar{A}_i$	$\bar{B}_i$	–	–	Remaining $\bar{A}$, $\bar{B}$, C_n	$\bar{F}_i$	2
t_{PLH} / t_{PHL}	$\bar{B}_i$	$\bar{A}_i$	–	–	Remaining $\bar{A}$, $\bar{B}$, C_n	$\bar{F}_i$	2

74LS192 ● Synchronous Decade Up/Down Counter(Dual clock with Clear)

Electrical Characteristics SN54LS192/SN74LS192

absolute maximum ratings over operating free-air temperature range

Supply voltage, V_{CC}	7V	Operating free-air temperature range	SN54LS	55°C to 125°C
Input voltage	7V		SN74LS	0°C to 70°C
		Storage temperature range		65°C to 150°C

recommended operating conditions

	SN54LS192 MIN	SN54LS192 NOM	SN54LS192 MAX	SN74LS192 MIN	SN74LS192 NOM	SN74LS192 MAX	UNIT
Supply voltage, V_{CC}	4.5	5	5.5	4.75	5	5.25	V
High-level output current, I_{OH}			400			400	μA
Low-level output current, I_{OL}			4			8	mA
Count frequency, f_{count}	0		25	0		25	MHz
Clear inactive-state setup time	40			40			ns
Width of any input pulse, t_w	20			20			ns
Data setup time, t_{setup}	20			20			ns
Data hold time, t_{hold}	0			0			ns
Operating free-air temperature, T_A	55		125	0		70	°C

electrical characteristics over recommended operating free-air temperature range

PARAMETER*			TEST CONDITIONS†		MIN	TYP‡	MAX	UNIT
V_{IH}	High-level input voltage				2			V
V_{IL}	Low-level input voltage			54LS			0.7	V
				74LS			0.8	
V_{IK}	Input clamp voltage		V_{CC} = MIN, I_I = -18mA				-1.5	V
V_{OH}	High-level output voltage	54LS	V_{CC} = MIN, V_{IH} = 2V,		2.5	3.4		V
		74LS	V_{IL} = V_{ILmax}, I_{OH} = -400μA		2.7	3.4		
V_{OL}	Low-level output voltage	54LS	V_{CC} = MIN, V_{IH} = 2V			0.25	0.4	V
		74LS	V_{IL} = V_{ILmax}, I_{OL} = MAX			0.35	0.5	
I_I	Input current at maximum input voltage		V_{CC} = MAX, V_I = 7V				0.1	mA
I_{IH}	High-level input current		V_{CC} = MAX, V_I = 2.7V				20	μA
I_{IL}	Low-level input current		V_{CC} = MAX, V_I = 0.4V				0.4	mA
I_{OS}	Short-circuit output current◆		V_{CC} = MAX	54LS	-20		100	mA
				74LS	-20		100	
I_{CC}	Supply current		V_{CC} = MAX, See Note 1	54LS		19	34	mA
				74LS		19	34	
t_{max}	maximum clock frequency		V_{CC} = 5V, T_A = 25°C, C_L = 15pF, R_L = 2k		25	32		MHz
t_{PLH}	from Count-up to output Carry					17	26	ns
t_{PHL}						18	24	
t_{PLH}	from Count-down to output Borrow					16	24	ns
t_{PHL}						15	24	
t_{PLH}	from Either Count to output Q					27	38	ns
t_{PHL}						30	47	
t_{PLH}	from Load to output Q					24	40	ns
t_{PHL}						25	40	
t_{PHL}	from Clear to output Q					23	35	ns

NOTES: 1. I_{CC} is measured with all outputs open, clear and load inputs grounded, and all other inputs at 4.5V

Pin Assignment (Top View)

①

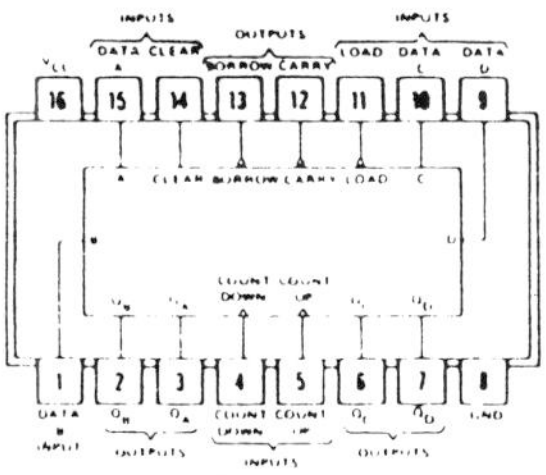

positive logic:
Low input to load sets Q_A = A, Q_B = B, Q_C = C, and Q_D = D

Functional Block Diagram

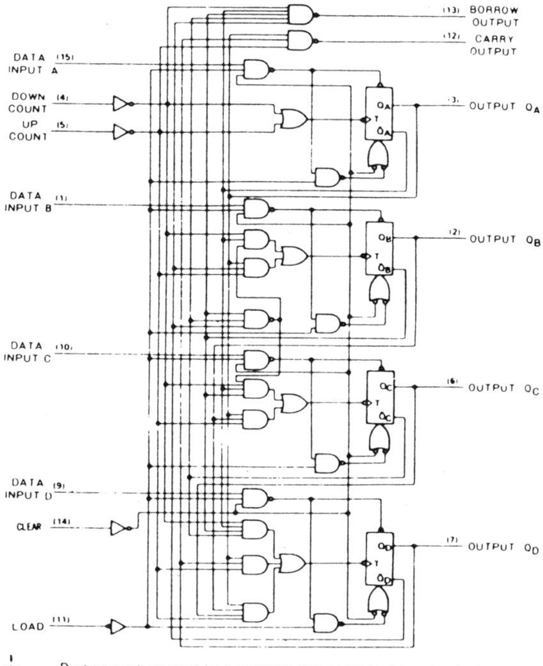

... Dynamic input activated by a transition from a high level to a low level

'192, 'L192, 'LS192 SYNCHRONONUS 4-BIT UP/DOWN COUNTER

†For conditions shown as MIN or MAX, use the appropriate value specified under recommended operating conditions for the applicable type.
‡All typical values are at V_{CC} = 5V, T_A = 25°C
◆Not more than one output should be shorted at a time
* t_{PLH} ≡ propagation delay time, low-to-high-level output
t_{PHL} ≡ propagation delay time, high-to-low-level output

CONTINUED ON NEXT PAGE

74LS192 ● Synchronous Decade Up/Down Counter(Dual clock with Clear)

Typical Clear, Load, and Count Sequences

Illustrated below is the following sequence:

1. Clear outputs to zero.
2. Load (preset) to BCD seven.
3. Count up to eight, nine, carry, zero, one, and two.
4. Count down to one, zero, borrow, nine, eight, and seven.

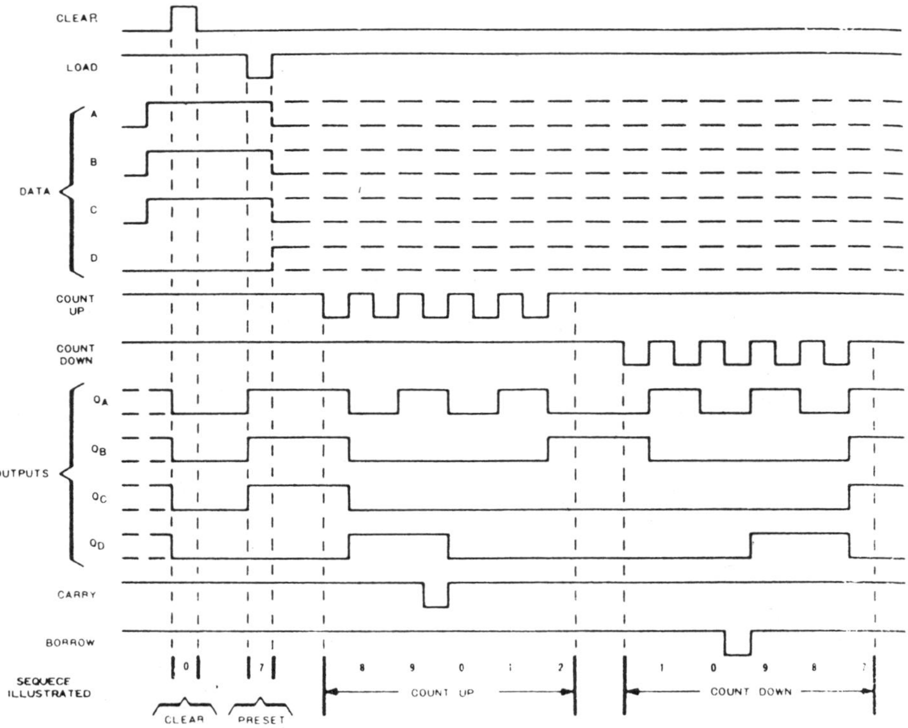

NOTES: A Clear overrides load, data, and count inputs.
B When counting up, count-down input must be high; when counting down, count-up input must be high.

74LS192 ● Synchronous 4-Bit Up/Down Decade Counter(Dual Clock with Clear)

Electrical Characteristics SN54ALS192/SN74ALS192

absolute maximum ratings over operating free-air temperature range

Supply voltage, V_{CC}	7V	Operating free-air	SN54ALS	55℃ to 125℃
Input voltage	7V	temperature range	SN74ALS	0℃ to 70℃
		Storage tgmperatur range		65℃ to 150℃

recommended operating conditions

PARAMETER		SN54ALS192 MIN	SN54ALS192 NOM	SN54ALS192 MAX	SN74ALS192 MIN	SN74ALS192 NOM	SN74ALS192 MAX	UNIT
Supply voltage, V_{CC} *		4.5	5.0	5.5	4.5	5.0	5.5	V
High-level output current, I_{OH}				400			400	μA
Low-level output current, I_{OL}				4			4	mA
							8*	mA
Clock frequency, f_{clock}		0		25	0		30	MHz
Inactive-state setup time	CLR	20			20			ns
	LOAD	20			20			ns
Pulse width, t_w	CLR	10			10			ns
	CLK	15			10			ns
	LOAD	25			20			ns
Data setup time, t_{su}		25			20			ns
Hold time, t_h	DATA	5			5			ns
Operating free-air temperature, T_A		-55		125	0		70	℃

electrical characteristics over recommended operating free-air temperature range

PARAMETER			TEST CONDISIONS		MIN	TYP	MAX	UNIT
V_{IH}	High-level Input voltage				2			V
V_{IL}	Low-level input voltage						0.8	V
V_{IK}	Input clamp voltage		V_{CC}=MIN, I_I=−18mA				−1.5	V
V_{OH}	High-level output voltage		I_{OH}=MAX	V_{CC}=MIN	2.4	3.2		V
			74ALS	V_{CC}=4.75V	2.4	3.3		
V_{OL}	Low-level output voltage		I_{OL}=MAX	V_{CC}=MIN		0.25	0.4	V
			74ALS	V_{CC}=4.75V		0.35	0.5	
I_I	Input current at maximum input voltage		V_{CC}=MAX, V_I=7V				0.1	mA
I_{IH}	High-level input current		V_{CC}=MAX, V_I=2.7V				20	μA
I_{IL}	Low-level input current	Up, Down	V_{CC}=MAX, V_{IL}=0.4V				−0.2	mA
		All others					−0.1	
I_O	Output current		V_{CC}=MAX, V_O=2.25V		−15		−70	mA
I_{CC}	Supply current		V_{CC}=MAX			10	18	mA

switching characteristics over recommended T_A range

PARAMETER	FROM (INPUT)	TO (OUTPUT)	TEST CONDITIONS	SN54ALS192 MIN	SN54ALS192 MAX	SN74ALS192 MIN	SN74ALS192 MAX	UNIT
f_{max}			V_{CC}=4.5V to 5.5V, R_L=500Ω, C_L=50pF	20		25		
t_{PLH}	UP	$\overline{CO}$		4	19	4	16	ns
t_{PHL}				5	21	5	18	
t_{PLH}	DOWN	$\overline{BO}$		4	19	4	16	ns
t_{PHL}				5	21	5	18	
t_{PLH}	UP or DOWN	Q		4	23	4	19	ns
t_{PHL}				4	20	4	17	
t_{PLH}	$\overline{LOAD}$	Q		8	35	8	30	ns
t_{PHL}				8	31	8	28	
t_{PHL}	CLR	Q		5	20	5	17	

* The extended conditions apply if V_{CC} is maintained between 4.75V and 5.25V

* All typical values are at V_{CC} 5V, T_A 25℃.

Pin Assignment (Top View)

①

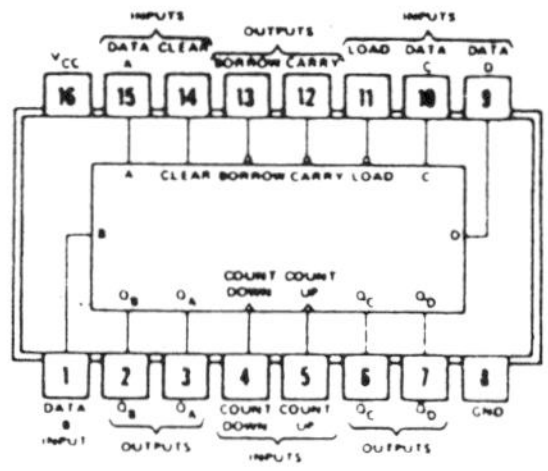

74LS194A ●4-bit Bidirectional Universal Shift Registers

This bidirectional shift register is designed to incorporate virtually all of the features a system designer may want in a shift register. The circuit contains 46 equivalent gates and features parallel inputs, parallel outputs, right-shift and left-shift serial inputs. Operating-mode-control inputs, and a direct overriding clear line. The register has four distinct modes of operation, namely:

- Parallel (broadside) load
- Shift right (in the direction Q_A toward Q_D)
- Shift left (in direction Q_D toward Q_A)
- Inhibit clock (do nothing)

Synchronous parallel loading is accomplished by applying the four bits of data and taking both mode control inputs, S0 and S1, high. The data are loaded into the associated flip-flops and appear at the outputs after the positive transition of the clock input. During loading, serial data flow is inhibited. Shift right is accomplished synchronously with the rising edge of the clock pulse when S0 is high and S1 is low. Serial data for this mode is entered at the shift-right data input. When S0 is low and S1 is high, data shifts left synchronously and new data is entered at the shift-left serial input.

Clocking of the flip-flop is inhibited when both mode control inputs are low.

■PIN ARRANGEMENT

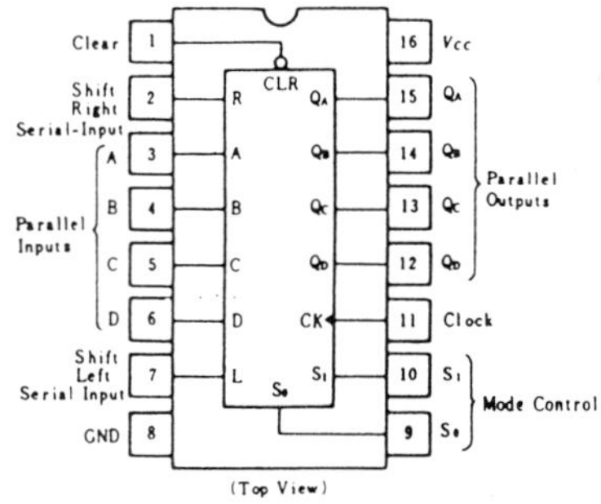

■BLOCK DIAGRAM

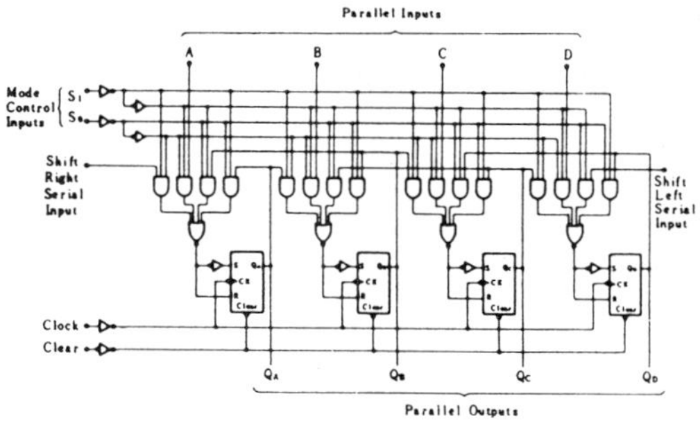

■COUNT SEQUENCE

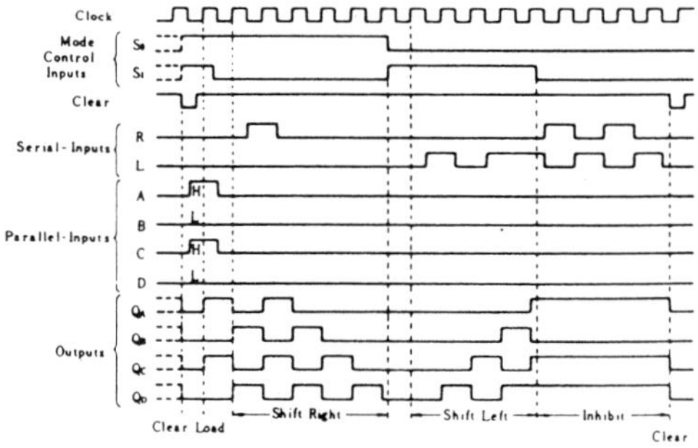

■FUNCTION TABLE

Inputs										Outputs			
CLEAR	MODE		CLOCK	SERIAL		PARALLEL				Q_A	Q_B	Q_C	Q_D
	S_1	S_0		LEFT	RIGHT	A	B	C	D				
L	×	×	×	×	×	×	×	×	×	L	L	L	L
H	×	×	L	×	×	×	×	×	×	Q_{AO}	Q_{BO}	Q_{CO}	Q_{DO}
H	H	H	↑	×	×	a	b	c	d	a	b	c	d
H	L	H	↑	×	H	×	×	×	×	H	Q_{An}	Q_{Bn}	Q_{Cn}
H	L	H	↑	×	L	×	×	×	×	L	Q_{An}	Q_{Bn}	Q_{Cn}
H	H	L	↑	H	×	×	×	×	×	Q_{Bn}	Q_{Cn}	Q_{Dn}	H
H	H	L	↑	L	×	×	×	×	×	Q_{Bn}	Q_{Cn}	Q_{Dn}	L
H	L	L	×	×	×	×	×	×	×	Q_{Ao}	Q_{Bo}	Q_{Co}	Q_{Do}

Notes) 1. H; high level, L; low level, X; irrelevant
2. ↑; transition from low to high level
3. ↓; transition from high to low level
4. a~d; the level of steady-state input at inputs A,B,C, or D, respectively
5. Q_{A0}~Q_{D0}; the level of Q_A, Q_B, Q_C, or Q_D, respectively, before the indicated steady-state input conditions were established.
6. Q_{An}~Q_{Dn}; the level of Q_A, Q_B, Q_C, or Q_D, respectively, before the most-recent ↑ transition of the clock.

74LS194A

■RECOMMENDED OPERATING CONDITIONS

Item		Symbol	min	typ	max	Unit
Clock frequency		f_{clock}	0	–	25	MHz
Clock pulse width		$t_{w(CK)}$	20	–	–	ns
Clear pulse width		$t_{w(CLR)}$	20	–	–	ns
Setup time	Mode Control	t_{su}	30	–	–	ns
	A, B, C, D, R, L		20	–	–	ns
	CLR (inactive state)		25	–	–	ns
Hold time		t_h	0	–	–	ns

■ELECTRICAL CHARACTERISTICS ($Ta=-20\sim+75$℃)

Item	Symbol	Test Conditions		min	typ*	max	Unit
Input voltage	V_{IH}			2.0	–	–	V
	V_{IL}			–	–	0.8	V
Output voltage	V_{OH}	$V_{CC}=4.75V$, $V_{IH}=2V$, $V_{IL}=0.8V$, $I_{OH}=-400\mu A$		2.7	–	–	V
	V_{OL}	$V_{CC}=4.75V$, $V_{IH}=2V$,	$I_{OL}=4mA$	–	–	0.4	V
		$V_{IL}=0.8V$	$I_{OL}=8mA$	–	–	0.5	
Input current	I_{IH}	$V_{CC}=5.25V$, $V_I=2.7V$		–	–	20	μA
	I_{IL}	$V_{CC}=5.25V$, $V_I=0.4V$		–	–	−0.4	mA
	I_I	$V_{CC}=5.25V$, $V_I=7V$		–	–	0.1	mA
Short-circuit output current	I_{OS}	$V_{CC}=5.25V$		−20	–	−100	mA
Supply current**	I_{CC}	$V_{CC}=5.25V$		–	15	23	mA
Input clamp voltage	V_{IK}	$V_{CC}=4.75V$, $I_{IN}=-18mA$		–	–	−1.5	V

* V_{CC}=5V, Ta=25°C

** With all outputs open, inputs A through D grounded, and 4.5V applied to S_0, S_1, clear, and the serial inputs, I_{CC} is tested with a momentary GND, then 4.5V, applied to clock.

■SWITCHING CHARACTERISTICS ($V_{CC}=5V$, $Ta=25$℃)

Item	Symbol	Inputs	Outputs	Test Conditions	min	typ	max	Unit
Maximum clock frequency	f_{max}				25	36	–	MHz
Propagation delay time	t_{PHL}	Clear	Q	$C_L=15pF$	–	19	30	ns
	t_{PLH}	Clock		$R_L=2k\Omega$	–	14	22	ns
	t_{PHL}	Clock			–	17	26	ns

74LS194A

■TESTING METHOD

1) Test Circuit

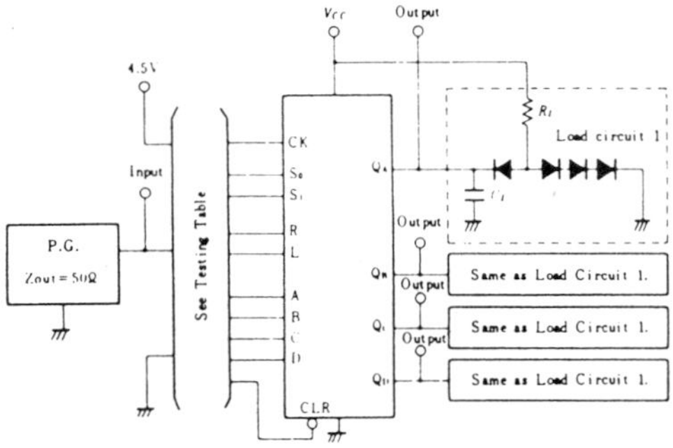

Notes) 1. C_L includes probe and jig capacitance.
2. All diodes are 1S2074 Ⓗ.

2) Testing Table

Item	From input to output	Inputs										Outputs			
		CLR	S_1	S_0	CK	L	R	A	B	C	D	Q_A	Q_B	Q_C	Q_D
f_{max}	right-shift	4.5V	4.5V	GND	IN	4.5V	IN	GND	GND	GND	GND	OUT	OUT	OUT	OUT
	left-shift	4.5V	GND	4.5V	IN	IN	4.5V	GND	GND	GND	GND	OUT	OUT	OUT	OUT
t_{PHL} t_{PLH}	Clear→Q	IN	4.5V	4.5V	IN	GND	GND	4.5V	4.5V	4.5V	4.5V	OUT	OUT	OUT	OUT
	Clock→Q	4.5V	4.5V	GND	IN	4.5V	IN	GND	GND	GND	GND	OUT	OUT	OUT	OUT
		4.5V	4.5V	GND	IN	IN	4.5V	GND	GND	GND	GND	OUT	OUT	OUT	OUT

Waveform−1 (f_{max}, CK→Q)

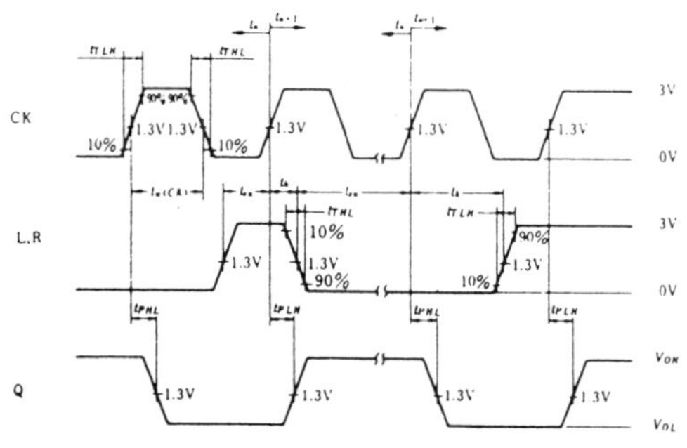

Notes) 1. Right-shift is measured with Q_A at t_{n+1}, Q_B at t_{n+2}, Q_C at t_{n+3}, and Q_D at t_{n+4}. Left-shift is measured with Q_A at t_{n+4}, Q_B at t_{n+3}, Q_C at t_{n+2}, and Q_D at t_{n+1}.

Waveform−2 (Clear→Q)

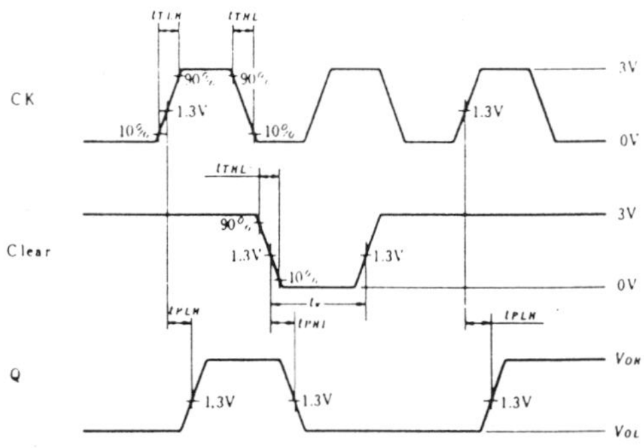

Input pulse: $t_{TLH} \leq 15ns$, $t_{THL} \leq 6ns$

74LS244 Octal Buffers/Line Drivers/Line Receivers with Noninverted 3-state Outputs

	Schottky TTL					High-Speed TTL					Low-Power Schottky TTL					Standard TTL					Low-Power TTL				
	Device Type	Package				Device Type	Package				Device Type	Package				Device Type	Package				Device Type	Package			
		C	P	M	CF		C	P	M	CF		C	P	M	CF		C	P	M	CF		C	P	M	CF
T. I.											SN54LS244	J ①													
											SN74LS244	J ①	N ①												
FAIRCHILD											54LS244	D ①			F ①										
											74LS244	D ①	P ①		F ①										
MOTOROLA											SN54LS244	L ①													
											SN74LS244	L ①	P ①												
N. S. C.	DM54S244	J 1									DM54LS244	J 1													
	DM74S244		1								DM74LS244		N 1												
PHILIPS																									
SIGNETICS	S54S244	F 1									S54LS244	F 1													
	N74S244		N 1								N74LS244		N 1												
SIEMENS																									
FUJITSU											MB74LS244		M 1												
HITACHI											HD74LS244		P ①												
MITSUBISHI											M74LS244		P ①												
NEC																									
AMD	Am74S244		①								Am74LS244		①												

Electrical Characteristics SN54LS244/SN74LS244

absolute maximum ratings over operating free-air temperature range

Supply voltage, V_{CC}	7V	Operating free-air temperature range	SN54LS	−55°C to 125°C
Input voltage	7V		SN74LS	0°C to 70°C
		Storage temperature range		−65°C to 150°C

recommended operating conditions

	SN54LS244			SN74LS244			UNIT
	MIN	NOM	MAX	MIN	NOM	MAX	
Supply voltage, V_{CC}	4.5	5	5.5	4.75	5	5.25	V
High-level output current, I_{OH}			−12			−15	mA
Low-level output current, I_{OL}			12			24	mA
Operating free-air temperature, T_A	−55		125	0		70	°C

electrical characteristics over recommended operating free-air temperature range

PARAMETER		TEST CONDITIONS †		MIN	TYP ‡	MAX	UNIT
V_{IH}	High-level input voltage			2			V
V_{IL}	Low-level input voltage		54LS			0.7	V
			74LS			0.8	
V_{IK}	Input clamp voltage	V_{CC} = MIN, I_I = −18mA				−1.5	V
	Hysteresis(V_{T+} − V_{T-})	V_{CC} = MIN		0.2	0.4		V
V_{OH}	High-level output voltage	V_{CC} = MIN, V_{IH} = 2V, V_{IL} = V_{IL}max, I_{OH} = −3mA		2.4	3.4		V
		V_{CC} = MIN, V_{IH} = 2V, V_{IL} = 0.5V, I_{OH} = MAX		2			
V_{OL}	Low-level output voltage	V_{CC} = MIN, V_{IH} = 2V, V_{IL} = V_{IL}max	I_{OL} = 12mA			0.4	V
			I_{OL} = 24mA			0.5	
I_{OZH}	Off-state output current, high-level voltage applied	V_{CC} = MAX, V_{IH} = 2V, V_{IL} = V_{IL}max	V_O = 2.7V			20	μA
I_{OZL}	Off-state output current, low-level voltage applied		V_O = 0.4V			−20	
I_I	Input current at maximum input voltage	V_{CC} = MAX, V_I = 7V				0.1	mA
I_{IH}	High-level input current, any input	V_{CC} = MAX, V_I = 2.7V				20	μA
I_{IL}	Low-level input current	V_{CC} = MAX, V_{IL} = 0.4V				−0.2	mA
I_{OS}	Short-circuit output current ◆	V_{CC} = MAX		−40		−225	mA
I_{CC} Supply current	Outputs high	V_{CC} = MAX Outputs open			13	23	mA
	Outputs low				27	46	
	All outputs disabled				32	54	

switching characteristics, V_{CC} = 5V, T_A = 25°C

PARAMETER		TEST CONDITIONS	MIN	TYP	MAX	UNIT
t_{PLH}	Propagation delay time, low-to-high-level output	C_L = 45pF, R_L = 667Ω		12	18	ns
t_{PHL}	Propagation delay time, high-to-low-level output			12	18	ns
t_{PZL}	Output enable time to low level			20	30	ns
t_{PZH}	Output enable time to high level			15	23	ns
t_{PLZ}	Output disable time from low level	C_L = 5pF, R_L = 667Ω		15	25	ns
t_{PHZ}	Output disable time from high level			10	18	ns

†For conditions shown as MIN or MAX, use the appropriate value specified under recommended operating conditions.
‡All typical values are at V_{CC} = 5V, T_A = 25°C.
◆Not more than one output should be shorted at a time, and duration of the short-circuit should not exceed one second.

Pin Assignment (Top View)

①

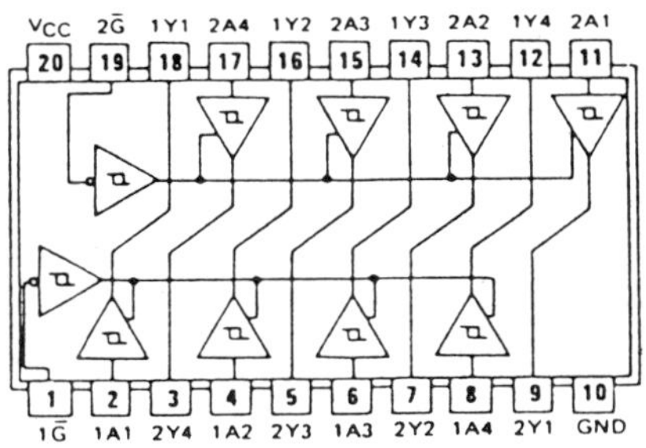

74LS244 Octal Buffers/Line Drivers/Line Receivers with Noninverted 3-state Outputs

	ALS TTL					AS TTL					FAST TTL				
	Device Type	Package				Device Type	Package				Device Type	Package			
		C	P	M	CF		C	P	M	CF		C	P	M	CF
T.I.	SN54ALS244	J①													
	SN74ALS244	J①	N①												
FAIRCHILD															
MOTOROLA	SN54ALS244	J(1)									MC54F244	J(1)			
	SN74ALS244	J(1)	N(1)								MC74F244	J(1)	N(1)		
N.S.C.	DM54ALS244	J(1)													
	DM74ALS244		N(1)												
PHILIPS															
SIGNETICS											S54F244	F(1)			
											N74F244		N(1)		
SIEMENS															
FUJITSU	MB74ALS244		M(1)												
HITACHI															
MITSUBISHI															
NEC															
TOSHIBA															

Pin Assignment (Top View)

(1)

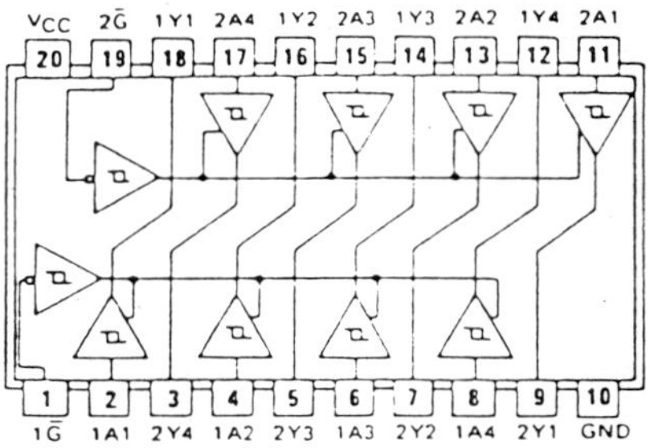

Electrical Characteristics SN54ALS244/SN74ALS244

absolute maximum ratings over operating free-air temperature range

Supply voltage, V_{CC}	7 V	Operating free-air temperature range	SN54ALS	−55℃ to 125℃
			SN74ALS	0℃ to 70℃
Input voltage	7 V	Storage temperature range		−65℃ to 150℃

recommended operating conditions

	SN54ALS244			SN74ALS244			UNIT
	MIN	NOM	MAX	MIN	NOM	MAX	
Supply voltage, V_{CC}	4.5	5	5.5	4.5	5	5.5	V
High-level output current, I_{OH}			−12			−12	mA
Low-level output current, I_{OL}			12			12	mA
Operating free-air temperature, T_A	−55		125	0		70	℃

electrical characteristics over recommended operating free-air temperature range

PARAMETER		TEST CONDITIONS		MIN	TYP *	MAX	UNIT
V_{IH}	High-level input voltage			2			V
V_{IL}	Low-level input voltage					0.8	V
V_{IK}	Input clamp voltage	V_{CC}=MIN, I_I=−18mA				−1.5	V
V_{OH}	High-level output voltage	I_{OH}=−3mA, V_{CC}=MIN		2.4	3.3		V
		I_{OH}=MAX	V_{CC}=MIN	2.0			
		74ALS	V_{CC}=4.75V	2.0			
V_{OL}	Low-level output voltage	I_{OL}=MAX	V_{CC}=MIN		0.25	0.4	V
		74ALS	V_{CC}=4.75V		0.35	0.5	
I_I	Input current at max voltage	V_{CC}=MAX, V_I=7V				0.1	mA
I_{IH}	High-level input current	V_{CC}=MAX, V_I=2.7V				20	μA
I_{IL}	Low-level input current	V_{CC}=MAX, V_I=0.4V				−0.2	mA
I_{OZH}	Off-state output current High-level voltage applied	V_{CC}=MAX, V_O=2.7				20	μA
I_{OZL}	Off-state output current Low-level voltage applied	V_{CC}=MAX, V_O=0.4V				−20	μA
I_O	Output current	V_{CC}=MAX, V_O=2.25V		−20		−120	mA
I_{CC}	Supply current, Outputs high	V_{CC}=MAX, outputs open			9	15	mA
	Supply current, Outputs low				15	26	mA
	Supply current, Hi-Z				17	30	mA
t_{PLH}	Propagation delay time, low-to-high level output	V_{CC}=4.5~5.5V, R_L=R_1=R_2=500Ω, C_L=50pF	54ALS	3		14	ns
			74ALS	3		11	
t_{PHL}	Propagation delay time, high-to-low level output		54ALS	3		13	ns
			74ALS	3		10	
t_{PZL}	Output enable to low level		54ALS	7		25	ns
			74ALS	7		21	
t_{PZH}	Output enable to high level		54ALS	7		25	ns
			74ALS	7		21	
t_{PLZ}	Output disable time from low level		54ALS	3		18	ns
			74ALS	3		15	
t_{PHZ}	Output disable time from high level		54ALS	2		12	ns
			74ALS	2		10	

* All typical values are at V_{CC}=5V, T_A=25℃.

74LS245 Octal Bus Transceivers with 3-State Outputs

	Schottky TTL					High-Speed TTL					Low-Power Schottky TTL					Standard TTL					Low-Power TTL				
	Device Type	Package				Device Type	Package				Device Type	Package				Device Type	Package				Device Type	Package			
		C	P	M	CF		C	P	M	CF		C	P	M	CF		C	P	M	CF		C	P	M	CF
T. I.											SN54LS245	J1													
											SN74LS245	J1	N1												
FAIRCHILD											54LS245	D1			F1										
											74LS245	D1	P1		F1										
MOTOROLA											SN54LS245	L1													
											SN74LS245		P1												
N. S. C.											DM54LS245	J1													
											DM74LS245		N1												
PHILIPS																									
SIGNETICS											S54LS245	F1													
											N74LS245		N1												
SIEMENS																									
FUJITSU											MB74LS245		M1												
HITACHI											HD74LS245		P1												
MITSUBISHI											M74LS245		P1												
NEC																									
TOSHIBA																									

Electrical Characteristics SN54LS245/SN74LS245

absolute maximum ratings over operating free-air temperature range

Supply voltage, V_{CC}	7 V	Operating free-air	SN54LS	55°C to 125°C
Input voltage	7 V	temperature range	SN74LS	0°C to 70°C
		Storage temperature range		65°C to 150°C

recommended operating conditions

	SN54LS245			SN74LS245			UNIT
	MIN	NOM	MAX	MIN	NOM	MAX	
Supply voltage, V_{CC}	4.5	5	5.5	4.75	5	5.25	V
High-level output current, I_{OH}			−12			−15	mA
Low-level output current, I_{OL}			12			24	mA
Operating free-air temperature, T_A	55		125	0		70	°C

electrical characteristics over recommended operating free-air temperature range

PARAMETER		TEST CONDITIONS†		MIN	TXP‡	MAX	UNIT
V_{IH}	High-level input voltage			2			V
V_{IL}	Low-level input voltage		54LS			0.7	V
			74LS			0.8	
V_{IK}	Input clamp voltage	V_{CC} = MIN, I_I = 18mA				1.5	V
	Hysteresis(V_{T+} − V_{T-}) A or B input	V_{CC} = MIN		0.2	0.4		V
V_{OH}	High-level output voltage	V_{CC} = MIN, V_{IH} = 2V, V_{IL} = V_{IL}max	I_{OH} = 3mA	2.4	3.4		V
			I_{OH} = MAX	2			
V_{OL}	Low-level output voltage	V_{CC} = MIN, V_{IH} = 2V, V_{IL} = V_{IL}max	I_{OL} = 12mA			0.4	V
	74LS		I_{OL} = 24mA			0.5	
I_{OZH}	Off-state output current, high-level voltage applied	V_{CC} = MAX, $\bar{G}$ at 2V	V_O = 2.7 V			10	μA
I_{OZL}	Off-state output current, low-level voltage applied		V_O = 0.4V			200	
I_I	Input current at maximum input voltage — A or B	V_{CC} = MAX,	V_I = 5.5V			0.1	mA
	DIR or $\bar{G}$		V_I = 7V			0.1	
I_{IH}	High-level input current	V_{CC} = MAX, V_{IH} = 2.7V				20	μA
I_{IL}	Low-level input current	V_{CC} = MAX, V_{IL} = 0.4V				0.2	mA
I_{OS}	Short-circuit output current ◆	V_{CC} = MAX		40		225	mA
I_{CC}	Supply current — Total, outputs high	V_{CC} = MAX, Outputs open			48	70	mA
	Total, outputs low				62	90	
	Outputs at Hi-Z				64	95	

switching characteristics, VCC = 5V, TA = 25C

PARAMETER		TEST CONDITIONS	MIN	TYP	MAX	UNIT
t_{PLH}	Propagation delay time, low-to-high-level output	C_L = 45pF, R_L = 667Ω		8	12	ns
t_{PHL}	Propagation delay time, high-to-low-level output			8	12	ns
t_{PZL}	Output enable time to low level			27	40	ns
t_{PZH}	Output enable time to high level			25	40	ns
t_{PLZ}	Output disable time from low level	C_L = 5pF, R_L = 667Ω		15	25	ns
t_{PHZ}	Output disable time from high level			15	25	ns

Pin Assignment (Top View)

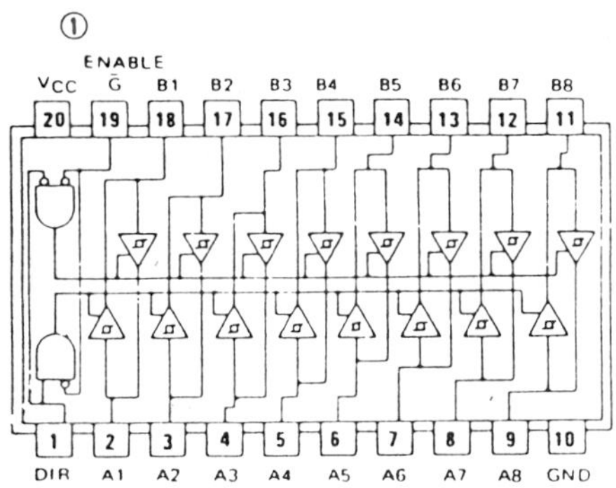

Function Table

ENABLE $\bar{G}$	DIRECTION CONTROL DIR	OPERATION
L	L	B data to A bus
L	H	A date to B bus
H	X	Isolation

H = high level, L = low level, X = irrelevant

† For conditions shown as MIN or MAX, use the appropriate value specified under recommended operating conditions.
‡ All typical values are at V_{CC} = 5V, T_A = 25°C
◆ Not more than one output should be shorted at a time, and duration of the short-circuit should not exceed one second.

74LS245 Octal Bus Transceivers with Noninverted 3-State Outputs

	ALS TTL					AS TTL					FAST TTL				
	Device Type	Package				Device Type	Package				Device Type	Package			
		C	P	M	CF		C	P	M	CF		C	P	M	CF
T.I.	SN54ALS245	J(1)													
	SN74ALS245	J(1)	N(1)												
FAIRCHILD											54F 245	D(1)			F(1)
											74F 245	D(1)	P(1)		
MOTOROLA	SN54ALS245	J(1)													
	SN74ALS245	J(1)	N(1)												
N.S.C.															
PHILIPS															
SIGNETICS											S54F245	F(1)			
											N74F245		N(1)		
SIEMENS															
FUJITSU	MB74ALS245		M(1)												
HITACHI															
MITSUBISHI															
NEC															
TOSHIBA															

Pin Assignment (Top View)

(1)

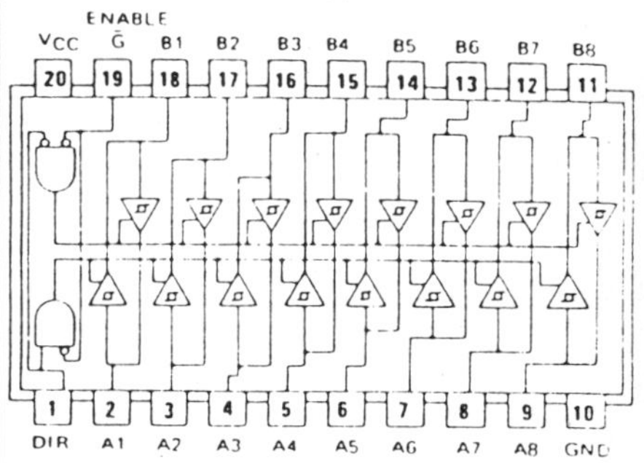

Electrical Characteristics SN54ALS245／SN74ALS245

absolute maximum ratings over operating free-air temperature range

Supply voltage, V_{CC}	7 V	Operating free-air temperature range	SN54ALS	−55℃ to 125℃
			SN74ALS	0℃ to 70℃
Input voltage	7 V	Storage temperature range		−65℃ to 150℃

recommended operating conditions

	SN54ALS245			SN74ALS245			UNIT
	MIN	NOM	MAX	MIN	NOM	MAX	
Supply voltage, V_{CC}	4.5	5	5.5	4.5	5	5.5	V
High-level output current, I_{OH}			−12			−12	mA
Low-level output current, I_{OL}			12			12	mA
Operating free-air temperature, T_A	−55		125	0		70	℃

electrical characteristics over recommended operating free-air temperature range

PARAMETER			TEST CONDITIONS		MIN	TYP *	MAX	UNIT
V_{IH}	High-level input voltage				2			V
V_{IL}	Low-level input voltage						0.8	V
V_{IK}	Input clamp voltage		V_{CC}=MIN, I_I= −18mA				−1.5	V
V_{OH}	High-level output voltage	74LS	I_{OH} = −3mA	V_{CC} = MIN	2.4	3.2		V
				V_{CC} = 4.75V	2.4	3.3		
		74LS	I_{OH} = −15mA	V_{CC} = MIN	2.0	2.3		
				V_{CC} = 4.75V	2.0	2.5		
V_{OL}	Low-level output voltage	74LS	I_{OL} = MAX	V_{CC} = MIN		0.25	0.4	V
				V_{CC} = 4.75V		0.35	0.5	
I_I	Input current at max voltage	A or B	V_{CC}=MAX	V_I=5.5V			0.1	mA
		DIR or $\overline{G}$		V_I=7V			0.1	
I_{IH}	High-level input current	DIR or $\overline{G}$	V_{CC}=MAX, V_I=2.7V				20	μA
I_{IL}	Low-level input current	DIR or $\overline{G}$	V_{CC}=MAX, V_I=0.4V				−0.2	mA
I_{OZH} / I_{IH}	Off-state output current / High-level voltage applied	A input, B output / B input, A output	V_{CC}=MAX, V_O=2.7				40	μA
I_{OZL} / I_{IL}	Off-state output current / Low-level voltage applied	A input, B output / B input, A output	V_{CC}=MAX, V_O=0.4V				−0.2	mA
I_O	Output current		V_{CC}=MAX, V_O=2.25V		−20		−120	mA
I_{CC}	Supply current	Outputs high	V_{CC}=MAX			30	48	mA
		Outputs low				36	60	
		Hi-Z				38	63	
t_{PLH}	Propagation delay time, low-to-high level output		V_{CC}= 5 V, T_A=25℃, R_L=500Ω, C_L=50pF	54ALS	3		14	ns
				74ALS	3		9	
t_{PHL}	Propagation delay time, high-to-low level output			54ALS	3		12	ns
				74ALS	3		9	
t_{PZL}	Output enable time to low level			54ALS	10		30	ns
				74ALS	10		26	
t_{PZH}	Output enable time to high level			54ALS	7		25	ns
				74ALS	8		20	
t_{PLZ}	Output disable time from low level			54ALS	4		20	ns
				74ALS	4		18	
t_{PHZ}	Output disable time from high level			54ALS	3		18	ns
				74ALS	3		16	

* All typical values are at V_{CC} = 5V, T_A = 25℃.

74SL279 ● Quadruple $\overline{S}$-$\overline{R}$ Latch

Electrical Characteristics SN54LS279/SN74LS279

absolute maximum ratings over operating free-air temperature range

Supply voltage V_{CC}	7V	Operating free-air temperature range	SN54LS	−55°C to 125°C
Input voltage	7V		SN74LS	0°C to 70°C
		Storage temperature range		−65°C to 150°C

recommended operating conditions

	SN54LS279			SN74LS279			UNIT
	MIN	NOM	MAX	MIN	NOM	MAX	
Supply voltage, V_{CC}	4.5	5	5.5	4.75	5	5.25	V
High-level output current, I_{OH}			−400			−400	μA
Low-level output current, I_{OL}			4			8	mA
Operating free-air temperature, T_A	−55		125	0		70	°C

electrical characteristics over recommended operating free-air temerature range

	PARAMETER		TEST CONDITIONS†		MIN	TYP‡	MAX	UNIT
V_{IH}	High-level input voltage				2			V
V_{IL}	Low-level input voltage			54LS			0.7	V
				74LS			0.8	V
V_{IK}	Input clamp voltage		VCC = MAX, I_I = −18mA				−1.5	V
V_{OH}	High-level output voltage		VCC = MIN, V_{IH} = 2 V,		2.5	3.4		V
			$V_{IL}=V_{IL\,max}$, I_{OH} = −400μA		2.7	3.4		
V_{OL}	Low-level output voltage	54LS	V_{CC} = MIN, V_{IH} = 2 V,			0.25	0.4	V
		74LS	$V_{IL}=V_{IL\,max}$, I_{OL} = MAX			0.35	0.5	
I_I	Input current at maximum input voltage		V_{CC} = MAX, V_I = 7V				0.1	mA
I_{IH}	High-level input current		V_{CC} = MAX, V_I = 2.7V				20	μA
I_{IL}	Low-level input current		V_{CC} = MAX, V_I = 0.4V				−0.4	mA
I_{OS}	Short-circuit output current ◆		V_{CC} = MAX	54LS	−20		−100	mA
				74LS	−20		−100	
I_{CC}	Supply current		V_{CC} = MAX, See Note			3.8	7	mA
t_{PLH}	Propagation delay time, low-to-high-level output from $\overline{S}$ input		V_{CC} = 5 V, T_A = 25°C, C_L = 15pF, R_L = 2kΩ			12	22	ns
t_{PHL}	Propagation delay time, high-to-low-level output from $\overline{S}$ input					13	21	
t_{PHL}	Propagation delay time, high-to-low-level output from $\overline{R}$ input					15	27	

Pin Assignment (Top View)

①

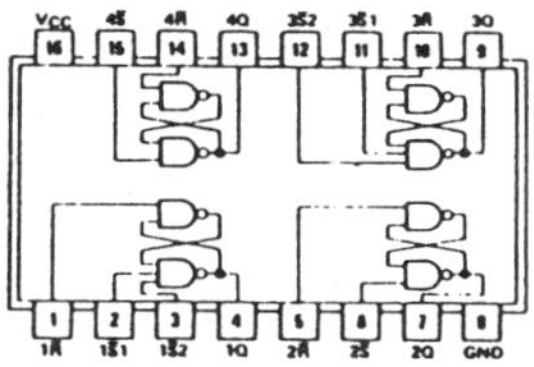

Function Table

INPUTS		OUTPUT
$\overline{S}$†	$\overline{R}$	Q
H	H	Q_0
L	H	H
H	L	L
L	L	H*

H = high level
L = low level
Q_0 = the level of Q before the indicated input conditions were established.
* This output level is pseudo stable; that is, it may not persist when the $\overline{S}$ and $\overline{R}$ inputs return to their inactive (high) level.
† For latches with double $\overline{S}$ inputs:
H = both $\overline{S}$ inputs high
L = one or both $\overline{S}$ inputs low

† For conditions shown as MIN or MAX, use the appropriate value specified under recommended operating conditions.
‡ All typical values are at V_{CC} = 5 V, T_A = 25°C.
◆ Not more than one output should be shorted at a time.
NOTE: I_{CC} is measured with all $\overline{R}$ inputs grounded, all $\overline{S}$ inputs at 4.5V, and all outputs open.

74LS393 ●Dual 4-bit Binary Counters

This circuit contains eight master-slave flip-flops and additional gating to implement two individual four-bit counters. The HD74LS393 comprises two independent four-bit binary counters each having a clear and a clock input.
N-bit binary counter can be implemented with each package providing the capability of divide-by-256.

■PIN ARRANGEMENT

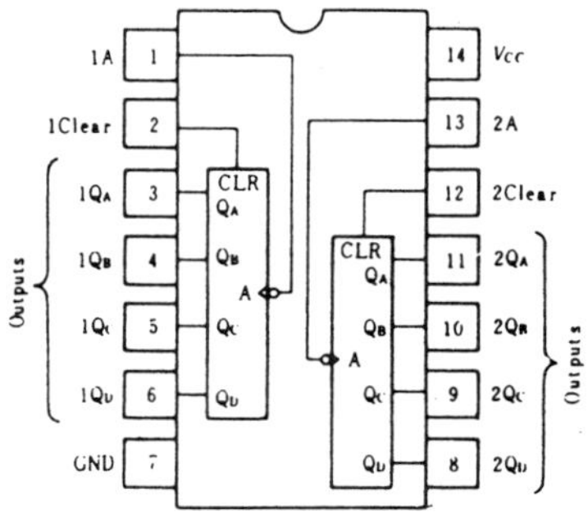

(Top View)

■BLOCK DIAGRAM (½)

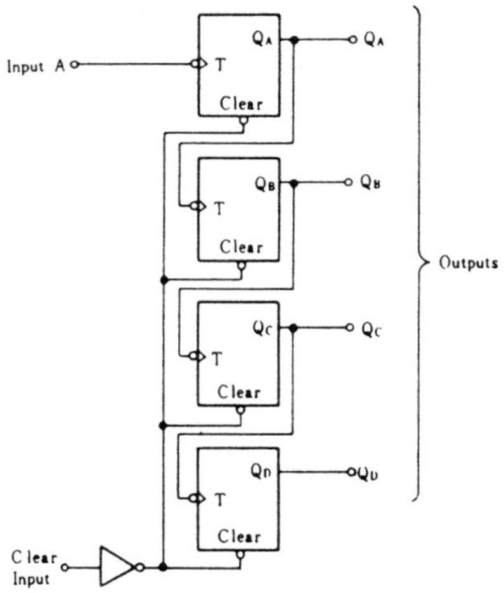

■RECOMMENDED OPERATING CONDITIONS

Item		Symbol	min	typ	max	Unit
Output current		I_{OH}	—	—	−400	μA
Output current		I_{OL}	—	—	8	mA
Count frequency	A input	f_{count}	0	—	25	MHz
Pulse width	A input high or low	t_w	20	—	—	ns
	Clear high		20	—	—	
Setup time		t_{su}	25↓	—	—	ns

↓; The arrow indicates that the falling edge of the clock pulse is used for reference.

■ABSOLUTE MAXIMUM RATINGS

Item		Symbol	Ratings	Unit
Supply voltage		V_{CC}	7	V
Input voltage	Clear	V_{IN}	7	V
	A		5.5	
Operating temperature range		T_{opr}	−20～+75	℃
Storage temperature range		T_{stg}	−65～+150	℃

■FUNCTION TABLE

Count	Output			
	Q_D	Q_C	Q_B	Q_A
0	L	L	L	L
1	L	L	L	H
2	L	L	H	L
3	L	L	H	H
4	L	H	L	L
5	L	H	L	H
6	L	H	H	L
7	L	H	H	H
8	H	L	L	L
9	H	L	L	H
10	H	L	H	L
11	H	L	H	H
12	H	H	L	L
13	H	H	L	H
14	H	H	H	L
15	H	H	H	H

H; high level, L; low level.

74LS393

■ELECTRICAL CHARACTERISTICS ($Ta=-20\sim+75^\circ C$)

Item		Symbol	Test Conditions		min	typ*	max	Unit
Input voltage		V_{IH}			2.0	—	—	V
		V_{IL}			—	—	0.8	
Output voltage		V_{OH}	$V_{CC}=4.75V$, $V_{IH}=2V$, $V_{IL}=0.8V$, $I_{OH}=-400\mu A$		2.7	—	—	V
		V_{OL}	$V_{CC}=4.75V$, $V_{IH}=2V$, $V_{IL}=0.8V$	$I_{OL}=4mA$	—	—	0.4	V
				$I_{OL}=8mA$	—	—	0.5	
Input current	Clear	I_I	$V_{CC}=5.25V$	$V_I=7V$	—	—	0.1	mA
	Input A			$V_I=5.5V$	—	—	0.2	
	Clear	I_{IH}	$V_{CC}=5.25V$, $V_I=2.7V$		—	—	20	μA
	Input A				—	—	100	
	Clear	I_{IL}	$V_{CC}=5.25V$, $V_I=0.4V$		—	—	−0.4	mA
	Input A				—	—	−1.6	
Short-circuit output current		I_{OS}	$V_{CC}=5.25V$		−20	—	−100	mA
Supply current		I_{CC}**	$V_{CC}=5.25V$		—	15	26	mA
Input clamp voltage		V_{IK}	$V_{CC}=4.75V$, $I_{IN}=-18mA$		—	—	−1.5	V

* $V_{CC}=5V$, $Ta=25^\circ C$

** I_{CC} is measured with all outputs open, both clear inputs grounded following momentary connection to 4.5V, and all other inputs grounded.

■SWITCHING CHARACTERISTICS ($V_{CC}=5V$, $Ta=25^\circ C$)

Item	Symbol	Inputs	Outputs	Test Conditions	min	typ	max	Unit
Maximum count frequency	f_{max}	A	Q_A		25	35	—	MHz
Propagation delay time	t_{PLH}	A	Q_A	$C_L=15pF$, $R_L=2k\Omega$	—	12	20	ns
	t_{PHL}				—	13	20	
	t_{PLH}	A	Q_D		—	40	60	
	t_{PHL}				—	40	60	
	t_{PHL}	Clear	Any		—	24	39	

2. OP AMP

μA111 · μA311
VOLTAGE COMPARATORS

GENERAL DESCRIPTION – the μA111 and μA311 are monolithic, low input current Voltage Comparators, each constructed using the Fairchild Planar* epitaxial process. The μA111 series operates from the single 5 V integrated circuit logic supply to the standard ±15 V operational amplifier supplies. The μA111 series is intended for a wide range of applicatons including driving lamps or relays and switching voltages up to 50 V at currents as high as 50 mA. The output stage is compatible with RTL, DTL, TTL and MOS logic. The input stage current can be raised to increase input slew rate.

- LOW INPUT BIAS CURRENT – 150 nA MAX (111), 250 nA MAX (311)
- LOW INPUT OFFSET CURRENT – 20 nA MAX (111), 50 nA MAX (311)
- DIFFERENTIAL INPUT VOLTAGE – ±30 V
- POWER SUPPLY VOLTAGE SINGLE 5.0 V SUPPLY TO ±15 V
- OFFSET VOLTAGE NULL CAPABILITY
- STROBE CAPABILITY

ABSOLUTE MAXIMUM RATINGS

Voltage Between V+ and V– Terminals	36 V
Output to V– (μA111)	50 V
(μA311)	40 V
Ground to V–	30 V
Differential Input Voltage	±30 V
Input Voltage (Note 1)	±15 V
Internal Power Dissipation (Note 2)	500 mW
Output Short Circuit Duration	10 s
Storage Temperature Range (Metal Can and Hermetic Mini DIP)	–65°C to +150°C
(Molded Mini DIP)	–55°C to +125°C
Operating Temperature Range	
Military (μA111)	–55°C to +125°C
Commercial (μA311)	0°C to +70°C

EQUIVALENT CIRCUIT

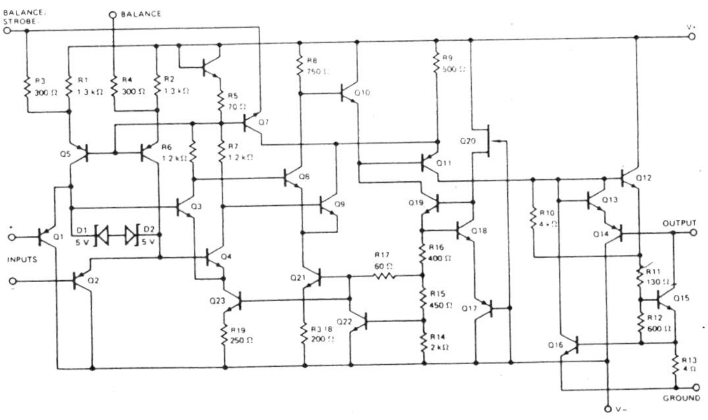

CONNECTION DIAGRAMS
8-PIN METAL CAN
(TOP VIEW)
PACKAGE OUTLINE 5S
PACKAGE CODE H

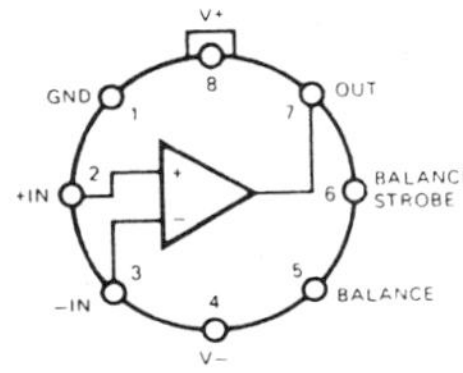

ORDER INFORMATION

TYPE	PART NO.
μA111	μA111HM
μA311	μA311HC

8-PIN MINI DIP
(TOP VIEW)
PACKAGE OUTLINE 9T 6T
PACKAGE CODE T R

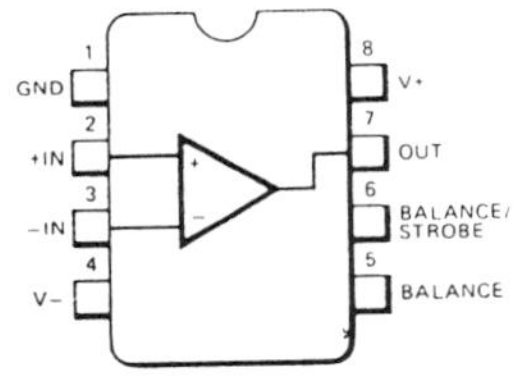

ORDER INFORMATION

TYPE	PART NO.
μA111	μA111RM
μA311	μA311RC
μA311	μA311TC

μA111 • μA311

μA111

ELECTRICAL CHARACTERISTICS: $V_S = \pm 15$ V, $T_A = -55°C$ to $+125°C$ unless otherwise specified, Note 3.

CHARACTERISTICS	CONDITIONS	MIN	TYP	MAX	UNITS
Input Offset Voltage (Note 4)	$T_A = 25°C$, $R_S \le 50$ kΩ		0.7	3.0	mV
Input Offset Current (Note 4)	$T_A = 25°C$		4.0	10	nA
Input Bias Current	$T_A = 25°C$		60	100	nA
Voltage Gain	$T_A = 25°C$		200		V/mV
Response Time (Note 5)	$T_A = 25°C$		200		ns
Saturation Voltage	$V_{IN} \le -5$ mV, $I_{OUT} = 50$ mA $T_A = 25°C$		0.75	1.5	V
Strobe On Current	$T_A = 25°C$		3.0		mA
Output Leakage Current	$V_{IN} \ge 5$ mV, $V_{OUT} = 35$ V $T_A = 25°C$		0.2	10	nA
Input Offset Voltage (Note 4)	$R_S \le 50$ kΩ			4.0	mV
Input Offset Current (Note 4)				20	nA
Input Bias Current				150	nA
Input Voltage Range			±14		V
Saturation Voltage	$V^+ \ge 4.5$ V, $V^- = 0$ $V_{IN} \le -6$ mV, $I_{SINK} \le 8$ mA		0.23	0.4	V
Output Leakage Current	$V_{IN} \ge 5$ mV, $V_{OUT} = 35$ V		0.1	0.5	μA
Positive Supply Current	$T_A = 25°C$		5.1	6.0	mA
Negative Supply Current	$T_A = 25°C$		4.1	5.0	mA

μA311

ELECTRICAL CHARACTERISTICS: $V_S = \pm 15$ V, $T_A = 0°C$ to $+70°C$ unless otherwise specified, Note 3.

CHARACTERISTICS	CONDITIONS	MIN	TYP	MAX	UNITS
Input Offset Voltage (Note 4)	$T_A = 25°C$, $R_S \le 50$ kΩ		2.0	7.5	mV
Input Offset Current (Note 4)	$T_A = 25°C$		6.0	50	nA
Input Bias Current	$T_A = 25°C$		100	250	nA
Voltage Gain	$T_A = 25°C$		200		V/mV
Response Time (Note 5)	$T_A = 25°C$		200		ns
Saturation Voltage	$V_{IN} \le -10$ mV, $I_{OUT} = 50$ mA $T_A = 25°C$		0.75	1.5	V
Strobe On Current	$T_A = 25°C$		3.0		mA
Output Leakage Current	$V_{IN} \ge 10$ mV, $V_{OUT} = 35$ V $T_A = 25°C$		0.2	50	nA
Input Offset Voltage (Note 4)	$R_S \le 50$ kΩ			10	mV
Input Offset Current (Note 4)				70	nA
Input Bias Current				300	nA
Input Voltage Range			±14		V
Saturation Voltage	$V^+ \ge 4.5$ V, $V^- = 0$ $V_{IN} \le -10$ mV, $I_{SINK} \le 8$ mA		0.23	0.4	V
Positive Supply Current	$T_A = 25°C$		5.1	7.5	mA
Negative Supply Current	$T_A = 25°C$		4.1	5.0	mA

NOTES:

1. This rating applies for ±15 V supplies. The positive input voltage limit is 30 V above the negative supply. The negative input voltage limit is equal to the negative supply voltage or 30 V below the positive supply, whichever is less.
2. Rating applies to ambient temperatures up to 70°C. Above 70°C ambient derate linearly at 6.3 mW/°C for metal can, 8.3 mW/°C for mini DIP.
3. The offset voltage, offset current and bias current specifications apply for any supply voltage from a single 5 V supply up to ±15 V supplies.
4. The offset voltages and offset currents given are the maximum values required to drive the output within a volt of either supply with a 1 mA load. Thus, these parameters define an error band and take into account the worst case effects of voltage gain and input impedance.
5. The response time specified (see definitions) is for a 100 mV input step with 5 mV overdrive.

μA111 • μA311

TYPICAL PERFORMANCE CURVES FOR μA111

INPUT BIAS CURRENT AS A FUNCTION OF TEMPERATURE

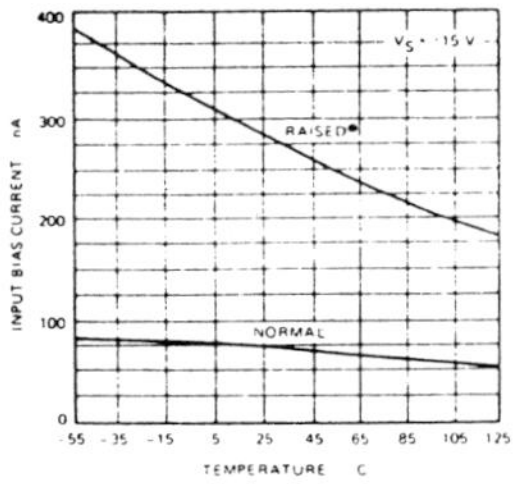

INPUT OFFSET CURRENT AS A FUNCTION OF TEMPERATURE

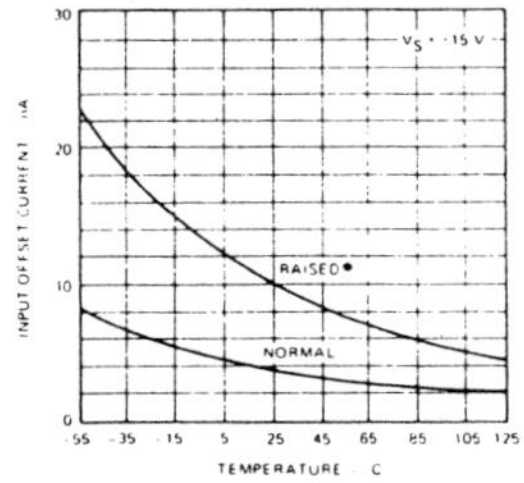

OFFSET VOLTAGE AS A FUNCTION OF INPUT RESISTANCE

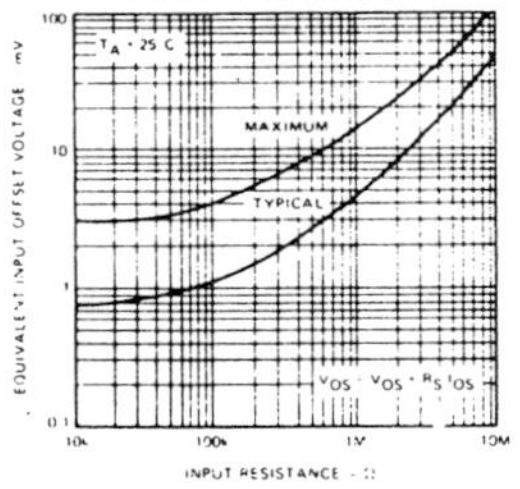

*Pins 5,6 and 8 are shorted.

INPUT BIAS CURRENT AS A FUNCTION OF DIFFERENTIAL INPUT VOLTAGE

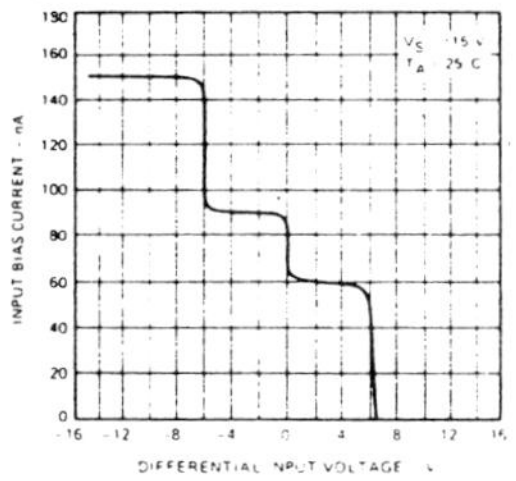

COMMON MODE LIMITS AS A FUNCTION OF TEMPERATURE

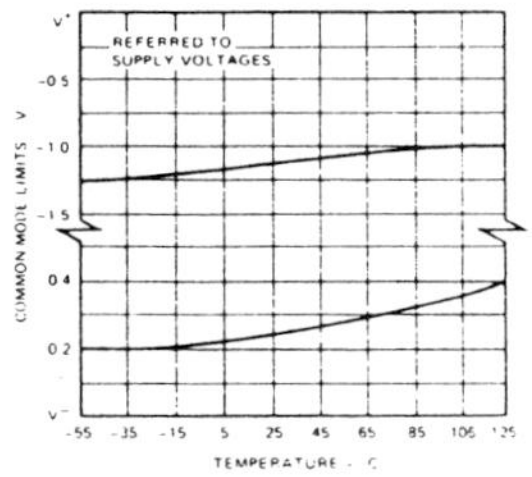

OUTPUT VOLTAGE AS A FUNCTION OF DIFFERENTIAL INPUT VOLTAGE

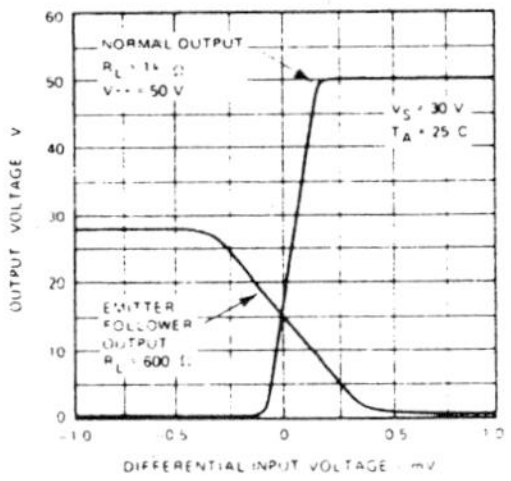

OUTPUT SATURATION VOLTAGE AS A FUNCTION OF OUTPUT CURRENT

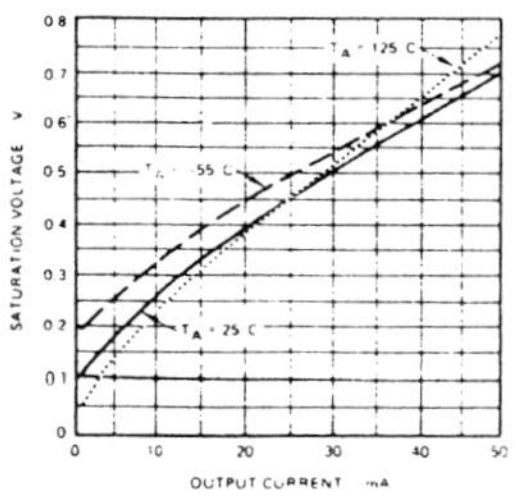

SUPPLY CURRENT AS A FUNCTION OF TEMPERATURE

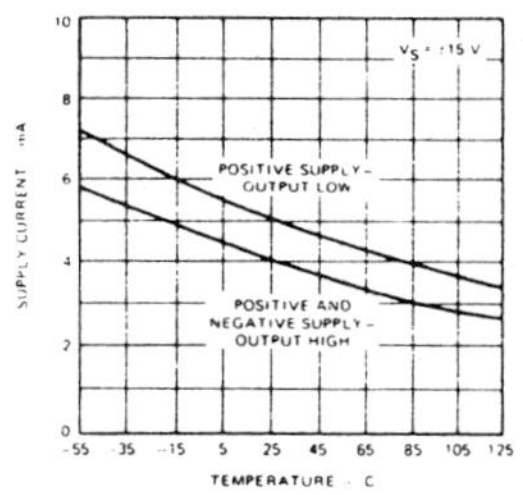

LEAKAGE CURRENTS AS A FUNCTION OF TEMPERATURE

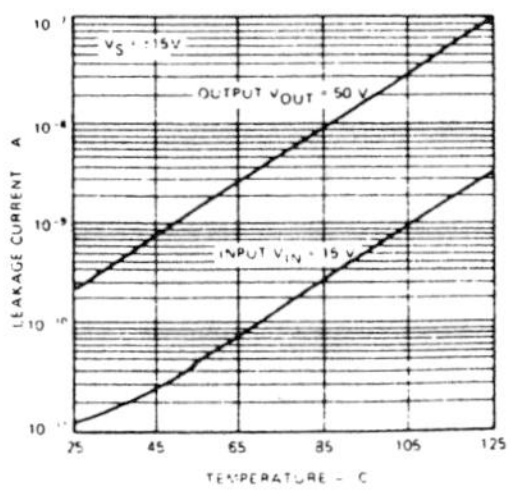

μA111 • μA311

TYPICAL PERFORMANCE CURVES FOR μA311

INPUT BIAS CURRENT AS A FUNCTION OF TEMPERATURE

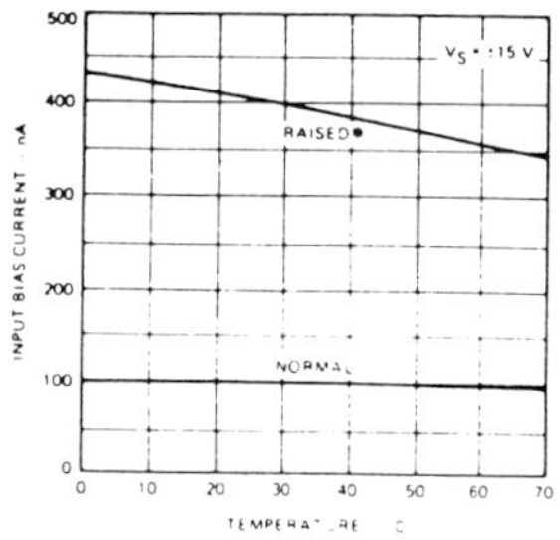

INPUT OFFSET CURRENT AS A FUNCTION OF TEMPERATURE

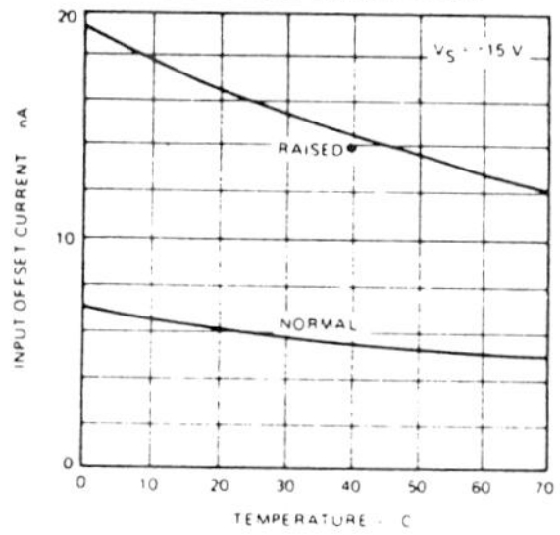

OFFSET VOLTAGE AS A FUNCTION OF INPUT RESISTANCE

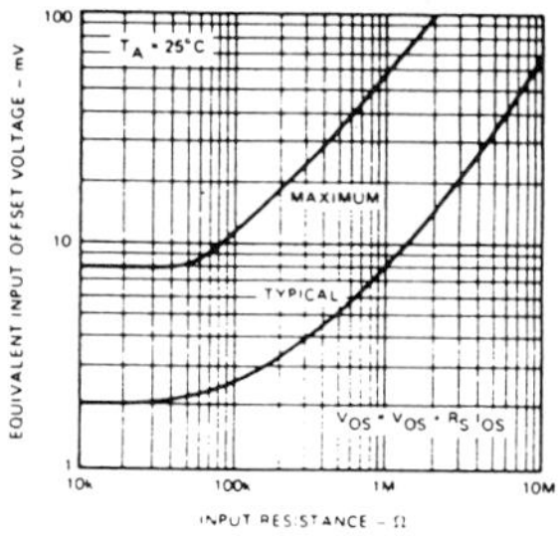

*Pins 5, 6 and 8 are shorted.

INPUT BIAS CURRENT AS A FUNCTION OF DIFFERENTIAL INPUT VOLTAGE

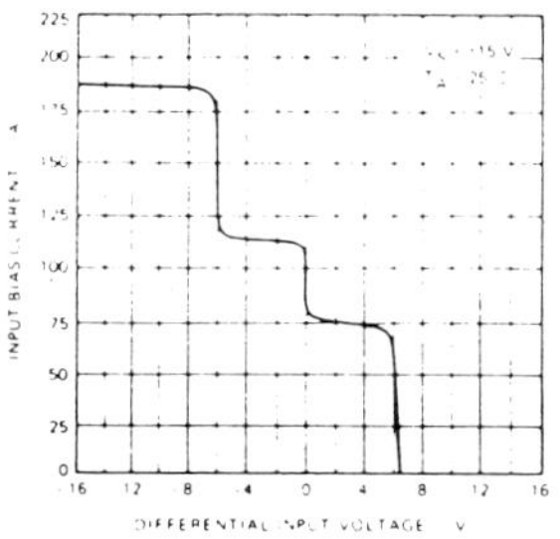

COMMON MODE LIMITS AS A FUNCTION OF TEMPERATURE

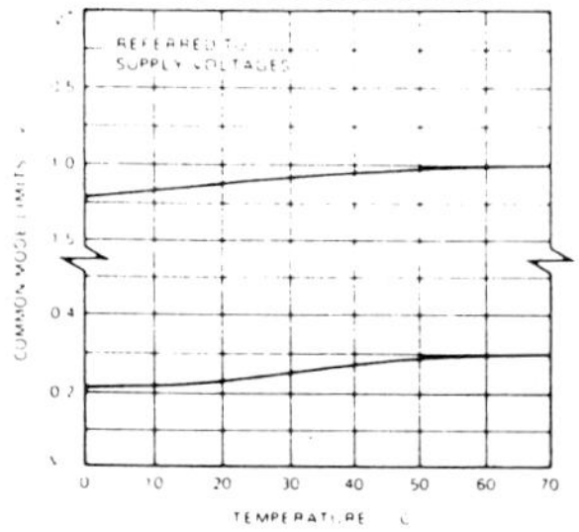

OUTPUT VOLTAGE AS A FUNCTION OF DIFFERENTIAL INPUT VOLTAGE

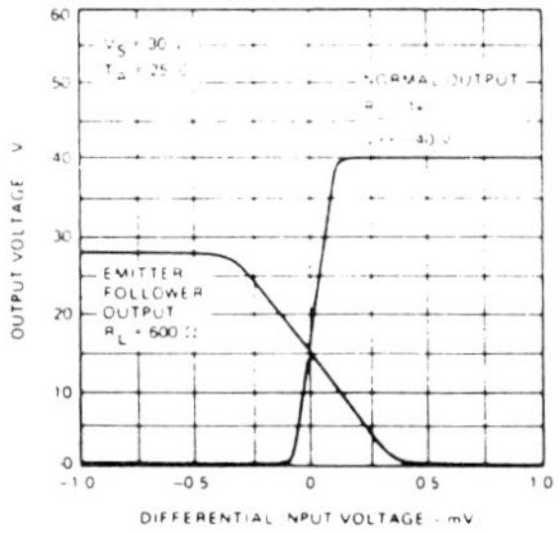

SATURATION VOLTAGE AS A FUNCTION OF CURRENT

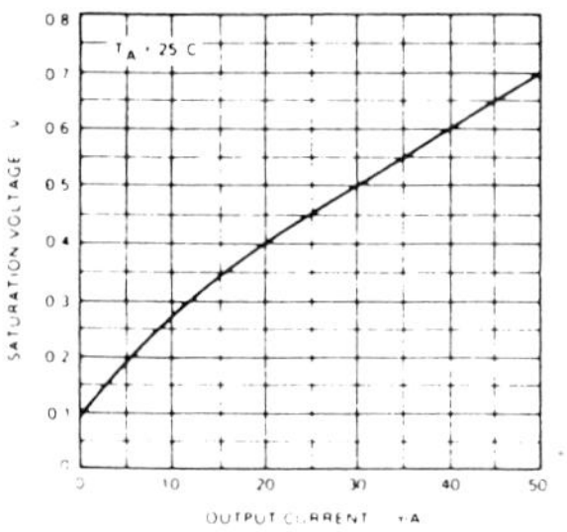

SUPPLY CURRENT AS A FUNCTION OF TEMPERATURE

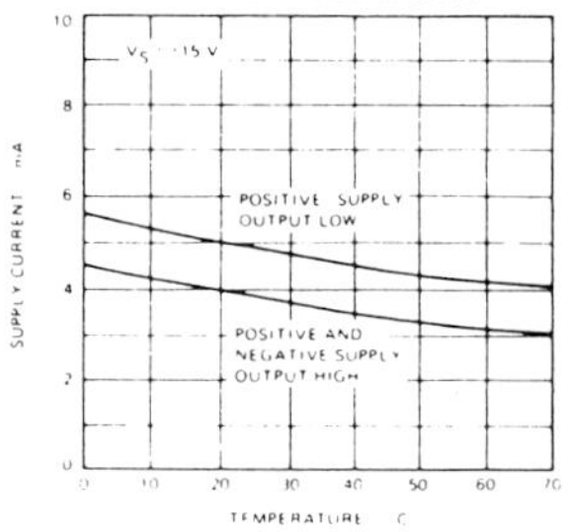

LEAKAGE CURRENT AS A FUNCTION OF TEMPERATURE

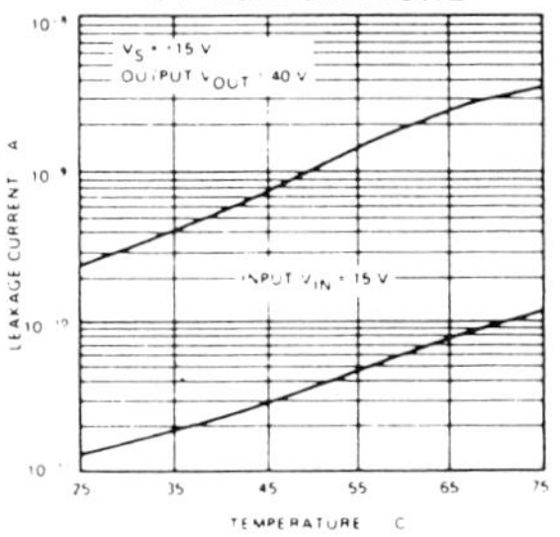

TYPICAL APPLICATIONS

OFFSET NULL CIRCUIT

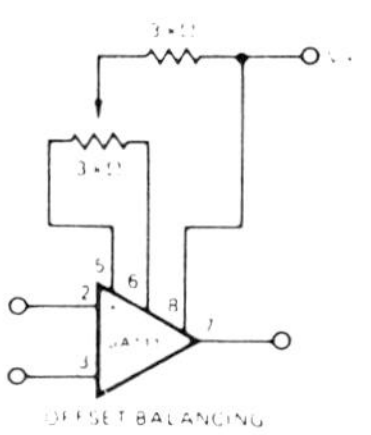

STROBE CIRCUIT

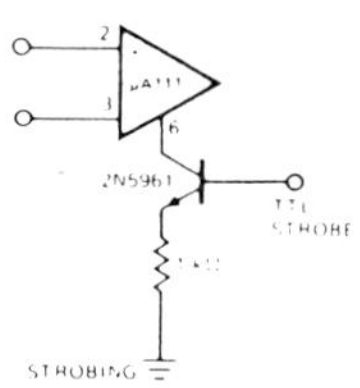

INCREASING INPUT STAGE CURRENT*

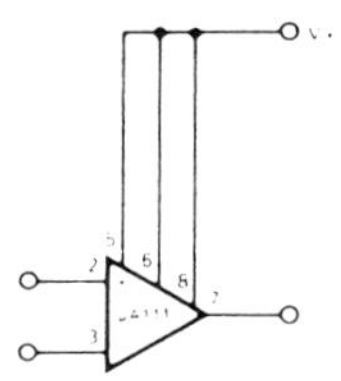

*Increases typical common mode slew rate from 7.0 V/μs to 18 V/μs.

μA111 • μA311

TYPICAL APPLICATIONS (Cont'd)

ADJUSTABLE LOW VOLTAGE REFERENCE SUPPLY

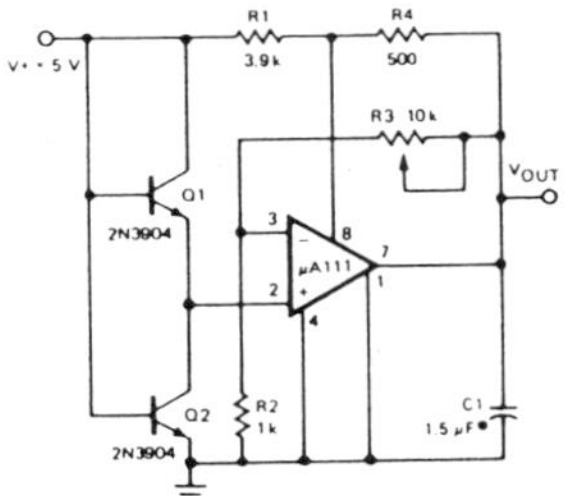

•Solid tantalum

POSITIVE PEAK DETECTOR

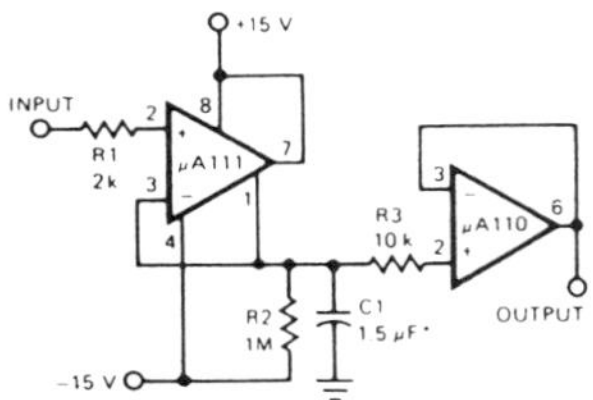

•Solid tantalum

ZERO CROSSING DETECTOR DRIVING MOS LOGIC

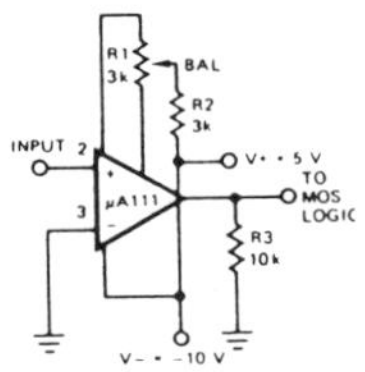

NEGATIVE PEAK DETECTOR

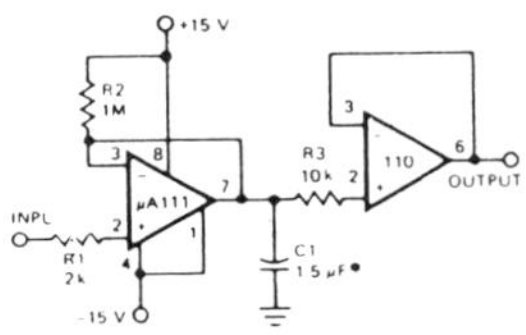

•Solid tantalum

DIGITAL TRANSMISSION ISOLATOR

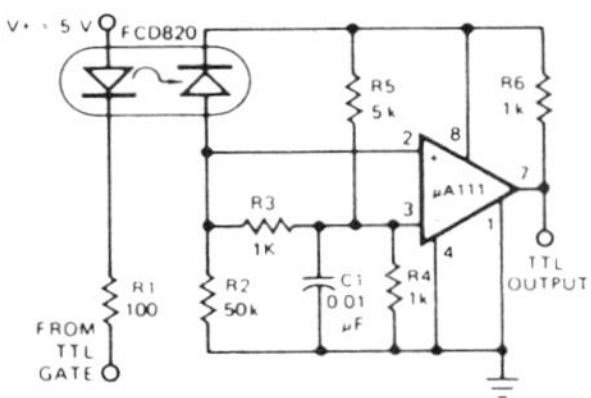

STROBING OF BOTH INPUT AND OUTPUT STAGES

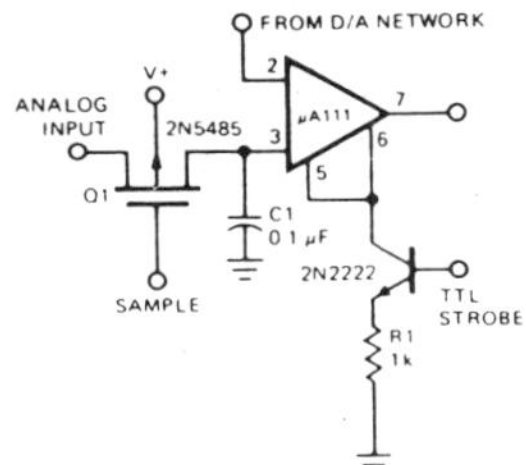

•Typical input current is 50 pA with inputs strobed off.

PRECISION PHOTODIODE COMPARATOR

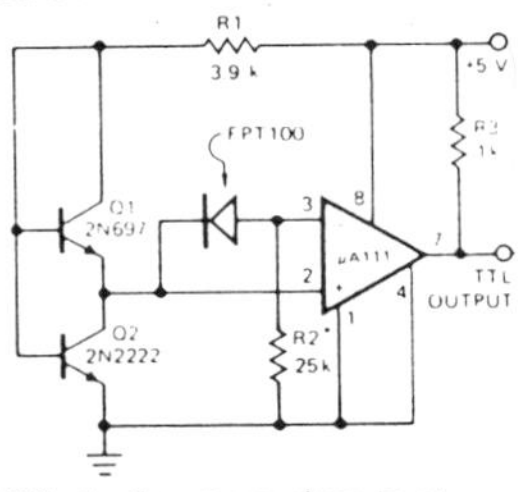

•R2 sets the comparison level. At comparison, the photodiode has less than 5 mV across it, decreasing leakages by an order of magnitude.

RELAY DRIVER WITH STROBE

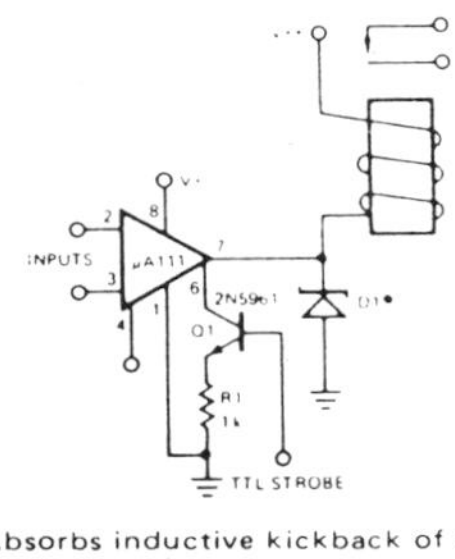

•Absorbs inductive kickback of relay and protects IC from severe voltage transients on V++ line.

SWITCHING POWER AMPLIFIER

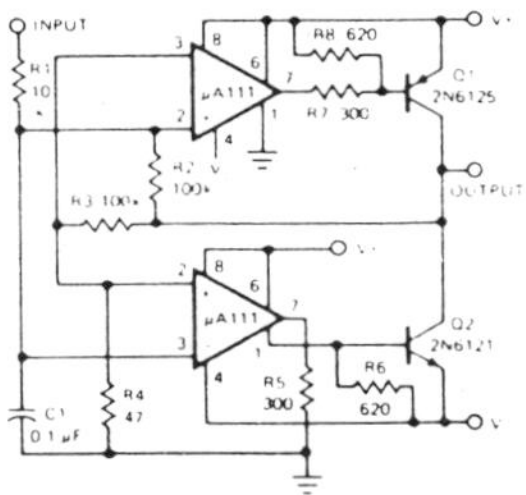

SWITCHING POWER AMPLIFIER

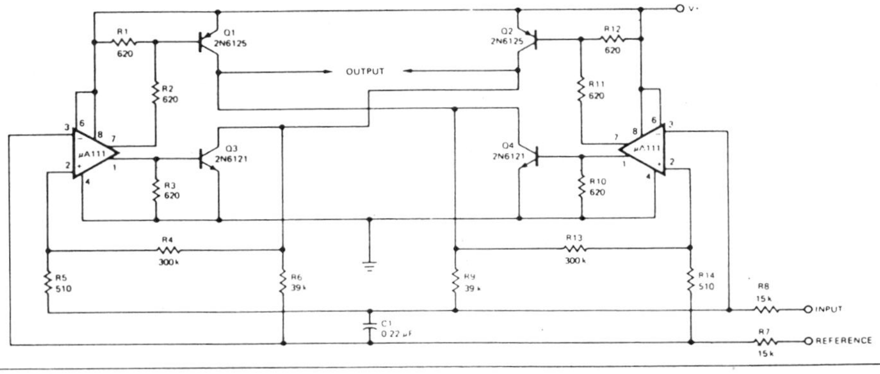

µA741

FREQUENCY-COMPENSATED OPERATIONAL AMPLIFIER

GENERAL DESCRIPTION — The µA741 is a high performance monolithic Operational Amplifier constructed using the Fairchild Planar* epitaxial process. It is intended for a wide range of analog applications. High common mode voltage range and absence of latch-up tendencies make the µA741 ideal for use as a voltage follower. The high gain and wide range of operating voltage provides superior performance in integrator, summing amplifier, and general feedback applications.

- NO FREQUENCY COMPENSATION REQUIRED
- SHORT CIRCUIT PROTECTION
- OFFSET VOLTAGE NULL CAPABILITY
- LARGE COMMON MODE AND DIFFERENTIAL VOLTAGE RANGES
- LOW POWER CONSUMPTION
- NO LATCH-UP

ABSOLUTE MAXIMUM RATINGS

Supply Voltage	
µA741A, µA741, µA741E	±22 V
µA741C	±18 V
Internal Power Dissipation (Note 1)	
Metal Can	500 mW
Molded and Hermetic DIP	670 mW
Mini DIP	310 mW
Flatpak	570 mW
Differential Input Voltage	±30 V
Input Voltage (Note 2)	±15 V
Storage Temperature Range	
Metal Can, Hermetic DIP, and Flatpak	−65°C to +150°C
Mini DIP, Molded DIP	−55°C to +125°C
Operating Temperature Range	
Military (µA741A, µA741)	−55°C to +125°C
Commercial (µA741E, µA741C)	0°C to +70°C
Pin Temperature (Soldering)	
Metal Can, Hermetic DIPs, and Flatpak (60 s)	300°C
Molded DIPs (10 s)	260°C
Output Short Circuit Duration (Note 3)	Indefinite

8-PIN MINI DIP
(TOP VIEW)
PACKAGE OUTLINES 6T 9T
PACKAGE CODES R T

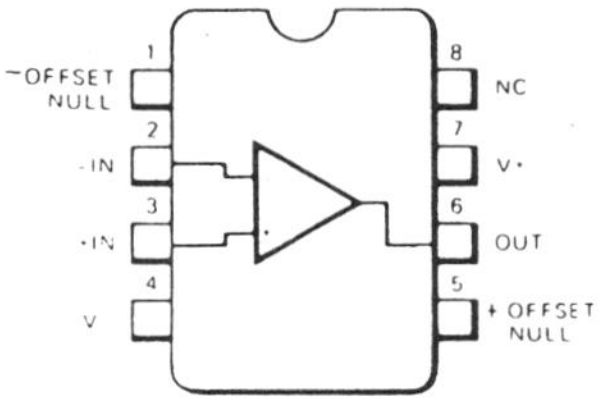

ORDER INFORMATION

TYPE	PART NO.
µA741C	µA741TC
µA741C	µA741RC

10-PIN FLATPAK
(TOP VIEW)
PACKAGE OUTLINE 3F
PACKAGE CODE F

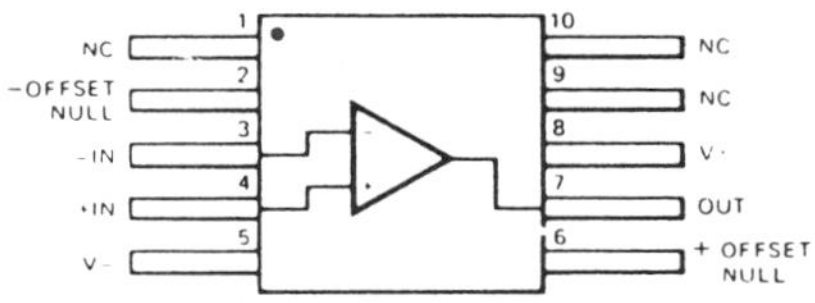

ORDER INFORMATION

TYPE	PART NO.
µA741A	µA741AFM
µA741	µA741FM

CONNECTION DIAGRAMS

8-PIN METAL CAN
(TOP VIEW)
PACKAGE OUTLINE 5B
PACKAGE CODE H

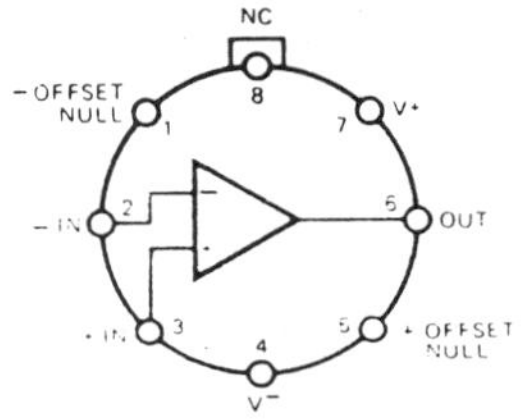

Note: Pin 4 connected to case

ORDER INFORMATION

TYPE	PART NO
µA741A	µA741AHM
µA741	µA741HM
µA741E	µA741EHC
µA741C	µA741HC

14-PIN DIP
(TOP VIEW)
PACKAGE OUTLINES 6A 9A
PACKAGE CODES D P

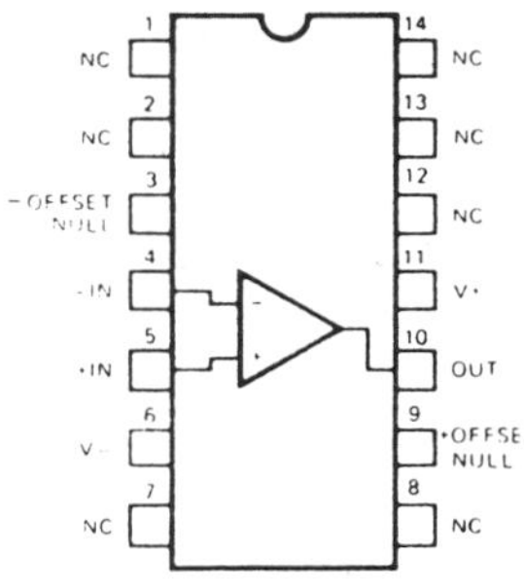

ORDER INFORMATION

TYPE	PART NO
µA741A	µA741ADM
µA741	µA741DM
µA741E	µA741EDC
µA741C	µA741DC
µA741C	µA741PC

μA741

μA741A

ELECTRICAL CHARACTERISTICS: V_S = ±15 V, T_A = 25°C unless otherwise specified.

CHARACTERISTICS (see definitions)	CONDITIONS	MIN	TYP	MAX	UNITS
Input Offset Voltage	$R_S \leq 50\Omega$		0.8	3.0	mV
Average Input Offset Voltage Drift				15	μV/°C
Input Offset Current			3.0	30	nA
Average Input Offset Current Drift				0.5	nA/°C
Input Bias Current			30	80	nA
Power Supply Rejection Ratio	V_S = +20, −20; V_S = −20, +10V, R_S = 50Ω		15	50	μV/V
Output Short Circuit Current		10	25	40	mA
Power Dissipation	V_S = ±20V		80	150	mW
Input Impedance	V_S = ±20V	1.0	6.0		MΩ
Large Signal Voltage Gain	V_S = ±20V, R_L = 2kΩ, V_{OUT} = ±15V	50			V/mV
Transient Response (Unity Gain) — Rise Time			0.25	0.8	μs
Transient Response (Unity Gain) — Overshoot			6.0	20	%
Bandwidth (Note 4)		.437	1.5		MHz
Slew Rate (Unity Gain)	V_{IN} = ±10V	0.3	0.7		V/μs
The following specifications apply for −55°C ≤ T_A ≤ +125°C					
Input Offset Voltage				4.0	mV
Input Offset Current				70	nA
Input Bias Current				210	nA
Common Mode Rejection Ratio	V_S = ±20V, V_{IN} = ±15V, R_S = 50Ω	80	95		dB
Adjustment For Input Offset Voltage	V_S = ±20V	10			mV
Output Short Circuit Current		10		40	mA
Power Dissipation	V_S = ±20V, −55°C			165	mW
	V_S = ±20V, +125°C			135	mW
Input Impedance	V_S = ±20V	0.5			MΩ
Output Voltage Swing	V_S = ±20V, R_L = 10kΩ	±16			V
	V_S = ±20V, R_L = 2kΩ	±15			V
Large Signal Voltage Gain	V_S = ±20V, R_L = 2kΩ, V_{OUT} = ±15V	32			V/mV
	V_S = ±5V, R_L = 2kΩ, V_{OUT} = ±2 V	10			V/mV

NOTES

1. Rating applies to ambient temperatures up to 70°C. Above 70°C ambient derate linearly at 6.3mW/°C for the metal can, 8.3mW/°C for the DIP and 7.1mW/°C for the Flatpak.
2. For supply voltages less than ±15V, the absolute maximum input voltage is equal to the supply voltage.
3. Short circuit may be to ground or either supply. Rating applies to +125°C case temperature or 75°C ambient temperature.
4. Calculated value from: $BW(MHz) = \frac{0.35}{\text{Rise Time } (\mu s)}$

μA741

μA741

ELECTRICAL CHARACTERISTICS: $V_S = \pm 15$ V, $T_A = 25°C$ unless otherwise specified.

CHARACTERISTICS (see definitions)		CONDITIONS	MIN	TYP	MAX	UNITS
Input Offset Voltage		$R_S \leq 10$ kΩ		1.0	5.0	mV
Input Offset Current				20	200	nA
Input Bias Current				80	500	nA
Input Resistance			0.3	2.0		MΩ
Input Capacitance				1.4		pF
Offset Voltage Adjustment Range				±15		mV
Large Signal Voltage Gain		$R_L \geq 2$ kΩ, $V_{OUT} = \pm 10$ V	50,000	200,000		
Output Resistance				75		Ω
Output Short Circuit Current				25		mA
Supply Current				1.7	2.8	mA
Power Consumption				50	85	mW
Transient Response (Unity Gain)	Rise time	$V_{IN} = 20$ mV, $R_L = 2$ kΩ, $C_L \leq 100$ pF		0.3		μs
	Overshoot			5.0		%
Slew Rate		$R_L \geq 2$ kΩ		0.5		V/μs

The following specifications apply for $-55°C \leq T_A \leq +125°C$:

CHARACTERISTICS	CONDITIONS	MIN	TYP	MAX	UNITS
Input Offset Voltage	$R_S \leq 10$ kΩ		1.0	6.0	mV
Input Offset Current	$T_A = +125°C$		7.0	200	nA
	$T_A = -55°C$		85	500	nA
Input Bias Current	$T_A = +125°C$		0.03	0.5	μA
	$T_A = -55°C$		0.3	1.5	μA
Input Voltage Range		±12	±13		V
Common Mode Rejection Ratio	$R_S \leq 10$ kΩ	70	90		dB
Supply Voltage Rejection Ratio	$R_S \leq 10$ kΩ		30	150	μV/V
Large Signal Voltage Gain	$R_L \geq 2$ kΩ, $V_{OUT} = \pm 10$ V	25,000			
Output Voltage Swing	$R_L \geq 10$ kΩ	±12	±14		V
	$R_L \geq 2$ kΩ	±10	±13		V
Supply Current	$T_A = +125°C$		1.5	2.5	mA
	$T_A = -55°C$		2.0	3.3	mA
Power Consumption	$T_A = +125°C$		45	75	mW
	$T_A = -55°C$		60	100	mW

TYPICAL PERFORMANCE CURVES FOR μA741A AND μA741

OPEN LOOP VOLTAGE GAIN AS A FUNCTION OF SUPPLY VOLTAGE

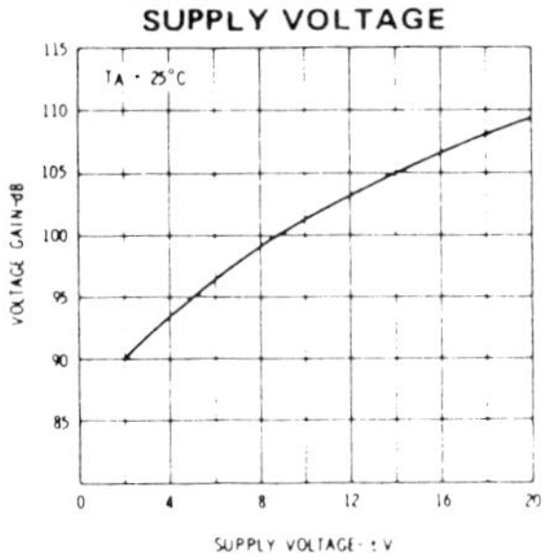

OUTPUT VOLTAGE SWING AS A FUNCTION OF SUPPLY VOLTAGE

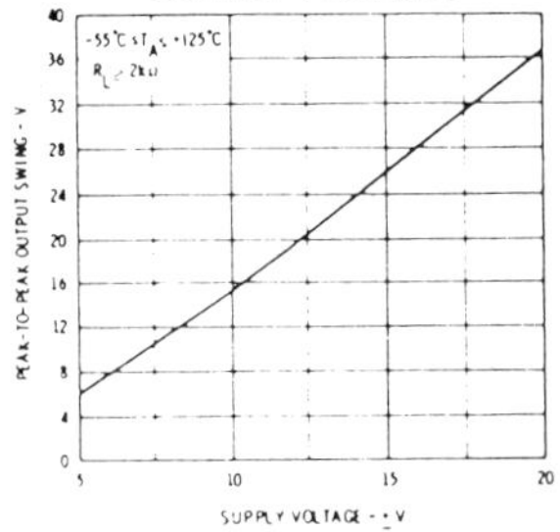

INPUT COMMON MODE VOLTAGE RANGE AS A FUNCTION OF SUPPLY VOLTAGE

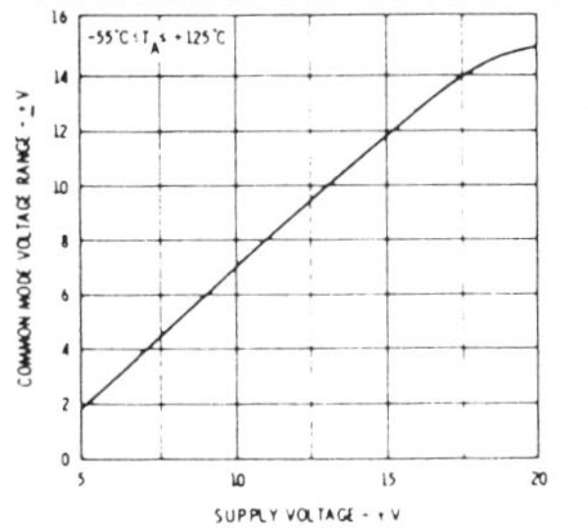

μA741

μA741E

ELECTRICAL CHARACTERISTICS: $V_S = \pm 15$ V, $T_A = 25°C$ unless otherwise specified.

CHARACTERISTICS (see definitions)		CONDITIONS		MIN	TYP	MAX	UNITS
Input Offset Voltage		$R_S \leq 50\Omega$			0.8	3.0	mV
Average Input Offset Voltage Drift						15	μV/°C
Input Offset Current					3.0	30	nA
Average Input Offset Current Drift						0.5	nA/°C
Input Bias Current					30	80	nA
Power Supply Rejection Ratio		$V_S = +10, -20; V_S = +20, -10V, R_S = 50\Omega$			15	50	μV/V
Output Short Circuit Current				10	25	40	mA
Power Dissipation		$V_S = \pm 20V$			80	150	mW
Input Impedance		$V_S = \pm 20V$		1.0	6.0		MΩ
Large Signal Voltage Gain		$V_S = \pm 20V, R_L = 2k\Omega, V_{OUT} = \pm 15V$		50			V/mV
Transient Response	Rise Time				0.25	0.8	μs
(Unity Gain)	Overshoot				6.0	20	%
Bandwidth (Note 4)				.437	1.5		MHz
Slew Rate (Unity Gain)		$V_{IN} = \pm 10V$		0.3	0.7		V/μs
The following specifications apply for $0°C \leq T_A \leq 70°C$							
Input Offset Voltage						4.0	mV
Input Offset Current						70	nA
Input Bias Current						210	nA
Common Mode Rejection Ratio		$V_S = \pm 20V, V_{IN} = \pm 15V, R_S = 50\Omega$		80	95		dB
Adjustment For Input Offset Voltage		$V_S = \pm 20V$		10			mV
Output Short Circuit Current				10		40	mA
Power Dissipation		$V_S = \pm 20V$				150	mW
Input Impedance		$V_S = \pm 20V$		0.5			MΩ
Output Voltage Swing		$V_S = \pm 20V$,	$R_L = 10k\Omega$	±16			V
			$R_L = 2k\Omega$	±15			V
Large Signal Voltage Gain		$V_S = \pm 20V, R_L = 2k\Omega, V_{OUT} = \pm 15V$		32			V/mV
		$V_S = \pm 5V, R_L = 2k\Omega, V_{OUT} = \pm 2$ V		10			V/mV

EQUIVALENT CIRCUIT

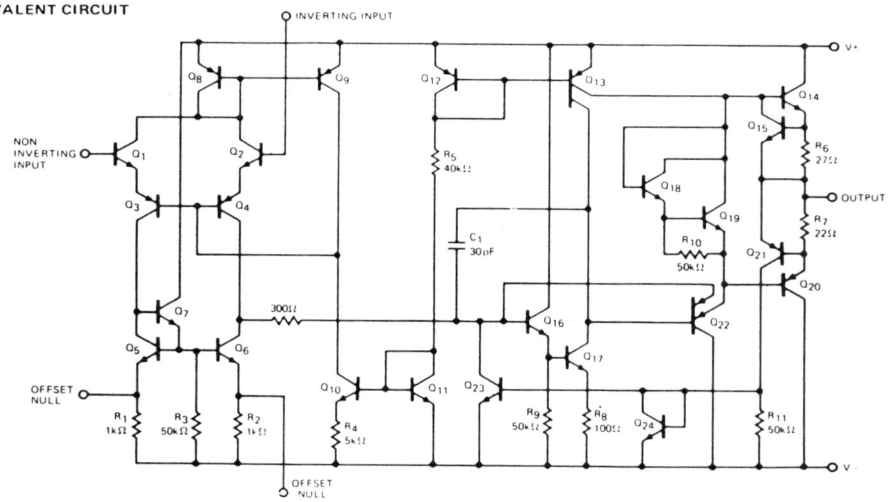

μA741

μA741C

ELECTRICAL CHARACTERISTICS: $V_S = \pm 15$ V, $T_A = 25°$C unless otherwise specified.

CHARACTERISTICS (see definitions)		CONDITIONS	MIN	TYP	MAX	UNITS
Input Offset Voltage		$R_S \leq 10$ kΩ		2.0	6.0	mV
Input Offset Current				20	200	nA
Input Bias Current				80	500	nA
Input Resistance			0.3	2.0		MΩ
Input Capacitance				1.4		pF
Offset Voltage Adjustment Range				±15		mV
Input Voltage Range			±12	±13		V
Common Mode Rejection Ratio		$R_S \leq 10$ kΩ	70	90		dB
Supply Voltage Rejection Ratio		$R_S \leq 10$ kΩ		30	150	μV/V
Large Signal Voltage Gain		$R_L \geq 2$ kΩ, $V_{OUT} = \pm 10$ V	20,000	200,000		
Output Voltage Swing		$R_L \geq 10$ kΩ	±12	±14		V
		$R_L \geq 2$ kΩ	±10	±13		V
Output Resistance				75		Ω
Output Short Circuit Current				25		mA
Supply Current				1.7	2.8	mA
Power Consumption				50	85	mW
Transient Response (Unity Gain)	Rise time	$V_{IN} = 20$ mV, $R_L = 2$ kΩ, $C_L \leq 100$ pF		0.3		μs
	Overshoot			5.0		%
Slew Rate		$R_L \geq 2$ kΩ		0.5		V/μs
The following specifications apply for $0°C \leq T_A \leq +70°C$:						
Input Offset Voltage					7.5	mV
Input Offset Current					300	nA
Input Bias Current					800	nA
Large Signal Voltage Gain		$R_L \geq 2$ kΩ, $V_{OUT} = \pm 10$ V	15,000			
Output Voltage Swing		$R_L \geq 2$ kΩ	±10	±13		V

TYPICAL PERFORMANCE CURVES FOR μA741E AND μA741C

OPEN LOOP VOLTAGE GAIN AS A FUNCTION OF SUPPLY VOLTAGE

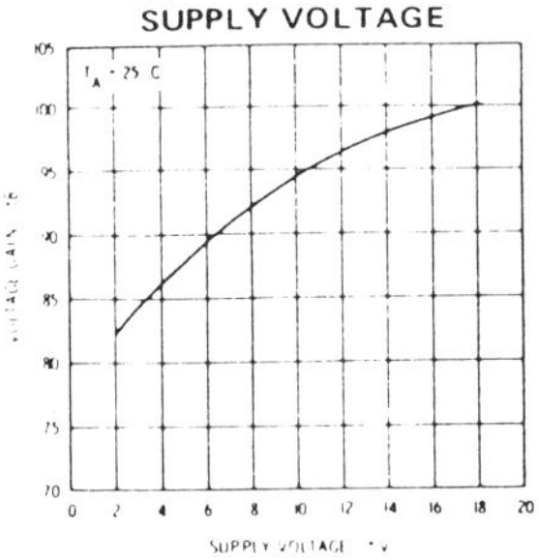

OUTPUT VOLTAGE SWING AS A FUNCTION OF SUPPLY VOLTAGE

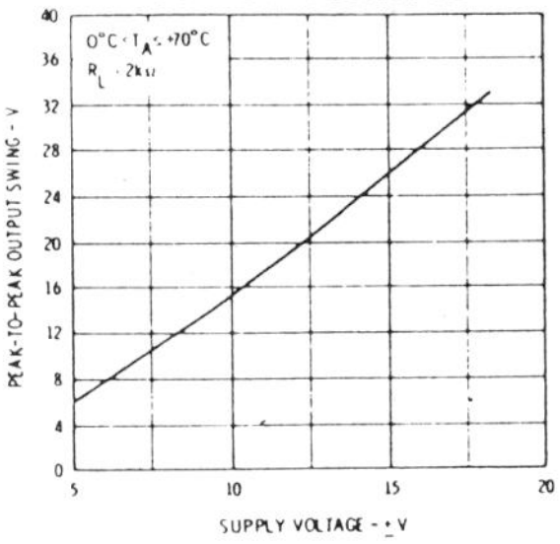

INPUT COMMON MODE VOLTAGE RANGE AS A FUNCTION OF SUPPLY VOLTAGE

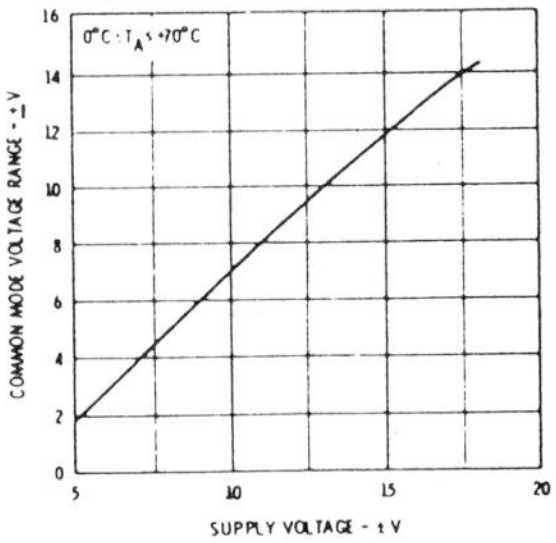

μA741

TYPICAL PERFORMANCE CURVES FOR μA741A, μA741, μA741E AND μA741C

POWER CONSUMPTION AS A FUNCTION OF SUPPLY VOLTAGE

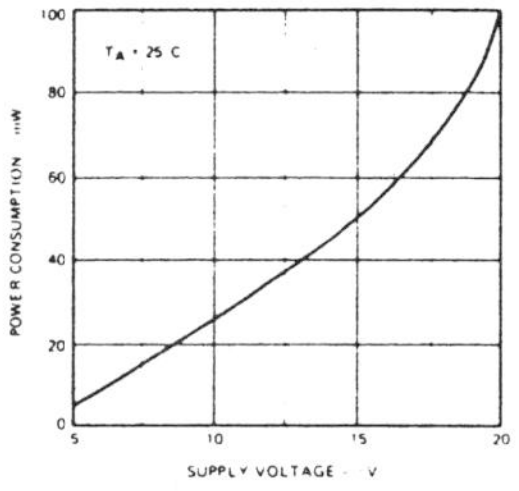

OPEN LOOP VOLTAGE GAIN AS A FUNCTION OF FREQUENCY

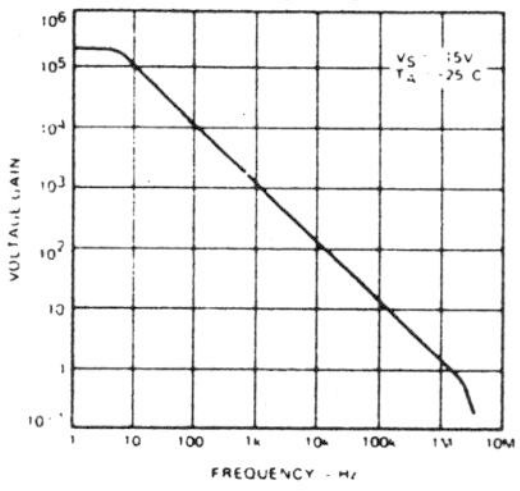

OPEN LOOP PHASE RESPONSE AS A FUNCTION OF FREQUENCY

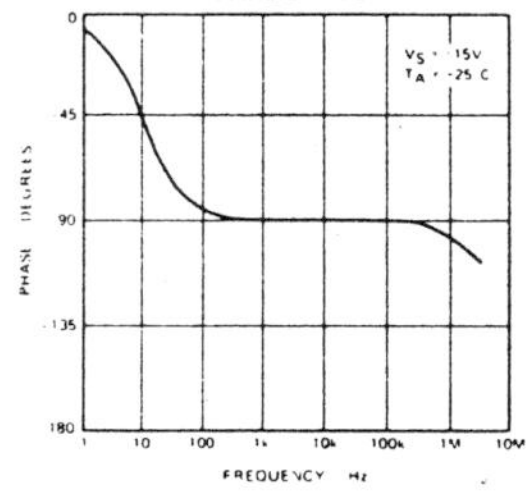

INPUT OFFSET CURRENT AS A FUNCTION OF SUPPLY VOLTAGE

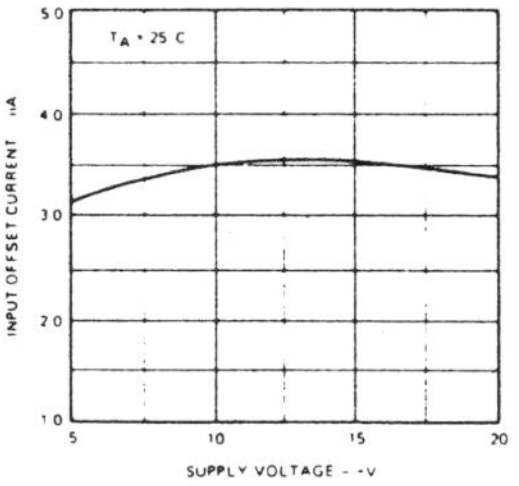

INPUT RESISTANCE AND INPUT CAPACITANCE AS A FUNCTION OF FREQUENCY

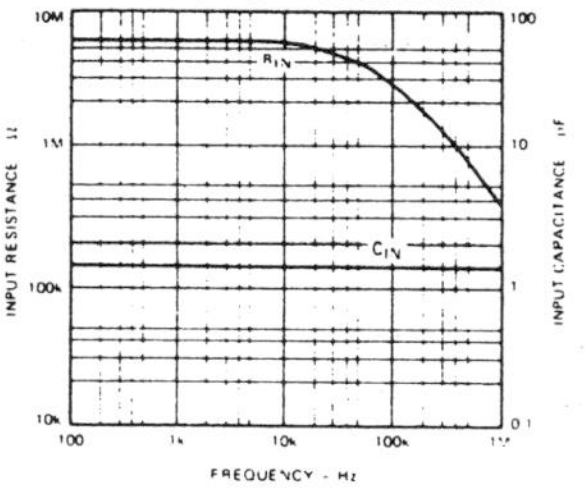

OUTPUT RESISTANCE AS A FUNCTION OF FREQUENCY

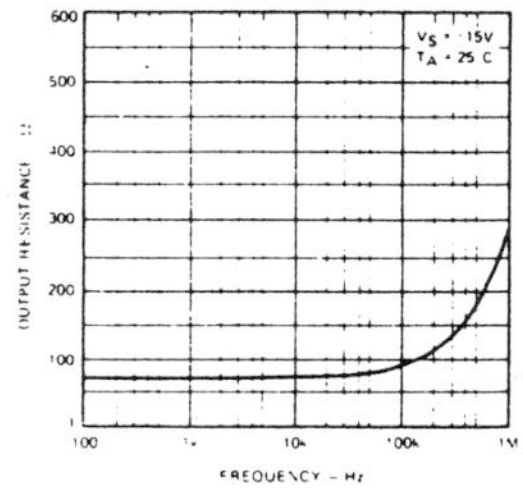

OUTPUT VOLTAGE SWING AS A FUNCTION OF LOAD RESISTANCE

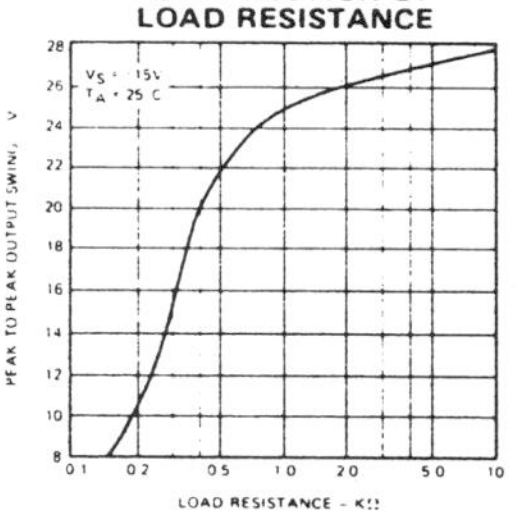

OUTPUT VOLTAGE SWING AS A FUNCTION OF FREQUENCY

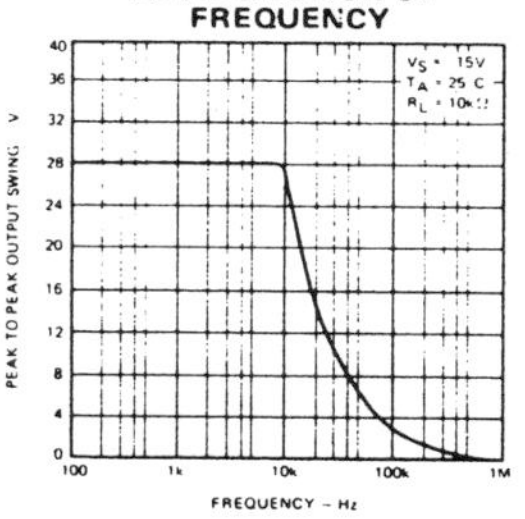

ABSOLUTE MAXIMUM POWER DISSIPATION AS A FUNCTION OF AMBIENT TEMPERATURE

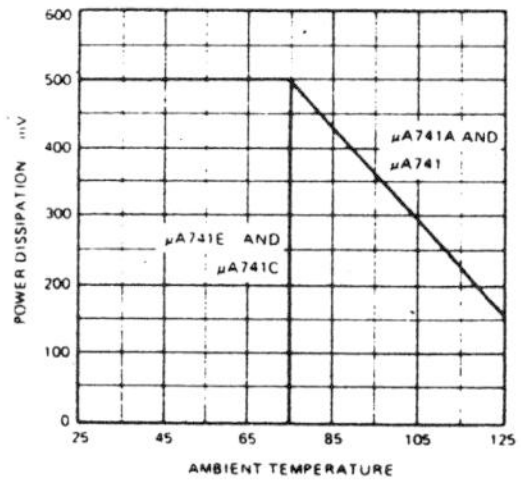

INPUT NOISE VOLTAGE AS A FUNCTION OF FREQUENCY

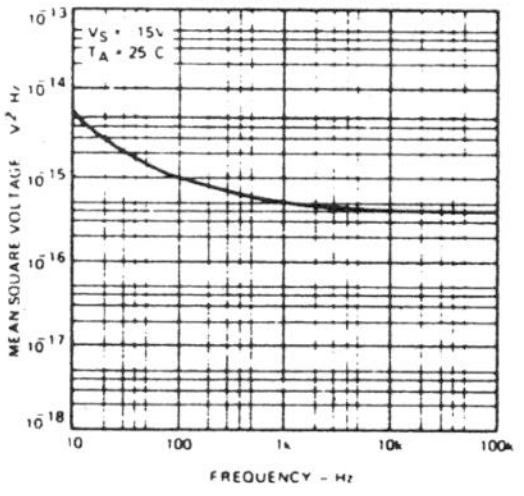

INPUT NOISE CURRENT AS A FUNCTION OF FREQUENCY

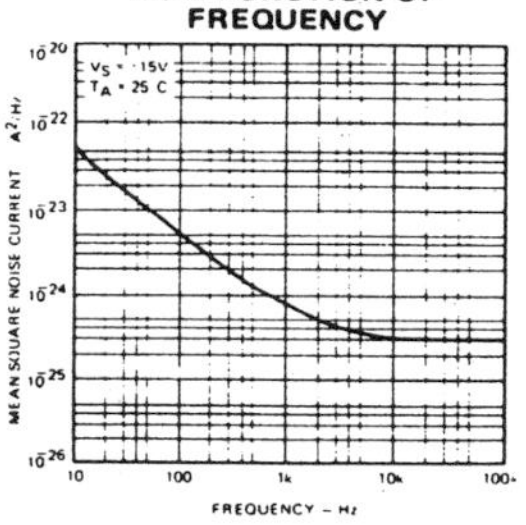

BROADBAND NOISE FOR VARIOUS BANDWIDTHS

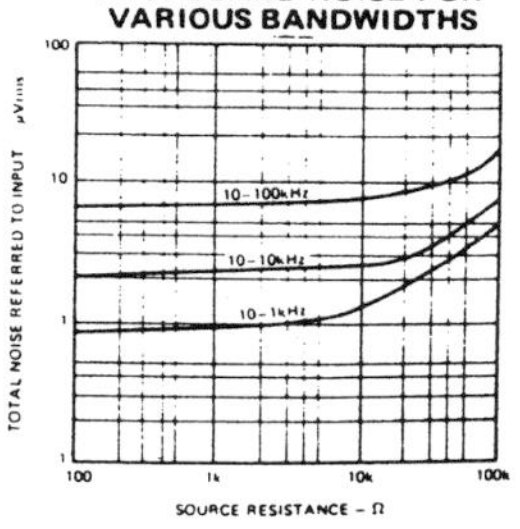

μA741

TYPICAL PERFORMANCE CURVES FOR μA741A AND μA741

INPUT BIAS CURRENT AS A FUNCTION OF AMBIENT TEMPERATURE

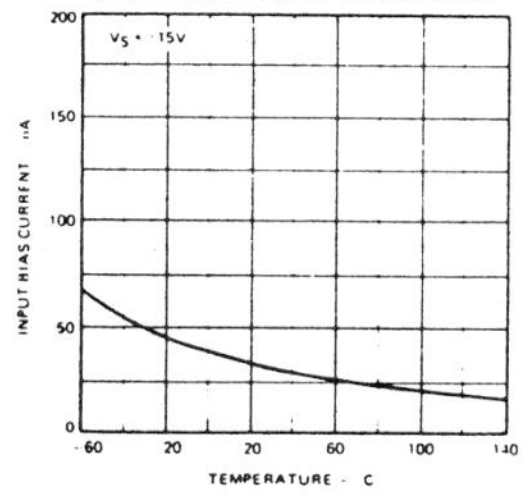

INPUT RESISTANCE AS A FUNCTION OF AMBIENT TEMPERATURE

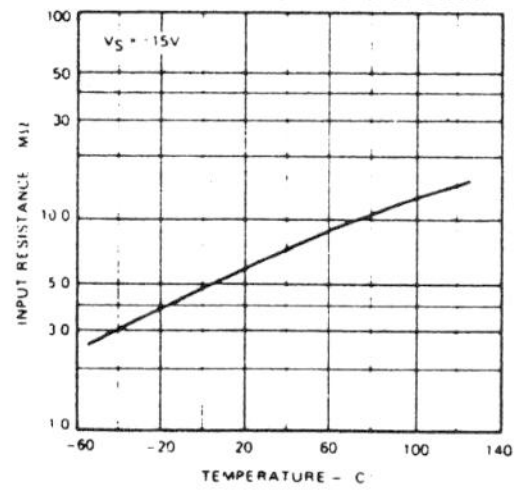

OUTPUT SHORT-CIRCUIT CURRENT AS A FUNCTION OF AMBIENT TEMPERATURE

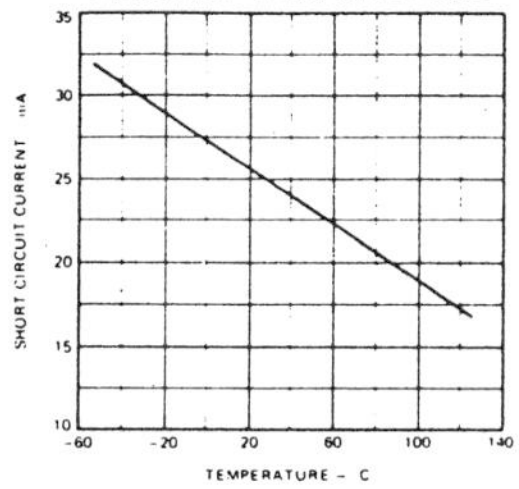

INPUT OFFSET CURRENT AS A FUNCTION OF AMBIENT TEMPERATURE

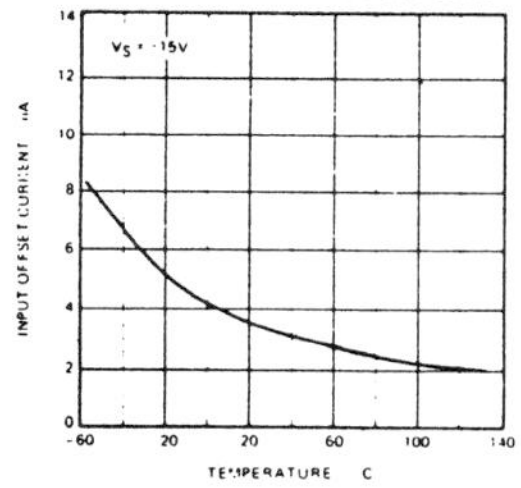

POWER CONSUMPTION AS A FUNCTION OF AMBIENT TEMPERATURE

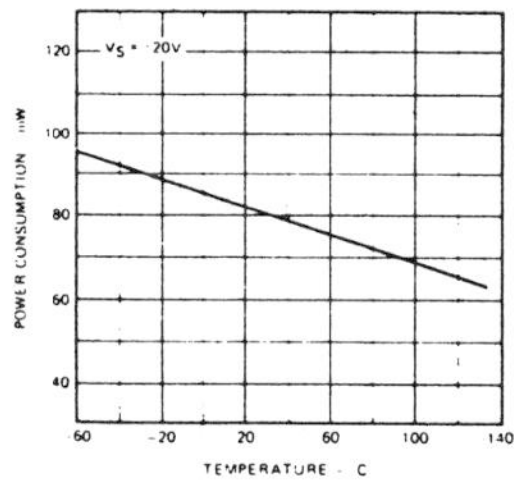

FREQUENCY CHARACTERISTICS AS A FUNCTION OF AMBIENT TEMPERATURE

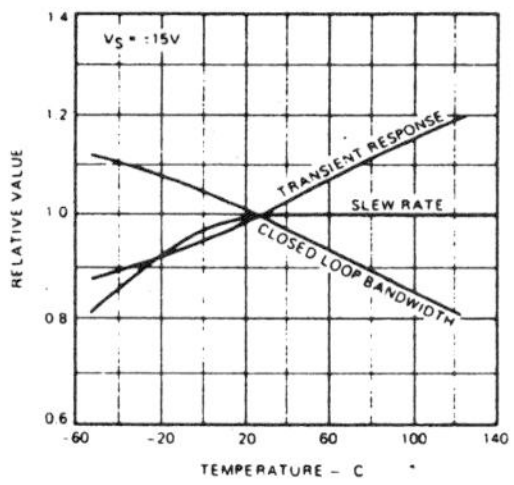

TYPICAL PERFORMANCE CURVES FOR μA741E AND μA741C

INPUT BIAS CURRENT AS A FUNCTION OF AMBIENT TEMPERATURE

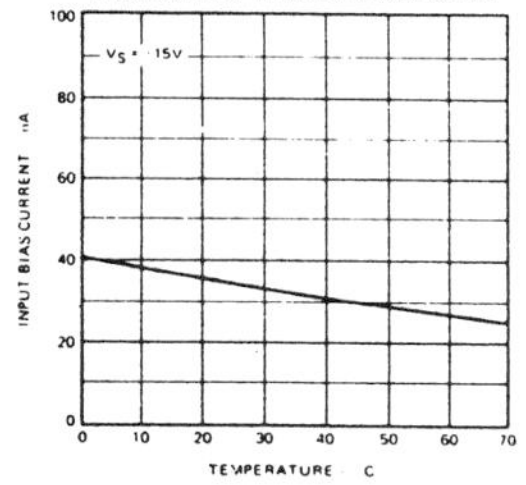

INPUT RESISTANCE AS A FUNCTION OF AMBIENT TEMPERATURE

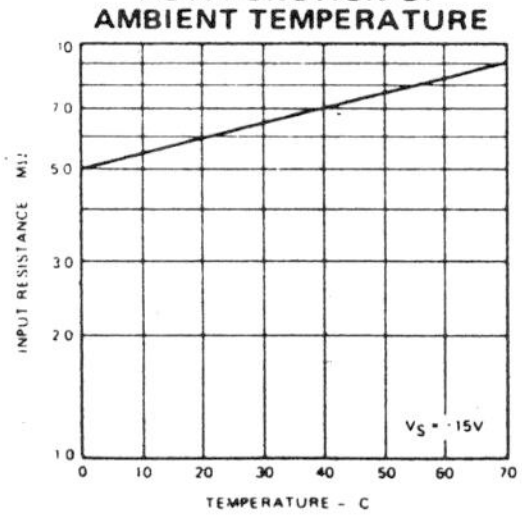

INPUT OFFSET CURRENT AS A FUNCTION OF AMBIENT TEMPERATURE

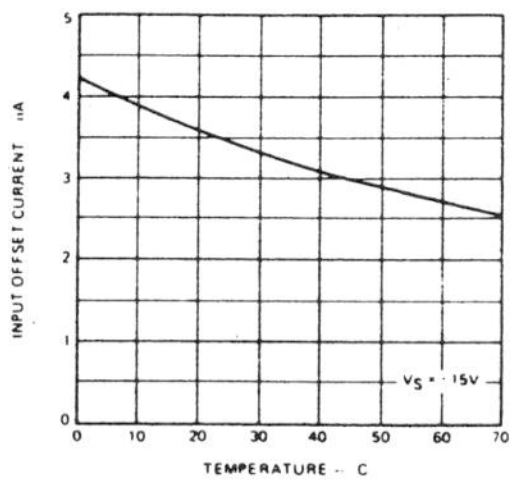

POWER CONSUMPTION AS A FUNCTION OF AMBIENT TEMPERATURE

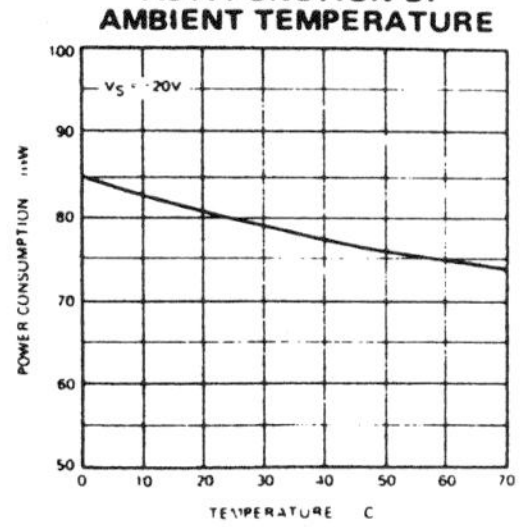

OUTPUT SHORT CIRCUIT CURRENT AS A FUNCTION OF AMBIENT TEMPERATURE

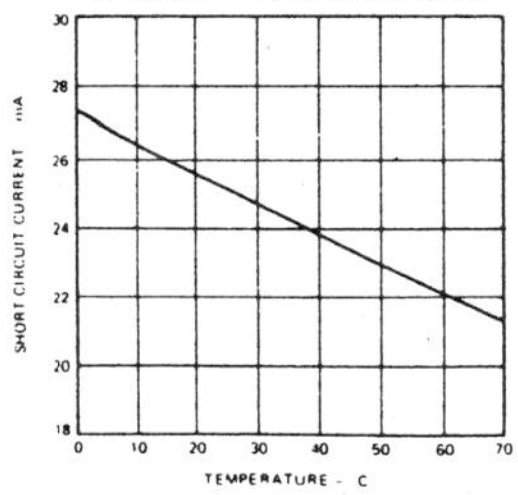

FREQUENCY CHARACTERISTICS AS A FUNCTION OF AMBIENT TEMPERATURE

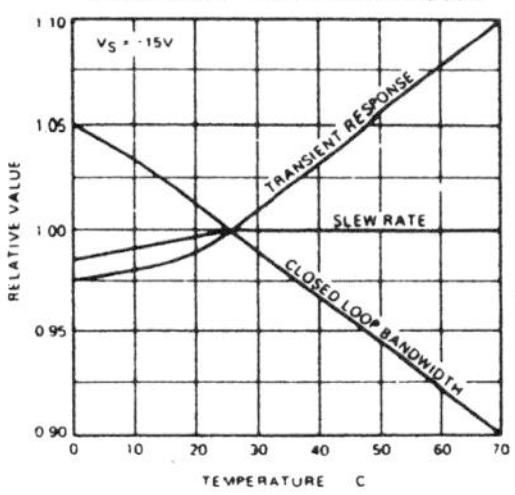

μA741

TRANSIENT RESPONSE

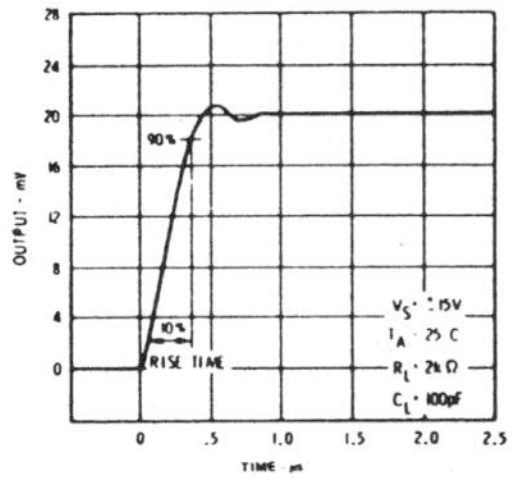

TRANSIENT RESPONSE TEST CIRCUIT

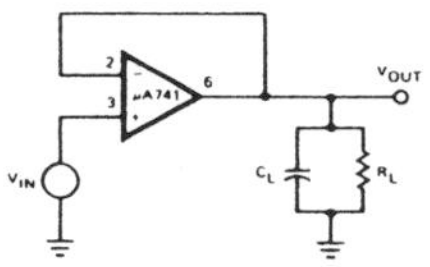

COMMON MODE REJECTION RATIO AS A FUNCTION OF FREQUENCY

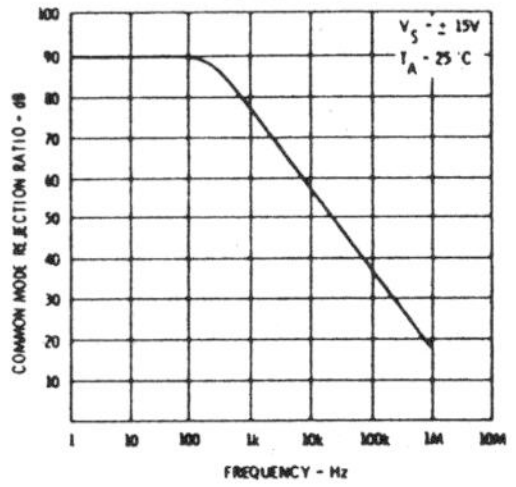

FREQUENCY CHARACTERISTICS AS A FUNCTION OF SUPPLY VOLTAGE

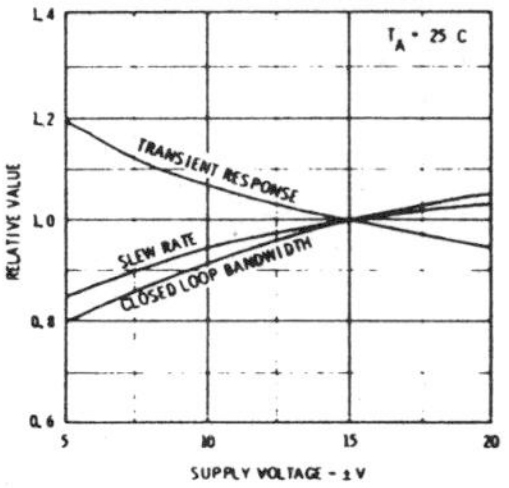

VOLTAGE OFFSET NULL CIRCUIT

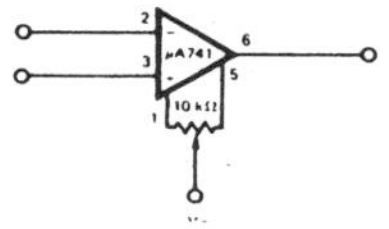

VOLTAGE FOLLOWER LARGE SIGNAL PULSE RESPONSE

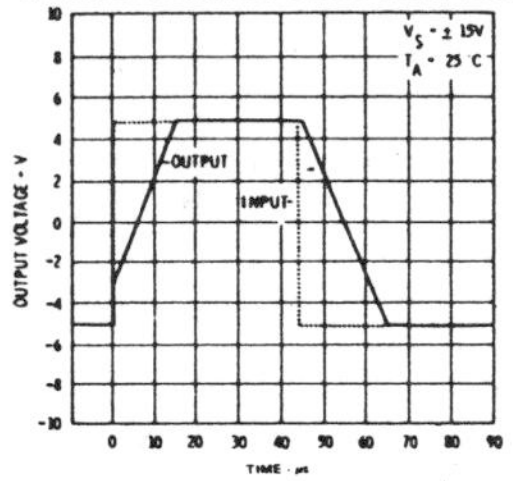

TYPICAL APPLICATIONS

UNITY-GAIN VOLTAGE FOLLOWER

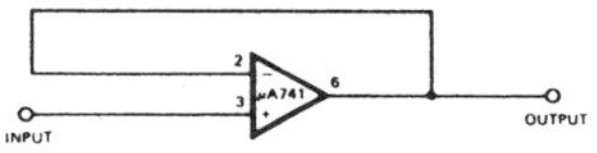

R_{IN} = 400 MΩ
C_{IN} = 1 pF
R_{OUT} << 1 Ω
B.W. = 1 MHz

NON-INVERTING AMPLIFIER

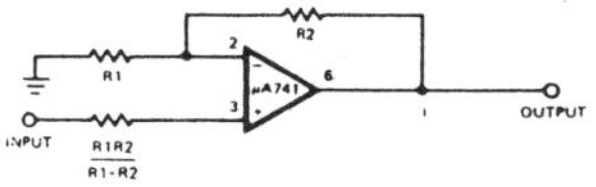

GAIN	R1	R2	B W	R_{IN}
10	1 kΩ	9 kΩ	100 kHz	400 MΩ
100	100 Ω	9.9 kΩ	10 kHz	280 MΩ
1000	100 Ω	99.9 kΩ	1 kHz	80 MΩ

INVERTING AMPLIFIER

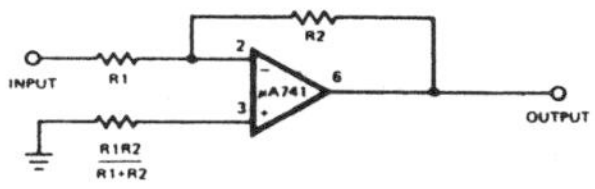

GAIN	R1	R2	B W	R_{IN}
1	10 kΩ	10 kΩ	1 MHz	10 kΩ
10	1 kΩ	10 kΩ	100 kHz	1 kΩ
100	1 kΩ	100 kΩ	10 kHz	1 kΩ
1000	100 Ω	100 kΩ	1 kHz	100 Ω

CLIPPING AMPLIFIER

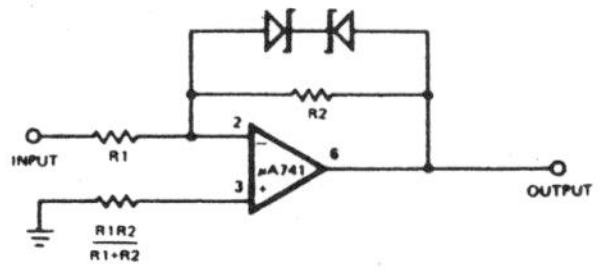

$$\frac{E_{OUT}}{E_{IN}} = \frac{R2}{R1} \text{ if } |E_{OUT}| \leq V_Z + 0.7\text{ V}$$

where V_Z = Zener breakdown voltage

μA741

TYPICAL APPLICATIONS (Cont'd)

SIMPLE INTEGRATOR

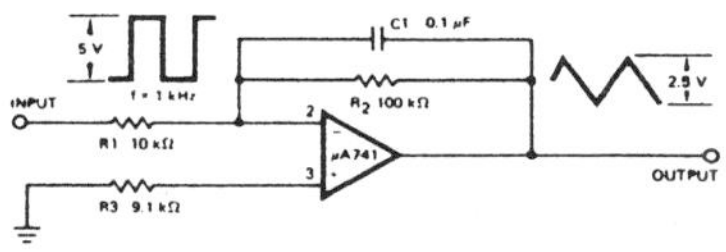

$$E_{OUT} = -\frac{1}{R_1C_1} \int E_{IN}dt$$

SIMPLE DIFFERENTIATOR

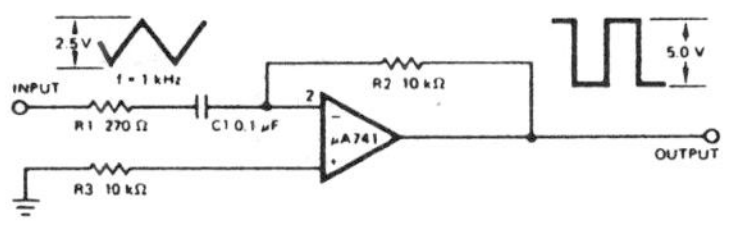

$$E_{OUT} = -R2C\frac{dE_{IN}}{dt}$$

LOW DRIFT LOW NOISE AMPLIFIER

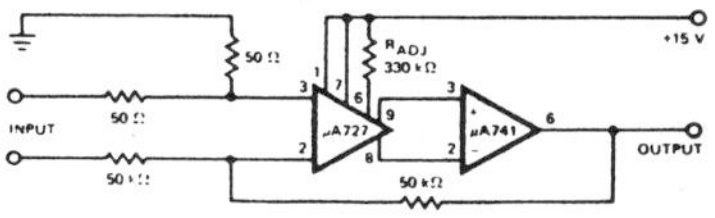

Voltage Gain = 10^3
Input Offset Voltage Drift = 0.6 μV/°C
Input Offset Current Drift = 2.0 pA/°C

HIGH SLEW RATE POWER AMPLIFIER

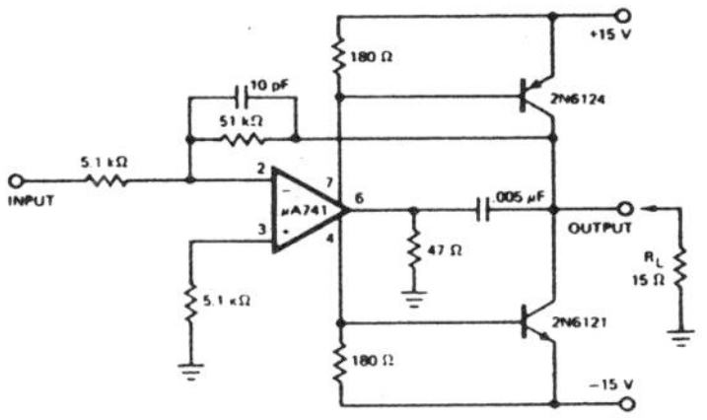

NOTCH FILTER USING THE μA741 AS A GYRATOR

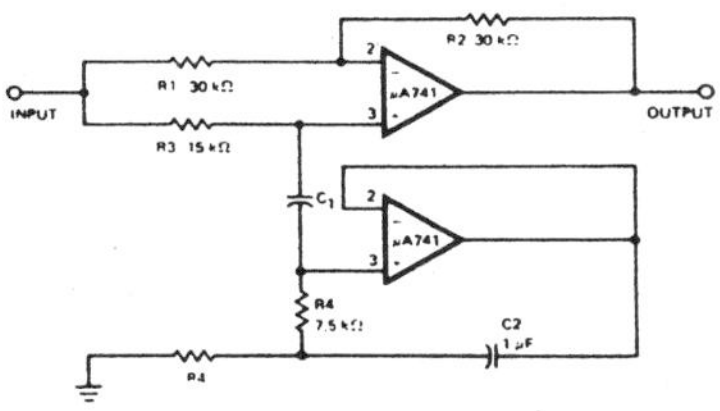

Trim R3 such that

$$\frac{R1}{R2} = \frac{R3}{2\,R4}$$

NOTCH FREQUENCY AS A FUNCTION OF C_1

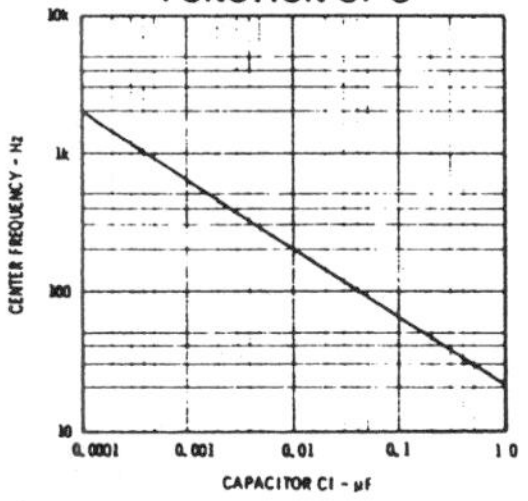

3. Timer

National Semiconductor

Industrial Blocks

LM555/LM555C Timer

General Description

The LM555 is a highly stable device for generating accurate time delays or oscillation. Additional terminals are provided for triggering or resetting if desired. In the time delay mode of operation, the time is precisely controlled by one external resistor and capacitor. For astable operation as an oscillator, the free running frequency and duty cycle are accurately controlled with two external resistors and one capacitor. The circuit may be triggered and reset on falling waveforms, and the output circuit can source or sink up to 200 mA or drive TTL circuits.

Features

- Direct replacement for SE555/NE555
- Timing from microseconds through hours
- Operates in both astable and monostable modes
- Adjustable duty cycle
- Output can source or sink 200 mA
- Output and supply TTL compatible
- Temperature stability better than 0.005% per °C
- Normally on and normally off output

Applications

- Precision timing
- Pulse generation
- Sequential timing
- Time delay generation
- Pulse width modulation
- Pulse position modulation
- Linear ramp generator

Schematic Diagram

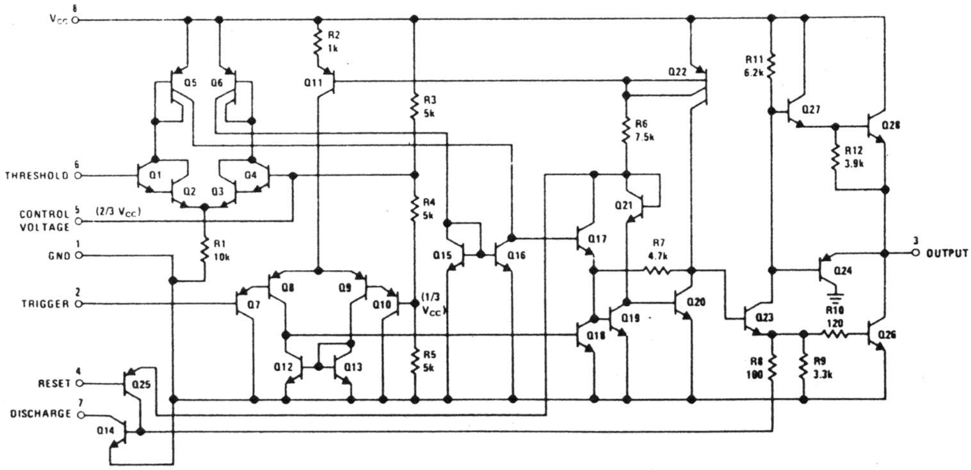

Connection Diagrams

Metal Can Package

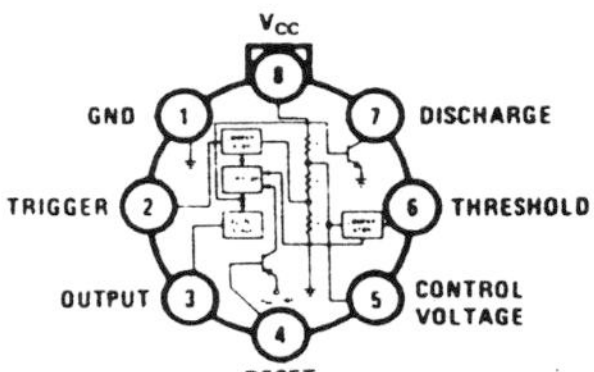

TOP VIEW

Order Number LM555H, LM555CH
See NS Package H08C

Dual-In-Line Package

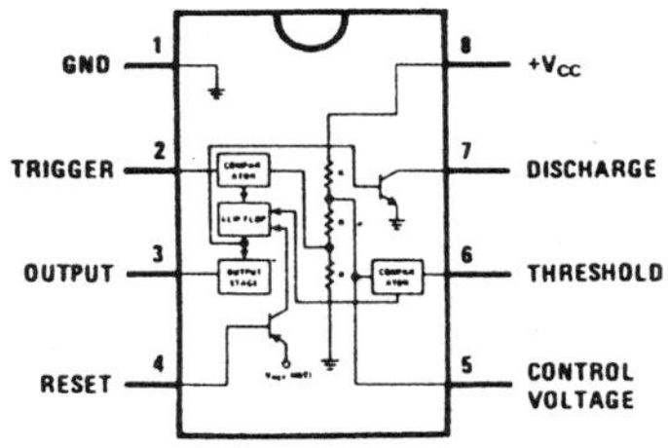

TOP VIEW

Order Number LM555CN
See NS Package N08B
Order Number LM555J or LM555CJ
See NS Package J08A

Absolute Maximum Ratings

Supply Voltage	+18V
Power Dissipation (Note 1)	600 mW
Operating Temperature Ranges	
LM555C	0°C to +70°C
LM555	−55°C to +125°C
Storage Temperature Range	−65°C to +150°C
Lead Temperature (Soldering, 10 seconds)	300°C

Electrical Characteristics (T_A = 25°C, V_{CC} = +5V to +15V, unless otherwise specified)

PARAMETER	CONDITIONS	LIMITS						UNITS
		LM555			LM555C			
		MIN	TYP	MAX	MIN	TYP	MAX	
Supply Voltage		4.5		18	4.5		16	V
Supply Current	V_{CC} = 5V, R_L = ∞		3	5		3	6	mA
	V_{CC} = 15V, R_L = ∞		10	12		10	15	mA
	(Low State) (Note 2)							
Timing Error, Monostable								
Initial Accuracy			0.5			1		%
Drift with Temperature	R_A, R_B = 1k to 100 k,		30			50		ppm/°C
	C = 0.1μF, (Note 3)							
Accuracy over Temperature			1.5			1.5		%
Drift with Supply			0.05			0.1		%/V
Timing Error, Astable								
Initial Accuracy			1.5			2.25		%
Drift with Temperature			90			150		ppm/°C
Accuracy over Temperature			2.5			3.0		%
Drift with Supply			0.15			0.30		%/V
Threshold Voltage			0.667			0.667		x V_{CC}
Trigger Voltage	V_{CC} = 15V	4.8	5	5.2		5		V
	V_{CC} = 5V	1.45	1.67	1.9		1.67		V
Trigger Current			0.01	0.5		0.5	0.9	μA
Reset Voltage		0.4	0.5	1	0.4	0.5	1	V
Reset Current			0.1	0.4		0.1	0.4	mA
Threshold Current	(Note 4)		0.1	0.25		0.1	0.25	μA
Control Voltage Level	V_{CC} = 15V	9.6	10	10.4	9	10	11	V
	V_{CC} = 5V	2.9	3.33	3.8	2.6	3.33	4	V
Pin 7 Leakage Output High			1	100		1	100	nA
Pin 7 Sat (Note 5)								
Output Low	V_{CC} = 15V, I_7 = 15 mA		150			180		mV
Output Low	V_{CC} = 4.5V, I_7 = 4.5 mA		70	100		80	200	mV
Output Voltage Drop (Low)	V_{CC} = 15V							
	I_{SINK} = 10 mA		0.1	0.15		0.1	0.25	V
	I_{SINK} = 50 mA		0.4	0.5		0.4	0.75	V
	I_{SINK} = 100 mA		2	2.2		2	2.5	V
	I_{SINK} = 200 mA		2.5			2.5		V
	V_{CC} = 5V							
	I_{SINK} = 8 mA		0.1	0.25				V
	I_{SINK} = 5 mA					0.25	0.35	V
Output Voltage Drop (High)	I_{SOURCE} = 200 mA, V_{CC} = 15V		12.5			12.5		V
	I_{SOURCE} = 100 mA, V_{CC} = 15V	13	13.3		12.75	13.3		V
	V_{CC} = 5V	3	3.3		2.75	3.3		V
Rise Time of Output			100			100		ns
Fall Time of Output			100			100		ns

Note 1: For operating at elevated temperatures the device must be derated based on a +150°C maximum junction temperature and a thermal resistance of +45°C/W junction to case for TO-5 and +150°C/W junction to ambient for both packages.

Note 2: Supply current when output high typically 1 mA less at V_{CC} = 5V.

Note 3: Tested at V_{CC} = 5V and V_{CC} = 15V.

Note 4: This will determine the maximum value of R_A + R_B for 15V operation. The maximum total (R_A + R_B) is 20 MΩ.

Note 5: No protection against excessive pin 7 current is necessary providing the package dissipation rating will not be exceeded.

Typical Performance Characteristics

Minimum Pulse Width Required for Triggering

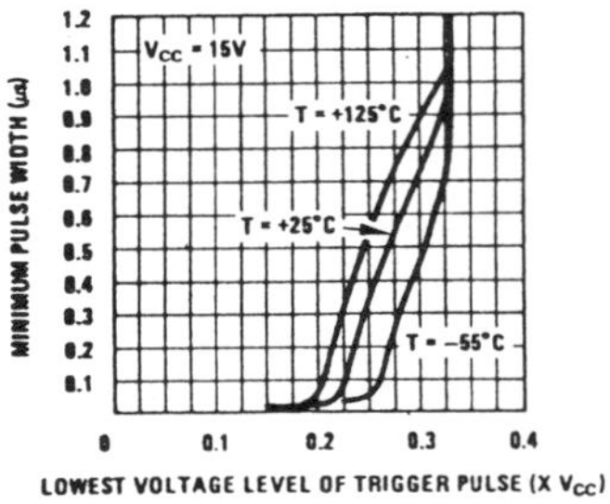

Supply Current vs Supply Voltage

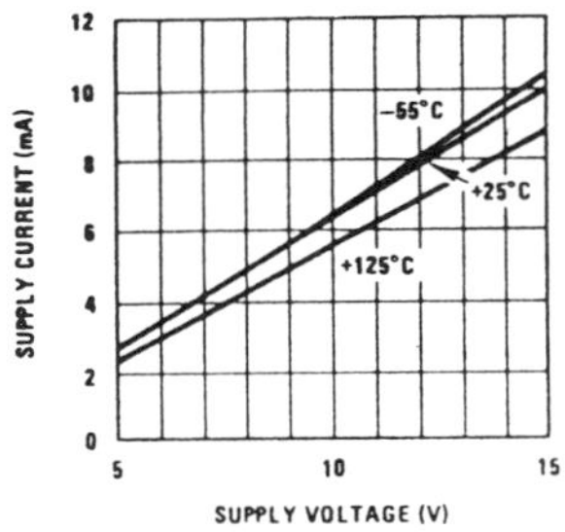

High Output Voltage vs Output Source Current

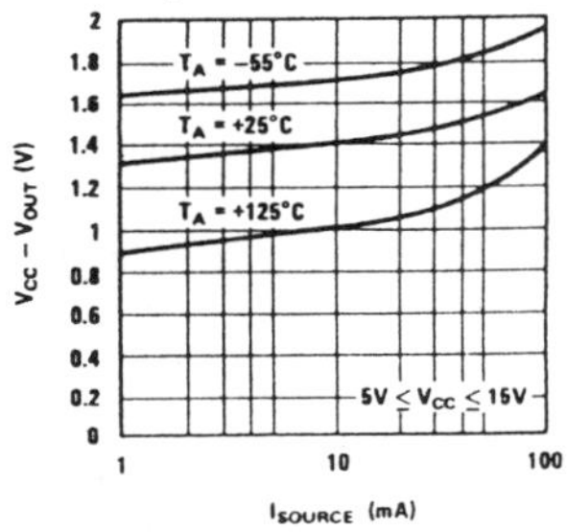

Low Output Voltage vs Output Sink Current

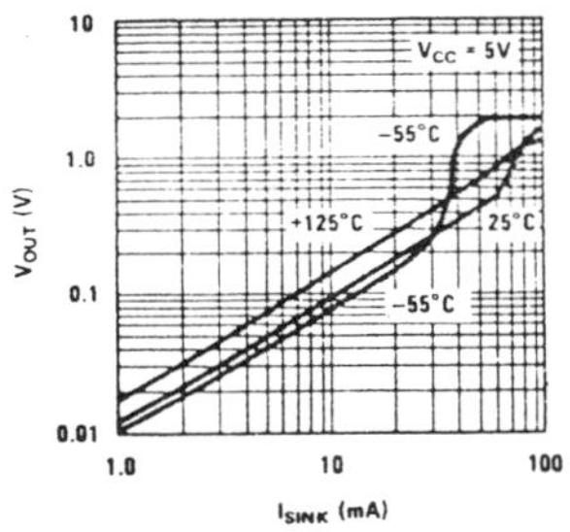

Low Output Voltage vs Output Sink Current

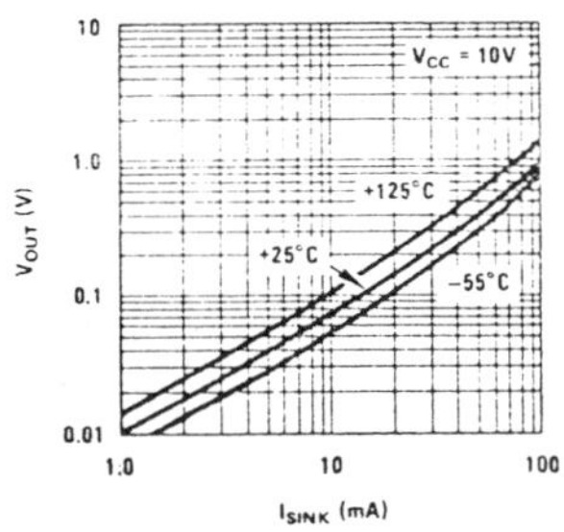

Low Output Voltage vs Output Sink Current

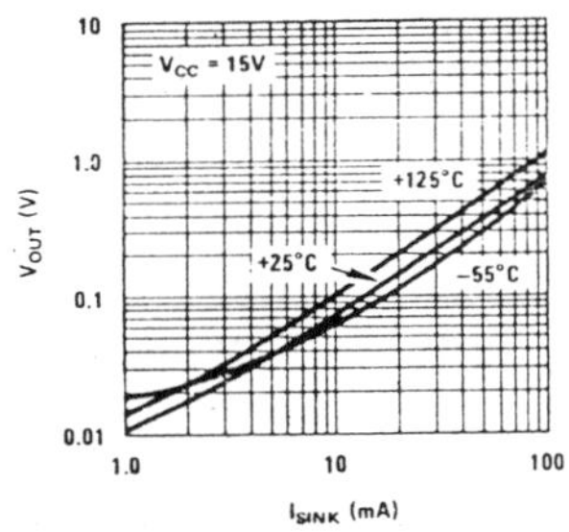

Output Propagation Delay vs Voltage Level of Trigger Pulse

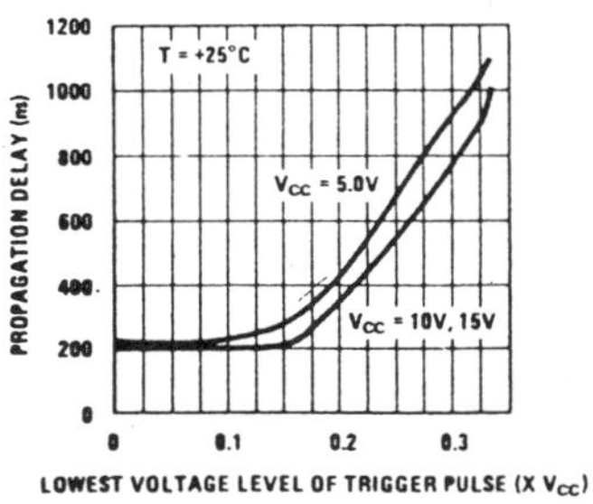

Output Propagation Delay vs Voltage Level of Trigger Pulse

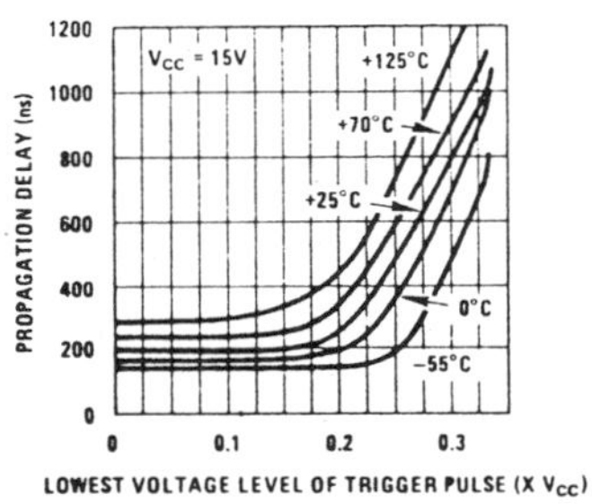

Discharge Transistor (Pin 7) Voltage vs Sink Current

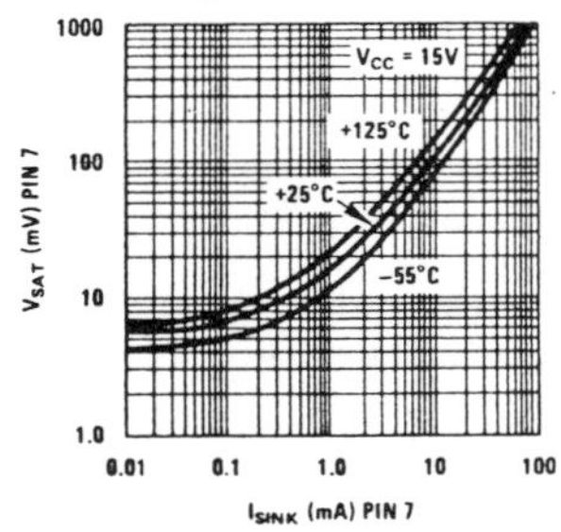

Discharge Transistor (Pin 7) Voltage vs Sink Current

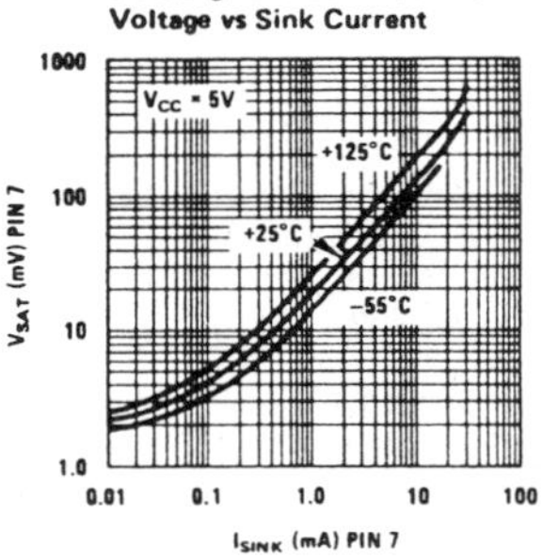

Applications Information

MONOSTABLE OPERATION

In this mode of operation, the timer functions as a one-shot (*Figure 1*). The external capacitor is initially held discharged by a transistor inside the timer. Upon application of a negative trigger pulse of less than 1/3 V_{CC} to pin 2, the flip-flop is set which both releases the short circuit across the capacitor and drives the output high.

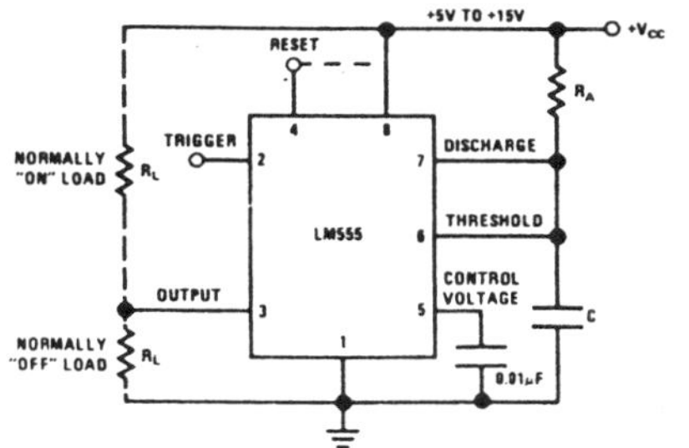

FIGURE 1. Monostable

The voltage across the capacitor then increases exponentially for a period of $t = 1.1\ R_A C$, at the end of which time the voltage equals 2/3 V_{CC}. The comparator then resets the flip-flop which in turn discharges the capacitor and drives the output to its low state. *Figure 2* shows the waveforms generated in this mode of operation. Since the charge and the threshold level of the comparator are both directly proportional to supply voltage, the timing internal is independent of supply.

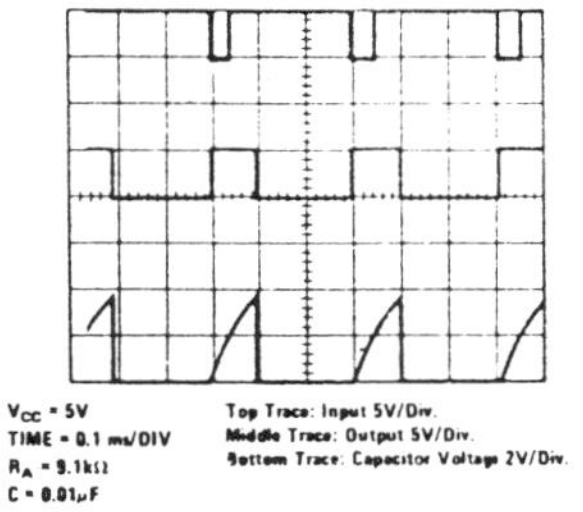

FIGURE 2. Monostable Waveforms

During the timing cycle when the output is high, the further application of a trigger pulse will not effect the circuit. However the circuit can be reset during this time by the application of a negative pulse to the reset terminal (pin 4). The output will then remain in the low state until a trigger pulse is again applied.

When the reset function is not in use, it is recommended that it be connected to V_{CC} to avoid any possibility of false triggering.

Figure 3 is a nomograph for easy determination of R, C values for various time delays.

NOTE: In monostable operation, the trigger should be driven high before the end of timing cycle.

ASTABLE OPERATION

If the circuit is connected as shown in *Figure 4* (pins 2 and 6 connected) it will trigger itself and free run as a

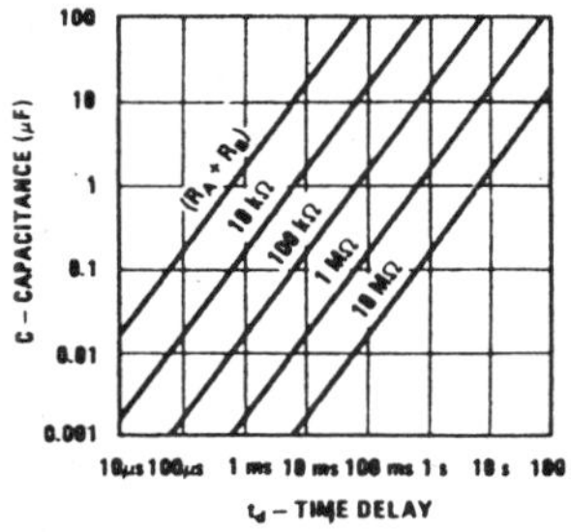

FIGURE 3. Time Delay

multivibrator. The external capacitor charges through $R_A + R_B$ and discharges through R_B. Thus the duty cycle may be precisely set by the ratio of these two resistors.

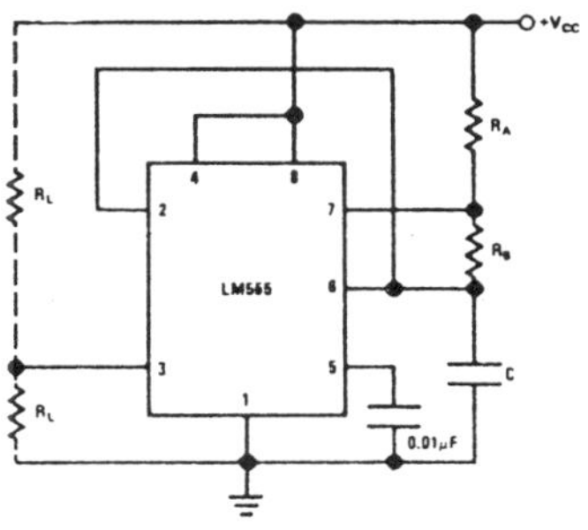

FIGURE 4. Astable

In this mode of operation, the capacitor charges and discharges between 1/3 V_{CC} and 2/3 V_{CC}. As in the triggered mode, the charge and discharge times, and therefore the frequency are independent of the supply voltage.

Figure 5 shows the waveforms generated in this mode of operation.

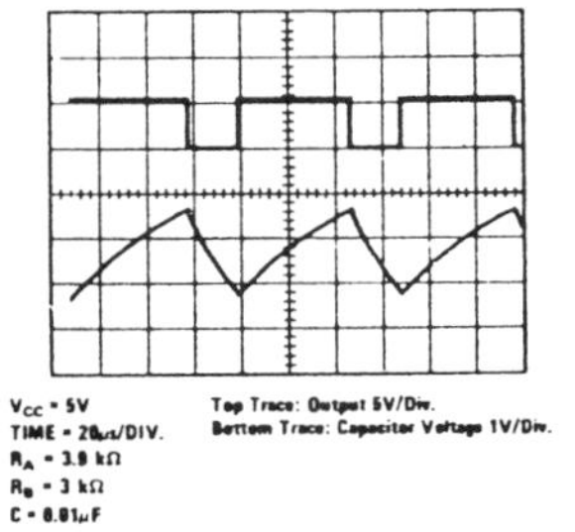

FIGURE 5. Astable Waveforms

The charge time (output high) is given by:

$$t_1 = 0.693\ (R_A + R_B)\ C$$

And the discharge time (output low) by:

$$t_2 = 0.693\ (R_B)\ C$$

Thus the total period is:

$$T = t_1 + t_2 = 0.693\ (R_A + 2R_B)\ C$$

Applications Information (Continued)

The frequency of oscillation is:

$$f = \frac{1}{T} = \frac{1.44}{(R_A + 2\,R_B)\,C}$$

Figure 6 may be used for quick determination of these RC values.

The duty cycle is: $D = \dfrac{R_B}{R_A + 2R_B}$

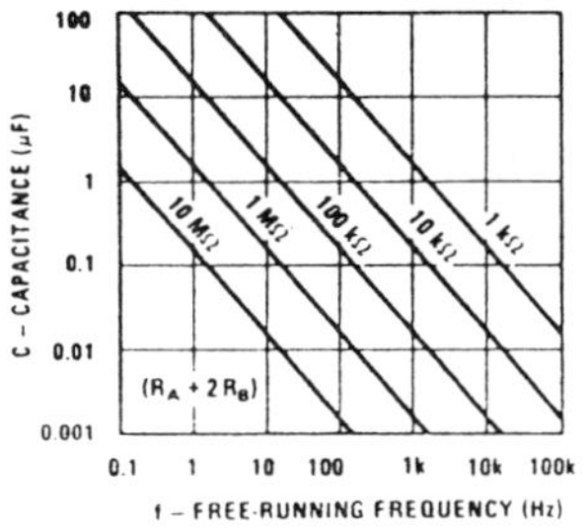

FIGURE 6. Free Running Frequency

FREQUENCY DIVIDER

The monostable circuit of *Figure 1* can be used as a frequency divider by adjusting the length of the timing cycle. *Figure 7* shows the waveforms generated in a divide by three circuit.

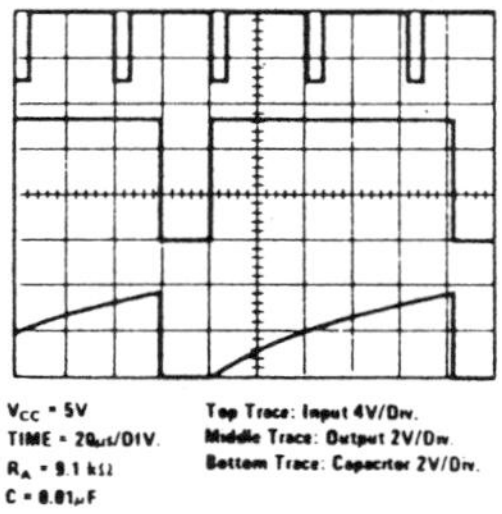

FIGURE 7. Frequency Divider

PULSE WIDTH MODULATOR

When the timer is connected in the monostable mode and triggered with a continuous pulse train, the output pulse width can be modulated by a signal applied to pin 5. *Figure 8* shows the circuit, and in *Figure 9* are some waveform examples.

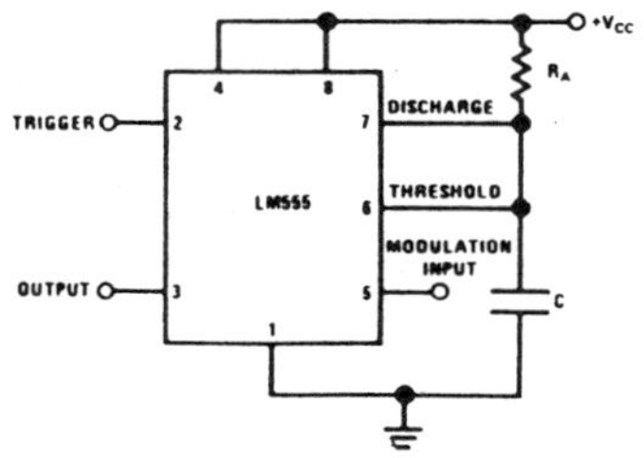

FIGURE 8. Pulse Width Modulator

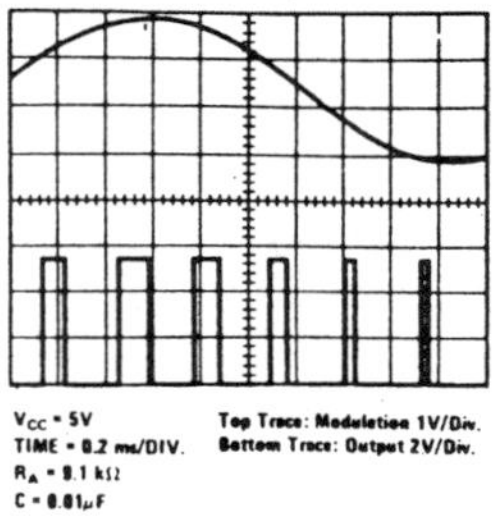

FIGURE 9. Pulse Width Modulator

PULSE POSITION MODULATOR

This application uses the timer connected for astable operation, as in *Figure 10*, with a modulating signal again applied to the control voltage terminal. The pulse position varies with the modulating signal, since the threshold voltage and hence the time delay is varied. *Figure 11* shows the waveforms generated for a triangle wave modulation signal.

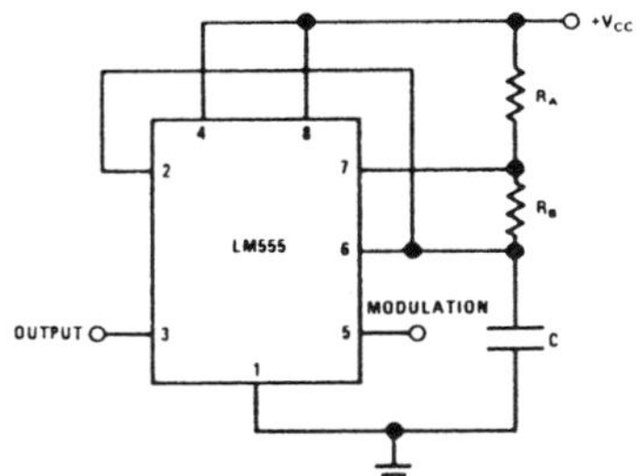

FIGURE 10. Pulse Position Modulator

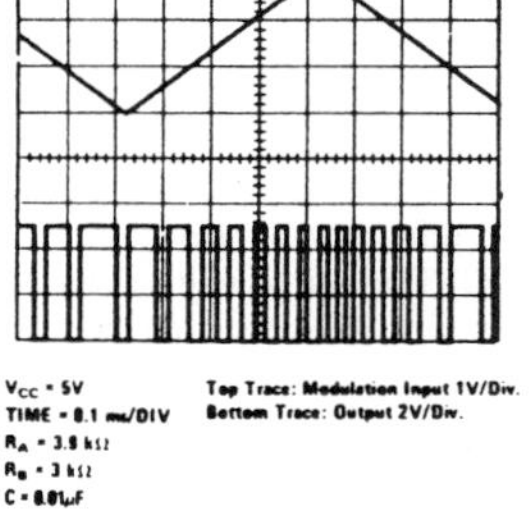

FIGURE 11. Pulse Position Modulator

LINEAR RAMP

When the pullup resistor, R_A, in the monostable circuit is replaced by a constant current source, a linear ramp is

Applications Information (Continued)

generated. *Figure 12* shows a circuit configuration that will perform this function.

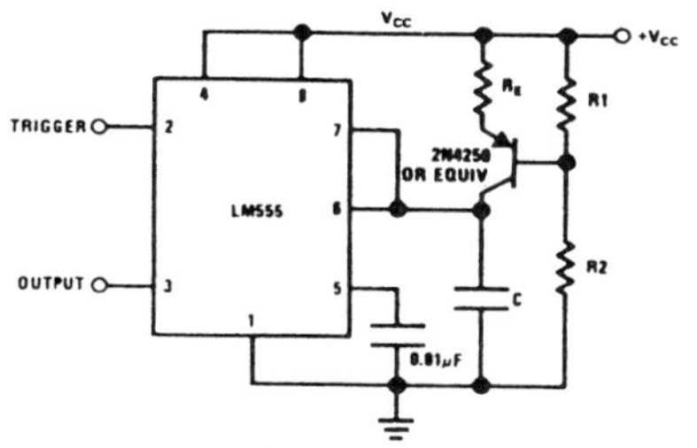

FIGURE 12.

Figure 13 shows waveforms generated by the linear ramp.

The time interval is given by:

$$T = \frac{2/3\ V_{CC}\ R_E\ (R_1 + R_2)\ C}{R_1\ V_{CC} - V_{BE}\ (R_1 + R_2)}$$

$$V_{BE} \simeq 0.6V$$

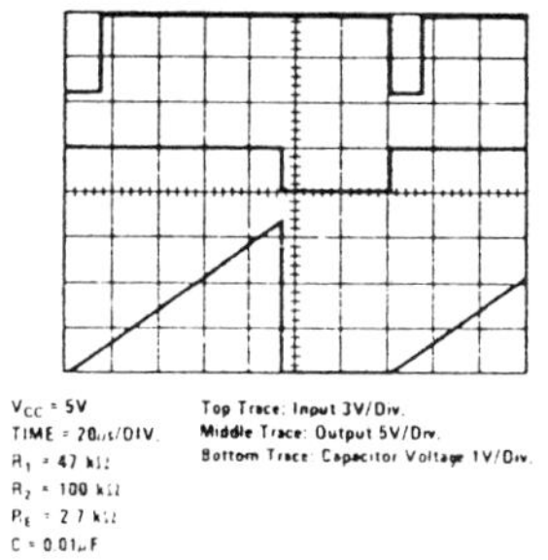

FIGURE 13. Linear Ramp

50% DUTY CYCLE OSCILLATOR

For a 50% duty cycle, the resistors R_A and R_B may be connected as in *Figure 14*. The time period for the output high is the same as previous, $t_1 = 0.693\ R_A\ C$. For the output low it is $t_2 =$

$$[(R_A\ R_B)/(R_A + R_B)]\ CLn \left[\frac{R_B - 2R_A}{2R_B - R_A}\right]$$

Thus the frequency of oscillation is $f = \frac{1}{t_1 + t_2}$

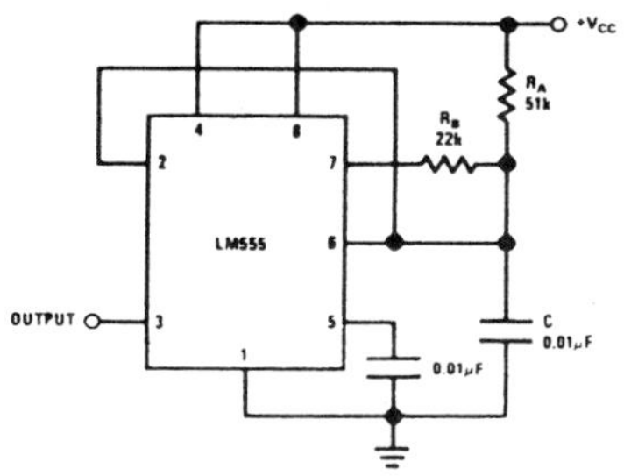

FIGURE 14. 50% Duty Cycle Oscillator

Note that this circuit will not oscillate if R_B is greater than 1/2 R_A because the junction of R_A and R_B cannot bring pin 2 down to 1/3 V_{CC} and trigger the lower comparator.

ADDITIONAL INFORMATION

Adequate power supply bypassing is necessary to protect associated circuitry. Minimum recommended is 0.1µF in parallel with 1µF electrolytic.

Lower comparator storage time can be as long as 10µs when pin 2 is driven fully to ground for triggering. This limits the monostable pulse width to 10µs minimum.

Delay time reset to output is 0.47µs typical. Minimum reset pulse width must be 0.3µs, typical.

Pin 7 current switches within 30 ns of the output (pin 3) voltage.

2764A ADVANCED 64K (8K x 8) PRODUCTION AND UV ERASABLE PROMs

- **Plastic P2764A is Compatible with Auto-Insertion Equipment**
- **Fast Access Time—HMOS* II E**
  - **—180 ns Cerdip D2764A-1**
  - **—200 ns Plastic P2764A-2**
- **Moisture Resistant**
- **Two-line Control**
- **New Quick-Pulse Programming™ Algorithm For Plastic P2764A**
  - **—1 Second Programming**
  - **—int$_e$ligent Programming™ Algorithm Compatible**
- **Int$_e$ligent Identifier™ Mode**
- **Industry Standard Pinout . . . JEDEC Approved . . . 28 Lead Package**

(See Packaging Spec, Order #231369)

The Intel 2764A is a 5V only, 65,536-bit electrically programmable read-only memory (EPROM). The 2764A is fabricated with Intel's HMOSII-E technology which significantly reduces die size and greatly improves the device's performance, power consumption, reliability and producibility.

The P2764A is ideal for high volume production environments where code flexibility is crucial. Plastic packaging is also well-suited to auto-insertion equipment in cost-effective automated assembly lines. Intel's new Quick-Pulse Programming Algorithm enables the P2764A to be programmed within one second. Programming equipment which takes advantage of this innovation will electronically identify the EPROM with the help of the int$_e$ligent Identifier and rapidly program it using a superior programming method. The int$_e$ligent Programming Algorithm may be utilized in the absence of such equipment.

The 2764A provides access times to 180 ns (2764A-1). This is compatible with high-performance microprocessors, such as Intel's 8 MHz iAPX 186 allowing full speed operation without the addition of WAIT states. The 2764A is also directly compatible with the 12 MHz 8051 family.

Two-line control and JEDEC-approved, 28 pin packaging are standard features of Intel higher density EPROMs. This assures easy microprocessor interfacing and minimum design efforts when upgrading, adding, or choosing between non-volatile memory alternatives.

*HMOS is a patented process of Intel Corporation.

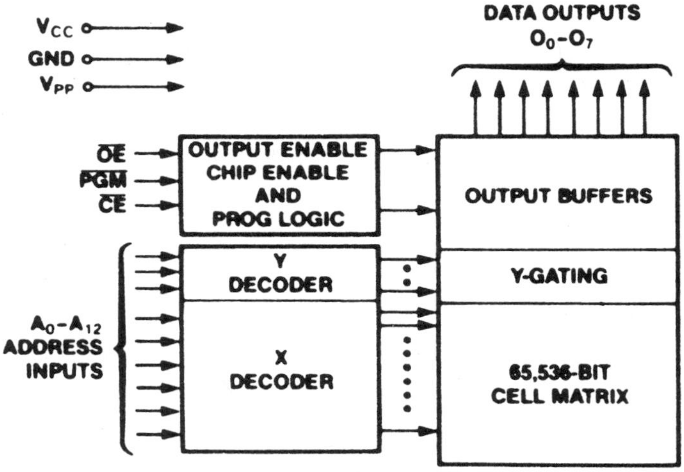

230864-1

Figure 1. Block Diagram

Pin Names

A_0–A_{12}	Addresses
$\overline{CE}$	Chip Enable
$\overline{OE}$	Output Enable
O_0–O_7	Outputs
$\overline{PGM}$	Program
N.C.	No Connect
D.U.	Don't Use

2764A P2764A

27916	27513	27512	27256	27128A	2732A	2716	2764A	Pin	Pin	2764A	2716	2732A	27128A	27256	27512	27513	27916
V_{PP}	D.U.	A_{15}	V_{PP}	V_{PP}			V_{PP}	1	28	V_{CC}			V_{CC}	V_{CC}	V_{CC}	V_{CC}	V_{CC}
A_{12}	A_{12}	A_{12}	A_{12}	A_{12}			A_{12}	2	27	$\overline{PGM}$			$\overline{PGM}$	A_{14}	A_{14}	$\overline{WE}$	$\overline{PGM}/\overline{WE}$
A_7	A_7	A_7	A_7	A_7	A_7	A_7	A_7	3	26	N.C.	V_{CC}	V_{CC}	A_{13}	A_{13}	A_{13}	A_{13}	A_{13}
A_6	A_6	A_6	A_6	A_6	A_6	A_6	A_6	4	25	A_8	A_8	A_8	A_8	A_8	A_8	A_8	A_8
A_5	A_5	A_5	A_5	A_5	A_5	A_5	A_5	5	24	A_9	A_9	A_9	A_9	A_9	A_9	A_9	A_9
A_4	A_4	A_4	A_4	A_4	A_4	A_4	A_4	6	23	A_{11}	V_{PP}	A_{11}	A_{11}	A_{11}	A_{11}	A_{11}	A_{11}
A_3	A_3	A_3	A_3	A_3	A_3	A_3	A_3	7	22	$\overline{OE}$	$\overline{OE}$	$\overline{OE}/V_{PP}$	$\overline{OE}$	$\overline{OE}$	$\overline{OE}/V_{PP}$	$\overline{OE}/V_{PP}$	$\overline{OE}$
A_2	A_2	A_2	A_2	A_2	A_2	A_2	A_2	8	21	A_{10}	A_{10}	A_{10}	A_{10}	A_{10}	A_{10}	A_{10}	A_{10}
A_1	A_1	A_1	A_1	A_1	A_1	A_1	A_1	9	20	$\overline{CE}$	$\overline{CE}$	$\overline{CE}$	$\overline{CE}$	$\overline{CE}$	$\overline{CE}$	$\overline{CE}$	$\overline{CE}$
A_0	A_0	A_0	A_0	A_0	A_0	A_0	A_0	10	19	O_7	O_7	O_7	O_7	O_7	O_7	O_7	O_7
O_0	I/O_0	O_0	O_0	O_0	O_0	O_0	O_0	11	18	O_6	O_6	O_6	O_6	O_6	O_6	O_6	O_6
O_1	I/O_1	O_1	O_1	O_1	O_1	O_1	O_1	12	17	O_5	O_5	O_5	O_5	O_5	O_5	O_5	O_5
O_2	O_2	O_2	O_2	O_2	O_2	O_2	O_2	13	16	O_4	O_4	O_4	O_4	O_4	O_4	O_4	O_4
Gnd	Gnd	Gnd	Gnd	Gnd	Gnd	Gnd	GND	14	15	O_3	O_3	O_3	O_3	O_3	O_3	O_3	O_3

230864-2

NOTE:
Intel "Universal Site"-Compatible EPROM pin configurations are shown in the blocks adjacent to the 2764A pins.

Figure 2. Cerdip/Plastic DIP Pin Configuration

EXTENDED TEMPERATURE (EXPRESS) EPROMs

The Intel EXPRESS EPROM family is a series of electrically programmable read only memories which have received additional processing to enhance product characteristics. EXPRESS processing is available for several densities of EPROM, allowing the choice of appropriate memory size to match system applications. EXPRESS EPROM products are available with 168 ±8 hour, 125°C dynamic burn-in using Intel's standard bias configuration. This process exceeds or meets most industry specifications of burn-in. The standard EXPRESS EPROM operating temperature range is 0°C to 70°C. Extended operating temperature range (−40°C to +85°C) EXPRESS products are available. Like all Intel EPROMs, the EXPRESS EPROM family is inspected to 0.1% electrical AQL. This may allow the user to reduce or eliminate incoming inspection testing.

EXPRESS EPROM PRODUCT FAMILY

PRODUCT DEFINITIONS

Type	Operating Temperature	Burn-in 125°C (hr)
Q	0°C to +70°C	168 ±8
T	−40°C to +85°C	None
L	−40°C to +85°C	168 ±8

EXPRESS OPTIONS

2764A VERSIONS

Packaging Options		
Speed Versions	Cerdip	Plastic
−2	Q	
STD	Q, T, L	T
−3	Q, T, L	T
−25	Q, T, L	T
−30	Q, T, L	

READ OPERATION

D.C. CHARACTERISTICS

Electrical parameters of EXPRESS EPROM products are identical to standard EPROM parameters except for:

Symbol	Parameter	TD2764A LD2764A Min	TD2764A LD2764A Max	Test Conditions
I_{SB}	V_{CC} Standby Current (mA)		40	$\overline{CE} = V_{IH}, \overline{OE} = V_{IL}$
I_{CC_1}(1)	V_{CC} Active Current (mA)		100	$\overline{OE} = \overline{CE} = V_{IL}$
	V_{CC} Active Current at High Temperature (mA)		75	$\overline{OE} = \overline{CE} = V_{IL}$ $V_{PP} = V_{CC}, T_{Ambient} = 85°C$

NOTE:
1. The maximum current value is with outputs O_0 to O_7 unloaded.

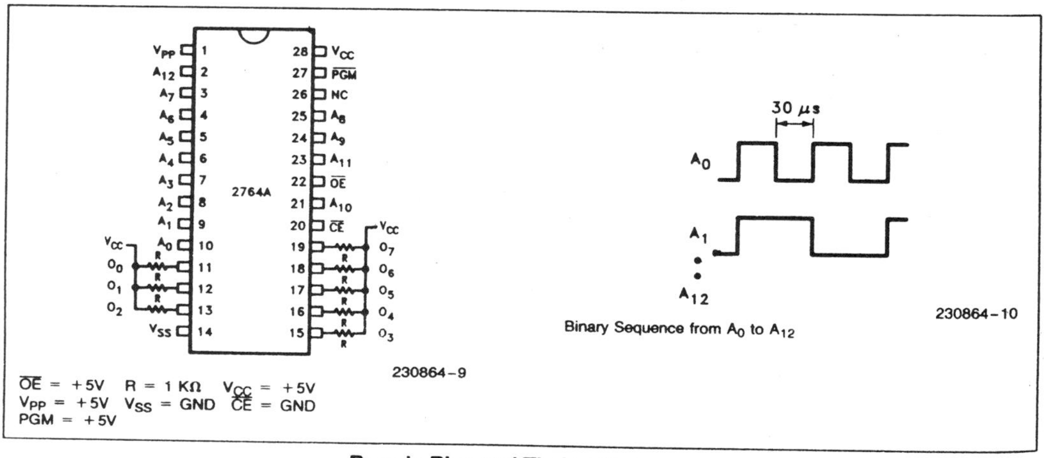

Burn-in Bias and Timing Diagrams

ABSOLUTE MAXIMUM RATINGS*

Operating Temperature
During Read .0°C to +70°C
Temperature Under Bias . . . . −10°C to +80°C
Storage Temperature . . . . −65°C to +125°C
All Inputs or Output Voltages with
Respect to Ground . . . . −0.6V to +6.25V
Voltage on Pin 24 with
Respect to Ground . . . . −0.6V to +13.5V
V_{PP} Supply Voltage with
Respect to Ground
During Programming . . . . −0.6V to +14.0V
V_{CC} Supply Voltage with Respect
to Ground . . . . −0.6V to +7.0V

**Notice:* *Stresses above those listed under "Absolute Maximum Ratings" may cause permanent damage to the device. This is a stress rating only and functional operation of the device at these or any other conditions above those indicated in the operational sections of this specification is not implied. Exposure to absolute maximum rating conditions for extended periods may affect device reliability.*

READ OPERATION

D.C. CHARACTERISTICS 0°C ≤ T_A ≤ +70°C

Symbol	Parameter	Limits Min	Max	Unit	Conditions
I_{LI}	Input Load Current		10	μA	V_{IN} = 5.5V
I_{LO}	Output Leakage Current		10	μA	V_{OUT} = 5.5V
I_{PP}(2)	V_{PP} Current Read		5	mA	V_{PP} = 5.5V
I_{SB}	V_{CC} Current Standby		35	mA	$\overline{CE} = V_{IH}$
I_{CC}(2)	V_{CC} Current Active		75	mA	$\overline{CE} = \overline{OE} = V_{IL}$
V_{IL}	Input Low Voltage	−0.1	+0.8	V	
V_{IH}	Input High Voltage	2.0	V_{CC} + 1	V	
V_{OL}	Output Low Voltage		0.45	V	I_{OL} = 2.1 mA
V_{OH}	Output High Voltage	2.4		V	I_{OH} = −400 μA
V_{PP}(2)	V_{PP} Read Voltage	3.8	V_{CC}	V	V_{CC} = 5.0V ± 0.25V

A.C. CHARACTERISTICS 0°C ≤ T_A ≤ +70°C

Versions(4)	V_{CC} ± 5%	2764A-1		2764A-2 P2764A-2		2764A P2764A		2764A-3 P2764A-3		2764A-4		Unit	Test Conditions
	V_{CC} ± 10%			2764A-20		2764A-25 P2764A-25		2764A-30 P2764A-30		2764A-45			
Symbol	**Parameter**	**Min**	**Max**	**Min**	**Max**	**Min**	**Max**	**Min**	**Max**	**Min**	**Max**		
t_{ACC}	Address to Output Delay		180		200		250		300		450	ns	$\overline{CE} = \overline{OE} = V_{IL}$
t_{CE}	$\overline{CE}$ to Output Delay		180		200		250		300		450	ns	$\overline{OE} = V_{IL}$
t_{OE}	$\overline{OE}$ to Output Delay		65		75		100		120		150	ns	$\overline{CE} = V_{IL}$
t_{DF}(3)	$\overline{OE}$ High to Output Float	0	55	0	55	0	60	0	105	0	130	ns	$\overline{CE} = V_{IL}$
t_{OH}(3)	Output Hold from Address, $\overline{CE}$ or $\overline{OE}$ Whichever Occurred First	0		0		0		0		0		ns	$\overline{CE} = \overline{OE} = V_{IL}$

NOTES:
1. V_{CC} must be applied simultaneously or before V_{PP} and removed simultaneously or after V_{PP}.
2. V_{PP} may be connected directly to V_{CC} except during programming. The supply current would then be the sum of I_{CC} and I_{PP}. The maximum current value is with outputs O_0 to O_7 unloaded.
3. This parameter is only sampled and is not 100% tested. Output Data Float is defined as the point where data is no longer driven—see timing diagram on the following page.
4. Model Number Prefixes: No prefix = CERDIP; P = Plastic DIP.

CAPACITANCE(2) (T_A = 25°C, f = 1 MHz)

Symbol	Parameter	Typ (1)	Max	Unit	Conditions
C_{IN}	Input Capacitance	4	6	pF	V_{IN} = 0V
C_{OUT}	Output Capacitance	8	12	pF	V_{OUT} = 0V

A.C. TESTING INPUT/OUTPUT WAVEFORM

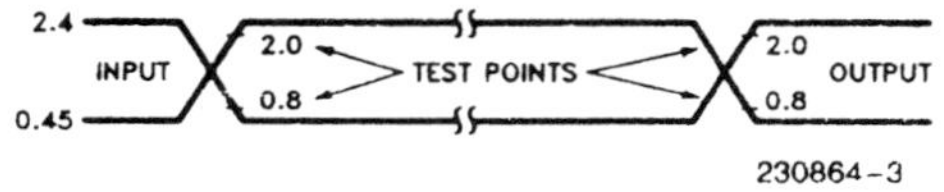

230864-3

A.C. Testing; Inputs are Driven at 2.4V for a Logic "1" and 0.45V for a Logic "0". Timing Measurements are made at 2.0V for a Logic "1" and 0.8V for a Logic "0".

A.C. TESTING LOAD CIRCUIT

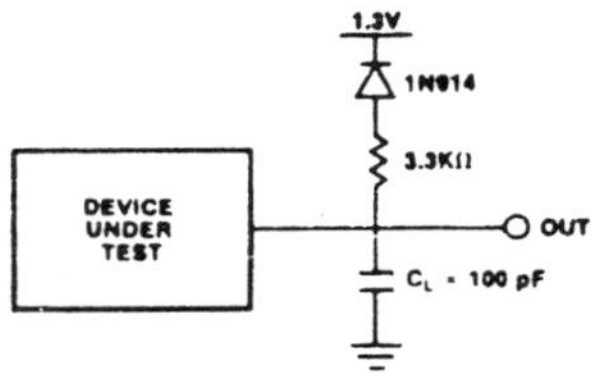

230864-4

C_L = 100 pF
C_L Includes Jig Capacitance

A.C. WAVEFORMS

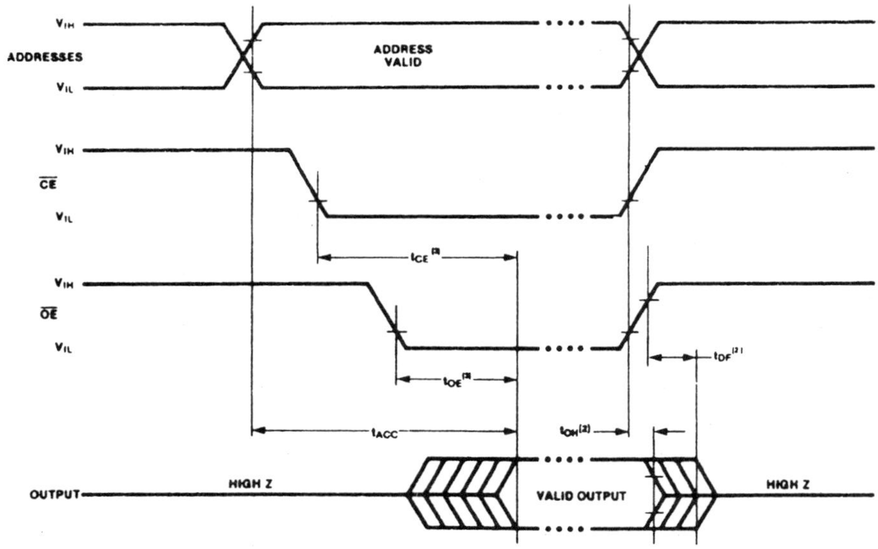

230864-5

NOTES:
1. Typical values are for T_A = 25°C and nominal supply voltages.
2. This parameter is only sampled and is not 100% tested.
3. $\overline{OE}$ may be delayed up to $t_{CE}-t_{OE}$ after the falling edge of $\overline{CE}$ without impact on t_{CE}.

DEVICE OPERATION

The modes of operation of the 2764A are listed in Table 1. A single 5V power supply is required in the read mode. All inputs are TTL levels except for V_{pp} and 12V on A_9 for int$_e$ligent identifier mode.

Table 1. Mode Selection

Mode \ Pins	$\overline{CE}$	$\overline{OE}$	$\overline{PGM}$	A_9	A_0	V_{PP}	V_{CC}	Outputs
Read	V_{IL}	V_{IL}	V_{IH}	X(1)	X	V_{CC}	5.0V	D_{OUT}
Output Disable	V_{IL}	V_{IH}	V_{IH}	X	X	V_{CC}	5.0V	High Z
Standby	V_{IH}	X	X	X	X	V_{CC}	5.0V	High Z
Programming	V_{IL}	V_{IH}	V_{IL}	X	X	(4)	(4)	D_{IN}
Program Verify	V_{IL}	V_{IL}	V_{IH}	X	X	(4)	(4)	D_{OUT}
Program Inhibit	V_{IH}	X	X	X	X	(4)	(4)	High Z
int$_e$ligent Identifier(3) —manufacturer	V_{IL}	V_{IL}	V_{IH}	V_H(2)	V_{IL}	V_{CC}	5.0V	89H(5) 88H(5)
—device	V_{IL}	V_{IL}	V_{IH}	V_H(2)	V_{IH}	V_{CC}	5.0V	08H

NOTES:
1. X can be V_{IH} or V_{IL}.
2. $V_H = 12.0V \pm 0.5V$.
3. A_1-A_8, $A_{10}-A_{12} = V_{IL}$.
4. See Table 2 for V_{CC} and V_{PP} voltages.
5. The manufacturers identifier reads 89H for Cerdip EPROMs; 88H for Plastic EPROMs.

Read Mode

The 2764A has two control functions, both of which must be logically active in order to obtain data at the outputs. Chip Enable ($\overline{CE}$) is the power control and should be used for device selection. Output Enable ($\overline{OE}$) is the output control and should be used to gate data from the output pins, independent of device selection. Assuming that addresses are stable, the address access time (t_{ACC}) is equal to the delay from $\overline{CE}$ to output (t_{CE}). Data is available at the outputs after a delay of t_{OE} from the falling edge of $\overline{OE}$, assuming that $\overline{CE}$ has been low and addresses have been stable for at least $t_{ACC}-t_{OE}$.

Standby Mode

EPROMs can be placed in a standby mode which reduces the maximum current of the devices by applying a TTL-high signal to the $\overline{CE}$ input. When in the standby mode, the outputs are in a high impedance state, independent of the $\overline{OE}$ input.

Two Line Output Control

Because EPROMs are usually used in larger memory arrays, Intel has provided 2 control lines which accommodate this multiple memory connection. The two control lines allow for:

a) the lowest possible memory power dissipation, and

b) complete assurance that output bus contention will not occur.

To use these two control lines most efficiently, $\overline{CE}$ should be decoded and used as the primary device selecting function, while $\overline{OE}$ should be made a common connection to all devices in the array and connected to the $\overline{READ}$ line from the system control bus. This assures that all deselected memory devices are in their low power standby mode and that the output pins are active only when data is desired from a particular memory device.

SYSTEM CONSIDERATIONS

The power switching characteristics of EPROMs require careful decoupling of the devices. The supply current, I_{CC}, has three segments that are of interest to the system designer—the standby current level, the active current level, and the transient current peaks that are produced by the falling and rising edges of Chip Enable. The magnitude of these transient current peaks is dependent on the output capacitive and inductive loading of the device. The associated transient voltage peaks can be suppressed by complying with Intel's Two-Line Control and by properly selected decoupling capacitors. It is recommended that a 0.1 μF ceramic capacitor be used on every device between V_{CC} and GND. This should be a high frequency capacitor of low inherent inductance and should be placed as close to the device as possible. In addition, a 4.7 μF bulk electrolytic capacitor should be used between V_{CC} and GND for every eight devices. The bulk capacitor should be located near where the power supply is connected to the array. The purpose of the bulk capacitor is to overcome the voltage droop caused by the inductive effect of PC board-traces.

PROGRAMMING MODES

Caution: Exceeding 14V on V_{PP} will permanently damage the device.

Initially, all bits of the EPROM are in the "1" state. Data is introduced by selectively programming "0s" into the desired bit locations. Although only "0s" will be programmed, both "1s" and "0s" can be present in the data word. The only way to change a "0" to a "1" is by ultraviolet light exposure (Cerdip EPROMs).

The device is in the programming mode when V_{PP} is raised to its programming voltage (see Table 2) and $\overline{CE}$ and $\overline{PGM}$ are both at TTL-low. The data to be programmed is applied 8 bits in parallel to the data output pins. The levels required for the address and data inputs are TTL.

Program Inhibit

Programming of multiple EPROMs in parallel with different data is easily accomplished by using the Program Inhibit mode. A high-level $\overline{CE}$ or $\overline{PGM}$ input inhibits the other devices from being programmed.

Except for $\overline{CE}$, all like inputs (including $\overline{OE}$) of the parallel EPROMs may be common. A TTL low-level pulse applied to the $\overline{CE}$ input with V_{PP} at its programming voltage (see Table 2) will program the selected device.

Program Verify

A verify should be performed on the programmed bits to determine that they have been correctly programmed. The verify is performed with $\overline{OE}$ at V_{IL}, $\overline{PGM}$ at V_{IH} and V_{PP} and V_{CC} at their programming voltages.

int$_e$ligent Identifier™ Mode

The int$_e$ligent Identifier Mode allows the reading out of a binary code from an EPROM that will identify its manufacturer and type. This mode is intended for use by programming equipment for the purpose of automatically matching the device to be programmed with its corresponding programming algorithm. This mode is functional in the 25°C ± 5°C ambient temperature range that is required when programming the device.

To activiate this mode, the programming equipment must force 11.5V to 12.5V on address line A9 of the EPROM. Two identifier bytes may then be sequenced from the device outputs by toggling address line A0 from V_{IL} to V_{IH}. All other address lines must be held at V_{IL} during int$_e$ligent Identifier Mode.

Byte 0 (A0 = V_{IL}) represents the manufacturer code and byte 1(A0 = V_{IH}) the device identifier code. These two identifier bytes are given in Table 1.

ERASURE CHARACTERISTICS

The erasure characteristics are such that erasure begins to occur upon exposure to light with wavelengths shorter than approximately 4000 Angstroms (Å). It should be noted that sunlight and certain types of fluorescent lamps have wavelengths in the 3000–4000 Å range. Data shows that constant exposure to room level fluorescent lighting could erase the EPROM in approximately three years, while it would take approximately one week to cause erasure when exposed to direct sunlight. If the EPROM is to be exposed to these types of lighting conditions for extended periods of time, opaque labels should be placed over the window to prevent unintentional erasure.

The recommended erasure procedure is exposure to shortwave ultraviolet light which has a wavelength of 2537 Angstroms (Å). The integrated dose (i.e., UV intensity × exposure time) for erasure should be a minimum of fifteen (15) Wsec/cm^2. The erasure time with this dosage is approximately 15 to 20 minutes using an ultraviolet lamp with a 12,000 μW/cm^2 power rating. The EPROM should be placed within one inch of the lamp tubes during erasure. The maximum integrated dose an EPROM can be exposed to without damage is 7258 Wsec/cm^2 (1 week @ 12000 μW/cm^2). Exposure of the EPROM to high intensity UV light for longer periods may cause permanent damage.

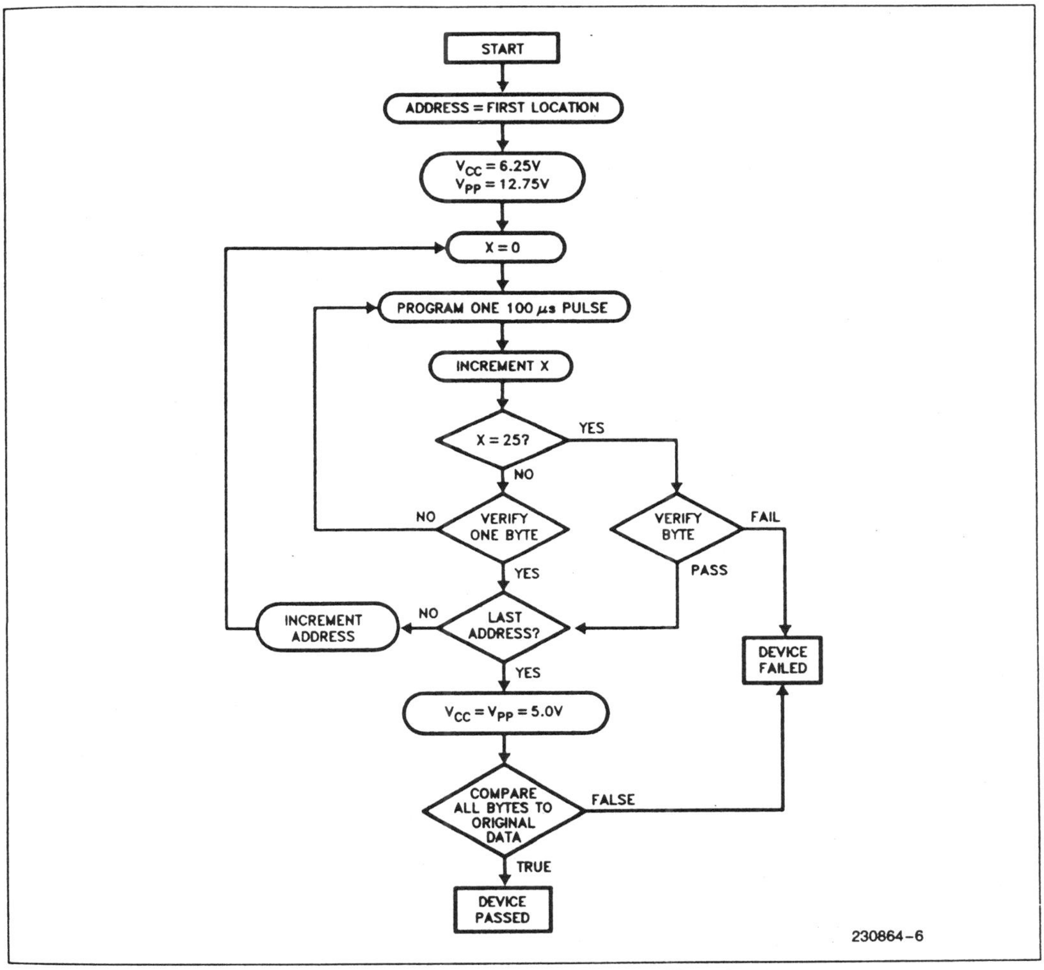

Figure 3. Quick-Pulse Programming™ Flowchart

Quick-Pulse Programming™ Algorithm (Plastic P2764A)

Intel's Plastic EPROMs can now be programmed using the Quick-Pulse Programming Algorithm, developed by Intel to substantially reduce the throughput time in the production programming environment. This algorithm allows Plastic P2764A devices to be programmed in under one second, almost a hundred fold improvement over previous algorithms. Actual programming time is a function of the PROM programmer being used.

The Quick-Pulse Programming Algorithm uses initial pulses of 100 microseconds followed by a byte verification to determine when the address byte has been successfully programmed. Up to 25–100 μs pulses per byte are provided before a failure is recognized. A flowchart of the Quick-Pulse Programming Algorithm is shown in Figure 3.

For the Quick-Pulse Programming Algorithm, the entire sequence of programming pulses and byte verifications is performed at V_{CC} = 6.25V and V_{PP} at 12.75V. When programming of the EPROM has been completed, all bytes should be compared to the original data with V_{CC} = V_{PP} = 5.0V.

In addition to the Quick-Pulse Programming Algorithm, Plastic and PLCC EPROMs are also compatible with Intel's int$_e$ligent Programming Algorithm.

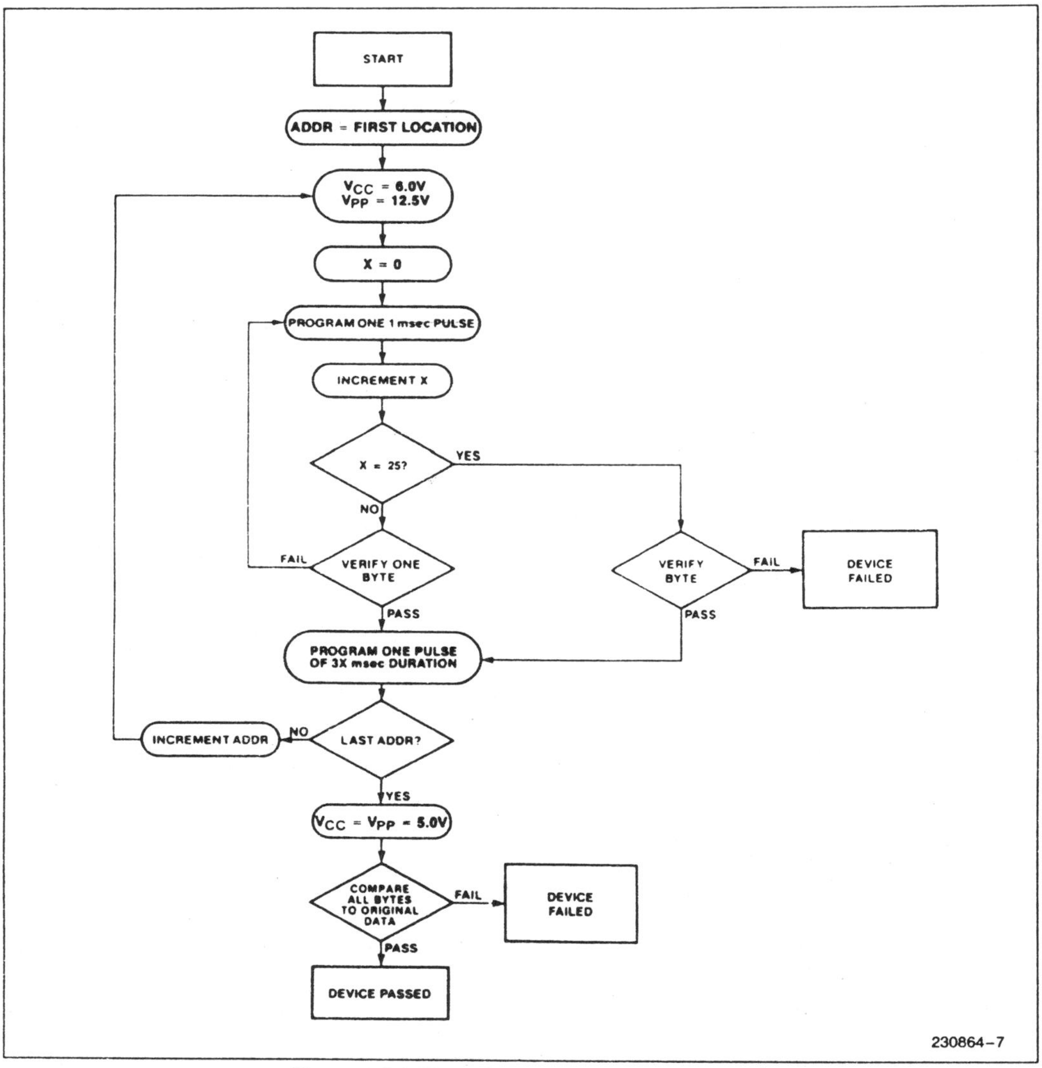

Figure 4. Int$_e$ligent Programming™ Flowchart

int$_e$ligent Programming™ Algorithm

The int$_e$ligent Programming Algorithm, a standard in the industry for the past few years, is required for all of Intel's 12.5V CERDIP EPROMs. Plastic EPROMs may also be programmed using this method. A flowchart of the int$_e$ligent Programming Algorithm is shown in Figure 4.

The int$_e$ligent Programming Algorithm utilizes two different pulse types: initial and overprogram. The duration of the initial $\overline{PGM}$ pulse(s) is one millisecond, which will then be followed by a longer overprogram pulse of length 3X msec. X is an iteration counter and is equal to the number of the initial one millisecond pulses applied to a particular location, before a correct verify occurs. Up to 25 one-millisecond pulses per byte are provided for before the overprogram pulse is applied.

The entire sequence of program pulses and byte verifications is performed at V_{CC} = 6.0V and V_{PP} = 12.5V. When the int$_e$ligent Programming cycle has been completed, all bytes should be compared to the original data with V_{CC} = V_{PP} = 5.0V.

Table 2

D.C. PROGRAMMING CHARACTERISTICS $T_A = 25°C \pm 5°C$

Symbol	Parameter	Limits			Test Conditions (see Note 1)
		Min	Max	Unit	
I_{LI}	Input Current (All Inputs)		10	μA	$V_{IN} = V_{IL}$ or V_{IH}
V_{IL}	Input Low Level (All Inputs)	−0.1	0.8	V	
V_{IH}	Input High Level	2.0	V_{CC}	V	
V_{OL}	Output Low Voltage During Verify		0.45	V	$I_{OL} = 2.1$ mA
V_{OH}	Output High Voltage During Verify	2.4		V	$I_{OH} = -400\ \mu A$
I_{CC2}(4)	V_{CC} Supply Current (Program & Verify)		75	mA	
I_{PP2}(4)	V_{PP} Supply Current (Program)		50	mA	$\overline{CE} = V_{IL}$
V_{ID}	A_9 int$_e$ligent Identifier Voltage	11.5	12.5	V	
V_{PP}	int$_e$ligent Programming Algorithm	12.0	13.0	V	$\overline{CE} = \overline{PGM} = V_{IL}$
	Quick-Pulse Programming Algorithm	12.5	13.0	V	$\overline{CE} = \overline{PGM} = V_{IL}$
V_{CC}	int$_e$ligent Programming Algorithm	5.75	6.25	V	
	Quick-Pulse Programming Algorithm	6.0	6.5	V	

A.C. PROGRAMMING CHARACTERISTICS

$T_A = 25°C \pm 5°C$ (see table 2 for V_{CC} and V_{PP} voltages)

Symbol	Parameter	Limits				Test Conditions* (see Note 1)
		Min	Typ	Max	Unit	
t_{AS}	Address Setup Time	2			μs	
t_{OES}	$\overline{OE}$ Setup Time	2			μs	
t_{DS}	Data Setup Time	2			μs	
t_{AH}	Address Hold Time	0			μs	
t_{DH}	Data Hold Time	2			μs	
t_{DFP}	$\overline{OE}$ High to Output Float Delay	0		130	ns	(See Note 3)
t_{VPS}	V_{PP} Setup Time	2			μs	
t_{VCS}	V_{CC} Setup Time	2			μs	
t_{CES}	$\overline{CE}$ Setup Time	2			μs	
t_{PW}	$\overline{PGM}$ Initial Program Pulse Width	0.95	1.0	1.05	ms	int$_e$ligent Programming
		95	100	105	μs	Quick-Pulse Programming
t_{OPW}	$\overline{PGM}$ Overprogram Pulse Width	2.85		78.75	ms	(see Note 2)
t_{OE}	Data Valid from $\overline{OE}$			150	ns	

*A.C. CONDITIONS OF TEST

Input Rise and Fall Times (10% to 90%) .... 20 ns

Input Pulse Levels .... 0.45V to 2.4V

Input Timing Reference Level .... 0.8V and 2.0V

Output Timing Reference Level .... 0.8V and 2.0V

NOTES:

1. V_{CC} must be applied simultaneously or before V_{PP} and removed simultaneously or after V_{PP}.
2. The length of the overprogram pulse may vary from 2.85 msec to 78.75 msec as a function of the iteration counter value X (int$_e$ligent Programming Algorithm only).
3. This parameter is only sampled and is not 100% tested. Output Float is defined as the point where data is no longer driven—see timing diagram.
4. The maximum current value is with Outputs O_0 to O_7 unloaded.

PROGRAMMING WAVEFORMS

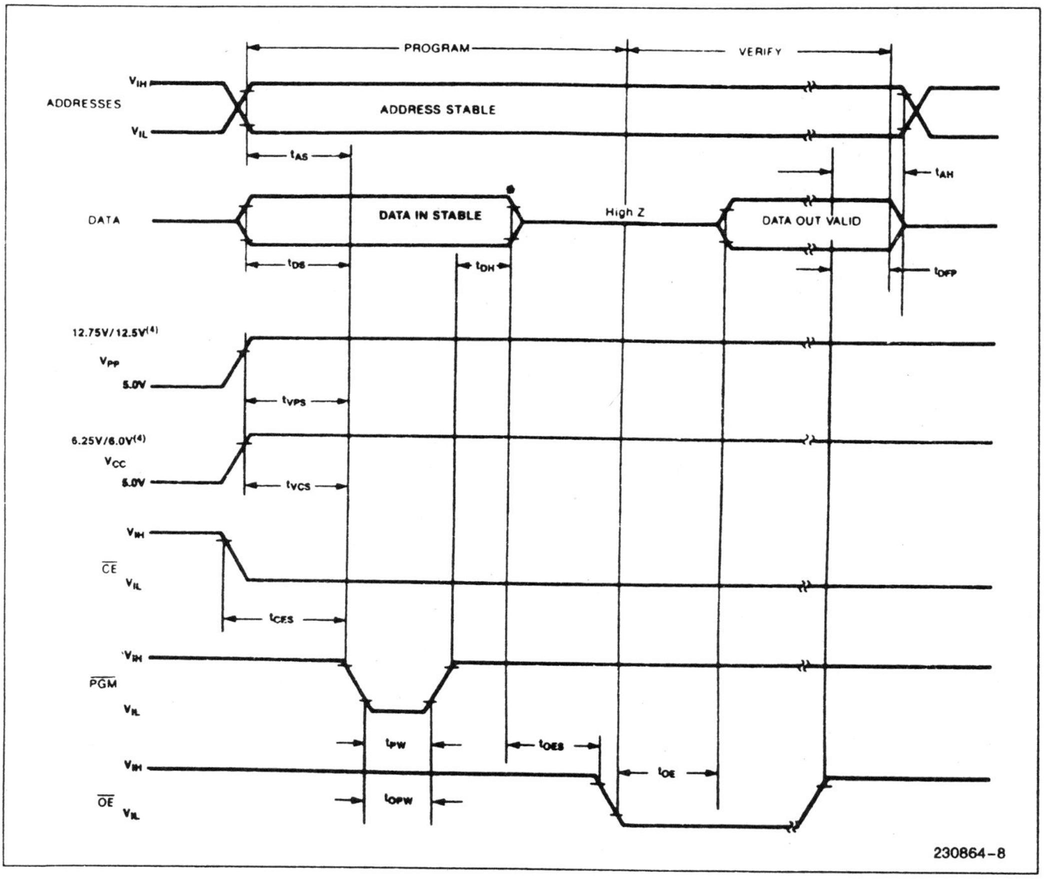

NOTES:

1. The input timing reference level is 0.8V for V_{IL} and 2V for a V_{IH}.
2. t_{OE} and t_{DFP} are characteristics of the device but must be accommodated by the programmer.
3. When programming the 2764A, a 0.1 μF capacitor is required across V_{PP} and ground to suppress spurious voltage transients which can damage the device.
4. 12.75V V_{PP} & 6.25V V_{CC} for Quick-Pulse Programming Algorithm; 12.5V V_{PP} & 6.0V V_{CC} for Int$_{e}$ligent Programming Algorithm.

National Semiconductor

Analog-to-Digital Converters

ADC0800 8-Bit A/D Converter

General Description

The ADC0800 is an 8-bit monolithic A/D converter using P-channel ion-implanted MOS technology. It contains a high input impedance comparator, 256 series resistors and analog switches, control logic and output latches. Conversion is performed using a successive approximation technique where the unknown analog voltage is compared to the resistor tie points using analog switches. When the appropriate tie point voltage matches the unknown voltage, conversion is complete and the digital outputs contain an 8-bit complementary binary word corresponding to the unknown. The binary output is TRI-STATE® to permit bussing on common data lines.

The ADC0800PD is specified over −55°C to +125°C and the ADC0800PCD is specified over 0°C to 70°C.

Features

- Low cost
- ±5V, 10V input ranges
- No missing codes
- Ratiometric conversion
- TRI-STATE outputs
- Fast $T_C = 50\ \mu s$
- Contains output latches
- TTL compatible
- Supply voltages 5 V_{DC} and −12 V_{DC}
- Resolution 8 bits
- Linearity ±1 LSB
- Conversion speed 40 clock periods
- Clock range 50 to 800 kHz

Block Diagram

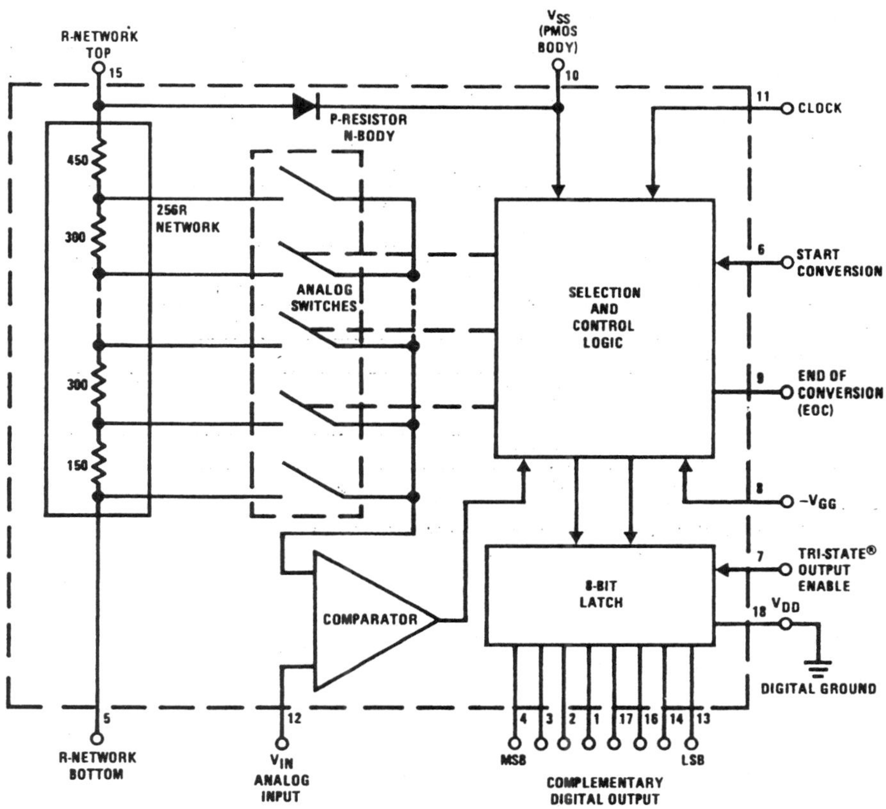

TL/H/5670–1

(00000000 = + full-scale)

Absolute Maximum Ratings

Supply Voltage (V_{DD})	$V_{SS}-22V$
Supply Voltage (V_{GG})	$V_{SS}-22V$
Voltage at Any Input	$V_{SS}+0.3V$ to $V_{SS}-22V$
Storage Temperature	150°C
Operating Temperature	
ADC0800PD	−55°C to +125°C
ADC0800PCD	0°C to +70°C
Lead Temperature (Soldering, 10 seconds)	300°C

Electrical Characteristics

These specifications apply for $V_{SS}=5.0\ V_{DC}$, $V_{GG}=-12.0\ V_{DC}$, $V_{DD}=0\ V_{DC}$, a reference voltage of 10.000 V_{DC} across the on-chip R-network ($V_{R\text{-NETWORK TOP}}=5.000\ V_{DC}$ and $V_{R\text{-NETWORK BOTTOM}}=-5.000\ V_{DC}$), and a clock frequency of 800 kHz. For all tests, a 475Ω resistor is used from pin 5 to ground. Unless otherwise noted, these specifications apply over an ambient temperature range of −55°C to +125°C for the ADC0800PD and 0°C to +70°C for the ADC0800PCD.

Parameter	Conditions	Min	Typ	Max	Units
Non-Linearity	$T_A=25°C$, (Note 1) Over Temperature, (Note 1)			±1 ±2	LSB LSB
Differential Non-Linearity				±½	LSB
Zero Error				±2	LSB
Zero Error Temperature Coefficient	(Note 2)			0.01	%/°C
Full-Scale Error				±2	LSB
Full-Scale Error Temperature Coefficient	(Note 2)			0.01	%/°C
Input Leakage				1	μA
Logical "1" Input Voltage	All Inputs	$V_{SS}-1.0$		V_{SS}	V
Logical "0" Input Voltage	All Inputs	V_{GG}		$V_{SS}-4.2$	V
Logical Input Leakage	$T_A=25°C$, All Inputs, $V_{IL}=V_{SS}-10V$			1	μA
Logical "1" Output Voltage	All Outputs, $I_{OH}=100\ \mu A$	2.4			V
Logical "0" Output Voltage	All Outputs, $I_{OL}=1.6$ mA			0.4	V
Disabled Output Leakage	$T_A=25°C$, All Outputs, $V_{OL}=V_{SS}$@10V			2	μA
Clock Frequency	$0°C \le T_A \le +70°C$ $-55°C \le T_A \le +125°C$	50 100		800 500	kHz kHz
Clock Pulse Duty Cycle		40		60	%
TRI-STATE Enable/Disable Time				1	μs
Start Conversion Pulse	(Note 3)	1		3½	Clock Periods
Power Supply Current	$T_A=25°C$			20	mA

Note 1: Non-linearity specifications are based on best straight line.

Note 2: Guaranteed by design only.

Note 3: Start conversion pulse duration greater than 3½ clock periods will cause conversion errors.

Timing Diagram

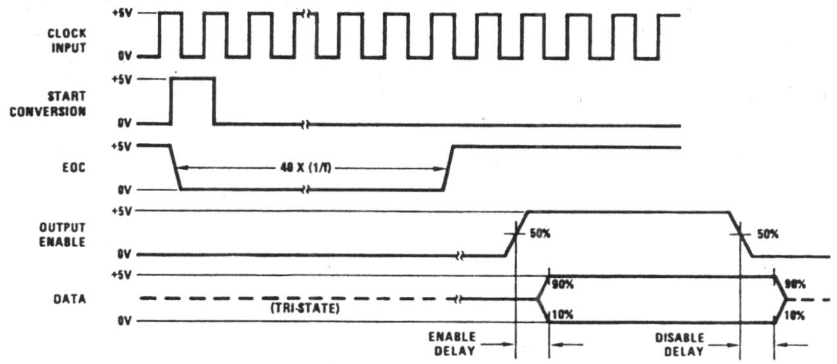

TL/H/5670–2

Data is complementary binary (full scale is all "0's" output).

Application Hints

OPERATION

The ADC0800 contains a network with 256-300Ω resistors in series. Analog switch taps are made at the junction of each resistor and at each end of the network. In operation, a reference (10.00V) is applied across this network of 256 resistors. An analog input (V_{IN}) is first compared to the center point of the ladder via the appropriate switch. If V_{IN} is larger than $V_{REF}/2$, the internal logic changes the switch points and now compares V_{IN} and $\frac{3}{4}$ V_{REF}. This process, known as successive approximation, continues until the best match of V_{IN} and V_{REF}/N is made. N now defines a specific tap on the resistor network. When the conversion is complete, the logic loads a binary word corresponding to this tap into the output latch and an end of conversion (EOC) logic level appears. The output latches hold this data valid until a new conversion is completed and new data is loaded into the latches. The data transfer occurs in about 200 ns so that valid data is present virtually all the time. Conversion requires 40 clock periods. The device may be operated in the free running mode by connecting the Start Conversion line to the End of Conversion line. However, to ensure start-up under all possible conditions, an external Start Conversion pulse is required during power up conditions.

REFERENCE

The reference applied across the 256 resistor network determines the analog input range. $V_{REF}=10.00V$ with the top of the R-network connected to 5V and the bottom connected to $-5V$ gives a $\pm 5V$ range. The reference can be level shifted between V_{SS} and V_{GG}. However, the voltage, which is applied to the top of the R-network (pin 15), must not exceed V_{SS} to prevent forward biasing the on-chip parasitic silicon diodes which exists between the P-diffused resistors (pin 15) and the N-type body (pin 10, V_{SS}). Use of a standard logic power supply for V_{SS} can cause problems, both due to initial voltage tolerance and changes over temperature. A solution is to power the V_{SS} line (15 mA max drain) from the output of the op amp which is used to bias the top of the R-network (pin 15). The analog input voltage and the voltage which is applied to the bottom of the R-network (pin 5) must be at least 7V above the $-V_{DD}$ supply voltage to insure adequate voltage drive to the analog switches.

Other reference voltages may be used (such as 10.24V). If a 5V reference is used, the analog range will be 5V and accuracy will be reduced by a factor of 2. Thus, for maximum accuracy, it is desirable to operate with at least a 10V reference. For TTL logic levels, this requires 5V and $-5V$ for the R-network. CMOS can operate at the 10 V_{DC} V_{SS} level and a single 10 V_{DC} reference can be used. All digital voltage levels for both inputs and outputs will be from ground to V_{SS}.

ANALOG INPUT AND SOURCE RESISTANCE CONSIDERATIONS

The lead to the analog input (pin 12) should be kept as short as possible. Both noise and digital clock coupling to this input can cause conversion errors. To minimize any input errors, the following source resistance considerations should be noted:

For $R_S \leq 5k$	No analog input bypass capacitor required, although a 0.1 μF input bypass capacitor will prevent pickup due to unavoidable series lead inductance.
For $5k < R_S \leq 20k$	A 0.1 μF capacitor from the input (pin 12) to ground should be used.
For $R_S > 20k$	– Input buffering is necessary.

If the overall converter system requires lowpass filtering of the analog input signal, use a 20 kΩ or less series resistor for a passive RC section or add an op amp RC active lowpass filter (with its inherent low output resistance) to insure accurate conversions.

CLOCK COUPLING

The clock lead should be kept away from the analog input line to reduce coupling.

LOGIC INPUTS

The logical "1" input voltage swing for the Clock, Start Conversion and Output Enable should be ($V_{SS}-1.0V$).

Application Hints (Continued)

CMOS will satisfy this requirement but a pull-up resistor should be used for TTL logic inputs.

RE-START AND DATA VALID AFTER EOC

The EOC line (pin 9) will be in the low state for a maximum of 40 clock periods to indicate "busy". A START pulse which occurs while the A/D is BUSY will reset the SAR and start a new conversion with the EOC signal remaining in the low state until the end of this new conversion. When the conversion is complete, the EOC line will go to the high voltage state. An additional 4 clock periods must be allowed to elapse after EOC goes high, before a new conversion cycle is requested. Start Conversion pulses which occur during this last 4 clock period interval may be ignored (*see Figure 1* and *2* for high speed operation). This is only a problem for high conversion rates and keeping the number of conversions per second less than (1/44) × F_{CLOCK} automatically guarantees proper operation. For example, for an 800 kHz clock, 18,000 conversions per second are allowed. The transfer of the new digital data to the output is initiated when EOC goes to the high voltage state.

POWER SUPPLIES

Standard supplies are $V_{SS}=5V$, $V_{GG}=-12V$ and $V_{DD}=0V$. Device accuracy is dependent on stability of the reference voltage and has slight sensitivity to V_{SS}—V_{GG}. V_{DD} has no effect on accuracy. Noise spikes on the V_{SS} and V_{GG} supplies can cause improper conversion; therefore, filtering each supply with a 4.7 μF tantalum capacitor is recommended.

CONTINUOUS CONVERSIONS AND LOGIC CONTROL

Simply tying the EOC output to the Start Conversion input will allow continuous conversions, but an oscillation on this line will exist during the first 4 clock periods after EOC goes high. Adding a D flip-flop between EOC (D input) to Start Conversion (Q output) will prevent the oscillation and will allow a stop/continuous control via the "clear" input.

To prevent missing a start pulse which may occur after EOC goes high and prior to the required 4 clock period time interval, the circuit of *Figure 1* can be used. The RS latch can be set at any time and the 4-stage shift register delays the application of the start pulse to the A/D by 4 clock periods. The RS latch is reset 1 clock period after the A/D EOC signal goes to the low voltage state. This circuit also provides a Start Conversion pulse to the A/D which is 1 clock period wide.

A second control logic application circuit is shown in *Figure 2*. This allows an asynchronous start pulse of arbitrary length less than T_C, continuously converts for a fixed high level and provides a single clock period start pulse to the A/D. The binary counter is loaded with a count of 11 when the start pulse to the A/D appears. Counting is inhibited until the EOC signal from the A/D goes high. A carry pulse is then generated 4 clock periods after EOC goes high and is used to reset the input RS latch. This carry pulse can be used to indicate that the conversion is complete, the data has transferred to the output buffers and the system is ready for a new conversion cycle.

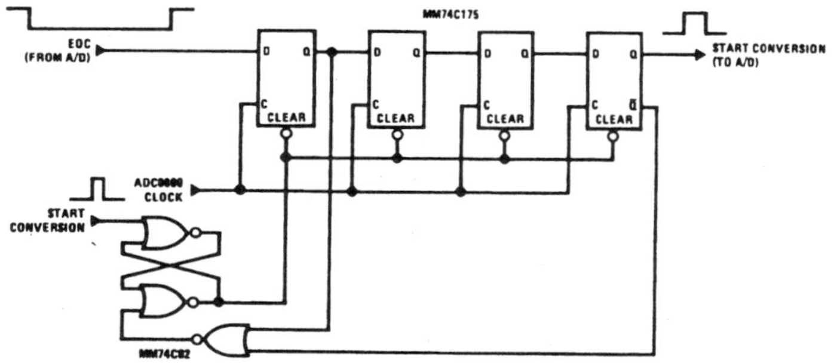

TL/H/5670-3

FIGURE 1. Delaying an Asynchronous Start Pulse

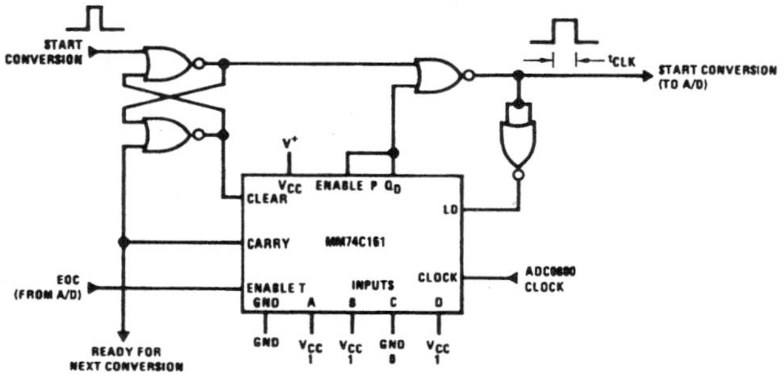

TL/H/5670-10

FIGURE 2. A/D Control Logic

Application Hints (Continued)

ZERO AND FULL-SCALE ADJUSTMENT

Zero Adjustment: This is the offset voltage required at the bottom of the R-network (pin 5) to make the 11111111 to 11111110 transition when the input voltage is ½ LSB (20 mV for a 10.24V scale). In most cases, this can be accomplished by having a 1 kΩ pot on pin 5. A resistor of 475Ω can be used as a non-adjustable best approximation from pin 5 to ground.

Full-Scale Adjustment: This is the offset voltage required at the top of the R-network (pin 15) to make the 00000001 to 00000000 transition when the input voltage is 1 ½ LSB from full-scale (60 mV less than full-scale for a 10.24V scale). This voltage is guaranteed to be within 2 LSB for the ADC0800. In most cases, this can be accomplished by having a 1 kΩ pot on pin 15.

Typical Applications

General Connection

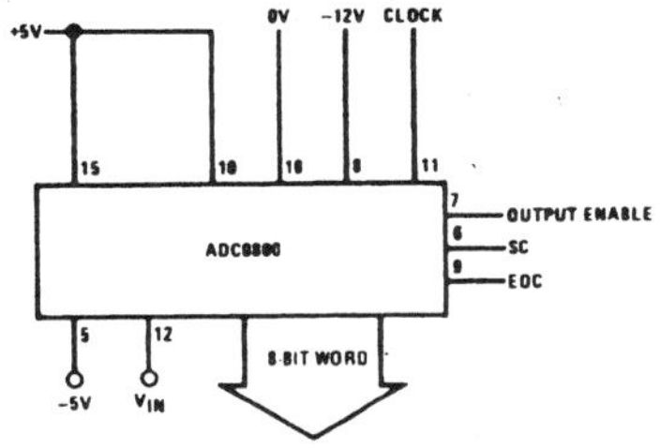

Hi-Voltage CMOS Output Levels

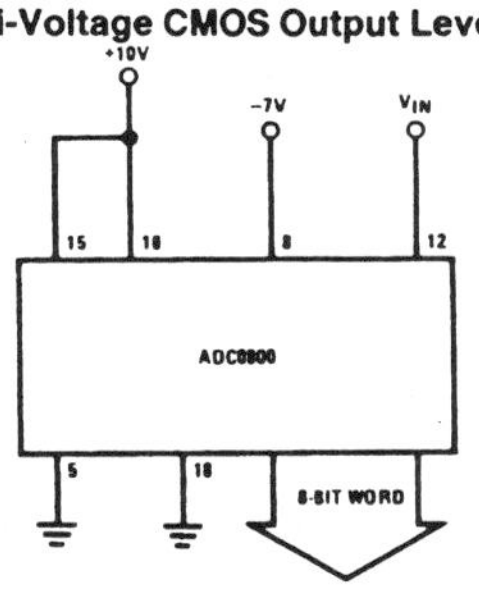

0V to 10V V_{IN} range

0V to 10V output levels

Ratiometric Input Signal with Tracking Reference

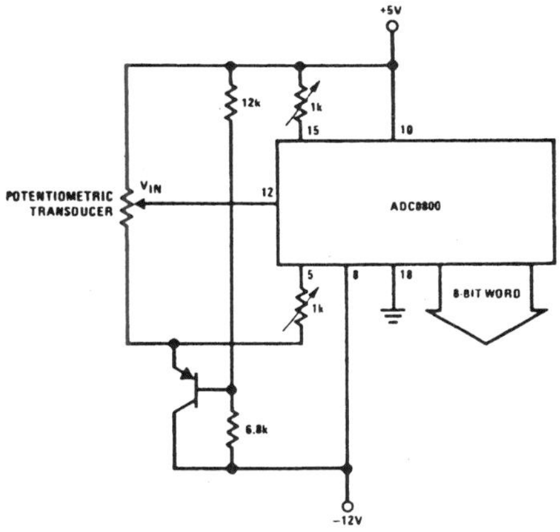

Level Shifted Input Signal Range

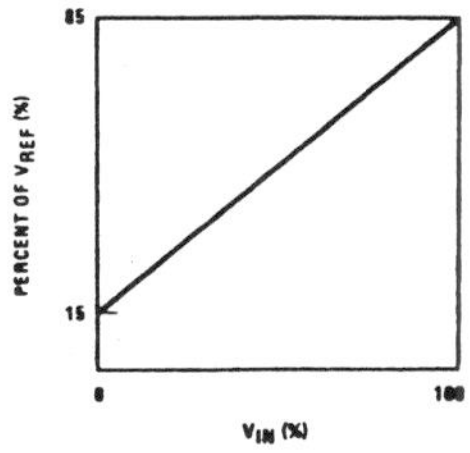

Level Shifted Zero and Full-Scale for Transducers

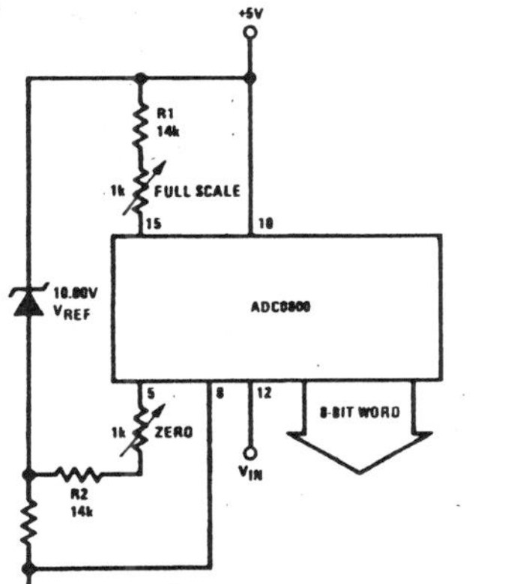

R1 and R2 change the effective input range by 1V/10 kΩ

TL/H/5670–4

Typical Applications (Continued)

V_{REF} = 10 V_{DC} With TTL Logic Levels

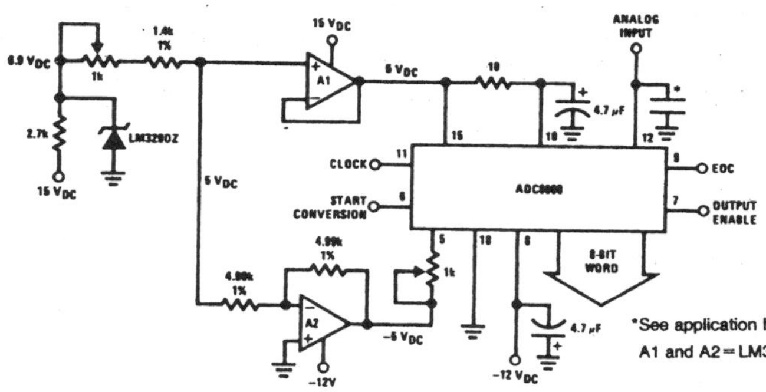

*See application hints

A1 and A2 = LM358N dual op amp

V_{REF} = 10 V_{DC} With 10V CMOS Logic Levels

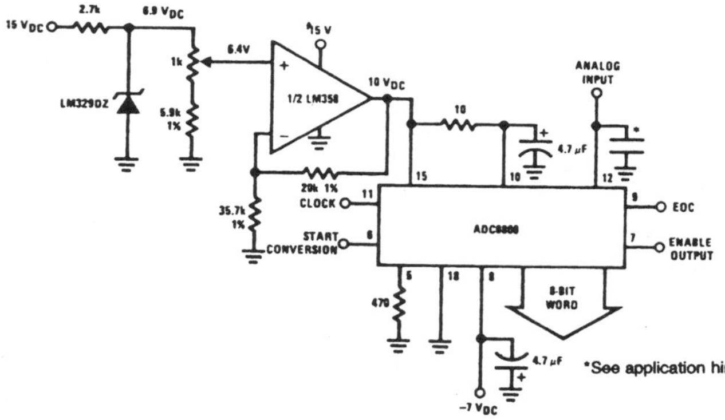

*See application hints

Input Level Shifting

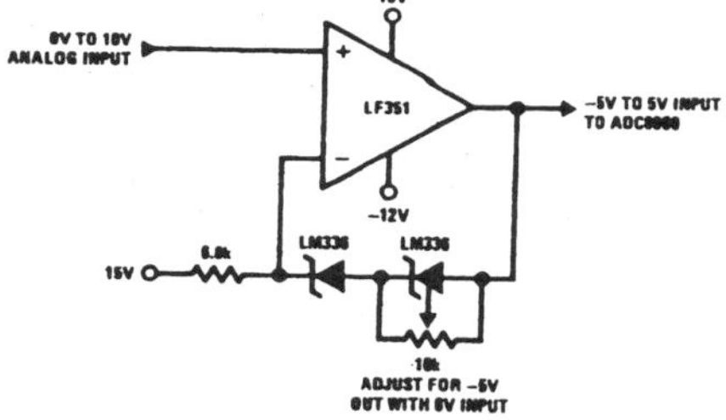

•Permits TTL compatible outputs with 0V to 10V input range (0V to −10V input range achieved by reversing polarity of zener diodes and returning the 6.8k resistor to V−).

TL/H/5670–5

MICROPROCESSOR INTERFACE

Figure 3 and the following sample program are included to illustrate both hardware and software requirements to allow output data from the ADC0800 to be loaded into the memory of a microprocessor system. For this example, National's INS8060, SC/MP II, microprocessor has been used.

The sample program, as shown, will start the converter, load the converter's output data into the accumulator, keep track of the number of data bytes entered, complement the data and store this data into sequential memory locations. After 256 bytes have been entered, the control jumps to the user's program where processing of the data entered will

Typical Applications (Continued)

be implemented. A more practical program whereby each data byte entered will be processed before another entry is made can easily be done by jumping back to the user's program at the end of the interrupt routine (where the data is loaded into the accumulator and stored in memory). The end of the user's program should provide a jump back to the INITIALIZE statement to start a new conversion and generate a new data entry.

The following arbitrarily chosen addresses and pointer assignments are used in this example:

Pointer 1— WORD COUNT (ADDR: 0100)
Also used to point to the A/D converter at address 0500 for this example when data is to be entered.

Pointer 2— ENTERED DATA (ADDR's: 0200 → 02FF)
Data is stored in 2's complement binary form, i.e, 01111111 → +full-scale and 10000000 → —full-scale.

Pointer 3— LOAD DATA SUBROUTINE (starts at ADDR: 0300)
Executed when an EOC signal generates an interrupt request via sense A after an IEN (interrupt enable) instruction.

The address for the converter (0500) is unique for this particular sample program but may not be in a user's system so a different converter address must be used. Note that in *Figure 3* ADX and ADY for the address decode circuitry would be address bits ADB10 and ADB8 (pins 35 and 33 on the SC/MP II package) for converter address 0500.

SAMPLE PROGRAM TO LOAD DATA INTO MEMORY WITH SC/MP II.

```
0001  08    START:       NOP
0002  C4 01              LDIX'01
0004  35                 XPAH 1
0005  C4 00              LDIX'00
0007  31                 XPAL 1        ;P1=0100
0008  C4 02              LDIX'02
000A  36                 XPAH 2
000B  C4 00              LDIX'00
000D  C9 00              ST(P1)        ;Zero word count (P1)
000F  32                 XPAL 2        ;P2=0200
0010  C4 03              LDIX'03
0012  37                 XPAH 3
0013  08    INITIALIZE:  NOP
0014                     LDIX'00
0016  33                 XPAL 3        ;P3=0300
0017  C4 01              LDIX'01
0019  07                 CAS           ;Starts converter via flag 0
001A  C1 00              LD (P1)
001C  F4 FF              XRIX'FF
001E  98 05              JZ DTA IN     ;Test to see if word count is FF,
                                        if so, jump to DTA IN
0020  05                 IEN           ;Enables INTERRUPT
0021  08    LOOP:        NOP
0022  90 FE              JMP LOOP      ;Loop until EOC
0024        DTA IN:      NOP
                         .
                         .
                         .             ;User program to process data
                         .
                         .
                         .
        :DATA ENTRY SUBROUTINE
0300  08    DATA IN SR:NOP
0301  A9 00              ILD (P1)      ;Increment word count
0303  C4 05              LDIX'05
0305  35                 XPAH 1        ;P1 will point to converter
0306  C1 00              LD (P1)       ;Converter data loaded into
                                        accumulator
0308  F4 7F              XRIX'7F       ;Put data in 2's complement form
030A  CE 01              ST @ 1 (P2)   ;Store data
030C  C4 00              LDIX'00
030E  07                 CAS           ;Resets flag 0
030F  C4 01              LDIX'01
0311  35                 XPAH 1        ;Resets P1 to point at word count
0312  C4 13              LDIX'13
0314  33                 XPAL 3
0315  3F                 XPPC 3        ;Return to INITIALIZE to start a
                                        new conversion
```

Typical Applications (Continued)

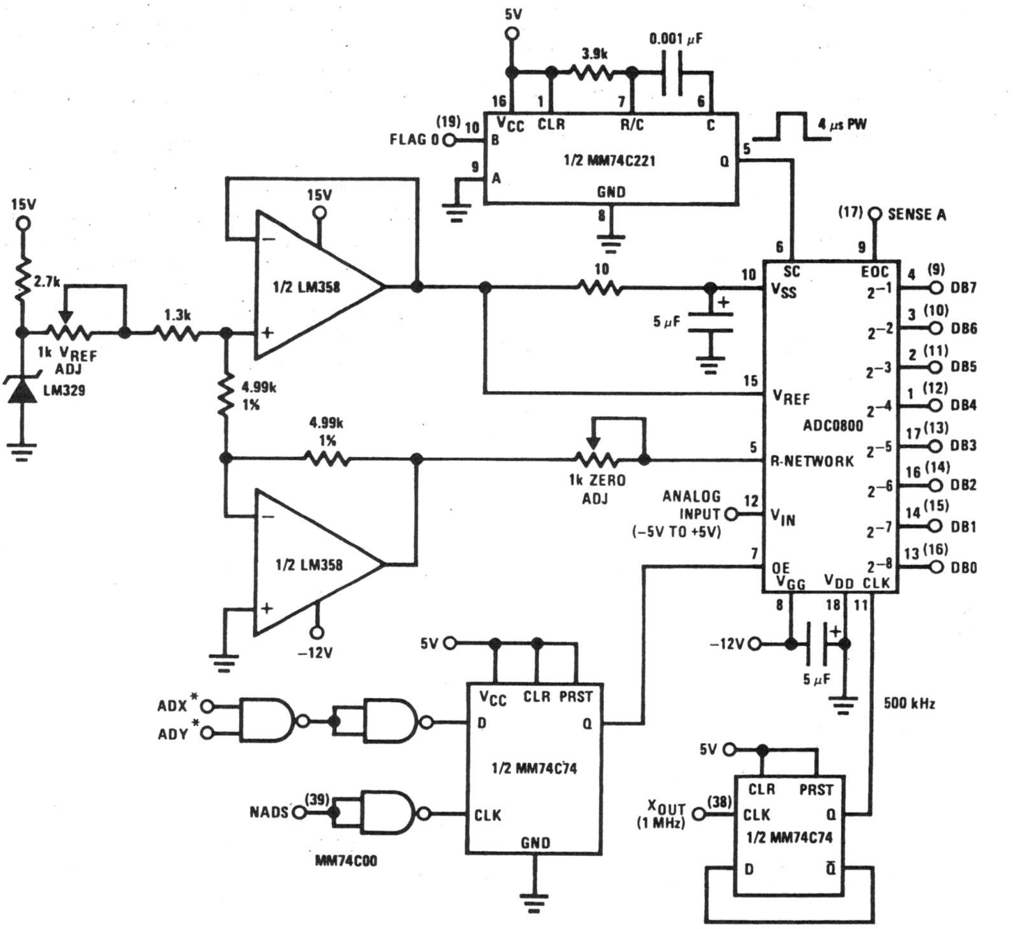

TL/H/5670-6

- Setting flag 0 (FLG0 = 1) with software, starts conversion (FLG0 must be cleared before another conversion can be initiated).
- With interrupt enabled an EOC will force an interrupt. Interrupt subroutine should load converter data into the accumulator.
- Output data is in complementary offset binary form
- Numbers in parentheses denote pin numbers of SC/MP chip

*ADX and ADY can be any of the address lines but they must be high *only* at the time the converter output data is to be put on the data bus (i.e., the converter must have its own unique address)

FIGURE 3. Interfacing to the SC/MP II Microprocessor

Typical Applications (Continued)

TESTING THE A/D CONVERTER

There are many degrees of complexity associated with testing an A/D converter. One of the simplest tests is to apply a known analog input voltage to the converter and use LED's to display the resulting digital output code as shown in *Figure 4*. Note that the LED drivers invert the digital output of the A/D converter to provide a binary display. A lab DVM can be used if a precision voltage source is not available. After adjusting the zero and full-scale, any number of points can be checked, as desired.

For ease of testing, a 10.24 V_{DC} reference is recommended for the A/D converter. This provides an LSB of 40 mV (10.240/256). To adjust the zero of the A/D, an analog input voltage of 1.2 LSB or 20 mV should be applied and the zero adjust potentiometer should be set to provide a flicker on the LSB LED readout with all the other display LEDs OFF.

To adjust the full-scale adjust potentiometer, an analog input which is 1½ LSB less than the reference (10.240−0.060 or 10.180 V_{DC}) should be applied to the analog input and the full-scale adjusted for a flicker on the LSB LED, but this time with all the other LEDs ON.

A complete circuit for a simple A/D tester is shown in *Figure 5*. Note that the clock input voltage swing and the digital output voltage swings are from 0V to 10.24V. The MM74C901 provides a voltage translation to 5V operation and also the logic inversion so the readout LEDs are in binary.

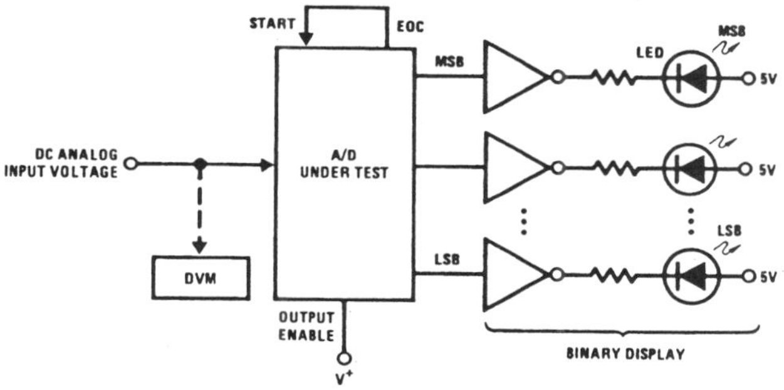

FIGURE 4. Basic A/D Tester

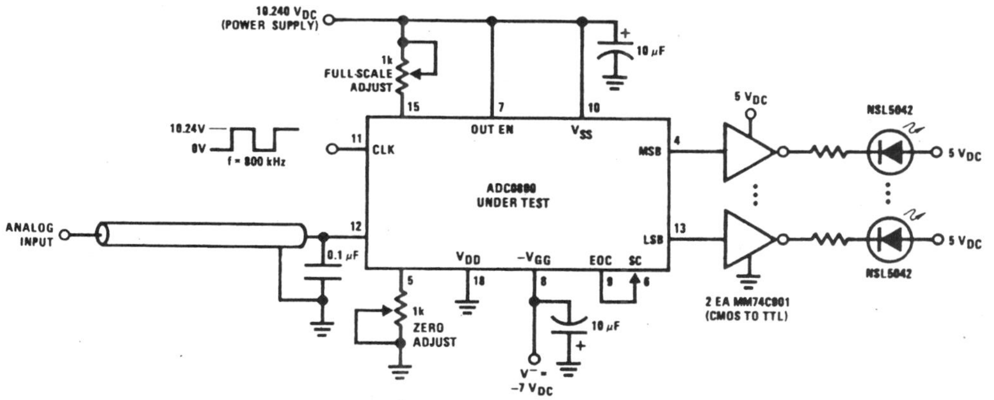

TL/H/5670-7

FIGURE 5. Complete Basic Tester Circuit

Typical Applications (Continued)

The digital output LED display can be decoded by dividing the 8 bits into the 4 most significant bits and 4 least significant bits. Table I shows the fractional binary equivalent of these two 8-bit groups. By adding the decoded voltages which are obtained from the column: "Input Voltage Value with a 10.240 V_{REF}" of both the MS and LS groups, the value of the digital display can be determined. For example, for an output LED display of "1011 0110" or "B6" (in hex) the voltage values from the table are 7.04 + 0.24 or 7.280 V_{DC}. These voltage values represent the center values of a perfect A/D converter. The input voltage has to change by ±½ LSB (±20 mV), the "quantization uncertainty" of an A/D, to obtain an output digital code change. The effects of this quantization error have to be accounted for in the interpretation of the test results. A plot of this natural error source is shown in *Figure 6* where, for clarity, both the analog input voltage and the error voltage are normalized to LSBs.

TABLE I. DECODING THE DIGITAL OUTPUT LEDs

HEX	BINARY				FRACTIONAL BINARY VALUE FOR		INPUT VOLTAGE VALUE WITH 10.24 V_{REF}	
					MS GROUP	**LS GROUP**	**MS GROUP**	**LS GROUP**
F	1	1	1	1	15/16	15/256	9.600	0.600
E	1	1	1	0	7/8	7/128	8.960	0.560
D	1	1	0	1	13/16	13/256	8.320	0.520
C	1	1	0	0	3/4	3/64	7.680	0.480
B	1	0	1	1	11/16	11/256	7.040	0.440
A	1	0	1	0	5/8	5/128	6.400	0.400
9	1	0	0	1	9/16	9/256	5.760	0.360
8	1	0	0	0	1/2	1/32	5.120	0.320
7	0	1	1	1	7/16	7/256	4.480	0.280
6	0	1	1	0	3/8	3/128	3.840	0.240
5	0	1	0	1	5/16	5/256	3.200	0.200
4	0	1	0	0	1/4	1/64	2.560	0.160
3	0	0	1	1	3/16	3/256	1.920	0.120
2	0	0	1	0	1/8	1/128	1.280	0.080
1	0	0	0	1	1/16	1/256	0.640	0.040
0	0	0	0	0			0	0

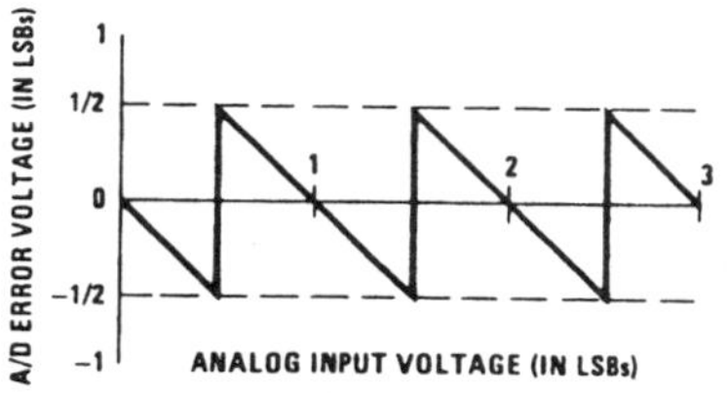

TL/H/5670-8

FIGURE 6. Error Plot of a Perfect A/D Showing Effects of Quantization Error

Typical Applications (Continued)

A low speed ramp generator can also be used to sweep the analog input voltage and the LED outputs will provide a binary counting sequence from zero to full-scale.

The techniques described so far are suitable for an engineering evaluation or a quick check on performance. For a higher speed test system, or to obtain plotted data, a digital-to-analog converter is needed for the test set-up. An accurate 10-bit DAC can serve as the precision voltage source for the A/D. Errors of the A/D under test can be provided as either analog voltages or differences in two digital words.

A basic A/D tester which uses a DAC and provides the error as an analog output voltage is shown in *Figure 7*. The 2 op amps can be eliminated if a lab DVM with a numerical subtraction feature is available to directly readout the difference voltage, "A−C". The analog input voltage can be supplied by a low frequency ramp generator and an X-Y plotter can be used to provide analog error (Y axis) versus analog input (X axis). The construction details of a tester of this type are provided in the NSC application note AN-179, "Analog-to-Digital Converter Testing".

For operation with a microprocessor or a computer-based test system, it is more convenient to present the errors digitally. This can be done with the circuit of *Figure 8* where the output code transitions can be detected as the 10-bit DAC is incremented. This provides ¼ LSB steps for the 8-bit A/D under test. If the results of this test are automatically plotted with the analog input on the X axis and the error (in LSB's) as the Y axis, a useful transfer function of the A/D under test results. For acceptance testing, the plot is not necessary and the testing speed can be increased by establishing internal limits on the allowed error for each code.

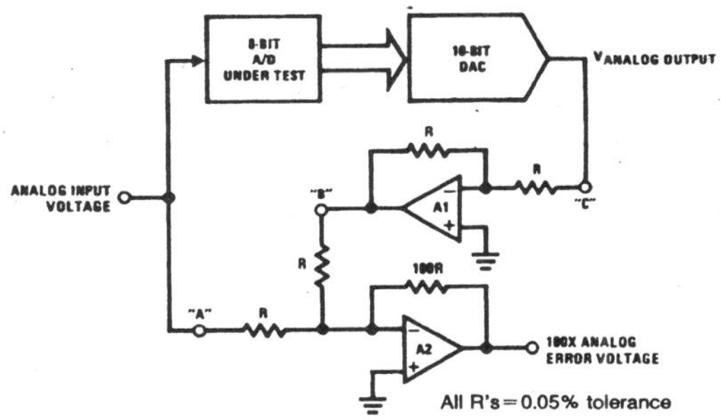

FIGURE 7. A/D Tester with Analog Error Output

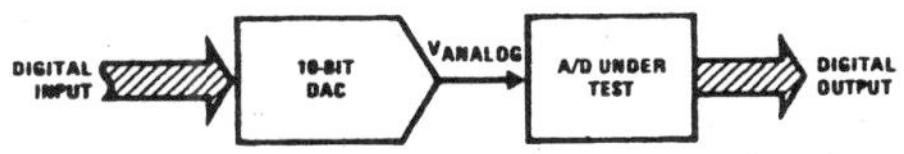

FIGURE 8. Basic "Digital" A/D Tester

Connection Diagram

Dual-In-Line Package

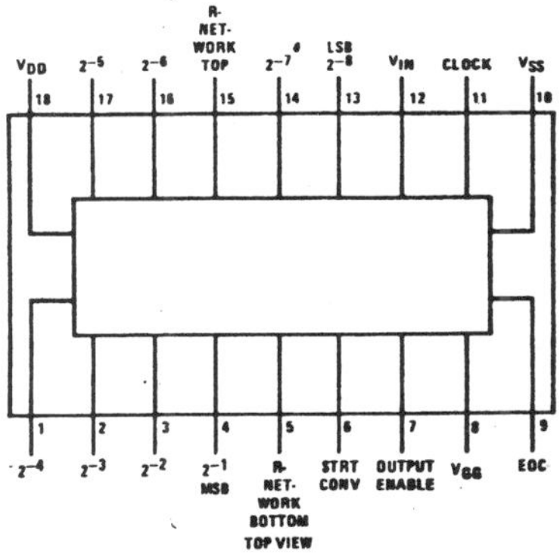

TL/H/5670-9

Order Number ADC0800PD
or ADC0800PCD
See NS Package D18A

National Semiconductor

Digital-to-Analog Converters

DAC0800, DAC0801, DAC0802 8-Bit Digital-to-Analog Converters

General Description

The DAC0800 series are monolithic 8-bit high-speed current-output digital-to-analog converters (DAC) featuring typical settling times of 100 ns. When used as a multiplying DAC, monotonic performance over a 40 to 1 reference current range is possible. The DAC0800 series also features high compliance complementary current outputs to allow differential output voltages of 20 Vp-p with simple resistor loads as shown in *Figure 1*. The reference-to-full-scale current matching of better than ±1 LSB eliminates the need for full-scale trims in most applications while the nonlinearities of better than ±0.1% over temperature minimizes system error accumulations.

The noise immune inputs of the DAC0800 series will accept TTL levels with the logic threshold pin, V_{LC}, potential allow direct interface to all logic families. The performance and characteristics of the device are essentially unchanged over the full ±4.5V to ±18V power supply range; power dissipation is only 33 mW with ±5V supplies and is independent of the logic input states.

The DAC0800, DAC0802, DAC0800C, DAC0801C and DAC0802C are a direct replacement for the DAC-08, DAC-08A, DAC-08C, DAC-08E and DAC-08H, respectively.

Features

- Fast settling output current 100 ns
- Full scale error ±1 LSB
- Nonlinearity over temperature ±0.1%
- Full scale current drift ±10 ppm/°C
- High output compliance −10V to +18V
- Complementary current outputs
- Interface directly with TTL, CMOS, PMOS and others
- 2 quadrant wide range multiplying capability
- Wide power supply range ±4.5V to ±18V
- Low power consumption 33 mW at ±5V
- Low cost

Typical Applications

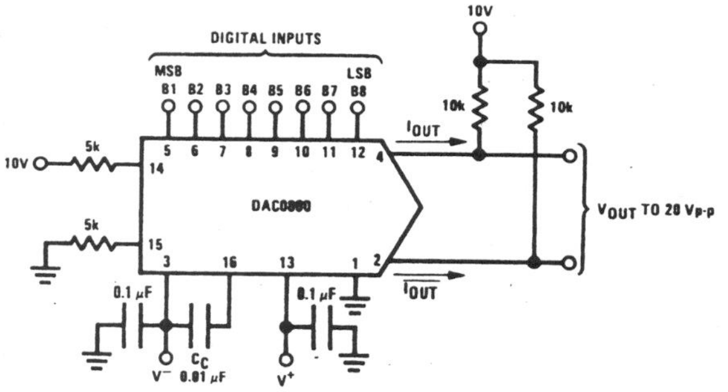

FIGURE 1. ±20 Vp-p Output Digital-to-Analog Converter

Connection Diagram

Dual-In-Line Package

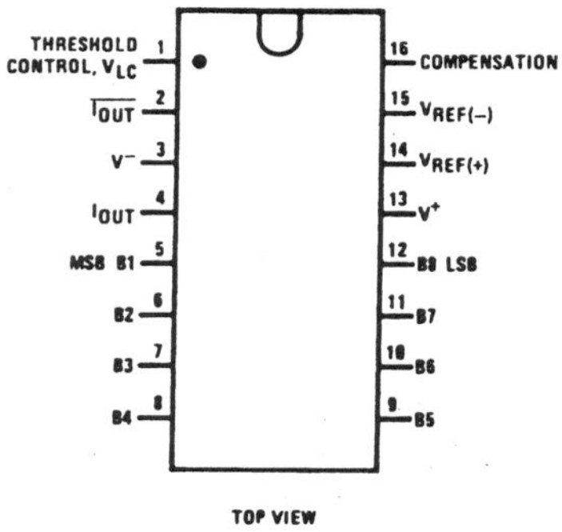

TL/H/5686–1

See Ordering Information

Ordering Information

Non Linearity	Temperature Range	Order Numbers*			
		J Package (J16A)		N Package (N16A)	
±0.1% FS	$-55°C \le T_A \le +125°C$	DAC0802LJ	DAC-08AQ		
±0.1% FS	$0°C \le T_A \le +70°C$	DAC0802LCJ	DAC-08HQ	DAC0802LCN	DAC-08HP
±0.19% FS	$-55°C \le T_A \le +125°C$	DAC0800LJ	DAC-08Q		
±0.19% FS	$0°C \le T_A \le +70°C$	DAC0800LCJ	DAC-08EQ	DAC0800LCN	DAC-08EP
±0.39% FS	$0°C \le T_A \le +70°C$	DAC0801LCJ	DAC-08CQ	DAC0801LCN	DAC-08CP

*Note. Devices may be ordered by using either order number.

Absolute Maximum Ratings

Supply Voltage	±18V or 36V
Power Dissipation (Note 1)	500 mW
Reference Input Differential Voltage (V14 to V15)	V^- to V^+
Reference Input Common-Mode Range (V14, V15)	V^- to V^+
Reference Input Current	5 mA
Logic Inputs	V^- to V^- plus 36V
Analog Current Outputs	*Figure 24*
Storage Temperature	−65°C to +150°C
Lead Temp. (Soldering, 10 seconds)	300°C

Operating Conditions

	Min	Max	Units
Temperature (T_A)			
DAC0802L	−55	+125	°C
DAC0800L	−55	+125	°C
DAC0800LC	0	+70	°C
DAC0801LC	0	+70	°C
DAC0802LC	0	+70	°C

Electrical Characteristics

(V_S = ±15V, I_{REF} = 2 mA, $T_{MIN} \le T_A \le T_{MAX}$ unless otherwise specified. Output characteristics refer to both I_{OUT} and $\overline{I_{OUT}}$.)

	Parameter	Conditions	DAC0802L/ DAC0802LC			DAC0800L/ DAC0800LC			DAC0801LC			Units
			Min	Typ	Max	Min	Typ	Max	Min	Typ	Max	
	Resolution Monotonicity Nonlinearity		8 8	8 8	8 8 ±0.1	8 8	8 8	8 8 ±0.19	8 8	8 8	8 8 ±0.39	Bits Bits %FS
t_s	Settling Time	To ±½ LSB, All Bits Switched "ON" or "OFF", T_A=25°C		100	135					100	150	ns
		DAC0800L					100	135				ns
		DAC0800LC					100	150				ns
tPLH, tPHL	Propagation Delay Each Bit All Bits Switched	T_A=25°C		 35 35	 60 60		 35 35	 60 60		 35 35	 60 60	 ns ns
TCI_{FS}	Full Scale Tempco			±10	±50		±10	±50		±10	±80	ppm/°C
V_{OC}	Output Voltage Compliance	Full Scale Current Change <½ LSB, R_{OUT}>20 MΩ Typ	−10		18	−10		18	−10		18	V
I_{FS4}	Full Scale Current	V_{REF}=10.000V, R14=5.000 kΩ R15=5.000 kΩ, T_A=25°C	1.984	1.992	2.000	1.94	1.99	2.04	1.94	1.99	2.04	mA
I_{FSS}	Full Scale Symmetry	$I_{FS4}-I_{FS2}$		±0.5	±4.0		±1	±8.0		±2	±16	μA
I_{ZS}	Zero Scale Current			0.1	1.0		0.2	2.0		0.2	4.0	μA
I_{FSR}	Output Current Range	V^-=−5V V^-=−8V to −18V	0 0	2.0 2.0	2.1 4.2	0 0	2.0 2.0	2.1 4.2	0 0	2.0 2.0	2.1 4.2	mA mA
 V_{IL} V_{IH}	Logic Input Levels Logic "0" Logic "1"	 V_{LC}=0V	 2.0		 0.8	 2.0		 0.8	 2.0		 0.8	 V V
 I_{IL} I_{IH}	Logic Input Current Logic "0" Logic "1"	V_{LC}=0V $-10V \le V_{IN} \le +0.8V$ $2V \le V_{IN} \le +18V$		 −2.0 0.002	 −10 10		 −2.0 0.002	 −10 10		 −2.0 0.002	 −10 10	 μA μA
V_{IS}	Logic Input Swing	V^-=−15V	−10		18	−10		18	−10		18	V
V_{THR}	Logic Threshold Range	V_S=±15V	−10		13.5	−10		13.5	−10		13.5	V
I_{15}	Reference Bias Current			−1.0	−3.0		−1.0	−3.0		−1.0	−3.0	μA
dI/dt	Reference Input Slew Rate	*(Figure 24)*	4.0	8.0		4.0	8.0		4.0	8.0		mA/μs
$PSSI_{FS+}$	Power Supply Sensitivity	$4.5V \le V+ \le 18V$		0.0001	0.01		0.0001	0.01		0.0001	0.01	%/%
$PSSI_{FS-}$		$-4.5V \le V^- \le 18V$ I_{REF}=1mA		0.0001	0.01		0.0001	0.01		0.0001	0.01	%/%
 I+ I−	Power Supply Current	V_S=±5V, I_{REF}=1 mA		 2.3 −4.3	 3.8 −5.8		 2.3 −4.3	 3.8 −5.8		 2.3 −4.3	 3.8 −5.8	 mA mA
 I+ I−		V_S=5V, −15V, I_{REF}=2 mA		 2.4 −6.4	 3.8 −7.8		 2.4 −6.4	 3.8 −7.8		 2.4 −6.4	 3.8 −7.8	 mA mA
 I+ I−		V_S=±15V, I_{REF}=2 mA		 2.5 −6.5	 3.8 −7.8		 2.5 −6.5	 3.8 −7.8		 2.5 −6.5	 3.8 −7.8	 mA mA
P_D	Power Dissipation	±5V, I_{REF}=1 mA 5V, −15V, I_{REF}=2 mA ±15V, I_{REF}=2 mA		33 108 135	48 136 174		33 108 135	48 136 174		33 108 135	48 136 174	mW mW mW

Note 1: The maximum junction temperature of the DAC0800, DAC0801 and DAC0802 is 125°C. For operating at elevated temperatures, devices in the dual-in-line J package must be derated based on a thermal resistance of 100°C/W, junction to ambient, 175°C/W for the molded dual-in-line N package.

Block Diagram

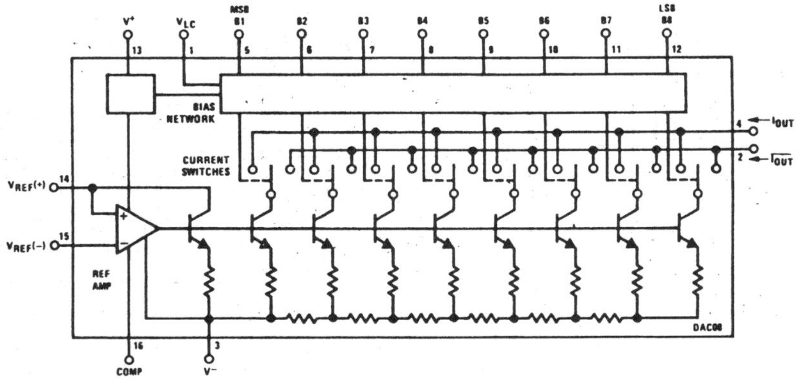

Equivalent Circuit

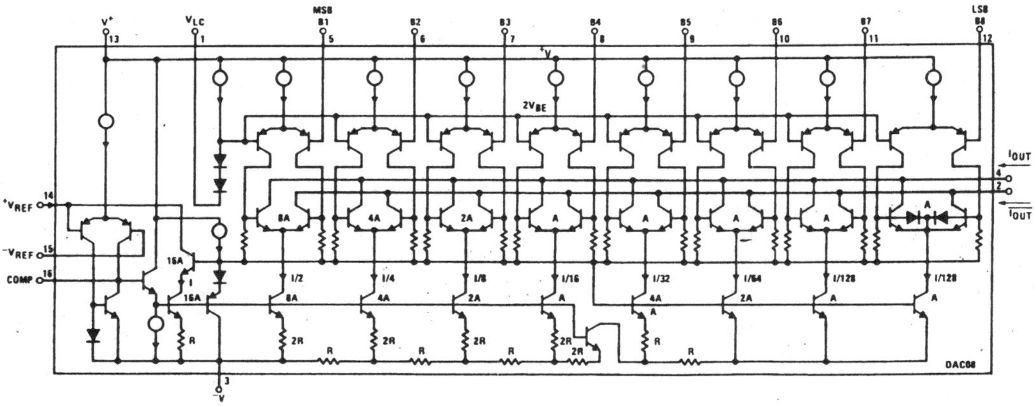

TL/H/5682-2

FIGURE 2

Typical Performance Characteristics

Full Scale Current vs Reference Current

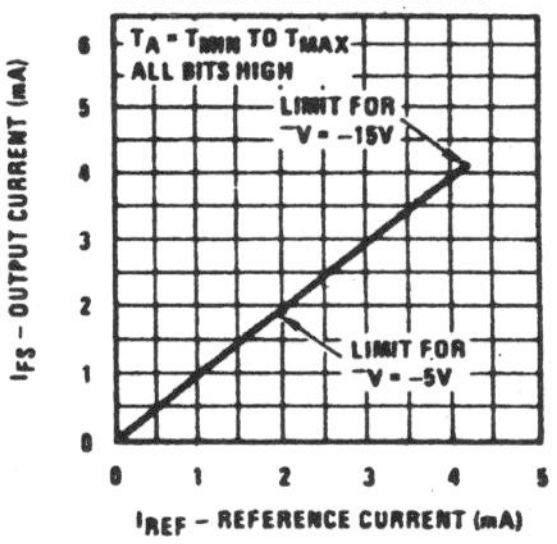

LSB Propagation Delay Vs I_{FS}

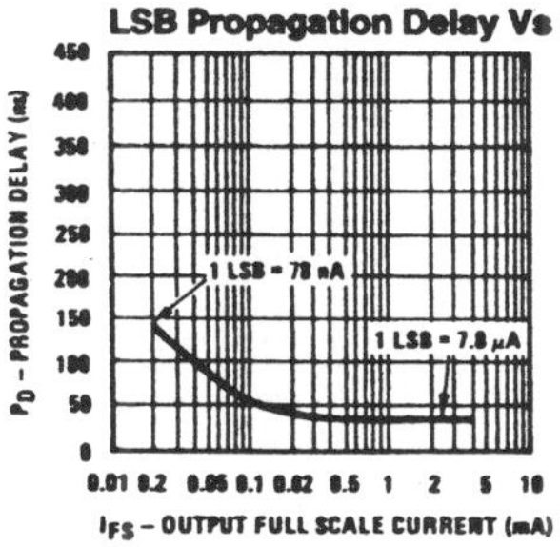

Reference Input Frequency Response

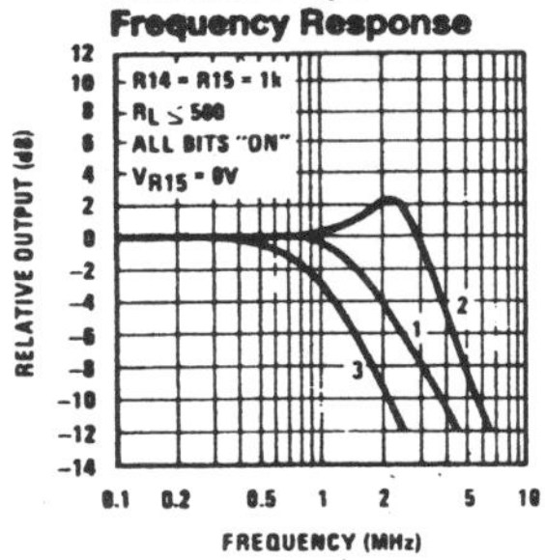

Curve 1: $C_C = 15$ pF, $V_{IN} = 2$ Vp-p centered at 1V.

Curve 2: $C_C = 15$ pF, $V_{IN} = 50$ mVp-p centered at 200 mV.

Curve 3: $C_C = 0$ pF, $V_{IN} = 100$ mVp-p at 0V and applied through 50 Ω connected to pin 14.2V applied to R14.

Reference Amp Common-Mode Range

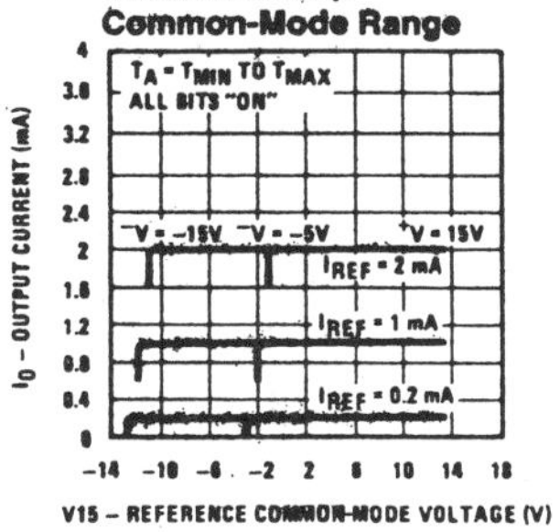

Note. Positive common-mode range is always (V+) − 1.5V

Logic Input Current vs Input Voltage

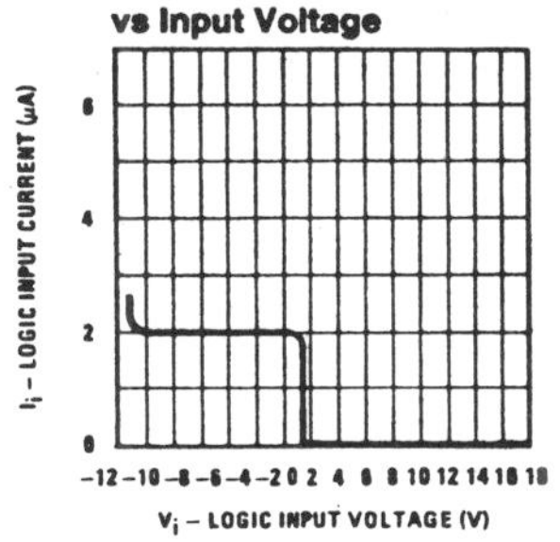

$V_{TH} - V_{LC}$ vs Temperature

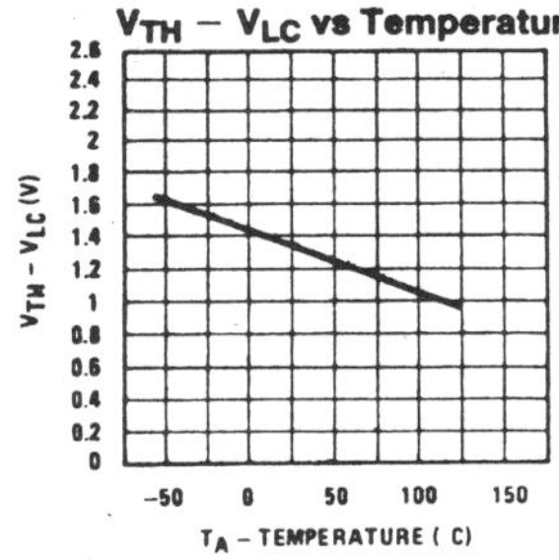

Output Current vs Output Voltage (Output Voltage Compliance)

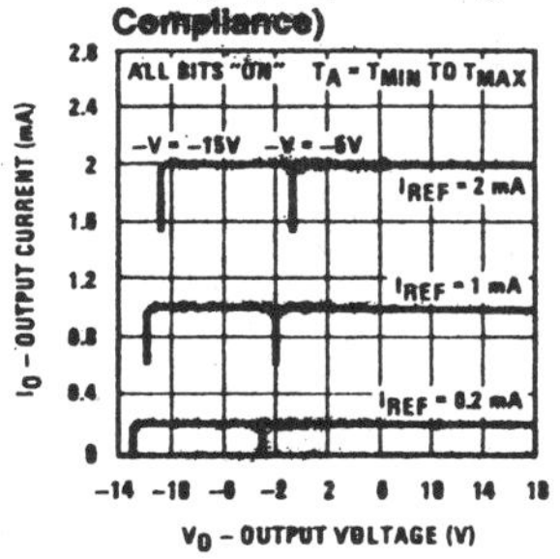

Output Voltage Compliance vs Temperature

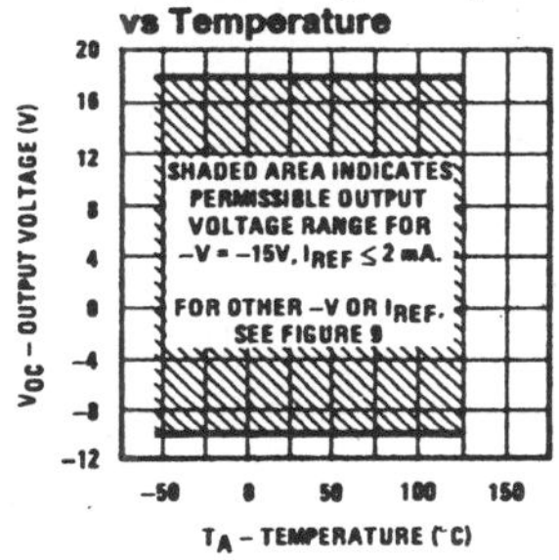

Bit Transfer Characteristics

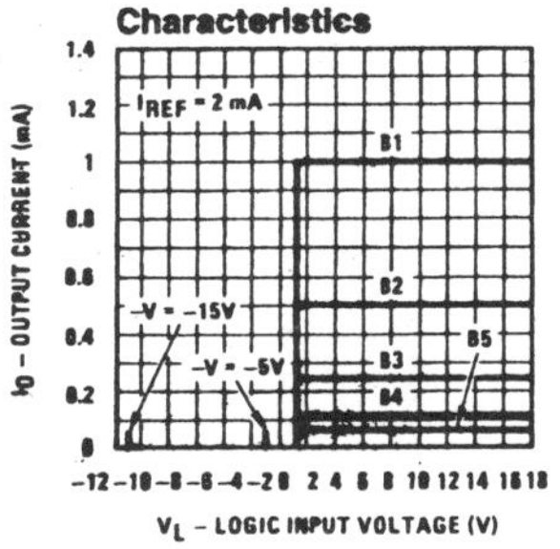

TL/H/5686-3

Note. B1–B8 have identical transfer characteristics. Bits are fully switched with less than ½ LSB error, at less than ±100 mV from actual threshold. These switching points are guaranteed to lie between 0.8 and 2V over the operating temperature range (V_{LC} = 0V).

Typical Performance Characteristics (Continued)

Power Supply Current vs +V

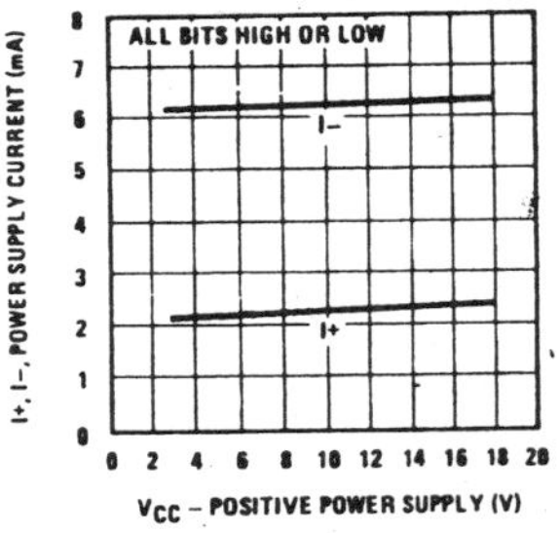

Power Supply Current vs −V

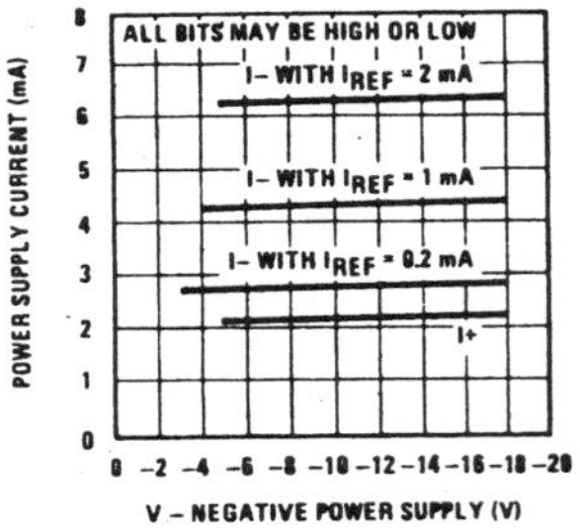

Power Supply Current vs Temperature

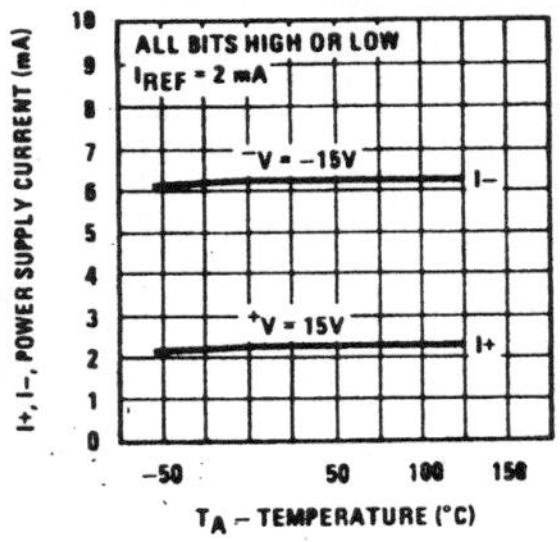

TL/H/5686–4

Typical Applications (Continued)

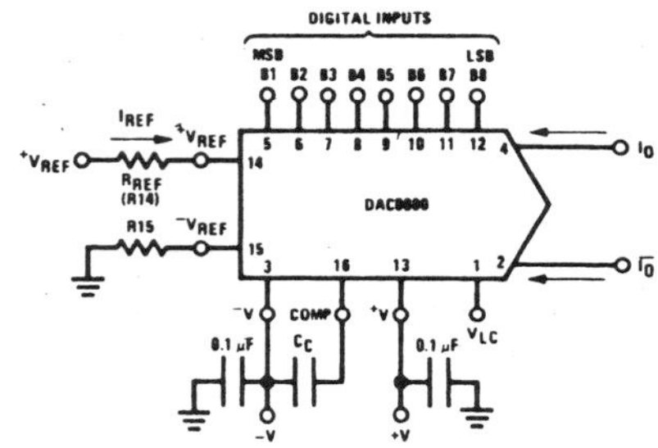

$$I_{FS} \approx \frac{+V_{REF}}{R_{REF}} \times \frac{255}{256}$$

$I_O + \overline{I_O} = I_{FS}$ for all logic states

For fixed reference, TTL operation, typical values are:

V_{REF} = 10.000V

R_{REF} = 5.000k

R15 ≈ R_{REF}

C_C = 0.01 μF

V_{LC} = 0V (Ground)

FIGURE 3. Basic Positive Reference Operation

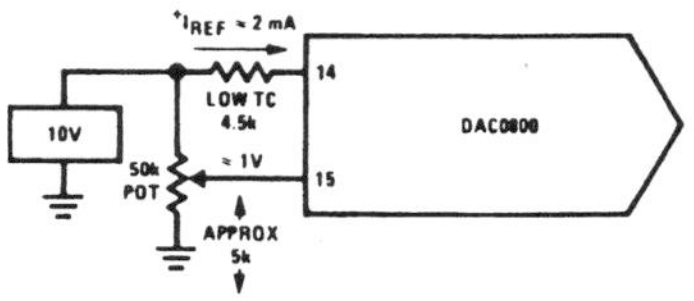

FIGURE 4. Recommended Full Scale Adjustment Circuit

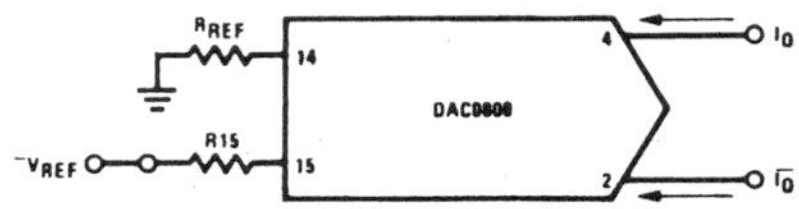

$$I_{FS} \approx \frac{-V_{REF}}{R_{REF}} \times \frac{255}{256}$$

Note. R_{REF} sets I_{FS}; R15 is for bias current cancellation

FIGURE 5. Basic Negative Reference Operation

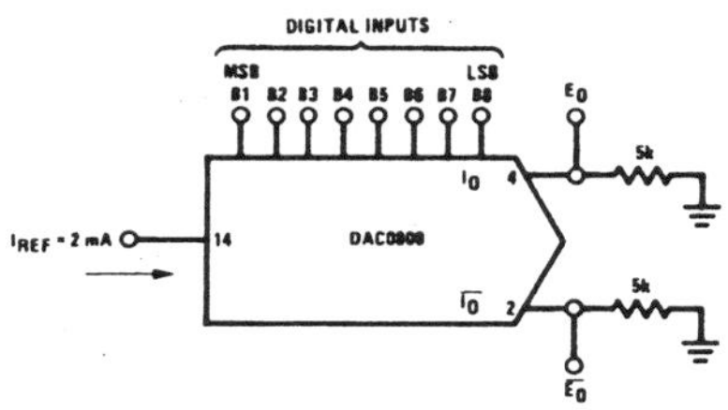

TL/H/5686–5

	B1	B2	B3	B4	B5	B6	B7	B8	I_O mA	$\overline{I_O}$ mA	E_O	$\overline{E_O}$
Full Scale	1	1	1	1	1	1	1	1	1.992	0.000	−9.960	0.000
Full Scale − LSB	1	1	1	1	1	1	1	0	1.984	0.008	−9.920	−0.040
Half Scale + LSB	1	0	0	0	0	0	0	1	1.008	0.984	−5.040	−4.920
Half Scale	1	0	0	0	0	0	0	0	1.000	0.992	−5.000	−4.960
Half Scale − LSB	0	1	1	1	1	1	1	1	0.992	1.000	−4.960	−5.000
Zero Scale + LSB	0	0	0	0	0	0	0	1	0.008	1.984	−0.040	−9.920
Zero Scale	0	0	0	0	0	0	0	0	0.000	1.992	0.000	−9.960

FIGURE 6. Basic Unipolar Negative Operation

Typical Applications (Continued)

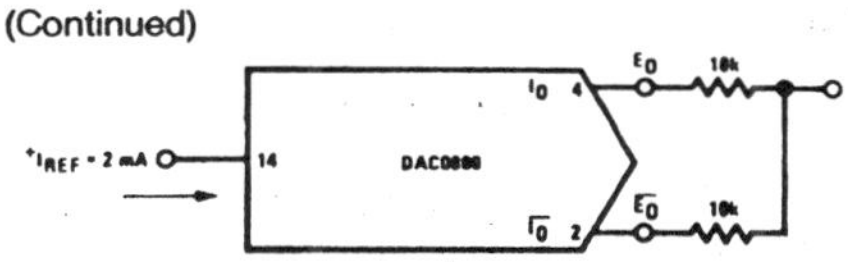

	B1	B2	B3	B4	B5	B6	B7	B8	E_O	$\overline{E_O}$
Pos. Full Scale	1	1	1	1	1	1	1	1	−9.920	+10.000
Pos. Full Scale − LSB	1	1	1	1	1	1	1	0	−9.840	+9.920
Zero Scale + LSB	1	0	0	0	0	0	0	1	−0.080	+0.160
Zero Scale	1	0	0	0	0	0	0	0	0.000	+0.080
Zero Scale − LSB	0	1	1	1	1	1	1	1	+0.080	0.000
Neg. Full Scale + LSB	0	0	0	0	0	0	0	1	+9.920	−9.840
Neg. Full Scale	0	0	0	0	0	0	0	0	+10.000	−9.920

FIGURE 7. Basic Bipolar Output Operation

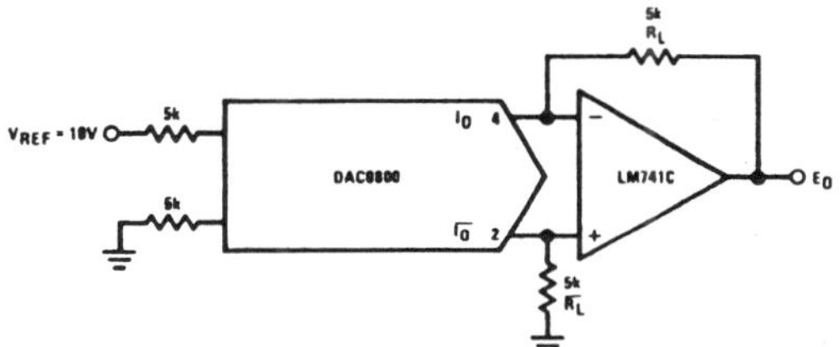

If $R_L = \overline{R_L}$ within ±0.05%, output is symmetrical about ground

	B1	B2	B3	B4	B5	B6	B7	B8	E_O
Pos. Full Scale	1	1	1	1	1	1	1	1	+9.920
Pos. Full Scale − LSB	1	1	1	1	1	1	1	0	+9.840
(+)Zero Scale	1	0	0	0	0	0	0	0	+0.040
(−)Zero Scale	0	1	1	1	1	1	1	1	−0.040
Neg. Full Scale + LSB	0	0	0	0	0	0	0	1	−9.840
Neg. Full Scale	0	0	0	0	0	0	0	0	−9.920

FIGURE 8. Symmetrical Offset Binary Operation

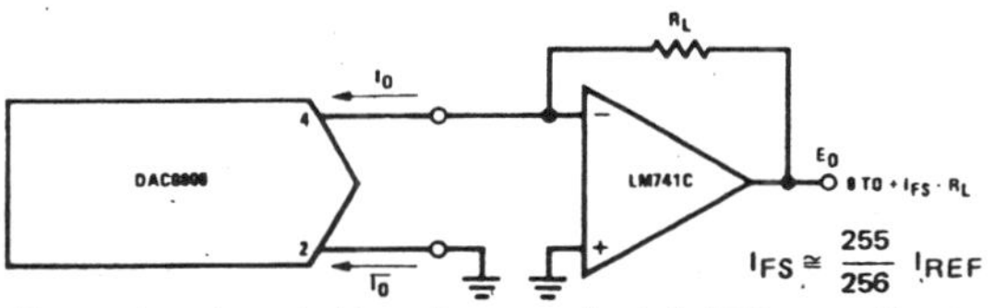

$I_{FS} \cong \frac{255}{256} I_{REF}$

For complementary output (operation as negative logic DAC), connect inverting input of op amp to $\overline{I_O}$ (pin 2), connect I_O (pin 4) to ground.

FIGURE 9. Positive Low Impedance Output Operation

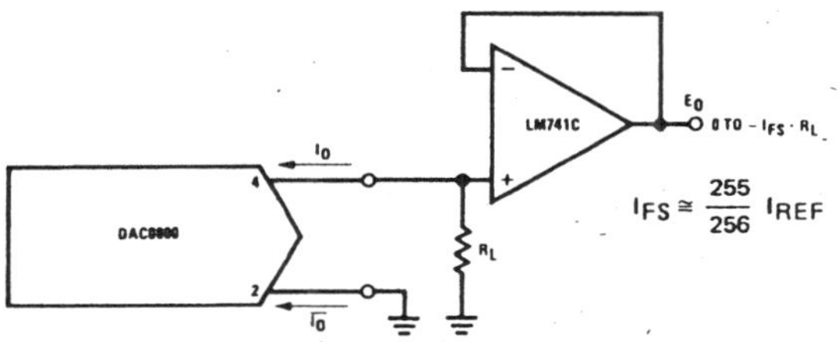

$I_{FS} \cong \frac{255}{256} I_{REF}$

TL/H/5686-6

For complementary output (operation as a negative logic DAC) connect non-inverting input of op am to $\overline{I_O}$ (pin 2); connect I_O (pin 4) to ground.

FIGURE 10. Negative Low Impedance Output Operation

Typical Applications (Continued)

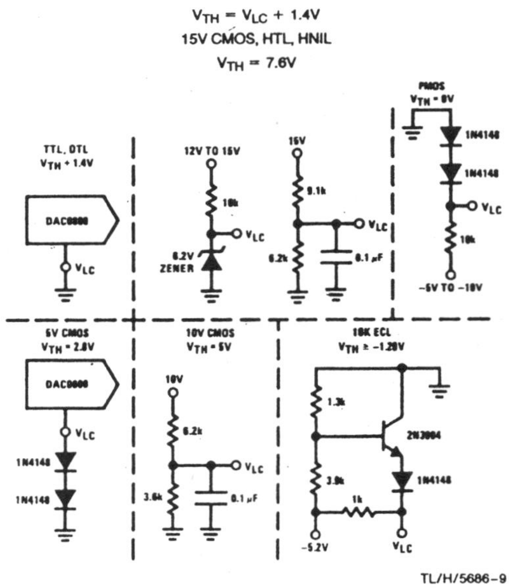

Note. Do not exceed negative logic input range of DAC.

FIGURE 11. Interfacing with Various Logic Families

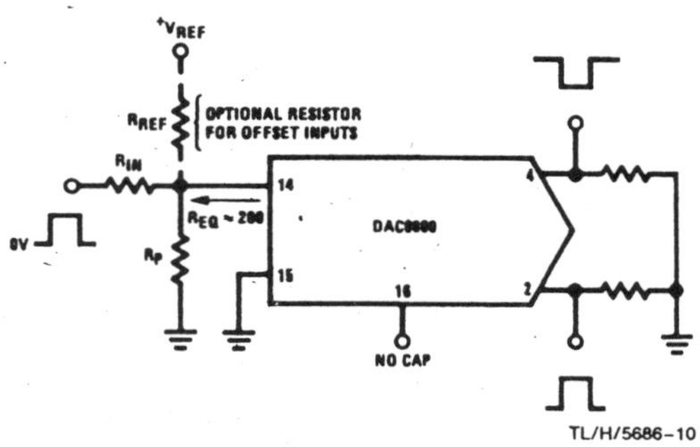

Typical values: R_{IN} = 5k, $+V_{IN}$ = 10V

FIGURE 12. Pulsed Reference Operation

(a) I_{REF} ≥ peak negative swing of I_{IN}

(b) $+V_{REF}$ must be above peak positive swing of V_{IN}

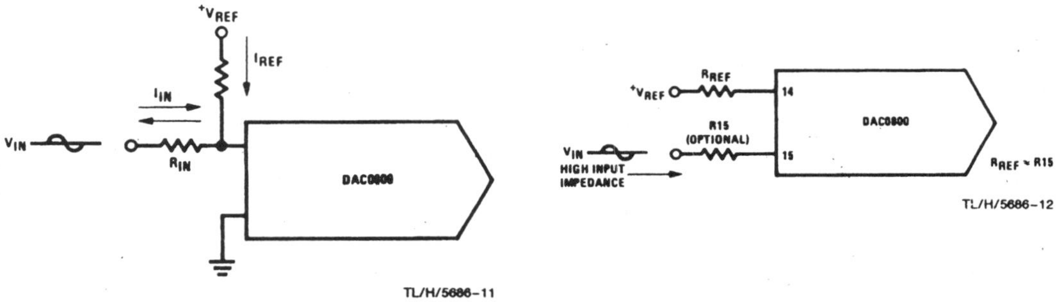

FIGURE 13. Accommodating Bipolar References

Typical Applications (Continued)

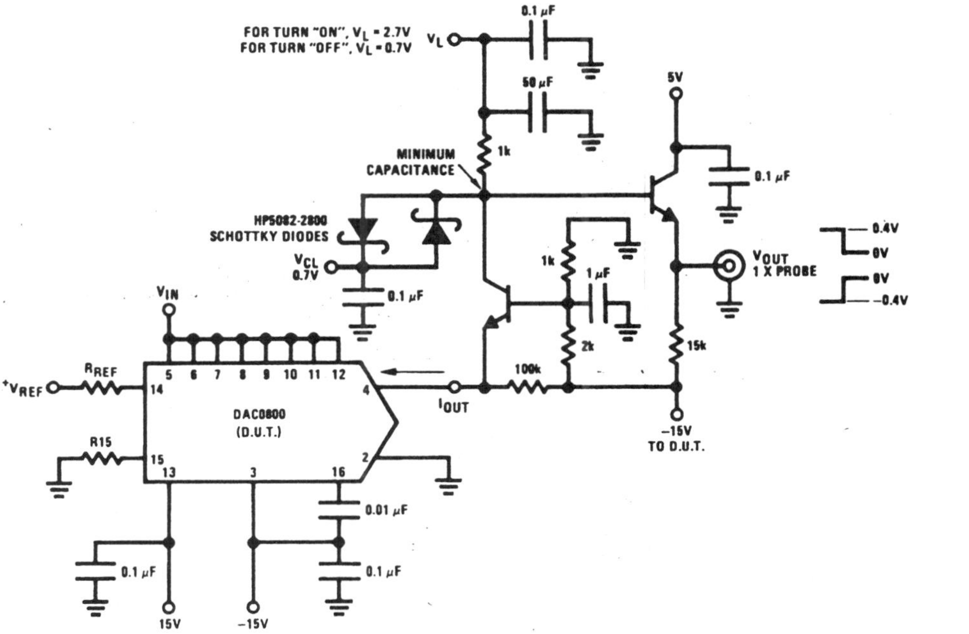

TL/H/5686-7

FIGURE 14. Settling Time Measurement

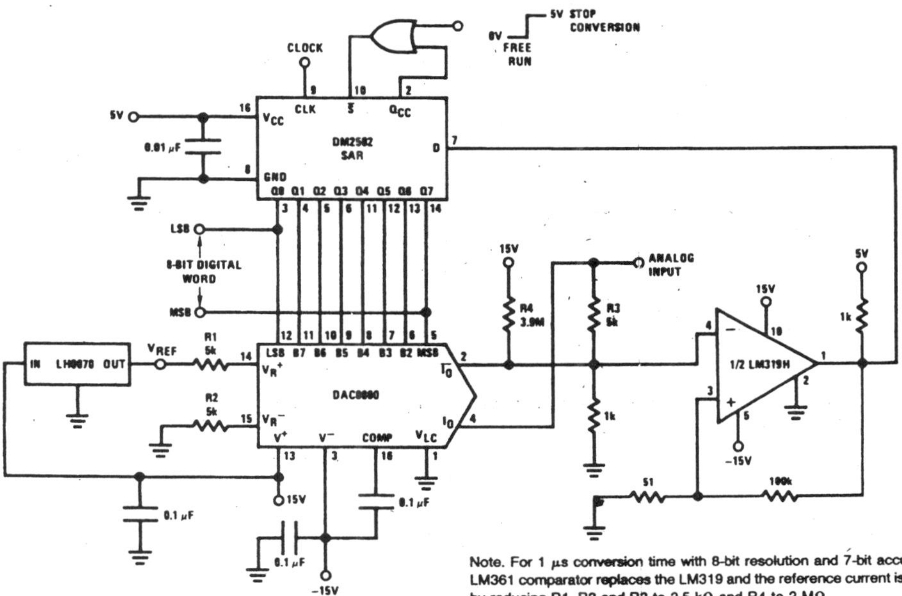

Note. For 1 μs conversion time with 8-bit resolution and 7-bit accuracy, an LM361 comparator replaces the LM319 and the reference current is doubled by reducing R1, R2 and R3 to 2.5 kΩ and R4 to 2 MΩ.

TL/H/5686-8

FIGURE 15. A Complete 2 μs Conversion Time, 8-Bit A/D Converter

National Semiconductor

DAC0808, DAC0807, DAC0806 8-Bit D/A Converters

General Description

The DAC0808 series is an 8-bit monolithic digital-to-analog converter (DAC) featuring a full scale output current settling time of 150 ns while dissipating only 33 mW with ±5V supplies. No reference current (I_{REF}) trimming is required for most applications since the full scale output current is typically ±1 LSB of 255 I_{REF}/ 256. Relative accuracies of better than ±0.19% assure 8-bit monotonicity and linearity while zero level output current of less than 4 μA provides 8-bit zero accuracy for $I_{REF} \geq 2$ mA. The power supply currents of the DAC0808 series are independent of bit codes, and exhibits essentially constant device characteristics over the entire supply voltage range.

The DAC0808 will interface directly with popular TTL, DTL or CMOS logic levels, and is a direct replacement for the MC1508/MC1408. For higher speed applications, see DAC0800 data sheet.

Features

- Relative accuracy: ±0.19% error maximum (DAC0808)
- Full scale current match: ±1 LSB typ
- 7 and 6-bit accuracy available (DAC0807, DAC0806)
- Fast settling time: 150 ns typ
- Noninverting digital inputs are TTL and CMOS compatible
- High speed multiplying input slew rate: 8 mA/μs
- Power supply voltage range: ±4.5V to ±18V
- Low power consumption: 33 mW @ ±5V

Block and Connection Diagrams

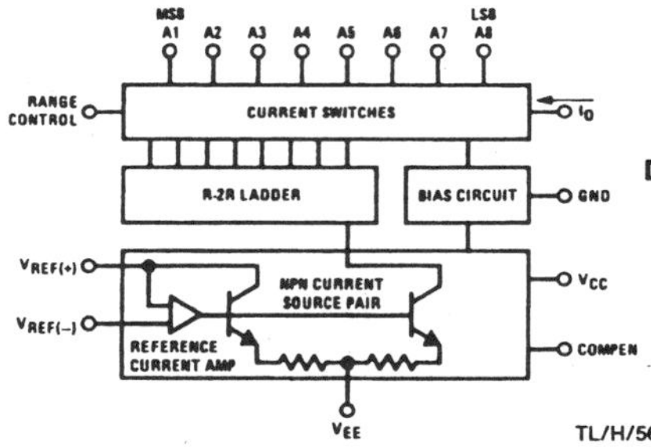

TL/H/5687-1

Order Number DAC0808, DAC0807, or DAC0806 See NS Package J16A or N16A

Dual-In-Line Package

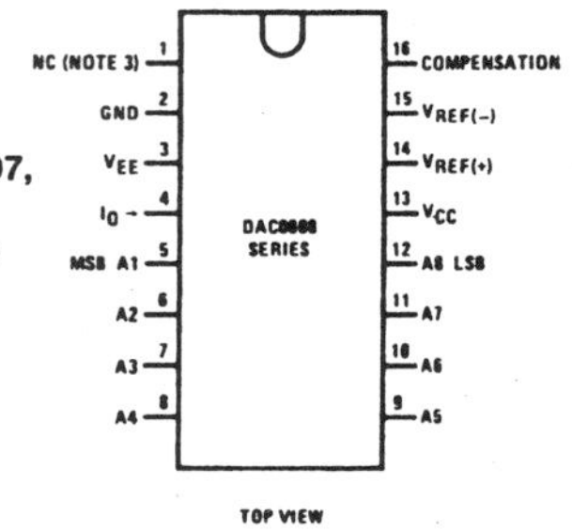

TL/H/5687-2

Typical Application

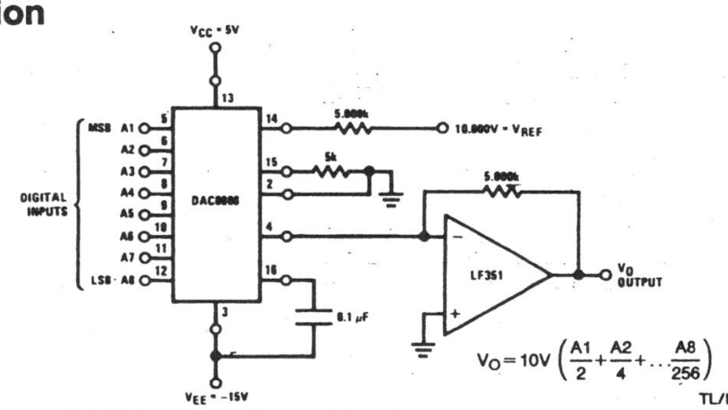

$$V_O = 10V\left(\frac{A1}{2}+\frac{A2}{4}+\ldots\frac{A8}{256}\right)$$

TL/H/5687-3

FIGURE 1. +10V Output Digital to Analog Converter

Ordering Information

ACCURACY	OPERATING TEMPERATURE RANGE	ORDER NUMBERS*			
		J PACKAGE (J16A)		N PACKAGE (N16A)	
8-bit	$-55°C \leq T_A \leq +125°C$	DAC0808LJ	MC1508L8		
8-bit	$0°C \leq T_A \leq +75°C$	DAC0808LCJ	MC1408L8	DAC0808LCN	MC1408P8
7-bit	$0°C \leq T_A \leq +75°C$	DAC0807LCJ	MC1408L7	DAC0807LCN	MC1408P7
6-bit	$0°C \leq T_A \leq +75°C$	DAC0806LCJ	MC1408L6	DAC0806LCN	MC1408P6

*Note. Devices may be ordered by using either order number.

2차 수정판

CAD TOOL을 이용한

디지털 전자공학실험

2003년 3월 5일 초판 발행
2005년 3월 5일 1차 수정판 발행
2007년 3월 5일 2차 수정판 발행
2009년 8월 1일 2차 수정판 2쇄 인쇄
2009년 8월 5일 2차 수정판 2쇄 발행

저 자 : 홍 안 의
발행인 : 김 병 계
발행처 : 도서출판 보문당
서울시 마포구 신수동 448-6
전 화 704-7025, 704-0635
팩 스 704-2324

등 록 1990. 6. 15 제 1-1066호

가 격 22,000원
ISBN 978-89-8413-076-0